#東海オンエアラジオ

TR
東海
オンエア
ラジオ
東海ラジオ

東海
オンエア
ラジオ
東海ラジオ

虫眼鏡
MUSHINMEGANE

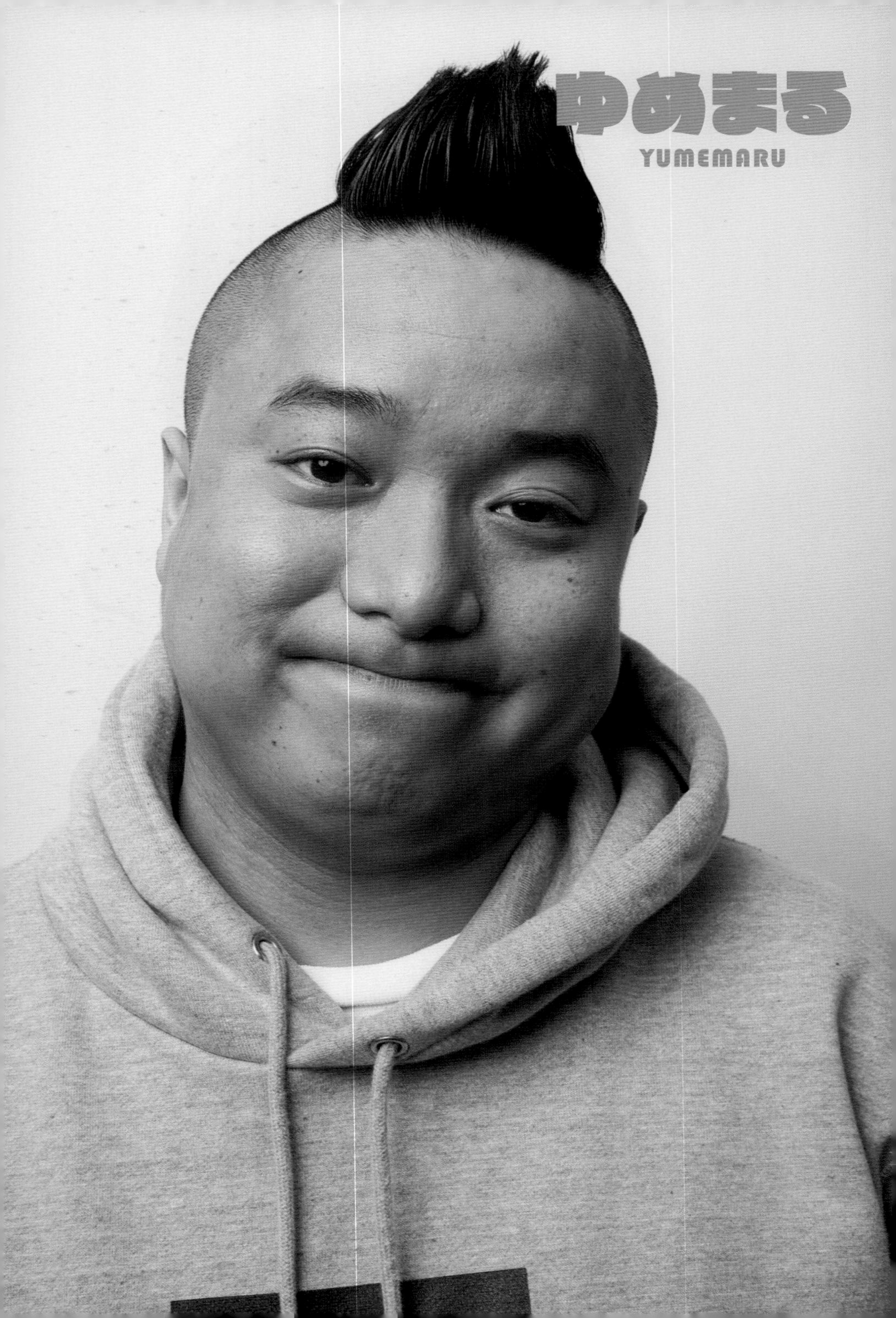

ゆめまる
YUMEMARU

Dragons

encounter

Dragons STATION
東海ラジオ
TOKAI RADIO
東海ラジオ
AM1332kHz
FM92.9MHz
©中日ドラゴンズ

Dragons STATION
東海ラジオ

東海ラジオ
Dragons STATION
OFFICIAL SPONSOR 2019
TOKAI RADIO
Only One station
AM1332kHz
FM92.9MHz

りょう
RYO

しばゆー
SHIBAYU

STATION
94
Dragons

D&G

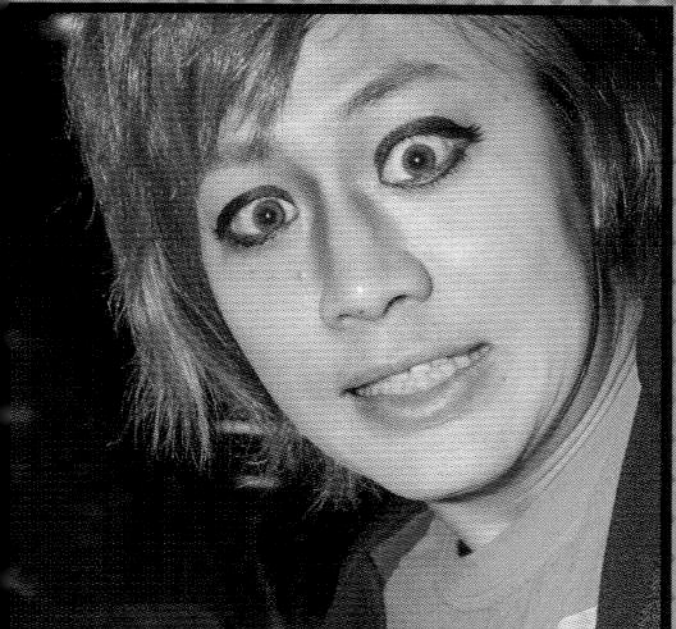

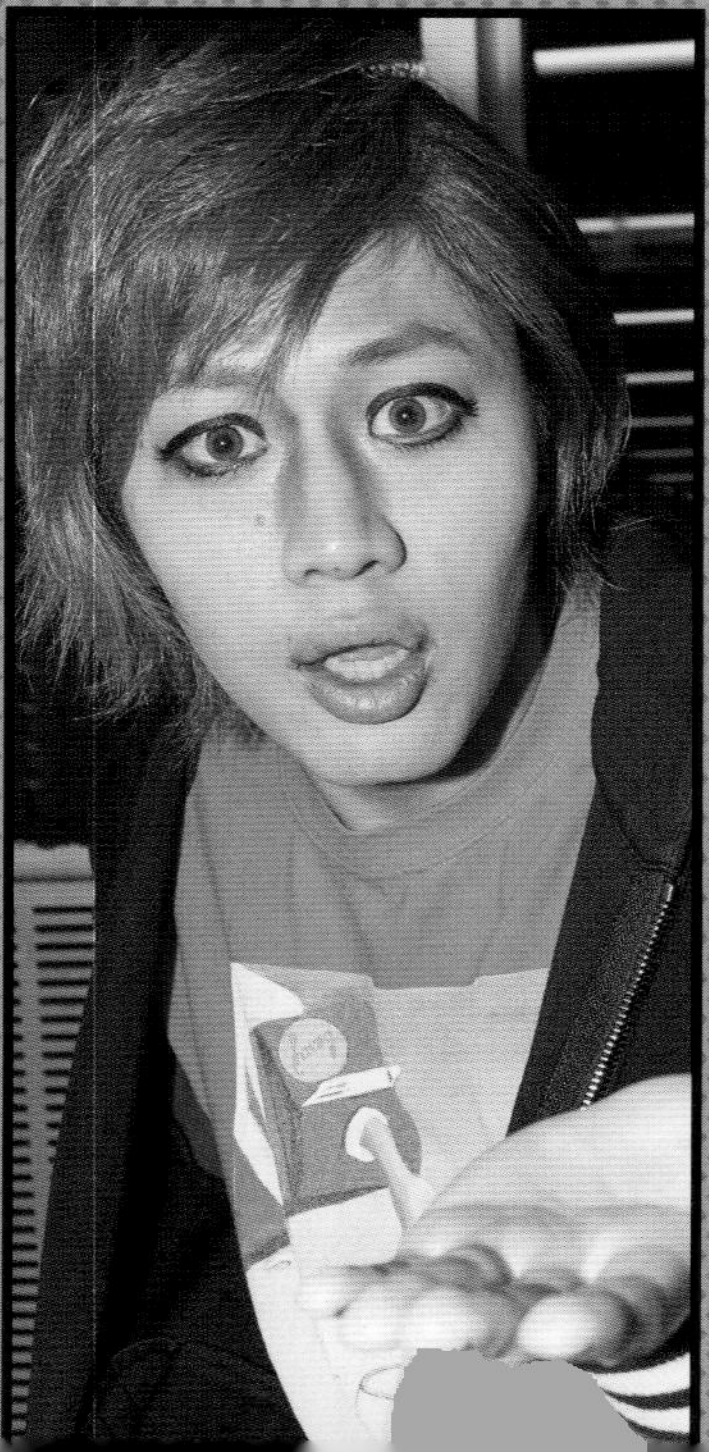

てつや

TETSUYA

としみつ
TOSHIMITSU

Dragons

DRAGONS 70
Only One
station
TOKAI
RADIO

Dragons
th anniversary
東海ラジオ

開局60周年
Dragons
th anniversary
Only One
TOKAI
RADIO
Only One
station
th anniversary
東海ラジオ

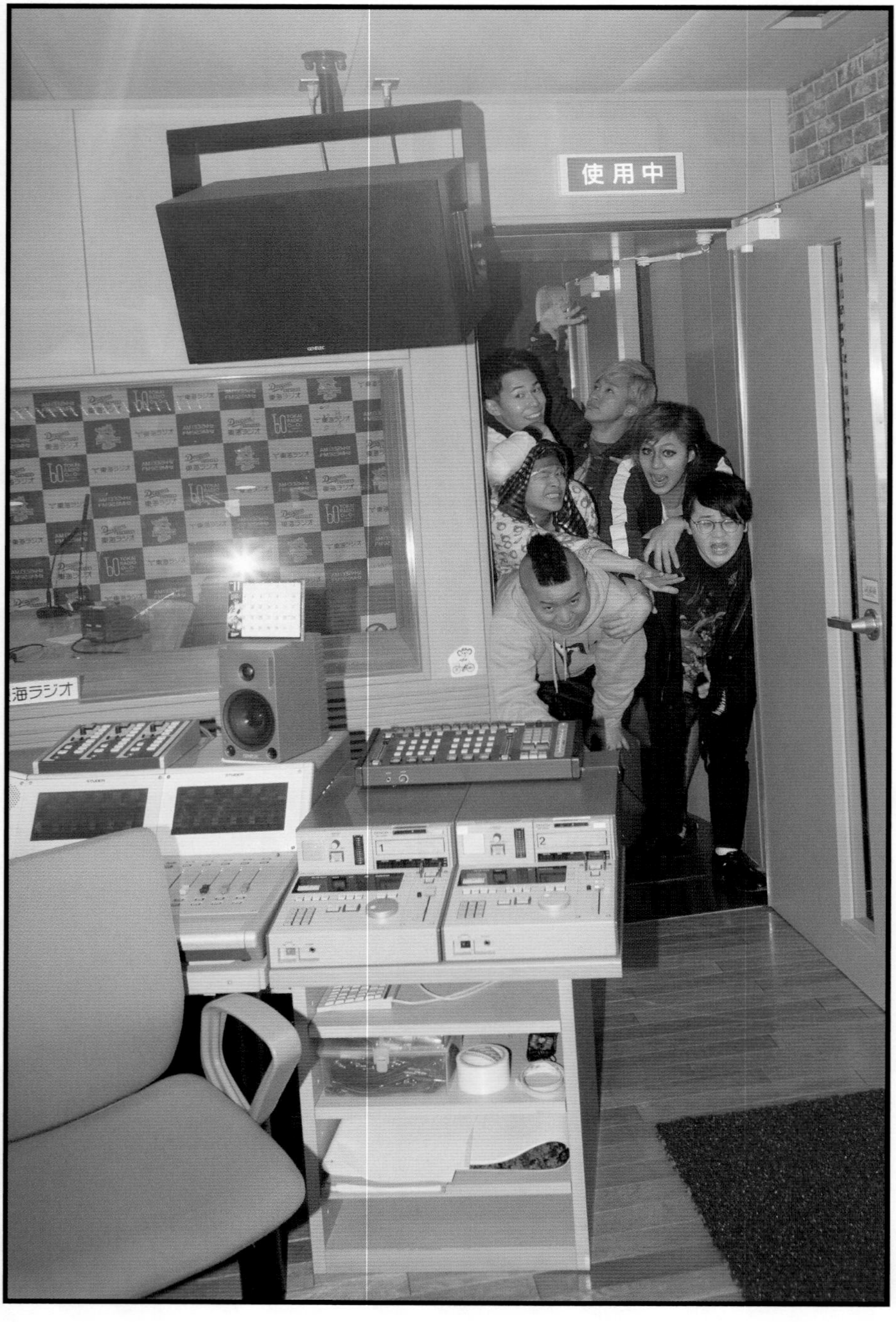
使用中
海ラジオ

「東海オンエアラジオ」開始から1年間を振り返ってみる

ゆめまる&虫眼鏡インタビュー

これ、基本的に下ネタのラジオだからね（笑）

ゆめまる&虫眼鏡、二人の役割は？

——この「東海オンエアラジオ」はどのようにして生まれたのですか？

ゆめまる　そもそも僕らがラジオをやりたいやりたいっていう話をしていたんですよ。それで東海ラジオさんから声をかけていただいて、実現したっていう感じですね。

——ラジオをやりたいっていうのは、好きだからということでしょうか？

虫眼鏡　もちろんそれもあるんですけど、ラジオでしゃべるというのが僕には向いている気がしたんですよね。

——具体的に話が進む中で、どういう番組にしたいなと思いましたか？

ゆめまる　やっぱり東海オンエアらしさを出していきたいというのは根底にあったので、わちゃわちゃしてるというか、気兼ねなくなんでもしゃべって、そういった中から仲間同士の温度感みたいなものを感じ取っていただけるものになればいいのかなと思いました。

虫眼鏡　基本的に我々にはメインチャンネルとサブチャンネルがあって、サブチャンネルを観てくれている人というのは、企画が気になったからとかではなくて、僕たちのリラックスした友達同士のやり取りを観に来てくれている人がほとんどなんですよ。だからそういう雰囲気をラジオにも持ち込めたらいいなと思っていましたね。そういうふうに我々が普段やっていることをやれば、他のラジオ番組とはまた違うものが作れるようになるんじゃないかなと感じました。

——実際やってみて難しさというのも感じられたと思うのですが。

ゆめまる　いやもう、最初はめちゃくちゃ難しかったですよ！　緊張しっぱなしでしたよ。しゃべれなかったですからね。

虫眼鏡　ふふふ。

ゆめまる　いまでこそ、ちょっとはしゃべれるようになってきましたけど。だいぶ成長しましたよ。

——最初の頃は、虫眼鏡さんに噛むのをよく注意されてましたもんね(笑)。

ゆめまる　ま、いまだに注意されますけど。ははは。

——虫眼鏡さんはいかがでしたか？実際に番組をやってみて。

虫眼鏡　僕はバーっとしゃべるのは得意なので、緊張はしましたけど、しゃべることに対しては難しさというのはあまり感じませんでしたね。僕が気をつけたのは、一応この番組はゆめまるがメインというふうな見え方をしたいというのがあって、あまりでしゃばりすぎず、うまいバランスでやりたいなというところですね。そういう意味では、ゆめまるの成長が見られてうれしいです。

ゆめまる　あははははは。恥ずかしいな(笑)。僕がバーっとしゃべって、ゲストで来るてつやとかとしみつとかとしゃべっちゃうと、話がどんどん広がって脱線しすぎちゃうことがあるんですよ。1回としみつの回(※2月28日放送回)で——それは僕的には神回だと思ってるんですけど——下ネタの話をしたら、それで広がっちゃって番組全部下ネタで、最後までずっと笑いっぱなしだったんですよ。もう自分の名前も言えないくらい笑っちゃって。

虫眼鏡　何だっけ？　曲流れてるあいだにＡＶ買ってた時だっけ？

ゆめまる　そうそう（笑）。このAVいいよって言ったら、買うわってなって。

——番組における、二人の役割というものはどういう感じなんですか？

虫眼鏡　僕はだから、ゆめまるのお世話係ですよ。ゆめまる、やりな！って全部やらせて（笑）、僕は遊んでるだけです。

ゆめまる　僕も、「やりな！」って言われてやるんですけど、結局それが遊んでるだけっていう。こんなんでいっかって感じで（笑）。で、たまに収拾がつかなくなったら虫さんにまとめてもらう。

名物コーナーこぼれ話

——番組冒頭にいつもフリートークのコーナーがありますが、あそこのネタも本当に日常感溢れるものが多いですよね。

ゆめまる　町内会の仕事をやだって拒否する話とか、駐車場でキレる話とか……。

——そしてお約束の選曲のくだりはもうすっかり定着していますね。

ゆめまる　ああ、そうですね。

虫眼鏡　選曲の時に、こういう曲をよろしくねって言われたゆめまるが裏切った曲をかけるっていうのを毎回やってたんですけど、マジでもうネタが切れて無理なんですよね。

——（選曲リストを見ながら・P.388）こうやって見ると、なかなか渋い選曲ですよね。

ゆめまる　せっかく聴いてくれるなら、あまり流行っているものではなくて、でもすごいいい曲っていうのを知ってもらいたいなっていうのがあって。

——それもラジオの魅力ですよね。

ゆめまる　そうですよね。例えば台風クラブの「ずる休み」をかけた時はちょうど嵐さんが活動休止を発表する時に選曲したやつで……。みんなから、おいやめろ！って一斉にツッコミが入ったというやつですね。あと、Re:JAPANの時は、よしもとさん関連のニュースが騒がしかったタイミングだし、電気グルーヴの「富士山」をかけたのはピエール瀧さんが……っていう時でしたね。

虫眼鏡　なんかあったんですか？僕は全然知らないですけど。

——きちんと世相を反映していますよね（笑）。

虫眼鏡　じゃあ、沢尻さんの曲もちゃんと流さないと。

ゆめまる　うわー、今日の回でやっとくべきだったなー！（※インタビュー収録は、2019年11月29日）。忘れてた！

——最初の頃から選曲のスタイルや曲をかけるまでのくだりは一貫していますけど、これは意図したものだったんでしょうか？

ゆめまる　はっきりとこうしようぜって決めていたわけではなくて、虫さんとのやりとりでそうなったって感じですね。それで面白いってなって定着していったんだと思います。

——あとコーナーで言うと、「ふつおた」「来たれ！はがき職人」などある中で、「あなたの戦犯を査定しちゃおう！」はリスナーからのアイデアで実現したものでしたよね。

虫眼鏡　台本にも必ず「リスナーの願いから生まれたコーナー」って書

いてあるけど、そうだったっけ?って思っちゃう(笑)。もう忘れてるよね。だからこの本を全部読み返せばそれもわかるようになっているということですよね。

—その通りでございます(笑)。「来たれ!はがき職人」はゆめまるさん発案ですよね?

ゆめまる そうですね。ある時飲み屋で、そう言えば最近ハガキって出してないなって話になって、ラジオなんだったらハガキでやれよって言われて、たしかになーって。そもそもハガキを書くってハードル高いし、熱心なリスナーしかやらないんじゃないかなって思って始めました。実際にハガキが来た時はびっくりしましたよ、ほんとに来るんだ今どきって(笑)。

—一方で、残念ながらなくなってしまったコーナーもありました。

ゆめまる 音のコーナーですねー。

虫眼鏡 悲しいですね。

ゆめまる あれ、いいコーナーだったんですけどね。もうちょい音に詳しい人が出てくれたら。

虫眼鏡 そうだね。リスナーの能力が足りなかったね。

—(笑)。でもそこで虫眼鏡さんは、でんぱ組.incの成瀬瑛美さんからメッセージをいただくというサプライズがありました。

虫眼鏡 ああ、そうですね。そういう意味では続いてほしかった(笑)。

ゆめまる いつもチラさんが作ってるジングルをリスナーに作ってもらうとかやってもらっても面白かったかもしれないですね。

—これからやってみたいコーナーなんかあったりしますか?

ゆめまる ど定番ではあるんですけど、リスナーの面白さを見たいということで大喜利的なコーナーはやってみたいですね。僕らのラジオを聞いているリスナーはめっちゃ面白いんだよっていうことをアピールしたい。有吉(弘行)さんのラジオ番組なんか聞いていると、スター級のはがき職人がいたりするんですけど、そういう人がいっぱい増えてほしいですね。

虫眼鏡 一人、エッチなお便りばっかり送ってくるやつがいますけどね。

—アポロさんですね。

虫眼鏡 はい。あいつだけですね。

—アポロさんのネタを送ってくる頻度は高いんですか?

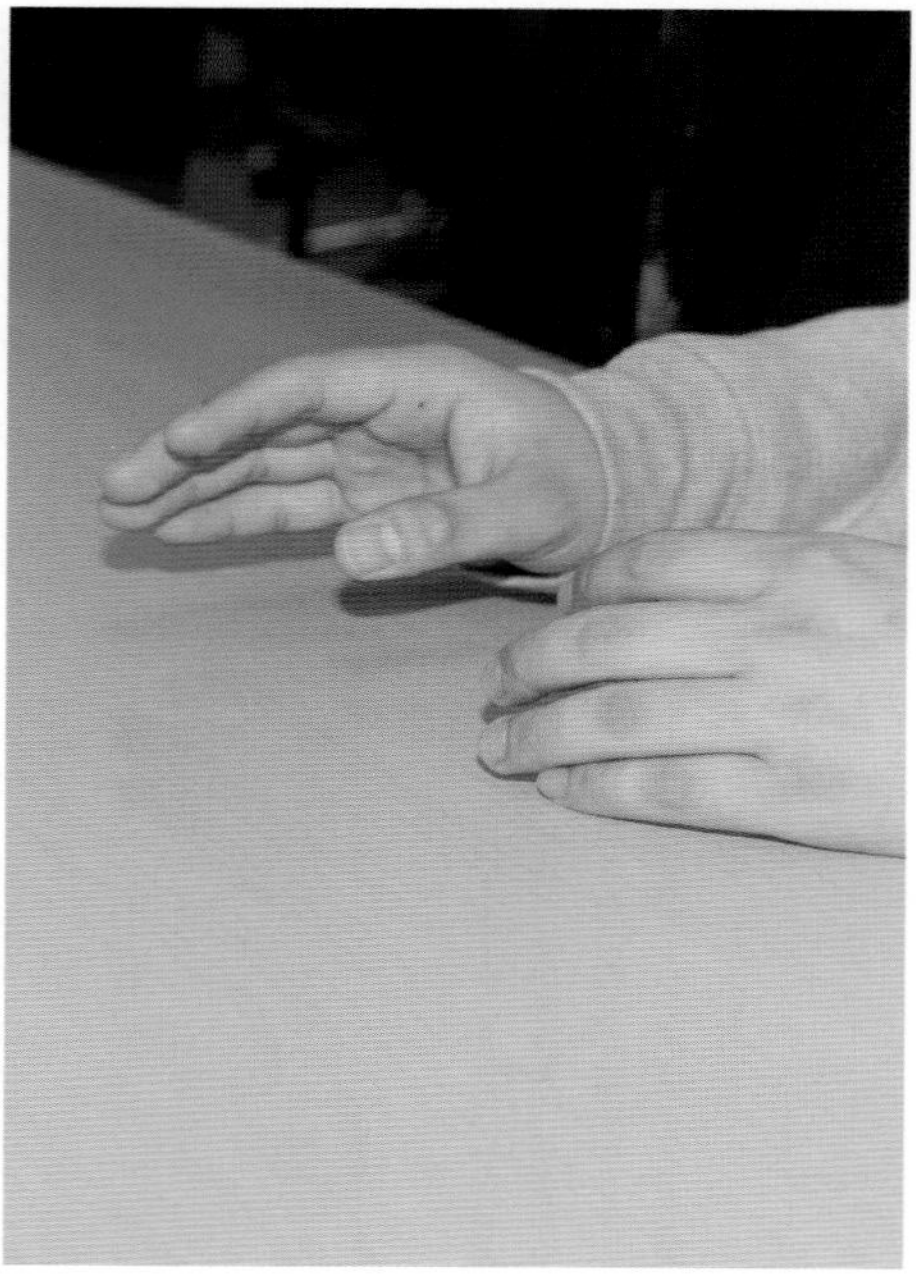

ゆめまる めちゃくちゃ来ますよ。

虫眼鏡 たぶん僕らが知ってるのも一部で、その前の段階でプロデューサーさんがカットしてるんじゃないかなと思いますよ。

ゆめまる ははは。今日の収録でも3枚くらいありましたから。ひとつ採用であとはボツでしたけど。

—全部下ネタなんですか?

虫眼鏡 そうですね。自分のキャラをわかってるんでしょうね。わたしの生きる道はここだって感じなんでしょうね。

ゆめまる だって今日読まなかったですけど、〈緊張感が高まるとエロが溢れ出てきます。どうしましょう?〉みたいな相談がきてて。もうほぼほぼポエムなんですよ。

虫眼鏡 逆にアポロさんから、人間関係がうまくいかなくて、みたいな真剣な悩みが来たら、誰だよ!ってなりますもん。

ゆめまる 違うアポロだな!って。

虫眼鏡 知らんわ!って(笑)。

—虫眼鏡さんはやってみたいコーナーなんかありますか?

虫眼鏡 コーナーっていう答えじゃ

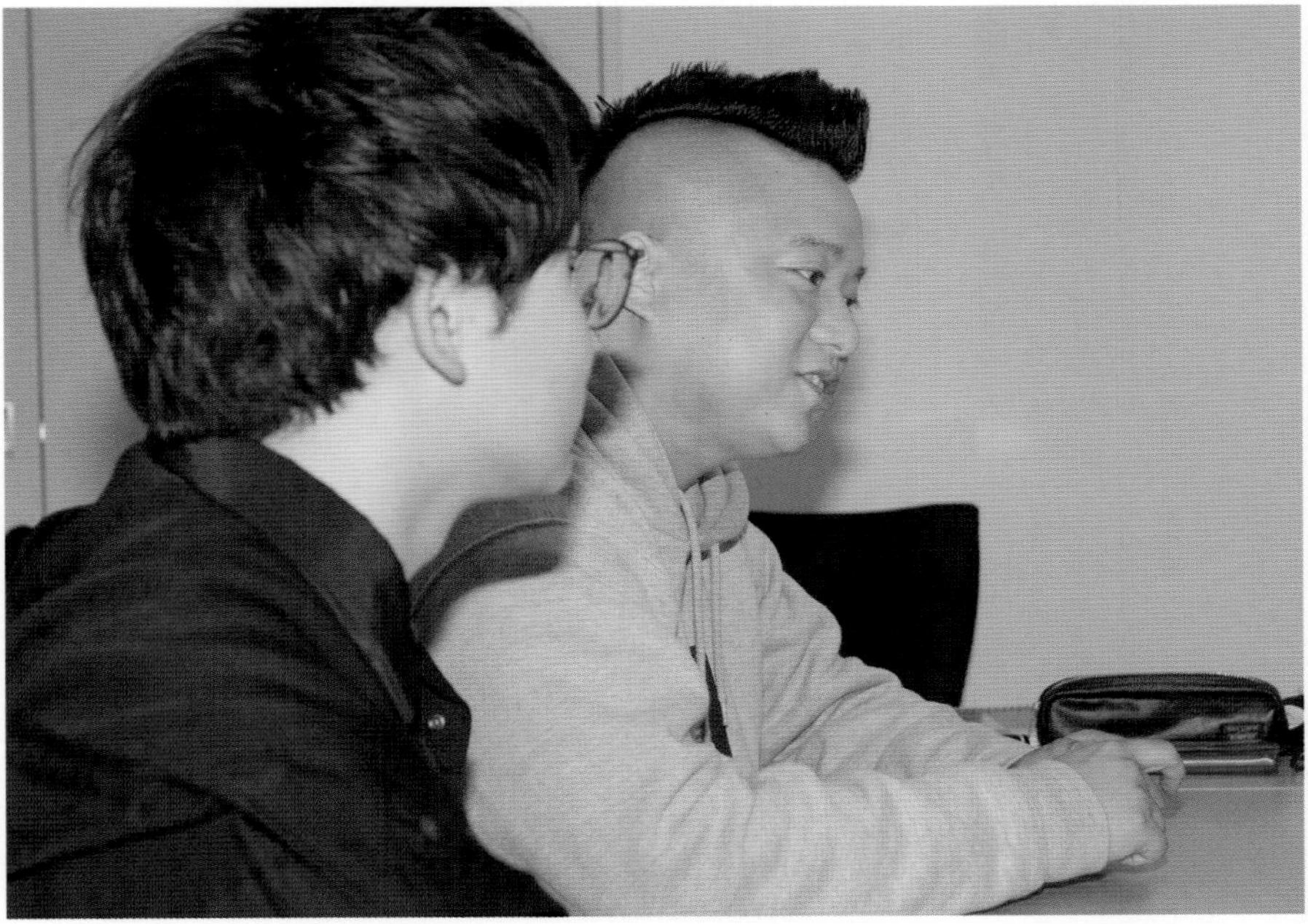

ないんですけど、まさに今日の収録で東海オンエア以外のゲストが入ってきてしゃべってたんですけど、マジで僕たちゲストの扱いが下手なんですよ。ゲストの人たちに話を振らずに僕たちがずっとしゃべり続けるっていう。ゲストの人は「はい」っていうだけになっちゃって。それはマズイなと思いましたね。

ゆめまる　あれはマズかったな。僕がすごいファンのグループで、その人たちが来てくれたんですけど、緊張して僕がしゃべれなくなって機能しなくなるんですよ。好きすぎちゃって。そしたら自然と東海オンエアだけで話すことになっちゃうんですよ。

虫眼鏡　なのでもう少しゲストの扱いに慣れたいというか、だからまずは雑に扱ってもいいゲストに来てほしいですね（笑）。

――開始から1年間で来てくれたゲストで言うと、中日ドラゴンズの小笠原慎之介投手と特番で山本昌さんに水溜りボンドさん。そう考えるとほとんどないと言えばないんですね。

虫眼鏡　そうなんですよ。

ゆめまる　そろそろゲスト回が定期的にあるっていうのもいいかもしれないですね。

虫眼鏡　出たいって言ってくれる人じゃないとキツイけどね。

ゆめまる　まあそうだね。

虫眼鏡　基本的に下ネタのラジオなんだから。

ゆめまる　だって今日も、普通にゲストに向かって「浮気とかするんですか？」って聞きかけて、途中で飲み込みましたからね（笑）。

もはやズブズブ!? 東海ラジオとの関係性を暴く

――1年間やってみて見えたことって何かありますか？　自信になったこととか。

虫眼鏡　一応ラジオなんで、自分たちがやりたいと思っても、もういいですって言われたら終わりじゃないですか？　開始が10月だったから、これは野球中継がなくなったから、その穴埋めとしてリリーフしてるだけなんだろうって思ったんですよ。でも1年間ちゃんと続けられたし、これからもやりましょうって言ってもらえて、今も続いているのがうれしいし自信にはなりましたね。

ゆめまる　4月の改編期とプロ野球シーズンが近づくにつれて、ヒヤヒヤしてましたからね。

虫眼鏡　放送曜日と時間が変わった時は、いよいよヤバイなって思いましたもん。1時間遅くなったし。

ゆめまる　木曜9時から日曜10時になったんですよね。でもそうやってね、1年間やらせていただいて思ったのは、(小声で)聴取率稼いでるぜってことですね(笑)。

―マジですか!?

ゆめまる　いやあ、ありがたいことに。でもそれが一番の自信につながりましたね。

―あと東海地域以外からのメッセージがたくさん来ていますよね。

虫眼鏡　radikoさんが大喜びですよ。

ゆめまる　あはははは。

―印象に残っている回とかエピソードがあったら教えてください。

ゆめまる　僕はですね、この本には載らないんですけど、大感謝祭で母親が登壇するという出来事がありまして。それ、意味不明じゃないですか。

―(笑)。

虫眼鏡　なんでもありかい!って。

ゆめまる　ははは。しかも、母親が特別席みたいなところにいるってことは、めちゃくちゃ高い倍率を勝ち抜いてそこにいるんですよ。最初は東海ラジオさんが僕の母親を招待してくれたんだと思って、局長に聞いたら、「知らん」と。それでプロデューサーさんに聞いても「知らないです」と。

虫眼鏡　そもそも招待だとしたら。そこ?ってところだったからね。

ゆめまる　そうそう(笑)。普通に申し込んでたんだよね。メッセージ読んでたら、お母さんがいるんだもん、やりにくいよ(笑)。それで流れでステージに上がってきちゃって。

―虫眼鏡さんはどの回が?

虫眼鏡　はがき職人のコーナーで、わたしの好きなアイドルの曲です聞いてください、みたいなのがあって、それででんぱ組.incの曲を流したんですよ。その時に僕は、マジでアイドルにハマりたいんだよねって言ってて、今までなかなかハマらなかったから、これをきっかけに一生懸命探そうって決めたんです。それで僕、その日の収録が終わって帰ってからちゃんと探したんですよ。いろんなアイドルのMVとか観て。結果、でんぱ組.incにハマるんですけど、やっぱり曲が一番好きだったんですよね。最初はハマることに一生懸命だったんですけど、気づいたらガチでハマってて。これは番組があったからこその出会いでしたね。本当にリスナーとのやり取りというか、メッセージがきっかけで、でんぱ組.incの曲を初めてちゃんと聞きましたから。たしかその時のリスナーのリクエストが「でんでんぱっしょん」だったんですけど、めっちゃ耳に残ってましたね。

―あと、虫眼鏡さんは中日ドラゴンズの公式戦で始球式をやりましたよね。

虫眼鏡　そう言えば、そうでしたね。それもこのラジオの仕業でしたね。東海ラジオさんが中日ドラゴンズのスポンサーになったって聞いた

から、絶対始球式できるでしょって思ったんですよ。絶対に。

——数字も取ってますしね(笑)。

虫眼鏡　だからやらせてくれよってずっと言ってたんですよ。とは言え、難しいんだろうなとは思ってましたけどね、さすがに。忖度とか序列とかあるんだろうなって(笑)。そしたら、ですよ。しかもゴールデンウィークど真ん中の超プレミアゲーム、お客さんパンパン、3万6000人満員御礼。

ゆめまる　すごい歓声だったよね。

虫眼鏡　普通にビビりましたよ。東海ラジオさんって普段のギャラは全然高くないけど、すごいなって思いました(笑)。

ゆめまる　すげーんだよ、東海ラジオさんは(笑)。だって考えてみ、俺らのあのラジオ内容でちょっとでもお金もらえてるのがもう奇跡だって。

虫眼鏡　たしかに(笑)。こっちが払いたいわ。

ゆめまる　すみませんって(笑)。ラジオが始まって5分も経ってないのに「セックス」という単語が飛び交うとか、あんまないから。

——(笑)。そこはゲストで来るメンバーのキャラクターにもよるところが大きいかもしれませんね。

ゆめまる　そうですねー。

リスナーとの抜き差しならない関係

——やっぱりゲストのメンバーによって番組のカラーが違うというのは、この「東海オンエアラジオ」の特色ですよね。

虫眼鏡　ああ、そうですね。

ゆめまる　それがいいところですよね。

虫眼鏡　としみつが来た回は盛り上がりますし、しばゆーが来ると、「は?」ってなる(笑)。

ゆめまる　ははは。

虫眼鏡　なんだお前は!って(笑)。

ゆめまる　もうお前、ちょっと静かにしろ!みたいな(笑)。

虫眼鏡　ラジオだって言ってしゃべってんのに、あいつ話何にも聞いてないでしょ。じゃ、何やってんのこれって。

——しばゆーさんは「クソオタのコーナー」をいつの間にか持つようになりましたね。

ゆめまる　あれの始まりは何だった

んだろう。たしか、番組が始まる前にしばゆーが送られてきたメッセージ見ながら、これはクソオタだなあとか言い出して。

虫眼鏡　それで僕が、読んで読んでって。

ゆめまる　そう。で、わかったってなって、あいつが勝手に番組をジャックするみたいな感じで始まって、「:iPhoneから送信」が名言になるという。

虫眼鏡　だいたい人から送ってもらったものに対して、勝手に「クソ」って言っちゃいけないんだよ。

ゆめまる　あれは個人的に結構楽しみにしています。でも最近、題名が「クソオタ」ってメッセージがたくさん来るようになっちゃったんですけど、そうじゃないんですよ。クソオタっていうのは、いいお便りを作ろうとしてクソになってしまったものがクソオタですから。だからクソオタでクソを作ったらただのクソなんですよ。

――なるほど(笑)。他には、りょうさんだったら「正論」のコーナーだったり。

虫眼鏡　自分のコーナーになってくると、みんなのでしゃばり欲も違うというか。基本僕ら二人でやってるラジオじゃないですか、例えばとしみつなんかだったら勝手に話に入ってどんどん脱線させていっちゃいますけど、りょうとかは振られるまで静かに待ちますからね。そういうところでもゲストによって色というか温度感が違ったりしますよね。

ゆめまる　りょうの回は真面目回です。これを聞けば「東海オンエアラジオ」のスタンダードがわかるという大切な回ですね。

――てつやさんのときはどんなイメージですか?

ゆめまる　ふつおたのコーナーなんかだと、てつやが夢に出てきたとか、ガチで恋してる子が多くて。

虫眼鏡　てつやのこと好きな子がね。

ゆめまる　それをイジるっていうのも定番化していますね。

――リスナーからのメッセージを選別するのはゆめまるさんですか?

ゆめまる　だいたい収録の1時間くらい前に入って、読んで選んでいくって感じですね。

虫眼鏡　僕は絶対読まないんですよ。そこは僕のポリシーなんです。ゆめまるに全部任せたいんです、そこは。

ゆめまる　相当変なやつがあると、虫さんちょっとこれ見てって言って目を通してもらうこともありますね。何だこれ!って(笑)。

――虫眼鏡さん、そのポリシーはどういうところから?

虫眼鏡　やっぱりゆめまるのやりたいようにやってもらいたいっていうのがひとつにはありますね。あとは単純に、事前に内容を知ってしまうと、リアクションが新鮮じゃなくなるじゃないですか。ふりをするのが僕は苦手なので。驚くにしても、は?ってなるにしても、最初のインパクトを大切にしたいんですよね。

――時には結構厳しめの返しもありますよね。

ゆめまる　そこは正直でありたいですからね。

虫眼鏡　今日もね、22歳でキャバクラ嬢に恋してるってメッセージがあって、お前いい加減にしろ!って言ったところです。

ゆめまる　たけちゃんってやつなんですけど。ラジオネームめっちゃか

encounter

わいいじゃないですか（笑）。凝った名前をつけるんじゃなくて、たけちゃん、22歳（笑）。きっといいやつなんですよ、純朴で。そしてキャバクラ嬢に恋してる童貞。お前なぁ〜って（笑）。

虫眼鏡　説教したなー、たけちゃん。

——そこが「東海オンエアラジオ」のカラーにもなっていますよね。

虫眼鏡　あるあるのお悩みに対して、あるあるの答えってあるじゃないですか。先生に恋する生徒のやつなんか典型なんですけど。それに対して、チャンスはあると思うよ、あきらめなければ叶う、みたいな。バカか！と。そんなもん全員のどんな悩みにでも言えるわと。そんな決まってる受け答えをやる意味はないなと思って。僕やゆめまるだからこその受け答えをしたいなって思ってますね。

——ちなみに、メッセージの採用と不採用のボーダーラインはどのあたりにあるんでしょうか？

ゆめまる　やっぱり読みやすいかどうかですね、まずは。改行だらけの文とかあると、何だこれ？ってなっちゃうんで。

虫眼鏡　噛んじゃうからね。

ゆめまる　改行だらけだと追いつかないんだよ！

——（笑）。

ゆめまる　内容的には、よりリアルな感じが伝わってくると読みたくなりますよね。

虫眼鏡　質問も、あるあるじゃないものがいいですね。教師に恋してしまいました、どうしたらいいですか？　だけだったら、もうそれ、100万回くらいいろんなところで聞かれてるものだから、こっちとしても扱いづらいんですよ。じゃなくて、細かいエピソードなんかが書いてあると、そこに対して、じゃあこうすればよかったのにってなるんですよね。

ゆめまる　あと、めちゃくちゃ長いやつは無理（笑）。そもそもラジオに向いてねえだろって。もう、ビッシリ書いてくる人いるんですけどね。

虫眼鏡　ゆめまるが読むってことを前提に書いて送ってきてください（笑）。

ゆめまる　そうだね（笑）。

虫眼鏡　でも、普段僕らはわりと自分たちのプライベートを切り売りしているようなところも実際あるんですけど、リスナーさんからのお便りがあると、むしろ人のプライベートを垣間見させていただけるというかね。そういう意味ではこの番組は僕らにとってのインプットになっているという側面もあって、すごく楽しいですね。やっぱりリスナーさんの存在は大きいです。

ゆめまる　たしかに。

——今後の目標はありますか？

虫眼鏡　もう、このスタイルでしかできないんでね。これがダメだっていうならクビにしてくださいって感じですよ。

ゆめまる　好き勝手にやらせてくださいってことしかないですね。でも、数字は持ってるぞ（笑）。

リスナーと一緒にとっ散らかったことをやっていきたい

Q&A

GUEST

てつや

Q1. メンバーのラジオにゲストで出演するのはどんな感じ？

メンバーそれぞれがやりたいことをやって、他のメンバーがそれに乗っかっていくっていうのはすごいいい形なんじゃないかなって思いますね。たまたまラジオをゆめまると虫さんが好きだったっていうところから始まって、僕らもラジオを経験する機会を与えてもらっているので、逆に二人以外のメンバーもそれぞれの好きなことから派生していくものがあればいいと思います。

Q2. ラジオの楽しみ方は？

自分の中ではまったく予想もしていなかったメディアでの経験をさせてもらっているっていうところの楽しさですね。だからいい意味で気楽というか、自分が今ラジオでしゃべってるんだ、へー、みたいな珍しい気持ちで楽しませてもらっています(笑)。

Q3. 放送開始から1年間で印象に残っている回やエピソードは？

基本的に下ネタが多すぎて(笑)。リスナーさんからいただくメッセージにしても、毎回毎回よくもこんなレアな下ネタエピソードがあるもんだなって感心しています(笑)。だから特別にこの回、というよりは、毎回のみなさんのカミングアウトに驚かされてます。あと、そうだ、僕とお話がしたいって希望するリスナーさんに電話したら誰も出てくれなかった回（2019年8月4日放送回）は、印象に残っているとは言いたくないけど、忘れずにちゃんと心の奥にしまっています(笑)。

Q4. てつやさんがゲストの回では「戦犯を査定しちゃおうのコーナー」が多い気がします。リスナーの戦犯具合はいかがですか？

僕も結構やらかしてる方だと思うんですけど、僕でも想像できないやらかしを披露してくれるので、世の中いろんな人がいるんだなあって勉強になりますね（笑）。まだまだ尽きないと思うので、これからもどんどん送ってほしいですね。

Q5. これからやってみたいことは？

やっぱりリスナーのみなさん含めて一緒に作ってる感が好きなので、直接関わりが持てるようなコーナーができたらいいかもしれないですね。抽選でゲストに呼んじゃうとか（笑）。それくらいとっ散らかったことをやっていけたら面白いですね。

ちょうどいいクソな感じの、
一発屋で終わるんかいっていう
コーナーがあったらいいぷぅ

Q&A

GUEST

しばゆー

Q1. メンバーのラジオにゲストで出演するのはどんな感じ？

お邪魔しまーすって感じぷぅなー。最初は「どんなことやってんだろ～」ってチラ見する感じだったけどぷぅが、今はもう二人の家に遊びにいく感覚ぷぅ。楽しいですぷぅ。

Q2. ラジオの楽しみ方は？

イヤホンから自分の声が聞こえてくるぷぅなので、声優ばりのいい声でしゃべってやろうっていうのはありますぷぅね。あとはどんなゴミみたいな格好で行ってもバレないっていう特性があるので、寝癖ぼさぼさ＆パジャマでスタジオに入る背徳感、個人的にはそこの部分を楽しんでいるぷぅ。

Q3. 放送開始から1年間で印象に残っている回やエピソードは？

僕の回ではないんだけどぷぅ、聞いた話によると、風俗嬢の方と生電話する伝説の回（2019年2月21日放送回）があったみたいだぷぅ。めちゃくちゃ面白かったらしくて、なんとこんなテーマを扱うのかぷぅって……ああ、（語尾の）ぷぅ、取材の時はめんどくせえ（笑）。そうそうって言うとき、そうぷぅそうぷぅってなって、まるでソープみたいになるぷぅ（笑）。

Q4. しばゆーさんと言えば「クソオタのコーナー」。始まったきっかけは？

なんで始まったかはっきりは覚えてないぷぅけど、ある時の放送が始まる前にリスナーさんからのメッセージを見ていたら、これクソだぷぅなっていうのを集めて発表したらコーナーになっちゃったぷぅ。なんかそれが楽しくなっちゃって（笑）。伝家の宝刀「iPhoneから送信」ぷぅね。いつからか正式にクソオタを送ってくださいってことになったぷぅ。これからもどんどんクソオタを送ってほしいぷぅね。なかなかクソなものを発表する番組もないぷぅから（笑）。

Q5. これからやってみたいことは？

下ネタはもう十分すぎるくらいやってるしなーぷぅ。ここで変なことを提案して本当にやることになったら怖いぷぅなー（笑）。「あなたの音を送ってください」って伝説のコーナーがあって、あれ好きだったぷぅけど、終わったぷぅ。あれくらいのちょうどいいクソな感じの、一発屋で終わるんかいっていうコーナーがあったらいいぷぅ。そしてすぐに忘れられたいぷぅ（笑）。

この調子で気張らずに
楽しくゆるくやっていけたら、
長く続けていけるんじゃ
ないかなズノック

Q&A

GUEST

りょう

Q1. メンバーのラジオにゲストで出演するのはどんな感じ？

ホーム感がすごいズノック。だからラジオ番組というか日常に近いズノック。そういう感じがあるので、僕はゆめまると虫眼鏡についていくだけなんで、いい意味で気を抜いて楽しめているズノック。

Q2. ラジオの楽しみ方は？

普通にラジオ局で自分たちの番組があって、それを放送しているっていうことが、少し前だったら想像もできなかったズノック。なのでいまだにスタジオに来るたびに新鮮感があるズノック。それが楽しいズノック。

Q3. 放送開始から1年間で印象に残っている回やエピソードは？

うーん、これというのは難しいズノックな〜。全体的に常に下ネタが多いズノック（笑）。その印象が強いズノックな。リスナーの方もそれをわかって下ネタ系のメッセージも多いズノックから、もうそういうことズノックか？（笑）。それも面白いズノック。

Q4. りょうさんといえば「正論で解消しちゃうぞ！」のコーナー。感触はいかがですか？

あんまりちゃんと正論で返せてないズノックな（笑）。僕より虫さんの方がよっぽどズバズバ言ってるズノック。

Q5. これからやってみたいことは？

この調子で気張らずに楽しくゆるくやっていけたら、長く続けていけるんじゃないかなと思うので、このペースをキープしたいズノック。

うれしいサプライズが、
そろそろあっても
いいんじゃないかな（笑）

GUEST

としみつ

Q&A

Q1. メンバーのラジオにゲストで出演するのはどんな感じ？

部室にいるみたいな感じですね。そこで他愛もない話をあの二人としているのに近い感覚です。だから正直にいえば、仕事をしに行くって感じじゃないんですよね。いい意味でちゃんとしてないというか(笑)。それがいいのかなって思ってます。

Q2. ラジオの楽しみ方は？

僕らもそうなんですけど、ラジオってやっている側にとってもすごくリラックスして話ができる場所なので、顔は見えないけど素の顔が見えるというか。そこは自分としても楽しみにしているところですね。

Q3. ラジオはよく聞いていましたか？

仕事をしていた時期に車の中でよく聞いていました。知らない曲をそこで知ったり、何気ないきっかけになるメディアだと思いますね。不思議と部屋にこもって聞いたりはしないんですけど。車に乗って運転しながらというのが多いですね。

Q4. 放送開始から1年間で印象に残っている回やエピソードは？

6月に自分のCDをリリースしたんですけど、自分の曲がラジオで流れた回(2019年6月23日放送回)はやっぱり印象に残っていますね。それって普通に考えたらすごいことじゃないですか。でもなんだろ、自分たちが出てる番組だからかどうか、夢叶った感が1ミリもない(笑)。実はそれって他のことでもそうで、幕張メッセのステージに立たせてもらったとか、タイアップをやらせてもらったとか、もちろんすごいんですけど、自然体で受け入れられている感じがあるんですよね。それはたぶんメンバーがいるからだと思うんです。自分一人だったらもっと緊張しちゃってるかもしれないので。

Q5. これからやってみたいことは？

虫さんとかゆめまるとか、自分の好きな人がサプライズで現れるっていうのがあったんですけど……うらやましいなって思います(笑)。僕の好きな人はなかなかBIGな方が多いので、スケジュールなんかも難しいとは思うんですけど、まあちょっと、ね(笑)。うれしいサプライズが、そろそろあってもいいんじゃないかな(笑)。

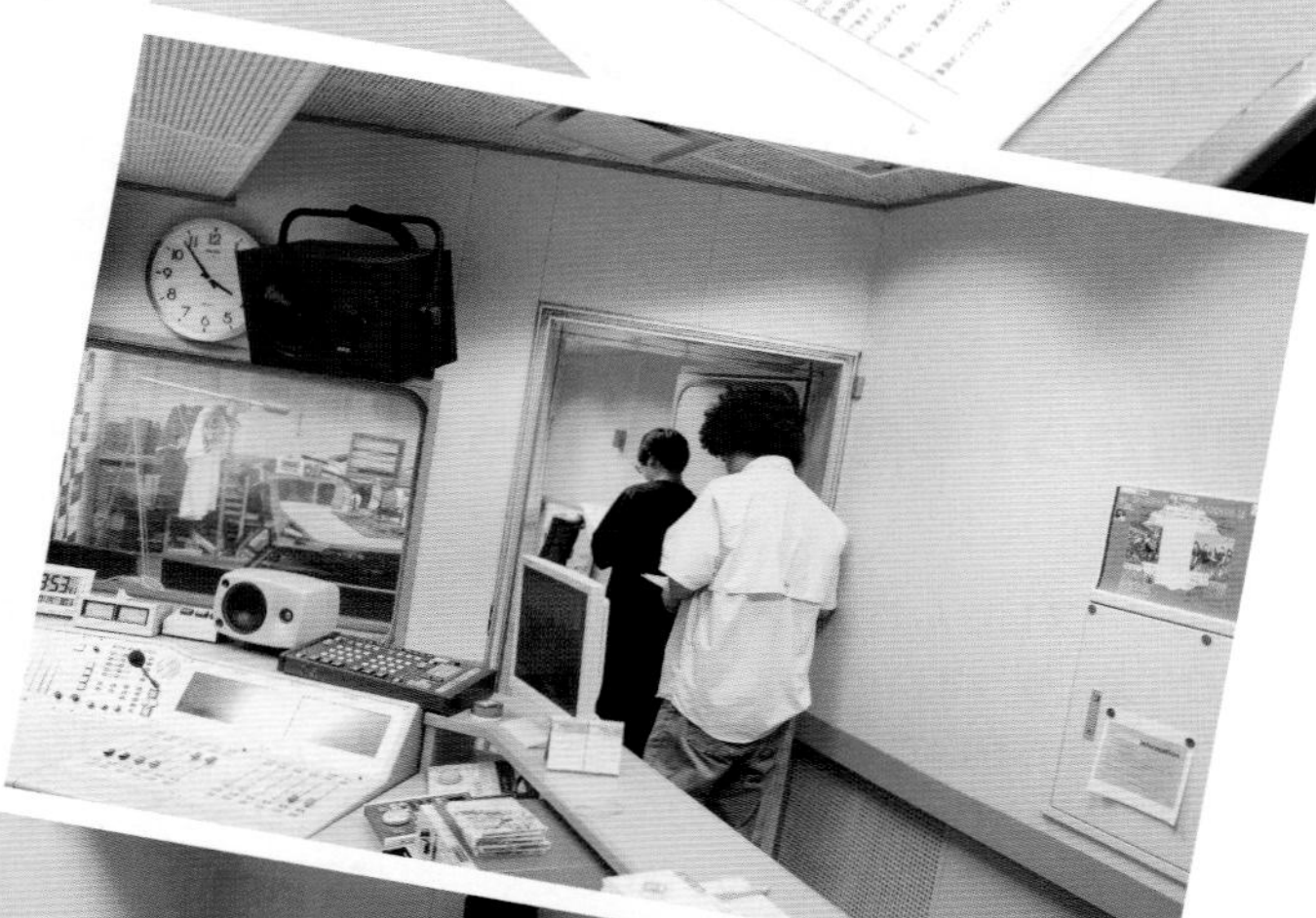

この番組は、
愛知県岡崎市を拠点に
活動するユーチューバー、
我々東海オンエアが
名古屋にある東海ラジオから
オンエアする番組です！

それではいきましょう、
東海オンエアラジオ
ほぼ1年分！

「東海オンエアラジオ」は、
毎週日曜日 22:00～22:30、
東海ラジオにて放送中です。
（2020年2月現在）
AM1332kHz FM92.9MHz
radiko.jp で聴取可能です。

2018 10/04

コーナータイトルうまく言えんわの回

GUEST
てつや

虫眼鏡　**ついに始まってしまいました。**東海オンエアラジオです。

虫眼鏡&ゆめまる　よいしょー！

虫眼鏡　東海オンエア初めての冠番組ですね、これが。東海ラジオさんでやらせていただけることになりました。

ゆめまる　うれしいことにね、ほんとに。

虫眼鏡　はい、9月17日の「東海ラジオ大感謝祭」ってところで、この東海オンエアラジオが始まるって発表をしたわけなんですけども、ゆめまるさんどうですか？　ずっとラジオやりたいとか言ってましたけど。

ゆめまる　いやもう、**うれしい限りで、その日の夜、三軒はしごしてベロベロになって駅のベンチで寝てましたからね。**

てつや　なにしてんだ(笑)。

虫眼鏡　楽しみ方が。だって一緒にご飯食べにいったじゃん。そのときにゆめまるさぁ、「いや俺は車だから飲めないよ」って言って飲まなかったじゃん。そっから三軒行ったの？

ゆめまる　そう。地元に帰って車を駐車場に置いて。そっから三軒行きました。

虫眼鏡　それはデブになるよ、でもしょうがないか。

てつや　ゆめまるの、車だから今日は飲めないよ、は絶対嘘だから。**毎回飲んで代行で帰るから。**

虫眼鏡　(笑)代行呼べばいいや、って。車あちこちに置いてあるもんな。

てつや　そこまでが一連の流れだもんな。

虫眼鏡　はい、というわけでね、こういうちゃんとした我々の番組ということで、我々にメッセージが送られてくるわけですよ。で、そういったメッセージにも僕たちがお答えしていくという形になりますけども、そういうのをね、ラジオだと、この東海オンエアを普段知ってる人じゃない人にも届けられるわけじゃないですか。そういう意味ではちょっと新しい挑戦なのかなと思ったりもしますよね？

てつや　うん、たしかに、こいつら誰なんだって思って聴いてる人が結構たくさんいるわけですからね。

ゆめまる　で、これ聴く東海ラジオっていうのがさ、まぁ普通、愛知、岐阜、三重でしか聴けないんだけども、**他の地域で聴くためにはradikoのプレミアムに入ってもらわないと聴けな**いっていう。

虫眼鏡　そっか、入ってもらわないといけないのかぁ。

てつや　お金がかかっちゃうんですか、これは。

虫眼鏡　そっか、お金かかっちゃうからな。

てつや　課金してもらって。お願いします。

虫眼鏡　(笑)。それか、**東海地方に引っ越してきてもらって。**みんなどういうふうに思ってるのか、ツイッターとか見てみますかね。

ゆめまる&てつや　はい。

虫眼鏡　「#東海オンエアラジオ」で聴いてる人は試しにつぶやいてみてください。

ゆめまる　あ、今リアルタイムでね。

虫眼鏡　すごいすごい！　もう1000件もツイートされてる！

てつや　すごい、ものの5秒で。

ゆめまる　わーお！

てつや　だから、収録だろこれは(笑)。

ゆめまる　(笑)。

虫眼鏡　そうなんですよ、我々ね、**よくないこと言う可能性あるので、生放送はできませんので**、収録の放送になっております。このガラスの窓の向こうでね、ラジオ局の人が見てますけれども。僕たちが、「東海オンエアラジオ！」

と言うと、この番組が始まります。というわけで、ゆめまるさん、言っちゃいましょう！

ゆめまる　東海オンエアラジオ！

《ジングル》

てつや　東海ラジオをお聴きのあなた、こんばんは。東海オンエアのてつやと。

ゆめまる　ゆめまると。

虫眼鏡　虫眼鏡だ。

ゆめまる　この番組は愛知県・岡崎市を拠点に活動するユーチューバー我々東海オンエアが、な……名古屋にある、東海ラジオからオンエアする番組です。緊張してますんでね（笑）。

虫眼鏡　名古屋で噛むことないやん。ゆめまると、僕、虫眼鏡が中心となってお届けする30分番組。今回のゲストは、東海オンエアのリーダーの、てつや君です。

てつや　おじゃましてまーす。

ゆめまる　いえーい。

てつや　おじゃましてるって形なのかな？　なんだろう、不思議だね。

虫眼鏡　僕たちも初めてだから、別に、今日はてつやゲストか、って感覚ないもんね。

てつや　そうね、一旦3人で始まって、次からは、ま、いろんな人が来たり、また俺が来たりって感じなのね。

ゆめまる　そういうことだね。

虫眼鏡　メンバーを交代で回していくという形で、基本的に僕とゆめまるはずっと出てるよ、ってことでね。

てつや　東海オンエアのラジオ担当の二人が。

ゆめまる　頑張りますんで。

てつや　最初だいぶ不安でしたけど、大丈夫ですか、ゆめまるさん？

ゆめまる　いやぁ、もう、なんか、ま、なんとかなるかな、と。

てつや　二人の成長も見れるって番組ですね、これは。

虫眼鏡　そうなんですよ。本当に僕とゆめまるね、ちょくちょくゲストで出させてもらったりすることもあったんですけど、ゆめまるめっちゃ緊張するじゃん最初。

ゆめまる　あのね、あがり症だったから、高校時代からずっとあがり症だったからね。

てつや　まぁね、慣れてきたらむしろね、向いてるタイプかなと思うけどね。

虫眼鏡　いいことなんだけどね、めちゃくちゃ台本読むんだよね。

ゆめまる&てつや　あははは。

てつや　ガチガチに見てるもんね。

ゆめまる　ごめんなさーい（笑）。

虫眼鏡　聴いてる人も、今ゆめまるがアドリブでしゃべってんな、ってのと、これめっちゃ台本読んでるやん今、っていうとき、すごい最初わかると思うので。

てつや　台本の声を出してるね。

虫眼鏡　**〝台本読んでる声〟**があるんで。それもまた楽しみにしていただければ、って感じですね。

てつや　夢のラジオを二人ともやりたかったみたいで、おめでとうございます、これは。

虫眼鏡　あぁそうなんですよ。

ゆめまる　**中学校時代からの夢だったから、ラジオでパーソナリティーやるっていうのが。**叶って、すごい舞い上がっちゃってるんだよね。昨日も全然寝れなかったから。

虫眼鏡　そうなんだ、楽しみにしてて？

ゆめまる　楽しみにしてて。

虫眼鏡　なんか、めちゃめちゃさ、なんていうの、FM岡崎とか地元のラジオとやれればいいやと思ってたんだけど、こんなね、東海ラジオっていうことで、3県に僕たちの声が響きわたるという。

ゆめまる　すごいことよ、これ。

てつや　東海オンエアって名前でよかったよ。

虫眼鏡　たしかに。**東海オンエアが東海ラジオでラジオ番組をオンエアする**っていう。非常にわかりにくいね。

てつや　そう。完璧だ（笑）。同じ単語がいっぱい出てくるからな。

虫眼鏡　「東海オンエアラジオ」っていえばね、もう、シンプルきわまりない番組名なんですけども。ま、この番組をやるためにつけたということでございますね。

ゆめまる　みなさん昨日なにしてましたか？

てつや　昨日ですか？　昨日はもう何も変わらない、まぁ平日の編集する感じの一日でしたね。

虫眼鏡　そうだねぇ、僕も昨日は編集する一日だったから。あ、でも僕あれがあるわ。ヒゲを脱毛しにいってましたよ昨日。

ゆめまる&てつや　おぉー。

虫眼鏡　おぉ、かな？（笑）。そんな、ヒゲの話ふくらまそうとしんでや。

ゆめまる　昨日俺はね、今さ、有名な、『カメラを止めるな』って映画あるじゃん。あれを観にいってきた。

虫眼鏡　今っていうか、結構前に流行ったし（笑）、しかもこれ、放送されるのちょっと先だから、ゆめまるめっちゃ時代遅れになっちゃってる。

ゆめまる　これ結構ね、時代遅れの人間だね、今。

てつや　でもなんか、じわじわとやっぱりさ、話題になって時間たったけど観てきてやっぱり面白かった、みたいな人がずっといるよね、あれ。

ゆめまる　ほんと、めちゃくちゃ面白いから、観たほうがいい。ネタバレはね、しちゃうとつまんないから、あれはね、ネタバレ、なんも知らない状態でいったほうがいい。

てつや　しかもラジオじゃ絶対しちゃダメだからね（笑）。

虫眼鏡　そうだね（笑）。じゃあ、ゆめまるは代わりにヒゲの脱毛いってもらうってことで。

ゆめまる　嘘でしょ？　俺、ヒゲはえてないじゃん、そんなに。

虫眼鏡　ほんとめちゃくちゃ痛いんだよね。みなさんもね、見てもらえばわかると思うんだけど、僕の顔けっこう赤くなってます。

てつや　ラジオだって言ってんの。

虫眼鏡　というわけで、曲を流すお時間なんですけど、まぁ、みなさんまだわからないと思うんですけど、僕いま、オレンジ色の髪の毛をしてまして、もともと黒髪だったんですよ。で、もうそろそろ黒髪に戻そうかなと思ってるんですけど、というわけで、僕、明日美容院の予約を入れて、今ちょっと髪の毛の長さが中途半端なんで、明日生まれて初めてね、**星野源さんみたいな髪型にしてくださいって注文する予定**でございます。

ゆめまる&てつや　おぉー。

虫眼鏡　っていうことでね、星野源さんの曲なんか聴けたらね、いいかなと思うんですけど。

てつや　星野源さん好きなんですね？

虫眼鏡　けっこう大好きでございます。

ゆめまる　カラオケ行っても絶対歌うもんね。

虫眼鏡　そう。歌いやすいしね。みんな知ってるから、盛り上がってくれるってのもあってね、そういう意味で、ハズレがないなって感じで、今回、第1回目ってことなんで、聴取者のみなさんもね、楽しめるような曲を、ゆめまるさんのほうから言っていただきたいと思います。じゃ、ゆめまるさん、曲ふり、お願いします。

ゆめまる　それではここで1曲お届けします。くるりで、「琥珀色の街、上海蟹の朝」。

虫眼鏡　おーい！

《曲》

虫眼鏡　おしゃれだけども！

ゆめまる　お届けした曲は、くるりで、「琥珀色の街、上海蟹の朝」でした。

虫眼鏡　上海蟹食べたい。

ゆめまる　♪上海蟹食べたい、って。

てつや　こっち完全に星野源さん聴く気持ちができあがってたんだけどさ。

虫眼鏡　**ゆめまるが担当なんですよ、曲紹介は。**

てつや　なるほどね。

ゆめまる　次回から、ちゃんとリクエストして。どんなのがいいかね。

てつや　気持ちはくんでくれるんだ、ちゃんと。

ゆめまる　**気持ちはくむ**んで。ほんとに。おしゃれな、って言ったら、おしゃれな。

虫眼鏡　はい、じゃあ次回もお楽しみに（笑）。

ゆめまる　さて、東海オンエアが東海ラジオからお届けしてます東海オンエアラジオ。今日からスタートした番組ということで、東海オンエアが一体何者なのかを、虫眼鏡さん、詳しくお願いします。

虫眼鏡　（笑）めちゃめちゃそんな難しいとこを僕に任せないでよ。まぁね、東海オンエアを普段から見てくださってる方は、東海オンエアって知ってるよ、今さら紹介なんていらないよ、あの超有名ユーチューバーでしょ、と。**TOP OF TOPユーチューバー**でしょ、大スターでしょ、と。

てつや　そこまで言わんでいいわ。**恥ずかしくなるわ（笑）。**

虫眼鏡　わかってると思うんですけど、やっぱラジオっていうことで、普段我々のことを知らない方とかもけっこう聴いてくださってると思うんですよ。その人たちに簡単に自己紹介なんかをしていこうということですね。ま、お堅い紹介と言いますと、我々、愛知県岡崎市、地元ですね、そこを拠点に活動しているユーチューブクリエーターでございます。メンバーは6人組で、今ここにいるのが、しゃべってる虫眼鏡と、

てつや　今回ゲストという形の僕てつやと。

ゆめまる　ゆめまるです。

虫眼鏡　と、それプラス、としみつ、しばゆー、りょうの6人組で活動しております。ユーチューバーとはそもそもなんなのかということでね、若い人だったらユーチューバーね、ふふん、ってわかると思うん

ですけど、おじさんとかね、ユーチューバーってそんな言葉**知らんげな**、っていう人も多いと思うのでね。

ゆめまる&てつや　知らんげな、ってなに？（笑）

虫眼鏡　僕のおばあちゃんがよく言う言葉（笑）。まぁ、てつや君ね、リーダーってことで、ユーチューバーってこんなやつらだ、っていうのを簡単に教えてあげてくださいよ、おじいちゃんたちに。

てつや　ユーチューブというね、動画を投稿する場所があるんですけど、そのサイトに、動画をアップして生計を立てている人たちをユーチューバーと言うんですけど、ユーチューブを知らないとそもそも話になりませんので、そこでわからない人は諦めてください。

ゆめまる　（笑）諦めちゃダメだって、番組終わっちゃうからそうしないともう。

虫眼鏡　ユーチューブを噛み砕かないのかよ。

てつや　動画を出してる人たち。

ゆめまる　ま、ネットでね、

てつや　そう。**テレビの対抗馬。**

虫眼鏡　**言い過ぎです（笑）**。ま、テレビとかだったらすごいたくさんの人たちが協力して、すごい番組を作り上げるんですけど、それを極限までショボくしたっていうか、6人で動画を企画して、撮影して、それを編集して、インターネットにアップロードしてるよ、と。それで大人気になった6人組だよ、と。そういうふうに覚えていただければ、ということですね。

てつや　間違ってないんだけど、自分で言うのちょっとアカンすなこれ（笑）。

ゆめまる　どんどんどんどん恥ずかしくなってきてんだよね（笑）。

てつや　おかげでね、こうやってラジオできるようになったんですけどね。

ゆめまる　そういうこともありますからね。もっともーっと知ってもらうために、このコーナーやっちゃいます。

虫眼鏡　唐突だなぁ。

ゆめまる　題して、「第1回　東海オンエア　他己紹介ーー」。

虫眼鏡　ダメだな、ゆめまるさん。

ゆめまる　ごめんて。今、わからんかったよ。

虫眼鏡　普段の動画でもそうなんだけど、**ゆめまるさんのタイトルコールは、元気がなさすぎますよ。**

てつや　ぬるっと入ってきた。「他己紹介」ってなんなのかすごい気になったのにさ、ゆめまるの言い方のほうが気になっちゃったもん今。

虫眼鏡　ほんとなんか、**今からオクトパスの紹介をするみたいになっちゃってるから。**

ゆめまる　このコーナーやめて、それ紹介しよう。

てつや　やめよう（笑）。

虫眼鏡　もう一回やってください、ゆめまるさん。

てつや　元気なやつ、元気。

虫眼鏡　元気なやつになるまで、何回でもやらせるからね。だってさっき、この**東海ラジオの局長がきて、なにやってもいいよ、って言ってたから。**

ゆめまる　おぉー。

てつや　そうそうそう。

虫眼鏡　15分間、ゆめまるのタイトルコールやり続けてやる。

ゆめまる　番組終わるだろ、それ。それじゃ、もう一度いきます。**「第1回、東海オンエア　他己紹介ーーーー！」**

てつや　いいじゃないですか。

虫眼鏡　いいんじゃない？

ゆめまる　けっこうよかったよね？

虫眼鏡　でもなんか、ちょっと声大きくすればいいと思ってる節はあるかな。

ゆめまる　じゃあ見本見せてもらいたいな。

虫眼鏡　**声ガザガザ**になってたしね。

てつや　じゃあもう、タイトルコール選手権する？

虫眼鏡　（笑）これで15分使おう。ま、てつやが一番よくタイトルコールしてるから、てつややってみてよ。

てつや　そうね。僕のスタンスでいくと、字幕入るから聞こえなくていいや、っていう、ラジオに一番向いてないやり方。

虫眼鏡　そうだったね（笑）。

てつや　今回それを貫かせていただきますね。いきます。「●＄ー＃％☆ダッ＊∋×＄＃〜!!」

ゆめまる　ダメです。

虫眼鏡　やりすぎです。普段でもそんなにやってないやん（笑）。

ゆめまる　普段でも、ちゃんと聞こえてるからね、俺ら。言ってなかったやん、「第1回」すらも。ヤヤン！って言って（笑）。

てつや　しまった、やりすぎた。この折衷案ってことでね、やりすぎつつも聞こえるみたいなやつ一回やってみてください、虫さん。

虫眼鏡　あ、僕が？**「ぁ第1回東海オンエア　他己紹ーー**

介ーーーー！」

てつや　おぉ。ピューンの音が入った。

虫眼鏡　気持ちいい、耳に心地いいなぁ。

てつや　なかなかいいですね、今の。

ゆめまる　もう進めましょう。いきましょうもう。

虫眼鏡「他己紹介」とはなんでございましょうか？

ゆめまる　えーと、リスナーのみなさんからきた質問に、自分で答えるんじゃなくて、今日で言うと、ゲストのてつやと虫眼鏡が、代わりに答えてもらいます。

てつや　あ、ゆめまるに来た質問を？

ゆめまる　そうですね。例えば、てつやにきた、好きな色はなんですか？って質問に対しては、俺と虫眼鏡が答えます。

てつや　なるほど。

ゆめまる　僕たちもう、てつやとは9年、虫君とは4〜5年くらいの付き合いなので。

虫眼鏡　ちょっと僕だけ付き合い浅くはあるけども、ま、長いには越したことないですからね。

てつや　それでも4〜5年あるからもう、なんでもお互いわかりますよ。

ゆめまる　わかってるんで。

虫眼鏡　我々ほどの仲良しグループね、メンバー愛がありますので、どんな質問がきてもね、**本人より詳しく答えれるんじゃないか**と、そういったことでございますよ。

ゆめまる　メンバーの愛が試されるコーナーですので、みなさん真剣に答えていきましょう。

てつや　任してください。

ゆめまる　一問一答形式で今から質問がくるので、テンポよく答えていきましょう。まず虫さんに関する質問に、俺とてつやが答えます。

虫眼鏡　あ、今回僕なのね。

ゆめまる　それでは、スタート！

――虫眼鏡の好きな食べ物は？

てつや　これはガストのハンバーガーのチキン南蛮のBセット大盛りですね。

ゆめまる　芋。

虫眼鏡　はぁはぁはい。

――虫眼鏡の好みの女性の髪の長さは、ショート？　ロング？

虫眼鏡　これは答えありますね。

ゆめまる　ショート、ロング、って書いてあるんですけど、多分坊主です。

虫眼鏡　（笑）おい！　おい！

てつや　これはショートで、完全にショートなんですけど、元々カノの、**下の毛もショート**でしたね。

虫眼鏡　いらないそれ（笑）。ショートっていうか、そこは坊主だよ。

――虫眼鏡がエロに目覚めたのは？

虫眼鏡　質問がふざけてる。

ゆめまる　エロに目覚めたってことは、初めてエロ本を公園で拾ったと思うんで、小2くらいかなと。

虫眼鏡　いや（笑）。

てつや　大学のときに、虫眼鏡の家のポストをあさってたら、メガネ系のAVが入ってたのは有名な話なんですけど、**多分自分でメガネをかけたときに鏡を見て発情**したんじゃないかなと。

虫眼鏡　それも小2じゃねーかよ！

――虫眼鏡が一番秘密にしていることは？

虫眼鏡　ダメダメそれ言っちゃ。

ゆめまる　一番秘密にしていることっていうと、ま、**最近実は母乳が出るようになった**っていう。

虫眼鏡　うははは。大喜利じゃん。

てつや　女好きじゃないけど、スケベみたいなキャラがあると思うんですけど、実は、バイよりのゲイですね。

虫眼鏡　ゲイよりのバイだわ！

てつや　それもおかしいだろ（笑）。

――虫眼鏡は、結婚しないんですか？

ゆめまる　結婚しないというよりも、結婚できません。無理です。

虫眼鏡　なんでだよ（笑）。

ゆめまる　できるわけがない。

虫眼鏡　一番できるだろ。

てつや　**今、虫眼鏡と僕で、事務所のかわいい女の子のスタッフ取り合ってる**んで、まだ先の話ですね。

虫眼鏡　おい、それ言うな！　それが内緒だわ！

――カンカンカン。

虫眼鏡　ふざけすぎです。大喜利ではないんですよ、ここは。

てつや　**いろんな虫眼鏡のことがわかりました**ね、これで。

虫眼鏡　信じちゃうじゃないか。

ゆめまる　一番秘密にしてることがね、ちょっとカオスな感じだったけどね。

てつや　ゆめまる何て言ったっけ？

ゆめまる　つい最近だけど実は母乳が出るようになった。

虫眼鏡　出るわけねーだろ！

ゆめまる　ぎゅーってやったら。出ちゃったかもしれないね。

てつや　ははははは。

虫眼鏡　お前に言われたくないよ（笑）。お前のほうが出そうだからな母乳は。

ゆめまる　俺のほうが出そうって言うけど、同じデブだから。二人ともデブだから。

虫眼鏡　いやいやいやいや、ゆめまると一緒にしんでほしくない。

てつや　**ゆめまるは背がでかくて、デブっていう、王道デブ。**

ゆめまる　王道デブではない。

てつや　**虫眼鏡は背が小さいのに出てるっていう、ゴブリンデブ。**

ゆめまる　ゴブリンデブ(笑)。

虫眼鏡　おい、僕のほうが嫌やん、それ。僕の変則デブじゃん。

てつや　**ゴブリンデブの人は母乳でちゃう**からね。

虫眼鏡　出ねーだろ。

ゆめまる　どういう偏見なんだ(笑)。

虫眼鏡　他に何の質問があったっけ？　最初の1問目だけ普通の質問で、それ以外全部ふざけてた気がする。

てつや　好きな食べ物はガストのハンバーガーのチキン南蛮。

ゆめまる　俺、芋って答えた。

てつや　適当じゃねえかよ。

虫眼鏡　嫌いじゃないけどね(笑)。

てつや　で、好みの女性の髪の長さは、ショート、ロング？

虫眼鏡　あぁ、そう、てつやはショートって言ったじゃん、ま、いらんことも言ってたけどね。ゆめまる何？

ゆめまる　坊主って。

虫眼鏡　どういうこと？

ゆめまる　坊主だったらカツラかぶればショート、ロング、どっちもいけるじゃん。**二刀流だなと思って。**

てつや　結果どっちが好きなのか出てねえじゃねえか(笑)。

虫眼鏡　ショートかロングかどっちかって聞かれてるのに坊主って答えるの、すべってるよそれ。

てつや　アイコニックくらいしかいないから、それ。

ゆめまる　いいだろ、かわいいだろアイコニック。

虫眼鏡　あの人美人だからいいんだよ。

てつや　で、エロに目覚めたのはいつか。

虫眼鏡　二人とも2年生だったよ(笑)。

ゆめまる　俺は普通にエロ本を拾った日。拾った年、小2、って言って。

てつや　俺は、眼鏡を初めてかけた自分の姿を見たときに発情したのかな。

虫眼鏡　なんで自分に発情してんの僕。

ゆめまる　やばいやつやんそれは(笑)。

虫眼鏡　へぇ。でも僕それ、小5とかだよ。覚えてるわ。

てつや　なんだったの？

虫眼鏡　小5くらいになったらわかるじゃん。あんま言いたくないなラジオなんだから。**白いのが出たときだから。**

てつや　あはははは。

ゆめまる　あぁ、それで目覚めたの？

虫眼鏡　目覚めたっていうか、あっ、そういうことなんだ！って。僕たぶん友達より遅くて、友達がなんかそういう動きとかをしてて、なにやってんだあいつら、お下品なやつめと思ってたのよね。それで、試しにやってみたら出たから、あぁそういうことだったのか、あいつらって。

ゆめまる　めちゃくちゃ気持ち悪い話するやん。

てつや　**夜9時からのオンエアじゃギリ早いぞ**これは。

虫眼鏡　たしかに。今のとこばっさりカットしてもらおうかな。

ゆめまる　はい、ちょっと時間がなくなってしまったので。

虫眼鏡　お前らのせいだよ。

ゆめまる　続きは次週。

てつや　あらまぁ。

ゆめまる　以上、「第1回　東海オンエア　他己紹介」でしたっ!!

てつや　終わりでそのテンションいる？(笑)

《ジングル》

虫眼鏡　え？　今ジングル初めて聞いて、なんだこれは?と思ってたら。

ゆめまる&てつや　♪ハッピバースデートゥーユー、ハッピバースデートゥーユー、**ハッピバースデーディア虫眼鏡～**。ハッピバースデートゥーユー。フゥ～、パチパチパチ。

虫眼鏡　やったー。

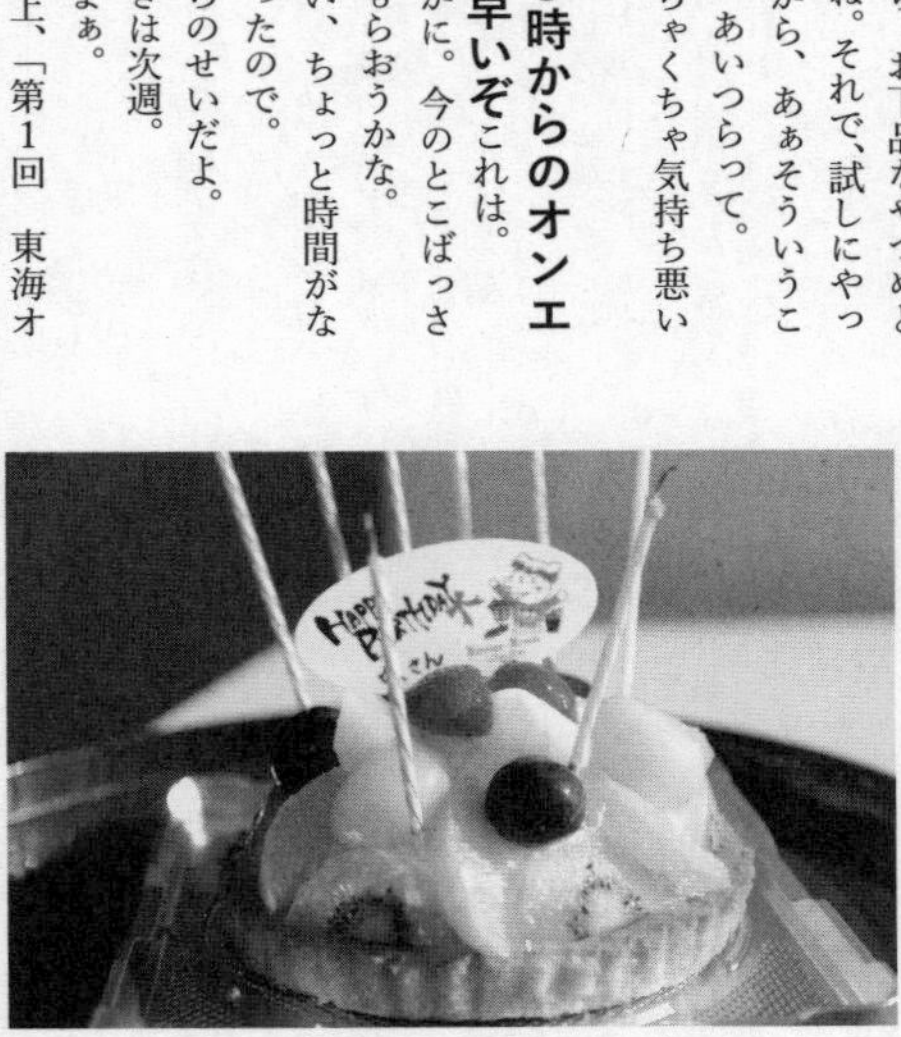

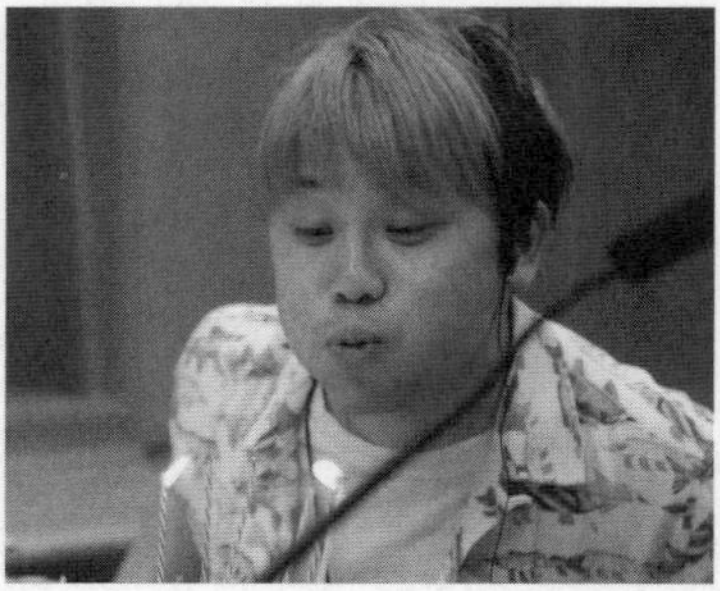

てつや　さあ、ロウソクの火を吹き消してください！

虫眼鏡　ふぅーー。

ゆめまる&てつや　おめでとー!!

パチパチパチ。

ゆめまる　そう、虫眼鏡は9月29日に26歳のおじさんになるということですね。

虫眼鏡　おい！　**祝う気ねえじゃねーかよ。**

ゆめまる　オンエア日は10月4日ということで、ちょっと過ぎてしまったんですけど。

虫眼鏡　そっかそっか、収録日はまだ全然誕生日なんて意識する感じじゃなかったから。

てつや　サプライズ見事成功でございます。

虫眼鏡　いやめちゃめちゃサプライズだ、びっくりした。

てつや　今のお気持ちはどうですか？

虫眼鏡　いや、**東海オンエアの人たち全然祝ってくれないんで、**こういう他のところに出たときにしか祝ってもらえないので、ラッキーだったなと思いますね。

ゆめまる　またジジイにひとつ近づいたということでね。

虫眼鏡　いや、たしかに、26歳はもうね、祝ってもらっていいのかわかんないですけど。ま、それでもね、みなさんより1歳年上になったということでね、今から敬語でお願いしますね。

ゆめまる　わかりましたー。

てつや　はーい、そうしまーす。

虫眼鏡　えー、やったー、あとで食べようみんなで。

てつや　そうしましょう。ってことで、26ってことで、節目でもなんでもない歳なんですけど、今年のなんかやりたいこととか、どうですか？

虫眼鏡　いやぁ、そうですね。でも、今年もどうせお前らと一緒に(笑)、1年過ごすだけなんで、また今年も1年楽しくね、ふざけて遊べていけたらいいなって感じですね。

てつや　ま、今年もよろしくお願いしますってことですね。

ゆめまる　今年も、よろしくお願いしまーす。

虫眼鏡　よろしくお願いします。今、握手をしています。

ゆめまる　**ラジオで握手映らんって。**

てつや　俺が言いてぇんだそれは。ってことで、虫眼鏡誕生日サプライズでした！

虫眼鏡　ありがとうございました。

《ジングル》

虫眼鏡　初回放送、い、かがでしたで、しょうか？（激しく噛む）。（ため息）はぁ〜。

ゆめまる　いやいや、今のが物語ってんなあ(笑)。

虫眼鏡　そういうことです。まぁねえ、初めてなんで、なにぶん。なんかね、ゲストで出たときはめちゃくちゃラジオうまい人がうまく回してくれて、それなりに形になってるように見せかけてたんですけど、こうやって我々がパーソナリティーになって回していくとなるとね、めちゃめちゃ難しいなってことに気づきましたよ。

ゆめまる　補足お願いします、みたいに台本書いてあるとことかさ、何しゃべっていいかわからなくなっちゃうよ。ほんとに。

てつや　ゆめまる、台本に書いてあるとこだけはパキパキ読むからな。

虫眼鏡　**「ゆめまる台本モード」**と**「ゆめまるアドリブモード」**があるんで。アドリブモードのほうがね、ちょっとね、ポンコツなんだよね。

てつや　この先どうやってアドリブが進化していくか、ってとこですね。

虫眼鏡　今この放送を聞いてくれたみなさんはね、下手くそ！　聴くのやめてやるよ！って思ったかもしれませんが、これからだんだん僕たちがうまくなるのを楽しんでいこう、一緒に応援していこうね、っていう番組のテーマなんですよねこれは(笑)。

てつや　そのテーマ、今作ったろ！そんなのあったっけ？

ゆめまる　**今から聴いてたらね、古参って呼ばれる人**ですからね。

虫眼鏡　第1回から聴いてます、って言えるんでね。それでは最後締めましょう。

てつや　東海オンエアラジオのてつやと。

ゆめまる　ゆめまると。

虫眼鏡　虫眼鏡がお送りしました。

虫眼鏡&ゆめまる&てつや　バイバーイ！

2018 10/11

事前に言わないとゴロワーズになるの回

GUEST てつや

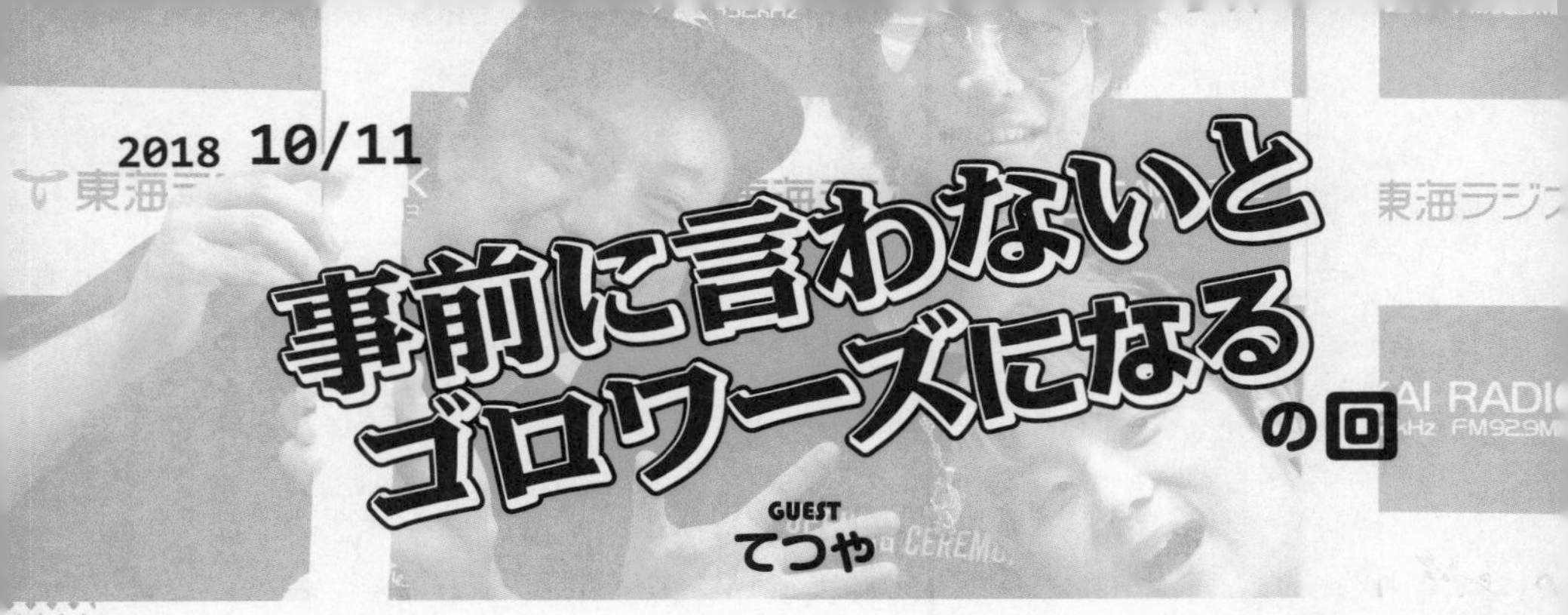

ゆめまる　いやー、第2回も始まってしまいましたよ。

てつや　きましたね、このときが。

ゆめまる　早速ね、視聴者の方からメッセージがきてるので、読んでいきます。ラジオネーム、想像力チュセオさんからのメッセージです。

虫眼鏡　ははは。

てつや　すごい名前。

ゆめまる　〈ラジオ決定おめでとうございます〉。

虫眼鏡&てつや　ありがとうございます。

ゆめまる　〈楽しく面白く、ときに汚く、東海オンエアらしく頑張ってください、応援してます!〉。

虫眼鏡　いやぁ、こういうメッセージは嬉しいんですけども、第1回みなさん聴いてくれましたか?　**あれはね、ひどかったですよ。**

ゆめまる　ひどかったですね。

てつや　違う意味で汚かったですね。

虫眼鏡　緊張しちゃうんだよね。

てつや　噛まずにしゃべるって、普通に難しいんだよね。

虫眼鏡　そうそう。結構時間もあるし、この時間までしゃべんなきゃいけないってプレッシャーによってね、とんでもない変な話の振り方をしちゃったりとかね。「昨日何してた?」とかね。

ゆめまる　**「昨日なにしてた?」って、あれ、やばいよ(笑)。**思い返すと一番嫌なところだもん。

虫眼鏡　ほんとにこの人、夢だったのかな?と思ったわ、ラジオ。

ゆめまる　つなげなきゃ、と思っちゃったらあせっちゃったあせっちゃった。

てつや　脳みそがね、そっち側にうまく機能してないけどね、ま、慣れてきますよねこういうのは。

虫眼鏡　なんか大人たちは、それがおもろかったみたいなね。広い心で笑ってくれたので、みなさんも広い心が必要になっています(笑)。あとね、**唯一怒られたのは、ゆめまるのタイトルコールがうるさいと。**

てつや　そう、うるさいんすよ、勘弁してくださいよ。

虫眼鏡　ほんとね、勘弁して。

ゆめまる　ちょっと待って、お前ら、**声をあげろって言ったやん!**

てつや　静かにせいやー。

ゆめまる　わかったよぅ。

虫眼鏡　このマイクいいマイクなんで、ゆめまるさんがめちゃめちゃ大きい声出さなくても聞こえてますから。

ゆめまる　はい。

てつや　**大声出すときは、下がってしゃべってください。**

虫眼鏡　そうそう、今日も多分、ゆめまるにタイトルコールやってもらうから、そのときはゆめまるは、ちょっと離れて大きい声で。

ゆめまる　(マイクから離れて)こんくらい離れてやるからなー。

虫眼鏡　いやいいんじゃない。

てつや　大声のときは、1メートルくらい、イスでガラーッて離れる。

ゆめまる　ほんとに?

てつや　ほんとだって。

ゆめまる　信じるわ、それを。

てつや　全然タイトルコール入ってないかもしれないけど(笑)。

ゆめまる　シーンって、エコーだけかかってるんでしょ(笑)。

てつや　あははは。

虫眼鏡　あとさ、この番組のジングルを初めて聞いたんだよ。で、ジングルどうやって作るのかなと思ったんだけど、「すみません、声の素材ください」って言われて、「東海オンエアラジオー!」って言ったんだけど、そのときのゆめまるのテンションがめちゃくちゃ低かったのよ。僕、大丈夫かなと思って。**ゆめまる、これジングルになるって知ってるのかな?**と思って。でも、プロだからね、すごいゆめまるの声を加工してテンション高いふうに見せかけてくれるのかなと思ったら、**普通にテンション低かった**(笑)。

ゆめまる　ははは。なんでテンション低かったかって……低かったっていうか、大感謝祭後だったからね。

虫眼鏡　そのときに声の素材録ったのよ。

ゆめまる　そうそう、しかもさ、舞台でちょっと無茶ぶりがあって、ZIGGYの森重樹一さんって人がね、テンぱってたの。東海オンエア見たことありますか?みたいなこと言われてて。それを真横で受けてさ、俺もすっげえ緊張して疲れちゃったの。

虫眼鏡　ふふふふ。

ゆめまる　そこで「ジングル録ります」って言われたから。

てつや　疲れっぱなしなんだ、あれ。

ゆめまる　そう。(テンション低めの声で)「東海オンエアラジオ……」。

虫眼鏡　わははは。

てつや　**ラジオはあなたの夢なんだから頑張りなさいよ(笑)。**

ゆめまる　で、**録り直したい**、と。

てつや　じゃあ、いつか変わるかもしれないのね。

虫眼鏡　めちゃめちゃ大人が、いいよいいよって言ってます。テンション高くしてじゃあ録りましょう。始めますか?

ゆめまる　始めましょう。

虫眼鏡　第2回は、第1回の反省を生かして、もうちょっとまともになるように頑張りましょう。

ゆめまる　それではいきます。「東海オンエアラジオ!」

《ジングル》

てつや　東海ラジオをお聴きのあなた、こんばんは。東海オンエアのてつやと。

ゆめまる　ゆめまると。

虫眼鏡　虫眼鏡だ。

ゆめまる　この番組は愛知県・岡崎市を拠点に活動するユーチューバー、我々東海オンエアが、名古屋にある東海ラジオからオンエアする番組です。

虫眼鏡　ゆめまると、僕、虫眼鏡が中心となってお届けする30分番組。今回も、ゲストで、東海オンエアのリーダー、てつやさんに来ていただいておりまーす。

てつや　はーい、僕てつやでございます。このまま最後までいっちゃうんじゃないかって説ありますね。

ゆめまる　最終回まで(笑)。

てつや　実は3人番組説があります。次回、俺が出るのか、それとも他の人が来るのかお楽しみに。

虫眼鏡　そうするとさ、今は同じスタートだったけどさ、僕とゆめまるだけちょっとうまくなって、来てくれたゲストをフォローできるようになるかもしれない。

てつや　たしかに。2周目来たら全然違う感じになってるかもしれないよね。

虫眼鏡　めちゃくちゃうまくなってるかもね。

ゆめまる　**たまにはさ、違うユーチューバーとかも呼びたいよね。**

てつや　あぁ、なるほどね。

虫眼鏡　東海ラジオまで来てもらってね。

ゆめまる　お願いしますって言って。

てつや　俺らが出切って、さらに、別のゲストいって、そこも出切って逆にもうゲストが回し始めて、**東海は出ないみたいなね。**

虫眼鏡　なんでだよ(笑)。「東海オンエアラジオ」なのに?

ゆめまる　**最終的にモコモコも出るかもしれない。**

虫眼鏡　おい!

てつや　**それお前の母親じゃねーかよ。**

虫眼鏡　なんでお前母親のことモコモコなんだよ。

ゆめまる　いいだろ、LINEの名前「モコモコ」なんだから。

てつや　お母さん、自分の名前モコモコにするなよ(笑)。

虫眼鏡　なんか、おとついゆめまるの車に乗ってたらさ、iPhoneの名前かなんかが出るのかな、曲流してるときに。そこがさ、**「モコモコのiPhone」**になっててさ。それ、オカンのiPhoneやん、って思ったんだよね。

てつや　自分モコモコなの?

ゆめまる　今モコモコにしてて、これはなんか東海オンエアの遊びでさ、いきなりエアドロを送るやつあるじゃん、AirDropね。で、画像送る前に、仕掛けてやろうと思ってて、モコモコにしてた。

虫眼鏡　あぁそういうことか（笑）。モコモコのiPhoneって表示されるからね。まぁじゃあね、この番組が**千回くらい続いたらモコモコには出てもらう**ことにしよう（笑）。

ゆめまる　モコモコテンパるから（笑）。ダメだよ。

虫眼鏡　千回も続くかわかんないよ。

ゆめまる　続けます。

てつや　続けましょう。今日は放送日が10月11日ですか？　やっぱ**10月ともなるとあれですよ、恒例の。**

虫眼鏡　**てつやの誕生日ですか？**

てつや　**ちゃう！**　そんなことどうでもいいんだよ。

ゆめまる　仲間由紀恵の誕生日とか？

てつや　違う！　一緒だけどね。10月30日ね。違う、嵐のね、ライブのチケットの当選がね、抽選されてるんですよ今たぶん。

ゆめまる　ほぅ。

虫眼鏡　そうそう、**てつや君は嵐好きキャラで売ってます。**

てつや　**キャラ違うわ！**　中3から大好き、10年経ちましたもう。

ゆめまる　一緒にカラオケ行くと、嵐しか歌わないのね、高校時代とか。

てつや　そうね。

ゆめまる　それで俺とりょう君が、めちゃくちゃ言ってた気がする。「お前それしか歌わんやん！　やめろよ」って。

てつや　男は嵐、最後まで1曲フルで知ってる曲、結構意外と少ないんですよ。

虫眼鏡　わかんない。

てつや　だから結構歌いにくいので、なんか、有名なとこを歌ってね、女の子のために、「Love so sweet」とかね。

虫眼鏡&ゆめまる　あぁ。

てつや　で、ほんとに歌いたい曲を我慢するっていうのがつらい、嵐ファンの現状でございます。なので、**これからもどんどん嵐を広めていきたい、ということで、今回僕のたってのリクエストでございますよ。**

虫眼鏡　あ、そうだ、前回ゆめまるがリクエストしてくださいって言ってたもんね。

てつや　ちゃんと今回リクエスト伝えましてね、こういう感じでお願いします、ということで。それではゆめまるさん、曲紹介お願いします。

ゆめまる　それではここで1曲お届けします。**かまやつひろしで「ゴロワーズを吸ったことがあるかい」**。

てつや　**おい！**

《曲》

ゆめまる　お届けした曲は、かまやつひろしで「ゴロワーズを吸ったことがあるかい」。

てつや　**全然ちげーじゃねーか！**

虫眼鏡　おしゃれだけども。

ゆめまる　いいじゃねえかよ！

虫眼鏡　なんでだよ。先週リクエストしてくれって言ってたのはなんだったんだ。

てつや　全然話聞いてくれねーじゃん。

ゆめまる　お前らな、**これ収録なんだよ！**

てつや　関係ねーだろ。

ゆめまる　2回連続でやってるからな、リクエストもっと早く言え。

てつや　そういうことね。

虫眼鏡　そういうことなの？

てつや　今回までは無理だったのね。

ゆめまる　今回は無理でしたね。

虫眼鏡　来週ね、多分違うゲストの方が来てくれると思いますけど、**東海の人聴いてますか？　曲考えてこないといけないみたいです。**

てつや　**事前に言わないとゴロワーズになるからね（笑）。**

虫眼鏡　ふふふ。さて、東海オンエアが、東海ラジオからオンエアする「東海オンエアラジオ」。前回に引き続き、このコーナーやっちゃいます……と、待って、台本では僕がタイトルコールすることになってるんですけど、さっき曲流れてる間もゆめまるさんちょっと声大きくて、声割れちゃってますって言われてたじゃん。ゆめまる練習させなきゃいけないんで、タイトルコールをゆめまるさんしてください。

ゆめまる　はい、じゃあ行くよ。「続・東海オンエア他己しょうかーい！」

てつや　はっはっはっは！

虫眼鏡　いやいや、**絶対最初のほう割れてるじゃん今**（笑）。

てつや　同じ音量できたのに、「しょうかーい！」だけ下がっても意味ないでしょ（笑）。

虫眼鏡　だって僕たちも、**うるさ**ー！と思ったもん。イヤホンで聴いてて。

てつや　ね。

ゆめまる　自分で聴いててもうるさいからね。

てつや　東海オンエアの他己紹介ですね。

虫眼鏡　前回は、僕の紹介をてつやとゆめまる君が答えてくれた。ま、答えたっていっても、ふざけてただけなんで。

てつや　いや、真剣ですよちゃんと。

虫眼鏡　クオリティの低い大喜利ですけども、今回は仕返しということでね、てつや君とゆめまる君の紹介をしていきたいと思います。

ゆめまる&てつや　はい。

虫眼鏡　どっちからにしようかなぁ。じゃあまずはてつやから。なので、てつやに関する質問が今から流れますので、それに僕とゆめまるが答えていきたいと思います。

てつや　ちゃんと答えてよ。

虫眼鏡　いや当たり前ですよ。てつや君、わりと僕はてつやと一番関係が深いというか。てつやに誘われて東海オンエアに入ってますから、てつやのことはよく知ってるということで。ゆめまるも部活一緒だしね。

ゆめまる　高校の部活一緒で、毎日一緒に帰った仲だからね。だいたいのことは知ってます。

てつや　3年間帰ってましたからね。

虫眼鏡　はい、というわけで、これはあまりふざけずに、ちゃんとした紹介ができるんじゃないでしょうか。それでは、スタート!

——てつやは、中学生のとき、どんなキャラだった?

ゆめまる　**ヤンキーについていく金魚のフン**みたいなキャラでしたね。

てつや　嘘だろ!

虫眼鏡　**たまにはしゃぐ陰キャラ**ですかね。

てつや　それはリアルだな。

——てつやを一番支えているメンバーは?

ゆめまる　一番支えてるメンバーっていうよりも、一緒に暮らしてる御曹司ですね。

虫眼鏡　いや、**誰も支えてない**ですね。

てつや　メンバーって言ってるのに。

——てつやは、何フェチ?

ゆめまる　うーん、まぁ、ぽっちゃり体形の人が好きだから、ぽっちゃり系。

虫眼鏡　デブです。

てつや　まぁまぁまぁ。

——てつやが生きてきたなかで、一番怖かった経験は?

ゆめまる　身に覚えのないカードの請求書が来たっていう。

虫眼鏡　岡崎インターに入るところで隣に走ってたトラックが急に右折してきて、**てつや君の車が大破した事件**じゃないですかね。

てつや　あははは。

——てつやの今までで一番思い出に残っている失恋は?

ゆめまる　これは**中学校時代にふられて、そのふられた衝撃で電柱を殴って手がパンパンに腫れた**っていう。

てつや　ははは。

虫眼鏡　大学時代、大学時代じゃないか? 東京と愛知で遠距離していて、その後輩の彼女に涙ながらに別れを告げた。ちょっとあんまり深く言えないやつです。

てつや　**意外とほんとのこと多いのやめてくれ!(笑)**

虫眼鏡&ゆめまる　ははは!

てつや　結構突っ込むに突っ込めないくらいほんとのことがちょこちょこあった。

虫眼鏡　ちゃんと紹介する、そういうコーナーだからね、これ。

てつや　あれ? 大喜利って聞いてたんですけど?

虫眼鏡　他己紹介です、これは。

てつや　なんか、ほんとでしたなぁ。

虫眼鏡　なんか気になりました?

てつや　なんだっけ、ちょっと質問見せて。

虫眼鏡　まず、おさらいしていきますか? てつやは中学生のときどんなキャラだった?

てつや　これはね、ゆめまるのはおかしいぞ。

ゆめまる　俺は、そんな感じがしたの。イキってる感じ。

虫眼鏡　たしかに、**てつやの行ってた中学校って、めちゃくちゃヤンキーおる学校じゃん**。岡崎市のなかでもトップレベルに悪いやつが集まってて、それで高校に行って、「お前なに中出身なの?」「あそこだよ」「え? そうなんだ……」ってなるっていう。

てつや　ちょっと距離置かれるくらいのね。でもそこについていくっていうより、俺はもう、クラスの端っこのほうでロッカーで3人くらいで後ろ向いて話してた。**悲しい生活送ってましたね、中2までは。**

虫眼鏡　で、てつやを支えてるメンバーは?

てつや　御曹司も支えてるかっていうと、お互いもう、お互いほったらかしだしな。

ゆめまる　あんま干渉しあってない感じだもんね。

てつや　そうね。

虫眼鏡　25、26歳よ我々。そんな、てつや大丈夫?って支えにいく年齢でもないからね。

てつや　うん。なんなら、一番支えてもらってるっていうと、ここに名前を出せない地元の友達で選択肢があったら、あいつかもしれないね。

ゆめまる　ははは。最初それを書こうとしたんだけど。

虫眼鏡　メンバーだもんね。

てつや　フェチは、ぼっちゃりデブ、それは合ってますね。

虫眼鏡　一回デブデリヘルみたいなの呼んで、**お風呂に入り切らなくらいのデブが来たって話。**

てつや　あはははは!　**ローション風呂のオプションつけたら、二人とも立ったままで座れないっていうね。**

ゆめまる　ギチギチになっちゃって(笑)。

てつや　**ヌルヌルの足元のままもう一回出るっていう。**

虫眼鏡　これはね、れっきとしたフェチですよ。

ゆめまる　フェチですね。

てつや　一番怖かった経験も、身に覚えのない請求っていうか、最近謎に残高がごっそり減ったっていう。

虫眼鏡　それは謎じゃないよ。

てつや　なんかあんのかな?

ゆめまる　確かめればいいじゃん、それ。なんで確かめないの?

てつや　面倒臭いじゃん。

虫眼鏡　記帳って知ってる?

てつや　その通帳が今どこにあるかが、あんまわからん。

虫眼鏡　盗られてるんじゃないの?

ゆめまる　それやばいって、それは。

虫眼鏡　僕たちが怖いもん、それだって。

てつや　身に覚えないですね、それはたしかに。

虫眼鏡　答えはなんなの?　一番怖かった経験って。

てつや　え?　一番怖かったかぁ。**ストーカーが家に来た**とき。

虫眼鏡　え、嘘でしょー!　それ僕書こうかなと思ったけどさ、なんか言ってたんだよてつや、結局来るのって女の子じゃん、勝てるやん、って。

てつや　たしかに、怖いって言うとあれか、驚いたというか。特別な体験だったけど、怖いっていうと嘘か。

虫眼鏡　でもこういうことは言っちゃいかん。危険だからね。なめてはいけないんですけど。

てつや　**来ないでくださいよ。**

虫眼鏡　あはははは。

ゆめまる　虫さんここなんて書いたの?　一番怖かった経験。

虫眼鏡　だから、てつや君が岡崎インターに入ってくるときに、左側を走っていたおじいちゃんが運転する車が急にUターンしてきて、てつや君の車が大破した話ですね。

てつや　警察の事情聴取ばりにしっかり言うな。

虫眼鏡　これ怖いよ(笑)。

てつや　怖いよほんとに。

虫眼鏡　一番思い出に残ってる失恋もね、なんか僕ゆめまるのやつ初めて聞いたわ。

ゆめまる　あ、ほんと?

てつや　中3のときに好きだった子に告白したら、振られて。そのときは彼氏いないって言ってたのよ。でも後日聞いたら彼氏がいたらしくて、ごまかされたというか、そんな感じで振られて、近所の電柱を思いっきりフルスイングよ。全力疾走しながらフルスイングでぶん殴って手パンパンに腫れる。

虫眼鏡　ははは。

ゆめまる　で、一緒に帰ったときに「あ、この電柱を殴ったの?」って聞いたら、「いや知らん」みたいな(笑)。

てつや　でも今年かな?　1年以内にその二人の結婚式に行きましたから。

虫眼鏡&ゆめまる　へぇー。

ゆめまる　その二人が結婚したの?

てつや　あぁそうそう。

虫眼鏡　すごいじゃん。

ゆめまる　すごい!

てつや　中学校から付き合って、ずっと付き合ったまま結婚したの。

虫眼鏡　え、すごいね。**てつや邪魔じゃん、めちゃめちゃ。**

ゆめまる　あははは。邪魔にもなってない。

てつや　邪魔もできてないから俺は。

虫眼鏡　そんなわけで、てつや君の他己紹介でございましたね。じゃあ最後、ゆめまるの質問に僕とてつやが答えていきたいと思います。ちょっと時間ないので、**ゆめまるのやつはちゃちゃっといきましょう。**

ゆめまる　悲しいなそれもまた。

虫眼鏡　それでは、スタート！

—ゆめまるが、もしも女性だったら付き合いたいメンバーは？

てつや　胸毛が生えてるのでとしみつです。

虫眼鏡　胸毛が生えてるのでとしみつです。

—ゆめまるは、生まれ変わるなら何になりたい？

てつや　これずっと言ってますね、ラガーマンです。

虫眼鏡　めっちゃエロい女だと思いました。

—ゆめまるが、最近びっくりしたことは？

てつや　今日ここの収録に来るときに、隣の車線にいたトラックの運転手に話しかけられたときですね。

虫眼鏡　ははは！　東海オンエア、クビになるドッキリです。

ゆめまる　あぁ。

—ゆめまるは、今まで何人と付き合った？

てつや　これリアルに20人前後ですね。

虫眼鏡　お、一緒。20人くらいです。

—ゆめまるの彼女になる条件は？

てつや　ま、基本女だったらなんでもいいんですけど、一応、吊り目、猫目のほうがいいですね。

虫眼鏡　酒とタバコとヘソピアスの三種の神器を兼ね備えた人です。

ゆめまる　ほとんどほんとのこと言うのやめてくれ、マジで。

虫眼鏡　そういうコーナーだっつーの。

ゆめまる　大喜利すると思うやん。てつやとかは。

てつや　としみつは合ってるでしょ？

ゆめまる　これは合ってる。

虫眼鏡　生まれ変わるのは？

ゆめまる　生まれ変わるなら何になりたいっていうのだと、ガタイのいい競技やりたい。柔道とか。

虫眼鏡　ラガーマンじゃん、じゃあ。

ゆめまる　まさにね。

虫眼鏡　めっちゃエロい女でもいいでしょ、別に？

ゆめまる　全然いい。

虫眼鏡　ほら。合ってるじゃん。最近ビックリしたことも合ってるじゃん。

ゆめまる　合ってるねえ。

てつや　さっき、**うわぁ、ビックリした！**って。

虫眼鏡　あっはは！

ゆめまる　めっちゃ怖かったよ！

虫眼鏡　東海オンエア**やん！**

ゆめまる　東海オンエア**やん！**とか言われて。

てつや　しかも、ほっしゃん。にめっちゃ似てるの。芸人さんの。

ゆめまる　めっちゃ似てたね。

てつや　オープンカーだったから、すげえしっかり合ったしね、目が。

虫眼鏡　で、ゆめまるはね、すごい今までの元カノも多いということですし、女なら誰でもいいってことなんで。

ゆめまる　いやだから、それはないよ。

てつや　20人くらいでしょ、たしか？

ゆめまる　20人まではいってないと思う。16、17人くらいだと思う。

虫眼鏡　でも、**抱いただけの人も合わせたら、20いくでしょ？**

ゆめまる　あーん。

一同　わはははは。

虫眼鏡　あーん、じゃねーよ！　というわけで、僕たち東海オンエアのことがよくわかったでしょうか？以上、「続・東海オンエア他己紹介」でした。

《ジングル》

虫眼鏡　ふつおたのコーナーです。

ゆめまる　ふつおた。ふつおたってなに？

虫眼鏡　普通のお便り。

ゆめまる　普通のお便りのコーナーね。

てつや　へぇ。

ゆめまる　それじゃあね、ここでいただいたメッセージをね、紹介していきます。

虫眼鏡　今言ったやん、僕がそうやって(笑)。

てつや　だから台本をさ、お前。

ゆめまる　読んじゃうやん、台本あったらさあ！

てつや　同じこと直前に言ってたら言わなくていいやん(笑)。

ゆめまる　これね、メッセージとかを送ってくれてた人もいるんだけど、ラジオネームが結構ない人が多かった。

虫眼鏡　そうだね。みんな慣れてないんだ。

ゆめまる　ラジオネーム、書け！と

てつや　そんな強く言わなくてもいいじゃん(笑)。

ゆめまる　書いてくれ！って。

虫眼鏡　書かなかった人はアドレスを読み上げます、1文字ずつ。

てつや　晒されちゃうから書きましょうね。

虫眼鏡　でもね、こうやってちゃんとこまめに送ってくれたりしてね、あっ、またこのラジオネームの人やん、とかなったらいいよね。いわゆるハガキ職人みたいな。というわけでね、みなさん、たくさんメッセージを送りつつ、ラジオネームもちょっとね、覚えやすそうなやつをつけつつ、よろしくお願いします。

虫眼鏡&てつや　お願いしまーす。

虫眼鏡　メッセージ紹介はゆめまるさんの担当なんで。

ゆめまる　はい。

虫眼鏡　どんどんどうぞ。

ゆめまる　ラジオネーム、ガンちゃん21歳さんからです。〈こんばんは〉。

虫眼鏡&てつや　こんばんは。

ゆめまる　〈レギュラー決定おめでとうございます〉。

虫眼鏡&てつや　ありがとうございます。

ゆめまる　〈突然ですが、東海オンエアリーダーをされてるてつやさん。てつやさんは頭皮が臭いとか口が臭いとかウンコが臭いとかで有名ですが〉。

虫眼鏡　ふふふ、**ウンコは誰でも臭いんだよなぁ（笑）。**

ゆめまる　〈なんでそんなに体が臭いんですか？　人より汗をたくさんかくからですか？　教えてほしいです。虫眼鏡さん〉。

てつや　あ、**俺じゃねえんだ！**　俺じゃねえんだ。また他己紹介じゃん、これ。

虫眼鏡　僕に聞いてんだ？　えー、なんだろうなぁ。あのね、まず、**人間って誰しも臭くなるんだよ、ほかっとくと。**で、てつやはそれをほかっといちゃうだけなんですよ。だから、ベッドとかも普通の人間は干すじゃないですか。服も普通の人間は洗うし、お風呂に入るじゃないですか。てつやはそれを怠ってるだけなんですよ。

てつや　そう、特別何かを、何か体に異常があるわけじゃなくて、正常なんですよね。

虫眼鏡　正常に臭い。

てつや　そうそう。**当たり前の臭いなんですよ。**

虫眼鏡　ふふふふ。

ゆめまる　夏とかてつやの部屋入るとさ、**部室の臭い**してる。

虫眼鏡&てつや　はははは！

てつや　ほんとに（笑）。もわーんってするんだよね。

ゆめまる　エアコンつけないしね。

てつや　だからウンコが臭いのとまじで同じくらいの原理ですよ。なので、努力次第ですね、僕の。

ゆめまる　**お風呂に入ってください。**

虫眼鏡　**お風呂に入ってください。**

てつや　気が向いたら入りまーす。

ゆめまる　それじゃ、次のメッセージいきますね。ラジオネーム、みみさんからのメッセージです。〈はじめまして、いつも動画見させてもらってます。ところで相談があります。元彼が私と別れてから、6時間後に別の人と付き合っていたんです。その元彼はいまだにLINEをしてきます。最近、その別の人と元彼が別れました。その元彼はまた1時間後に彼女ができていました。この人のことどう思いますか？　それと、連絡しないための言い訳がほしいです〉。

虫眼鏡　**バカが送ってきてんなあ、このメール（笑）。**

てつや　シンプルにすごい行動力だな、これは。

ゆめまる　元彼、なんかすごいよね。

虫眼鏡　これはゆめまる気持ちわかるんじゃない？

てつや　**ゆめまるの案件だね、これは。**

ゆめまる　一応言うけど、俺ちゃんと別れるからね。別れてからすぐこんな1時間後とかに付き合わないから。

てつや　ゆめまる聞くたんびに彼女変わってるじゃん、だいたい。

ゆめまる　それは、長いからだろお前！

虫眼鏡　**ゆめまる、付き合ってても風俗いくやん。**

ゆめまる　それはさ、行くやん。普通に浮気するやん。しかも風俗で性病もらうやん。病院行って、1週間後に来てくださいって言われて、1週間後に行ったら、「俺30年やって**てこんなに治り早いやつ初めて見たぞ！**」って医者に言われたんだぞ。

てつや　**30年に1本のちんちんを持つ男（笑）。**

ゆめまる　いや、メッセージに答えてあげて！

虫眼鏡　はい、じゃあ、性病検査受けてください。

ゆめまる　いいですか、次のメッセージいきますよ。ラジオネーム、ももさんからのメッセージです。〈東海オンエアのみなさんこんばんは〉。

虫眼鏡&てつや　こんばんは。

ゆめまる 〈東海オンエア初のラジオ番組レギュラー決定と、番組放送開始おめでとうございます〉。――

虫眼鏡&てつや ありがとうございます。

ゆめまる 〈東海オンエアのみなさんは、みなさんの挨拶は、「いやぁどうも、東海オンエアの○○だ」ですよね。そこで、リスナーがこの番組にメールを送る時に、メールの書き出しに使えるような、**一風変わった挨拶をぜひみなさんに考えてほしい**です〉。

虫眼鏡 ああ、ラジオっぽいね。

ゆめまる 要するに、この番組の挨拶がほしいです。よろしくお願いします。

虫眼鏡 これはちょっと時間ほしいですね。

てつや え？ そういうのがあるもんなの？

虫眼鏡 あるよね、結構あるところは。

ゆめまる なんか、他局とかになると、プリーツで叫べ！とか。

虫眼鏡 「スクール・オブ・ロック」じゃん。

ゆめまる&てつや ははは。

ゆめまる ラジオ好きならみんな通るとこ。

てつや なるほどなるほど。

虫眼鏡 今でいう、「東海オンエアのみなさんこんばんは」のところを、「東海オンエアのみなさん○○○○○」に変えようってことだよね。

ゆめまる 何があるんだろうな？ 次回までにメッセージで送ってきてもいいね。

虫眼鏡 あ、それでもいいね。

てつや **俺もメッセージ送ろ。**

ゆめまる ＬＩＮＥで送れるからね。

てつや ＬＩＮＥでじゃあゆめまるに送っておくわ。

ゆめまる なんでだ！

虫眼鏡 ちゃんと採用されるといいね。

てつや こんばんは、こんばんは……。

ゆめまる 今晩どう？

てつや はぁ？ 嘘でしょ？

ゆめまる **東海オンエアのみなさん。**

虫眼鏡 **今晩どう？**

全員 （笑）。

虫眼鏡 **メッセージ読む気なくなるわ。**

ゆめまる 嫌だよ！って言っちゃいそうだもんね（笑）。

虫眼鏡 嫌です。はいじゃあ次のお便り、になっちゃう。

ゆめまる これはじゃあ、視聴者からのメッセージ待つ、って感じでもいいですか？

虫眼鏡 そうね。このままだと、今晩どう？になってしまうから。

てつや それまずい。仮で。

虫眼鏡 一回これはじゃあ、なんとなくぬるっと募集みたいな感じにしますか。

ゆめまる それじゃ、次のメッセージいきますね。ラジオネーム、主食さんからのメッセージ。〈冠番組スタートおめでとうございます。早速質問です。私は東海オンエアさんと同じ6人グループを組んでいるのですが、いつも意見が割れて、誰かがスネてしまいます。いつも意見が通る子と通らない子がいて、すごく偏ってるなと思います。東海オンエアのみなさんは、どのようにいろんなことをみんなで納得して決めているのですか？ また、意見が通る人と通らない人って、やっぱできてしまうんでしょうか？ 教えてください〉。

てつや 何をやってるかがまずすごい気になるよね。

虫眼鏡 そうだね。6人組で何をやってるんだろう？ でもあるよね、高校とかさ、女の子って自分たちでメンバー作ってさ、名前つけたりするよね。

ゆめまる 頭文字とってNHなんちゃらかんちゃらみたいなさ。

てつや あと、俺らの年だと、「**3年4組じゃがりこ**」いたよね。

ゆめまる **わっははは！ わからんやん！**

虫眼鏡 内輪トークすぎんか（笑）。意見が通ったり通らなかったりってことですけど。

ゆめまる ま、それはあるよ。

虫眼鏡 僕らでもあるよ。ゆめまるの意見通らないもん、だって。

ゆめまる 通らないよ。

てつや でもなんか俺らは基本的に、本気で通したい意見はだいたい通るよね。

虫眼鏡 まぁそうだね。あとなんていうの、そいつの熱意だよね。俺どうしてもやりたいんだよ、とか、いや俺に任せて、とか。そういうふうに言ってくれれば、まぁじゃあやってみな、ってなるんだけど、いやぁこれやりたいけどなんもよくわかんないんだよねぇ、そこはみんなに任せるわ、っていうのだと、じゃあわからんからやらんわ、ってなるからね。

てつや　めっちゃこっそりとしみつディスるやん（笑）。

虫眼鏡　**おい！**　誰もとしみつって言ってねえじゃん。

てつや　ははは。

ゆめまる　いっつもな、そういうこと言うと、としみつスネてんだぞ（笑）。「もういいわ、やめるわ」って。

てつや　喧嘩すんな（笑）。

虫眼鏡　なんでいないとこで喧嘩すんだよ、どういうことだよ。今はてつやが悪いよね。

てつや　前だってさぁ、**一緒にゆめまると虫さんととしみつがラジオ出たときにさ、虫さんととしみつがガチ喧嘩したんでしょ？**

ゆめまる　あれほんとにびっくりしたんだから！

虫眼鏡　**ガチ喧嘩じゃないよ！**

ゆめまる　あれ、ガチだったじゃん。普通にだってさ、そのときやってくれたのがね、井田さんってアナウンサーの人と、なかしさんて芸人さんがいてくれたの。で、なんか虫さんととしみつの二人がさ、口論してて、大丈夫？みたいになってるから、俺が「喧嘩すんな喧嘩すんな」っていうのが、ラジオで放送されてる。

てつや　マジなやつじゃん（笑）。

ゆめまる　やばすぎる（笑）。

虫眼鏡　なんで？　てつや聞いてないでしょ？　喧嘩してないって。

てつや　その話だけ聞いたら、完全に喧嘩だったらしいよ。

虫眼鏡　ゆめまるが盛ってるもん、話。

ゆめまる　言い合いしてたやん。**「暇って言うなや」**って、としみつ（笑）。

虫眼鏡　としみつが怒っただけやん。

てつや　喧嘩じゃん、もう（笑）。

虫眼鏡　僕怒ってねえもん、だって。

てつや　ウチはね、なんか、まぁ、なんでもいいけど、どれにする？ってときは、のんびりと話し合って、誰かのやつになるし、俺は絶対こうしたいんだ、ってときはそれになるし、っていう。

虫眼鏡　でも、なんていうの、じゃあ俺が決めちゃうよ、って役割の人もいるし。なんかそういう役割分担がしっかりできてるかなぁって感じなんで、まぁ、頑張ってね。

ゆめまる　でも意見割れるのはしょうがないよね、6人グループで6人なんだから。

虫眼鏡　どうしてもやりたかったら、その熱意を見せるしかないってことですね。

ゆめまる　俺、スネるやつ、ほんと嫌だ。

てつや　ははは。

虫眼鏡　としみつじゃんそれ（笑）。

てつや　この流れで言うとそうなっちゃうよ。

ゆめまる　としみつのことではなくてね、こういうさ、ま。

てつや　話し合いのなかで？

ゆめまる　そうそうそう、中で、もういいや、ってなっちゃうと。

てつや　話し合いにならない感じね。

ゆめまる　そうそうそう。

虫眼鏡　まぁだから、しっかり話し合ってね、みんなが納得するような結論が出るといいですね。

てつや　**いい6人組であれ。**

虫眼鏡　はい、たくさんのメッセージありがとうございました。

《ジングル》

虫眼鏡　第2回終わりましたけど、今日の放送はいかがでしたでしょうか？

てつや　前回よりなんか、素でできたというか。

虫眼鏡　前回はなんか、緊張スタートでだんだん慣れてったよ、っていう放送で、ま、言ってしまうと前回の続きで録ってるじゃないですか。だから、そのテンションのまま録れてるから、ちょっとはよくなってるのかな、っていうか。

ゆめまる　あとは、次もし収録あるときは、**パキパキにならないことだね俺が。**

虫眼鏡&てつや　**パキパキ？**

ゆめまる　台本でパキパキに。

てつや　それをパキパキって言うんだね（笑）。

ゆめまる　一回酒飲んで収録する？

虫眼鏡　ダメだよ（笑）。

てつや　冠番組だからこそできるんじゃない？　ベロベロで来る、みたいな。

虫眼鏡　大人の人が、いいですね、って言ってる。

ゆめまる　ダメです。

虫眼鏡　今ここにお水があるけど、次から日本酒にしようかな？

2018 10/25

喧嘩すんな!の回

GUEST
としみつ

ゆめまる　先週は野球中継のためお休みしてましたが、２週間ぶりの放送ということで。最近あったゆめまるの、これって俺が悪いのかな?っていう話なんだけども、**彼氏がいる女の子と連絡をとってたの。**

虫眼鏡　**俺が悪いです。**

ゆめまる　いやいや、聞いて。聞いて聞いて。

としみつ　いっぱいあるもんね。

ゆめまる　ちゃんとあるから。で、連絡とってて、向こうが好きになってくれたの、俺のこと。

虫眼鏡　もう悪いじゃん(笑)。

ゆめまる　好きになってくれたの。で、好き好き言ってくるんだけど、俺は、やめよう、そういうのダメだよ、彼氏いるんでしょ、普通に友達だったじゃん、って話してたの。つい先日ね、**LINEが来まして、おめえふざけんなよ、って**いう。

としみつ　彼氏からだ。その子の。

ゆめまる　うん。**彼氏から。**おめえふざけんなよ。ユーチューバーなんだろ?って言われて。謝って、ごめんなさいと。けどもう謝ってる途中から、俺悪くなくね?　みたいな。

虫眼鏡　お前悪いだろ(笑)。

としみつ　どこまでやったか、どこまでいっちゃったかじゃない、その子と。

ゆめまる　その子と?

としみつ　**どこまでいっちゃったの?**　最後までいっちゃったなら、ゆめまるが100悪いし。

虫眼鏡　乳揉んだくらいなら、**ゆめまるちょっと悪いくらいだと思う。**

としみつ　**ちゅっちゅしちゃったの?**

ゆめまる　(小声で)**ちゅっちゅした。**

虫眼鏡　**お前が悪いじゃねーかよ!**

としみつ　ワルっ!(苦笑)。

ゆめまる　**それでは今夜も、東海オンエアラジオ**を聴いてる人は、ハッシュタグをつけて、東海オンエアラジオとつぶやいてみてください。

虫眼鏡　なにごまかしてんだよ。

としみつ　それでは今夜も、って**どういう入りだ。**

ゆめまる　テンパるだろお前、チュウしたって放送で言ってんだから!　それではいきます、東海オンエアラジオ!

《ジングル》

ゆめまる　東海ラジオをお聴きのみなさん、こんばんは。東海オンエアのゆめまると。

虫眼鏡　虫眼鏡だ。そして今回のゲストは。

としみつ　はい、としみつでーす。お願いしまーす。

虫眼鏡　いま、東海オンエアラジオのタイトル言うところ、「と、かい!　オン、エア!」ってやってなかった?

ゆめまる　やってた。

虫眼鏡　なんで?

ゆめまる　**なんとなく、癖いれようかな、**って。

虫眼鏡　そういうこと?

ゆめまる　そうそうそう。

虫眼鏡　なんだ、ならいいんですけどね。第1回、第2回放聴きましたけど、我々の慣れてなさが恥ずかしくなかったですか?

ゆめまる　ぎくしゃくしてたよね、ロボットみたいに放送してたもん。

としみつ　読み上げてる感っていうか。

虫眼鏡　めちゃめちゃかゆかったんだよね。今日はゆめまる全然緊張してなかったからさ、成長やんと思ったら、いきなり噛んだと思ったんだけど。

ゆめまる　あ、噛んだってふうに聞こえちゃった？

としみつ　噛んでなかったの？　逆に。

ゆめまる　噛んでないよ。

としみつ　こいつ噛んだやん、って思ったもん。

ゆめまる　痰もからまってない……

虫眼鏡　いや、いいやん、そんなゔぅん…今からまったな、**痰《たん》！**

ゆめまる　ずっと今日痰からまって(笑)。体調悪かったんだわ、バカ！

としみつ　しょうがねえだろ、風邪ひいてたんだから。

虫眼鏡　ってか、あなた、めちゃめちゃ今ごまかしたふうにしてましたけど、**やめてよ、普通に東海オンエアって名前を背負ってさ、女をナンパすんの、**まじで。

ゆめまる　だから……。

虫眼鏡　俺東海オンエアやんね、って言ったんでしょ？

ゆめまる　言ってない言ってない。

虫眼鏡　ユーチューブの動画見せて「見て見て、これ俺やんね」って言ってやったんでしょ？

ゆめまる　違う違う。

としみつ　よくないよ、ほんとにそういうのは。どうなの？

ゆめまる　**うーん、ちょっとはやったかも**しれない。

としみつ　**やったんじゃねーか！**　やんな、そういうこと。

ゆめまる　でもなんか「どうなの？」って聞かれたことに対して答えるだけだからね。

虫眼鏡　待って、**何までしたの？　実際は。**

ゆめまる　実際ほんとのこと言うと……、なんだろな、そんな激しいことはしてないよ。

としみつ　なに、そんな激しいことって？　じゃ、ちょっとだけ激しいことしたんだ。

ゆめまる　そうだね。ABCってあるじゃん。

虫眼鏡&としみつ　うん。

ゆめまる　**AとBの間くらい。**

虫眼鏡&としみつ　あはははは。

虫眼鏡　どういうこと？　デコルテ触ったとか？

ゆめまる&としみつ　(笑)。

としみつ　**リンパ流したとかね(笑)。**

ゆめまる　マッサージできるからね(笑)。

としみつ　でもさ、男もさ、自分以外の男に、ぽっと行かれるような男になんなよ、って言ってやればよかったじゃん。お前が悪いだろって。

ゆめまる　男に？　彼氏に？

虫眼鏡　お前が悪いんだろって。

としみつ　お前の女が俺に惚れるから悪いんだろ、って。

ゆめまる　この放送で言いたいことがある、**彼氏聴いてるか？　俺の勝ちだ。**

虫眼鏡　うはははは。**聴いてねえだろ！**

としみつ　聴いてねえよ、絶対聴いてねえよ。お前のこと嫌いなんだから。

虫眼鏡　それでさ、解決できたの、それは？

ゆめまる　なんかこう、その女の子から後日、また連絡がきて、LINEとかでね。ま、**話し合って、別れたみたいな。**

虫眼鏡　え？　そうなの？

ゆめまる　別れちゃって。

としみつ　ゆめまるのせいで別れちゃったの。

虫眼鏡　**罪な人だ。**

ゆめまる　あぁ、あ、そっか、俺か、俺悪いのか？　俺も、**責任とるかじゃあ。**俺が。

としみつ　じゃあ**ゆめまるも別れよう。**

虫眼鏡　ゆめまるも別れよう。

ゆめまる　**半分こに別れるわ。バリバリバリーンって。**

としみつ　別れるの意味違いすぎるだろ。

ゆめまる　じゃ、いいですか、台本読んでいいですか？

としみつ　なんでイベントとかあったのにさ、ゆめまるの女関係の話で時間食ってんだよ(笑)。

ゆめまる　イベントあったね。(投げやりに)じゃ、まぁ、いきますね。

虫眼鏡　ふふふふ。イベントの話は次回にしましょう。2本録りなんで、取っとこう。

ゆめまる　えー、この番組は愛知県・岡崎市を拠点に活動するユーチューバー、我々東海オンエアが、名古屋にある東海ラジオからオンエアする番組です。

虫眼鏡　ゆめまると、僕、虫眼鏡が中心となってお届けする30分番組です。今回は、ゲストでとしみつ君も来てくれてるってことで。としみつさん、ラジオどうですか？

としみつ　ラジオは、そんな経験ないですよラジオは。しゃべるのは、不思議な感覚ですよね。

ゆめまる　何回目？

としみつ　3回目とかじゃない？

虫眼鏡　ラジオ自体がね。

としみつ　前回東海ラジオさんでやったときは喧嘩してたからね。

虫眼鏡　らしいね。放送事故。知らんけど(笑)。僕はあんまり知らないけど。

ゆめまる　喧嘩って思ってないからね、虫さんは。ここがややこしいとこだよね。

虫眼鏡　今日も喧嘩するんでしょ、とか言われたけど、**しんわ!**(笑)

としみつ　今日も喧嘩するんでしょ、って。

ゆめまる　どっちかっていうと、こっちがしそうだからね、俺ととしみつが。

虫眼鏡　最近そうだよね。でもいつもはね、この二人が喧嘩すると、てつやが怒ってくれるんだけど、今日いないからね。

としみつ　今日いないから。

虫眼鏡　ほんとにずっと喧嘩しっぱなしになっちゃうかもしれない。

としみつ　マグカップとか置いとくと、ガリャーン!

ゆめまる　東海ラジオの、局長さんが来て、しかってくれないと終わらないから。

としみつ　**喧嘩してんのかお前ら!　ガチャーン**。

虫眼鏡　ガコン、ってあの重い扉あけてね。

としみつ　ははは。

虫眼鏡　というわけでね、としみつ君も久しぶりのラジオってことで、1曲なんか、としみつ君のリクエストで1曲流せればなと思うんですけど。

ゆめまる　どんな曲が。

虫眼鏡　曲ふりはゆめまるがするんですけど、どういう曲を流したいですか?

としみつ　やっぱり、オープニングですから、よっしゃ行こうぜ!みたいな感じで。

虫眼鏡　あぁ、テンションが上がる的なやつね。

としみつ　個人的にテンション上がる感じの曲を流したいなと。

虫眼鏡　としみつのテンション上がってったほうがこっちもやりやすいですからね。

ゆめまる　そうですね。

としみつ　じゃあどうしようかな。サンボマスター。

ゆめまる　のやつ?　わかりました。

虫眼鏡　あぁ、さっき言ってたやつか。

ゆめまる　わかりました。それではここで1曲お届けします。ジャパハリネットで「哀愁交差点」。

としみつ　えぇ?

《曲》

ゆめまる　お届けした曲は、ジャパハリネットで「哀愁交差点」でした。

としみつ　でした、じゃねーだろ。

虫眼鏡　聴いてなかったな、1回と2回を。

としみつ　1回は聴けなかったんだけど、1回もやったらしいな、お前これ。

ゆめまる　1回も2回もやってる。2回目放送してたの聴いてないのかよ?

としみつ　聴けなかった。こんないい曲、ボケみたいに使うな!

虫眼鏡　いやでも、結果的にいい曲ではあったんだよ。テンションは上がるんだよ。

としみつ　上がったよ。ボケみたいに使いやがって。

虫眼鏡　ふふふふ。

ゆめまる　いいだろう。でもまぁ、なんか、なんて言った?

としみつ　サンボマスター。

ゆめまる　めっちゃ恥ずかしいやんお前。

虫眼鏡　めちゃめちゃ真剣に考えてくれたもんね、としみつ。

としみつ　そう、めっちゃ恥ずかしいやん、ってどういうこと?

ゆめまる　ごめんごめん。だから——。

虫眼鏡　**喧嘩すんな**。

としみつ　ちゃんと言って。

ゆめまる　だからちゃんと言うと、2週間前から、俺が車運転してて、としみつが「曲なに流そうかなぁ、いいの俺が考えて?」って言うから「いいよお願い」って言って。それから毎回会ったときに言ってきてくれたの。曲どうしようか、って。だけど、自分がこうやって思いっきし流したい曲を代えられて、恥ずかしそうだな、って。

としみつ　恥ずかしくはない。

ゆめまる　わかりました(即答)。

虫眼鏡　(失笑)さて、東海オンエアが東海ラジオからオンエア、東海オンエアラジオ……。

としみつ　**ゆめまるわかりにくいんだもん、ボケてるのが**。

ゆめまる　めっちゃ怖かったもん。

としみつ　ボケ下手じゃない?　ボケ方が下手だもん。

虫眼鏡　**仲良くしてください**

よ。
ゆめまる　めっちゃ怖かったもん。
としみつ　**次言ったらボコボコにするから。**
ゆめまる　そういうの言え、ちゃんと。じゃあ。
としみつ　え？　なに？
ゆめまる　画面がないんだからさ、言葉しかないんだから、**マジで喧嘩してるように思われちゃう。**
としみつ　いいじゃん別に（笑）。
ゆめまる　勘弁してくれ。
としみつ　**マジで喧嘩しようぜ（笑）。**
虫眼鏡　次のコーナーいきますよ。次では仲良くやってくださいよ、ちょっと。さて、東海オンエア、東海オンエアラジオ。まぁね、コーナーないわけですよ、まだ。赤ちゃんの状態のラジオなんで。というわけで、コーナーどうしようかなってことでね、いろいろ募集したんですけどね、ゆめまるが是非やりたいっていったコーナー、やってしまいます。
ゆめまる　はい。ゆめまるプレゼンツ「来たれ！　はがき職人！」
虫眼鏡　なんですか、これは？
ゆめまる　あのぉ、なんていうんですかね、昔のラジオっていうか、ハガキ職人って言葉があるじゃないですか。でも今は、メールだとかLINEだとかで済ませちゃうと。
虫眼鏡　そのほうが楽ですからね。
ゆめまる　だけどそれだとみんな文字が全部一緒で、気持ちほんとに伝わってこないんじゃないかな、と。
虫眼鏡　なるほど。
ゆめまる　思いまして、聴いてる人のリアルを知りたいっていうので、ま、ハガキで送ってくれ、ってものですね。
虫眼鏡　ま、これはね、新たな試みなわけですよ。これ面白かったら、このコーナーもね、続きますし、おもろくなかったら何事もなかったかのように終わりますんで。
ゆめまる　めっちゃ悲しいやん。
虫眼鏡　ちなみにこれ、ゆめまるがやりたいって言ったコーナーですんで。つまらんかったら、ゆめまるのせいです（笑）。
としみつ　次ないかもしれないんだ。
ゆめまる　クビになります。
虫眼鏡　ふははは。次、メインパーソナリティーいないかもしれない。まぁまぁゆめまるさんお願いしますよ。
ゆめまる　はい。ハガキでね、リクエスト曲とか送ってもらって、それのエピソードとか思い出を書いてもらったら、紹介したあとにあなたのリクエストしてくれた曲を流していきたいと思います。で、今日はね、まだリクエスト曲とかは書いてなかったので、でもハガキで送ってくれた人が何人かいたの。
虫眼鏡　へぇ。ありがとうございます。
としみつ　ありがたいですね。
ゆめまる　そのなかでも、選ばせていただきまして、2つほど紹介していきたいと思います。えー……、**なんだこの人？**
虫眼鏡　なんだこの人？（笑）。おい！　送ってくれた人に対して、なんだこの人だと！
ゆめまる　違う違う！　名前が見つからなかったから、なんだこの人？ってなっちゃったの。
虫眼鏡　なんでそれを口に出して言うの？　めちゃめちゃいいマイクある前で。
としみつ　（真剣な口調で）全部拾うよ。
ゆめまる　ごめん、やめて。
虫眼鏡　**またすぐ喧嘩するやん。**
としみつ　今のつっこみでしょ⁉
虫眼鏡　なんでそんなマジな顔してんだよ。
としみつ　**つっこみもマジに受け取られたら困っちゃう。**
虫眼鏡　あなたたち、顔マジですかられ今。
としみつ　いや別に真顔なだけだよ。
ゆめまる　**真顔やめろって。**
としみつ　嫌なんだよね、こう言ってると俺がキレてるみたいにすぐさ、変換されちゃうの、すげぇ面倒臭いんだよ。
虫眼鏡　そうだよ、これ見えないんだから動画じゃ。
としみつ　聴いてるやつは伝わんねぇんだよこれ。
虫眼鏡　**なに紙いじいじしてんだよ。**
としみつ　ゆめまるがだんだん、視界がね、しゅーんって小さくなってるのわかる今。
虫眼鏡　ほら、スネちゃったじゃんかよ。**ごめんゆめまる。**
ゆめまる　**いいよ。**
としみつ　**終わりかよ（笑）。**
ゆめまる　ラジオネーム、ハガキのタマちゃんって方からいただきました。

虫眼鏡　ありがとうございます。
ゆめまる　〈実はこの夏までみなさんのことをまったく知りませんでした〉。
虫眼鏡　えぇーー！（一拍置いて）はい、なんでもないです。
ゆめまる　〈このお盆休み、高校生の娘が岡崎に行きたいと言うので、なんでやねんと思いながら大阪から突撃しました〉。
虫眼鏡　あぁ、だから「なんでやねん」なんだ。遠くからありがとうございます。
としみつ　ありがとうございます。
ゆめまる　〈行けども行けども立ち寄り先は公園ばかり。そして道の駅で少し謎が解けました。みなさんは、岡崎観光伝道大使だったのですね。学生時代はラジオ派だったので、楽しいラジオを期待しています。ハガキ職人として参加したいと思いますので、お見知りおきよろしくお願いします〉。
虫眼鏡　ありがたいですね。ラジオというものを使うことによって、普段の東海オンエアを知らない人に届いていることの証拠になりますよね。
ゆめまる　リアルにね、ほんと嬉しい言葉が結構書いてあんだけど。
虫眼鏡　だって娘さんがいて、娘さんが東海オンエア好きってことは、わりと若者ではない方じゃないですか。へぇ、そういう人に我々の声が届くっていうのは、この**ラジオの偉大**さですしね。
ゆめまる　ただ少し申し訳ないところは、**行けども行けども立ち寄り先は公園ばかり**、っていうのが。
虫眼鏡　あはははは。
としみつ　聖地巡りになっちゃうからね、どうしても、娘さん。あとラーメンか。
ゆめまる　そうだね。
虫眼鏡　大阪からわざわざ来ていただいて、公園。めちゃめちゃどこにでもある公園だもんね。
としみつ　親としては疑問しか残らないよね最初。なんでこんなとこ回ってんだって。
ゆめまる　悲しくなっちゃうね。
虫眼鏡　ラーメン食って帰るんでしょ。
ゆめまる　**これからも岡崎を盛り上げていきます**。では、もう1ついきますね。ペンネーム、さゆきちゃんさんからですね。
虫眼鏡&としみつ　ありがとうございます。
ゆめまる　〈最近、「めいどりーみん」というメイド喫茶にはまり、家族暮らしなのですが、家の中では語尾がニャンになります〉。
虫眼鏡　え？　はい。
ゆめまる　〈ちなみに、母にも浸透してますニャン。最近、これ言うわぁ、という言葉はありますか？〉
虫眼鏡　へぇ。さゆきちゃんさんは、さ、この字から察するに、女性だよね？
ゆめまる　女性ですね。
としみつ　女性同士で家でニャンになってんだ、じゃあ。
ゆめまる　家庭内でニャンか。
としみつ　カオスだよね、だいぶ。
虫眼鏡　**お母さんがニャンって言ったらぶん殴りたくなる**もんな、僕のお母さんが。
ゆめまる　ご飯できたニャンって。
としみつ　**うるさいニャン！**って返すんでしょ？
虫眼鏡　ゆめまるのお母さんニャンって……。
ゆめまる　**モコモコ言ったら怒るぞ俺**。
虫眼鏡　はははは。モコモコっていうのは、ゆめまるのお母さんですね。
ゆめまる　モコモコからLINEくるからね。ちゃんとご飯食べてるニャン？　聞くなお前！
としみつ　**聞くなニャン！**だからね。
ゆめまる　やば。
虫眼鏡　で、最近我々がよく使ってる言葉はありますか？って。どうですか？　僕は日本語きれいなんでわからないですけど。
ゆめまる　最近ないんじゃない？　今わりとなんもない時期じゃない？
虫眼鏡　東海オンエア、なんか、最近ちょっとさ、長く流行るもの減ったことない？　その一瞬だけもてはやして、スンってなくなるというか。
ゆめまる　うん、あるね。
虫眼鏡　だから今みたいな質問されて、最近流行ってる言葉ありますか？って言われると、そう言われればないなぁっていうか。
としみつ　なんだろうね。ハイブランドじゃない？
ゆめまる　あぁ。
虫眼鏡　言葉じゃないけど、ハイブランド、流行ってるんだ？　それは。
としみつ　いやもう、流行ってはないか？　定番化してきてる。いろんな意味で。
ゆめまる　うぅん。
虫眼鏡　ゆめまるがなんか、ルイ

ヴィトン行って、**全身ルイヴィトン**で服買ってきて。

としみつ　すごかったよね。俺も靴しか見てなかったけどさ「あれ靴、もしかしてヴィトン?」って言って、「うん」ってゆめまるがめっちゃ体広げて見せてきてさ。めっちゃ無地の服なんだ、カーディガンとかさ。で、ぱっと見たら、ロゴがあるの、ルイヴィトンの。え?って言って。

虫眼鏡　めちゃくちゃ目立たない、ロゴがね。

としみつ　めちゃくちゃ目立たない。それ、わからんやん、っていうルイヴィトンの。

ゆめまる　でも、かっこよくない?ハイブランドをめっちゃ出す服とかあるじゃん。ハイブランドハイブランドしてるような。あぁいうのってあんまかっこよくないなと思って。さりげなくハイブランド着てもいいなと思って。

としみつ　まぁまぁ、流行り廃りこないから、ずっと着れはするよね。

ゆめまる　**全身ルイヴィトン、64万円。**

としみつ　すごいよなぁ。

虫眼鏡　が、流行っているということでいいんでしょうか?(笑)。一方ではニャンが流行っている。**東海オンエアではハイブランドが流行っている**という。

としみつ　高低差がすごいですね。

ゆめまる　えー、今日はまだリクエスト曲のほうが書いていないので、このハガキからね、ま、いろんなハガキ来てたんですけども、全部のハガキから想いをくんで、選曲をしましたので。

虫眼鏡　そうですね、ほんとだったらここで曲紹介していただいて、みなさんが聞きたい曲をリクエスト曲みたいな感じで流すっていう感じに、次からなっていくんですかね。次があればですけど。

ゆめまる　次はあります!　送ってください、ハガキ。

虫眼鏡　はい。ハガキでも送ってくださいね。

ゆめまる　はい、それではいきますよ、曲紹介します。サンボマスターで「歌声よおこれ」。

としみつ　あ、ここでくるんだね。

《曲》

ゆめまる　お届けした曲は、サンボマスターで「歌声よおこれ」でした。

虫眼鏡　ここで流したんですね。

ゆめまる　ここで、ちょっとこんなんかけてみた。

としみつ　ほら、流れたじゃないか。

ゆめまる　流さなかったら不機嫌になっちゃうかな、と思ったの。俺は。

としみつ　どういうことだ?(笑)。

ゆめまる　なんか怒られるのも怖いからさ。

虫眼鏡　はい、というわけで次回からは、みなさんからのリクエスト曲を流していきたいと思います。ハガキでリクエスト曲、そしてその曲にまつわる思い出やエピソードを書いて送ってください。

《ジングル》

ゆめまる　ここで、いただいたメッセージのほうを紹介していきます。さっそくたくさんきてる中で結構選ばせていただいて、紹介していきます。

虫眼鏡　ありがとうございます、たくさん送っていただいて。

ゆめまる　ラジオネーム、くぅみいさん。からのメッセージです。

虫眼鏡&としみつ　ありがとうございます。

ゆめまる　〈虫さんに質問です。初めてエロ本を見たとき、どう思いま

したか?〉

虫眼鏡 ん? これ聞いてどうすんだ?

としみつ どう思ったか聞きたいんじゃない? やっぱでも、新鮮な質問ですよこれは。

虫眼鏡 僕、エロ本というか、初めて見たのが、もうでもそれめちゃめちゃ鮮明に覚えてるのよ。**エロ本とエロ本じゃない中間みたいな本**ありますよね。なんか、普通の雑誌なんだけど、途中におっぱい出してる女性のが3ページくらいある。

ゆめまる プレイボーイとかそういう感じのね?

としみつ プレイボーイとかではないでしょ、週刊現代とか。

虫眼鏡 そうそう、そういうちゃんとした記事が書いてあるけど、途中でなぜかおっぱい出してる人がいるやつで、それをお父さんが持って帰ってきて、家に置いてたのよ。で、なんか僕はそれをペラッペラッて見て、ま、ほんとになんて言うの、最初は雑誌だと思って、なんか物読むの好きじゃない子だったからペラペラッと読んでたら**「おっぱいだ!」**と思って。

ゆめまる びっくりするよね(笑)。

虫眼鏡 ほんとに、突然のおっぱいだったのよ。

としみつ **サプライズおっぱいだ。**

虫眼鏡 ふふふふ。ほんと、サプライズでおっぱいがあったのよね。で、やばい、オカンに見られたらまずいぞって思ってパシンって閉じて、キューンって部屋に置いたけど。

ゆめまる じゃあ、驚きがすごかったってこと?

虫眼鏡 だから、よーし、今からエロいものを見るぞって気持ちができてなかったのよ。ほんとにペラってやって、ペラってめくった瞬間「おっぱいだ!」ってなったから、すごい驚いたってことだね。

としみつ じゃあ、いけないもの見ちゃった、って感覚に近かった?

虫眼鏡 ほんとやばいことしたと思って。これオカン見てたらどうしよう、っていう。

ゆめまる 叱られる、ってのが強かったんだ。

としみつ わかるなぁ。なんかそういうの。

虫眼鏡 え、どうだった? 覚えてる? そういうの。

としみつ だから、ザ・エロ本、みたいなのはないよ。俺も多分ね、普通の本をペラペラッとめくって広告とかに、エッチなよくわからないさ、なんかあるじゃん。こんなの今見たらエロでもなんでもないような、おっぱいの形があるみたいな、そういうもんよ、ほんとに。そういうの見て、え? みたいな。なんか、え? これエッチ? エッチじゃね? みたいな。それでなんかそういうの見たら、一人でこっそりとそういうページを探してさ、見ては見つからないように閉じて。階段上がってくる音でさ、パッて閉じてさ(笑)。すって戻したり、そういうの繰り返してた。

ゆめまる 俺なんか初めてエロ本見たの、**公園でびっちゃびちゃに濡れた**さ。

虫眼鏡 それはよくあるよね、一番。

としみつ 定番だよね。うちもあったもん。

ゆめまる それが初、俺は。

としみつ うちもあった。それで、おしっこしてくるわ、って言って嘘ついて、そこに行って足で蹴ってさ、こうやって周り確認しながら足でページめくって、満足したら戻るみたいな。

虫眼鏡 あれさ、**なんで捨てるやついるの?**と思わん?

ゆめまる だから、**あぁいう仕事の人がいる**んだよな。

虫眼鏡 わははは。

としみつ **絶対明日雨降るな、ってときに、団地とか公園のとこに、木の茂みにエロ本置いて、次の日、よしよし、ちゃんと出来上がってるかな、って言って。**

虫眼鏡 それで小学生に性の目覚めをさせるって仕事なんだ。

としみつ **それで飯食ってるやつ**絶対いるよ。

ゆめまる 絶対いるよ。

虫眼鏡 捨てるもんな、普通に。

としみつ **すごいいい仕事だよね、あれ。**

ゆめまる **やさしいおじさんだね。**

としみつ あれがなかったら我々は出来上がってないからね。

虫眼鏡 そうだね。**ありがとうございますいつも。**お世話になってます。

ゆめまる それでは、次の、続いてのお便りのほう読んでいきたいと思います。ラジオネーム、しるこサンド大好きですさんからのメッセージです。〈私の両親含め、一般的な人は、衣替えで**タンスから出した服**

のあの独特の匂いが嫌いなんですが、私はなぜかあの匂いが好きです。あの匂いは嫌いですか？　好きですか？」ということで、これ結構分かれると思う。

としみつ　分かれる？

ゆめまる　うん。

虫眼鏡　あれかぁ、なるほどね。**僕好きかもしれんわ。**

としみつ　**俺も好きなんだよ。**

ゆめまる　**俺も好きなんだよ。**みんな好きやん。

虫眼鏡　うはははは、**じゃあ、好きやんこれ(笑)。**

としみつ　**タンスにしるこサンド入れればいいじゃん。**そしたら衣替えのときにしるこサンドの匂い出るからさ。大好きな匂いが。

虫眼鏡　しるこサンドもね、干しとけば、あれ固いからさ、吸ってくれてね。

としみつ　似たようなもんだからね、形は。大好きな匂いが衣替えのときに、あぁ衣替えの時期きた！

ゆめまる　**あんめぇ匂いだぁ！**って(笑)。

としみつ　で、次のやつ入れるときにさ、**古いやつ食べてから入れればいい。**

虫眼鏡　そうだね(笑)。

としみつ　それでいいんじゃない？　解決したね。

ゆめまる　解決しましたね。

虫眼鏡　はい。たくさんのメッセージありがとうございました。

《ジングル》

虫眼鏡　今日の放送いかがだったでしょうか？　としみつさんどうでした？

としみつ　そうですね、**途中ちょっと、アクシデントがありましたけ**ども。

虫眼鏡　**もう仲直りしてますもんね。**今は。

としみつ　すぐ仲直りするからね。

ゆめまる　なんだかんだね、**としみつがボケるじゃん、絶対大爆笑しちゃうの。**

虫眼鏡　うふふふふ。

としみつ　ドラえもんのさ、漫画の、棒が3本あるみたいな目で笑うんだよ。一回サイレントで笑うの。いきなりさ、ハハハッ！じゃなくて。

虫眼鏡　クククククッってやつでしょ？

としみつ　ククもないくらいの。

虫眼鏡　第4回もとしみつさんゲストできてくれるので、じゃあ第4回は、としみつが雑なボケどんどんぶっこんでくるんで、ゆめまる全部笑ってくださいね。

ゆめまる　絶対むせるわ俺。

虫眼鏡　でもせきの音は入れないでください。

ゆめまる　はい、聞いてるみなさんは、チャンネル変えないように、そのボケを聞いて。

2018 11/08

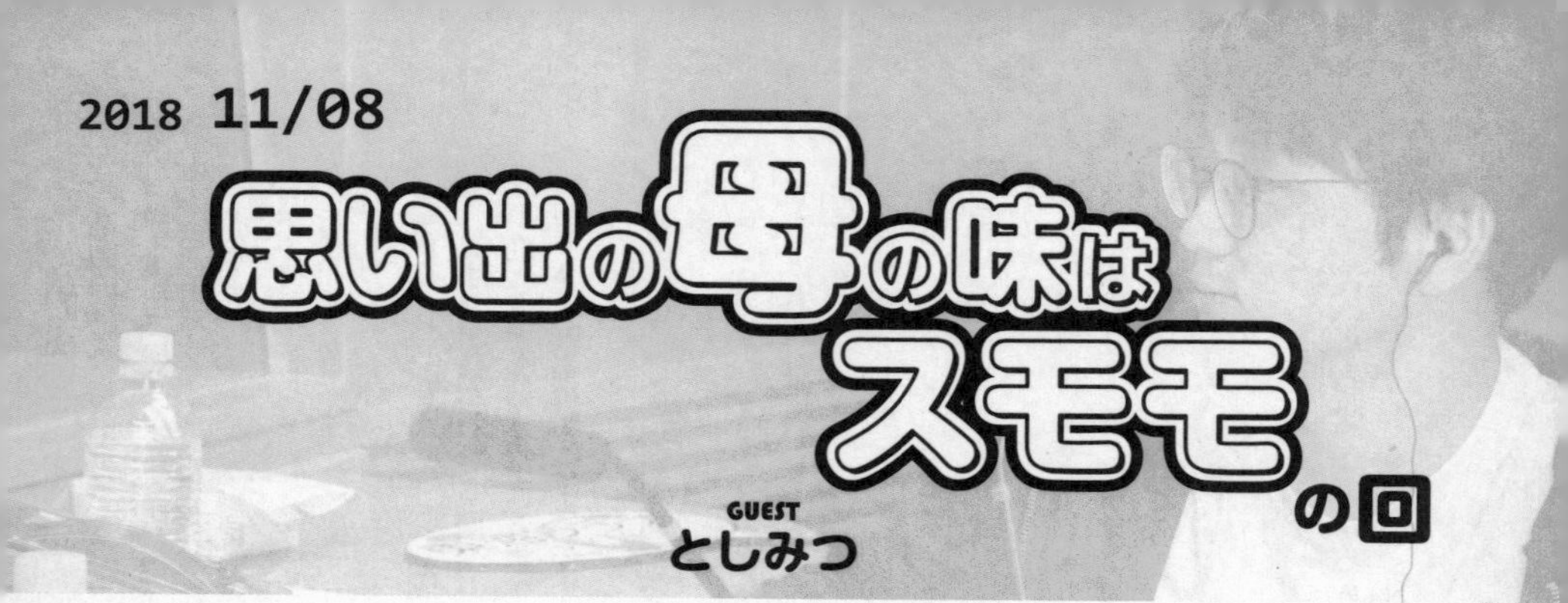

思い出の母の味はスモモの回

GUEST
としみつ

ゆめまる　何描いたの？

としみつ　**おちんちん。**

虫眼鏡　本番で、ブースの外からプロデューサーさんが、こうやって手をパッてやってくれてるときに、としみつが、ゆめまるの台本に、おちんちんの絵を描きました。

としみつ　違う、聞いて、そんときもさ、こいつ俺のほうにさ、**空パンチ打ってきやがった**んだよ。

ゆめまる　あれじゃん、俺がやったのはさ、「♪1、3、3、2、東海ラジオ〜」ってところで、こうやってリズムにのって近づいてさ、ぱって。

としみつ　おかしいじゃん、そんなの。

虫眼鏡　なんでそんなことやってんの？　あなたから始まる場所じゃん、これって。

ゆめまる　だけど、これ（チンチン）悪くない？　一番は。**ふざけんなよお前。**

虫眼鏡　やっときなよ、休憩中に。始めましょう、もう。

ゆめまる　先週はね、野球中継のためお休みでしたけど、2週間ぶりの放送ということでね、**今夜も、**「東海オンエアラジオ」やっていきたいと思います。なのでね、**今夜も**#東海オンエアラジオで聴いてる人は——。

虫眼鏡　何回「**今夜も**」って言うんだよ（笑）。

ゆめまる　**今夜しかないから、**今しかないから。はい、#東海オンエアラジオで聴いてる人はツイッターでつぶやいてください。それではいきます、東海オンエアラジオ！

東海ラジオをお聴きのあなた、こんばんは。東海オンエアゆめまると。

虫眼鏡　虫眼鏡だ。そして今日のゲストは。

としみつ　はい、としみつです、お願いします。

虫眼鏡　はーい、先週に引き続き、よろしくお願いします。**今回は仲良くする**って、さっき打ち合わせしたもんね。

としみつ　さっき握手したんで。

ゆめまる　**熱い握手をしたんで。**

虫眼鏡　そしたら、チンチン描いてるもんね。

ゆめまる　すぐふざけてくるから。

としみつ　こんなことでさ、いちいち突っかかってくるのがさ、ちっちぇなって言ってんだよ。

ゆめまる　だから、本番中に描くなよ。

としみつ　本番中に描くのがおもろいんだろが。

ゆめまる　事故起こすなお前。

虫眼鏡　いやいやいや（笑）、ゆめまるだってさ、しゃべればいいのに、ふわぁって顔でこっち見てくるやん。

としみつ　進めなきゃ。進行して。

ゆめまる　ごめんなさい。**チョーップ。**

虫眼鏡　ふふふ。**今たたきました、見えてませんけど。**

としみつ　そんなチョップ、初じゃない、東海ラジオで。今チョーップ！って、このテンションで。

ゆめまる　それじゃいきますよ、この番組は愛知県・岡崎市を拠点に活動するユーチューバー、我々東海オンエアが、名古屋にある東海ラジオからオンエアする番組です。

虫眼鏡　ゆめまると、僕、虫眼鏡が中心となってお届けする30分番組。今日は先々週に引き続き、としみつ君と一緒に今日も30分やっていきたいと思います。放送日が11月8日ということで、もう数日後にはね、あのイベントがあるわけですよ。

としみつ　2日後じゃない？

虫眼鏡　2日後か。

ゆめまる　2日後。

としみつ　前夜祭あるから。

虫眼鏡　『U-FES.』ですよ。

ゆめまる　今回、遊園地を貸し切りにするんだよね？

としみつ　東京ドームシティ。

虫眼鏡　我々が所属している、UUMという事務所のユーチューバーさんが勢ぞろいで遊園地をジャックして、すごいイベントを行うわけですよ。つい最近も我々、水溜りボンドさんと一緒に名古屋でイベントさせていただいたりして、**大人気でございますよ。**

としみつ　おぉ、言いますね。

ゆめまる　**天狗になりたくないと思ってても、天狗になってしまうくらい人気。**

としみつ　なるな!

ゆめまる　こうなっちゃうから。って見えねえから。

としみつ　虫さんとりあえず言うよね、**我々は結構数字があるんですよ、**って、とりあえず言っちゃうよね。本番のときも言ってたもんね。

虫眼鏡　あぁ、言うね言うね。

ゆめまる　だいたい俺、心の中でひやっとしてるの。

としみつ　ちょっと、ひやっとすんだよ俺も。

虫眼鏡　なんかさ、テストの、テスト返しでもさ、僕全然めっちゃ悪かったわ、って言って92点とかだったら、は?って思うやん。なんか、それに通ずるものあるよ、ちょっと。**やっぱ力もってる人は、あるって言わないと。**

としみつ　俺多分100点だよって言って、ほら100点でしょ、のほうがいいってこと?

虫眼鏡　まあね。あぁ結構調子よかったよ、92点。あぁ。のほうがいいやん。

としみつ　あんま変わらんけどね(笑)。

虫眼鏡&ゆめまる　ははは。

としみつ　**あんま言わないほうがいい説はある。**

ゆめまる　でもなんか全然人気ないやつが、俺めっちゃ人気なんだよね、って言ってるのは、俺はいいと思う。好きだな。

としみつ　それもうボケてるだけだから。

虫眼鏡　**じゃあ僕たちも人気なくなればいいってことか。**

としみつ　それはやめたほうがいいな。人気はあったほうがいいからね、あるかないかでいったら。

ゆめまる　**たぶん泣いちゃうな俺、人気なくなったら。**

虫眼鏡　というわけでね、もしも『U-FES.』来てくださる方いらっしゃったら、楽しみにしていてください、という感じですね。

ゆめまる　それではここで1曲お届けします。たまで「さよなら人類」。

《曲》

ゆめまる　お届けした曲は、たまで「さよなら人類」でした。

虫眼鏡　いや、名曲なんですけど、なんかちょっと、**クセありませんか選曲に。**

としみつ　聴いてる子はわかるのかね?

ゆめまる　わかんないんじゃない、もう。

虫眼鏡　世代が結構違いますね。

としみつ　違うよね。

虫眼鏡　僕でも結構たま好きで、高校時代にバンド組んでて、流行りの曲やらずにたまとかコピーしてたのよ。

としみつ　ははは。めちゃくちゃクセやん。

虫眼鏡　お客さん、シーンだったもん。

としみつ　聴いてる子は、RADWIMPS流せよとか思ってんじゃない(笑)。米津玄師さん流せ!とかさ。

ゆめまる　思ってるけど、たま流すから。

虫眼鏡　**これからもね、東海オンエアラジオでは、ゆめまるのクセのある選曲でやっていきます。**

としみつ　そこもポイントであるからね。

ゆめまる　**そこは絶対曲げないから。**

虫眼鏡　結局、名曲ですからね。いい曲流しますんで。さて、東海オンエアが、東海ラジオからオンエア。新コーナーですよ。毎回毎回、いいのが見つかるまでは。

としみつ　探り探りで。

虫眼鏡　はい(笑)。探り探りでやっておりますからね。今日はこのコーナーです、いきます!「東海オンエア、お悩み相談室!」。

ゆめまる　ほほう。

虫眼鏡　お悩み相談室でございますよ。結構ね、お便りの中に、深刻な悩みを抱えてる方々がいらっしゃいましてね、これを解決するのもトップ・ユーチューバーの務めですよ。というわけで今回は、みなさんのお悩みを僕たちが一言でズバッと解決していきます。

としみつ　任してください。

虫眼鏡　いや、それそうだよね、わかるわかる、っていうふうに長々と解決すると、相手も、**黙れよ!**と。

としみつ　つまりなんだよ!と

虫眼鏡　つまり何が言いたいんだ

よ、思ってしまうので、一言でいいますので、ズバっと解決していきましょう。

ゆめまる&としみつ　はい。

虫眼鏡　それでは、スタート!

——一宮市、さきさん。〈私は、中学3年生の女子なんですが、小学生の頃から男子と接するのがとても苦手です。女子なら初対面でも普通に話せるんですが、男子だとちょっとした会話を交わすだけでも言葉が回らなくなり、上手く話せません。すれ違ってちょっとぶつかっただけでも、異常に緊張してしまいます。変だと思われそうで友達にも相談できません。進学する高校も共学なので、本当に困っています。どうにか克服できる方法はないんでしょうか?〉

虫眼鏡　でも男子からするとそのほうがかわいいので、今のままでいいと思います。

としみつ　えー、そういうことね。えーとね、今、中3だから、バンドを始めよう。

虫眼鏡　あはは!　なんで?

ゆめまる　ま、**とりあえず、滝に打たれに行きましょうか。**

虫眼鏡&としみつ　なんでだよ!

としみつ　あ、こういう感じでいくの?　ポンポンポンと。

ゆめまる　ポンポンポンでいくからね。

——ラジオネーム、さらさん。〈私は、看護師として働きはじめて3年目になります。自分の働きたかった病院に就職できて、同僚にも恵まれました。でも、一人だけ入社当時から苦手な先輩がいます。いわゆる、お局様と言われる存在です。後輩の私から見ても仕事が丁寧だとは思えません。私たち後輩にも常に嫌味を言ってくるし、少しでも自分の気に入らない態度をとれば、「そんなんだから最近の若い子って嫌い」って言ってきます。関わらないのが一番だなと思ってスルーしていたんですが、春にチーム編成が変わり、その人と夜勤を組まないといけなくなりました。直属の上司に相談して、なるべく夜勤を組みたくないことを伝えたんですが、シフト上回数は減りましたが、0にはなりません。その人と夜勤だと思うと、とてもストレスを感じ、夏に急性ストレス性胃炎になり、めちゃくちゃ体重も落ちました。このままだと同じことの繰り返しになると思って、他の課に異動願いを出そうか迷っています。今の部署は自分の働きたい課だし、その人以外ほぼほぼいい人なんですがぁ……。あと、その人に負けたような感じがして悔しいので悩んでいます。みなさんならどんな対処をされますか?　教えてください〉

虫眼鏡　僕だったらそんな人に人生を狂わされるのが嫌なので、もうそのまま頑張りたいと思いますね。

としみつ　あぁなるほど。これはですね、すごく嫌な存在と思うから、気持ちが沈んでしまう。そういうエンターテインメントの存在だと思って、あえて、すごくね、笑顔とかでそのお局さんに接してみて仕事をする。そうすると相手も変わってくるんですよ。あれ?　こいつ変わったぞ、と。それを——。

虫眼鏡　一言でお願いします。

としみつ　**それでもダメならぶん殴る。**

ゆめまる　はははは。なんかまぁ、少しでも看護師さんのさらさんが、気に入らない態度とられたら、「そんなんだから最近のババァって嫌い」って言えばいいと思います。

としみつ　悪化するだけじゃね(笑)。

虫眼鏡　次の悩み聞いてみましょう。

——横浜市、かずこかわいいさん。〈私は、今大学3年生で、去年自分からふった元彼のことをなぜだかまた好きになってしまい、まったく忘れられません。自分の立場を気にしてしまい、進路も少し違うため、もうなかなか話す機会もありません。どうにかすっぱり諦める方法はないんでしょうか?〉

虫眼鏡　諦める方法ね。大学3年生ってことだったので、卒論と就活の準備を頑張ってください。

としみつ　集中すると。

虫眼鏡　そう。他のことに集中しよう。

としみつ　僕はですね、勇気を出して逆に、連絡してみる。それでダメだったら、諦められるし、うまくいったらいいじゃないですかそっちで。

ゆめまる　僕はですね、**大学をやめてブラジルに行け!**って言いたいです。

虫眼鏡　**なんでなん!**(笑)。

としみつ　それかバンドを始める。

虫眼鏡　なんでだよ!　次のお悩み聞いてみましょう。

——名古屋市、ラジオネーム、ほたるまるほたるさん。〈突然ですが、好きとは、なんなんでしょうか?　私は今、大学2年生で、お付き合いしてる人がいます。3つ上の理系大学院生で、とても忙しいです。付き合ってもうすぐ2年になりますが、結婚願望が強い私には、彼とこのまま付き合っていても結婚できるのは7年ほど先になってしまうと考え、関係を続けるか悩んでいます。彼のことが好きなら待てばいいんですが、私はドSだけどたまにMで、一定の収入があって子供好きでセックスのうまい人なら正直誰でもいいんです。なにをもって好きと言うんでしょうか。そもそも、私が結婚に向いていないんでしょうか〉。

虫眼鏡　ほたるまるほたるさん、もうこれは率直に申し上げますけど、好きじゃないです、その人のこと。誰でもいいので。だから、まだ結婚しないほうがいいと思います。

としみつ　そうですね、**あなたはですね、セックスが好きなだけです。**はい、セックスが好きなだけです。まだ本当に人を好きとかもないですね。セックスが好きで……。

虫眼鏡　**何回セックスって言うんだよ!**

ゆめまる　ほたるまるほたるさん、あの、僕と結婚してください。

虫眼鏡　なんでだよ、誰でもいいんだよ(笑)。次の悩みいきましょう。

——ラジオネーム、とやまけいすけさん。〈公園で太った鳩を見るのが好きでやめられません。どうすればいいんでしょうか〉。

としみつ　すごいねこれは。

虫眼鏡　どうすればいいんでしょうか?　そのままでいいと思います。

としみつ　まぁまぁ、持ち帰って焼き鳥にするか、口に爆竹をつめて破裂させるとかですかね。

虫眼鏡　ダメダメ(笑)。

ゆめまる　自分がもう太った鳩になって、公園でずっとピューピュー言って警察に逮捕されましょう。

虫眼鏡　うふふふふ(笑)。解決してないよー。

としみつ　悪化してるからね。

——カンカンカンカン。

虫眼鏡　さぁ、今5問の悩みがあったわけですけど。

としみつ　最後やばいな。

虫眼鏡　最後の人すごいね。なんだろう?

としみつ　快楽の得方がすごくない?

虫眼鏡　しかも、悩んでんだね、それに。別にいいじゃんと思うけど。

としみつ　悩みって自覚あるんだね。いいんだよ、趣味だもんなこれ。悩みじゃなくて。

虫眼鏡　あとなにか、気になるのありましたか?

としみつ　お局の相談は、なかなかガチ悩みというか。

虫眼鏡　バイトでもあるよね。

としみつ　あるある。

ゆめまる　いたわ、いた。

虫眼鏡　**プロアルバイター**みたいな人いるやん(笑)、めちゃめちゃ長い人。

としみつ　バイトリーダー。

ゆめまる　**女の人なのにヒゲはえてたからね。**

虫眼鏡　でも、「ヒゲはえてますよ」って言えばいい、そんな人には。なんかされたあとにね。

としみつ　結局だからね、絶対その人と接しなきゃいけなくなっちゃうからね、逃げようとしても無理なんじゃない?

ゆめまる　笑顔で接するしかないよね。はーいそうっすねぇ、って。

虫眼鏡　それをスルーするのも仕事の一個というか。その能力、結構大事ですもんね。

としみつ　そういう存在をさ、わざわざ自分の人生の中でさ、でかい存在と捉えてる時間がもったいないはずだから。そんな人はちっちゃい存在と思って、気にせず、自分のやることをぱぱっとやっていけば、いいんじゃないかなと。

ゆめまる　その通りですね。

虫眼鏡　あと、ほたるまるほたるさんは、連絡先をゆめまるに送っていただいて。

ゆめまる　だって、**一定の収入があって子供好きでセックスうまい人なら正直誰でもいいんだろ?　俺やん。**

虫眼鏡　待って待って、一個忘れてた、**ゆめまる子供好きじゃないやん。**

ゆめまる　子供好きやん。

虫眼鏡　好きじゃないやん(笑)。

としみつ　好きじゃないの?　どっち?

ゆめまる　子供好きだよ。ん?

虫眼鏡　ゆめまるは好きじゃないよ(笑)。撮影してて子供がキャーキャーって言うとさ、チェッて顔するやん。

ゆめまる　違うやん(笑)。

としみつ　お前さぁ(笑)。

ゆめまる　違う、聞いて。あのさ、公園で遊んでる子供たちの声はさ、いいなぁと思うよ。けどさ、撮ってるよ、ごめんね、あとでね、って言ったあとで入ってくるやついるやん、たまに。

としみつ　子供だもん、それは。

虫眼鏡　それが子供やん。

ゆめまる　チッっていうか、**ムッとはする。**

虫眼鏡　いやいやだから(笑)、子供はそういうもんだから。

としみつ　中高生とかだったら、ムッとしていいと思うけど、お前大人だろって。子供なんだから、仕方ないがや。

ゆめまる　**でも子供好きだよ。**だから俺なんですよ。俺と結婚するんですよ。

虫眼鏡　いいのか？　ゆめまる、ほたるまるほたるまると。**ほたるまるゆめまるになっちゃうけどいい？**(笑)。

ゆめまる　やばいなぁ、**俺が養子でいくんだ**(笑)。

虫眼鏡　ま、ほたるまるほたるまるさんが真の愛を見つけられるといいですね。ま、こんなね、適当な答えしか話せない我々ですけど、もしもね、こんな東海オンエアに悩みを相談したいなと思う変人の方は、どしどし悩みを送ってください。

としみつ　そうですね、大喜利じゃないのでよろしくお願いします。

虫眼鏡　一応ちゃんとね、答えてる人もいるので。はい、不定期の開催にはなると思いますけど、悩みをズバッと解決していきます。以上、「東海オンエアお悩み相談室」でした。

《ジングル》

虫眼鏡　ジングルすごくない？

としみつ　めちゃくちゃディスられてた。

虫眼鏡　いやいや(笑)。

ゆめまる　ディスじゃないじゃん。

としみつ　なに？

ゆめまる　ディスっていうのやめて。

としみつ　わかった。

ゆめまる　うん。たのむわ。

としみつ　なに？　なんか言えよ。

ゆめまる　ごめんね。

としみつ　しゃべらんこいつ、全然。

ゆめまる　あ、いいんだいいんだ、ここで言っちゃうね。ここで、いただいたメッセージを紹介します。

虫眼鏡　はーい、「ふつおたのコーナー」ですね。

ゆめまる　たくさんいただいてるので紹介していきますね。ラジオネーム、さやかさんからのメッセージですね。〈東海オンエアにはメンバーカラーなるものがありますよね。それって、どうやって今の色になったんですか？〉。

虫眼鏡　それさ、他の人どうなってるの？

としみつ　これは、普通に好きな色とかもあるし、その人っぽい色でってのもあるし。で、**虫さんはウンコ好きだからウンコ色になった。**

虫眼鏡　それね、**やばいよね。**

としみつ　そこだけはね、ウンコ好きだからウンコ色になった。

虫眼鏡　それしか決まってなくない、ストーリー。

ゆめまる　なんで俺ピンクになったかわからないもん。

としみつ　ゆめまるはなんかピンクっぽかったからだと思う。

ゆめまる　そういうこと？

虫眼鏡　どこがピンクっぽいの？ゆめまるの。

としみつ　わからん、余ってたかもしれない。

虫眼鏡　まあね、赤色っぽい色がね。

としみつ　てつやオレンジじゃん。オレンジ好きじゃん。

虫眼鏡　それって、てつやは自分がオレンジ好きだからオレンジにしたってこと？

としみつ　だったかな？

虫眼鏡　じゃあ、ゆめまるピンク好きなの？

ゆめまる　ピンク別に好きでもないし、嫌いでもない。

としみつ　でも今もうピンクじゃん。

ゆめまる　そりゃそうだね。としみつなんで緑にしたの？

としみつ　俺はなんか、緑好きだし。

虫眼鏡　したっていうか、自分で決めたの、あれ？

としみつ　なんかねぇ、どこで話したっけな？　てつやとすげぇそんな話した記憶もあったようなないような。

虫眼鏡　たぶんさ、僕とゆめまる絶対そのときいないよね？

としみつ　いなかったいなかった。

虫眼鏡　勝手に決められてる。

としみつ　**めちゃくちゃ適当に決めたもん、たしか。**

虫眼鏡　で、虫さんウンコ好きだからって言うやん。**ウンコ好きじゃないからね、普通に考えて。**

としみつ　**えー!!**

虫眼鏡　えー、じゃねえだろ。ウンコ好きなやついないだろ！　**りょう君だけだろウンコ好きなの。**

としみつ　5年目にして衝撃の真実。

ゆめまる　**スカトロじゃなかったこの人。**

虫眼鏡　しかもさ、茶色はいろいろと困るのよ、メンバーカラーで。だってさ、ちょっと前の宣材も、東海オンエアのカラースーツの宣材だったじゃないですか。あれもだってさ、みんなはすごい派手なスーツ着てるけどさ、僕だけただのおっさんのスーツだからね、あれ。

としみつ　でもしょうがないよね。

虫眼鏡　テロップも茶色読みにくいしさ。

ゆめまる　しかもペンライトもさ、茶色ないしね。

虫眼鏡　そうそうそう（笑）。交換しよ？

ゆめまる　ピンクと茶色？

虫眼鏡　そう。

ゆめまる　ばか、**や！**

虫眼鏡　なんで（笑）。

ゆめまる　絶対やだね。

としみつ　なんとなーく決まったと思うよ。

虫眼鏡　てつやが多分決めたんだろうね。その場のノリで。

ゆめまる　じゃ、次のメッセージいってもいいですか？

二人　はい。

ゆめまる　ラジオネーム、**すもももももももものうちさんからのメッセージ**です。

虫眼鏡　え？　そんなラジオネームってある？　見せて。

ゆめまる　あるある。見てみ。

虫眼鏡　**すもももももももものうちじゃん。**今適当にものの数ごまかさなかった？

ゆめまる　ちょっとごまかしたかもしれない。

虫眼鏡　もう一回やって。

ゆめまる　はい。**すもももももももものうち。**

虫眼鏡　**絶対違うじゃん**（笑）。

としみつ　知らない？　早口言葉じゃん。

虫眼鏡　すももももももものうち、じゃん。

ゆめまる　知らない。

としみつ　え？　やばいぜ。

ゆめまる　早口言葉なの？

虫眼鏡　早口言葉だとレベル1くらいになっちゃうけど。

ゆめまる　俺言えねえわ。すもももも、もものうち。なんだこれ？

虫眼鏡　ゆめまる言えないんだよ、もう一回早口で言ってみて。

ゆめまる　すもももももものうち。

虫眼鏡　たりてないよ。

としみつ　惜しい惜しい、もう一回。

ゆめまる　**すもももももももももものうち。**

虫眼鏡　言えてない、**多かったわ。**

ゆめまる　**すもももももももものうち。**

としみつ　**1コ少なかったな。**

虫眼鏡　言葉の意味を考えてないもん。**スモモも桃も桃の種類だよ、って。**

ゆめまる　あ、そういうことね！

虫眼鏡　じゃ、読んでみて。

ゆめまる　**すももももも、あっ、すもももももも、もも、わからん！　もが多い、もー！**

虫眼鏡　はい、ありがとうございました。

ゆめまる　ちゃんと読んであげようよ！　はい、ま、いただいたので、読んでいきたいと思います。

虫眼鏡　ラジオネームからお願いします。

ゆめまる　ラジオネーム、すもももももももものうち。はい、言えました。

虫眼鏡　いや、さらっとやってくださいよ（笑）。

ゆめまる　〈秋といえば食欲の秋ですが、**東海オンエアのみなさんが好きな思い出の母の味ってありますか？〉**

虫眼鏡　**やっぱスモモですかねえ**（笑）。

としみつ　そんなわけねえだろ！

ゆめまる　安易だなぁ（笑）。終わりですかこれは？

としみつ　肉じゃがですね。

ゆめまる　肉じゃがですか？　僕はカレーですね。

虫眼鏡　僕はスモモですね。

ゆめまる　すもももももものうち。

としみつ　母の味って、母、全然連絡とらねえから、ない説あるの、ほんとに。

ゆめまる　仲悪いの？

としみつ　まじでスモモかもしれない。

虫眼鏡　ほんとに親のご飯食べてないもん。

ゆめまる　めっちゃ重いやん。

虫眼鏡　違う違う、昔は食べてたよ。そんな僕、ネグレクトされてたとかじゃないけど。なんか覚えてない。覚えられるレベルの過去じゃないな。

としみつ　次いきましょう。

ゆめまる　次いってていいですか？

虫眼鏡　(小声で)ほんとにスモモかもしれんしな。

ゆめまる　ラジオネーム、ちゃむちゃむさんからのメッセージです。〈みなさんにご質問です。女子の好きな髪の長さはどれくらいですか?〉。

虫眼鏡　はぁ。

ゆめまる　どれくらい、みんな?

虫眼鏡　僕は短いのが好きです。

ゆめまる　ショートカットくらいの?

としみつ　俺なんでもいいな、似合ってれば。

虫眼鏡　でも、さっきっていうかさ、ポニーテールが好きって言ってたじゃん。だからそれくらいの長さないとできないよ、ポニーテール。

としみつ　だから、肩くらいは。

虫眼鏡　僕もそれくらいかも。

としみつ　短くてもいいんだよ、別に。似合ってればいいんだよ。

ゆめまる　その子に合えばいいと。

としみつ　別にポニーテール強制しないからさ俺。絶対ポニーテールにしろとか言わないから。

虫眼鏡　**しばれーー!**

としみつ　お前俺と付き合ったからポニーテールにしろとか言わないからさ(笑)。似合ってればいいんじゃない? その子に合った髪形あると思うし。

ゆめまる　もしかしたら『U-FES.』のときに、としみつファンみんなポニーテールでくるかもしれない。

虫眼鏡　そんでね、前の人がポニーテールだからパサパサパサってなって、かゆっ!ってなって後ろの人が怒るっていう。

としみつ　邪魔だよ!って。

虫眼鏡　ゆめまるは?

ゆめまる　僕は、なんだろうな、奇抜な髪形が結構好きで、**リアルに言うと、ほんとに坊主がいいな**と思うのよ。

としみつ　まじで?

虫眼鏡　ほんとうの坊主?

ゆめまる　うん。

としみつ　聞いたことあるわ。

ゆめまる　**女の子の坊主は、ちょっとグッてくるの。**

としみつ　聞いたことあるこれ。

虫眼鏡　それを見て、かわいいと思うの?

ゆめまる　うん、かわいい、かっけーみたいな。かわいいとかっけーがあるな。

としみつ　パンクロック聴きすぎてんだよ。

虫眼鏡　ほんとにそれ見てかわいいと思ってるの? 面白がってるだけじゃねえの?

ゆめまる　面白がってない、まじで、まじで坊主にしてって元カノにも言ったから。

としみつ　真剣に聞いたことある、これは。

虫眼鏡　別に**坊主の顔見ながらエッチできるってこと?**

ゆめまる　**全然できる。**

虫眼鏡　へぇ。それは珍しいやん。

ゆめまる　それは、ちょっと破天荒すぎた?

としみつ　性癖かもしれない、そういうの。

虫眼鏡　でも、今のは僕たちの好みの髪の長さが知りたいんでしょ?

ゆめまる　ま、坊主。

としみつ　肩ぐらいにしときますか、セミロングくらい。

ゆめまる　で、ショート。だから、僕のファンは、坊主にしてください(笑)。

としみつ　坊主にすればゆめまると付き合えるよね、だから。坊主なの?みたいな。

虫眼鏡　グッとくるらしいからね。

としみつ　飲み行こうよ、って言いそうだもん。

ゆめまる　言うでしょ、それは。

虫眼鏡　こわぁ。坊主の人がうろうろしてたら。

としみつ　イベントで坊主めっちゃいるぞ。

ゆめまる　それめっちゃおもろいやん。おもろいしかわいいやん。

虫眼鏡　いや、おもろくないよ、責任とれないもん。怖いよぉ。

ゆめまる　時間がたてば伸びるんだからいいんだよ。坊主にすりゃ、みんな。はい、メッセージのほうは以上となります。

虫眼鏡　はい、たくさんのメッセージありがとうございました。

としみつ　ありがとうございます。

《ジングル》

虫眼鏡　今日の放送いかがだったでしょうか。

ゆめまる　まぁよかったんじゃないですか?

としみつ　まだ序盤ですからね始まってこの番組。まだ探り探りのとこありますけども。

虫眼鏡　なんかコーナーがね、毎回結構日替わりじゃないですか。今日のお悩みなんてのも、結構重いお悩みがきてね、一言で我々が答えるというなかなか無茶な企画だったんですけど、結構面白いなと思って。またね、みなさんたくさん面白いお便り送ってください。さて、ここでお知らせです。

2018　11/15

おばあちゃんのおっぱいはエノキダケの回

GUEST
しばゆー

ゆめまる　最近インスタグラムとかで大学時代の友達の写真とか見てると結構、オートキャンプのおしゃれな写真とかのっけてて、私たち結構イケてますよ、みたいな雰囲気出してることに、めちゃくちゃ腹たってるゆめまるです。

虫眼鏡　なんで？　いいやん別に（笑）。

しばゆー　いいじゃん。

ゆめまる　いいやんじゃないんだって。私たちイケてるよ、お前らイケてないやんって言ってるような感じがするの！

虫眼鏡　そこまでは言ってないよ。私たちイケてるよ、はあるかもしれんけど、お前はイケてないやん、は被害妄想やん。

ゆめまる　おまえイケてないよって見ると、クソーッてなって、ちょっと嫉妬してるみたいな。

しばゆー　自分もやって楽しかったらどうする？

ゆめまる　そうなんだよね。

虫眼鏡　**ゆめまるのほうがすごいことしてるよ。**ゆめまるのほうが、俺イケてるよ感だしてると思うよ。あいつらから見たら。

ゆめまる　ダメだ、**俺、インスタのリア垢だとイケてないから。**お酒の写真しかのってないからさ。

虫眼鏡　あぁそうなんだ（笑）。

しばゆー　渋いな。

ゆめまる　基本はね。

虫眼鏡　ゆめまるのほうのインスタのアカウントひどいもんね。

ゆめまる　あのぉ、東海オンエアのほう？

虫眼鏡　そうそうそう。

ゆめまる　ほんとにね、おしゃれな写真撮ってるわ。

虫眼鏡　いやいや違うよ（笑）、なんか、**落ちてるもんとか撮ったり。**まず、名前がなんだったっけ？

ゆめまる　**はらわたオリジナル。**

しばゆー　もうさ、**それのが腹立つぜ**（笑）。オートキャンプのほうがましだぜ。

ゆめまる　はい、それでは今夜も、#東海オンエアラジオで聴いてる人はつぶやいてみてください。それではいきます、東海オンエアラジオ！東海ラジオをお聴きのあなた、こんばんは。東海オンエアゆめまると。

虫眼鏡　虫眼鏡が。そして今日のゲストは。

しばゆー　しばゆーでーす。しばゆーですよ、いやぁ、ゲスト回ってきましたよ。

ゆめまる　回ってきたね。

虫眼鏡　なんか、ラジオだからさ、見えないって知ってる？

しばゆー　何なになに？　知ってるよ。

虫眼鏡　**服装でボケてくるのはダメなんだよ。**

しばゆー　服装ボケてないって、なにをボケてんの？

ゆめまる　朝、車で迎えにいったときさ、二人とも**全身タイツやんっていってさ。**なんで？とかいってたもん。

虫眼鏡　なんで全身タイツ着てんの、寒そう、**と思ったら違った。ギリ違った。**

しばゆー　**全身タイツに見えるアディジャ**を着てるわけよ。

ゆめまる　まだ許せるじゃん。靴よ。

虫眼鏡　あぁそうそうそう（笑）。服はまだ許せるんだけど、靴が違ったんだよね。

しばゆー　靴は、ただの家のスリッパです。

虫眼鏡　なんでだよ。

しばゆー　まじで家ではくスリッパ。

ゆめまる　前も**コーヒー豆みたいなスリッパはいてた。**

しばゆー　ははは。やめろコーヒー豆っていうの、俺の靴を。

虫眼鏡　ははは！　なに？コー

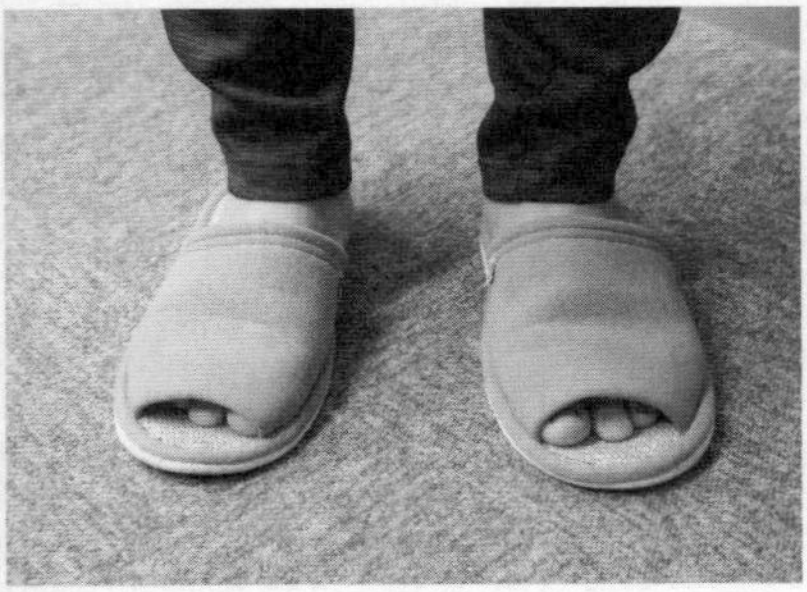

ヒー豆みたいなスリッパって。

ゆめまる　今日はいてるやつじゃなくて、もう一個もってるでしょ?

しばゆー　あぁ、これじゃないね。

虫眼鏡　これもコーヒー豆みたい(笑)。

しばゆー　**これ、エチオピア産だわ! 前のやつブラジル産。**

ゆめまる　もっとコーヒー豆のやつがあったのよ。

虫眼鏡　へぇ。なんかさ、**アパホテルとかすごいペラッペラのさ、室内履きみたいなスリッパあるやん。なぜか、いたく気に入って履いて帰るもんな。**

しばゆー　めっちゃ気に入っちゃうの。ペラッペラの紙みたいなやつ。

ゆめまる　**地面やん! すぐ。**

しばゆー　マスクなんじゃないか、ってくらいの薄さのスリッパ。

虫眼鏡　あはははは。折り紙で作れそうなスリッパでしょ。

ゆめまる　ペラッペラのね。

しばゆー　おすすめしますよ、みなさんにも。

ゆめまる　この番組は愛知県・岡崎市を拠点に活動するユーチューバー、我々東海オンエアが、名古屋にある東海ラジオからオンエアする番組です。

虫眼鏡　ゆめまると、僕、虫眼鏡が中心となってお届けする30分番組。この東海オンエアラジオの公式ツイッターが開設されました。気づきました、ゆめまるさん?

ゆめまる　僕は、言われて気づきましたね。すいませんけど。あんまツイッター見ないので、最近。

虫眼鏡　僕がリツイートしたのでね、すごいフォロワーが増えたってことでね、喜んでおりましたよ、このラジオの方がね。

ゆめまる　この収録中に僕もリツイートするので、お願いします。

虫眼鏡　はい、まだの方は探してみてください。番組公式アカウントをフォロー&リツイートキャンペーンを今行っております。フォロー&リツイートをしてくれると、サイン入り生写真、サイン入り生写真?　radikoグッズ、東海ラジオオリジナル付箋があたります。来週木曜までです。この、サイン入り生写真は、僕の左後ろにおじさんがずっと写真撮ってるじゃないですか。これかな?

ゆめまる　そういうことですか?　これに、サインするってこと?　あ、そうみたいですよ。

虫眼鏡　うしろでね、僕たちがしゃべってる間、基本的にカメラマンの人が一緒のお部屋にいてずっと写真撮ってくれてるんですよ。で、そのおじさんのツイッターもありますよね。

しばゆー　おじさんのツイッターもあるの?

虫眼鏡　おじさんのツイッターは僕がまだリツイートしてないので(笑)。

ゆめまる　そっちはリツイートしてるんだよね俺がね。

虫眼鏡　それをフォローすると、なにもプレゼントはないんですけど、僕たちの写真が見れるという特典がついてますんで、そちらもフォロー&リツイートしていただければと思います。キャンペーンはありませんけどね。というわけでね、この番組の恒例の、1曲目のコーナーでございます。

ゆめまる　いいですか?

虫眼鏡　ちょっとね、様式美みたいなところになってきてますけど。しばゆーさん、どんな曲聴きたいですか、1曲目。

しばゆー　僕はですね、最近きゃりーぱみゅぱみゅさんにハマっておりまして。

ゆめまる　おぉ、かわいい。

しばゆー　それのアルバム2曲目かな、「キズナミ」。♪キーズナミ、って曲あるんですけど、それをあれしたいなと。

虫眼鏡　それでテンションぶちあげて、今日の収録楽しくやっていこう、みたいな感じですかね。はい。

ゆめまる　はい、流していきたいと思います。

虫眼鏡　じゃあ、ゆめまるさん、曲紹介お願いします。

ゆめまる　はい、それではここで1曲お届けします。TM NETWORKで、「Get Wild」。

《曲》

しばゆー　**おいおいおいおいおいおいおーい!**

ゆめまる　お届けした曲は、TM NETWORKで「Get Wild」でした。

しばゆー　いや、様式美よ。やられたら楽しいね。

ゆめまる　ちゃんと乗ってくれたから。

虫眼鏡　もうね、知ってるもんね、さすがにね。

しばゆー　さすがに知ってたわ。

虫眼鏡　しかも、文句を言いたいけど、結局流れる曲は名曲だから、なにも言えない（笑）。普通にいい曲だった、楽しかった、聞いててね。さて、東海オンエアが東海ラジオからオンエア、東海オンエアラジオ、このコーナーやっちゃいます。「東海オンエアラジオのコーナーを考えちゃおぅ」でございますよ。今のところね、この東海オンエアラジオですよ、まだ始まって5回目ですか、今回が。

ゆめまる　そうですね。

虫眼鏡　なので、コーナーってもんがね、できてるのかできてないのか曖昧な状況なわけですよ。やっぱりね、他の面白いと有名なラジオでも、名物企画みたいなのがあったりして、我々もちょっとそういうのを作っていきたいな、っていうことでございますよ。

ゆめまる　大事です、そういうのは。ファンを掴むためにはね、そういう企画も考えていかないと。

虫眼鏡　東海オンエアを見たり聞いたりしてくれてる方はね、やっぱ**面白力**が磨かれていると思うんですよ。その、リスナーさんの**面白力**を、力を借りて、この番組を面白くしていこうっていうのは、それは非常にいいことだと思いますよ。

しばゆー　**面白力っていうワードよ。他のなんかなかったのか。**

ゆめまる　ははは。

虫眼鏡　まぁこれは考えちゃおうと言ってますけど、これすら、リスナーさんにお願いしている（笑）。

ゆめまる　他力本願でいくっていう感じでね。

虫眼鏡　というわけでね、いくつか案があがってるそうなので、さっそく聞いていきましょう。で、僕たちは、それに一言、ズバズバ斬っていくっていう、例の方式でございます。

しばゆー　なるほど。

虫眼鏡　ではいきますよ。それでは、スタート！

――ラジオネーム、ナッシーさん。〈モノマネコーナーをやってほしいです〉。

虫眼鏡　（青い猫型ロボットのモノマネで）これはね、一回くらいで終わっちゃうかな。

ゆめまる　（背の高いギターの上手い人のモノマネで）べべべべベイベベイベー俺の未来は〜。

――〈リスナーへの電話コーナーをやってほしいです〉。

ゆめまる　おぉ。

虫眼鏡　**逆電か。**なるほどね。

ゆめまる　休みの期間とかね。

しばゆー　自分からいくのね。

虫眼鏡　そっか、僕たち平日に録音してますからね。ま、年末年始とか、そういう休みのときにね、みんなが電話に出てくれそうなときにね、この電話をかけていくと。

ゆめまる　県外の人にかけてみたいね。

しばゆー　**ゆめまるがセクハラ発言しそうで怖い**ですね。

虫眼鏡　たしかに（笑）。ゆめまる……。

ゆめまる　**やめとけ！　過去のツイキャスだろ、**お前、やめろ、だすな！

――ラジオネーム、ももあさん。〈「**大戦犯**」。リスナーがこれまでの人生でしでかした大失敗を募集する。メンバーがそれを受け、小戦犯、戦犯、大戦犯、ぱんそん、いせぱんそん、いせぱんしんかんしんそん、いもぱんきんたんぱんそん、と、ランクづけしてくのはどうでしょうか？〉。

虫眼鏡　こんなことアナウンサーに読ませて申し訳ない。

しばゆー　面白そうだけどな。

ゆめまる　失敗談を聞けるのはね、けっこう。

虫眼鏡　それは絶対。失敗談って一番おもろいですからね。

ゆめまる　うまいから。

しばゆー　**甘い味がする。**

虫眼鏡　聞いてる数が多いから、失敗の数もね、失敗もね、いい失敗があがってくると思うんですよ。おもろいやつが。これは面白いと思います、ネタにして消化することによって、この人も救われるんじゃないかと。一つ問題は、ぱんそん、いせぱんそん、っていうね、我々が決めたランク付けなんですけど、これは今死語になりつつある。

ゆめまる　聞かないね、ほんとにね（笑）。最近は。

虫眼鏡　うん。そこは、新しく、一考の余地ありですね。

――福岡県、ラジオネーム、はっちーさん。〈毎週あるテーマに沿ってぴったりな曲をプレゼンするコーナーをしてほしいです。代表で2〜3人プレゼンをしていただき、その場にいるメンバーの多数決で流す曲を決めてもらう感じでしていただけると幸いです。最近人気の曲もいいんですが、前からある曲で、なおかつ自分の知らない曲と出会えて、なんでその曲を選んだのかのプレゼンも聞ける、正直、私が得なだけのコーナーですが、ご検討いただけますと助かります〉。

虫眼鏡　めちゃめちゃラジオっぽい企画でしたね。

ゆめまる　テーマを決めて、曲をプレゼンするコーナー。ははーん。

しばゆー　何言われてもマキシマムザホルモンをプレゼンするっていうやつやっちゃいそうだわ。ゴーとか言って。

ゆめまる　めちゃくちゃ知らん海外のアーティスト紹介するから。

しばゆー　こういうこと、真面目なことやらせると、なんかふざけちゃうよね、俺らって。

ゆめまる　そうだね。

しばゆー　ちょっと危ないかもしれないですね。

虫眼鏡　ゆめまるも結局プレゼンしても、じゃあ流していきましょうってときに、ゆめまるが違う曲流しちゃうしね。

ゆめまる　おーい、意味ねー!って。

しばゆー　全部「GetWild」流すかもしれないから。

虫眼鏡　まぁまぁこれもいいと思いますよ。

——岐阜県、ラジオネーム、すばるさん。〈東海オンエアのみなさん、まだまだラジオに慣れていないはず。そこで、リスナーから全国のラジオをおすすめしてもらって、それを聞いて、ラジオ技術を学んでいくコーナーを作るのはどうでしょうか? 東海オンエアのみなさんの勉強になるだけでなく、みんなが全国のラジオを知るきっかけになってもよいのではないでしょうか?〉。

虫眼鏡　なるほどね。これは普通にね、我々ね、お聴きの方はちょっとわかるかどうかわからないですけど、**ラジオ下手くそなんですよ。**

しばゆー　あぁそうなの?

ゆめまる　めちゃくちゃ下手なんでね。

虫眼鏡　めちゃくちゃ下手なんだよ。自分たちでオンエア聞いてみて、**おいめちゃめちゃ下手やん!**って。

一同　(笑)。

ゆめまる　**ただ悪ノリ聞かせてるだけだみたいな、電波にのっけてるわ、って感じ**で。

虫眼鏡　そう。でも、僕たちはね、下手なままでいいんじゃないかというね、甘い考えをもってるんですよ。

しばゆー　それがよさだと。

虫眼鏡　でもまぁまぁ、うまくもできるけど、あえて下手にやってますのほうがかっこいいやん。

しばゆー　かっこいいね。うまい企画やっちゃって、うまいとこ見せなきゃいけないの、ちょっと今後つらいかもしれない。あと車でやるわって。

虫眼鏡　ふふふ。ま、でもあれですよね、この東海ラジオさん、ほかにもいろんな番組あるので、その番組を聞いてみて、ワザをパクっていくとか、なんならこのパーソナリティーを、もうここに来てもらって、我々のね、この**下手くそさを斬っていただく**と。ゆめまるのフリートークとかいつも悩んでるじゃないですか。

ゆめまる　**俺途中泣いて帰っちゃうかもしれない。**「帰るわ俺ぇ」って言って。

虫眼鏡　ははは。ゆめまるのフリートークを採点してもらうと。

ゆめまる　是非お願いしますそれは(笑)。助けてもらえるなら。

——カンカンカンカン。

虫眼鏡　終わりですね。5個ですか、じゃあ。良企画じゃないですか。

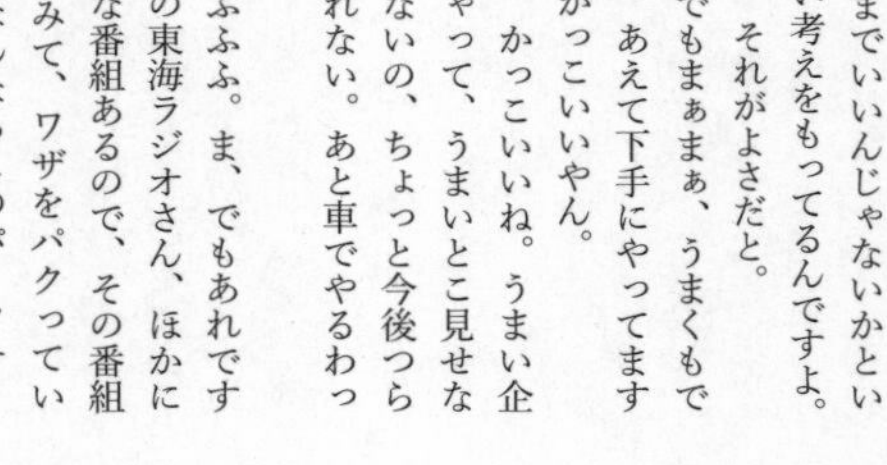

ゆめまる　面白そうなのが多いですね。

虫眼鏡　東海オンエアのネタ会議でも、このレベルのネタがポンポン出てくると困らないんだけど。

ゆめまる　(笑)。

しばゆー　豊作ですね。

虫眼鏡　今回は豊作ですね。ま、モノマネコーナーは、やばい、反省、俺なんの真似した、そういえば?

ゆめまる　布袋寅泰さん(笑)。

虫眼鏡　**布袋さんのモノマネ、誰でも面白い説**(笑)。

しばゆー　なにそれ(笑)。

ゆめまる　しばゆーもやってもらっ

たらね、多分笑ってくれる、みんな。

しばゆー　あ、僕ですか？　いきます。**ベビベビベイベベイベベイベー俺のすべて……。**

虫眼鏡　ははははは。**みんなそこ真似すんの？**

しばゆー　いや、これしか、正直。

ゆめまる　知らないんだよね(笑)。あともう、この動きしか知らない。

虫眼鏡　この動きって言っても(笑)。

しばゆー　ラジオだってば。

ゆめまる　デーレデーレレっていう。

虫眼鏡　はい、ゆめまるが今どういう動きしてたか？っていう人は、このカメラマンのおじさんのツイートを探していただくという感じになります(笑)。

しばゆー　虫くんは何のモノマネしてた？

虫眼鏡　僕？　新しいドラえもんのモノマネ(笑)。

しばゆー　全然わからんかったわ。

虫眼鏡　わからなかった？　僕、なんかさ、自分の発してる声とさ、骨を通って聞こえるからさ、みんなに聞こえてる声と違うって言うやん。僕、**自分に聞こえてる声は、まじでドラえもん**(笑)。

ゆめまる　俺も自分で聞こえてる声は布袋さんだから、まじで(笑)。

虫眼鏡　電話コーナーは、これはさすがに採用でいいんじゃないですか？

ゆめまる　うん、やりたいね。

虫眼鏡　普通に僕たちも電話したいですしね。で、この中で、一番僕が気に入ってるのが、この「大戦犯」のコーナーですね。

ゆめまる　失敗を募集っていう。

しばゆー　面白いと思う。

虫眼鏡　これね、みなさんの失敗を募集して、それをめちゃめちゃ笑っていきたい。めちゃめちゃバカにしていきたい。

しばゆー　なんかないんですか、大失敗。試しに。試しにランク付けしてみたい。

虫眼鏡　僕の中の人生で、今思えば、全然大したことないんですけど、その当時の僕だったら大戦犯だったエピソードがありまして。僕は、やっぱ中学時代ってかっこつけたい時期じゃないですか。で、髪の毛とかもほんとはいじっていきたいけど、ワックスつけちゃダメじゃないですか中学校とかはね。

ゆめまる　禁止だね。

虫眼鏡　どこでかっこつけていこうかと思った僕はですね、香水をつけていこうと思ったんですよ。

ゆめまる　はははは。もう恥ずかしい俺。

虫眼鏡　これ、もう落ちわかると思うけど(笑)。で、最初はね、ギャッツビーとかの、あんまり匂いが強すぎない系の香水を、こっそりね、ちゃんと手首とかにほんとに適量つけて。

ゆめまる　ほんのり香るってくらいね。

虫眼鏡　たぶんね、それが正解だったんだよ。でも僕は、意外とみんなのリアクションがないなと思ってしまって、家にあったブルガリの香水をね。あれって匂いめちゃめちゃきついじゃないですか。あれをベタベタにつけて学校に行ってしまって、そのときに、**「おい！誰か香水くさいぞ！」**ってなって、ほんとに朝の会で、「おい誰か、香水くさいらしいけど香水つけてきたやつおらんか？」みたいな話になって、素直に僕は手をあげた。

ゆめまる　うわぁ、恥ずかしいね。

虫眼鏡　そのときの僕の言い訳が、**「いや、昨日お葬式があって香水がついちゃったんですよ」**っていう意味のわからない言い訳をしたっていう(笑)。

ゆめまる　きっついねー。

しばゆー　これは、なんですかね、ランク付けするとしたら？　いせぱんそんくらいじゃないかな？

ゆめまる　まぁそうだね、ぱんそんかなと思ったけど。

しばゆー　いせぱんそんでしょ。

虫眼鏡　すいません、みなさんにね(笑)、初めて聴いてる方いるからわからないよ。ランク付けがね。もう一回読みますと、やらかし度合いによって、下から順番に「小戦犯↓戦犯↓大戦犯↓ぱんそん↓いせぱんそん↓いせぱんしんかんしんそん↓いもぱんきんたぱんそん」……なんか間違ってんなこれ。っていうね、ランク付けがあったんですよ。かつて我々には。

ゆめまる　俺一回も言えてないんだよね(笑)。

虫眼鏡　ま、今の僕のやらかしは真ん中くらいって感じですかね。

虫眼鏡　ないですか、しばゆーさん？

しばゆー　はい。

しばゆー　うーん。えー。そうですね、大学時代、まほっちゃんのところに僕修業にいってたじゃないですか。で、テストの日だったんですよね。明日テストだっていう日に、僕、まほっちゃんのカリスマ性に魅了されて、完全に単位がかかってるテストを全部休んで樹海にいってバドミントンをしてた、っていう。

虫眼鏡　はははは。

ゆめまる　で、単位とれず？

しばゆー　単位とれずに大学辞めました。

虫眼鏡　それがきっかけだったの？（笑）。

しばゆー　まぁそんなとこですね。はい。

ゆめまる　これは「いもぱんきんたんぱんそん」じゃないですか？

しばゆー　イモキンか？

虫眼鏡　どうだろうな、大学辞めたの今になっては響いてないから「いせぱんそん」くらいじゃないですかね。失敗だらけの人生、ゆめまるさんは？

ゆめまる　失敗だらけ（笑）、たしかにそうだな。否定できんから悔しいわ俺。あのぉ、大学時代に、好きになった女の子がいて、熱田神宮のお祭り、熱田祭かな、わかんないけど、あれに行ったのね。まだそのときは、俺は好意を寄せてるけど向こうは知らないみたいな感じだったの。で、**すごい人混みだから、離れちゃいけないから手握ったのね、俺**。で、手握って連れて歩いてたの、つきあってないのに。で、その帰り際に、告白をしたのね。ちょっと好きなんだよね。付き合って、って言ったら、案の定ふられて。で、顔から火が出るくらい恥ずかしくなって、手を握ってたって行為に。こうやってね、こうやって握ってて。

虫眼鏡　撮ってください今。

ゆめまる　こうやって握って、こっちだよ、ってやってたの。で、帰りに、好きなんだよね、って言ってふられるやん。帰りの電車も、普通に下向いて、こう、誰の顔も見れずに帰ったっていう。そういう失敗。

虫眼鏡　なるほどね。**それは、スケベですね。**

ゆめまる　すけべですかね？

しばゆー　**ただのスケベです。**

ゆめまる　そういうの多いな俺。

虫眼鏡　失敗ではない。

しばゆー　失敗ではないです。

ゆめまる　**失敗言えねえんだよな、ガチの失敗で。**

虫眼鏡　これおもろいですね。この企画推しで、あとでラジオの大人の人たちと相談して、決めていきましょう。他の企画もすごくよかったので、ちょっと考えさせてください。以上、東海オンエアラジオのコーナーを考えちゃおう、でした。

《ジングル》

虫眼鏡　ジングルすごいね。毎回作ってくれてんだね。

ゆめまる　うれしいです。

虫眼鏡　そうそうそうそうそう。えー、恥ずかしいなんか。おっぱいって言ってるとこいっぱい使われちゃった。

ゆめまる　ははは。はい、それではここで、いただいたメッセージを紹介します。兵庫県加古川市、ぷちぷちグミ入りおはぎさんから。

虫眼鏡　兵庫県！　radiko勢だ。ありがとうございます。

ゆめまる　radikoのプレミアム登録してますね。〈**エロ本を雨の日に道端に捨ててることで生計を立ててる者です**〉

虫眼鏡　あぁ、いるんだ。**あなただったんだ、お世話になってました。**

しばゆー　へぇ、せみまる的な。

ゆめまる　〈東海オンエアのみなさんが、**ラジオでこの職業のことについてお話ししてくださったことで、現在仕事の依頼が殺到しております**〉。

虫眼鏡　各自治体からね（笑）。

ゆめまる　この仕事のいいところは、小・中学生の性への目覚めを手助けする点にあります。いうなれば、世のすべての童貞たちの人生のターニングポイントに関わることができる、壮大なサクセスストーリーを想像することができるのです。というメッセージです。

虫眼鏡　なるほどね。前にこの仕事についてお話ししたんですよ。全国の道端に、エロ本を落としてる仕事の人がいるんじゃないか、と。だって、エロ本ってうっかり落とすもんじゃないですから、絶対にわざと落としてる人がいると。

ゆめまる　ここは子供が通るから置いていくか。

しばゆー　たしかにね。

虫眼鏡　しかも、あんまり晴れてる日にやると、めちゃめちゃエロくなっちゃうんで、ちゃんと雨の降る前の日の夜に置いておくんですよ。そうするとぐちゃぐちゃになってちょうどいい塩梅になるんでね。

しばゆー　なるほど（笑）。

虫眼鏡　そういう**職人芸**なんですけど、今回はその仕事の方からメール送っていただいたということで、いやほんとお世話になってます。

ゆめまる　ありがとうございます。

虫眼鏡　小学校5年生とかですよね。基本、精通するのは。やっぱそのときに、エロいもんに触れておくことは大事なんでね。

ゆめまる　慣れとくっていうのも大事だからね。

虫眼鏡　頑張っていただきたいと思います。

しばゆー（おばあちゃんの声色で）ぷちぷちグミ入りおはぎってのが気になるのぅ。

虫眼鏡　あれ？　おばあちゃん、**エナジーおばあちゃんじゃないですか！**

しばゆー　違う、**今エナジーいない、ニュートラルおばあちゃん。**

虫眼鏡&ゆめまる　（笑）。

虫眼鏡　え？　おばあちゃんのときはあったんですか？　このエロ本は。

しばゆー　**おばあちゃんのエロ本しか僕見たことない。**

虫眼鏡&ゆめまる　わはは！

ゆめまる　どういうのだよ！

虫眼鏡　お前、**おばあちゃんなのに、僕って一人称なんだ。**

ゆめまる　この人もおばあちゃんなんだろうね、ぷちぷちグミ入りおはぎってことは。**おばあちゃんのエロ本を、雨の日に捨ててるんだわね。壮年期用の。**

しばゆー　え、でも、**おばあちゃんのおっぱい**見たことある？　しわっしわ。

ゆめまる　自分家のおばあちゃんと一緒にお風呂入ったから、小さい時。そういうのでしか見てない。最近はしらん。

しばゆー　**エノキダケみたいなやつ。**

虫眼鏡　細ながっ！（笑）。

ゆめまる　**ははははははははは。**

虫眼鏡　**めちゃめちゃ笑うやん、お前！**

しばゆー　乳首いっぱいあるじゃねーか、エノキダケって。

ゆめまる　はい、いいですか、次いきます。ラジオネーム、すどうジャムさんからのメッセージです。〈今までAMラジオはめったに聞く機会がなかったのですが〉

虫眼鏡　なんだと。

ゆめまる　〈この番組が始まったのを機に、東海ラジオを聞くのが楽しみになっています〉。

虫眼鏡　素晴らしい。

ゆめまる　〈僕は自動車関係の仕事をしている42歳のおじさんですが〉

虫眼鏡　おじさんだったな（笑）。

ゆめまる　〈付き合って5年半になる25歳の彼女と、11月に結婚する予定です〉。

虫眼鏡　25歳？　年の差婚だ。おめでとうございます。

ゆめまる　17、年の差婚ですね。〈そこで、彼女も僕も大ファンである東海オンエアのみなさんから、彼女のみずきちゃんに対して一言でもいいのでメッセージをいただけると、非常に喜んでもらえると思うので、どうかお願いします〉。メッセージをくれということなので。

虫眼鏡　なるほど。じゃあ、ゆめまるさん。ま、みんな言いましょう、じゃあ。

ゆめまる　みずきさんに対してですね。42歳のおじさんと結婚すると思いますが、早く死ぬのはおじさんのほうなので、遺産のほうたくさんもらってください。ご結婚おめでとうございます！

虫眼鏡　ひどいなゆめまるは。みずきさん、ご結婚おめでとうございます。これからも二人で幸せな家庭を築いていってくださいね。

しばゆー　**こいつ、好感度を上げにきやがった。**

ゆめまる　**おまえ〜。**

しばゆー　みずきさん、ご結婚おめでとうございます。あのね、お相手が42歳ってことなんですけども、加齢臭が結構くると思うので、でも、心配しないでください、僕も結構今、加齢臭が出てきてて、若いのに。

虫眼鏡　25歳なのに（笑）。24じゃんお前まだ！

しばゆー　で、青色の枕が最近真っ黄色になったところです。

ゆめまる　それはもうやばいじゃん（笑）。

しばゆー　めっちゃめちゃ臭いですね、枕が。だから加齢臭は誰にもあるよ、と。気にしないでください。はい、結婚生活がんばって、楽しんで、以上！

虫眼鏡　たくさんのメッセージありがとうございました。

《ジングル》

虫眼鏡　今日の放送、いかがでしたでしょうか。どうでした、しばゆーさん。

しばゆー　あぁ、楽しかったぜ、こんな感じなんだな。また、参加したいと思えたぜ。

虫眼鏡&ゆめまる　ははは。

虫眼鏡　これはゲストが順々に回っていくから、第2周、第3周があったりするかもな。

しばゆー　あぁ、なるほど。

ゆめまる　この番組が長く続けば、また来れる！

虫眼鏡　さて、ここでお知らせです。

2018 11/22

しばゆーのトイレは確認が必要の回

GUEST
しばゆー

ゆめまる　今回は、メッセージからのスタートとなります。岐阜県、ラジオネーム、オレンジピエロさんからのメッセージです。〈**すっかり寒くなってきましたね**〉。

虫眼鏡　ゆめまる、よく読んで。よく読んで、**「すっか」って書いてあんじゃん。**

ゆめまる　ははは。**わざと「り」入れてあげたんだわ。**

しばゆー　誤字を揚げ足とんな、そんな。

虫眼鏡　（笑）。

ゆめまる　見て、この台本。みんなには見えないけど、ちゃんと「り」って書いてあんだよこうやってぇ。

虫眼鏡　**〈すっか寒くなってきましたね〉って書いてあんじゃん**（笑）。

ゆめまる　**方言かもしれないけどね**（笑）。

しばゆー　すっか寒いってワードがあるかもしれないけどね。

虫眼鏡　岐阜県では、すっか寒いって言うかもしれんじゃん（笑）。

しばゆー　すっか寒いなー。すっか寒くなってきたなー。

虫眼鏡　きゃははは。

ゆめまる　はい、もう一回最初から行きます。岐阜県、ラジオネーム、オレンジピエロさんからのメッセージです。〈すっか寒くなってきましたね〉。

虫眼鏡　ははは。

ゆめまる　〈人肌恋しいなコノヤローと思うときはどんなときですか?〉。

虫眼鏡　すいません（笑）。余計なことしました。どうですかゆめまるさん。**人肌恋しいといえばゆめまるですが。**

ゆめまる　人肌恋しいといえば、って（笑）。なんだろうねぇ、あのぉ、冬の布団に一人で入ったときとかになっちゃうな俺。

しばゆー　そうだよね。

ゆめまる　冷え切ってるじゃん、冬の布団って。その中に入ったときに、あぁ人肌恋しいなぁ、エッチしてぇなぁっていうふうになる。

しばゆー　おい!

ゆめまる　それくらい。

虫眼鏡　なんかさ、あ、それはとしみつかな?　としみつとゆめまるってすごいクラブ行きたがるじゃん。そんで、**女抱きてー!って言ってるじゃん。**あれはどういうところから生まれてんの?　あの感情は。急に。

しばゆー　人肌恋しいじゃなくて、**純粋な性欲だもんね。**

ゆめまる　それはね、あるの、むらってするときが。

虫眼鏡　きもちわりー（笑）。気持ち悪い顔してたよ今。

ゆめまる　むらっとなると、一気に、エッチして、やりて、ってなんだけど、俺は、飲んじゃえばできなくなるから、機能しなくなるからね。

虫眼鏡　そうなんだ。あ、逆だね、てつやとじゃあ。

しばゆー　おいちゃんになってんじゃん。

ゆめまる　おいちゃんになってるのかな?　しばゆーは?

しばゆー　僕もちょっと下ネタなんですけど、**新幹線でオナニーしてるとき。**

虫眼鏡　あはははは一。

ゆめまる　**ちょっと待って、どこでやってるの?**

しばゆー　**トイレですよ、**新幹線の。

虫眼鏡　あぁ、びっくりした。

ゆめまる　でも、トイレでもやん!（笑）するか新幹線?

しばゆー　新幹線なんですよ、僕オナニーするとき。

虫眼鏡　なんで、家でできないから?

しばゆー　家行っても誰か、岡崎の家も弟とかいるし、てつやんち行ってもてつやとかいるし。
虫眼鏡　いや、昔てつやの前でやってたやん。みんなの前で(笑)。
しばゆー　そういう時代じゃないかな、っていう。
虫眼鏡　あぁ、そういうの恥ずかしい年齢になってきたんだ。
しばゆー　そうそうそう。だから**新幹線しかオナニーするところないんで僕は、**新幹線の座席でエアポッズで高めながらね、動画を見て。
虫眼鏡　動画みてんの?(笑)。
しばゆー　それで高めて、あぁ今だ!っていうときに、トイレにいって、ビュッとやって、**シュコー……ココッ!(トイレの流れる音)ってなった瞬間、あぁ人肌恋しい。**
虫眼鏡&ゆめまる　あはははは。
しばゆー　なにやってんだろう、って。
ゆめまる　**スタートからやべえだろぉ**(笑)。
虫眼鏡　最悪だなぁ(笑)。
しばゆー　虫くんは?
虫眼鏡　いや僕ね、わりとあの、ずっと彼女いるんですよ、結構。だから、あんまりその感情わからないですね。
ゆめまる&しばゆー　あぁー。
虫眼鏡　常に人肌とともにいるからね、僕。
ゆめまる　そういうのいいよね。でも、違う人の人肌恋しくならない?
しばゆー　他の人肌とかね。
虫眼鏡　やめてくれよ(笑)。**僕は台湾マッサージいかねーんだよ。**
しばゆー　おい!　てめー。
ゆめまる　**お兄さんお兄さん、お兄さん。**
しばゆー　**やめとけ!**(笑)
ゆめまる　えー、それでは今夜も#東海オンエアラジオで聴いてる人はツイッターなどでつぶやいてみてください。それではいきます、東海オンエアラジオ!　東海ラジオをお聴きのあなた、こんばんは。東海オンエアゆめまると。
虫眼鏡　虫眼鏡だ。そして今日のゲストは先週に引き続き。
しばゆー　はい、しばゆーでございます。お願いしまーす。
虫眼鏡&ゆめまる　お願いしまーす。
ゆめまる　この番組は愛知県・岡崎市を拠点に活動するユーチューバー、我々東海オンエアが、名古屋にある東海ラジオからオンエアする番組です。
虫眼鏡　ゆめまると、僕、虫眼鏡が中心となってお届けする30分番組。この、東海オンエアラジオの公式ツイッターが開設されました。番組公式アカウントを、フォロー&リツイートキャンペーンを行っております。フォロー&リツイートをしてくれると、サイン入り生写真、radikoグッズ、東海ラジオオリジナル付箋があたります。今日までです。まだの方はお願いします。ということなんですけど、先週、一緒に僕たちの写真を撮ってくれてるおじさんがいるよ、その人のツイッターもあるから探してみてね、ってことで言ってしまったんですけど、局長にね、チラさんっていうふうに呼んでくれていいよ、って言われまして、チラさんって呼ばせていただいてるんですけども、**先ほどチラさんにね、僕27歳です、って言われた。**
ゆめまる&しばゆー　はははは。
虫眼鏡　**めちゃめちゃおじさんって言ってしまったよ。**
ゆめまる　俺たちの、虫くんの2個上になるのかな?
虫眼鏡　1個、僕26だもん、1個上。
ゆめまる　1個上か。
虫眼鏡　1個上の人におじさんって言ったってことは、僕はもう自分をおじさんと認めているに他ならない。
しばゆー　まじでショックだよ。
ゆめまる　でも俺よく。
しばゆー　あぁ、お前初対面の人に、35歳……。
ゆめまる　35とか言われた。
虫眼鏡　え?　すご。
ゆめまる　なんかね、風格がある。で、としみつとかも、監督監督って呼ぶの。しばゆーも。
しばゆー　ずっとハンチングかぶってるしさ(笑)。
ゆめまる　監督監督とか言うから、初めて会った人が、え、33?　とか。35とか。じゃあもう次行きますね。それではここで1曲お届けします。猿岩石で、「白い雲のように」。
《曲》
ゆめまる&しばゆー　♪風に〜吹かれて〜消えて〜
虫眼鏡　なんで?　**やめてください!　ダメダメ!　切るからな!**

《曲》続き

ゆめまる　お届けした曲は、猿岩石で、「白い雲のように」でした。

虫眼鏡　さて。東海オンエアが東海ラジオからオンエア、東海オンエアラジオ、今日はこのコーナーやっちゃいます！

ゆめまる　ゆめまるプレゼンツ、「来たれ！はがき職人」。

虫眼鏡　ゆめまるがね、どうしてもやらせてくれということでね、泣く泣く許可したこのコーナーでございます。

しばゆー　ははは。

ゆめまる　おいおい。やめろ！　悲しくなるだろお前。このコーナーは、webでのコメント募集ではなく、ハガキでのリクエストを復活させようというコーナーです。

しばゆー　あぁなるほど。

ゆめまる　ハガキのほうがリスナーの気持ちも伝わるし、我々パーソナリティの気持ちも伝わるんじゃないかな、ということで。

しばゆー　趣きがあるよね。

ゆめまる　趣きがありますよね。ハガキでリクエスト曲を送ってもらい、曲にまつわる思い出やエピソードを書いて送ってください。メッセージを紹介したあとで、あなたのリクエストをかけます。さっそく届いているので、その中から1つ紹介していこうかなと思います。

虫眼鏡　なるほど。

ゆめまる　いきますよ。愛知県東海市在住の方ですね。ラジオネーム、しろまるさんからのメッセージです。〈東海オンエアのみなさん、こんばんは〉。

虫眼鏡&しばゆー　こんばんは。

ゆめまる　〈私は20歳の社会人です。この曲は高校のころ3年間お付き合いしていた彼がよく歌っていた曲です。ここで突然ですが、質問、相談をさせてください〉。

虫眼鏡　いいよ。

ゆめまる　〈高校のときの彼のことを引きずっているのか、上手に恋ができません〉。

しばゆー　**ひきずったの？　物理的に？**

虫眼鏡　違う（笑）。精神的になの。

ゆめまる　「北斗の拳」みたいな世界じゃねえかよそれ。えー、〈東海オンエアのみなさんは、こんなふうに引きずるような恋をしたことがありますか？　もしくは、吹っ切った経験があったら教えてください。これからもお体に気を付けて頑張ってね。ください。応援しています〉。

虫眼鏡　なるほどねぇ。引きずる恋でございますか。

ゆめまる　引きずる恋かぁ。

虫眼鏡　女の子ってわりと、吹っ切るって聞くけどね。男のほうが引きずるみたいな。

ゆめまる　うん。すぐセーブデータ消すってネットに書いてあったからね。

虫眼鏡　なんだっけ？　女は上書き保存みたいな、こと言いますよね。

しばゆー　男は別名で保存だっけ？

ゆめまる　俺らは引きずってないといけないんだ、本来は。

虫眼鏡　**ひきずらないタイプ、ゆめまるは？**

ゆめまる　**俺、ひきずらないんだよね。**

虫眼鏡&しばゆー　へぇー。

ゆめまる　次すぐ違う子にいって、ま、**より戻すとかはあるよ。**引きずってるとかではなくて。

虫眼鏡　引きずってはないのか？

しばゆー　**より戻すは、引きずってるんじゃない？**

ゆめまる　引きずってないです。違う、引きずってる……、なんだろ？

しばゆー　どろどろしたやつだもんね。

ゆめまる　そう、なんか、うわっ、まだあの子好きだ、恋できねぇ、とかじゃん。普通にだって俺、かわいいなと思う子とかいるし。恋はするもん。ないの？　引きずったことか。

しばゆー　俺もでも、よりを戻すのは結構あるかもしれないな。

虫眼鏡　しばゆーって割とあれだよね、女でダメになるタイプっていうか、**結構ちょきちょきーってなっちゃうタイプでしょ？**

しばゆー　あぁたしかにそう。女に引きずられるタイプ。**物理的にジャイアントスイングされるタイプ。**

虫眼鏡　**どういうこと？**（笑）。

ゆめまる　虫さんは？

虫眼鏡　僕はね、こういわれると、引きずるとはちょっと違うかもしれないんだけど、引きずってんのかな？　初めてつきあった彼女、高2だったんですけど、初めてだからさ、ハマっちゃったのよ（笑）。

ゆめまる　すっげー好きぃ。

虫眼鏡　うん。すっごい好き、こいつと結婚する、ってなっちゃうのね。今聞いたら、うわーってなるけど。それくらいすごい好きだったから、同じ大学に行こうって言って、同じ大学、同じ学部に進学したんだよ。
ゆめまる　おぉ、すごいね。
虫眼鏡　で、**明日から大学生だぞっていう3月31日に、電話かかってきてふられたんだけど。**いや、そんなの嫌やん。嫌だから、すごいゴネたんだよ僕は。
しばゆー　ゴネた(笑)。
虫眼鏡　別れたくない別れたくない、って言ったんだけど、これどっかで話したかもしれないんですけど、そのときに彼女が、「もうわかってくれないからちょっと替わるわ」って言って、替わられてその電話を。**男に替わったんですよ。**深夜2時くらいにね。そんな2時に、まず誰と一緒にいるの?ってこっちはなるし、**その男に、「お前もさもう諦めろよ」って。**お前誰だよ!って思ってさ。
ゆめまる　うわぁ。
虫眼鏡　それ僕めちゃめちゃきつかったですね。
しばゆー　**やばっ。**
ゆめまる　**めちゃめちゃ腹立ってくるもん。**
しばゆー　ボコボコにしにいったの?
虫眼鏡　全然。「すいません」って(笑)。「はい、ありがとうございます、こんなふうに言ってくれて」って。
ゆめまる　**うぜー——!!**　悲しいね。
しばゆー　トラウマになるわ。
虫眼鏡　引きずってるかはわからないけど、それくらいショッキングな出来事で。その後、めちゃくちゃ嫌いになりましたけど、そいつのこと。同じ大学でね、4年間ずっと同じ学部にいたんですけど、一言も口きかなかったですね。
ゆめまる　逆にそれが吹っ切れる原因になってくれたかもね。
虫眼鏡　そう、そのね、男のせいでね。
しばゆー　女という生き物を嫌いになってるよね、もうそれで。
虫眼鏡　たしかにそれはありますね。つい先日、その僕の元カノが結婚したらしい、って噂を聞いたんですよ。死んじまえ、と思ったもんね。
ゆめまる&しばゆー　(笑)。
ゆめまる　めっちゃ恨んでるやん。死んじまえはやばい。いやぁすごいなぁ。それじゃ、この人のリクエスト曲があるので、その紹介をしていきますね。
虫眼鏡　高校のころ3年間お付き合いしていた彼が歌っていた曲で、高校生が好きそうな曲ですよ。
ゆめまる　しろまるさんからのリクエストで、GReeeeNで「オレンジ」です。

《曲》

ゆめまる　お届けした曲は、GReeeeNで「オレンジ」でした。
虫眼鏡　いやぁ、聴きましたよ僕たちもGReeeeNさんは。
しばゆー　まじ懐かしかった、ずっと歌ってたよ。
虫眼鏡　これはね、野球部の人たちが大好きということでね、カラオケに来て野球部がずっと延々と歌いつづける。
ゆめまる　そんなイメージか? ♪ひとつふたつと〜。高音でないから、みんな。
しばゆー　たしかに、部活終わりで、夕暮れで、堤防で、走りがちだもんね、野球部は。
ゆめまる　あははは。
虫眼鏡　しろまるさんの彼氏もね、野球がんばったんだと思いますね。ハガキで、リクエスト曲、そしてその曲にまつわる思い出やエピソードを書いて送ってください。
ゆめまる　みなさんからのハガキを楽しみにしています。「来たれ!はがき職人」でした。

《ジングル》

虫眼鏡　めちゃめちゃいじめられてたじゃん(笑)。
ゆめまる　も、も、ももも、って、虫さんのいい感じの声が入って。
しばゆー　来週も、今回のあれがあるんだね。
虫眼鏡　たしかに。どこが使われるんだろうね。
ゆめまる　はい。今からいただいたメッセージのほうを紹介していきます。
虫眼鏡　はい。今日は時間あるからたくさん紹介できるかもですね。
ゆめまる　そうですね。早速いきますね。岡崎市在住のラジオネーム、うめさんからのメッセージです。〈もうすぐ受験です。緊張をほぐすために東海オンエアの方たちの失敗エピソードを教えてください〉
虫眼鏡　ふふふ。先週のやつで言っちゃったなぁ。失敗エピソード。受験だろ?
ゆめまる　ま、別に失敗じゃなくても受験の緊張ほぐし方とかでもいいんじゃないかな。受験俺したことないんだよね。

しばゆー　あら。

虫眼鏡　そうなの？

ゆめまる　うん。高校も推薦っていうか特待で入って、大学も推薦で入って、専門も結局推薦で入ってだから。

虫眼鏡　そうなんだ。高校受験くらい？　あ、高校も推薦なのか。

ゆめまる　そうそうそう。

虫眼鏡　僕はさっき話した彼女と、同じ大学に行こうって言ってたやつなんですけど、僕も大学推薦なんですよ。だから受験してなくて、その彼女と一緒に推薦受けて一緒に受かったんですよ。だから受験は特に問題なくクリアしたんですけど、問題は、その受験自体が失敗だったというわけですよ。

ゆめまる　同じ学部に行くという。

虫眼鏡　はい。これ、失敗といえば失敗。ほんとにそのあとずっとそいつと同じ学部で、そいつに新しい彼氏ができるじゃないですか、しかも同じ学部の中でね。で、仮にその人、今川君って名前にしましょう。今川君って人と付き合ったんですけど、あ、そいつダンスサークル入ってたんですよ。だから僕、ダンスやってるやつ嫌いなんですけど。

ゆめまる&しばゆー　（笑）。

ゆめまる　すごいな偏見が。

虫眼鏡　で、そのダンスサークルの別のやつと浮気して別れたんですよ。

ゆめまる　女が？

虫眼鏡　そう。**女が浮気して、そのダンスサークルのやつとくっついて。**今川君もひどい目にあったんだよ。僕と今川君、めちゃくちゃ仲良しになった、その後。最悪だよな、って言って。

しばゆー　そういうのがあって女嫌いになったんだな、虫さんって。

ゆめまる　**その女性ほんと最悪だね。俺みたいじゃんね。**

虫眼鏡　**ほんとだよ**（笑）。

しばゆー　**お前最悪だな**（笑）。

ゆめまる　しばゆーは受験の失敗とかは？

しばゆー　失敗で思いついたのが、中学のときに、ほんとにしょうもない話なんですけど、**普通に放課後に、おしっこしてたんですよ。**

虫眼鏡　**どこでどこで？**

しばゆー　普通に**男性小便器**で。

虫眼鏡　**あぁよかったぁ**（笑）。

しばゆー　おしっこしてたんですよ。一人で。

虫眼鏡　しばゆーの場合、ちゃんと確認しないといけないから（笑）。

ゆめまる　廊下の端っこかもしれない（笑）。

しばゆー　ふざけんな。それでなんか、**おならしたいなと思って、僕、おなら上戸だったんで、中学のとき。**

虫眼鏡　おなら上戸ってなに？（笑）

しばゆー　中学のときもね。で、おなら**プッて出してみたら、ポロウンがポロンって出ちゃったんですよ。裾からポロポロって。**

虫眼鏡　うそでしょ？（笑）。下痢とかならわかるよ、ミッってさ。

しばゆー　ポロウンだったの。

虫眼鏡　ポロウンだったんだ。うさぎみたいなやつね。

しばゆー　ズボンの裾からコロンって落ちちゃって。やっべ！って言って。もうチャイムも鳴りそうで、処理できないって思った僕は、踏んで、**パンパンって踏んで、上履きにハメて、便器ですりすりすりーってやって流したんですよ。**

虫眼鏡　**ギャハハハハハ。**

しばゆー　よし、処理完了だと思ったら、次の放課にトイレが騒がしくなってて。

虫眼鏡&ゆめまる　（笑）。

しばゆー　もう一個出てた。**ポロウン、2個じゃなくて3個出てた。**

ゆめまる　トラップ決めちゃったんだね、1個は。

虫眼鏡　ははは。**ドンドン、で2発しか踏んでないもんね。**

しばゆー　そうそうそう。ポロウン3つだった、っていう失敗談はありますね。

虫眼鏡　しょーもねー（笑）。受験関係ねーし。

しばゆー　受験俺も頑張ったからなぁ。

虫眼鏡　しばゆー、めっちゃ頑張ったらしいね。

しばゆー　大学に向けてはめちゃめちゃ頑張ってましたからね。スマホを学校に封印して、テレビも全部封印して、缶詰になってずーっと勉強してましたよ。

ゆめまる　いまだに覚えてるのが、全校集会みたいなときに、しばゆーが合格発表かわかんないけど、なんか、それで見た瞬間に、よしっしゃー!!って叫んで先生に連れていかれたっていうのをちょっと覚えてる。

虫眼鏡　それすら許されないの？

喜びの咆哮くらいいいじゃんね。

しばゆー　いいだろそれは、って（笑）。

ゆめまる　次いきますか？

虫眼鏡　がんばってね、受験。

ゆめまる　がんばってください。愛知県豊橋市在住の方で、ラジオネーム、ショートストップさんからのメッセージです。〈虫眼鏡さんに質問です〉

虫眼鏡　いいよ。

ゆめまる　**〈虫眼鏡さんが初めて揉んだ女性のおっぱいは何カップですか？〉**

虫眼鏡　**Bです。**

ゆめまる　〈僕はBカップでした〉

虫眼鏡　一緒です。一緒だね、友達です。

ゆめまる　手頃なサイズで……。

虫眼鏡　次いきましょう。

ゆめまる　終わった（笑）。

しばゆー　僕もたぶんBくらいだと思います。

虫眼鏡　ゆめまるは？

ゆめまる　僕は……Aですね。

虫眼鏡　あぁ、そうなんだ。揉んだのに入る？

ゆめまる　揉んだのが、ちょっと早かったんで。

虫眼鏡　あ、あっちも早かった、出来上がる前だった。なんか、自分の今まで揉んだことある胸リストみたいなやつ、塗りつぶしていきたくない？

ゆめまる　**A～Zまで**（笑）。

虫眼鏡　**Zってなに**（笑）。なんか、この大きさの胸は揉んだことないんだよね、って言いながら死ぬの、ちょっともったいなくない？

しばゆー　あぁ、たしかに。しかも形別とかもほしいよね。

虫眼鏡　お椀形、**えのき形みたいな**（笑）。

しばゆー　**えのきはおばあちゃんじゃねえか、だから！**

なんで乳首いっぱいあんだよ。

虫眼鏡　あはは。えのき、いやにゆめまるがハマってんだよね。

ゆめまる　おもろいもん、想像つくもん、えのきっぽいな、っていう（笑）。

しばゆー　そうなんだよね、しわっしわで（笑）。

虫眼鏡　根元らへんめちゃめちゃ汚いんだぜ。

しばゆー　やめとけ！（笑）。

虫眼鏡　**ゆめまるまだ揉んでないサイズある？**

ゆめまる　**BCDEF……Gまではあるな。**

しばゆー　**でっか!!**

虫眼鏡　コンプリートしてるの？

ゆめまる　一応は。

虫眼鏡　あぁ、じゃあもういいんじゃない？

ゆめまる　でもね、Gって言ってG揉むじゃん。Eくらいに感じるときある。あんま大きくないな。

虫眼鏡　細さとか関係あるっていうよね。

ゆめまる　アンダーがどうのこうのって。

しばゆー　あぁ、そうなんだ。

ゆめまる　だからまあ、一応制覇はしてるのかな？

虫眼鏡　**あんだけ風俗行ってたら、そりゃ揉むわ。**

ゆめまる　そっか。異次元みたいな人くるからね、たまに（笑）。はい、それでは次いきます。ラジオネーム、あんなさんからのメッセージです。〈私は掃除機をかけたときの出るにおいが好きなんですが、みんなから、え？って驚かれます。みなさんはどう思いますか？〉。あれだってホコリの匂いだよ。

虫眼鏡　え？ホコリのにおいじゃなくね？あ、でも、ホコリのにおいなのかな？

ゆめまる　ドライヤーから出るにおいは違うじゃん。

しばゆー　排気ガスでしょ、圧倒的に。

虫眼鏡　ガスっていうか、ガスじゃないけど。

しばゆー　排気の、あのにおいでしょ？いや、きついでしょ。まず、掃除機の音が俺なんか。

虫眼鏡　関係ねーじゃん（笑）。

ゆめまる　騒音がダメなんだ。オォーンっていう。

しばゆー　かけないで、俺の目の前で掃除機を、っていつも思う。

虫眼鏡　へぇ。僕も掃除機わからないな。

ゆめまる　俺もわからないね。
しばゆー　ガソリンスタンドのにおい好き的なあれなんだろうね。
虫眼鏡　でもガソリンスタンド好きじゃない、みんな?
ゆめまる　いや、俺好きじゃないんだよな。
しばゆー　めっちゃ好き。
ゆめまる　えー、無理無理。高校時代にてつやから言われたの、ガソリンスタンドのにおい好きなやつって、鼻が子供なんだよ。
虫眼鏡　なんで?
ゆめまる　って言ってて、そうなんだ、って言ったら、てつやも、俺好きなんだよね、って言ってた。あぁお前子供なんだ、みたいな。で、俺はまぁ大人なんだなぁと思って。
虫眼鏡　ガソリンスタンドでご飯食べれそうだもん。
ゆめまる　無理だろ。
しばゆー　においをおかずに?

ガソリンきめ始めないでよ(笑)。

虫眼鏡　ははは。あと、お風呂のカビのにおいとかすごい好き。
ゆめまる　お風呂の花瓶?
虫眼鏡　カビ、カビ。お風呂に花瓶おかないでしょ。
しばゆー　黒カビみたいなやつでしょ?　無理。
ゆめまる　あれ、きっつ。
虫眼鏡　なんで?
ゆめまる　生乾きみたいなにおいでしょ?
虫眼鏡　そうそうそう。生乾き?　生乾きはちょっと納豆みたいなにおいするけど。
ゆめまる　わかるわ、あのにおい。無理だわ俺。
虫眼鏡　はい、たくさんのメッセージありがとうございました。
しばゆー　ありがとうございました。

《ジングル》

虫眼鏡　(声を変えて)今日の放送はいかがでしたでしょうか?
ゆめまる　(声を変えて)えーなんでそんな声なの?　面白かったー。
虫眼鏡　自分で面白かったって言うなよ(笑)。
しばゆー　面白かったな、ありがとう。
虫眼鏡　はい、ここでお知らせです。

2018 11/29

パンツっぽくないパンツってどんなパンツ？の回

GUEST
りょう

ゆめまる　今晩も始まりました、東海オンエアラジオ、第7回ということで、ゆめまるフリートークからスタートということですけど。

虫眼鏡　そうなんですよね。この東海オンエアラジオはね、最初の2、3分はね、ゆめまるのフリートークのコーナーなんですよ。

ゆめまる　反省会のときに毎回ダメ出しをされるっていうフリートークなんですけども。

虫眼鏡　ふふふふふ。今日も車の中で、ゆめまる今日なにしゃべるの？　まだ考えてないんだよねぇ、って。

ゆめまる　考えてないってよりもね、ないんだよ、話せること、普段からね。でも、今日はね、つい最近なんだけど、**虫さんとジムに行ったんだよ。**で、虫さんからジム行こう、って言われてて、あぁいいよぉ、ってジムに入会して行って、筋トレとかあんましたことないから。

虫眼鏡　あ、そうなんだ？

ゆめまる　そうそうそう。競技のときも、陸上やってたときも、筋トレほとんどしなかったの俺。ウェイトトレーニングってものをね。だからそんな慣れてないのに、虫さんとこうやってやってたら、回数かぞえてくれるじゃん、お互いにやってるからね。10回で1セット終わりみたいな感じなんだけど、ずっと9回で止まるの。9、9、9、みたいな。

虫眼鏡　それはあるあるだよね。

りょう　あるある。

ゆめまる　こっち10でこうやってるのに、もう限界、9でガクッてなって。後半二人ともあがらなくなっちゃうからね。

虫眼鏡　でもね、「9、9」って言われてる間はさ、「もう！」って言いながらあげるやん。ゆめまる、ほんとに10回できっちり終わる。

ゆめまる　怪我したくないから、この歳になって（笑）。肩あがんねぇとかやりたくないから。でも、**今日は、筋トレの筋肉痛がある状態で東海オンエアラジオ**ということなので。

虫眼鏡　そう、**僕とゆめまるって東海オンエアの中でやっぱふくよか担当じゃないですか。**

りょう　**デブ担当ね。**恰幅がいいね。デブデブデブ。

虫眼鏡　**優しそう担当じゃないですか。**

りょう　**デブ担当です、ただの。**

虫眼鏡　で、そのままじゃいけないな、と、僕もね、**体脂肪率27って言われた**んだよ。

りょう　ひどいよ。

虫眼鏡　多分それ、計った機械がひどい。

りょう　違う、そっちが精密な機械だから。

虫眼鏡　だって僕の家の体重計は、22%なんだよ。

りょう　だから家よりもちゃんとしたとこのやつのほうが精密に決まってんじゃん。

虫眼鏡　27はあり得んだろ！　1／4脂肪あり得なくない？

りょう　そういうことなんだよ。

ゆめまる　虫さん22で27になったんでしょ？　俺がやったら30超えるからね。

虫眼鏡　あはははは。

ゆめまる　やばいよマジで、死ぬよ。

りょう　ひどいよ。

虫眼鏡　だから、これじゃまずいなと思ってジムに行って、今鍛えてるとこなんで、**年末ごろには僕バキバキ。**

りょう　はやいわ。どういう予定なの？　週1？

虫眼鏡　週2。

りょう　週2か。まぁまぁまぁそうだね、そんなもん行ければね。

虫眼鏡　いやほんと、明後日行くんだよ僕たちは。この筋肉痛が治ってるとは思えないし、マジで行きたくない。

りょう　どういうトレーニングをしてるの？　上半身？

虫眼鏡　ちゃんとメニュー決めてくれて、最初にバイクこいでストレッチして、筋トレを5種類して、最後に30分走って終わりってやつ。ほんとにきついよね

ゆめまる　マジでびっくりしたもん。腹筋の機械あったじゃん。あれやってるときも、クソ腹立った。なんでこんなきついことせなあかんの！と思いながら。

りょう　同じメニューなの、二人とも？

虫眼鏡　そう、なんかね、個人個人でメニュー決めてくれるみたいなんだけど、なんかゆめまるは、いやいいです、って言ったんだよなぜか。

ゆめまる　俺は、早くやりたかったの。そういうの結構、教えられると一気にやる気失せちゃうから、早くやりたかったから、そういうのいいです、って言って虫さんとやってて、みたいな。

りょう　あ、じゃあ今、同じメニューなの、虫さんと？

ゆめまる　今のところね。

虫眼鏡　結局、僕たちも、まず最初は大きい筋肉を鍛えて、痩せやすい体を作りましょうだから、一緒だと思う、まずやることは。

りょう　だとしても体格差ありすぎじゃない？　虫さんのほうが絶対負荷が多いでしょ。

ゆめまる　あ、負荷はあれだったね。

虫眼鏡　負荷は変えてたけど。ゆめまるね、上がるんだよ結構重たいの。

りょう　そりゃあね、一応ね、バリバリにやってたからね部活を。

ゆめまる　体格もでかいし、そういうのはあるよね。

虫眼鏡　というわけで、今日は**バキバキの三人でお届けしましょう。**

りょう　俺バキバキじゃねえよ（笑）。

ゆめまる　はははは。それでは今夜も#東海オンエアラジオで聴いてる人はつぶやいてみてください。それではいきます、東海オンエアラジオ！　東海ラジオをお聴きのあなた、こんばんは。東海オンエアのゆめまると。

虫眼鏡　虫眼鏡だ。そして今日のゲストは。

りょう　**ヘイ、ヘイ、あちきがりょうだぜ、Say Yeah!**

虫眼鏡　そうなんですよね、りょう君、そういえばラジオもこれでやんなきゃいけないんですよ。

りょう　もうやりにくい。

ゆめまる　ややこしい（笑）。

虫眼鏡　しかもさ、このラジオってやっぱりさ、東海オンエアの視聴者さんだけが聴いてくれてるわけじゃないから、なんとなく東海ラジオ流してた人はさ、何このあちきって言ってるやつ、気持ち悪い、って思われてるかも（笑）。

ゆめまる　トラックの運ちゃんとか、なんだこいつ？って。

りょう　そうなんだよ。**最近は私生活でもあちきなわけだから**さ、普通の未来の人が、急にあちきって使ったら人はどんな反応するのかって検証をずっと一人でしてるわけじゃん。あちき、この前ひとりで銀座に買い物いったんだって。銀座でもあちきで過ごしてるわけだよ。**めっちゃ三度見されたか**らね。結構高いお店の店員さんも、「あちき？」」。

虫眼鏡　でも、あちきってなんですか？って聞けないもんね。

りょう　そう、聞いてこないんだよ。

ゆめまる　流されちゃうんだね。

りょう　流される。あちきって言った気がするけど、ふざけたのかなこいつ？みたいに思われて、それで終わるんだよね。

虫眼鏡　一応説明だけしておくと、りょう君っていう人はですね、「あちき」という一人称を使わないといけないっていうね。もしも俺って使ってしまったら、5秒間その場で悔しがっていただくっていう罰ゲームがあるんで。

ゆめまる　ラジオだったら無音だからね。

りょう　そこ繋いでよちゃんと（笑）。

ゆめまる　**ゴホンゴホン。**

虫眼鏡　**なにやっとんだお前は！　痰からんどるじゃないかよ！**

ゆめまる　引き笑いしたら変なとこに入っちゃったんだよ。それではいきますね、この番組は愛知県・岡崎市を拠点に活動するユーチューバー、我々東海オンエアが、名古屋にある東海ラジオからオンエアする番組です。

虫眼鏡　ゆめまると、僕、虫眼鏡が中心となってお届けする30分番組。

ゆめまる　12月8日土曜日から、16日日曜日は、「東海ラジオプレミアウィーク〜夢と安心をお届けします〜」を開催ということで、東海オンエアラジオの特別番組の放送が決定しました。12月10日月曜日から13日木曜日、夜7時から8時までの1時間、東海オンエアラジオ、平成最後の歳末スペシャル4DAYSを放送します。

虫眼鏡　今、淡々と言いましたけど、結構ありがたいことですよね。普段だったら週に30分なんですけど、この週だけは4時間おまけで聴ける、おまけというかね、4時間いつもより多く聴ける。

ゆめまる　特番があって、30分の普通の放送もあるってことだよね。すごい。素晴らしい。

虫眼鏡　しかもなんかね、「東海ラジオプレミアムウィーク〜夢と安心をお届けします〜」って書いてあるけど(笑)。**夢と安心をお届けするなら我々を起用すんなよ**と思いますよね。

ゆめまる　完全にダメなチョイスをしてますよ。

りょう　ゆめまるのゆめって意味じゃないの?

虫眼鏡　そういうことね(笑)、**ゆめ**と安心をお届けする。

ゆめまる　ははは。安心は違うやつやんけ。

虫眼鏡　4日連続ということでね、僕とゆめまるがね、4日連続で現れたらみんなもうざいかなと思うんで、我々も今回特別にね、ゲストを、好きな人呼んでいいよというふうに、東海ラジオの局長さんが、「好きな人誰でも言ってくださいよ、言うだけならタダなんで、僕たち音頭とりますんで」って言ってくれて。あのぉ、言わせていただいたんですよ、いやぁ大丈夫かなぁって。なんと、山本昌さんに会えるそうです。

ゆめまる　すごいすごい。

虫眼鏡　すごくない?

りょう　いや、すごいよ。

虫眼鏡　りょう君も一応来てね、そのときは。

りょう　行きますよ、もちろん。うわぁ、こわっ。

虫眼鏡　ゆめまるが野球知らない人間だから。

ゆめまる　そうなんだよ、名前しか存じ上げないから。

虫眼鏡　やばいよそれは。

りょう　愛知県から出たほうがいい。

ゆめまる　そんなに!!　そのレベル?

りょう　ほんとそのレベルだよ。

ゆめまる　いやほんと、見たことあるっていうのだと、中日新聞からもらえるクリアファイルに山本昌さんが載ってて、いつも僕の友達に、これ山本昌さんだよすごいでしょ、みたいのを言われて、へぇそうなんだ、って言った小学生のときの思い出しかない。

虫眼鏡　というわけでね、ゲストをお呼びして1時間放送します。山本昌さん、そしてね、水溜まりボンドの二人にも出演していただきますんで、よかったら聴いてみてください。13日木曜日は普通の放送もある日ですよね。なので、この特別番組をやったあとに、このレギュラー放送があるので、1時間半、ま、この日は2回東海オンエアラジオが聴ける、ということになります。

ゆめまる　すごいね。

虫眼鏡　みんなよかったね。

ゆめまる　いやぁ素晴らしい。

りょう　他人事(笑)。

ゆめまる　みんな聴いてください、ほんとに。でね、この4日間は、サイン入り東海オンエアグッズのプレゼントの企画のほうもありますので、応募方法は来週の番組で発表します。なので絶対に聴いてくださいね。

虫眼鏡　はーい。りょう君はね、今回初めてゲストで来たわけですよ。で、その洗礼というかね、歓迎の意味も込めて、最初に来てくれたゲストさんは、自分の流したい曲を流せるっていう、リクエスト企画があるんです。

りょう　やったぁ。なんでもいいんですか?

虫眼鏡　ほんとになんでもいいです。

ゆめまる　なんでもあるので大丈夫ですよ。

りょう　クイーンの映画やってるんですよ。あちき先週、それ観てから、クイーンがひたすら頭の中に流れていて。

虫眼鏡　あぁ、たしかに聴きたいわ。

りょう　クイーンで一番好きな曲流してもらってもいいですか?

ゆめまる　はい。クイーンの?

りょう　「サムバディ・トゥ・ラブ」って曲で。

虫眼鏡　あぁ、名曲じゃないですか。

りょう　お願いします。

ゆめまる　それではここで1曲お届けします。RCサクセションで「雨あがりの夜空に」。

りょう　え？　え？

《曲》

ゆめまる　お届けした曲は、ＲＣサクセションで「雨あがりの夜空に」でした。

虫眼鏡　惜しかったねぇ。

りょう　あれ？

虫眼鏡　ロックスターつながりではあるからね。

りょう　あぁ、そっかぁ。

ゆめまる　名曲ですからね。

虫眼鏡　残念、**りょう君、残念！**

ゆめまる　**洗礼を。**

虫眼鏡　さて、東海オンエアが東海ラジオからオンエア。東海オンエアラジオ、このコーナーやっていきましょう。東海オンエアの「大戦犯を査定しちゃおう！」。はい、これはですね、ちょっと前に東海オンエアラジオでやってほしいコーナーとかありませんか？っていうコーナーをやったんですけど、そこで、みんながやらかしちゃったエピソードとかをね、集めて、それを僕たちがね、それがどの程度のやらかしなのかを判定していくというね、非常に他力本願なコーナーでございます。

りょう　面白そう。

ゆめまる　一番楽です、僕たちも。

虫眼鏡　人が失敗してるのをバカにするっていうのは、めちゃくちゃ面白いので。

ゆめまる　人の不幸で蜜をね。

虫眼鏡　蜜の味をね。というわけで、さっそくやっていきましょう。スタート！

――ラジオネーム、眠たげなクラゲさん。〈私は小学生のときに母と一緒に買い物にいきました。母が買いたいものを選んでいる間に、自分はお菓子コーナーで欲しいものを選んで、母のもとに戻りました。しかし、私は何を間違えたのか、赤の他人の買い物かごにお菓子を入れてしまいました。ちょうど母が後ろにいて間違えたらしく、後ろにいた母が大爆笑していました。今思い出すととても恥ずかしいです〉。

虫眼鏡　まぁこれは恥ずかしいかもしれないですけど、まぁ大人からしたら、かわいいなぁで済むんですよ。入れられた側の人も「なんだこいつ迷惑なクソガキだなぁ」って思ってないんですよ。もう、間違えちゃったの？

ゆめまる　しょうがねえなぁお前、みたいな。

虫眼鏡　そう。だから眠たげなクラゲさんが気にしてるほど恥ずかしいことじゃないので、僕はこれは小戦犯だと思います。

りょう　異論ありません。

ゆめまる　僕も異論はないですね。

――小戦犯！

虫眼鏡　あぁ、びっくりした。そんなの作ってくれたんですね。

ゆめまる　ＳＥがあるんですね。

虫眼鏡　恥ずかしい、こんな言葉にいちいち作ってもらって。

りょう　これ長いの聞きたいな（笑）。

虫眼鏡　そうだね。じゃあ次のエピソード聞いてみましょう。

――ラジオネーム、やらかしたさん。
普通のラジオネーム書いてこいよ。

虫眼鏡　ははは。それは知ってるよ。

――〈消しゴムに願い事を書いて、最後まで使い切ったら願いが叶う、というのが流行っていたので、当時好きだった人と、両想いになれますように、と書いて大事に使っていたんです。ある日、隣の席のクラスで一番うるさい男子に見られてしまい、消しゴムに書いた男子と話したびニヤニヤされたり、フーフーと言われたり、小学校卒業までずっといじられていました。そのとき、消しゴムに書いた男子とは、両想いになれていたかはわかりませんが、小学校卒業後お祭りで会ったときに、写真撮ろうよと言われたので、それだけで幸せでした〉。

虫眼鏡　どうですか、ゆめまるさん。

ゆめまる　いやぁなんか、小学校のときにありがちなさ、男子のフーフーっていう一番うっとうしいさ、茶化しだったわけじゃん。でも最終的に、最後の文を見るとハッピーエンドだよね、これ。写真撮ろうよって言われたんだもん。

りょう　いい思い出だよね。

虫眼鏡　**こいつコーナー間違えてんな。**

ゆめまる　戦犯ではないんで。

虫眼鏡　これはね、戦犯ではない。

ゆめまる　小戦犯でもない。だけどまぁ、つけるなら小戦犯。

――小戦犯！

虫眼鏡　はい、**我々厳しいですからね。**こんなの全然大したことないぞと。

ゆめまる　大したことない。

虫眼鏡　次のエピソードいきましょう。

――愛知県、ラジオネーム、ガチムチさん。〈僕の失敗エピソードは、中2のとき、エロ本が見つかったことです。ある放課後、友人Y君に隠していたエロ本を見せるべく部室に招き入れ、僕はロッカーの裏からエロ本を取り出しました。そして、エロ本を見せようと振り返ると、Y君の隣には部活の顧問が。すぐさま僕は職員室に連行され、男性教諭数名に尋問を受けました。その後僕がどうなったかって？　みなさんのご想像にお任せします〉。

虫眼鏡　**それ言えよ！**（笑）。

――〈あぁやばい、つらい思い出がよみがえってきたので、もうここまでにします。さようなら〉。

ゆめまる　そこが聞きたい、一番重要だよ（笑）。

虫眼鏡　はい、さようなら。うーん、なんでこの人は部室にエロ本を持ち込んで何に使おうと思ってたんだろうね？

ゆめまる　部室で一人でこそこそでしょ。

虫眼鏡　部室でこそこそする？

りょう　よくわかんないけどね。

ゆめまる　わかんないけど、それしかないでしょ？

りょう　エロ本って響きが中2だよな、かわいい。

虫眼鏡　ふふふふ。

ゆめまる　でも俺、ちょうど中2くらいのときに**トイレで一人でやってたときに……。**

虫眼鏡　なにを？

ゆめまる　エッチをだよ、**一人エッチをしてたんだよ。**

虫眼鏡　え？　何やってんのこの人？

ゆめまる　家でね。家のトイレだよ。

虫眼鏡　あぁびっくりしたぁ。学校と思ったやん、気持ち悪いと思った。

ゆめまる　そんなわけないやん。

りょう　そんなの、しばゆーだけだからな。

虫眼鏡　しばゆー新幹線の中だから。

ゆめまる　で、エロ本見てやってたら、親父に開けられて親父にバレたっていうのもあるから、別に……まぁ。

虫眼鏡　いや、中2だから恥ずかしいと思うよこれは。

ゆめまる　中2かぁ。

虫眼鏡　しかも男性教諭っていうのがちょっと気ぃ使われてる感じが恥ずかしいよ。

りょう　でもわかってあげてほしいよね、教諭も。

ゆめまる　まぁしゃあねえな、って。

虫眼鏡　なんて叱ったのかが気になるよね。ま、持ち込んじゃダメとかそういうことなのかな？　まぁ、戦犯じゃないっすか？

ゆめまる　戦犯ですかね。

りょう　うん。

――戦犯！

虫眼鏡　戦犯ってのはちなみに下から2番目ですね。次のエピソード聞いてみましょう。

――ラジオネーム、ゆみちさん。女性。〈高校3年生のときの話です。放課後、担任の先生、当時29歳、男、と話していると、先生が急に、あっ、そうそう！　マナティって知ってる？と、聞いてきました。なんちゅうことを聞いてくるんや、と思いました。私が知ってるマナティは、AV女優の紗倉まなさんだけだったので、ためらいながら、知ってる、AV女優の、でしょ？と、聞き返しました。案の定動物のほうだったので、東海オンエアのせいで担任の先生から、すごくAVを見る女だと思われてしまったことが、人生の中で一番の戦犯話です。ものすごく困った先生の顔は、一生忘れられないなぁ〉。

虫眼鏡　先生もだってマナティは知ってるじゃん？　ちょっと女性のみなさん耳ふさいでてください。絶対男は全員知ってるじゃん。

ゆめまる　絶対知ってるよ。

虫眼鏡　先生もなんでそんなこと聞くんだろう、と思ったけどね。気ぃ使ってほしいよね、そこは。これはね、悪くないと思いますけどね。だってマナティって動物と、本物のマナティっていうか、紗倉まなさんで言ったら知名度ダンチですからね。

ゆめまる　まぁね。

虫眼鏡　だってマナティって言ったら紗倉まなさんですからね、これは先生が悪いですけど。

りょう　そもそも恥ずかしい気持ちにならなくてよくない？

ゆめまる　堂々とね。

虫眼鏡　紗倉まなさんレベルになると女性が知っててもおかしくないですね。いや、厳しいな、我々（笑）。

ゆめまる&りょう　はははは。

虫眼鏡　これ別に、大したことないと思っちゃうな。これも小戦犯ですか？

ゆめまる　小戦犯ですね。

――小戦犯！

虫眼鏡　はい。**みんなもっと死にそうになったやつとか送ってこいよ。**次のエピソード聞いてみましょう。

――ペンネーム、アオムーママさん。〈私はお酒が大好きな愛知県知立市に住む29歳の、5歳と3歳の男の子のママです〉。

虫眼鏡　ママは、**ママだけでママボーナス入る。**

ゆめまる　強いぞ。

――〈私の大戦犯は、パパなしで子供たちと東京ディズニーランドホテルに泊まったときに、ディズニーランドホテルに泊まっている優越感と、明日から3日間の夢の国へ行くということで、子供たちが寝たあと、一人で晩酌をしていました〉。

虫眼鏡　やらかしそう。

――〈思ったよりたくさん飲んでしまい、ちゃんと寝たはずなのに、目が覚めたら部屋の外に出て廊下で寝ていました。もちろん子供たちは寝ているし、オートロックなので部屋の中から締め出されている状態です。また、一番恥ずかしかったのが、トイレと間違えたのかズボンをはいていなくて、**パンツ姿だったことです**〉。

ゆめまる　うわ～。

虫眼鏡　これはすごいね。

――〈**幸いなことに、パンツっぽくないパンツだった**のと、夜中過ぎで、お客さんに多分見られていなかったことです〉。

ゆめまる　**どんなパンツ？　ボクサーパンツ？**

虫眼鏡　**ちょっとわからなかったので、送ってくださいね、**アオムーママさん。

――〈恥ずかしかったのですが、そのままロビーに行き、フロントで新しいカードキーを発行してもらい、気をつかったホテルの従業員の女性にバスタオルを貸してもらい、それを巻いて部屋まで戻りました。人生の中で一番の大戦犯です〉。

虫眼鏡　これでかいね。ママが一人で晩酌してるだけで、あぁこの人やらかすぞ、って。ゆめまるさん、どうです？

ゆめまる　まず、夢の国の近くで、すごく夢の国から離れた行為をしてるってことで。

虫眼鏡　はははは。いや、この人の中では夢だったのかもしれないよ。

ゆめまる　でもなんかほんと、しかも子供が部屋にいる状態でしょ？　ママにしたら結構な戦犯じゃない？　やらかしてるよね。

虫眼鏡　なんかすごい重たいのあげたいけど、惜しいのがさ、パンツっぽくないパンツってのが惜しくない？　**これがTバック、もしくは履いてないだったら最上級あげられた。**

ゆめまる　最上級でしたね。

りょう　それはすごい。

虫眼鏡　ちょっと**パンツっぽくないパンツによる減点**がありますんで、これ、「いせぱんそん」くらいじゃないですか？

ゆめまる　まぁそうですね「いせぱんそん」「ぱんそん」あたりいきたいですね。

虫眼鏡　はい、じゃあ「いせぱんそん」で！

――いせぱんそん！

虫眼鏡　「いせぱんそん」ってのは、7段階あるうちの上から3つ目ですね。

――カンカンカン。

虫眼鏡　というわけで、みなさん結構やらかしてますねえ。

ゆめまる　やらかしてるね。

虫眼鏡　このガチムチさんの、部室にエロ本が見つかったやつなんて、なんか、りょう君とゆめまるで、陸上部だったじゃないですか、なんか似たようなことありませんでした？

ゆめまる　あったっていえば、部室の壁に、AV女優のポスターが貼ってあったとか。

りょう　あぁ。あちきが後輩だったかに誕生プレゼントでもらったやつだよね。

ゆめまる　たしかそうそう。

りょう めっちゃ裸の女性のポスターを貼っておいても、別になんも言われないもんね。

虫眼鏡 そうなの？

ゆめまる で、一回あったじゃん、先生が部室を見て、陸上部の長距離だけ集められて、お前ら何やってんだ、ってお叱りを受けた記憶がする。

りょう それ怒られたっけ？

ゆめまる 怒られたよ。

虫眼鏡 ふふふ。この人、怒られたことを怒られたと思ってないじゃん。

りょう それはほんとにあると思う、あちき。

虫眼鏡 アオムーママさんのお酒やらかしとかも、ゆめまるの専門分野じゃないですか？

ゆめまる うん、もうこれはね、僕ありがちですね。気づいたら知らないところに寝てるとかは。

りょう あちきも『U-FES.』のときにさ、普通にジョージたちとお酒飲んでて、めちゃベロベロになって、またジョージに呼ばれて自分の部屋からジョージの部屋に行ったんだよ。裸足で。そしたら、まんま同じに。

虫眼鏡 え？

ゆめまる オートロックで鍵しまっちゃって（笑）。

虫眼鏡 あ、**りょう君がパンツ一丁で寝てたのか**と思った。

りょう いや、ジョージの部屋に行って、入れなくなっちゃった、っていう、だから小戦犯だよね。

虫眼鏡 それは小戦犯ですね確実に。みなさんね、我々こんな感じで厳しい採点ですので、**みなさんとはぐってきてる修羅場が違う**ので、少々の戦犯ではね、イモあげませんので。一番大きいやつがイモです。「いもぱんきんたんぱんそん」ってやつで、これは僕たちも言いたい、「いもぱんきんたんぱんそん」って。ということでみなさんね、これからも不幸な人生を送ってください。東海オンエアラジオの「大戦犯を査定しちゃおう！」でした。

《ジングル》

虫眼鏡 このジングル、作ってるんですよね。チラさんが。どうやって選んでるんですか？ このシーンだな、みたいなのは。

チラ 個人的に面白いところ。

ゆめまる おばあちゃん来たのがおもろいな、って？

チラ おばあちゃん来たって言ってるのに、自分でおばあちゃんの設定忘れてる。

虫眼鏡 なるほど（笑）。今回もね、どこを使っていただけるのか楽しみですね。

ゆめまる 続いてのコーナーなんですけども、メッセージ紹介をしていこうかなと思っています。早速じゃあメッセージのほうを紹介していきます。ラジオネーム、匿名希望さんからのメッセージです。〈僕は友達がいません。なので休日はいつも一人で遊ぶことが多いです。今までもいろんなお一人様を経験してきました。一人焼き肉や一人居酒屋、**一人風俗**に一人映画〉。

虫眼鏡 **風俗は一人だろ普通！**（笑）。

ゆめまる 複数で行ったらおかしいからね。〈一人カラオケなどなど。今度は一人遊園地なんかも試してみたいと思っています。みなさんは**「一人○○」は平気なほうですか？** 今までにやったことある「一人○○」はありますか？〉。

虫眼鏡 うわぁ、これ聞いてみたい。

りょう 映画ぐらいまでだな。ご飯は普通に行けるわ、どこでも。

虫眼鏡 僕ね、苦手なんだよね、一人が。

ゆめまる 一人？

虫眼鏡 そうそうそう。結構苦手。

りょう 意外だな。

虫眼鏡 一人焼き肉はもう考えるだけで、うわぁ無理ってなっちゃうし、僕、ガストとかも多分無理。一人じゃ。

ゆめまる ガスト、きついな。

りょう 今となっては、ってのめちゃくちゃあるけどね。

虫眼鏡 ま、たしかにたしかに、それはあるか。

りょう 虫眼鏡がガストで一人で飯食ってるって、面白いもん、なんか（笑）。

ゆめまる 外で、ガラス越しにさ、遠くのほうにいるとこ撮りたいな。

虫眼鏡 でも、一人でいろいろやる人、すごく羨ましいなと思うんで、いいことだと思います。友達いないと言ってましたけど、一人でなんかやれるのは、それはそれで僕はすごいなと思うんで。

りょう それで楽しめればすごいコスパはいいもんね。楽だよね

ゆめまる すごいね。それでは、続いてのメッセージいきます。東京都の方からですね。ラジオネーム、も

ちきんちゃく嫌いさんからのメッセージです。〈今社会人1年目なのですが、一人暮らしを始めようか検討しています。東海オンエアのみなさんは**自宅選びの際、絶対に譲れないポイントはありますでしょうか?〉**

虫眼鏡　はい、わたくしこれは専門的に学んでおりますので、わたくしのほうから言わせていただきます。これはですね、**シンクの広さです。**

ゆめまる　シンクの広さ?

りょう　へえ。

虫眼鏡　あのですね、みなさんはお金持ちなので、すごいいい家にしか住んだことないと思います。あのですね、僕最初に住んだ家、2万9000円だったの家賃。

ゆめまる　安いね。

虫眼鏡　もう、シンク、シンクってわかります?　お皿洗うところですね。が、もう、なんつうの?　なんだろうな、なんてたとえればいいんだろう。

りょう　**A3。**

虫眼鏡　うん、そうだね、A3くらいのシンクで、ほんとに料理もできないし、洗い物とかもできなしし、ゴミがすぐたまっちゃう。これほんとに困ります。ちょっと大きいとこに引っ越してから人生が変わりましたんで、そこはきっちり選んだほうがいいですね。

ゆめまる　シンクの広さ。

虫眼鏡　隣の料理するスペースとかも、銀色のところね、あそこも、ほんとに本1冊ぶんくらいしかなくてさ。

りょう　それは困るね。

虫眼鏡　それは、キレた、ついに。

ゆめまる　まな板がハミ出る感じになっちゃうんだ。

虫眼鏡　そうそう、まな板がシンクのほうにハミ出ちゃって。

りょう　あちき、ユニットバス嫌い。ユニットバス嫌じゃない?

ゆめまる　嫌だ嫌だ。

虫眼鏡　僕はね、カーテンが足にベチャってつくのが嫌。しかもカビるしね。僕の昔付き合ってた女の子の家がそれで、気持ちわるって思ってた。

りょう　で、別れたの?

虫眼鏡　**ちげーよ!**　お前風呂ユニットバスだから別れよう、ってならない。

ゆめまる　はははは。金持ちじゃねーかよ、考えが。

虫眼鏡　たくさんのメッセージありがとうございました。今日の放送いかがだったでしょうか?　りょう君、いかがでした?

りょう　はやっ。終わり?　ほんとに早いんだね。

ゆめまる　一瞬ですよ。

りょう　楽しっ。いいなぁ。

虫眼鏡　はい、またりょう君は次回もやりますんで。りょう君ファンのみなさんは、耳をかっぽじって来週の木曜日もね、待っててください。

りょう　よろしくお願いします。

虫眼鏡　さて、ここでお知らせです。

2018 12/06

今日は厳しい日の回

GUEST
りょう

ゆめまる　今日も始まりました東海オンエアラジオ。第8回目ということでね、メッセージから始めていきたいと思います。

虫眼鏡　**クビになってるじゃん。**フリートークのコーナー。

ゆめまる　フリートーク、多分来週、**次の回からフリートークなくなるって**(笑)。

虫眼鏡　あっさりいかれてるかもしんない。ま、せっかくメッセージがあるなら読んでみましょうか。

ゆめまる　それではいきますね、愛知県在住のラジオネームうららさんからのメッセージです。〈私は現在、中学1年生です。数学科の副担任の先生に恋をしています。その先生は、いろいろな生徒からも人気で、はじめは悩みを相談していただけなのですが、でもまだ、恋の自覚はあまりないのかもしれません。今日学校で友達が「〇〇先生って結婚してるんでしょ?」と言いました。今までその先生は、結婚の話をスルーするような先生だったのですが、てっきり結婚などしてないと信じてました。相当ショックでした〉。

虫眼鏡　読めねぇのかお前、お便りも(笑)。クビにするぞ両方とも。

ゆめまる　相当ショックで、って言っちゃったから、話つながらなくなっちゃったんだよね。〈しかし、直接先生から聞いたわけでもなく、あくまでも噂にすぎないのですが、**先生と生徒の恋、どう思いますか?**〉。

りょう　**アウト**です。

虫眼鏡　これ、**私ね、先生をしてたことがあるんですよ。**で、塾の先生とかもですし、普通の本物の先生をしてたことがあるんですけど、**これはですね、ありえません。**あなたたちはね、そういういい年齢だからね、誰かれ構わず恋したいのかもしれませんよ。中学校1年生といえば、「ほんと男子って最低」って言って、ちょっと年齢の上の先生のことがかっこよく見えるのは当然かもしれません。ただね、先生からしたらあなたたちのことなんとも思ってませんからマジ。**イモと思ってますんで、**あのぉ、変なこと思わないほうがいいですね。

りょう　**そんなバッサリいくんだ。**中1の子に話しかける目線でいくのかと思ったら。もう、大正論だけどさ(笑)。だって先生が中1の子に手ぇだしたら、そいつはやばいやつだから。

ゆめまる　ニュースだからね。

虫眼鏡　あのね、僕も教育実習とか行きましたよ。で、かわいいなって子とか、ちょっとおっぱい大きいなって子いるんですよ。

ゆめまる　それは思うんだ。

虫眼鏡　思う思う。一応目に入ってきちゃったんだもん、しょうがないじゃん、それはね。

ゆめまる　かわいらしいからね。

虫眼鏡　それは脳が勝手に判断してるからしょうがないじゃん。だからといって、エロい気持ちにならないし、チューしたいなとかも、まったく思わないんで、ほんとに。そういうもんっていう、**自覚がある人しか先生になってない**んですよ。だからですね、僕はあの、女子高生と先生がラブラブしちゃう映画みたいなのあるじゃないですか。大っ嫌いほんとに。そんなわけねーだろ、バカか!　こいつ先生やめろ!と思ってます。

りょう　映画だから許せよ(笑)。

虫眼鏡　こんなの見て楽しむやつバカかよ、と思ってしまいます。

ゆめまる　キュンキュンしねぇって話ね。

虫眼鏡　はい。うららさんもね、あなた中学校1年生ですよね。あのぉ、**中学校1年生のときに好きになった人は、好きじゃな**

いです別に。

ゆめまる　結婚するわけではないからね。

りょう　**そうなんだけどさ、怖っ(笑)。**

ゆめまる　これね、もう、始まって初めてくらいで厳しい、今日。**厳しい日です今日は。**

りょう　厳しい日か。**じゃあみんな気をつけてね。**

虫眼鏡　うららはね、勉強して。勉強とか部活とかそういうの頑張ろう、一回ね、今ね。

ゆめまる　恋を忘れるということで。

虫眼鏡　はい、もうちょっと大人になってからでいいですよ。特に先生なんて。

ゆめまる　はい、それでは今夜も#東海オンエアラジオで聴いてる人はつぶやいてみてください。それではいきますよ、東海オンエアラジオ！　東海ラジオをお聴きのあなた、こんばんは。東海オンエアゆめまると。

虫眼鏡　虫眼鏡と。

りょう　へいへい、あちきがりょうだぜ。SayYeah!

ゆめまる　この番組は愛知県・岡崎市を拠点に活動するユーチューバー、我々東海オンエアが、名古屋にある東海ラジオからオンエアする番組です。

虫眼鏡　ゆめまると、僕、虫眼鏡が中心となってお届けする30分番組。みなさんは逆に、初恋とかいつでした？

ゆめまる　小3。クラスの女の子。さゆりちゃんって子なんだけど。なんだろ、小学生らしいんだけどさ、調理実習でちょっと火傷したの、俺がね。フライパンさわっちゃって、アツッみたいな。

虫眼鏡　なんでフライパンさわったの？(笑)。

ゆめまる　あるじゃん、振り向いたときに当たって、アツッみたいな。

りょう　そういうね。

ゆめまる　そのときはまだ純粋だからね、普通にアツッてなったら、その女の子が、大丈夫？みたいな。**冷やすといいんだよ、ってやってくれて、それで恋に落ちた。**

虫眼鏡　**ちょっろー**(笑)。

りょう　やさしくされるとね(笑)。**今でもじゃん。**

ゆめまる　今でもやさしくされると普通に好きになる。

りょう　はははは。

ゆめまる　**すぐ好きになっちゃうから俺。**

虫眼鏡　りょうくんは？

りょう　あちきは、あんま覚えてないというか、でも、多分中1だなって思う。

虫眼鏡　あぁ。中1は初恋ありがちなの。誰でした、相手は？

りょう　隣のクラスの女の子かな。

虫眼鏡　へぇ。なんで好きになったの？

りょう　なんでだろう。

虫眼鏡　顔がよかったから？

りょう　顔は、そのときはよかったのかもしれないですね。

虫眼鏡　なるほど、普通ですね。

ゆめまる　虫さんは？

虫眼鏡　僕も中1なんですよ。僕は、文化祭の展示の、僕が行ってた中学校、モザイクアートって作るんですよ。作るよね？

りょう　あったね。

虫眼鏡　それを、その子と一緒になぜかやってて、ま、このモザイクアートっていうか、ちっちゃい、めちゃくちゃちっちゃい1cm四方の四角い色紙をペタペタペタって貼り付けていって、全校生徒のやつ繋げたら大きい絵になるよ、みたいなやつをやってて。僕なぜかその女の子と一緒にペタペタ貼ってて、「僕が黒担当ね」とかやってたんですよ。そのときに好きになってしまった。

ゆめまる　共同作業でね。

虫眼鏡　そうそう。**で、ただ、この話には続きがあって、ほんと長くなるからしないですけど。**

ゆめまる　**聞きたいよ、そこまでいったなら**(笑)。

りょう　**端折っていこう。**

虫眼鏡　だから簡単に言うと、僕はその次の年に転校することになってたんですよ。

りょう　りょうとしみつの中学校からね。

虫眼鏡　そう。違う中学校に転校することになってて、ほんとにね、周りからも、お前らデキてるんでしょ?みたいな感じの関係までいったんですよ、仲良くなりすぎてね。ただ、僕は、じゃあこれでうまくいったとしても、すぐ転校しちゃうな、と。それって、悲しいだけじゃないかと中1の僕は思って、何もせずにね、転校することに決めたんですよ。で、その転校する日にね、最後だよって日に、その女の子に、「告白してかないの?」って言われたんですよ。こいつ知っとるくせにね。「好きな女の子に告白してかないの、最後に?」みたいなことを言われて、僕はそのときに、お前だよ、って言えたらよかったんだよ。言えなかったんだよねぇ。

ゆめまる あぁ、悔しい!

虫眼鏡 いい、いい、いい、って言っちゃった。

ゆめまる いい、いい、行くわ、みたいな。

虫眼鏡 別にいい、どうせ転校して会えなくなっちゃうし、もういいわ、って言って、そこで別れたんですよ。そしたらですね、なんと高校で再会しまして。僕はわりと頭いい系の高校に行ったんですよ。**その子ね、とっても頭悪かったんですよ。なんでいるのかな?と思って。幻覚かなと思ったんですよ。**そいつ、こんな高校入れるわけないな、と思ったんですけど、どうやらすごく勉強したらしくて、2年越し、3年越しに会ったわけですよ。向こうも、あっ!みたいな、久しぶりだね、みたいな、ちょっとぎこちない感じだったんですけど。誰しもがね、そこで付き合うと思うじゃないですか。そいつね、吹奏楽部に入ってね、**吹奏楽部の1個上のめちゃくちゃブサイクな先輩と付き合いました。終わりです。**

りょう **どんまい。**

ゆめまる 負けだね(笑)。

りょう **付き合えよそこは!**くるな、付き合ったんだ、すご!と思って待ってたのに。

虫眼鏡 **ミスったー。**

ゆめまる 映画かよ。

虫眼鏡 しかも、こいつに負ける?ってやつに負けた。

ゆめまる でも、そのときも好きだったの? 再会したときも

虫眼鏡 好きだった、別に。ちなみにそいつ、大学も一緒だったけどね。しゃべらんかったわ。

ゆめまる うわぁ、悔しいですね。

虫眼鏡 ということで、曲紹介の時間ですね。

ゆめまる きましたね。

虫眼鏡 今日はさらっと、なんとなくゆめまるに。

りょう どうせ、ゆめまるが言うんだから。

虫眼鏡 どうせゆめまるが言うんでしょ、と思うんだから。適当に言って。どうせ流れないんでしょ、と。

ゆめまる なんか、リクエストがあれば。

虫眼鏡 僕ね、the pillowsってバンドが大好きで、あんまりね、みんなが知ってるバンドって感じじゃないんですよ。

ゆめまる ちょっとコアな感じのね。

虫眼鏡 そうですね。あんまり露出も多くなくて。なので、いろんな人にこれ聴いてもらえればいいなと思って。ま、the pillowsのなかでは一番有名な、「Funny Bunny」って曲を今日は、聴きたいなぁと思ったりなんかして。

ゆめまる それでは、ここで1曲お届けします。

虫眼鏡 (ささやくように)たのむ。

ゆめまる 東郷清丸で「ロードムービー」。

虫眼鏡 だよねぇ。

りょう (笑)。

《曲》

ゆめまる お届けした曲は、東郷清丸で「ロードムービー」でした。

虫眼鏡 わかってた。わかってたんだけど。

りょう このパターンならもしかしたらくるかも、と思ったけどね。

虫眼鏡 逆に攻めればいけるかなと思ったけど。違う方法考えよう。

ゆめまる the pillowsは流したかったな。ちょっと流したかったな。

虫眼鏡 さて。東海オンエアが東海ラジオからオンエア、東海オンエアラジオ、このコーナーやっちゃいます。

ゆめまる ゆめまるプレゼンツ「来たれ!はがき職人」

虫眼鏡 ゆめまるがね、やりたいんだって、どうしても。

りょう へー。

ゆめまる 僕が、このコーナーやりませんか?って言ったら、通ったコーナーですね。うれしいです。

虫眼鏡 僕たちはしゃべらないので、ゆめまるさんがどんどんやってくれます。

ゆめまる **しゃべれしゃべれ、ラジオだぞ!** えー、webでのコメント募集ではなく、ハガキでのリクエストを復活させようというコーナーです。まぁ、ハガキのほう

がリスナーさんからの気持ちとかメッセージの強さとかね、伝わるので、是非やっていこうかな、ということで。

虫眼鏡 結構ね、カラフルなおハガキとか送ってくれたりして。

ゆめまる 絵を描いてね、ちゃんと。

虫眼鏡 こんな手間かけさせてるんだ、ゆめまるは、と思って。メールで済むのによー。

りょう ハガキってよくない？ あのさ、我々も結構手紙をもらうじゃない。

ゆめまる あぁ、そうだね。

りょう そのときにすごい見やすくない？

虫眼鏡 まぁ、見やすい見やすい。

りょう 絶対に読んじゃう。

ゆめまる 読むね。目に付くし。このコーナーは、ハガキでリクエスト曲を送ってもらい、曲にまつわる思い出やエピソードを書いて送ってください、というコーナーで。メッセージを紹介したあとであなたのリクエストをかけますよ、というコーナーで。

虫眼鏡 ほんとか？

ゆめまる ほんとにかけますよ。ちゃんと。

虫眼鏡 **ほんとですか？ 僕のリクエストかけてくれないじゃないですか。**

ゆめまる **ハガキで送ってください。**

虫眼鏡 あはははは。

ゆめまる さっそく届いているので、その中から紹介していきたいと思います。埼玉県川越市在住のラジオネーム、ゆみねさんからのメッセージです。〈私には**心友**がいます。その**心友**とは幼稚園と中学校が一緒だったのですが、特別仲がいいというわけでもないただの友達でした。高校は別々なのでもう会うことはなくなると思いきや、気づいたら私の隣にはいつもその子がいて、今ではかけがえのない**心友**という存在になっていました。趣味も好みも真逆ですが、東海オンエアが大好きということだけは唯一気が合います。そんな**心友**が突然私に送ってきてくれた動画のBGMです〉。

虫眼鏡 なるほどねぇ。今このハガキが手元にあるんですけど、**「親友」って漢字が違いますからね。**

ゆめまる **揚げ足をとるな!!**

虫眼鏡 心に友って書いてあります。

ゆめまる いいの、ほんとに。心の大事な友達って意味があるんだから。

虫眼鏡 この人、勉強してますかね、ちゃんと？ 親しいって字ですからね、これ。

りょう その上位互換（笑）。

ゆめまる **今日厳しいなぁ虫君。**

りょう 厳しいね。

虫眼鏡 こういう言葉があるんですか、今どきの子たちには？

ゆめまる **若い子には多分あるんですよ、この言葉が。**

りょう 動画を作るっていうのも若い子ですね。

ゆめまる 動画のBGMがリクエスト曲。

虫眼鏡 なるほどね、そういうことか。

ゆめまる それでは早速、リクエスト曲のほういってもいいですかね？

虫眼鏡 （小声で） どうしようかなぁ。

りょう どうせ違うゆめまるの曲流すからな。

虫眼鏡 ゆめまるにいいよって言ったら自分のペースで結局流しちゃうからな。

ゆめまる 埼玉県川越市、ゆきねさんからのリクエストで、WANIMAで「ともに」。

虫眼鏡 あ、流した……。

《曲》

ゆめまる お届けした曲は、WANIMAで「ともに」でした。

虫眼鏡 ハガキで送ればゆめまるはちゃんとリクエスト流してくれるんだね。

ゆめまる 思い出のエピソードとかもちゃんと書いてあるんだから、ちゃんとかけるでしょ曲を。

虫眼鏡 これね、思ったんですけど、このハガキでめちゃめちゃいいエピソード書いて、最後にめっちゃ変な曲が書いてあったらさ、それでも流すんでしょ？

ゆめまる それでも流しますからね。そういうボケですから。

りょう それほしいね、面白いね。

虫眼鏡 そのボケはおもろいよね。

ゆめまる 視聴者さん主体でやるような感じで。

虫眼鏡 我々の手が入るよしはないんで、そういうのも期待してます。ハガキで、リクエスト曲、そしてその曲にまつわる想い出やエピソードを書いて送ってください。

ゆめまる 「来たれ！はがき職人」でした。

《ジングル》

虫眼鏡　「ふつおたのコーナー！」

ゆめまる　ふつおたですよ。ここでみなさんから頂いたメッセージのほう、紹介していきまーす。岡山県在住のラジオネーム、えりなさんからのメッセージです。〈今25歳なのですが、周りが結婚ラッシュであせっています。6年付き合った彼氏と別れてからは、彼氏もいなければ出会いもなく、正直あせっています。東海オンエアのみなさん、**結婚についてどう考えてますか？**〉

虫眼鏡　**これ話長くなるぞ。**これほんとに話したら長くなるぞ。

ゆめまる　これはね、ほんとに長くなる。

りょう　**あわてるな、ってまず言いたいね。**

虫眼鏡　でもさ、僕たちは慌てるなって言えるやん。りょう君、慌てるなって言ってもさ、まあね、ってなるけどさ。女の人でさ、そして6年間付き合った人がいるってことじゃないですか。**これ僕の持論なんですけど、6年付き合ってお前別れたんだから、6年以上付き合ったやつと結婚しろよ、って思うんですよ。だって6年間付き合っても別れるってことでしょ？　え、違う？**

りょう　それは……**違うよ。**

虫眼鏡　だってじゃあさ、そんなんじゃ、結婚してから子供産んで別れたっていったらかわいそうじゃん。

りょう　でもそれはわかんないんだよ。

虫眼鏡　でもそういう実績作ってますからね、この人。

りょう　だとしても、7年8年で別れる可能性はどうせあるんだからさ。

虫眼鏡　あるけど、失敗したじゃん、一回。6年間付き合ってもダメだったじゃん。だから、1年間付き合った人とすぐ結婚しましたって、いやでもお前さ、長く付き合っても結局別れるからな、ってならん？

りょう　それはさぁ(笑)。

ゆめまる　結婚って覚悟もあるからね。

虫眼鏡　だから僕は、そう思っちゃうと、この人、25歳で6年付き合った人がいるってことは、次結婚できるのは最短で31歳かって思っちゃう。

りょう　**厳しいわ**(笑)。

虫眼鏡　だって失敗してるからね。って思っちゃうと、なるべく早めにいい人みつけたほうがいいかもと思っちゃうんだよ。ま、これは僕の意見ですけどね。ゆめまるさんと かもうそろそろ結婚される予定あるみたいなんですけど、どうですか？

ゆめまる　僕は、ちょっと去年くらいまで結婚はしたくないって考えだったの。だけど**徐々に結婚してぇみたいなの出てきて、まじで今結構考えてる。**

りょう　**でも彼女いないでしょ？**

ゆめまる　まぁ、いないけど。

虫眼鏡　**いないけど、いるんだよ。**

りょう　あぁ、彼女と名付けてない彼女がいるってことね？

ゆめまる　なんかそれややこしくなんなー。言い方！　そこにあんま触れんな。また言うからちゃんと、報告するから！

りょう　しろよ早く！(笑)。

ゆめまる　わかった、待て待て！

りょう　相手待たせるのかわいそうだから。

虫眼鏡　あっちは結婚する気満々なんでしょ？

ゆめまる　知らん。**やめよう、この話は。**

虫眼鏡　なんで！　だってそういうことしてくださいってお便りだったやん！

ゆめまる　あーあーあー。でも、結婚についてどうお考えですか？だったら、まぁ、結婚したいよね、って言いたい。なんかやめようこの話。

りょう　結婚まじでしたい。

ゆめまる　りょうくん、そうなの？

りょう　あちき、絶対したいよ。子供好きだし。

虫眼鏡　僕、今その気持ちないわ。いつか結婚すると思うよ。なんとなくね。否定してるわけじゃなくて、今はゼロ。ない。ないわ。っていうか、時間がなさすぎて、今子供いたらやばいだろうなと思っちゃう。

ゆめまる　結婚したら子供ほしい？

りょう　当たり前じゃん。

虫眼鏡　それもわからん。

りょう　えー？

ゆめまる　俺はいいやぁ。

りょう　そうなんだ。

虫眼鏡　だってゆめまる子供嫌いだもん。

ゆめまる　いや、好きだからね！

虫眼鏡　ゆめまる「チッ」ってやる俺も一応。

りょう　暴言吐いてるもんね。

虫眼鏡　ゆめまる「チッ」ってやるもん。

ゆめまる　やってねーじゃん！(笑)聞いたことある？

虫眼鏡　撮影中にキャッキャ騒いでる子に「チェッ」て言うもん。

ゆめまる　やってないじゃん。普通に、今違うだろ、ってタイミングで来るやん。今違うやん！ってときに。

虫眼鏡　それも含めて子供嫌いやん、だから。

ゆめまる　普通のさ、中学生くらいの子だったらわかるやん、今違うぞ、ってとき。でも来るやん。だから、今違うぞ、って顔するじゃん俺は。だけど、ちっちゃーい幼稚園児とか小学校低学年くらいの子がワーッと来たら、おいどうしたどうした、って言って、たぶん、倒すと思う。

虫眼鏡&りょう　わはははは。

りょう　嫌いじゃねーかよ。

ゆめまる　おらっ、って。それでは続いてのメッセージのほういきますね。ラジオネーム、みずのこさんからのメッセージです。〈私は高校1年生なのですが、テスト勉強の仕方があまりうまくないので、いつも60点台か、それ以下です。この勉強法をおすすめするよ、ってのがあったら教えてほしいです〉

虫眼鏡　というわけでね、**東海オンエアの勉強担当のゆめまるさん**に聞いてみましょう。

りょう　おぉー。**いじわるだ。**

ゆめまる　やっぱり僕がいつも心掛けてたのは、テスト週間ってよりも、**テストの前の1ヵ月くらいからノート一冊買って、テストが終わるまでにその一冊を使い切る**、ってのをやってました。

りょう　嘘だ、絶対嘘だよ。やってなかったよ。

虫眼鏡　なにで埋めてたんですか？**パラパラ漫画描いてたんですか？**

ゆめまる　描きましたねぇ。まぁ、なんか**1ページにでかく、自分の本名を書いて、よっしゃぁ終わった！**ってのをやってたりして。

りょう　あちきは結構真剣にテスト週間自体もちゃんと練習してたじゃん。

ゆめまる　練習してたねぇ。7時くらいまでやって帰って、勉強できねえよ、みたいな。

りょう　疲れるから。だいたい、テスト分早く部活が始まるじゃん。その分遊ぶもんね。

ゆめまる　遊んでたね。しかもてつやなんて、テストの日あるじゃん。違うんだよ、あいつ。部室で、朝30分くらい早くきてそこで教科書開いて見て、テスト受けてた。

りょう　赤点とるもんね、それで。待って、ちゃんとアドバイスしないといけないメッセージだったよこれ。虫さんに任せよう。

ゆめまる　虫さんお願いします。

虫眼鏡　えー、これ結構言ってるやつなんで、ほんと僕がやってただけだから、人がやってハマるかどうかわかんないけど、僕は**答えをめっちゃ写す勉強法がおすすめ**ですね。

ゆめまる　答えを写す？

虫眼鏡　なんか、テストまでにこの課題やっといてください、みたいなのありませんでした？

ゆめまる　うん。学校行ってたときにね。

虫眼鏡　君たちのような高校にそれがあったのかな、って心配になっちゃったんだけど。ま、僕たちはちゃんと、テスト週間の間にね、テストが終わったらこれ提出ね、みたいな課題があったんですよ。その課題の答えがあるんですよ。答えにさ、めちゃめちゃさ、解説が書いてあるじゃん。僕、その**解説を1コ1コ写してた。**

りょう　へえ、それも写すんだ。

虫眼鏡　っていうか、**逆に解いてない**、普通に。最初っから答えを写し始めてたから、**青ペンでね。**青いペンは覚えやすいらしいですよ。それで、一回ばーっと埋めて、そうすると課題がめちゃめちゃ勉強した人ふうになるやん。

りょう　それで怒られたことあるって言ってなかった？　お前写しただろ、って怒られてない？

虫眼鏡　怒られるよ。でもこれは僕の勉強法なんで、って言って突っぱねた。

ゆめまる　すげえなぁ。

りょう　それで成績いいから。

虫眼鏡　それでもう課題もちゃんとやってたね、っていうふうに思われるし、なんか、一生懸命書いてるうちになんとなく解き方おぼえるんですよね。答えを単純にポンって当てはめるっていうよりは、なんでこの答えになったのか、ってところを覚えれるんで、ちょっと問題集とは違う問題が出てきてもわかるっていう。これね、僕の中ではおすすめです。ただ、先生の見てるとこではやらないほうがいいですね。

ゆめまる　**もっと早く聞きたかったな、俺。**

虫眼鏡　**そんな勉強する気ないだろ別に**(笑)。

ゆめまる　それでは、続いてのメッセージのほういきますね。大阪市在住のラジオネーム、ゆかさんからのメッセージです。〈約16年ほど前、勉強しながら毎日のようにラジオを聴いていたときのことを思い出しています。ラジオってすごくいいですよね。言葉だけで伝わってくるその場の空気、すごく好きです。みなさん毎日これは欠かさずしてる、みたいな**ルーティンはありますか?」**。

虫眼鏡 どういうこと?

ゆめまる なんかね、全然関係ないね。

虫眼鏡 前半は前半でありがたく受け取っておいて、後半の質問だけ答えればいい?

ゆめまる そういうことです。

虫眼鏡 なんかありますか、ルーティンは?

ゆめまる 風呂入るときのルーティンはある、俺。絶対体洗うとき、こっから洗う。

りょう 左胸?

ゆめまる **左胸の、ちょっと上の、脇ちょい上ぐらいからしか洗わない。**

虫眼鏡 それ普通じゃない?

りょう それが普通はないだろ、意味わかんないよ。

虫眼鏡 右利きでしょ? 普通ここからでしょ。

りょう 体洗うとき?

ゆめまる 絶対ここって決めてる俺は。

りょう 決まってねえだろ、別に腕かもしれなくない? 左腕。

虫眼鏡 え? **そんなりょう君、ランダムな洗い方してるの?**

りょう ランダム(笑)、いや、決まってねえだろ。

虫眼鏡 決まってるっていうか、自然じゃない、ここから洗うの。**それルーティンっていうのか?**

ゆめまる ルーティンってわかんないな。

虫眼鏡 なんていう質問だっけ? ルーティンありますか? だから、ない、でいいんじゃない、答え。

ゆめまる ない!

虫眼鏡 ありますか? いいえ!

ゆめまる **なんか、特になかった、ごめん!**

りょう 必要ない。

虫眼鏡 たくさんのメッセージありがとうございました。いやぁなんか、締まりの悪いあれになってしまいましたが、エンディングのお時間です。今日の放送いかがでしたか、りょう君。

りょう あぁそうか、話振られるのか。なんか、完全に手ぶらで来たわけだよ今日。手ぶらってのは、物理的じゃなくて、なんか、ラジオやるから来てよ、って。前のラジオとかあんま聞いてなかったから。

虫眼鏡 トークの準備せずに来たってことだよね。

りょう そう、なんにも準備せずに来たのに、ちょっと二人が結構場慣れしててね。

虫眼鏡 そう?

ゆめまる 場慣れしてる感ある?

りょう さすがに慣れてきてて、あちきよりはね。あちきはだいぶ助かったよ。

虫眼鏡 あぁほんとですか? これでも局長からは、「二人の慣れてない感じがいいんだよ」って言われちゃいますからね。なれないように頑張ってるんですけど。

ゆめまる カタコトになる。

虫眼鏡 ゆめまるはね、トークがどんどうまくなっちゃうんだよ。

ゆめまる いやいや、大丈夫だよ。

りょう まだ咳払いしてるからね。

虫眼鏡 たしかに(笑)。

ゆめまる あのねぇ、ほんと喉の調子おかしいからちょっと。

虫眼鏡 ほんといい加減にしろよ、ラジオパーソナリティが酒飲みすぎて喉壊すの最悪だぞ。

ゆめまる タバコやめます。

りょう それほんと大事。

虫眼鏡 さてここでお知らせです。

2018 12/13

局長の選曲が神の回

GUEST
としみつ

ゆめまる　今晩も始まりました東海オンエアラジオ、今週は、夜7時から8時「東海オンエアラジオ 平成最後の歳末スペシャル4DAYS」。今日は生放送でした。その生放送が、多分無事に終わり……。

虫眼鏡　ほんとに終わってんだろうな、あれ。

ゆめまる　事故ってないかな、危ないこと言ってないかなぁ。

虫眼鏡　我々がこのラジオはじめてから、まだ2、3か月だよね？　僕は生放送早いんじゃないかとずっと思ってましたよ。お便りとかもエッチなお便りとかが多いんだよこの番組。

ゆめまる　下ネタとかがねぇ。

虫眼鏡　でね、今日は電話もしたじゃないですか？　ってか、まだ僕たちは、それより前に収録してるから、これは録音なんですけど、ね、できてたんだろうか？　ほんとに。

ゆめまる　もしかしたら、電話かけた先の人が出なくて、一回も電話つながず終わったかもしれないからね、1時間。

虫眼鏡　それが一番無事に終わる気もするしね。

ゆめまる　ま、たぶん無事に終わって、今夜も始めていきましょう、東海オンエアラジオ。

虫眼鏡　はい。今回はちゃんと収録してるので安心できますよね。

ゆめまる　カットがありますよ(笑)。でね、**僕自身のあれなんですけども。**

虫眼鏡　あれってなんですか？

ゆめまる　あれ？　知らない？　**僕のあれって言ったら、最近あったじゃないですか大事件。**

虫眼鏡　ゆめまるの大事件って言ったらやっぱりあれですか？　**焼き肉に行った話。**

ゆめまる　ねぇ～、だからさ、それはさぁ、ねー。

としみつ　**いい飲み会した話。**

虫眼鏡　楽しかったらしい。

ゆめまる　楽しかったよ、楽しかったよ、それは特番で話した！　天丼しなくていいから。

虫眼鏡　いやいや天丼じゃない、**今ゆめまるのあれって言ったらそれじゃん。**

ゆめまる　**違うわ！**

としみつ　焼き肉じゃないの？　天丼じゃなくて。

ゆめまる　**パネルだわ！　パネルのことだわ！**

虫眼鏡　天丼食べにいったの？

としみつ　天丼？　焼き肉？　どっち？

ゆめまる　焼き肉、六本木の焼き肉屋いったよ。

虫眼鏡　ほら、焼き肉じゃん。

ゆめまる　もうその話したろうか！

虫眼鏡&としみつ　あははは。

虫眼鏡　それもういい、さっきその話したから。

ゆめまる　まぁ、僕のね、**岡崎駅に置いたパネルが、首が折られてしまったと。**

としみつ　バツーンいかれてましたね。

虫眼鏡　としみつがやったらしいね。

としみつ　あれはほんとにバレないように。よくバレなかったなと、今ここまで。

ゆめまる　お前、監視カメラ見て、被害届出てるからなあれ。逮捕されるからな。

としみつ　あれ？　監視カメラちゃんと機能してるのかね？

虫眼鏡　どうなんだろうね？

ゆめまる　ちょうど映る位置だったけど。

としみつ　たまにあるじゃん、置いてあるだけのダミーのやつ。

虫眼鏡　だとしたらここで言っちゃダメだけどね。

ゆめまる&としみつ　ははは。

ゆめまる　まぁまぁ、犯人捜しとかしないけど、あの素材的にね、折り曲げを何回もしないとちぎれない素材なので、なんていうの、**相当恨みもってるよね俺に対して、**あれは。

としみつ　もう、グーーーッて言いながらやったんだろうね。

虫眼鏡　なんか普通に一発キックとかじゃないもんね。

としみつ　そこだけ刈り取ってたもんね。

ゆめまる　**しかもあの首そのへんに捨てて帰りやがったからな。**やばくない？

としみつ　あっはっはっは！

虫眼鏡　でも持ち帰ってたら持ち帰ってたで気持ち悪いけどね。

としみつ　見たかったな、第一発見者になりたかった。ほんとに笑い転げてたと思う。

虫眼鏡　ほんとに面白かったと思う（笑）。

ゆめまる　**自分が見つけるか、メンバーが見つけて言ってきてほしかった。**

としみつ　**そしたら絶対に生配信してたもん、すぐ。**

ゆめまる　で、しかも、協力してくれてた市の人もさ、ふざけはじめて、コルセットをつけて置きましょうか。

としみつ　ははは。それパッて見てさ、別に面白ければいいけどさ、ふざけてるよね。だんだんと、エスカレートしてる。

虫眼鏡　なんかね、**岡崎市もちゃんとわかってきた。僕たちに対してはふざけたほうが好感度あがるなって**のがわかってきてるから、結構ふざけてくるよ。

ゆめまる　だって、いじめ防止ポスターにしますって、ちゃんとツイッターにのっけたからね。

虫眼鏡　へぇ。

としみつ　**どこで一線超えるか楽しみです。**

虫眼鏡　**それはふざけすぎです、って言いたいもんね岡崎市に。**

ゆめまる　真顔で、ふざけてる、やめてください。

としみつ　違いましたっていつ言えるかが楽しみ。

虫眼鏡　まだまだ大丈夫ですね（笑）。

としみつ　悲しむことはやめましょうね。

ゆめまる　犯人捜しはしないけど、ま、やめてね、ってことで。今夜も、「#東海オンエアラジオ」で聴いてる人はつぶやいてみてください。それじゃいきます、東海オンエアラジオ！東海ラジオをお聴きのあなた、こんばんは。東海オンエアのゆめまると。

虫眼鏡　虫眼鏡だ。そして今回のゲストは。

としみつ　はい、としみつです、よろしくお願いしまーす。

虫眼鏡　はい、2周目に入りました、ゲストがついに。とりあえずの目標であった、**ゲストが1周するまではやろう、は達成した**ということで。

ゆめまる　**ばんざーい！**　ありがとうございまーす。

虫眼鏡　今日は打ち上げしよう。

ゆめまる　ちっちぇー打ち上げだなぁ（笑）。

としみつ　ちっちゃな幸せちっちゃな幸せ。

虫眼鏡　そんだけ一周したにも関わらず、今のゆめまると、とっ、とっ、東海！　とかさ、あれは何？　演出？

ゆめまる　エコー、エコー。エコーかかってなかったから、かかってから言おうと思って、とっ、って言ったときかかってなかったから、東海オンエアラジオ、ってね。

としみつ　噂によると、いまだに最初のキーワード言い直すって聞いたけど。

ゆめまる　それはほんとに特番の東京だから。

虫眼鏡　関係ねえじゃん！

ゆめまる　東京、まじで緊張するから。

としみつ　何回東京いってんだ！

ゆめまる　東京慣れねえんだな、俺。

としみつ　慣れる必要ないからな別に。

ゆめまる　ま、この番組は愛知県・岡崎市を拠点に活動するユーチューバー、我々東海オンエアが、名古屋にある東海ラジオからオンエアする番組です。

虫眼鏡　ゆめまると、僕、虫眼鏡が中心となってお届けする30分番組。今日はとしみつ君も一緒でございます。

としみつ　はい、お願いします。

ゆめまる　で、聴取者っていうか、リスナーさんからのメッセージが届いていて、かえでさんという方からのメッセージです。〈先日、東海オンエアラジオさんのツイッターアカウントからフォローバックされていて、何事かと思ったら、なんと、番組公式のキャンペーンに当選してました〉。

虫眼鏡　よかったよかった。番組のラジオの中の人が口説こうとしてるのかと思ったね。

としみつ　DM送るみたいな。

ゆめまる　はははは！　出会い厨みたいなね(笑)。

虫眼鏡　チラさんが中で動かしてるかもしれない。

ゆめまる　やってない、って手ぶりをしてましたね(笑)。

としみつ　当選、よかったですね。

虫眼鏡　当選しました、っていってね、そっから先にね、あるかもしれないから。

ゆめまる　自然な流れだね。

虫眼鏡　やめてくださいよ。やらない、って言ってますね。

ゆめまる　番組なくなっちゃうから、それやったら。

としみつ　なんかあったら、当選のメッセージなんで、って言い訳できる。

虫眼鏡　たしかに(笑)。商品手渡しするんで会いにいきます、って。

ゆめまる&としみつ　(笑)。

ゆめまる　俺らいかねえんだね。

まー、なんか、当選した人はサイン入りの生写真じゃなかったんだけども、**まー**、こんなことが初めてで運を使い果たした気分です。っていうふうに言っていますので。

虫眼鏡　まだありますよねチャンス。

ゆめまる　まだ全然ありますね。今週は「東海ラジオプレミアムウィーク～夢と安心をお届けします」というのを、**まー**、やっていて、**まー**、サイン入りの東海オンエアの……。

虫眼鏡　**まー、って何回言うんだよ**(笑)。

としみつ　「という」「まー」が多いなぁ。

虫眼鏡　「という」「まー」を「やっていて」。

ゆめまる　まーまーまー。東海オンエアグッズのプレゼントもまだまだあります、ということでね。で、今日の東海オンエアラジオが最後のチャンスということで。

虫眼鏡　あぁ、そうだね。月火水木とやってきて、今日のレギュラー放送が最後と。

ゆめまる　最後のチャンスですよ、ということで。

虫眼鏡　応募方法は番組内のどこかでキーワードを発表します。**今日のキーワードは、ゆめまるが、まーって何回言ったかです**ので、ちゃんと数えてくださいね。放送日とそのキーワードを書いて、メールで住所氏名電話番号を書いて送ってください。サイン入り東海オンエアグッズを1名にプレゼントしちゃうぜ。というわけで、1周終わったので、ちゃんとリクエストをやっていきましょう。

としみつ　あぁ、ちゃんとね。お願いしますよ。

ゆめまる　わかりました。

虫眼鏡　じゃあ、としみつさん……、あの、一応曲ふりはゆめまるがやんなきゃいけないそうです。一旦、やっぱり。

ゆめまる　台本でいったら僕なので、曲ふりはさせません。

虫眼鏡　今日どんな曲にします？

としみつ　あぁ、そうか決めてなかったな、言われてなかったから。

虫眼鏡　いいよ、普通にぱっと一番好きなアーティストで。

としみつ　あぁ、じゃあ今僕が大好きなBRADIOさんの、「人生はSHOWTIME」。

ゆめまる　あぁ、いい曲ですよ。

虫眼鏡　知ってるんだ？　聴いてみたい。

ゆめまる　それじゃ**としみつの、リクエスト曲も考慮して**。

虫眼鏡　**考慮**？

としみつ　**考慮**？

ゆめまる　考慮はしない。としみつのやつを聞いて僕が選曲します。それではここで1曲お届けします、FLYING KIDSで「幸せであるように」。

虫眼鏡　だよね。

としみつ　えぇ？

《曲》

ゆめまる　お届けした曲は、FLYING KIDSで「幸せであるように」でした。

虫眼鏡　意味ねえから。

としみつ　もうわかってた。ほんとにね、この番組ほんとに若い子聴いてるかもしれないからさ、RADWINPSとか流れないんだね。

虫眼鏡　いい曲なんだよ、今流れたのいい曲なんだけど、あのぉ、渋いんじゃ！

としみつ　そう。また流れんかった！ってなる、若い子は。あいみょんとかまた流れん。

ゆめまる　なんだろね、若い子ってそういうのしか聴かないじゃん。流行り曲っていうかさ。

としみつ　まぁまぁ、流行るしね、クラスの中で話題になるしね。

ゆめまる　**このラジオのときだけ、「ちょっと渋い、かっこよい」ってなる、感動をあげたいの、俺。**

としみつ　その感動を得る子がいたら、その子はもう、ここに呼びたい。

虫眼鏡　うん、そうだよね。だったらなんで一回僕たちに聞くんだって思うけどね、リクエスト曲をね。

ゆめまる　ははは。ありがとね、今日も。

虫眼鏡　でも今回ね、次のコーナー、我々の流したい曲が流れる可能性のあるコーナーなので、いきましょう。はい、では、次のコーナーいってみましょう。

ゆめまる　「おすすめのクリスマスソングをプレゼンしよう！」

虫眼鏡　以前ね、やってほしいコーナー案の中に、福岡県、はっちーさんって方から、毎週あるテーマに沿ってぴったりな曲をプレゼンするコーナーをしてほしいです、という企画があったんですよ。

としみつ　いいじゃないですか。

虫眼鏡　でね、今日は12月13日ですか？　ほぼクリスマスですよ。

ゆめまる　もう、ほぼね。

虫眼鏡　なので、今回のお題は、クリスマスでございます。

ゆめまる　じゃあこの企画ってのは、クリスマスをもとにして自分たちの選曲、いいな、って思う曲を言うと。

虫眼鏡　そうそうそう。で、3人いるので3曲あがるじゃないですか。その中の1曲を決めて流すってことなんですけど、誰が決めるんだって話になるわけですよ。ゆめまるが決めたらダメなんだよ。また渋い曲が流れちゃうんで。今回は例のごとく局長が外で腕組みして聞いてるんですよ。で、今回は局長がマジで独断で決めてくれるんで。今回は公正ですよ。

ゆめまる　客観的に選んでくれるってことだね。

虫眼鏡　プレゼンが一番よかったらみたいなところもありますからね。で、問題なんですけど、プレゼンが60秒間持ち時間があるそうですよ。

としみつ　まぁ長いこと。

虫眼鏡　60秒話し続けるスキルがある人の曲が流れますから。頑張っていきましょう。

ゆめまる&としみつ　はい。

虫眼鏡　というわけで、早速順番にプレゼンしていきたいところなんですけども、台本上としみつが一番上にありますので、としみつからいきたいと思います。

――カーン！

ゆめまる　わー、始まった！

虫眼鏡　いけいけいけいけ！

としみつ　えーと、僕がおすすめするクリスマスソング……、クリスマスソングなのかな？　ＭＩＳＩＡさんのね「Ｅｖｅｒｙｔｈｉｎｇ」。あれは『やまとなでしこ』ってドラマの主題歌でしたよね。『やまとなでしこ』はＯＫですか？

ゆめまる　ドラマの名前なら全然。

虫眼鏡　**としみつさんのプレゼンのときにしゃべらないでください。**

としみつ　ゆめまる、ほんとそこやめて。

ゆめまる　なんで？　そういうふうに言うのやめてよ。

虫眼鏡　ほかの人のプレゼン邪魔するのダメだよ、ほんとに。

ゆめまる　邪魔してないから。

虫眼鏡　そうやって自分のプレゼン有利にしようとまわすのは、ほんとによくない。

ゆめまる　全然邪魔してないよ。

虫眼鏡　結局ゆめまるのラジオだからってゆめまるがずっとしゃべってたらさ。

ゆめまる　なんでそんな怒るの！

虫眼鏡　としみつがやりたい曲のプレゼンが一切できなくなっちゃうじゃん。

ゆめまる　**自分の番組だからちょっとしゃべりたくなるじゃん！**

虫眼鏡　なんで？　お前さ、としみつの場所だったら勝手に使ってもいいと思ってんでしょ、時間。

としみつ　ミュージックビデオの、雪の知識とか、再放送すごいした話とか、『やまとなでしこ』の再放送の……。いい曲……。

ゆめまる　**なんでそんなきつく言うの？　本番中に。**

虫眼鏡　だってお前がとしみつにだけきつく当たってさ、それ面白いと思ってるのおまえだけだからな。

ゆめまる　**としみつにしゃべらせるわ、黙るわ！**

虫眼鏡　**わかればいいんだよ。**

――カンカンカン。

としみつ　**あぁ……。いい曲です。**いい曲なんですよ。

ゆめまる　**お前プレゼン下手だな。**

虫眼鏡　お前下手くそだな、プレゼン（笑）。

としみつ　**へへへへ。**

虫眼鏡　今さ、軽く聞いてたけど、長くね？　1分。

ゆめまる　だって俺ら喧嘩してたけど、やべえやべえ、どうしよう、言うことねえな、って（笑）。

としみつ　はっはっはっは。

虫眼鏡　いい曲ですよね（笑）。

ゆめまる　いい曲だね。

としみつ　なんだそれ、いい曲ですよね、って、やばい（笑）。

虫眼鏡　いい曲ですよねって情報し

かないもん、こっち。
ゆめまる　いい曲だね。
としみつ『やまとなでしこ』、いい曲、再放送しかない、今んところ。
虫眼鏡　ま、でも、誰しもが知ってる曲だからね。
としみつ　みんな知ってるはずですよ。問答無用にいい曲ですからね。
虫眼鏡　まぁ、ふつうに聴きたいですよね。
ゆめまる　じゃあ、続いては虫眼鏡さん。虫さん、じゃあ、お願いします！
――カーン。
虫眼鏡　僕がプレゼンテーションさせていただく曲、ゆずの「しんしん」という曲でございます。この「しんしん」という発音ね。（**ゆめまる**　しんしんって何？　中華料理屋？）。あのね、ちょっと間違えてしまうと、チンチンに聞こえてしまうんですけど、ま、しんしん、しんしん、わかりませんけども、ちんちんとは関係ありません。（**ゆめまる**　華龍とかって中華料理屋あるじゃん）。雪がね、降る様子のことを日本語ではしんしんと雪が降ると言ったりするんですけど、その様子を表してます。（**ゆめまる**　まじで多いよなあぁいう店。でも意外と美味いんだよな、ジャンク感があって・**としみつ**　黄色い看板だもんね）。僕がこの曲に出会ったのは、中学校2年生のころですね。当時僕は、アコースティックギターを練習しはじめたばかりのときでして、アコギ、練習するときやっぱり最初は、C、G、D、Em、そういった簡単なコードを練習したかったんですよ。（**ゆめまる**　そうそうそう、黄色と赤文字だね）。やっぱりその曲を練習するんだったら、やっぱりゆず。（**としみつ**　あそこランチまじで安いな、あぁいう店は！　660円くらいでチャーハンとラーメンと餃子とか全部ついて、食えねー！っつぅの）。ゆずはやっぱりアコースティックギターで、（**としみつ**　ばあちゃんちに行った時みたいでさ、そんなもん全然食えんで！って）。あ、そのときは、それでやったんですよ。で、僕は、そのときは暗い曲かなぁと思ったんですけど、なんか、大人になってみて改めてこの曲を聴いてみると、（**ゆめまる**　俺、いらんくなって、杏仁豆腐だけ食って帰る。サービス精神はいいけどさ。ちょっと量多いな、あれな）。あぁ、やっぱりなんか……。
――カンカンカン！
虫眼鏡　別れの切なさとかそういうのがうまく表現されてんな……。
ゆめまる　終わり！　オーバーしてます。
虫眼鏡　**邪魔すんなよ!!**
ゆめまる　**中華料理屋の話でしたっけ？**
虫眼鏡　**よく膨らませたなそれだけで！**　ばあちゃんって言葉はよく聞こえたわ。よくできたな、そんだけ。
としみつ　中華料理しんしんで。
ゆめまる　え？　なにしゃべってた、今？　何の曲だった？
虫眼鏡　ゆずの「しんしん」って曲で、僕が出会ったのは、って話してたんだけど、僕は普通にシンプルに、全然しゃべり切れんかったわ。うまくまとめ切れんかったわ。
ゆめまる&としみつ　ははははは。
虫眼鏡　うまくまとめれんかったわ。あと4分くらいほしかった。
としみつ　誰か助けてくれると思ったらダメだからね。じゃ、ゆめまる。
ゆめまる　じゃあ僕ですね。
としみつ　ほんと助けないよ。
ゆめまる　わかったわかった。
虫眼鏡　**僕たち黙ってるから。**
としみつ　**俺めちゃくちゃ水飲むからね、今から。**
虫眼鏡　じゃ、ゆめまるさん、お願いします。
――カーン！
ゆめまる　僕がおすすめする曲はですね、サニーデイ・サービスさんって方の「Christmas of Love」っていう歌なんですけど。ま、名前にクリスマスって入ってて、「Christmas of Love」って、すごい、なんていうんだろうなぁ、クリスマスに恋してる感じの歌だねぇって思うだけど、その歌がなんと、クリスマスがもうすぐ来るよ、っていう歌詞があるんですね。ちょうど今このラジオやっている、12月13日に、ちょうどいい曲なんじゃないかな、ってことに合ってんじゃないかと。この企画で……、**カフあげてるよね？**　ちゃんと声通ってましたね。はい。途中で下げ――な――下げてたな、**下げてんのにしゃべってたな俺な**。な。1分間なげーなと思いながらも、サニーデイ・サービスさんというのはね、ま、その歌でもうすぐクリスマスが来るよ、で、なんだろ、あの、え？　クリスマス最高！　……あ、まだある！
――カンカンカン！
虫眼鏡　もう。
としみつ　そこは余るな（笑）。
ゆめまる　もうさぁ、ねぇ、助けて。
としみつ　途中までよかったよ、意外と、あれ？　しゃべり切れると

思ったら、虫さんがプレッシャーかけ始めたら、プレッシャーにゆめまるあんま強くないからさ。
虫眼鏡　違う違う。ゆめまる、**僕がカフに手をかけた瞬間、助けてくれると思ってすぐ食いついてきたもん。**
ゆめまる　あはははは！
としみつ　しゃべることやめちゃったんだよね(笑)。
ゆめまる　おいしいやん、カフ下げられてずっとしゃべってるのは。すぐ気づいちゃったから突っ込んじゃったけどさ。

虫眼鏡　たのみますよゆめまるさん、**この東海オンエアラジオはゆめまるさんがメインパーソナリティーなんですよ。**ゆめまるさんが一番しゃべり達者じゃなきゃいけないんですよ。
ゆめまる　しゃべり達者じゃなきゃ……頑張ります。
虫眼鏡　というわけで、一応まがりなりにもみんなプレゼンが終わったので。
としみつ　終わりましたね。
虫眼鏡　待って、どんな判断で決めてくるんだろう。果たしてどの曲がかかるんでしょうか。
としみつ　局長にかかってますよ。
虫眼鏡　はい。じゃあ局長、かけてください。
ゆめまる　お願いします。

《曲》

虫眼鏡　誰の曲？
ゆめまる　誰の曲だ？　局長？
虫眼鏡　あれ、待って？　僕の曲じゃない。
ゆめまる　違う、俺のやつ、ベルで始まる、シャンシャンシャン。
虫眼鏡　じゃあとしみつの？
としみつ　俺は違う。
虫眼鏡　**やったな局長!!!**
ゆめまる　**局長――!!**
虫眼鏡　**局長やった！**

《曲》

ゆめまる　お届けした曲は、クリス・レアで「ドライビング・ホーム・フォー・クリスマス」でした。
虫眼鏡　やられましたね。
としみつ　やられたよ。っていうか、さっき俺がさ、流行りの曲流しなさいよ、みたいなこと言ってたじゃんか。で、**不意打ちでバーッきたじゃんか。めっちゃよかった。**
虫眼鏡　よかった(笑)。
としみつ　めちゃくちゃよかったですよ。
ゆめまる　**感動してるやん。**
としみつ　局長の。
虫眼鏡　だって、まがりなりにも東海ラジオで一番偉い人が自分の好きな曲を流してるんだからいい曲じゃん(笑)。
としみつ　そういうことなんだな、って。流行りの曲ばっかじゃなくて、こうやって全然知らないとっからパンってくる曲で、え？　この曲よくね？　もう、ナイスラジオ。
ゆめまる　ラジオのよさだよね、これがね。
としみつ　**ラジオのよさ。完全に出てた。**
虫眼鏡　まぁ、一件落着ということで。
としみつ　完全に局長から教えていただきましたよ。
虫眼鏡　はい。今日はまだまだ、僕らにやってほしいコーナーを募集しています。こうやって実現できるものはね、どんどんやっていきたいと思いますので、いろいろお便り送ってください。
としみつ　はい。おすすめのクリスマスソングをオリエンしよう！でした。

《ジングル》

ゆめまる　さて、続いてのコーナーは、いただいたメッセージのほうを紹介していきますね。それじゃ、早速言っていきますね。岡崎市在住のラジオネーム、**特命希望さん。**これ、前もメッセージ読んだと思う。
虫眼鏡　いや、匿名希望さんは普通にただ匿名希望じゃない？
ゆめまる　あ、匿名希望だけなんだ、これは。
としみつ　お前、嘘でしょ？(笑)。ちょっと待ってよ、ちょっと待ってよ、ほんとに今の？

ゆめまる　違う、そういうボケみたいな感じなんかな、と思って。

としみつ　違うでしょ。

虫眼鏡　**匿名希望の意味知ってる？**

ゆめまる　**匿名って、字、違うやん。**これ違いますよね？

としみつ　あ、ほんとだ！

ゆめまる　だから、これボケなのかな、っていうか。

としみつ　俺たちが悪かった。

虫眼鏡　いやぁ、ほんとか？

ゆめまる　いやぁでも、匿名希望のほうじゃね？って思ったけど、言われて俺も、そうだねぇと思っちゃった。

としみつ　**係長のほうの特命じゃね？**

ゆめまる　そうそう、特命係長のね。

――特別な命令。

虫眼鏡　いやぁ、わからないね。でもどっちみちわかりにくいね。普通にでも、**ゆめまるミスの可能性も高い。**

ゆめまる　まぁ、そうかもしれんなぁ。

としみつ　読もう(笑)。

ゆめまる　読もう。えー、ま、この子は悩みですね。〈僕にはある悩みがあります。それは、人の名前がなかなか覚えれないというものです。なにか覚えるためのコツなどはありますでしょうか？〉。

としみつ　いや、わかるわ。

ゆめまる　俺も結構覚えるの苦手で、ずっとチラさんの名前が覚えれず、で、ツイッターでチラさんってアカウントを見て、あ、あの人チラさんでいいんだ、って思ってからやっと覚えられるようになりました。

――ありがとうございます！

ゆめまる　どうやって覚えてるの、としちゃんは。

としみつ　うーん、なんか、勝手に自分の中であだ名つけちゃうかもしんない。でも、あだ名で覚えちゃうから危ないんだけどね。ニックネームで覚えちゃうから、ほんとの名前は覚えれないんだけど。認識としてね。

虫眼鏡　僕はどっちかっていうと、一回会って、例えば、会ってしゃべっただけだと忘れちゃうから、なんか連絡先を交換したりとかするじゃん。そのときに、携帯にゆめまるって文字が出るじゃん。僕、それで覚えれるね。

ゆめまる&としみつ　あぁ。

虫眼鏡　だから、文字にして目で見ることによって。

としみつ　それは、連絡先交換したらOK。

虫眼鏡　だからまぁ、たとえ連絡先を交換しないにしても、文字化してね、今日会った人は誰、みたいな感じで、文字にすることによって覚えれんじゃないかという。

としみつ　たしかにねぇ。

ゆめまる　それではじゃあ、次のメッセージのほうをいきます。北海道在住のジージーママさんからのメッセージです。〈僕の生殖器の先端には、水膨れのようなものがあります。これは先天性のもので、特に体に害はないんですが、チンコの出口にあるものですから、放尿する際、尿が四方八方に飛びちり、射精する際も邪魔です。これを見せるのが恥ずかしく、童貞も捨てられません。でもこの水膨れは、だいたい500人に3人の割合で見つかるらしいです。そう思うとなんだかこのチンチンが誇らしく思えてきました。そこで、みなさんは、自分の体の部位のここに自信あるみたいなの、ありますか？〉。

虫眼鏡　悩みじゃないの？(笑)。

ゆめまる　なんかね、悩みがなくなってって、で、読まなかったとこもあるんだけど、〈つまり僕は0.006%の排出率で、**アルティメットトレアチンコ**を単発で引き当てるという神引きをしてしまったわけです〉という文もあるから。

虫眼鏡　なるほどね、**シークレットレアだ**(笑)。

としみつ　この文章の中でこの人、だんだん自分に自信がついちゃった。

虫眼鏡　そう(笑)。最初、童貞捨てれません、みたいなさ、悩みじゃんと思ったらさ、まてよ、すごいチンチンもってんじゃん。

としみつ　待てよ。アルチン、アルチンじゃん。

虫眼鏡　アルティメットチンチンね(笑)。

としみつ　じゃあ、3人はあるの？自信あるとこ？

虫眼鏡　そんなこと言われたらもう勝てないですよ、アルティメットなものないよね。

ゆめまる　だって、なんかあるかな？自信っていうか、なんかこれは話ができるな、っていうので、俺ここにさ、後頭部にね、傷があるの。切り傷で、ハゲちゃってるのここ。坊主にしたときとか、貯金箱みたいになるのね。だから高校のときとか10円玉ずっとここにあてられてた。

虫眼鏡&としみつ　ははは！

ゆめまる　おい、入んねえじゃねえかよ、みたいな。やめろよ！みたいな。

としみつ 後頭部にあるっていうのがややこしいね。

ゆめまる そういう、自信っていうか、なんか。

虫眼鏡 僕もね、それに近いやつがあって、僕も赤ちゃんのときに、赤ちゃんのときちょっと大きかったらしいのよ。そのときが僕のピークだったんだけど。で、お母さんのお腹の中から出てくるときに、引っかかっちゃって、出てこれないよと。で、トイレ掃除で使う、ポン!ってやるやつあるじゃん。みたいなので引っ張るんだって。頭を。

としみつ えぇ!

ゆめまる そうなんだ。

虫眼鏡 そうそう。で、僕頭を引っ張られたんだ、それで。で、なんかそれのせいでハゲてるのよ、どっか一か所が。僕はどのへんか知らんけどね、一か所丸くなってるらしくて、なんか周りの人は知ってるんだって、あ、あそこハゲてるね、ってなるらしいのよ。ただ、**最近、普通にハゲてきてあんまり関係なくなってきた。**

ゆめまる はははははは!

としみつ まだ大丈夫でしょ?

ゆめまる え、どこがハゲ? 上?

虫眼鏡 上らへんなのかね? 一ヵ所薄い場所があるらしい。

ゆめまる&としみつ へぇーー。

虫眼鏡 **これはノーマルレアくらいですね。**

としみつ ノーマルレアだね。

ゆめまる としちゃんは?

としみつ なんだろうね? 体の部位でしょ? 筋肉質とか。ちょっとだけね。

ゆめまる あぁ。

虫眼鏡 としみつは顔じゃない?

ゆめまる 顔だねぇ。

としみつ 鼻が高い!

虫眼鏡 あぁ、そうじゃん! なんで言わないの(笑)。忘れてたわ。鼻じゃん!

としみつ そうね。あと、目がね……。

虫眼鏡 **鼻、鼻、鼻! 目の話いいもう!**

ゆめまる 鼻のほうが強い。

としみつ 鼻のほうが強いか?

虫眼鏡 としみつの鼻、ラジオだと見えませんけど、としみつって誰だよって方はね、としみつの顔検索してみてください。鼻がめちゃね、立派な鼻してんですよ。

としみつ **横顔が評判ですからね。**

ゆめまる **鼻の穴ほんとでかいね。**

虫眼鏡 あはははは。たくさんのメッセージありがとうございました。

《ジングル》

虫眼鏡 ここで、今日のキーワードを発表です。

ゆめまる 今日のキーワードは、鼻。

虫眼鏡 ゆめまるも、そのちょっと直前にしゃべったことキーワードにするんだよねぇ。

としみつ ハナって、どっちのハナですか? ハナいっぱい同音異義語ありますけど。

ゆめまる 人間の鼻だよ。ノーズの鼻だよ。

虫眼鏡 今日の放送いかがだったでしょうか? としみつさんいかがでしたか、2回目は。

としみつ なんか2回目で、2回目のほうが楽しかったな。

虫眼鏡 うふふふふ。慣れてんのかもね、じゃあ。最初やっぱ緊張してたし。

としみつ 慣れてきたって意味で。

虫眼鏡 多分僕たちも、まだだって、の2回3回目4回目くらいまで全然緊張してたらから。なんかもう今やね、「このラジオ何しゃべっても大丈夫だぞ」ってことがわかり始めたから。

ゆめまる あぁ、その感じはあったね。普通の会話みたいに話しできたから。

としみつ まぁそうだね。面白かったね。

虫眼鏡 はい、では、来週もとしみつさんもう一回お願いしますんで。

ゆめまる お願いします。

としみつ あぁそうだね、お願いします。

虫眼鏡 さて、ここでお知らせです。

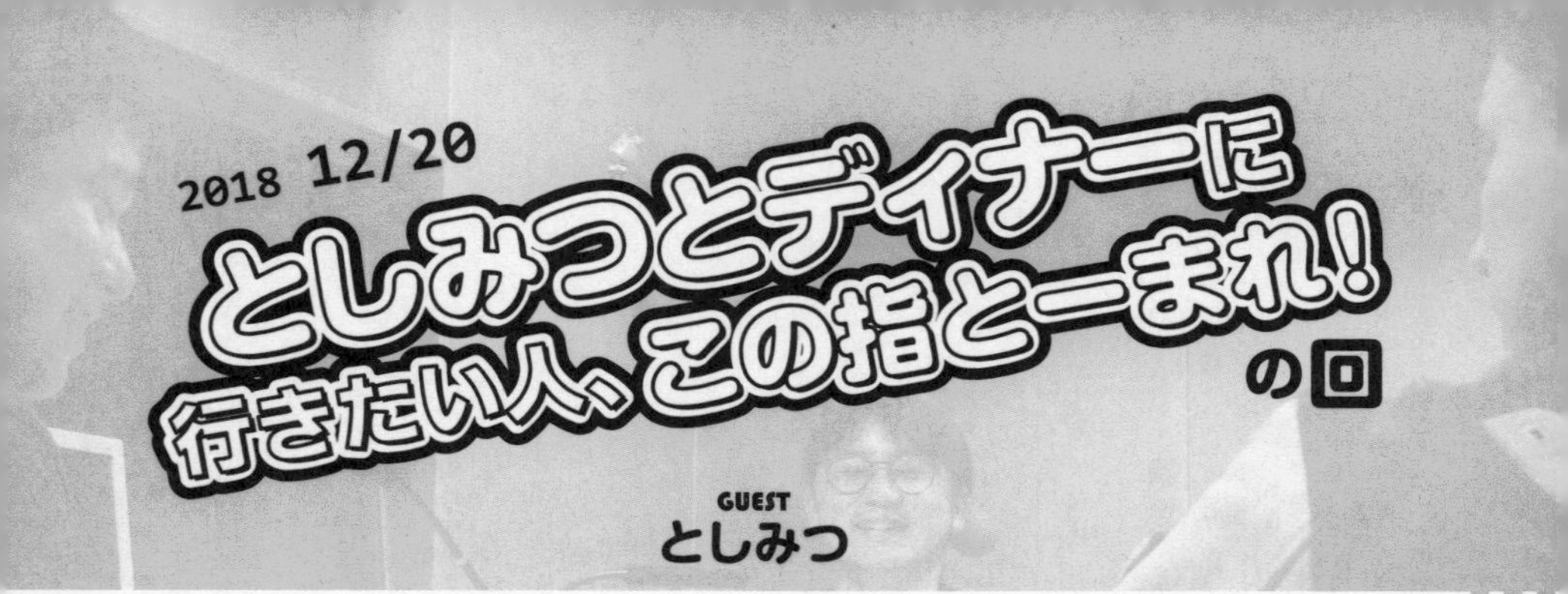

2018 12/20

としみつとディナーに行きたい人、この指とーまれ！の回

GUEST
としみつ

ゆめまる　本日も始まりました東海オンエアラジオ。今日はメッセージのほうからスタートしていきたいと思います。兵庫県、あか……あか、し……あかし市？の方からのメッセージです。

虫眼鏡　お前、**明石市読めねーのかよ**(笑)。

ゆめまる　明石焼ってあるな(笑)。

虫眼鏡　日本の標準時決まってる市だぞ。

としみつ　あとラジオネーム書いてあるよちゃんと。

ゆめまる　ラジオネーム、くろしずかさんからのメッセージです。

虫眼鏡　(ドラえもんの声で)**くろしずかさん！**

ゆめまる　突然やるとびっくりしちゃうんで(笑)。

としみつ　ドキッとしたから、いきなり声張るからさ(笑)。**狂気的なものを感じたよ。**

虫眼鏡　なんでだよ(笑)。くろしずかちゃんだもん、だって。

ゆめまる　はい。〈もうすぐクリスマスですが、東海オンエアの皆さんは誰とすごすのですか？〉

虫眼鏡　ｗｗ(ワラワラ)。

ゆめまる　〈彼女のいる虫さん、馴れ初めがすごい聞きたいのです。聞かせて頂きたいです〉。

虫眼鏡　なんだと。これ結構僕話してますけど、彼女とは、野球場で出会ったんですよ。

ゆめまる　ナゴヤドーム？

虫眼鏡　違う、ナゴヤ球場のほう。ナゴヤ球場ってのはドラゴンズの二軍が試合してるところで、だから、球場で会う時点でかなりのドラゴンズおたくなんですよね。で、野球が好きなんだ、ってところから始まって、ま、今に至るってわけで。そのときのね、相手ピッチャーがソフトバンクの摂津ってピッチャーだったんですけど、完封されましたね、完封負け。

ゆめまる　中日が？

虫眼鏡　そうそう、中日が。完封負けっていう。

ゆめまる　あれまぁ。なんか思い出のある試合なのかな？

虫眼鏡　まぁまぁそうですね。結構年齢が離れてて、どこで出会うの？って感じなんですけど、ま、実はそういうとこで出会ってるって意味では、ちょっと珍しいかもしんない。

ゆめまる　でもまぁ、一緒の趣味っていうか。

虫眼鏡　そうそう。**野球好きな女の子っていうのは、結構レア**だし、僕は絶対ドラゴンズの試合見るから、チャンネルをピッて野球に替えちゃうのよ。それでさ、おいっ！て言う人とは絶対結婚できないなと思うから、これ大事だと思いますね。

ゆめまる　それでは、今夜も、「#東海オンエアラジオ」で聴いてる人はつぶやいてみてください。それではいきます、東海オンエアラジオ！東海ラジオをお聞きのあなた、こんばんは。東海オンエアのゆめまると！

虫眼鏡　虫眼鏡と。

としみつ　わたくし、としみつです。

ゆめまる　よろしくお願いします。この番組は、愛知県・岡崎市を拠点に活動するユーチューバー、我々東海オンエアが名古屋にある東海ラジオからオンエアする番組です！

虫眼鏡　ゆめまると、僕虫眼鏡が中心となってお届けする30分番組！あのぉ、先ほど、くろしずかちゃんからのお便りなんですけど、東海オンエアのみなさんは誰と過ごすんですか、ｗｗとも書いてあったわ。誰と過ごすんですんか？　ｗｗ。

としみつ　としちゃんはね、ないん

ですよ今予定が。で、サブチャンネル見た方はいるかもしれないですけど、りょう君と、**とりあえずクリスマスイブかクリスマスの日に、ディナーを予約しようと。**とりあえずお互い、とりあえず予約しちゃおう、そっから。

ゆめまる　店を押さえるってことね。

としみつ　店押さえちゃう。**そっから、頑張って、探そ。**

虫眼鏡　店押さえちゃったから、探さなきゃっていう感じですね。

としみつ　そうそう。

ゆめまる　プレッシャーかけてんだ。

としみつ　自分にプレッシャーかけて、で、**もし、いなかったら、一人で行くか男二人で行く。**

虫眼鏡&ゆめまる　あははは。

虫眼鏡　え、今ね、収録日12月3日なんですけど、今はどうですか?

としみつ　僕今まだ押さえてないんですよね、まず。

虫眼鏡　あ、そうなの?

ゆめまる　お店まだなんだ。

としみつ　まだ押さえてない。わかんなくて。

ゆめまる　早めにしたほうがいいよもう。そろそろ埋まってくるから。

としみつ　ね。りょう、昨日押さえてたわ。

虫眼鏡　うふふふ。あの人、いつでもすぐ行けるから。

としみつ　キャンセルするとしたら、いつまでで言えばいいですか?って(笑)。一応確認してた。

虫眼鏡　はははは。

ゆめまる　これが放送されるのは20日なんで、4日後、5日後には。

としみつ　やばいよ。俺どうなってんだろうね?

虫眼鏡　あたふたしてるよ多分(笑)。

としみつ　**やばいぜやばいぜ。**

ゆめまる　店押さえてねー!って言って結局俺んち来てほしいもんな。

としみつ　**名古屋のイルミネーションの中、走り回ってるかもしれない。**

ゆめまる　はははは!

としみつ　俺とディナーに行ってくれる人いませんか!?4日後!って。

虫眼鏡　**としみつとディナーに行きたい人、この指とーまれ。**

としみつ　あいのりみたいにこうやってダンボールさげて。

ゆめまる　タクシーのとこでこうやって待ってさ(笑)。

としみつ　いやぁ、どうなるでしょうね。

虫眼鏡　はい、というわけで、曲いきましょうか。ゆめまるがね、渋い曲をかけたがるんですよ。

としみつ　先週もそうでしたからね。

虫眼鏡　だから、僕ととしみつの好みの曲を押し付けるのはもうやめようと思って。僕たちの聴いてる曲の中で、これはゆめまるのお眼鏡にかなうんじゃないかって曲をプレゼンしてって、ゆめまるが、よし!と思ったら流してくれる、ってことにしたい。

ゆめまる　まぁまぁまぁ、僕に合えば絶対流すんで、やっぱり。

としみつ　流したいな、それは。

虫眼鏡　いいですか、今日僕いいですか?

ゆめまる　じゃあ、虫さんの番で。

虫眼鏡　僕は、大学時代に一瞬入ってたサークルで組んだバンドでやった曲なんですけど、くるりの「ワンダーフォーゲル」。

ゆめまる　あぁ、いい曲じゃないですか!

としみつ　くるり刺さるよ。

虫眼鏡　普通にくるりは聴いてるのは知ってるので。あとはこの「ワンダーフォーゲル」がハマるかハマらないか。

ゆめまる　いいとこ持ってきたねー!

としみつ　結構ハマってるよ今。

虫眼鏡　ゆめまるさん、それでは曲紹介お願いします。

ゆめまる　はい。いきましょうか。それでは、ここで1曲お届けします。ソウル・フラワー・ユニオンで「風の市」。

虫眼鏡　ダメかぁ～。

《曲》

ゆめまる　(曲のメロディーに乗せて)♪お届けした曲は～、ソウルフラワーユニオン～。

としみつ　普通に、普通に。

ゆめまる　あ、お届けした曲は、ソウル・フラワー・ユニオンで「風の市」でした。

虫眼鏡　さて、東海オンエアが東海ラジオからオンエアする、東海オンエアラジオ。今日はこのコーナーやっちゃいます。

ゆめまる　ゆめまるプレゼンツ「来たれ!はがき職人」。

虫眼鏡　これは元々はね、ゆめまるがどうしてもやりたい、お願いだ、やらせてくれ！と、**僕に土下座して始めたコーナー**なんですけど。

としみつ　あ、土下座したんですか？

ゆめまる　土下座はね、**した記憶はない。**

としみつ　あ、ないんだ。

虫眼鏡　でもね、よくよく考えてみたら、このラジオで、自分の聞きたい曲を流すためにはこれに応募するしかない。

ゆめまる　そうなんですよ。

虫眼鏡　わざわざハガキを書いて。

としみつ　そうだよね。さっき話してて、自分の聞きたい曲だったらこれやればいいんでしょ？

虫眼鏡　そうそうそう。メールでリクエストしても絶対ゆめまるにハネられちゃうから。

ゆめまる　だから、虫さんもとしちゃんも、このハガキで書いてきて、出してくれれば、読まれるかもしれない。

としみつ　俺も？

ゆめまる　自分の曲流したいならね。好きなのを流したいなら、これしかないから。

としみつ　俺がここにいないときに、**じゃあ俺ハガキ書こうか。**

ゆめまる　それ面白い（笑）。

虫眼鏡　これ、**岡崎市のとしみつさんって、まさか、この字は！**ってなるよね。

ゆめまる　としちゃん！　ま、このコーナーはですね、webでのコメント募集ではなく、ハガキでのリクエストを復活させようというコーナーです。ハガキのほうが視聴者さんっていうか、リスナーさんの気持ちも伝わりますし、僕たちの気持ちも入りやすいということもあるので、このコーナーをやろうということで、始めさせていただきました。ま、ハガキで、リクエスト曲を送ってもらい、曲にまつわる想い出やエピソードを書いて送ってください。メッセージを紹介した後で、あなたのリクエスト曲をかけます。

虫眼鏡　これ100％かけますもんね、はい。

ゆめまる　早速届いているので、1つ選んで読んでいこうかなと思います。名古屋市在住のラジオネーム、結び白滝さんからのリクエストです。〈2018年になってから、本当にどうにかなってしまうくらいショックな出来事が続いて起きました。父の急逝、母の病気発覚、その中での自分の仕事のプレッシャーの重さ。正直、ネガティヴから抜け出せず、嫌になる毎日でした。そのとき、なんとなく聞いたこの曲が深く心に刺さりました。悲しみに心を任せちゃダメだよ。諦めないでどんなときも。君ならできるんだどんなことも。今でも落ち込むことがあるけれど、前向きになれる、自分に大きな力をくれる1曲です。〉それでは、リクエスト曲「できっこないをやらなくちゃ」。

《曲》

ゆめまる　お届けした曲は、サンボマスターで「できっこないをやらなくちゃ」でした。いやなんかみなさん、このメッセージ、エピソードにもあるように、なんかこう、深く心が悲しいときとか、元気づけるために聴く曲はありますか？　虫さんもとしみつも。

虫眼鏡　なんか、僕もこの、結び白滝さんと一緒で、結構サンボマスターさん聴くんですよ。歌詞が、いい意味でひねってないじゃないですか。ほんとに**歌詞カード読むだけで応援されてるような気持ちになる**っていうか。僕は普段、こざかしい、って言ったらあれですけど、何言ってるかよくわからないような歌詞を解読するのが結構好きだったりするんですけど、やっぱ元気がないときはこういう真っ直ぐな曲いいなと思って。落ち込んでる人にさ、周りの人が元気出してとか大変だねって言うことはできるけど、**最後の最後はさ、本人が、よしっ頑張ろうって思わなきゃダメじゃん。**やっぱその人その人で、俺はこの曲を聴けば頑張れるんだって曲が1曲あるとすごいいよね。

ゆめまる　それめっちゃわかるね。としみつとかは、あったりする？

としみつ　うん、もちろんあるっすね。疲れたな、ってときは、一旦散歩でもして公園のベンチに座って。夜でも昼でもいいし。ふぅと一息ついて、一旦クールダウンして、こういうサンボマスターみたいな背中押してくれる、自分の好きな曲を聴いたりすると、またエンジンがかかるというか。

ゆめまる　あー、そうだよね。やっぱなんか結構、僕もサンボマスターさんの歌とかはね、ほんとに刺さることが多くて。なんだろうな、リアルな感じで歌うじゃん全力で、あの人たち。そこが刺さるというか、元気になんなきゃなって思えるから。結び白滝さんもきっとそうなんだよね。ということで、みなさんもどしどしハガキでリクエスト曲やエピソードを書いて送ってみてください。

虫眼鏡　はい、ハガキでリクエスト曲、そしてその曲にまつわる想い出やエピソードを書いて送ってください。

ゆめまる　みなさんからのハガキを楽しみにしています。「来たれ！はがき職人」でした。

《ジングル》

ゆめまる　それでは本日も、みなさんからいただいたメッセージのほうを紹介していきます。

虫眼鏡　はーい。

としみつ　いきましょう。

ゆめまる　ラジオネーム、チョコさんからのメッセージです。

虫眼鏡　チョコさん！

としみつ　おっチョコちょこちょいちょいちょい。

ゆめまる　〈私は高校3年生の女子で、大学生になったら一人暮らしをしたいと思っています。でもビビりなので、生き物全般や雷がとても苦手です。虫なら、蚊ならなんとかなりますが、他は勝てる自信がないですし、雷のときは雷に負けないように叫び続けるしか今のところ対策がありません。これについて何か対策などはありますでしょうか？〉

虫眼鏡　これ簡単ですね。**ヤリサーってサークルがあるんですよ大学には。**

ゆめまる　あははは！

としみつ　たいがいね、どのサークルにも。

虫眼鏡　テニスサークル、それと、いろんなスポーツをいろいろやろうみたいなサークルですね。だいたいその2つなんですけど、**そのサークルに入るとすぐに彼氏ができますんで**、その彼氏を家に連れこんで、半同棲みたいな生活をしてください。そうすれば虫が出てもその男が殺してくれるんで、いいと思います。

ゆめまる　めちゃくちゃリアルだねそれ。

としみつ　一番なんだろね、**正解**。

ゆめまる　正解なんだ。サークルなかったから俺大学時代ね。

虫眼鏡　そうなんだ？

ゆめまる　そうそうそう。だからなんか、サークルがある大学っていうのがいまいち、ヤリサーってほんとにあんのか？って俺は思ってる。

虫眼鏡　あるあるある。あのね、ヤリサーじゃないよ。

としみつ　ヤリサーって名前ではない。

虫眼鏡　ヤリサーでーす、とは言ってないよ、そりゃもちろんね。ただ、やってるだけやん、っていうのはある（笑）。

としみつ　実際やってはないと思うけど、めちゃくちゃ飲み会をする。

虫眼鏡　あれだよね、イベサー。

としみつ　俺はヤリサーだから。

ゆめまる　はははは。

としみつ　**ちげーよ、バカ！**俺はスポーツサークルだったから。でも俺らのときはね、そんな飲み会もせんかったし、健全にスポーツを楽しんでたよ。僕らの下のほうはちゃらんぽらんだったから、飲み会やらなんやらって、チューやらセックスしてたけど。

虫眼鏡　うふふふ。

ゆめまる　でも有名だよね、ヤリサーがあるって、としみつの大学はちょっと聞いたことがある。

としみつ　うちの大学なんて全員ちゃらんぽらんだから多分、そういう大学だから。

虫眼鏡　テニスとか結構ひどくない？

としみつ　テニスは言われがちだよね。

ゆめまる　あぁそうなんだ。

としみつ　でも、わからんな。

虫眼鏡　そもそも、男女が一緒になってできるスポーツってあんまないのよ。だから、ネット系？　テニスとかさ。バスケって一緒にやれないじゃん。

ゆめまる　そうだね、危ないから。

虫眼鏡　だからテニスとかバドミントンとか、男女一緒にできるスポーツは、よっしゃ打ち上げだ！って飲みいくじゃん。で、終電なくしちゃったって、じゃあ下宿してる人の家に集まろうっていって集まるじゃん。で、真面目なやつらは、俺は明日1限あるから帰るよ、って帰るじゃないか。でも、ふざけてるやつらは、俺は飲みすぎちゃって今日はここに寝るよ、とか言って、ねえ。

としみつ　それ、体験したの？

虫眼鏡　僕は「僕は帰るから」って言ってるタイプの人だった。

ゆめまる　あぁ。

としみつ　うちのサークルはそんなのなかったけど、逆に。

ゆめまる　あぁ、そうなんだ。
としみつ　こっちの大学のほうがヤリサーだったかもしんない。
ゆめまる　かもしんないね。
虫眼鏡　**僕はね、よく考えたらヤリサーだったのかもしれない。**僕、バンドだったけど。
ゆめまる　軽音部みたいな？
虫眼鏡　そうそう。バンドも男女で一緒にやるからね。
としみつ　**俺らバチバチにフットサルやってたもん。**女子入れずに。
虫眼鏡&ゆめまる　**わはははは！**
としみつ　ほんとに。女子は立ってるだけ、みたいな。**男が本気でフィジりあいして、ほんとにもうキレてるみたいな。**
ゆめまる　試合やってんだ。おーい！みたいな感じで？
としみつ　そういう感じ。で、飲みいって、男だけで。ま、女の子もいるけど、普通に5時くらいまで飲んで男だけで。俺はお前のことが好きだよ、みたいな男の友情あるじゃん、クサいやつ。あれをして喧嘩したり泣くっていう。
虫眼鏡　ははは。**いいスポサーだ、**いいスポサー。
ゆめまる　部活やればよかったのに。
としみつ　部活はやっぱ違うのよ。
ゆめまる　違うのか。
虫眼鏡　そんな、なにさんでしたっけ？
ゆめまる　チョコさん。
虫眼鏡　チョコさんもね、いいスポサーじゃなくって、よくないスポサーとかに入るといですね。
としみつ　チョコさんはよくないスポサー入ったほうがいいね。
虫眼鏡　そうそうそう。
ゆめまる　たぶん女性だと思うので。
虫眼鏡　女性なんて一瞬一瞬。
としみつ　雷こわーい！でもいいから。
虫眼鏡　そうそう。女の子が帰っちゃうのをいかに帰らせないか、ってのが男の使命だから、そのサークルの一番の活動だから、女の子が帰る気なかったら楽勝！
としみつ　なんか嫌な思い出あるの？
ゆめまる　ははは。
虫眼鏡　大っ嫌いだもん、そういうやつら。
ゆめまる　すごい未知の世界だから超楽しい！　もっと聞きたいけども。
としみつ　いろんなスポーツサークルありますよ。
虫眼鏡　**くれぐれも健全なところに入らないようにしてください。**
としみつ　チョコさんはね。
ゆめまる　はい。それでは、続いてのメッセージのほう読んでいきます。神奈川県在住のラジオネーム、ボビビンバビビンバさんからのメッセージです。〈東海オンエアのみなさんに質問があります。一番はじめにてつやさんの等身大パネルがなくなり、次にゆめまるさんの等身大パネルの首が折れてしまった今、次に誰の等身大パネルの何がどうなると思いますか？　教えてください〉。まぁ、予想だね、これね。
虫眼鏡　だってさ、てつやは、ファンが多いじゃん。ゆめまるはめっちゃ嫌われてるじゃん。
ゆめまる　**それめっちゃディスやん！**
としみつ　駅だからいろんな人通るから。
ゆめまる　あれ片づけてなかったんだよね、きっとね。深夜。俺のやつはずっと出っぱなしだったんだよね？
としみつ　片づけたことないからね。
ゆめまる　みんなのところはしまうじゃん。
としみつ　うん、しまう。
ゆめまる　次は誰だろうなぁ。
としみつ　次はあれじゃない？　**しばゆーのパネルが違うパネルになってる。**
虫眼鏡　いやいや（笑）。それめちゃめちゃ面白いけど、そこまでやったら褒めてあげるけどさ。
としみつ　弟のパネルになってたり（笑）。
ゆめまる　わははは。
虫眼鏡　でもなんかさ、警戒されてるじゃんもう。
ゆめまる　もうさすがにね。
虫眼鏡　そのうえでやるっていうのは、もうなんていうの、愉快犯っていうか、模倣犯になってくるからね。
としみつ　ちゃんと捕まりますからね。
虫眼鏡　いやほんとにね、僕たちがちょっとお笑いにしてるとこあるじゃん。
としみつ　勘違いしちゃうよね、みんなが。
虫眼鏡　**マジで逮捕するからね。**

ゆめまる　次はね。

虫眼鏡　いや、次はじゃないよ。一人目も二人目もだよ。

としみつ　**めちゃくちゃキレるからね普通に。**

虫眼鏡　ほんとに、マジで普通に、現れたら嫌いですから、僕たちそいつのこと(笑)。

ゆめまる　サブチャンネルで首折れた動画が出てるじゃないですか。あのコメント欄が僕は一番ショックでしたからね。

としみつ　なんでした?

ゆめまる　あのぉ、ゆめまる悲しそうな顔してるのに笑ってる、とか。無理しないで、とか書いてあるんだけど、あれほんとに面白くて笑ってたの。

虫眼鏡　だからそれを言うなってば(笑)。そうすると、じゃあいいんだ、って思っちゃうから。

ゆめまる　よくないけどね。

虫眼鏡　そう、僕たちは、面白ぇな、って感情を持ちますけど、**シンプルに物壊す人嫌いなんでダメです。**

としみつ　大っ嫌いですからね。ユーチューブ見てる人は勘違いしないように健全にユーチューブを見てください。捉え方間違えないように。

ゆめまる　そうですね。それじゃ、続いてのメッセージのほう読んでいきます。これラジオネームがない人、匿名希望って感じですかね? あ、ペンネームありました。文に書いてありましたね。えー、ペンネームは、虫さんとベイブレードした人です。

虫眼鏡　おっ!

ゆめまる　〈相談なのですが、**てつやさんが好きすぎて、たまりません。**高校生で、いい人とかいたり、告白されたりするんですが、てつやさんと比べちゃって恋がまともにできないし、彼氏ができません。どうしたらいいですか? よかったら、カミングアウト・オブ・ザ・ワールド流してほしいです〉。

虫眼鏡　**ばっかもーん!!**

としみつ　これはもう、ばかもんですね、**このー!!　たわけ!!**

虫眼鏡　ほんとに、僕とベイブレードしたいんだったらね、そんなことはもう言わないでください。

としみつ　てつやさんと比べてだ? てつや、大した男じゃねえよ。

虫眼鏡　**てつやの何がみんないいと思ってんだろう?**

としみつ　やっぱユーチューブ補正ですよ。

虫眼鏡　補正がすごすぎない?

としみつ　**補正がすごい!**

虫眼鏡　スノーじゃん、もうそうなると。

としみつ　スノーよりも、てつやに限らずね、全部のユーチューバーに言えることですけど、もう補正がすごい!

虫眼鏡　てつやいいやつだよ。いいやつだし、まぁ顔もそれなりにいいよ。ただ、プラマイで撮影したら、0くらいなのよ、あいつは(笑)。いいとこもいっぱいあるし、よくないとこもいっぱいあって、**全部勘定すると0**。いないと一緒(笑)。

ゆめまる　でもなんか、ほんとてつやね、リア友いるんだけど、女の子でいるんだけど、インスタのストーリーめっちゃあがってるの。てつやかっこいー、みたいな。そういうの見ると、過去にちょっといい感じになった子だからさ、ちょっとさ、負けた気ぃするやん。

としみつ　それは知らん!

虫眼鏡　それは負けてるやん(笑)。

ゆめまる　なんていうの、悔しくなっちゃうの俺は。

としみつ　その意地は知らんし(笑)。そんな女は別に。

ゆめまる　だから、てつや紹介して、って言われたときに、いや無理ごめんできない、って。

としみつ　それは腹立つよね、てつや紹介してって。ブチ切れていいよ普通に。

ゆめまる　やめて、っていうのは伝えといたけど。

虫眼鏡　でも、りょうやとしみつがかっこいいって言われるのは、まぁまぁまぁまぁわかるのよ。普通にね。ただ、てつやかっこいいだけは、どうして?って聞きたい。いいんだよ、いいけど、どうして?って聞きたい。

ゆめまる　**歯みがいてないよ、**とか言ってあげたい俺は。

虫眼鏡　**服着替えないよ、**って。

ゆめまる　**動物のにおいするときあるよ、**とか。

虫眼鏡　ははは。

としみつ　まぁでも、ユーチューブすごいですね。

虫眼鏡　まぁユーチューブもすごいし、女の子が男の子を好きになる仕組みも、男にはわかんないね、って思う。

ゆめまる　わからん。

虫眼鏡　とりあえず、僕とベイブレードした人さんはね、一回冷静になってもう一度考えてみましょう。

ゆめまる　あと、カミングアウト・オブ・ザ・ワールドは絶対流しません。

としみつ　流しません。

虫眼鏡　CD置かないんでここに。東海ラジオにCD置いてないんで。

ゆめまる　それでは、続いてのメッセージのほう読んでいきます。ラジオネーム、**東海オンエアっ子さん**からのメッセージです。

虫眼鏡　おぉ、**いいラジオネームとったね君**(笑)。

としみつ　ありそうでなかったね。

ゆめまる　**これ何回も送ってきて読みたい。**このメッセージをね。覚えやすいし。

虫眼鏡　みんなラジオネーム、東海オンエアっ子にしてもいいよ。

ゆめまる　〈はろー、東海オンエアのみなさん〉。

虫眼鏡&ゆめまる　びっくりした。

ゆめまる　書いてある、ちゃんと。はろー!って。

としみつ　ひらがなで書いてあるわ。

虫眼鏡　ほんとだ(笑)。

ゆめまる　〈私、ずっとずっと気になってることがあります。それは、東海オンエアは家族で見ていいのか。ちなみに、沖縄からずっとradikoで聴いています。応援してます、これからも頑張ってください。ちなみに、推しは虫眼鏡さんです〉。

虫眼鏡　素晴らしいでございます。センスありますねお便りにも。

としみつ　めっちゃしゃべるやん(笑)。

虫眼鏡　しかもね、radikoに課金してくれる、radikoに少なからずお金を使ってくれてるわけです、僕らのために。ほんとにいいリスナーさんですよ。

としみつ　これは内容関係ないですから。虫さんを知ってるだけで採用されただけですから。

ゆめまる　これほんとは、僕がボツのほうに置いたんですね。そしたら、虫さんに、これでいいかな?って渡したときに……。

虫眼鏡　あははは、**言うなや!!**

としみつ　これは例外ですよ、これ以降ないですよ。この採用のされ方は。

ゆめまる　まぁでもたまにはこういうのも読んでいきたいですね、推しっていうのもわかるように。

虫眼鏡　独断で選びました的なやつね。まぁまぁ、東海オンエア家族で見ていいですか?っていうふうにありますけど、家族でこそ見てほしいなというか。まぁお父さんの前でそんなエッチなもの見れませんって思うかもしれませんが、**じゃあ、あなたはなんで生まれたんですか?**と。お父さんエッチなこと嫌いと思ってませんか?

ゆめまる　**とんでるとんでる!**

としみつ　とんでるなー。

虫眼鏡　お父さんとお母さんがエッチをしたからあなたが生まれてるんですから、**お父さんはエッチ好きですから!**　お父さんもお母さんもエッチ好きなんだからお父さんの前でエッチな話してもいいでしょ!　お父さんにはチンチンついてるんですから!

ゆめまる　**頭よすぎます、頭よすぎます、あなたが頭よすぎる。**

としみつ　違う違う!　そういう感じで言ってないから。

虫眼鏡　そういうね、家族の会話のきっかけにしてもらえればと思います。たくさんのメッセージありがとうございました。

ゆめまる　**終わらすなよ!!**

《ジングル》

虫眼鏡　今日の放送いかがでしたで

しょうか？
ゆめまる　いやぁ、よかったんじゃないですかね今日は。
としみつ　何がよかったんだ！
虫眼鏡　うふふふふ。
ゆめまる　いや、メッセージとかも……。
としみつ　よかった、真面目なね、ちゃんとね。真剣に読むメッセージとかね。
ゆめまる　で、前の放送のときに、たくさんのメッセージ送ってって言ったら、メッセージ増えたみたいなので。
としみつ　うれしい。
ゆめまる　これからもどしどし送ってほしいです。
虫眼鏡　面白くないメッセージしか思い浮かばないので送りませんみたいなのたまに聞くんですけど、おもろくなくてもいいんですよ。単純に、めちゃめちゃメールきてますよ東海オンエアさん、って言うと局長が、なに？　東海オンエアの力はすごいな、よし、東海オンエアラジオは来年もやろう、ってなるんですよ。そのね、**ただただ量が大事**なのよ。
ゆめまる　めちゃくちゃうなずいてくれてる！
としみつ　局長が局長たるゆえんのうなずきをしてくれてる。
虫眼鏡　ははは。なのでみなさんどしどし送ってくださーい。そして来週が今年最後の放送となりますね。
としみつ　今年も終わりですか。
ゆめまる　もう、早いねー。
虫眼鏡　とりあえず年内完走できたということで。
としみつ　どのくらい？　今何か月だ？
ゆめまる　やり始めて……。
虫眼鏡　3か月。
ゆめまる　すげぇなぁ。
としみつ　1クール。
虫眼鏡　**1クール突破できたってことですかね**、じゃあ。
としみつ　ありがたい。
ゆめまる　来年も、残っててほしいね。
虫眼鏡　そうだね。だから来週の放送で、めちゃめちゃ変なことしなければ、あるぞ。
ゆめまる　大事故起こさなければ。
虫眼鏡　そうそうそう（笑）。
としみつ　事故は起こしたいけどね、1回くらい。
ゆめまる　ダメだよ（笑）。
虫眼鏡　さてここでお知らせです。

2018 12/27

来たれ！イボ痔職人！の回

GUEST
てつや

ゆめまる　さぁ、今日も始まりました、東海オンエアラジオ。今日はね、今年最後の放送ということなんですけども、この番組をやり始めて、2か月？　3か月くらいたったのかな。
虫眼鏡　そうですね。**それはそうと、てつや君、おしりの調子はどうなの？**
てつや　えー。自己紹介からやらしてくんない？
ゆめまる　はははは。**退院おめでと。**
てつや　今日俺なんだー、ってびっくりないじゃん。
虫眼鏡　ふふふふ。2周目のてつや君なんですけども。
てつや　そうですね。入院してたせいで、出るのが遅くなってしまったんですけど。ま、お尻の調子はなかなかよくてですね。
虫眼鏡　あ、いいんだ、それ。
てつや　ここに来る前に、**入院してから一番のウンコ出て。**
虫眼鏡　一番の大きさが？
てつや　そう。これ痛くないんだ、ってびっくりの。この今俺らが使ってるマイクくらいの大きさの出たのよ。
虫眼鏡　でも細いね結構（笑）。
てつや　これ出るの**快挙だからね。**
虫眼鏡　でもたまに、しばゆーが置いてくみたいなさ……。
ゆめまる　あぁ、**大蛇ね。**
虫眼鏡　そう、**黒棒みたいなやつ**あるじゃん（笑）。
てつや　トイレットペーパーの芯くらいのやつね。
虫眼鏡　そう。あれもいずれは出るわけやん？
てつや　そうね。もう肛門の痛みはそんなないかな。
虫眼鏡　そうなんだ。でも、イスは必須って感じ？
てつや　傷口があるから、広がるのには耐性ができたけど、なんかね、昨日勇気出して肛門ちょっと触ったのよ、指で。どぅるっとして。
ゆめまる　うぅわぁ。
虫眼鏡　あぁ、まだ汁出てんだ。
てつや　そう。傷口が出っぱなしなんだよね。
虫眼鏡　へぇ。あ、ごめんゆめまる、それはそうと、今年最後の放送なんだっけ？
ゆめまる　**もういいよ**ぉ、それで。退院おめでとうだよ。
虫眼鏡　ははは。
てつや　きったねぇ話で始まっちゃったよ。
ゆめまる　しかも、てつや大丈夫って言いながら、座り方がめっちゃ直立なんだよね。
虫眼鏡　めちゃめちゃ姿勢正しいよね。
てつや　めっちゃ肘で体重を浮かしてるからね、今。
虫眼鏡　ふははは。てつやのお尻が限界になってきたら、テーブルの上に横になってしゃべることになりますね。
ゆめまる　堂々としながら放送するので、今夜も#東海オンエアラジオで聴いてる人はつぶやいてください。それじゃ**キューワードいきます。**
虫眼鏡　**キューワードとか言わんでいいんだよ別に**（笑）。
てつや　誰に言ったの今？　びっくりしたよ。
ゆめまる　誰に言ったかわかんねぇよ俺も。たまにあんだよ、自分で言って、なんで俺言ったんだろう？って。
虫眼鏡　ゆめまるはね、今からやっていくことを、それではやっていきます、これやります、って、一回説明して落ち着くんだよね。
ゆめまる　そうそうそう。自分で落としてから、っていう。でも初めてだよ、キューワードって言葉使ったの。

てつや　かっこ、って書いてあるんだもん、言わないやつだからね。

ゆめまる　それではいきますよ、東海オンエアラジオ！　東海ラジオをお聴きのあなた、こんばんは。東海オンエアゆめまると。

虫眼鏡　虫眼鏡だ。そして今日のゲストは。

てつや　てつやでーす、お願いします。

虫眼鏡＆ゆめまる　お願いしまーす。

ゆめまる　この番組は愛知県・岡崎市を拠点に活動するユーチューバー、我々東海オンエアが、名古屋にある東海ラジオからオンエアする番組です。

虫眼鏡　ゆめまると、僕、虫眼鏡が中心となってお届けする30分番組です。今日はね、痔でね、**いつもの能力の半分くらいしかないてつや**を迎えてやっていきますんで。

てつや　ほんとに雑魚い人間なんですよ、今。**ランクが2くらい下がってるんです。**

虫眼鏡　Fランクになってるもんね、ランクが2つ下がって。

てつや　生贄1体少なく召喚できる感じだったよね。

ゆめまる　コストはいいんだね、じゃあね。

虫眼鏡　生贄はいるのお前？(笑)。

てつや　それくらいはあっていいだろ！　星4以下じゃないだろ俺は。

虫眼鏡　なんか**今喧嘩したら、てっちゃんには勝てるもんね。**

てつや　マジで負けるよ。

ゆめまる　だってケツ一発蹴ったら、てつやもう泣くでしょ？

てつや　てか、**普通に寸止めのパンチでびっくりしてケツ締めて痛くて泣くから。**

ゆめまる　ははは。攻撃しなくていいんだね。

てつや　そうそう、触れなくても負けちゃうから俺。

虫眼鏡　今てつやが普通にイスに座ってますけど、丸いドーナツみたいなの敷いてね、**神のイス**って呼んでるもんね、てつや(笑)。

てつや　ほんとに痛くなくなるからね、これ。

ゆめまる　でもね、こいつ飯食いにいくときにだいたい忘れるのね。置いてきちゃったごめーん、とか言って、取りに行けって言っても取りにいかないから。

てつや　あの飯のときつらかったね。

虫眼鏡　で、マネージャーさんの右手にこんなさ、クッション持たせて、それマネージャーさんがいっつも右手にハメてるんだよね。丸いクッション(笑)。

てつや　もう安定の見た目になってきたね、それが。

虫眼鏡　ま、だから、てつやのコンディションがよろしくないっていう懸念点が1つと、いつもチラさんっていうね、写真撮ってくれるお兄さんがいるんですよ。その人がね、今日旅行いっちゃってるんですよ。

ゆめまる　旅行？

虫眼鏡　そう。結婚1周年記念日だから、北海道に行ってるんだって。優雅なもんですよ。

てつや　仕事ほったらかして。

虫眼鏡　そうそう(笑)。でもそれは、**東海ラジオがホワイト企業**だっていう。これは言っていこう。

ゆめまる　あぁ、それは素晴らしいね。

てつや　これは素晴らしいことだ。

虫眼鏡　で、今日代わりに誰が来るのかなって言ってたら、今ね、**局長がいるのよ、部屋の中に**(笑)。

てつや　俺の後ろで写真撮ってるからな。

ゆめまる　めちゃくちゃなめるんだよね、カメラでね(笑)。

虫眼鏡　**いつもよりすごい人がいつもよりショボいカメラで僕たちの写真撮ってますからね**(笑)。

てつや　いつももっといいカメラなんだ？

虫眼鏡　そう。それによってね、ゆめまるが緊張してしまうということでね、ちょっと不安っていうのがありますけども、頑張っていきたいですね。

てつや　第1回第2回のゆめまるしか、まだ生で見てないから。

ゆめまる　そっか、あんときね。

てつや　ゆめまるの**ラジオ力の向上**が僕的には見ものです。

ゆめまる　なんだよそれ。やめてよ、そういうの言われると逆に緊張しちゃうじゃん。あ、頑張んなきゃな、みたいなさ、思っちゃうと。

てつや　はっはっは。そうするとキューワードとか言っちゃうんだ。

虫眼鏡　わはは！　じゃあまたね、早速曲紹介のほうしていきたいんですけども。もうほんとに1周してるんで、ゆめまるばっかり曲紹介するのズルいぞっていう雰囲気がでてます。
ゆめまる それも、俺言われたのね、最近服屋さんの人に、あれって、あのノリ何回やんの?とか、もういいよ、みたいな感じのことを言われた。
虫眼鏡 続けるなら2回までですしね。
てつや 天丼だったらね、もう。
虫眼鏡 だって今日、11回ですからね(笑)。
ゆめまる ずーっとやってるからね。
虫眼鏡 10回やってるからあれ(笑)。
てつや もういいね。
虫眼鏡 今日は普通に、でもまぁ、取り合いになるじゃん。誰の曲紹介すんだ、って。じゃんけんで決めましょう。
てつや そうしましょう。
ゆめまる いいよ。
虫眼鏡 ゆめまるとてつやがじゃんけんして、勝ったほうが曲紹介していいってことにします。
てつや なるほど。よーし。
虫眼鏡 これは正々堂々一発で決めてください。
てつや 最初はグー、じゃんけん何々、を言う感じでね。
ゆめまる&てつや 最初はグー、じゃんけんパー。
てつや あいこでチョキ。
ゆめまる あいこでパー。
てつや やったー!
ゆめまる 負けたーぁ。
てつや きたぞ、歴史に残る瞬間ですこれは。
虫眼鏡 たしかに新しい曲いきますね。
ゆめまる 初なんじゃない、これほんとに。
てつや やったぞー。
ゆめまる じゃ、てつやさんの、何流してほしいかっていうのを。
虫眼鏡 どうします、てつや?
てつや そうですね、じゃあ、クリスマス……、先週やったかクリスマス。
虫眼鏡 もう終わってますから、27日なんで。
ゆめまる これを放送するときは。
てつや じゃあ、普通に好きな曲とかでいいですか?
ゆめまる 全然全然。
てつや じゃあ、嵐の「Love so sweet」いっちゃいます。
虫眼鏡 ベタベタだね。
ゆめまる じゃあ曲紹介のほういきます。それではここで1曲お届けします。BRAHMANで「其限〜sorekiri〜」。
てつや え?

《曲》

ゆめまる お届けした曲は、BRAHMANで「其限〜sorekiri〜」でした。
てつや どーなってんだよ!! お前さ!!
ゆめまる じゃんけんで勝っても、やってしまいました。
てつや またやったな。
虫眼鏡 11回目じゃん。また言われるよ服屋さんに。
ゆめまる また言われるよ、もういいよ、って。お前負けたんだろ、って。次は本気で怒られるんじゃないかなと。
虫眼鏡 あぁでも、これは今年最後だからね、来年から違うくだりとか考えていこう。
てつや 年またいで引きずるのはよくないよ。
虫眼鏡 たしかに。今回で終わりってことでいきましょう。
ゆめまる そうだね。変えていかないとね、衰退してっちゃうから。
虫眼鏡 そうそう。新しいものを取り入れていこう。さて、東海オンエアが東海ラジオからオンエア、東海オンエアラジオ、今日はこのコーナーをやっていく。
ゆめまる ゆめまるプレゼンツ、「来たれ!はがき職人」。
虫眼鏡 ゆめまるが、やりたいやりたいー、**絶対やらないと放送禁止用語言うー**、って言って、どうしてもやりたいって言ってやった、このコーナーでございます。
ゆめまる そんなにわがまま言ってないよ! やりませんか?って問いかけて、いいねいいねってなって、できてるコーナーなんですけど。ま、このコーナーは、webでのコメント募集ではなくて、ハガキでのリクエスト、昔っぽいラジオというかさ、昔ながらのコーナーということでやってくんだけど、ハガキのほうが送ってくれた人の気持ちとか、パーソナリティーやってるほうも気持ちが入ると思い、やりました。
てつや いいですねえ。
ゆめまる この企画はね、ハガキでリクエスト曲を送ってもらって、その曲の想い出とかエピソードを紹介した後、送ってきてくれた人の曲をちゃんとかけるという。

てつや　あぁ、ちゃんとかけるの?

虫眼鏡　唯一、曲を流せる方法。

てつや　**なんであなた急に鼻にティッシュ詰めて。**

虫眼鏡　**鼻血でたの**(笑)**。**

ゆめまる　ははははは!

てつや　**ドッキリかと思った**(笑)。

虫眼鏡　急に鼻血でた。

ゆめまる　虫さんね、最近急に鼻血でるんだよ。

虫眼鏡　そうそうほんとに、すぐ出るのよ。

てつや　乾燥で出てる?

虫眼鏡　わかんない。もともと僕、鼻めちゃめちゃ弱くて、簡単に鼻血出るんだよ。だからまぁ、別にびっくりもしない。

てつや　なにか?　みたいな感じ。

虫眼鏡　そう。またか、みたいな感じ。

ゆめまる　じゃあ早速、届いてるハガキを紹介していきますね。愛知県岡崎市在住、とももんかさんからのメッセージです。〈私には東海オンエアさんを知るきっかけになった友人がいるのですが、その友人とともに所属していたバトン部で踊った曲が今回のリクエスト曲です。

虫眼鏡　おっ、〇〇小学校かな、じゃあ。

ゆめまる　めちゃくちゃ言うじゃんプライベートを。えー、〈リクエスト曲はSEKAI NO OWARIさんの「RPG」です。この曲では、バトンでの振り付けを自分たちで考え、踊ったのと、その友人とも一緒にサビの振り付けを考えたという想い出があります。そのときを思い出すような曲です〉とメッセージがきてるんですけども。

虫眼鏡　この曲僕もエピソードあります。

てつや　ほぉ、「RPG」?

虫眼鏡　はい、僕も小学校の先生を1年間してたんですけど、そのときに僕2年生担任だったんですね。で、1年生2年生が合同で、運動会の出し物でさ、曲に合わせて踊るとかあるじゃないですか。その曲が「RPG」だったんですけど、あぁいう振り付けって、おばさんが考えてもなんか、チッって感じじゃないですか。だからあぁいうのは若い人が考えるんですよ、ペーペーが。僕と、若い女の先生で一緒に、この踊りどうしようね?って二人で考えたんですけど、**その先生のおっぱいがめっちゃ大きかった**っていう思い出があります。

ゆめまる&てつや　はっはっはっ。

ゆめまる　**それを思い出して、鼻血がでちゃったんだ。**

虫眼鏡　**違うわ**(笑)。じゃあフライングだろ!

てつや　知ってる?　**ティッシュめっちゃ赤いからね、今。**

ゆめまる　だから話入ってこねーんだよ、血見えてるから(笑)。**あっか!**　ティッシュ。

虫眼鏡　ゆめまるさんやてつやさんは、部活にまつわる曲とかエピソードとかありますか?

てつや　自分でランニングするときに聴く曲とかない?

ゆめまる　あぁ。長距離やってたじゃん、てつやと俺は。だからそのときにずっと頭に流れる曲は「純恋歌」。

虫眼鏡　え?　あんなテンポ遅い曲?(笑)

ゆめまる　しかも1フレーズ。

てつや　どこ?

ゆめまる　最初。♪目をとじーれば億千の星、みたいなところが延々と流れてるの。

てつや　なんで?

ゆめまる　わかんない、それは。気づいたらそれ、ずっとそれなの。

虫眼鏡　じゃあ、とももんかさんのリクエストの「純恋歌」いきましょう。

てつや　違う違う違う!(笑)。

ゆめまる　じゃあもういいですか?てつやさんの思い出エピソードは。

てつや　うーん。でも1フレーズが延々に繰り返されるのすっごくわかる。大学入ってからも陸上やってたから、ガストで働いてるときに店内で流れるBGMとか、一生流れ続ける。

虫眼鏡　あぁ。一生流れるのよ同じ曲が。

てつや　またお前か、ってなるんだよね。

ゆめまる　有線だから。

虫眼鏡　そうそうそう。

ゆめまる　ま、そういうことで、同

じ曲が流れるということで。

てつや　思い出に残りやすいんですかね、そういうのはね。

ゆめまる　それじゃ、とももんかさんからのリクエストで、SEKAI NO OWARIで「RPG」。

《曲》

ゆめまる　お届けした曲は、SEKAI NO OWARIで「RPG」でした。

虫眼鏡　もう**曲の間に局長とてつやがずーっと痔の話を。**

てつや　バカにしてんの？　**こっち真剣だよ**、痔なんだよ。

ゆめまる　なんで風呂またいで出るとか、出て戻してとか。

てつや　出るんだよ、**出るから入れるんだ指で！**

虫眼鏡　エッチなお店で洗ってもらうときに石鹸がイボ痔に染みるだとか。

てつや　あるあるなんだよ、これは。

ゆめまる　こんなきれいな歌が流れてるところで痔の話して。もう、**RPGのGが痔にしか見えない**っていう。

てつや　部活のきれいな思い出だったのに。

ゆめまる　もうなんだよもう。

虫眼鏡　はい、みなさんもハガキでリクエスト曲、そしてその曲にまつわる想い出やエピソードを書いて送ってください。あて先は、〒461-8503東海ラジオ　東海オンエアラジオ**「来たれ！イボ痔職人」**へ送ってください。

てつや　**違う違う違う！　いってぇ！　だから笑うとダメなんだって、**俺今。

ゆめまる　みなさんからのイボ痔を楽しみにしています。**「来たれ！イボ痔職人！」でした。**

てつや　違う違う、**コーナー変わっちゃった。**

《ジングル》

ゆめまる　前のコーナーのイボ痔職人がめちゃくちゃハマってて、もうちょっとねぇ（笑）。

虫眼鏡　はい、「ふつおたのコーナー」やっていきましょう。

ゆめまる　ここでみなさんからいただいたメッセージのほうを紹介していきます。それじゃ早速。あのぉ、普通のメッセージなのにハガキで送ってきてくれた方がいて。

虫眼鏡　あら。ありがとうございます。

ゆめまる　早速いきますね。安城市、ふくわらいさんからのメッセージです。〈こんばんは、息子の影響でラジオ拝聴しております〉。

虫眼鏡&てつや　ありがとうございます。

ゆめまる　〈ゆめまるさん、ハラハラします。虫眼鏡さん、とても頼りがいがあります。ゲストのメンバーさん、ゆめまるさんのフォローをお願いします。カッコ、母の気持ちになってしまいました〉。

虫眼鏡　なに心配されてんだよ（笑）。

ゆめまる　〈みなさんに質問です。みなさんは10年前どんなことを思い過ごしていましたか？　そしてそのころの自分に一声かけるとしたら、なんと声をかけますか？　大喜利ではないですヨ。これからも体に気を付けて頑張ってください。応援しています〉。

虫眼鏡　大喜利じゃないですヨ、のヨがカタカナになってるあたりが、なんか、あぁおばさんだな、って感じがしますね（笑）。

てつや　ヨがカタカナ（笑）。

ゆめまる　ちょっと前のギャルみたいな使い方ですね、これは。

虫眼鏡　だって、ゆめまるのお母さんからのメッセージみたいな感じになってるもんね。**すごい心配されてるよあなた、メインパーソナリティーなのに**（笑）。ゲストの人がフォローするってなに？

ゆめまる　ちょっと一番怖いのが、安城市在住で。

虫眼鏡　あ、ほんとじゃん。

ゆめまる　**俺の実家があるのが安城市**なわけだよ。

虫眼鏡　リアルじゃん（笑）。

ゆめまる　**リアル母親なんじゃねえか？**っていう。

虫眼鏡　ふははは。

てつや　母の気持ちになってしまいました、って、ほんとの話か？

ゆめまる　母なんじゃね？

てつや　**母説あるよね。**

ゆめまる　しかも、母説って言ってきて、字が徐々に、俺の母さんの字っぽいもん。

虫眼鏡　徐々に寄ってきてんだ(笑)。

ゆめまる　なんかね、っぽいなって思うと、ほんと、っぽく見えちゃう。で、**息子の影響でって、俺出てるやん。**

虫眼鏡　あぁそうじゃん！(笑)。それは聴くわ。息子がラジオ出てたら聴くわ。

てつや　間違ってないな。

ゆめまる　**これお母さんだな、俺の。**お母さん心配しないで！　たまには実家帰るから。

てつや　**モコモコ？**

ゆめまる　モコモコって言うな。ラインの名前だ俺の。

てつや　ラインの名前モコモコだもんな。

ゆめまる　じゃあまぁ、お母さんありがとね、心配してくれて。

虫眼鏡　答えないんだ、質問には(笑)。

ゆめまる　10年前ってさ、俺ら14歳？　15歳？

虫眼鏡　僕16か。

ゆめまる　中3？

てつや　虫さんが高1。

ゆめまる　中3のとき、どんなこと思って過ごしてた？

てつや　中3かぁ、もう忘れかけるころだなぁ。

ゆめまる　受験もしなかったからさぁ。

てつや　たしかに。俺もそうだな。

ゆめまる　私立で特待っていうか、推薦で入ってるから。

虫眼鏡　そのときはさ、君たちは部活で頭いっぱいだったでしょ、結構？

てつや　うーん、部活も……。

ゆめまる　もう終わってる、はやめに終わってたから俺らは。

虫眼鏡　あぁそうなんだ。

てつや　だからちゃんと受験してる人、大変そうだなぁ、っていう時期。

ゆめまる　そう、のんびり。ずっと遊んでた。

てつや　遊んでたね。

虫眼鏡　そのときの自分たちに一言声をかけるならなんて？

てつや　いやぁ、いいんじゃないか？

虫眼鏡　ははは。

ゆめまる　もっとアホなことしろよ。

てつや　悪くない生活してたと思うな、あのとき。いいゆったり感してたわ。

虫眼鏡　ほんと？　僕もそんな感じだ。まだ将来のこと何も考えずに、のほほんと生きてたときだから、まぁ、そのままやれよ、と。そんな心配せずにやればうまくいくから、って。今だから言えるって感じですよね。次いきましょうか。

ゆめまる　じゃあ次のメッセージいきますね。また、安城市在住の。

虫眼鏡　おーい、お前のお母さんめちゃめちゃ送ってくれるじゃん。

てつや　**今度は父親だな。**

ゆめまる　**俺の父親死んだわ。**

てつや　くっくっくっくっ。

虫眼鏡　**笑っていいのかわからんわ！**

ゆめまる　ラジオで、これはやっちゃいかんのよ！

虫眼鏡　ははは！

ゆめまる　ラジオは言葉しかないんだから、俺が今、俺の親父死んだよ、って言ったときの声、まじだったぞ。

てつや　何回もあるから(笑)。

虫眼鏡　これはね、東海オンエアの中で日常的に行われている不謹慎なくだりなんで。

てつや　最初にゆめまるから振ってきた話だからね、前ね。

ゆめまる　まぁそうだね、うん。びっくりしたな。安城市在住の、ラジオネーム、えりあしの先さんからのメッセージです。

虫眼鏡＆てつや　ありがとうございます。

ゆめまる　〈私は、東海オンエアが好きで、沖縄から岡崎に出稼ぎにきました〉。

てつや　え？

ゆめまる　〈日々忙しい生活も東海オンエアの動画で元気をもらっています。寒さが増してきた12月、沖縄という亜熱帯地方の気候に慣れた私の体感温度では、12月で限界を迎えそうです。これから1月2月とより一層寒くなると思いますが、お二人の防寒対策など教えてもらえたら嬉しいと思いメールをしました。アドバイスをください〉。

てつや　防寒対策？

虫眼鏡　僕ね、冬のほうが好きなのよ。あんまり寒いと思ったことない。と言ったら嘘になるけど、あっついのと寒いのだったら寒いほうがいいなって思っちゃう。僕はチビだからさ、長いコートとか着るとダッサってなるやん。あんまりモコモコした服も着たくないし、ちょうどいいなと思ってますから、僕はあんまり防寒意識しないですね。

ゆめまる　てつやもね、今半袖着てるから防寒なんも考えてないよね。

てつや　**俺が語れることないね、この格好で。**

虫眼鏡　**なんでお前12月に半袖着てるんだよ。**

ゆめまる　昨日の服装、半袖とダウンやん。2枚だけだろ。

虫眼鏡　ふふふふ。

てつや　半袖とダウンやばいよね。

ゆめまる　脱いだら半袖だからこれしか着れん、って言って。

てつや　めっちゃあっついなと思って室内で過ごしたら。

ゆめまる　でも防寒かぁ。俺あんま重ね着はしたくないから、今日も2枚とかしか着てないの。

てつや　わかるわかる。

虫眼鏡　こないだ僕も自分でちょっといいコート買おうかなと思ってさ、すげー考えたんだけどさ、いつ寒いと思うんだと思わん？　家で基本的に仕事するやん。車で移動するじゃん。移動した先もすぐお店とか入るじゃん。え？　いつ寒いの？って思わん？

てつや　だからもう見た目だよね。普通に。

虫眼鏡　見た目で気に入ったアイテムがあったら、それを着て、それがあったかかった、っていう。

ゆめまる　っていうだけなんだよね。

虫眼鏡　なので、何さんでしたっけ？

ゆめまる　えっと、えりあしの先さん。

虫眼鏡　えりあしの先さんも、自分の着たいなという服を着て、結果的にあったかかったらいいんじゃないでしょうか。

てつや　寒くてもね、着たい服だから、まぁいっかってなるから。

ゆめまる　心があったかくなればいいからね。

てつや　好きな服を着よう、って話だじゃあ。

ゆめまる　話変わったな！（笑）

虫眼鏡　それが我々の防寒対策でございます。

ゆめまる　それでは続いてのメッセージのほういきます。京都府在住のラジオネーム、ゆうねこさんからのメッセージです。〈今年、東海オンエアさんが投稿した動画の中で、一番印象に残っている動画はなんですか？　よかったら理由も教えてください〉というメッセージが来てるんですが。

虫眼鏡　今年かぁ。

てつや　俺の中ではやっぱり、あの動画なんだよね。**「寝ない旅」**。

ゆめまる　まぁ、そうなんだよねぇ。

てつや　一番なんていうの？　楽しかったなって。

虫眼鏡　**普通にみんなで旅行いけたのが初めてだった**しね。

てつや　しかも長いシリーズになってるしね。いろいろと、その動画のシリーズだけで面白かったシーンがたくさんありすぎて、印象に残りやすい。あ、そう、それでさ、**ゆめまるの、ごわす復活させたいんだよ。**面白ろすぎるんだ、ごわすが。

虫眼鏡　ははは。ゆめまるは一時期罰ゲームで、語尾に、ごわすを付けなきゃいけないという時期があったんですけど。

ゆめまる　あったね、1ヶ月ぐらいかな？

てつや　入院中に俺、全部見直したんだよね、「寝ない旅」。めっちゃ面白かった、ごわすが、やばいあれは。

ゆめまる　てつやとしばゆーが、前、ぼそっと言ってきたんだけど、ごわす復活させようって話になって、**もう一生ごわすでいいんじゃない？**　みたいなことを適当に言うの。横で。それは嫌だよ、って言ってたら、いやでも、一生ごわすでいいって！　やっちゃえ！って。

てつや　俺としばゆー、まじで真剣だからね。

虫眼鏡　**西郷さんも一生ごわすって言ってたから、**いいと思うよ。

ゆめまる　嘘だろ今の、**知らんだろ（笑）。**

虫眼鏡　西郷さん、あったとき、ごわすって言ってたもん。

ゆめまる　会ったんかよ、お前は！

てつや　来年ね、来年。

ゆめまる　なんかの、あれがあればいいよ。きっかけがね。

てつや　考えよ。

ゆめまる　あとは、ラジオでごわすって言うとややこしくなっちゃうから。

てつや　でももちろんね、決まったらそうなるからね。

ゆめまる　そうなっちゃうけどね。なにかきっかけがあれば、またちょっと復活みたいなものもあっていいんじゃないかな、と。

虫眼鏡　なるほど。最後のお便りいきましょう。

ゆめまる　最後のお便り、じゃあいきますね。ラジオネームもどこ住みかも書いてない。たぶん匿名希望さん、ほんとの匿名希望さんからのメッセージです。〈としみつとてつや、その他のメンバーへの愛が溢れすぎてコメント欄にいつも長文を書いてしまいます。あなたたち、成人男性なのに、なんでそんな人を魅了できる力をもってるんですか？　ありえない！　もっと尊さを抑えてくれないと、文字数制限のせいで、尊さを語りきれないです〉。

虫眼鏡　なるほどなるほど。

ゆめまる　〈イケメンキャラ背負っててやるときはやるけど、じゃんけんが強すぎてほぼ無双状態なりょう君も、バカでクズなのに個性爆発してる5人をまとめられる残念なイケメン選手権優勝できるんじゃね？レベルのてつやも……〉。

虫眼鏡　まって、これ一人ひとり紹介してんのか？

ゆめまる　〈キレキャラ定着している、実はめっちゃ優しくて東海オンエア愛がすごいし、まさかの、萌え袖としみつの、みんなをまとめるお兄さん、弟、ポジションに……〉

虫眼鏡　**たくさんのメッセージありがとうございました！**

ゆめまる　ファーン。

虫眼鏡　今日の放送、いかがだったでしょうか？　てつやさんどうですか？　ゆめまるさんのラジオ力向上は見られましたかね？

てつや　見られましたね、**最初のキューワード以外は完璧だった**んじゃないかな、と。

ゆめまる　はははは！　あれは事故ですね。力があがってるとか関係ないところの事故です。

てつや　あぁいうのがね、まだふいに出てくるのもゆめまるのよさ。そこは変えずにいっていただきたいですね。

虫眼鏡　最近ゆめまる、この入り時間を早めて、しっかりコメント読むようになったんですよ。

てつや　おぉ、準備段階から。

ゆめまる　暇なので僕ら。

てつや　暇なのね？（笑）。

ゆめまる　そういうわけじゃないけどね、ちゃんと番組に愛をもってて、ちゃんとメッセージ全部読みたいなっていうか。

虫眼鏡　僕は、ラジオでしゃべってるときに初めてコメント聞きたいから、絶対手伝わないの。

てつや　ゆめまるが把握しといて、虫さんはそれを生で聴いてっていう？

虫眼鏡　そう。フリートークもさ、僕が考えればいいやん、って、交互にやればいいやん、って思うかもしれないけど、絶対考えないから（笑）。絶対ゆめまるにやらせる。

ゆめまる　ゆめまる、行って、みたいな（笑）。

虫眼鏡　めっちゃ邪魔するから。

ゆめまる　しかもね、毎回放送するじゃん。フリートークがなくなってくるのね。やべぇとか言ってたら、視聴者さんからのメッセージで、しゃべれるようになって、すごい今楽。

虫眼鏡　台本すごい気をつかってくれて、ゆめまるのフリートーク減らしてくれてるのに。

ゆめまる　はははは。

虫眼鏡　前なんか、あれ？　ここ前は2分だったのに1分半になってるな、とか。

ゆめまる　それ俺は絶対に信じない。これ前から1分半だったよとか言ったら、今日2分なんだよね。たぶん2分ですね？

てつや　ほら、戻されちゃった。フリートーク戻されちゃった。

虫眼鏡　もう来年に向けてね、ちょっとずつまた訓練していきましょう。来年も続くといいですね。さてここでお知らせです。

2019 01/03

ノーペンとハメ撮りがパンパンに入ったUSBの回

GUEST
てつや

ゆめまる　あけましておめでとうございます。今年最初の、東海オンエアラジオ始まりました。

虫眼鏡　あけましておめでとうございます。

てつや　おめでとうございます。

ゆめまる　ま、年明けなんですけども、別に年明けたストーリーの話をするわけでもなく、それじゃさっそくいきます。広島県まっちゃんさんからのメッセージです。〈相談があります。私は4年半片思いしてる人がいます。しかし、今まで付き合ったことがありません〉

虫眼鏡　片思いだからね（笑）。

ゆめまる　〈自分から告白したこともありません。どうすればよいか助言をお願いします〉というメッセージが届いております。

虫眼鏡　なるほどね。

てつや　18歳でしょ？　助言ですよ助言。

虫眼鏡　僕はね、こういう女性との関係においてはすごい奥手なので、二人に任せますよ。

ゆめまる　嘘こけ（笑）。

てつや　**世紀の大ロリコン**が。

虫眼鏡　おーい、公共の電波で言うなよ（笑）。信じる人がいるかもしれんじゃねえかよ。僕すいません、**二十歳の人と付き合ってますんで、ロリコンじゃないんで**よろしくお願いします。

てつや　付き合って何年だっけ？

虫眼鏡　付き合って2年くらいだよ。

てつや　え？　2年？　**18歳のとき……、ロリコンだぁ！**

虫眼鏡　だから、18歳はいいんだって。**18歳はセーフ。調べたから**（笑）。

ゆめまる　わはははは！

てつや　**ちょっと怪しいと思ったんだ？**（笑）。

虫眼鏡　そう。まって、いいのか？　18歳って。セーフ！

ゆめまる　この子は18歳で4年半だから、中2くらいからずっと片思いしてるってことなんだね。

てつや　すごいねこれは。初めてのお付き合いってさ、そっからうまくいく人ってほんとにごくわずかじゃん。結婚までいくというか。でも、まぁ、好きだからしょうがないか。適当に今、**他の人つまみ食いしてみたら？**って言おうと思ってた。

ゆめまる　それはてつやすぎるなぁ（笑）。

虫眼鏡　てつやはじめて付き合った人はどんな感じの人だったの？

てつや　付き合うかぁ。中学校ってちょっとさ、付き合ってるのかよくわかんないみたいな感じじゃん。

虫眼鏡　あぁ。

てつや　だから、最初ちゃんとしたのは、もう、高校とかかもしれないよ。

ゆめまる　あ、そっかそっか。

てつや　そうですね、出っ歯くんの元カノですよ。

虫眼鏡　ははは！　あ、そうなんだ！

てつや　つーやんの元カノは、出っ歯の元カノ？　みたいな歌があった。出っ歯の元カノはてつやの元カノ？っていう。

虫眼鏡　ふふふ。じゃあその経験を踏まえて助言してあげてください。

てつや　ま、好きだったらもうね、押し通すしかないからね。片思いも楽しいからな。

ゆめまる　片思いで楽しいっていうのはあるよね。好きで連絡が返ってきてうれしいとかさ。

虫眼鏡　たしかに。

てつや　うん。この生活を楽しんだほうがいいんじゃないですかね。

虫眼鏡　ま、なるようになりますか。

てつや　そうそうそう。無理して他の人にいったりとかそういうこともしなくてもね。告白しなきゃいけない、私は告白するんだと思ったらす

ればいいし。と思いますよ。

虫眼鏡　いいアドバイスでした。

ゆめまる　ありがとうございます。今夜も#東海オンエアラジオで聴いてる人はつぶやいてみてください。……東海、オンエア、ラジオ！

虫眼鏡　そのエコーかかるかどうか、恐る恐るやるのやめろよ。

てつや　めっちゃ待つやん。そんな待たなきゃいけないの？

ゆめまる　いやいや、エコーかかってないときに言ったらちょっと嫌やん。あ、やっちゃったってなるやん。だから待つんだよいつも。えー、東海ラジオをお聴きのあなた、こんばんは。東海オンエアゆめまると。

虫眼鏡　虫眼鏡だ。そして。

てつや　今日のゲストはわたくしてつやでございまーす。

虫眼鏡　なーんだ、てつやか、がっかりだよ。

てつや　おーい。まあレア感ないよな(笑)。

ゆめまる　ふふふ。この番組は愛知県・岡崎市を拠点に活動するユーチューバー、我々東海オンエアが、名古屋にある東海ラジオからオンエアする番組です。

虫眼鏡　ゆめまると、僕、虫眼鏡が中心となってお届けする30分番組です。今このブースの中に、東海ラジオのアナウンサーの人がいてですね、ずっと僕たちの写真を撮ってるんですよ。ファンというわけではなくてね、仕事で嫌々やってると思うんですけど。

てつや　嫌々なんだ(笑)。

ゆめまる　はははは。

虫眼鏡　しゃべりのプロがこの部屋にいてくれるというのは非常に心強いですよね。僕たちが、なんだこれわからん、と思ったら任せましょう。

てつや　なるほど。じゃあアナウンサー的には、**なんだこいつらしょーもねぇラジオしやがって**、って思ってる可能性はあるからね。

虫眼鏡　そうそう。今ニコニコしてますけど心の中では、なんでこんなやつらしゃべってんだよ、**俺にしゃべらせろ**って思ってる可能性すらありますから。

てつや　多分俺に1分よこせって思ってる。

――1分と言わずにね、もらえるんだったら10分でも20分でもしゃべりたいですよ。

一同　わはははは。

――東海ラジオアナウンサーの井田勝也です。みなさんこんばんは〜！

ゆめまる　さすがだわぁ。

虫眼鏡　この局を聴いてる方からしたらね、誰だよって思わないですから。僕たちのほうが、誰だよ？　ですから。

てつや　おなじみの方だよね。

虫眼鏡　というわけでね、今日は安心感のもとやっていきますから。

てつや　困ったらパスしよ。

虫眼鏡　さっそく曲紹介ってことなんですけども、ゆめまるさんは去年の間、ずっと自分の好きな曲ばかりを流し続けてたんですよ。

てつや　ひどいもんだよね。

虫眼鏡　僕たちがこの曲流したいよ、って言ってるのに、「いやなんか、違う曲流したら面白くね？」ってくだりを、11回にわたってやってきたわけですよ(笑)。

ゆめまる　**めちゃくちゃ自己中なやつだなそいつ！**

てつや　お前だよ！(笑)。

ゆめまる　もうよろしくないですね、それは。

虫眼鏡　ゆめまるはもう曲振りはクビということで、今年今回から僕が曲振りしていくんで。

ゆめまる　クビになっちゃったんですか僕？

虫眼鏡　そうだよ。

てつや　強制だよ強制。

ゆめまる　僕ここ一番力入れてたとこですよ、結構、曲っていつも考えてやってたのに。

てつや　もういいですよ。

虫眼鏡　ほんとは2回くらいなんで、繰り返していいのは。

ゆめまる　そうですね。

虫眼鏡　というわけで、今日は僕とてつやのどっちにしようか、って感じで、ジャンケンにしますか？　せーの、最初はグー、じゃんけんパー。

てつや　ポイ！　あ、ポイって言っちゃった、ラジオなのに。

虫眼鏡　てつやチョキだったんで。

てつや　チョキで勝った！　ちゃんと勝ちましたよ僕が。

虫眼鏡　じゃあてつや君から、先ほど曲聞いてるんで、その曲いきますね。

てつや　やったぜ。

虫眼鏡　それではここで1曲お届けします――

ゆめまる　さとうもかで「Lukewarm」。

虫眼鏡　お？　おいおいおい。

《曲》

ゆめまる　お届けした曲は、さとうもかで「Lukewarm」でした。

虫眼鏡　**いやしんぼ！**

てつや　**おーい！　おーい！**

虫眼鏡　もう〜いいんじゃん？

ゆめまる　なんかね、**もういいって言われると、俺ももういい。**

てつや　俺奇跡的に2回じゃんけん勝ったんだぞ今回。

虫眼鏡　ほんとだね(笑)。

ゆめまる　流したい曲1回も流せずな(笑)。

てつや　1回も流せん。

虫眼鏡　このラジオが終わるまで、嵐は流れるのか？って。

てつや　絶対流したいからな(笑)。

ゆめまる　俺が降板するか死ぬかぐらいじゃないと流れないから。

虫眼鏡　ゆめまるがインフルエンザとかになったときに、お前は今日休んでろ！って言って流すしかないね。

ゆめまる　そしたら電話つないで言うからね。

虫眼鏡　というわけで曲紹介なんでゆめまるに電話しましょう、って言って。

ゆめまる　プルルってかかってきて、もしもし、これでいきます。

虫眼鏡　さて、東海オンエアが東海ラジオからオンエア。東海オンエアラジオ、このコーナーやっちゃいます。東海オンエアラジオの「大戦犯を査定しちゃおう！」これはですね、我々なにも考えずにこのラジオ始めたので、コーナーがねえやんってなったんですけど、そこでいろんなお便りを送ってもらったんですよ。こんなコーナーいかがですか、という。そんな中で、一番このコーナーいいじゃん、っていうね、我々が大喜びしたコーナーでございます。

ゆめまる　万歳！　本気で。

虫眼鏡　これ面白いじゃん！

ゆめまる　これやりましょう！って。

てつや　戦犯話は面白いですからね。

虫眼鏡　みんながやらかしたエピソードを募集して、それがどのレベルのやらかし、どのレベルの戦犯なのかを判定していくというコーナーです。やっぱり人の不幸っていうのはめちゃめちゃ面白いですので。それを笑うことによって、やっちゃった側も救われるんじゃないかということでございます。お正月ということでね、ちょっと遅いですけど、去年の失敗談なんかを笑って水に流していこうと思います。早速この番組でおなじみのエロい声のアナウンサーの人に。

ゆめまる　**エロエロアナウンサーですね。**

虫眼鏡　メッセージを紹介していただきますんで、やっていきましょう。それでは、スタート！

――埼玉県ソルティさん。〈中学生のときの話です。私は居眠りの多い学生でした〉。

虫眼鏡　てつやと一緒だね。

――〈ある日の数学のテストのとき、いつものように居眠りをしてしまい…〉

虫眼鏡　テストで寝るな（笑）。

――〈…目が覚めたとき、目の前に見えたのは、制服のスカートに水たまりのように大量に垂れたよだれでした〉。

てつや　わかる。めっちゃわかる

虫眼鏡　えー。僕よだれは垂れないんだよね。

――〈テストの途中だったので、カバンもなく拭くものがなくて、内心すごくあせっていたら、教室内を巡回している男性教員に、そっとポケットティッシュを渡されました〉。

てつや　**これエッチだな。**

虫眼鏡　なんでだよ(笑)。

――〈とても恥ずかしかったです〉。

ゆめまる　どこが？

てつや　**この教員エッチだな。**

虫眼鏡　これは、でも、僕はこういうの気持ちわかんないんですが、どれくらいのやらかしだと思いますか？

てつや　これはありがちだよね。

ゆめまる　ありがちだからね、小戦犯でもない。

虫眼鏡　そうなんだ？

ゆめまる　普通。

虫眼鏡　これ普通ですね。

てつや　普通の話です。

虫眼鏡　あのぉ、我々このコーナー、**めっちゃくちゃ厳しいんですよ。**戦犯に関しては。というわけで、これは何もないです。次のエピソード聞いていきましょう。

――豊橋市、ラジオネーム、飲まされた毒がやたら美味いさん。

虫眼鏡　クセのあるラジオネームだな。

てつや　戦犯じゃんそれは。

――〈小さいころ、毎年家族で茶臼山にスキーをしにいくのが恒例行事でした〉。
虫眼鏡　傾斜のなだらかなスキー場だよ。
ゆめまる　そうなんだ、ここは。
虫眼鏡　コンベアみたいなので上がっていくリフトじゃん。
――〈スキー場で車を駐車するとき、バックが苦手な母親は、車の後ろに座っていた4歳の僕に、「後ろにある車にぶつからないように見ていて」〉。
虫眼鏡　4歳？
ゆめまる　頼むのもおかしいよね。
てつや　4歳の子供に言っちゃだめだよ。
――〈そのときの僕はガソリン屋さんのように、オーライ！オーライ！という掛け声を妙にかっこよく感じていて、その真似をしていました。その後も僕は掛け声を続け、オーライ！オーライ！　ガッシャーン！と、突然言ってしまいました。母親と父親が、「ガッシャーン？」と驚いて車を降りると、なんと後ろの車に思いっきりぶつかっていたんです〉。
虫眼鏡　なんでお父さんとお母さんは4歳の息子の言葉に全幅の信頼をしたんだろう。
――〈家族は青ざめた顔をしていましたが、まだ小さかった僕は、ガッシャーン、ガッシャーン、と、満面の笑みで叫んでいました。多分、これが僕の人生の中で一番の大戦犯だと思います〉。
虫眼鏡　これはやってますよね結構。
ゆめまる　確実に戦犯ではありますよね。
虫眼鏡　あとこれ、親じゃないか、って感じですよね(笑)。
てつや　親が一番戦犯だからね。
ゆめまる　しかもハンドル握って、お父さんだろうけど、なんでバックミラーをちゃんと見ないの？
てつや　ね。見りゃわかるから絶対。
ゆめまる　見りゃわかるだろ、ってところで。
虫眼鏡　人に迷惑をかける系はさすがにね、戦犯ですね。
てつや　合図やってるから、この人自体も大戦犯くらいだけど、ちょっと両親がね「いせぱんしんかんしんそん」くらいありますよね、これは。
虫眼鏡　じゃあ両親に「いせぱんしんかんしんそん」を。
――いせぱんしんかんしんそん！
ゆめまる　あぁ初めて出たよこれは！
虫眼鏡　はははは。これプロにやってもらうの申し訳ないんですよね。次のメッセージ聞いてみましょう。
――ラジオネーム、さんぴん茶さん。〈私は、バイト先でバイトの子の給料計算、振込の仕事を任されていたんですが…〉
虫眼鏡　へぇ、バイトでやるの？
てつや　えらいよね。
――〈いつもどおり、ATMで振込をしていたところ、給与支払い用の口座の残高が足りず〉
虫眼鏡　僕たちが働いてたバイトでいうと、Sさんくらいにならないと。
ゆめまる　誰がわかんだ(笑)。
――〈振込できませんと表示されました。なぜだかわからず、すでに振込が終わった子の金額を明細で確認してみると、2万7000円振込をするはずの子に、27万円振込んでしまっていました。これが人生最大の大戦犯エピソードです〉。
虫眼鏡　へぇ、そんな仕事をさせられるバイトもあるんだね。
てつや　これ結構だよね。
虫眼鏡　結構だね。
てつや　俺らのさ、前いた事務所の社長がさ、同じく前いたユーチューバーの「夕闇に誘いし漆黒の天使達」の給料を間違えて振込んで、**しばらくあだ名が「8万」**になってた。
虫眼鏡&ゆめまる　はははははは。
てつや　たぶんこの人もバイト先の人から「27万」って呼ばれてるでしょうね。
虫眼鏡　あぁそうだね。こいつは悪いやつ、さんぴん茶は悪いやつだね。
てつや　大戦犯。大戦犯どこじゃないよ。
虫眼鏡　これはどうですかね？
てつや　ケタがケタだからな、これはちょっと芋掘ってるかもしれないな。
虫眼鏡　お！「いもぱんきんたんぱんそん」で。
――いもぱんきんたんぱんそん！
ゆめまる　ははははは！
てつや　めっちゃうれしそう。「いもぱんきんたんぱんそん」！
虫眼鏡　ちなみに「いもぱんきんたんぱんそん」のことを、お芋掘るって言いますからね。
てつや　そうですね。芋掘ったって。
虫眼鏡　では最後のエピソード聞いてみましょう。
――匿住所、ラジオネーム、茜色のお嬢さん。
虫眼鏡　住所だけは言いたくなかったんだね。
――〈私は、社会人の20代女性です。親友にも誰にも言えないし、忘れることもできない、およそ10年前の出来事を初告白します〉。
ゆめまる　親友にも言えない。

虫眼鏡　こんなラジオで言っていいのか?(笑)。
―〈高校3年生のとき、初めて彼氏ができました。順調に恋人同士のステップを踏んでいき、ある日、彼の家に遊びにいくことになりました。勘のいい東海オンエアのみなさんはお分かりでしょうが、ついに最終ステップを踏もうと期待して彼の家に行ったんです〉。
虫眼鏡　最終ステップって、下の名前で呼ぶとかでしょ?　ハグするかもしれん。
―〈彼の家族はみんな出かけているようです。初めてをこれから経験するんだと、ドキドキしながら彼の部屋でいちゃいちゃして、ついにベッドに入りました。お互い下着も脱いで夢中になっていたそのとき〉
ゆめまる　**官能小説みたいだね。**
―〈なんと、彼の父親が部屋のドアを開けたのです。出かけたと思っていた彼の父親が、夜勤明けで家にいたんです〉。
虫眼鏡　**3Pコースだ。**
―〈ちょっと来なさい。と、彼が呼ばれ、戻ってきた彼に、なんて言われたの?と聞くと〉
虫眼鏡　**男の子はチンチン出したまま行ったのかな?**
―〈そういうことをするのは構わないが、避妊はしなさい、と言われたということでした〉。
ゆめまる　いい父親じゃないですか。
―〈父親は気を使ったのか、今度こそ出かけていきました。さっきまであんなに盛り上がっていた気持ちが、嘘のように消えてしまいました〉。
虫眼鏡　まぁね、そりゃそうだ。
―〈しかし、このままバイバイだと次に会ったときに彼と気まずくなってしまうと思った私は、彼のものを触って続きをしよう、と言ってしまったのです〉。
虫眼鏡　読ませんな、アナウンサーさんに(笑)。
ゆめまる　ダメだよ、これ。
―〈しかし、彼にかなり嫌がられ、結局なにもせずに彼の家を後にしました〉。
虫眼鏡　こんなのね、男の気持ちになってみたら、**勃ちませんからねこのあと。**
―〈そのあとは気まずく、受験シーズンということもあり、自然消滅してしまいました。私はあのとき、どうやって彼に接するのが正解だったのか、今でもときどき考えてしまいます〉。
虫眼鏡　いいよ、もう(笑)。でも、こういう経験ない?　見られた側はない?
ゆめまる　見られた側かぁ、ないなぁ。
虫眼鏡　僕ね、彼女の弟に、まだそこまで服脱いでないときに見られたことはある。
ゆめまる　ちょっとチュッチュしてるくらいのときに?
虫眼鏡　そう。
てつや　どうなったの?
虫眼鏡　おねえちゃん、**「あっ」**。
ゆめまる&てつや　(笑)。
虫眼鏡　そんだけ(笑)。
ゆめまる　俺、上に3人いて4人兄弟なんだけど、部屋に戻ろうと思ってガチャって開けたら、にいちゃんがアダルトビデオ見てて、一人でやってるの見て、**「あっ」**て同じ感じで。で、「すまん」ってメールだけやって(笑)。
てつや　この彼氏くらいさ、もういいやってなる気持ちはわかんないな。
虫眼鏡　え?　お父さんいるんだよ。
てつや　お父さんに見られて、でもまぁちゃんと避妊しなさいよ、って認められた感じになってさ、お父さんは気ぃ使って出かけてくれたらさ、よっし今度こそちゃんと、っていう。
ゆめまる　そうそうそう。
虫眼鏡　ほんとに?　てつやのお母さんが上がってきて「てっちゃ〜ん、あ、あ、ごめん、避妊してね〜」って降りていくやん。そのあと、**よしじゃあ避妊するかな、**って言ってやるの?(笑)。
ゆめまる　ちょっと置くかな、時間は。顔が浮かぶよね。ごめんね、って言いながらもたぶん乳は触ってる。
虫眼鏡　あぁ、チチっていうのはお父さんじゃなくて(笑)。もう一個のほうね。
ゆめまる　あははは。
虫眼鏡　これどうですか?
ゆめまる　これはねぇ……。
てつや　難しいとこだなぁ。
虫眼鏡　あるあるっちゃあるあるなんですよ。
ゆめまる　部屋に誰か来るっていうのはね。まぁ、最後までできなかったっていえば「戦犯」とかそのへんじゃないですか?
虫眼鏡　じゃあ「戦犯」で。
―戦犯!　カンカンカン。
てつや　彼氏が「いんぽんそん」くらいかもしれないですね。
虫眼鏡&ゆめまる　ははは。

虫眼鏡　**それはインポだ、ただの。**
ゆめまる　そっから発症しちゃったかもしんないかもね。
虫眼鏡　**井田さんも覗かれたときどうでしたか？**
—僕は覗かれたことがないので。怖いなと思いますね。こういう話聞くとね。
虫眼鏡　あぁそうなんですね。これからですねじゃあ。
—これから？　これからも勘弁してほしいです(笑)。
てつや　最後までまっとうにやれたんですね。
—今のところはですよ。
ゆめまる　今度僕が覗きにいきますね。
—やめてください。
ゆめまる　井田さん、**あっ**、ごめんなさい！って(笑)。
虫眼鏡　お前は井田さんのなんなんだよ、じゃあ(笑)。なんで家にいるんだよ。
—ちゃんとメールで、「すまん」だけはくださいね。
虫眼鏡　以上、東海オンエアラジオの、「戦犯を査定しちゃおう！」でした。
ゆめまる　ちょっとメッセージをいただいてるんですけども、その前に僕がね、さっきの戦犯のコーナーで、ちょっと思い出した僕の戦犯がありまして。最初の埼玉県ソルティさんからのね。
虫眼鏡　そんときにやれ。
ゆめまる　先いっちゃったからさ、話せなかったんだよ！
虫眼鏡　はい、ソルティさん。
ゆめまる　男性教員にそっとポケットティッシュを渡されたってあるんですけど、これよだれじゃないですか。これ、**僕ウンコバージョンがあるんですよ。**
虫眼鏡　えええ！(笑)。
ゆめまる　普通に、教員じゃないんだけど、喫茶店の店員に。実習帰りに屁をしたらウンコ漏らしちゃったんですよ。
虫眼鏡&てつや　はははは。
虫眼鏡　実習帰りは関係ないからそれ。別に。
ゆめまる　普通にウンコ漏らしちゃったんですね。しかも、カチカチなやつじゃなくて、びちゃびちゃ系の。
てつや　屁かと思ったら、ってパターンのやつ。
虫眼鏡　あ、あれね(笑)。これ屁か？ウンコか？　スッ。しまった、っていうやつね。
ゆめまる　結構な量が出てて。
虫眼鏡　今てつやが出してるのと同じくらいだね、じゃあ。
てつや　それは治し汁だ、体の。傷口から出るやつだ俺は。
ゆめまる　で、喫茶店寄ってトイレで洗ってたのね。ウンチを。**ノーペン**で帰ろうと思って。
虫眼鏡　**ノーペン**(笑)。
てつや　あっはっは！　芋ほんな！
虫眼鏡　ねー、ノーペンってなんですか？
ゆめまる　ノーペンはノーパンです。ごめんなさい。ま、ノーパンで帰ろうと思って、パンツ捨てて帰ろうとしたの。
虫眼鏡　パンツ捨て(笑)。
てつや　ケツ痛いからやめてほんと(笑)。
虫眼鏡　喫茶店のさ、トイレのゴミ箱にさ、ペンが捨ててあるんでしょ？
ゆめまる　**ペンツ**がね。**ウンペン**が置いてあるから、で、帰ろうみたいに思って帰ろうとしてさ。さすがに店入ってきてコーヒー1杯も飲まないで帰るの申し訳ないからさ。
虫眼鏡　そんなに喫茶店入ってすぐ漏らしたの？(笑)
ゆめまる　違う、**漏らして喫茶店入ったの**。早く洗いたいからな。ナゴヤドームの前あたりなんだよ、それが。電車乗るわけじゃん、そっから。
虫眼鏡　あ、ナゴヤドーム前矢田に乗るのね。
ゆめまる　だからあせって喫茶店入って洗って、しれっと会計して帰ろうと思ったら、おばさんから、そっと、ボックスの。
虫眼鏡　箱ティッシュね。
ゆめまる　はい、って渡されて、**未開封の**。無言でね。すいません、みたいな。
てつや　なんでバレてるの？
ゆめまる　たぶん**歩いてるときから後ろから滲み出てたんでしょ？**
虫眼鏡&てつや　ぎゃはははは！
てつや　そのレベル？
ゆめまる　ほんとそのレベルなんだって。
虫眼鏡　めちゃくちゃウンコ臭かったって話だったね。
ゆめまる　かもしんねぇ、ほんとに。
てつや　でも臭いよね、そんな人入ってきたら。
ゆめまる　謝りたい、**ウンペン置いててごめんなさい。**
虫眼鏡　ははは。ふつおたのコーナーです。
ゆめまる　それじゃ早速いきます。

鳥取県在住の、ハゲが頭を掻くと雨、さんからのメッセージです。

虫眼鏡　ほぅ、そんなひどいこと言うんだ。

ゆめまる　〈私はこの東海オンエアラジオに関わらず、ラジオを聴くことが大好きです。私のこのラジオネームも、好きなラジオ番組のパーソナリティーが言ってた名言からとったものです〉。

虫眼鏡　あぁ、なるほどなるほど。

ゆめまる　〈もしみなさんがリスナー側になってこの番組にメールを送るとしたら、どんなラジオネームにしますか？　ぜひ教えてください〉。

てつや　ラジオネームね。

ゆめまる　普通なのもあればさ、こういう、「ハゲが頭を掻くと雨」とかさ、「飲まされた毒がやたら美味い」とかさ。

虫眼鏡　こういうの覚えるよね。

てつや　たしかに。

虫眼鏡　僕はね、あだ名といえば、つい最近、iPhone新しくしたんですよ。今まではiPhoneって名前つけるじゃん、何々のiPhoneって。僕それさ、自分の本名書くのダセっと思ってたからさ「iPhone」なのよ、僕のやつの名前。それさ、困るんだよ。普通にAirDropでデータ送ろうとしたときに。

てつや　どれ？ってなる。

虫眼鏡　そう、どれ？ってなるからよくないなと思って、僕はちゃんとiPhoneに名前をつけることにしたのよ。で僕は**「西園寺リリチオ」**って名前つけたの。

ゆめまる　ははは。

てつや　iPhoneに？

虫眼鏡　そう。西園寺リリチオのiPhoneじゃないよ「西園寺リリチオ」なの。

てつや　っていうものなんだ。虫眼鏡の西園寺リリチオなんだ。

虫眼鏡　あ、そうそうそう。でも、なんでしたっけ？

ゆめまる　ラジオネームは何にしますか？。

てつや　ラジオネームじゃないけど、昔グリーやってるときに、名前にかかったものだと嫌だなと思って、**「灼熱ソーメンEX」**って名前でやってた。

ゆめまる　あぁ、てつやっぽい。てつやだほんとに。

虫眼鏡　ちなみにほんとにやるんだったら、「東海オンエアの虫眼鏡（本物）」でやりますね、僕は。

ゆめまる　俺はあれかな、はらわた脱糞とか。

虫眼鏡　お前のインスタグラムの名前じゃねえかよ。

てつや　**糞尿ざんまい。**

虫眼鏡　次のお便りいきましょう。

ゆめまる　続いてのお便りは、名古屋市在住の週8家系ラーメンさんからのメッセージです。

虫眼鏡　太るよー。

てつや　8ってすごいな。

ゆめまる　〈私が大学2年生のときの話です〉。

虫眼鏡　女の子？

ゆめまる　女性ですね。

虫眼鏡　じゃあきっとデブだわな。

ゆめまる　〈私が大学2年生のときの話です。レポートを印刷するためにデータをUSBに取り込み、父の書斎にある性能のいいパソコンからコピー機で印刷しようと思い、父に教わりながらパソコンを操作していました。いざ印刷しようとUSBを差し込み、ディスプレーに映し出されたのは、肌色のオンパレード。なんと、**彼氏とのハメ撮りでした**〉。

虫眼鏡　ふふふ。なんでそれ保存しておいたの？

てつや　USBに入れるのやばいね、ガチだね。

ゆめまる　〈私は、レポートのデータの入ったUSBを自身の**ハメ撮りデータがパンパンに入ったUSB**と取り間違えてしまったんです〉。これはもう癖だね、こいつは！

虫眼鏡　しかもパンパンになるってことは、相当いい画質でいっぱい撮ってたんだろうね。

ゆめまる　ははは。〈急いで画面を閉じましたが、時すでに遅し。父に、娘の顔面が**白濁液**に濡れたーー〉（笑）。

虫眼鏡　もぅ、エロ漫画とか見すぎじゃん、もうそれは。

てつや　なにやってんだ。

ゆめまる　〈コスプレエッチした画像など見られてしまいました。そのあと父はなんでもない風を装っていましたが、娘の性事を見てしまった父の気持ちを考えると、なんでこうなったという自分への怒りと後悔と羞恥心で消えたくなります。東海オンエアのみなさんとリスナーの方々に少しでも笑っていただけたら救われると思いますので、どうか私の戦犯を判定してください〉。

虫眼鏡　笑ってやれ(笑)。

てつや　これは面白すぎるぞ。

虫眼鏡　これは普通にイモです。

――いぱんきんたんぱんそん!

虫眼鏡　出た、イモいただきました。お父さんの気持ちになってみなさいあなた。こういうの男がやりたがるもんだと思うんですけどね。

てつや　自分でそのデータ持ってるのってすごいよね。

虫眼鏡　珍しいよね。ゆめまる、写真に撮って残したい欲ある?

ゆめまる　俺はね、怖くてそういうのはできない。

虫眼鏡　怖いからなの?　やってみたくはあるの?

ゆめまる　なんか、昔付き合った彼女とラブホテルいって、写真撮るみたいなのはあったけど、一瞬で消してた俺は。なんかで見られたら嫌じゃん。

虫眼鏡　あぁたしかに。東海オンエア勝手に見るもんな。勝手に人の携帯さわるもんな。

ゆめまる　しかも一回企画あったじゃん。

虫眼鏡　あったね。

ゆめまる　フォルダを見るみたいな。

てつや　「アカン写真選手権」ね。

ゆめまる　あぁいうので見られてしまったときとかを考えると怖いし、落として見られたりするのも怖いから、できない、そういうのは。

てつや　たしかに。

虫眼鏡　**井田さんはエッチな写真の管理はどうしてますか?**

――そういうのはね、撮るっていうのは万が一の流出の可能性があるんで、撮るべきではない。記憶の中だけに残すべき。

ゆめまる　まっとうな意見。

虫眼鏡　やっぱり井田さん、表に出る人だから。

てつや　そうね。いや俺らもだ!

虫眼鏡　俺らそうだ!　俺たちもだ。

ゆめまる　気をつけなきゃいけないんだよ。

虫眼鏡　ラストのお便りにしますか。

ゆめまる　ラジオネーム、こいさんからのメッセージです。

虫眼鏡　こい?

ゆめまる　**恋、ラブの恋ね。**

てつや　**ラブじゃないよ、ラブは愛だよ。**

ゆめまる　〈僕は東海オンエアラジオがあっているのを知り、1ヶ月くらい前にラジオのアプリを入れたんですが、全然聴けなくて最悪でした。え?　なんで?とずっと思っていました。そんなことを思って、昨日ゆめまるさんのツイートを見たら、プレミアム会員にならないと聴けないとおっしゃっていたので、すぐ350円払いました〉。

虫眼鏡　あぁ、県外の人はね。ありがとう。

ゆめまる　〈そしてやっと東海オンエアラジオを聴くことができました。本当に嬉しかったです。ラジオがある日は毎日聴こうと思いました。こんだけ東海オンエアラジオが聴けた一人の男の話を聞かせてしまってすみません〉。

虫眼鏡　いいよ。

ゆめまる　〈がんばってください〉という、すごくいいメッセージ。

虫眼鏡　ようやくふつおたが来たやん(笑)。

てつや　ははは。さっき全然普通じゃなかったもんな。

ゆめまる　戦犯戦犯!とか。

虫眼鏡　そうなんですよね、これ、まぁ、東海地方の人は普通に聞けるんですけど、それ以外の人はきっとお金を払って聴いてくださってるわけですよ。ほんといつもありがとうございます。

ゆめまる&てつや　ありがとうございます。

虫眼鏡　金払え!ということでございます。たくさんのメッセージありがとうございました。今日の放送、いかがだったでしょうか。

てつや　今日も楽しかったですね。

ゆめまる　楽しかったね。

虫眼鏡　さてここでお知らせです。

2019 01/10

小笠原慎之介投手の脚はフルフルの回

GUEST
小笠原慎之介（中日ドラゴンズ）

虫眼鏡　ラジオネーム、なゆさんからのお便りです。〈私は今高校生で将来は、東海さんのような、人に楽しい影響を与えられる人を支えるマネージャーのような仕事をしたいと思っています〉。素晴らしいですね。〈東海のみなさんは中学生高校生のときの将来の夢はなんでしたか？〉というお便りですね。

ゆめまる　おぉー。

虫眼鏡　わたくし、**小学生はもちろんプロ野球選手、そして中学生は薬剤師、そして高校生で夢なくなる**、というね。

ゆめまる　どうしたの、高校でどうしたの？

虫眼鏡　いろいろ限界があんだなと思って。薬剤師になるには6年間大学行かなきゃいけないからきついな、とかあったんですよ。ゆめまるさんはどうですか？

ゆめまる　僕は中高生のときは、高校2年生までは**ラジオDJを目指してて。**

しばゆー　**かなってんじゃん。**

ゆめまる　高2のときに担任の先生から、お前はやめろ、みたいな。スポーツの世界にいけ、みたいな。部活を頑張れって言われて、あぁそっかぁ、ってなって、そこでもう。

しばゆー　そんな思い直す？　先生に言われて。流されたなぁ。

ゆめまる　長かったんだよね、すごい説教っていうか。

しばゆー　なるほどね。

虫眼鏡　としみつは？

としみつ　俺もね、小学生のときはそりゃプロ野球選手は一回。

虫眼鏡　一回ね。

としみつ　で、あぁ無理だなと思って、すぐなくなるじゃん。

虫眼鏡　**小5くらいで無理だって気づく**からね。

としみつ　パーンってなくなって。でも、高校生のときはなかった、探してるときだったちょうど。何になりたいかなと思って。ユーチューブもなかったし、頑張ろうってのもなかったから。

虫眼鏡　なるほどね。え？　**慎之介は？**

ゆめまる　慎之介って、**いきなり呼び捨て！**　ドキってしたわ俺いま！

しばゆー　しんちゃんどうなの、しんちゃん。

としみつ　ゆめまる、としみつ、慎之介って。

ゆめまる　びっくりしたわ。

としみつ　年は俺らの方が上だけどね。**ゲストだから大切にして。**

虫眼鏡　忘れてました（笑）。今日はですね、**中日ドラゴンズの小笠原慎之介選手が来てくださってるんですよ。**よろしくお願いします。

一同　お願いします！

小笠原　お願いします！

虫眼鏡　すいません小笠原選手、呼び捨てしてしまって。

小笠原　びっくりしたー。

一同　（笑）。

小笠原　完全に来ないと思ってましたからね。

ゆめまる　きますよー。

虫眼鏡　小笠原選手は昔からやっぱり将来の夢は野球選手だったんですか？

小笠原　そうですね。小学校からずっとプロ野球選手になりたいなと思って、卒業の文集だったりとか、ずーっと書いてた記憶はありますね。

ゆめまる　すごい。

しばゆー　筋の通った男ですね。

虫眼鏡　それがプロ野球選手になってるのかっこいいですよね、やっぱり。

小笠原　なれなかったらめちゃくちゃ恥ずかしいですけどね。

メンバー　いやいやいや。

ゆめまる　書くだけでもすごいこと

だからね。

としみつ　俺、小学校の文集はプロ野球選手って書いてるもん。文集でバーッって。

虫眼鏡　で、今なにやってんだ、こいつ。

としみつ　ユーチューバー。

虫眼鏡　ユーチューバーだったのかこいつ！

しばゆー　**俺、小中の夢、サラリーマンでしたから。**

一同　（笑）。

しばゆー　すごくない？　サラリーマン夢見てた。

虫眼鏡　なんでお前がサラリーマンなんだよ。

しばゆー　夢見てた。

虫眼鏡　というわけで、今日はね、僕めちゃめちゃ緊張してんですよ。**超ドラゴンズファン**だから。

としみつ　そうだよね

ゆめまる　そわそわしてるもんね、なんかずっと。

虫眼鏡　そうなんですよ。

小笠原　知ってますよ僕は。

虫眼鏡　（笑）。というわけで、今日は小笠原選手とお送りする30分間、今夜も#東海オンエアラジオで聴いてる人はつぶやいてみてください。東海オンエアラジオ！

ゆめまる　東海ラジオをお聴きのあなた、こんばんは。東海オンエアゆめまると。

虫眼鏡　虫眼鏡だ。そして今日のゲストは。

しばゆー　しばゆーと。

としみつ　としみつでーす。

虫眼鏡　さらに、今日のスペシャルゲスト。

小笠原　はい、中日ドラゴンズの小笠原慎之介です。

メンバー　よろしくお願いします！

小笠原　お願いします！

虫眼鏡　いやね、このラジオ聴いてくださってる方はね、我々のファンが聴いてくださってるのが多いわけですよ。だから、小笠原選手、小笠原慎之介と聞いて、誰なんだろう？ともしかしたら思う方がいるかもしれませんけど、それは**お前らが間違ってるからな！**　それは、ほんとに。このラジオ聴いてる人からしたら、小笠原選手は当たり前に知ってる。そして、**東海オンエアって誰だよお前ら！っていうのが当たり前**なんですよ。

ゆめまる　そういうことだよね。

としみつ　それもちょっと違うんじゃないですか？（笑）。

虫眼鏡　というわけでね、今日は緊張しながら、ゲストも今日、ゲストっていうかね、東海オンエアのほうも今日は4人体制でね、ちょっと賑やかにやっていきたいと思います。

ゆめまる　豪華ですから。

としみつ　また俺がおる！

虫眼鏡　ちょっとね、ほんとは今日しばゆーがゲストだったんだけど、やばいこいつ、ゆめまるもしばゆーも野球わからんやん！　やべー、と思って、ちょっととしみつにも来ていただいて。

ゆめまる　そう、そういうことになっておりますので、お願いします。この番組は愛知県・岡崎市を拠点に活動するユーチューバー、我々東海オンエアが、名古屋にある東海ラジオからオンエアする番組です。

虫眼鏡　ゆめまると、僕、虫眼鏡が中心となってお届けする30分番組。今日のゲストの、中日ドラゴンズ小笠原慎之介投手といえば、まぁ、みなさんも覚えてると思いますけど、高校時代、東海大相模高校で3年生の夏にエースとして甲子園に出場、そして**全国優勝**をされたピッチャーですね。**２０１５年のドラフト１位で中日ドラゴンズに入団**した21歳。21歳！

としみつ　21歳って。

ゆめまる　いや若い！

虫眼鏡　５つ年下ですよ。で、**３年目の去年はなんと開幕投手。**

としみつ　すごい。

虫眼鏡　開幕投手ってわかりますか？

しばゆー　わからないです。

ゆめまる　すごさがイマイチ。

としみつ　ほんとに言ってる？

しばゆー　ほんとにわかんないです、すいません。

虫眼鏡　ドラゴンズが1年間戦っていくにおいて、一番最初のピッチャー誰にするの？っていう。

しばゆー　一番偉い人っていう？

虫眼鏡　東海オンエアでいったら、誰から挨拶するの？みたいな。

としみつ　偉くはない。しばゆーさんがちょいちょい的外れなこと言う。

虫眼鏡　そしてね、7月28日の巨人戦ではプロ入り初完封をあげる、ということで、**菅野投手と投げ合って勝った**んですね。

小笠原　はい。

虫眼鏡　菅野投手っていったらもう「あ、今日の相手菅野か、見なくていいや」っていうピッチャーですよ。

ゆめまる　もう大丈夫っていう？

虫眼鏡　**逆ぎゃく！**　もう勝てるわけない。

ゆめまる　あぁ、そういうことなんだ。

としみつ　抑えられちゃうじゃん、って。

虫眼鏡　というようなピッチャー相手に対して、完封勝利。完封勝利ってちなみにわかりますか？（笑）。

ゆめまる　完封ってあれでしょ？点とらせないとか。

虫眼鏡　そう！

しばゆー　**菅野選手が打つ人ですか？**

虫眼鏡　いやいや（笑）。菅野選手は巨人のピッチャーです。

しばゆー　**ピッチャーとピッチャーがなんで対決するんですか？**

虫眼鏡　いやだから、**やべぇ、めんどくせー！**

としみつ　言い方をするんですよ、そういう。

しばゆー　投手と投手が直接投げ合ったりしないんでしょ？

としみつ　そういう**雪合戦みたいなことしないから！**　しばゆーさん、お願いします。

小笠原　**発想がすごいなぁ。**

虫眼鏡　あはは。ほんとに僕も見てましたけど、あの試合はもう、いやぁ、大感動で。

小笠原　ありがとうございます。

虫眼鏡　ということで、今日は憧れの人とお送りしていくということで、もう尺が押しておりますと。小笠原選手、普段って音楽とか聴かれますか？

小笠原　音楽聴きますね。

虫眼鏡　どんな方の音楽聴かれるんですか？

小笠原　えっと、洋楽です。

メンバー　あぁ、洋楽ね。

虫眼鏡　特にどのバンドとかありますか？一番聴いてるのとか、お気に入りとか。

小笠原　って言われると出てこないですね。広く、ほんとに僕、あの、深くいかないんで。

虫眼鏡　広く浅く。

しばゆー　チャート入りを見ていくみたいな。

小笠原　そうっすね。

虫眼鏡　なるほどなるほど。というわけでゆめまるさん、それを踏まえて、今日の選曲お願いします。

ゆめまる　わかりました、任せてください。それではここで1曲お届けします。エレファントカシマシで「俺たちの明日」。

しばゆー　洋楽か？

虫眼鏡　ゴリゴリに邦楽じゃねえかよ（苦笑）。

《曲》

ゆめまる　**慎之介にお届けした曲は、**エレファントカシマシで「俺たちの明日」でした。

小笠原　**僕に？**

虫眼鏡　ふふふふ。慎之介にお届けしたわけじゃない（笑）。あと、**呼び捨てにしちゃダメ！**

としみつ　洋楽じゃねえじゃねえか全然。

虫眼鏡　そのノリやめるって言ったやん去年で。

としみつ　珍しく今日は、みんなが聴いたことあるー、って曲流れたからね。

ゆめまる　やっぱ、「俺たちの明日」で頑張ろう！って曲をね、ちょっと届けた。

虫眼鏡　はい。さて、東海オンエアが東海ラジオからオンエア。今日は中日ドラゴンズの小笠原慎之介投手がゲストです。というわけでまずはね、小笠原投手が、僕たちユーチューバーっていう活動させていただいてるんですけど、僕たちに聞きたいことがあるってことで、まずはそれに答えていきたいと思います。

小笠原　はい。

――東海オンエアに聞きたーい！どうやったら人気ユーチューバーになれますか？

ゆめまる　どうやったら？

しばゆー　正直言うと俺、運だと思ってんだけど。僕ら人気になりたいって言ってやり始めたわけではないですもんね、あんまり。

小笠原　へぇ、なにが目的なんですか？

しばゆー　趣味？

としみつ　趣味なんですよ。

虫眼鏡　そう、もともとは、遊びで始めてて、それを動画に投稿してただけ。

ゆめまる　思い出を残していく感じに近かったですね。

小笠原　あぁなるほど。

虫眼鏡　なんか僕たちが始めたときは、ユーチューバーっていう言葉がなくって。

ゆめまる　他にユーチューバーやっ

てる人もそんなにいないときだね。

虫眼鏡　逆にどうやったら人気プロ野球選手になれますか?って思いますけどね、僕は。

小笠原　**いやぁそれは、結果出すしかないですよね。**

ゆめまる　はははは。

しばゆー　才能努力よ。

ゆめまる　ユーチューバーもそういうことなのかな。ま、ちゃんと動画だして。

としみつ　**ユーチューバーはわりと運**はある。

虫眼鏡　ユーチューバーは才能努力……。

ゆめまる　じゃ、ねえか。わからんわからん。

としみつ　タイミングとかも結構ある。運が結構でかいと思うけどな。

しばゆー　先輩とコラボさせてもらったってのもありますし。

としみつ　それもあるね。

虫眼鏡　結構これ聞いていいのかな?って思うんですけど、やっぱ東海オンエアって、ドラゴンズの中でも見てる方とかいらっしゃるんですかね?

小笠原　いますよ。結構いると思います。僕の周りだと笠原(祥太郎)さんだとか。鈴木博志さんとかも。

虫眼鏡　うわー。ちょっと緊張すんなぁ。

ゆめまる　知ってるってことだもんね。すげぇわ。

しばゆー　萎縮しちゃうんじゃない、これから、動画で(笑)。

小笠原　**今度つれてきましょうか?**

虫眼鏡　いやいや、やめてください、そんなの!

メンバー　(笑)。

虫眼鏡　怖いですね。次の質問いきましょう。

――東海オンエアに聞きたーい! 正直なところ、ユーチューバーってどのくらい稼げるんですか?

虫眼鏡　いや、そんなそんな!

としみつ　久しく聞かれなかったことを。

しばゆー　これきちゃいますかもう。

虫眼鏡　いやでも、プロ野球選手に稼げるんですって言われたら、プロ野球選手のほうが稼げますよ。

ゆめまる　ほんとだよね。

小笠原　ほんとですか?

ゆめまる　ほんとですよ。

としみつ　僕ら6人いるんだから、**カツカツ**なんだから。

小笠原　ほんとですか?

としみつ　カツカツでやってますよ。いいたとえありますか、なんか?

虫眼鏡　まぁでも月によって結構違いますからね。

ゆめまる　バラバラだね。

しばゆー　変動はしますね。

虫眼鏡　正直に言いますと、よく契約更改で何千万円アップのいくらです、みたいな推定みたいなの出るじゃないですか。

小笠原　はい。

虫眼鏡　で、あっ、**この人たちよりは上だ!**みたいなときはあります。

メンバー　あぁぁ。

小笠原　へぇ。結構もらってますね。

メンバー　(笑)。

しばゆー　野球選手は自分の収入世の中にすごいさらされてるってことなの?

小笠原　そうですね。

しばゆー　あぁそうなんだ。

虫眼鏡　あれも一応推定ではありますけど、当たってるもんなんですか?

小笠原　**推定ですけど、ま、だいたい当たってますね。**

としみつ　どこまで小笠原さんの口から引っ張りだせるかだよ!(笑)。

小笠原　あんましゃべらんとこ。

メンバー　(笑)。

ゆめまる　あとで怒られちゃうからね。

虫眼鏡　しかも、なんか、上がりました下がりましたって言われるの嫌じゃないですか?

としみつ　いやですよね、下がりましたとか嫌じゃない?

小笠原　そうですね、下がりましたって言われるのは多分嫌だと思います。

としみつ　でもそこでまた来年やってやろう!ってなったりするものなんですかね?

小笠原　なると思います。僕まだ下がったことないですけど。

しばゆー　俺だと拗ねるもんな。なんで?って(笑)。

虫眼鏡　僕ら、発表しちゃいけないという一応決まりがあるんですね、ほんとは。言いふらしてやろうか、って思いますけど。

メンバー　(笑)。

虫眼鏡　思うときもあるんですけど、ほんとは。

としみつ　一応、しばゆーさんの**左手にはHUBLOT**がついてるよ、ってこと。

虫眼鏡　一応しばゆーさんの時計がいくらでしたっけ?

しばゆー　これは、300。いや、でも見ろ俺の上着を。

としみつ　パジャマでくんなお前!

虫眼鏡　**パジャマと時計合計**

して300万だもんね。

メンバー （笑）。

としみつ 0円って言うなパジャマを。拾ったわそのへんで。

虫眼鏡 パジャマにキラキラのゴミついとるし、なにそのキラキラのゴミ。

しばゆー これネタバレになっちゃうけどいいかな？ 動画で、キラキラのラメが入った風呂に入ったんですね。昨日。そしたら全然落ちなくて、**布団がキラッキラ**になってましたね。

ゆめまる 昨日しばゆーが座ってたイス、すべてキラキラしてるから。

虫眼鏡 でもなんか僕、思うんですけど、プロ野球選手って夢のある職業だと思いますし、ほんとに1年で億とかポンと稼げたりもするじゃないですか。でも、やっぱ40歳くらいで引退とかされるじゃないですか。

小笠原 そうですね。

虫眼鏡 そう思うと、稼げる人と稼げない人っていますよね？

小笠原 そうですね。差が出てくると思います。

虫眼鏡 プロ野球選手になったけど稼げない人、稼げないっていうか、稼げないまま引退しちゃうみたいな選手もきっといるにはいるじゃないですか。

小笠原 はい。いると思いますよ。

虫眼鏡 どうしたんですか？

としみつ 向こうを気にしてますね。

メンバー （笑）。

としみつ **大人たちがいる方を。**

虫眼鏡 そういう意味では、夢ある、お互い夢のある職業といいますか。僕たちだって、いつまでお金もらえるかわからないから。

ゆめまる やれるかわかんないから。

虫眼鏡 僕たち40歳までやれるかって言ったら、絶対やれないですからね。

しばゆー 絶対やれないわな。

としみつ 体力的にやれない。

しばゆー カフェをオープンするしかないか。

ゆめまる 俺は居酒屋かな。

としみつ 第2第3の人生はね。

しばゆー そうですね。

虫眼鏡 続いてはね、じゃあ今度は僕たちがプロ野球選手について聞きたいことをぶつけていきます。

としみつ 聞いちゃうよぉ。

――小笠原投手に、これを聞きたーい！ プロ入り3年目が終わって、手応えを教えてください。

虫眼鏡 中日ファンとしては、聞きたいですね。やっぱりあの、僕のなかでは**エースは小笠原慎之介**になってんですね、ドラゴンズ。

小笠原 いえいえ、やめてください。

虫眼鏡 **小笠原選手が活躍してくれないと困るんですよ！** ドラゴンズは。

小笠原 勘弁してください（笑）。

虫眼鏡 やっぱり手術されたじゃないですか。もったいないなと思ったんですけど、どうなんですか？

小笠原 そうですねぇ、あせらずやりたいなと思いますけど。今、リハビリの段階で、だいぶいい感じで投げれてるので。

虫眼鏡 あぁ、もうボールは投げれてるんだ。

小笠原 はい。なので、期待しててください、って感じですかね（笑）。がんばります。

虫眼鏡 間に合いそうですか？って聞くとあれですけど、じゃあ1年間投げていただけそうな感じですかね？

小笠原 そうですね。がんばりたいです。

虫眼鏡 たのみますよぅ。

としみつ がんばって。

メンバー （笑）。

虫眼鏡 **左手を触んな!!**

小笠原 ありがとうございます。

ゆめまる サウスポーなんだから。

としみつ すいません（笑）。

虫眼鏡 どういう手術されたんですか？ 左肘の遊離軟骨を除去みたいな、ニュースで見たんですけど。

小笠原 はい。あれは、**内視鏡で穴あける**んですけど。

としみつ その傷のあとなんだ。

小笠原 カメラと器具入れて、カメラで見ながら。

虫眼鏡 遊離軟骨を除去って、居酒屋で軟骨の唐揚げみたいなのあるじゃないですか。あれをピッて取れるってことですか、こっからポンって。

小笠原 あれは多分骨です。僕、骨欠けて、なかで遊んでるんで、軟骨というよりかは骨ですかね。

虫眼鏡 とれた！って、とれる？

小笠原 そうそう、とれます。

しばゆー **それを唐揚げにするの？**

虫眼鏡 唐揚げにしない（笑）。**居酒屋で290円で出さんわ！** 僕も、全然関係ないですけど、僕全然野球やってないんですよ、野球好きなだけで、高校時代も野球やってないんですよ。でも、趣味でやってて、ちょっと僕も、一生懸命野球を練習するっていう努力をしたいと思って、120キロのボールを投げたい、投げるまでトレーニングをするっていう動画を撮ろうと思ったんですね。で、トレーニングしてたんですけど、なんか僕投げ終わったあとに、肘がめっちゃ痛くなることに気づいたんですよ。僕ずっと昔からだったんで、そういうもんなのかなと思ってたんですけど、ちょっと痛すぎて全然練習できないなと思って病院にいったんですよ。そしたら、あなた**軟骨剥がれてる**からもう野球やっちゃダメって言われたんですよ。

ゆめまる　はははは。

小笠原　**もう終わりましたね。**

虫眼鏡　終わりですか、これ？

小笠原　いや、でも大丈夫だと思いますよ。

虫眼鏡　これも内視鏡手術すれば来年の**開幕までに間に合いますかね？**（笑）。

メンバー　（笑）。

ゆめまる　うるさ、こいつ、**素人だろ**（笑）。

虫眼鏡　でもなんか、除去したら2、3ヶ月はギプスだよって言われて。え？　なんで僕野球選手でもないのにこんな手術しなきゃいけないんだろうと思って。

としみつ　恥ずいよな、野球やってないのに、なんか除去したやついる、みたいな。

ゆめまる　恥ずぅ。

虫眼鏡　ということで、僕はプロ入りの夢を諦めた、ということでございました。次の質問にいきましょう。

――小笠原投手にこれを聞きたーい！　太ももの太さは何センチですか？

虫眼鏡　誰ですか、この質問をしたのは。

しばゆー　誰ですか、この質問は。

としみつ　パンパンに詰まってる。

しばゆー　パンパン。

ゆめまる　やっぱアスリートって感じするわ。

しばゆー　ここにメジャーがあるんで測ってもよろしいでしょうか？

虫眼鏡　いや、ほんとに。失礼のないように測ってください。

としみつ　メジャーあるんだ。

小笠原　測りますか？

虫眼鏡　じゃあちょっとすいません、失礼いたします。

しばゆー　失礼します。

虫眼鏡　うわぁ、今、しばゆーくんがね、小笠原選手の太ももを触ってますけど、変なとこ触らないようにしてくださいね。

ゆめまる　ダメです！

としみつ　絶対ダメだぞ！

虫眼鏡　ダメ、ダメですよ！

ゆめまる　約何センチですか？

しばゆー　なるほど。今ですね、あ、62くらいですかね。

としみつ　もっと上、太いとこあるから。

虫眼鏡　きわどいところいってくださいね、きわどいとこ。

としみつ　ほんとにこんなとこいっていいんですか？っていう。

メンバー　（笑）。

虫眼鏡　ダメダメダメ、危ない！

としみつ　太ももの測り方知らない人いた、ここに。

しばゆー　やばいやばい、めちゃくちゃ多い、やばい。69です！

メンバー　おぉぉ！

しばゆー　あ、すいません。

虫眼鏡　違う違う、今のはいらんかったやん、余計なことは。

としみつ　音だけで伝わるかな、これ。

虫眼鏡　あれですね、付け根部分が69くらいで、ま、60後半くらいですね。

ゆめまる　そのくらいあるってことだからね。

としみつ　パンパンっすね。

虫眼鏡　よくピッチャーって、太ももっていうか、下半身のトレーニングは必須って感じですか？

小笠原　大事だと思いますね、はい。

虫眼鏡　元々っていうか、小笠原選手、太いほうっていうか、どっしりしてるほうですよね？

小笠原　そうですね。僕は、太いほうだと思います。

しばゆー　俺、今50だったもん、測ったら。

虫眼鏡　やばい、貧弱やんお前。

としみつ　50って言っても、平均がわからないからなぁ。……54か？。

しばゆー　そんなもんですよ。一般値は。

虫眼鏡　ゆめまるのお腹測ってみよ。

ゆめまる　俺のお腹はもう……。

しばゆー　太ってるだけだもん。

としみつ　パーカーの上から測って

意味ないやん。
ゆめまる　意味ないよ。
としみつ　この時間はなんなんだ。
しばゆー　100です。
虫眼鏡　きゃははは！
ゆめまる　100！
としみつ　1メーターあるぞ。**東海大相撲《すもう》高校？**
メンバー　(笑)。
としみつ　大相撲高校の人？
虫眼鏡　え、でも、すごいね。テレビ越しには太いなと思ったんですけど。鍛えてる証拠でございます。そこでなんとね、今ゆめまるさんの左手に、奇妙な物体があるんですけど。
としみつ　なんですかそれは？
虫眼鏡　これはねぇ、奇妙な物体ですけど、なんなんですか小笠原さんこれは？
小笠原　これはですね、あのぉ、僕の太ももですかね。
虫眼鏡　あはは。なんで小笠原さんの太ももが置いてあるんですか？
ゆめまる　**なんで量産しちゃった、太もも**(笑)
小笠原　太ももですね。
虫眼鏡　**小笠原さんの太ももがね、今ゆめまるの左手にある**んですよ。
ゆめまる　持ってるんだけど。
としみつ　背番号書いてあってね。
ゆめまる　クッションって言ってください、太ももですって言わないで(笑)。
小笠原　えぇ、**クッションです。**
ゆめまる　太もものね。
としみつ　太ももクッション！
小笠原　太ももです！
虫眼鏡　いやぁこれ、ぜひね、このラジオのツイッターとかでね、実際にこのクッションを見てほしいですけど、なんだこれ感ある、奇妙な形。足だもん、だって。
しばゆー　面白いですね、これは。
小笠原　触ってなかったら、ちょっとあれですよね。
としみつ　ちゃんと、膝もあるもん。
ゆめまる　すごいよ、これは。気持ちいいしね。
としみつ　あぁ、いいね。
虫眼鏡　あっ、太っ！
としみつ　これは太い！
しばゆー　これやばいね。**家の建築に使えそう**だもん。
虫眼鏡　ははは。ね。こういう柱があったら家絶対大丈夫、くらいの柱の太さあります。
としみつ　フルフルみたいだもんね、これ。
虫眼鏡　ははは。
ゆめまる　古いなぁ、わかりづらいぞ！
しばゆー　モンハンかよ、なんでモンハンの話したんだよ。
虫眼鏡　天井にべたってくっついてるやつね。これはなんと、ゆめまるのために作ってくれたわけではなく。
ゆめまる　あ、違うんだね。
虫眼鏡　新商品なんだそうです。
としみつ　新商品!?
ゆめまる　ドラゴンズさん。
しばゆー　これが商品？
虫眼鏡　ここの台本には、ノリと勢いで作ったって書いてありますけど、**いや、そうだろ！**って思いますね(笑)。
小笠原　完全にノリと勢いですね。これは。
虫眼鏡　いやでもね、いちファンから言わせていただくと、やっぱりカープとかのグッズすごいなと思ってます、いろいろ個性があって。
ゆめまる　あぁそうなんだ。
虫眼鏡　ドラゴンズはいつまで下敷きとクリアファイル作ってんだと思ってたんです。あ、これ、いちファンです、いちファン。
小笠原　すみません。
ゆめまる　ファン目線だからね、これはファン目線。
としみつ　俺も何枚も持ってたよ。
しばゆー　これはいいグッズですね、非常に。
虫眼鏡　なんでね、もっと個性あるいろんなグッズ作ってほしいなと思ってるんですけど、最近結構やってくれるんですよ。というわけで、こういうのがファンとして嬉しいですね。
としみつ　いいよね、ほんとこれ。
ゆめまる　誰が作ろうって言い始めたんですか？
小笠原　多分、中日新聞社じゃないですかね？
虫眼鏡　小笠原さん、それ聞いてどう思ったんですか？
小笠原　いや、僕びっくりして、**まさか中日新聞が作るとは！**と思って。
メンバー　(笑)。
虫眼鏡　まぁいいですけど、って言って太もも測らせたんですか？
小笠原　そうそう(笑)。
としみつ　ソファかベッドとかにあったらちょっと怖いもんね。
しばゆー　これは普通に買いたいね。
虫眼鏡　でもこれさ、やっぱり小笠原選手ファンの女性なんかはね、抱いて寝るなんてね。
としみつ　めちゃめちゃいいと思う。
しばゆー　**これでオナニー？**

虫眼鏡　なんでさ、ボカしてんだからさ！

としみつ　もぅ、**頭が悪いんかお前は！**

しばゆー　ボカしたのか、ごめん。

虫眼鏡　みんなちゃんとね、太ももの先っぽのほうは足のここがあるから、この突起を使ってね。

しばゆー　角でね。

ゆめまる　乗るな！　乗るな！　お前ら。

虫眼鏡　（笑）。なんと、今日予約開始ということで、早速僕もこれは予約したいと思います。

しばゆー　ポチりましょう。

虫眼鏡　おいくらなんでしょう、これは。

小笠原　これは、**18万円です。**

メンバー　おぉぉぉ！

ゆめまる　じゃあオーダーなんだね！

小笠原　**すみません、間違えました。1万円です。**

メンバー　お安い！

虫眼鏡　**18万と聞いてからだとお安い**ですよね。

としみつ　お安い、**2個買いましょう、足2本で。**

メンバー　（笑）。

小笠原　1本だとちょっと怖いので、はい。

虫眼鏡　たしかにやっぱりね、綿を大量に使ってますからね。

しばゆー　そうですね。

ゆめまる　太さを出すためにね。

しばゆー　感触もよかったもん。

虫眼鏡　はい、販売場所は通販サイト47CLUB。中日新聞ドラゴンズショップ、と検索すると出て来ますので、みなさんそこに行ってね、一人2本ずつ買っていただければ、来年の小笠原選手の年棒が上がるんじゃないかと。

小笠原　ありがとうございます、よろしくお願いします！

虫眼鏡　それでは、小笠原投手に最後にこれを聞きましょう。

――小笠原投手に聞きたーい！　今シーズンやりたいことはなんですか？

虫眼鏡　ということなんですけど、これは「サンデードラゴンズ」じゃないので、何勝ですか？とか、そういうことは聞かないので。普通に。

小笠原　ありがとうございます、やさしいですね（笑）。

虫眼鏡　別にプライベートのことでもいいですし。

ゆめまる　釣りにいきたいとかでも全然いいですから。

小笠原　やりたいことですか？　うーん、まずはシーズン1年間投げたいですね。

虫眼鏡　真面目ですね。

小笠原　もう1つあるんですよ。**東海オンエアに出たいな、**っていうのが。

メンバー　**おぉぉぉ！**

としみつ　ほんとですか？

虫眼鏡　今考えたんじゃないですか？

小笠原　いやいや、そんなことないですよ。

しばゆー　どっちだろ、いまの。

虫眼鏡　いやそんな、出て、ってこっちがお願いしたいです。

としみつ　なんか、趣味とかはやられたことあるんですか？

小笠原　趣味ですか？　趣味は、僕、寝る、食べる、野球ですかね。

虫眼鏡　こういう人がプロ野球選手になるんだよ。大谷くんも同じこと言ってたもん。

ゆめまる　あぁ、そうなんだ。

虫眼鏡　めっちゃ早く寝るみたいなの。

小笠原　睡眠大事ですからね。

虫眼鏡　こういうとこでストイック。遊ばないから。

ゆめまる　ストイックだね。

としみつ　そのへん生かしてね、コラボ、ちょっと。

虫眼鏡　そうですね、小笠原選手に出ていただけるようにね、我々も活躍しないとね。

しばゆー　寝る食べる対決しよう、じゃあ。

虫眼鏡　寝る食べる対決すんな！　というわけで、お互い、今年、がんばっていきましょう。さて。今日の放送はいかがでしたでしょうか？　小笠原さん、こんな放送だったんですけど、どうでしょうか。

小笠原　いやぁ、楽しいっすね。

ゆめまる　よかった、言ってくれてね。

虫眼鏡　ほんと失礼なことをしてしまって。

しばゆー　申し訳ないです。

小笠原　いやいやいや。

虫眼鏡　ほんとだったら野球選手をゲストにお呼びするんだったら、野球詳しい人とかがいてね、専門的な話を聞いたりとかしたいと思うんですけど、全然関係ないって感じでございますね、ほんとにもう、申し訳ございません。

小笠原　いえいえ。

虫眼鏡　さて、ここでお知らせです。

2019 01/17

ソクちゃんは小石をガリガリ食って無を得るの回

GUEST
しばゆー

謎の声　本日も始まりました、東海オンエアラジオ、ゆめまるのフリートークはどうなるのか？

ゆめまる　いやぁ始まりましたけども、僕のフリートークがどうなるのか、ってことで。

としみつ　今誰か違う人いました？

ゆめまる　違う人がいましたね。ここにもう一人いて読んでもらいましたけど。

しばゆー　あぁなるほど。怖っ、と思って今。

としみつ　俺も怖かった、やってみて。

ゆめまる　ははは。最近ね、僕がいつもよく行く店に16歳の子がきたの。

しばゆー　16歳。

ゆめまる　一人で来てさ。そうなんだ、みたいな感じでしゃべってたのね。それで、その子と仲良くなりたいなと思って、一回メシ行ったの二人きりで。

しばゆー　お、何やってんだこいつ。

ゆめまる　男の子だよ。

しばゆー　あ、男の子か、びっくりした(笑)。

ゆめまる　男の子ね。お酒もなしで、ジュース飲みながら焼肉食ったんだけど。結構話を聞いてると、「人脈人脈」みたいな。

虫眼鏡　（Dio風に）**人脈人脈〜**。

としみつ　ははは。人脈お化けいますね、たまに。

ゆめまる　人脈がほしくて、みたいな感じの子だったのね。で、**じょじょ**に話聞いてて、なんかちょっとさ……。

虫眼鏡　**ジョジョ**。

ゆめまる　ジョジョ？。

虫眼鏡　人脈、人脈だからね(笑)

しばゆー　**貧弱貧弱―**。

ゆめまる　そっちかい！　人脈な感じの子って、徐々に疲れてくるじゃん、話してても。

虫眼鏡　ジョジョ。

しばゆー　**貧弱貧弱〜**。

ゆめまる　**話進めさせてー！**　で、腹立ってきちゃって。最初はなんか、東海オンエアってことを知らないんですよ、みたいな感じ言ってたんだけど、実は、知ってたのね、その子は。で、焼肉じゃなくて、その子は、てつやの家に行けるかと思って、みたいなことを言うわけ。いや、行けるわけねーだろバカ！と思いながら。しゃしゃんじゃねぇよ、って腹が立った、っていう、人脈お化けとのメシの話を今日はしました。

しばゆー　した？

虫眼鏡　今、し終わったってことですか？(笑)。

ゆめまる　なので、みなさんも気をつけて。し終わりましたので、あとは、お返しします。

虫眼鏡　だからなんでだよ、ねぇ、フリートークは今からしますよ、終わりました、とか、そういうのいらないんだって(笑)。

ゆめまる　いいだよ！　別に**しゃべりてぇことしゃべるんだよ！**

虫眼鏡　これ別に、台本の1ページ目は、ゆめまるしか書いてないんだから、ゆめまるが勝手に話して、どうですか？とか勝手に振って、勝手に東海ラジオ！って言ったら始まるやん。

ゆめまる　東海オンエアラジオ！

虫眼鏡　スネちゃた、ほら。

ゆめまる　東海ラジオをお聞きのあなた、こんばんは。

しばゆー　あぁ、声がすねてる。

ゆめまる　東海オンエアゆめまると。

虫眼鏡　虫眼鏡だ！　そして今日のゲストは。……誰だよお前！

しばゆー　あぁ、しばゆーです！

虫眼鏡　というわけでね、今日ゆめまるがね、フリートークのところをイジったのですねてしまいました（笑）。

ゆめまる　もう、貧弱貧弱ーとか、めんどくせーんだよ！

しばゆー　すいませんでした（笑）。

ゆめまる　やりづらくなるだろ！

虫眼鏡　でもなんか、ゆめまるが仕切るじゃん。いじりたくなっちゃうんだよね（笑）。邪魔したくなっちゃう。

としみつ　ずっとほくそ笑んでるの虫さんがこうやって。

ゆめまる　すごいやりづらい。いつか絶対いじったろ。この番組は、愛知県・岡崎市を拠点に活動するユーチューバー、我々東海オンエアが名古屋にある東海ラジオからオンエアする番組です！

虫眼鏡　ゆめまると、僕虫眼鏡が中心となってお届けする30分番組、ということなんですけど、その彼とは結局どうなったんですか？　さよならしたんですか？

ゆめまる　別にさよならってわけじゃないんだけど、会ったら話すくらい。腹が立つっていうか、いや「人脈人脈」って言いながら……。

しばゆー　そういうやつ人脈ないよ。たぶん。

ゆめまる　そう、リアルじゃなくなるじゃん。お店で会った二人でさ、意気投合してご飯行ったって感じなのに、「人脈人脈」って言われると、そこに薄っぺらさを感じて。でもまぁ、16歳だからしゃーないのかなぁっていうか、ま、若いんだから仕方ないことかなっていうかね。

虫眼鏡　なんか、意識高いっていうか、ま、そういう感じなんですね。

ゆめまる　そうそう。

しばゆー　なるほど。

ゆめまる　ちょっと早い感じだよね。

虫眼鏡　なるほど。

ゆめまる　**同じタイミングで水飲んじゃあかんやん！**（笑）。今俺飲もうとして飲んだやん！　で、今日しばゆーがゲストなんですけども、今日は流したい曲とか。

しばゆー　流したい曲？　あぁ、いいっすか。僕ね、マキシマム ザ ホルモンっていうバンドが非常に好きで。前も言ったっけ？

虫眼鏡　いや前はね、きゃりーぱみゅぱみゅだった。

しばゆー　そのマキシマム ザ ホルモンが好きでね、よくカラオケなんかでも歌うんですよね。ま、うーん、じゃあ、「F」っていう曲を。

ゆめまる　マキシマム ザ ホルモンの「F」。ドラゴンボールのフリーザのやつの歌ですよね。

しばゆー　あ、そうですそうです。今、ブロリー公開中なので、懐古厨ということで、「F」を。

ゆめまる　**それは却下**で、それではここで1曲お届けします。忘れらんねえよで「Cからはじまる ABC」。

しばゆー　なんなのこいつ。腹立つ。**まじで毎回やんなこれ**。

《曲》

ゆめまる　お届けした曲は、忘れらんねえよで、「Cからはじまる ABC」でした。

虫眼鏡　さて、東海オンエアが東海ラジオからオンエア、東海オンエアラジオ。このコーナーやっちゃいます。東海オンエアの「戦犯を査定しちゃおう！」ま、これもおなじみのコーナーになりつつありますね。

ゆめまる　定着してますよ、ほんとに。

しばゆー　いいコーナーだ。

虫眼鏡　みなさんの失敗談を聞いて、それを大笑いしてやろう、ばかにしてやろう、こき下ろしてやろう、それを見てうまい飯を食おう、というコーナーでございます。

ゆめまる　すごいひどいコーナーだよ、聞こえは。

虫眼鏡　みなさんからの、やらかしてしまったエピソード、いわゆる戦犯エピソードってものなんですけど、それを聞いてですね、我々がその戦犯をどの程度のレベルなのかというものを、我々独自の基準を用いて判定していきます。ちなみにその基準方法なんですけど、しょぼいほうから順番に、小戦犯、戦犯、大戦犯、そしてさらにひどいものになりますと、「ぱんそん」、「いせぱんそん」、「いせぱんしんかんしんそん」、「いもぱんきんたんぱんそん」、となっております。今ではすっかり死語になりつつあるこの尺度をね。

しばゆー　かつて流行ってた表現ですね。

ゆめまる　2年くらい前ですかね。

虫眼鏡　というわけで、今日もたくさんの戦犯エピソードが寄せられているみたいなので、早速聞いてみましょう。それでは、スタート！

——半田市、ラジオネーム上林さん。

〈私は現在名古屋市内の大学に通う、

大学4年生です〉。

ゆめまる　お、名大かな?

虫眼鏡　他にもいっぱいあるだろ(笑)。

――〈これは、私が高校に入学してすぐの6年ほど前の話ですが〉

しばゆー　**一番性欲が強いときですね。**

ゆめまる　ふははは。

――〈私が教室についた瞬間、あまりしゃべったことのない子に、いきなり、あれ?なんか制服違くない?と話しかけられました。なんだなんだ? 変わったコミュニケーションの取り方してくる子だなと思って、ほんと? みんなとなんか違う?と言って、自分の制服を見たら、なんと、中学生のころの制服を着ていました。クリーニングに出していた制服が2つ並んで置いてあり、間違えて着て来てしまったんです。セーラー服の襟の部分が、2本線か3本線かの違いなので、1日くらいならやりすごせると思いましたが、その日、1年生は校歌コンクールというものがあり、1年生が体育館に集合して、各クラスごとに校歌を歌うという催しものがありました。さすがにそれに中学の制服はやばいと思い、教室で号泣しながら親に制服を持ってきてもらうよう連絡しました〉。

虫眼鏡　そんな悲しいか?

――〈その日1日は、先生にいじられました〉。

虫眼鏡　号泣してるのに?

ゆめまる　先生悪い人だね、ほんとに。

しばゆー　ってか、これね、僕まったく同じことを体験したことありますよ。

虫眼鏡　なにやってんだよ(笑)。

ゆめまる　なんか高校のとき、あったよね。

しばゆー　高校の、入学式のときに、高校ブレザーなんですよ。で、ブレザーをお母さんが入学式の日を間違えてクリーニングに出しちゃって、ブレザーがないと。僕、代わりのブレザーなんて何も持ってなかったんですよ。だから、小学校のときの、卒業式かなんかで着た、めちゃくちゃ**パツパツのブレザー**を代わりに着て行こうと(笑)、俺は腹を決めて着たんですよ。でも、ほんとパンパン。パンパンで肩がまったく動かない状態で、僕は入学式に出て、うわっ、**こいつやばいやつだ**、って最初から印象もたれてしまったという(笑)、のがあるんでね、僕からしたらそんなにひどいことじゃないんじゃないかなとこれは。

虫眼鏡　なるほど。しばゆーさんはそのときに、どういう気持ちでした?

しばゆー　あぁ、すごい人に見られてる、**気持ちいい!**っていう感じですね。

虫眼鏡　じゃあ気持ちいいじゃん、これは。

しばゆー　僕、気持ちよかったんですよ、なんか。

虫眼鏡　じゃあしばゆーさん的に、これはどのレベルですかね?

しばゆー　うーん、でも女の子っていうのもあり、そうですね、コンクールもありっていうので「戦犯」くらいですかね?

――戦犯!

虫眼鏡　じゃあこれは「戦犯」で。

ゆめまる　「戦犯」ということでね。

虫眼鏡　では次のエピソード聞いてみましょう。

――福島県、ラジオネーム、ブルースプリングさん。〈僕の大戦犯は、初めてアイドルの握手会に行ったときのことです〉。

ゆめまる　ふーん。

虫眼鏡　戦犯するんだ?

――〈**バッキバキの童貞**の僕は、女の子を前にするとブルってしまうので〉

虫眼鏡　なにがバッキバキだよ(笑)。

ゆめまる　バッキバキの童貞って。

――〈推しメンに伝えたいことを頭の中で何回も練習して、長い列が進むのを待っていました。そして、ついに自分の出番が。推しメンが目の前に来た途端、案の定頭の中がまっしろになり、とっさに、あの、いつもお世話になってます、と言ってしまい、推しメンは苦笑い。そのあとは、運営に消されないかビクビクしながら小走りで家まで帰りました。ちなみに、僕がいつもお世話になっているのは、天使もえさんです〉。

しばゆー　セクシー女優じゃねえか。

虫眼鏡　あぁ、そういうことか。だったら、別にいつもお世話になってますならいいやん。

ゆめまる　いや、並んだのはアイドルで、別件でもえさんだから。

虫眼鏡　普通のアイドルにお世話になってます、って言っちゃって、ほんとにお世話になってるのは天使もえさんだよ、ってこと?

ゆめまる　そういうこ

と。

しばゆー　これは、普通のアイドルに、お世話になってます、って言っちゃったってことだよね。仕方ないですね、頭真っ白になっちゃうのは。

虫眼鏡　うん。こういう頭真っ白になる経験を積んで、大舞台でもね、めげないハートを鍛えていってほしい。

ゆめまる　童貞をあなた卒業しなさい。

虫眼鏡　あははは。たしかに。バッキバキの童貞って聞いた瞬間に、どこがバッキバキなんだよと思ったよな（笑）。

しばゆー　**矛盾してるもん、「バッキバキ」と「童貞」ってワードが。**

虫眼鏡　これはね、なにもあげません。小戦犯もあげません。次のエピソード聞いてみましょう。

――ラジオネーム、あいさん。〈私は、小学校高学年のころから音楽が大好きで、近くのCD屋さんでジャケットだけを見て、よさそうなCDを借りることがマイブームでした。わからない歌詞があったりしたときは、母に教えてもらいながら曲を覚えて楽しんでました〉。

虫眼鏡　頭よくなりそうじゃない？

――〈そんなある日、いつものように近くのCD屋さんで物色していると、もの珍しいジャケットにひかれてCDを1枚借りました。そのジャケットは、真っ黄色の背景に、制服姿の男の子がバットでスイングしているイラストが描かれていました。当時の私はビビッと来て、これは青春ソングだなと思い、ウキウキで帰宅〉。

虫眼鏡　青春ソングでしょ、それは。

――〈母に、今日も借りてきたよ、青春っぽいの。でも、タイトルが読めなくて。歌詞にもたくさん出てくるから教えて、と、歌詞カードを渡して尋ねたところ、母は表情を曇らせてCDを取り上げて、外へ出ていってしまいました〉。

虫眼鏡　え！（笑）。

――〈そもそも、そのCDというのが、GOING STEADY、通称ゴイステの、「童貞ソー・ヤング」というCDでした〉。

ゆめまる　むははははは。

虫眼鏡　童貞かぁ、絶妙だな。

――**〈母に玄関で、何度も何度も、『どうてい』って読むの？　どういう意味？　などと問い詰めていました。**母も冒頭部分に、『若者よ童貞を誇れ！　童貞万歳！』なんて、歌詞カードに書いてあるCDを聞かせるわけにもいかず、即返却に行ったようでした。その意味を知り、母の気持ちを理解するのは、中学生になってからでした。その反動でか、今はこの曲は大好きな曲になりました〉。

虫眼鏡　いやぁ、いい出会いだと思うんですけどね。

しばゆー　いいですね。

虫眼鏡　そしてなんかさ、童貞って別に……。

しばゆー　悪い言葉ではない。この世で。一番エロくない存在だからね、この世で。

虫眼鏡　ふふふ。**この世で一番エロと対極にある存在である童貞をエロい言葉扱いされるのは解せない**よね、たしかに。

しばゆー　そうだね（笑）。**一番この世できれいな存在なんだよ、っていう意味で、お母さん教えてあげればよかったかな。**

虫眼鏡　たしかにね。

しばゆー　『どうてい』って読むんだよ、って。

虫眼鏡　たしかに童貞って言葉、面白いね。なんでこんな日本語生まれたんだろうね。

ゆめまる　誰が考えたんだろうね。

しばゆー　まてよ、さっきのバッキバキの童貞、とんでもないことしてたわ、そういえば。

虫眼鏡　（笑）。

ゆめまる　ブルースプリングさんだね。

しばゆー　あんまり教えちゃいかんかもしれん。

ゆめまる　はははは！

虫眼鏡　**たしかに。汚れてるもんな**（笑）。

しばゆー　天使もえさんゴリゴリに使ってたわ。

虫眼鏡　これどうですか？　ま、お母さんの気持ちになってみたところ。

ゆめまる　お母さんの気持ちになるとやっぱり、ちょっとはあせるんじゃないかな？　小学校高学年の子が童貞の歌を持ってきたらっていう。

虫眼鏡　教えていいかいけないか微妙な年齢ですもんね。

しばゆー　うん、ちょっと早いかなぁ。

虫眼鏡　小学生という個性が入りつつも、判定をお願いします。

ゆめまる　だとまぁ、うーん、「小戦犯」かなぁ。

――小戦犯！

虫眼鏡　からいねぇ。

しばゆー　からい。

虫眼鏡　からいからい。東海オンエアはからいですよ。みなさんが恥をかいたとかそういうのは結構ね、そんなの別にいいっしょ、ってなる（笑）。

ゆめまる　普通普通って言うもんね。

しばゆー　俺ら恥かきまくってるからね、**恥耐性すごいから**。

虫眼鏡　人に迷惑かけちゃったとか、そういうの結構ありますからね。

しばゆー　ものすごい迷惑かけたの多分、ありますけどね。

虫眼鏡　最後の一個ですね。次のエピソード聞いてみましょう。

――（天の声が女性から男性に）静岡県富士市、ラジオネーム。

虫眼鏡　あれ、待ってください、誰ですかこのおじさんは？

――アオリンゴさん。

ゆめまる　初めて聞く天の声ですね。

――〈私は17歳の女子高生です〉。

虫眼鏡　ん？　これ井田さんじゃない？

――〈よく、自慰行為をするんですが、その際に、ネットでいわゆる〝オカズ〟を検索します。そのせいか、予測変換に頻繁に卑猥な言葉が並びます。ある日、母親と買い物にいくときに、メールで「**いつイクッ**」と送ってしまい、慌てて立て続けに、「**イクとき教えてね**」と送りました。しかし、むしろ焦燥感がわかりやすくなってしまったと思い、そのあと、死ぬほど恥ずかしかったです〉。

しばゆー　なるほど。それはちょっとね。

虫眼鏡　イクを検索することある？（笑）。

ゆめまる　イク瞬間とか、そういう系？

しばゆー　自分がイッてるだけじゃん、それ。

虫眼鏡　男は勝手に脳内でカタカナに変換されるけどね。たしかに、送り直すのがマズかったね。

しばゆー　あと予測変換のやり方がちょっと、巧妙じゃないな、ってのがありますよね。

虫眼鏡　あぁそうなんですか？　ちょっと教えてください。

ゆめまる　ほうほう、あるんですか、なんか？

しばゆー　うーん、例えばですよ、**『巨乳』って調べたかったらですよ、『巨人　牛乳』って調べて、余計なものを消す**とか。

虫眼鏡　あぁ、なるほど。

ゆめまる　あ～～。

しばゆー　そういう巧妙なテクニックを使ってないんじゃないかな、この人は。

ゆめまる　そういうのやったことないけど。

虫眼鏡　ゆめまるはチェックされる人いないからだよ。

ゆめまる　そういうことか。

しばゆー　なるほどね、お母さんとか、嫁とか怖いんで、僕はそういうテクニックをつかいますけど。

虫眼鏡　だからデリヘルって調べるときも、デリバリー、ヘルだから、ヘルプとかにして消してるのか、いつも？

しばゆー　うん、そういうこと。バカ！　デリヘル呼んでねーよ。

虫眼鏡　あははは。これはどうですか？

ゆめまる　これはね、なんかなかなか結構恥ずかしいんじゃないかな、と。

虫眼鏡　ちょっと恥ずかしいね。

しばゆー　うん。

ゆめまる　なんだろ？　いつイクだけで止まってれば、まぁまぁってなるけど、そのあとの、イクとき教えてね、って送ってるっていうので。**でも僕もお母さんに彼女の名前送って、好きだよ、って送ったことある。**

虫眼鏡&しばゆー　あははは！

ゆめまる　で、お母さんからは、『私じゃないよ』って来て。あぁ、お母さんごめん、ってなったことあるんで、ま、これはまぁ、ちょっと、うーん、戦犯か大戦犯いきたいんですけども、どうでしょうか？

虫眼鏡　「大戦犯」あげます。

――大戦犯!!

しばゆー　いい戦犯だ。

虫眼鏡　まぁまぁまぁ、ちょっと補正かかってますけどね。

ゆめまる　補正はね。

虫眼鏡　いやぁやっぱり、あれですね、この、まだまだっていうか、「いせぱんそん」レベルが出てこないですね。「ぱんそん」、「いせぱんそん」レベルが。ちょっとまだみなさん恥をかきたりてないんじゃないですか？　恥をかいた系じゃなくて、迷惑をかけちゃった系も戦犯に入りますからね。むしろそっちのほうが重くとらえるからね、そういうジャンルから攻めるのもありかもしれません。以上、東海オンエアの戦犯を査定しちゃおうでした。

ゆめまる いただいたメッセージのほう紹介していきます。東京在住のチノさんからメッセージ。

虫眼鏡 遠くからありがとうございます。

しばゆー ありがとうございます。

ゆめまる 〈私は今高校2年生で、週2で倫理の授業を受けているんですが、倫理を学ぶ中で重要な人物の一人であるソクラテスが毎回のようにでてきます〉。

虫眼鏡 大事ですよねソクラテス。

ゆめまる 〈その際どうしても東海オンエアの動画に登場した、**ソクラテス先生**を思い出して〉

しばゆー **そんな人いました?**

ゆめまる 〈授業中に一人吹き出してしまいそうになります。そのほかにも東海オンエアの動画を見たおかげでいろんな出来事が面白おかしく感じ、人生がより楽しくなったというふうに思っています。そこでみなさんに質問です。学生時代に日常生活に影響をおよぼすくらいハマっていたものはありますか?〉というふうにメッセージがきております。

虫眼鏡 なんだろうなぁ? ハマってたものかぁ。でも僕は、結構中学生とかは、バンドが好きだったね。邦楽のバンドがね。やっぱ邦楽のバンドってちょっとさ、歌詞がひねくれてたりするじゃない。そういう言い回しにカッコいいなぁと思って。いわゆる厨2病。

ゆめまる 厨2病ぽくなってたんだね。

虫眼鏡 変な文章書いてたりとか、そういうこともありましたね。

謎の声 それは、無知の知じゃな。

虫眼鏡 あれ? 誰ですか?

謎の声 え? わしか? わしはな、**無知の知、無知の知、無知の知晴れ、どうもソクラテスでーす!**

虫眼鏡 **ソクラテス先生**、どうしたんですか今日は。

ゆめまる いきなりきましたね。

ソクラテス(しばゆー) どーもー。えー、ソクちゃん呼ばれた気がして。

虫眼鏡 ふふふ。ソクちゃんはなんかハマってたものあるんですか?

ゆめまる 学生時代にハマってたもの。

ソクラテス(しばゆー) ソクラテスがハマってたことか? 昔はよく哲学の話を公園でしとったものじゃの。

虫眼鏡 それは大人になってからのソクちゃんだと思うんですけど。

ゆめまる うん、大人の話じゃないですか?

虫眼鏡 **ソクちゃんの学生時代はなにしてました?**

ソクラテス(しばゆー) 無知の知っていうことは、いろんなことを知っていかないといけないから、もう、**小石をガリガリ食っとったわ。**

虫眼鏡 きゃはははは!

ソクラテス(しばゆー) そんないきなり言うなぁ。小石をガリガリ食っとったぁ。

ゆめまる ソクちゃん、小石食うんですねぇ(笑)。

ソクラテス(しばゆー) 小石は食うじゃろう。なぁ。

虫眼鏡 小石ガリガリ食って、別になんにも得られないでしょ、知は。

ソクラテス(しばゆー) いや、**無を得る**から。

虫眼鏡 あぁ、無知の知の無の部分を得てたんですね、それで(笑)。

ソクラテス(しばゆー) 小石を食うことで、うわぁ小石を食ってもなんも意味ないな、俺って無知なんだな、うん、俺は最低だ、って思うことによってじゃな、人生がより一層豊かになるんじゃ。

虫眼鏡 なるほど(笑)。じゃあ学生時代に小石を食べてたことが、ソクラテス先生の功績につながってるってことですね。

ソクラテス(しばゆー) せいじゃ。

ゆめまる **せいじゃ**、って(笑)。

虫眼鏡 先生はちょっとお帰りいただいて、ありがとうございます。

ゆめまる ありがとうございました。

虫眼鏡 次のお便りいきましょう。

ゆめまる はい。東京都在住の、つっつさんからのメッセージです。

虫眼鏡 つっつさんも東京からありがとうございます。課金してくれてね。

ゆめまる 〈みなさん、女性の下ネタはどこまで許容できますか? 私は大好きなラジオパーソナリティーの方の影響で、会社でつい下ネタを使ってしまい〉

虫眼鏡 ゆめまるじゃない?

ゆめまる 〈上司や同僚に引かれてしまいます。例えば、そんなことないですよぉ、を、そんなことないアナルよぉ、と言ったり〉。

虫眼鏡 は? ダメじゃん。

しばゆー **やば! そいつやば!**

ゆめまる 〈私の乳首は桜色です、2年経つってことは受精卵が2歳児になりますね。アラサーに突っ込むまでは〉……なにこれ、なんて読むんだろう？

虫眼鏡 〈アラサーに突っ込むまでは、生娘設定を貫きます、などなど。私はウケると思ってるのですが、周りの人は女の子なんだから、と言ってあまり笑ってくれません。女性が言っていい面白い下ネタのラインはどこまでなのでしょう？ オナホはアウトでしょうか。同年代のみなさん、ぜひ教えてください〉。いやいや、うーん、まぁ同年代なのかもしれないですけど、問題はそこじゃないと言いますか（笑）。

ゆめまる そんなことないですよ、そんなことないアナルよ、ってさ。

しばゆー そいつ会ってみたいけどね。

虫眼鏡 ゲストに呼んでみたいもん、だって。

しばゆー こいつ戦犯してるよ。これが戦犯だよ。

虫眼鏡 これが「いせぱんそん」くらいしてますけど。なんだろうねぇ、僕はやっぱりおっぱいまでかなぁと思うんですよ。

しばゆー うん。女性は恥じらいをもってこそ、いいのかぁってのはありますよね。

ゆめまる いやぁ、これはすごいですねぇ。どこまでがアウトかっていったら、上半身っていうか、まぁ、かわいいとこまでだよね。おっぱいだとかね。

虫眼鏡 まぁ、東海オンエアラジオにお便りを送る際は、全然困らないので、むしろどんどん送ってください。

しばゆー はい。素晴らしい。

虫眼鏡 私生活のほうでは、ほどほどにお願いします。

しばゆー ぜひ会いたいですね。

虫眼鏡 はい。最後のお便り参りましょう。

ゆめまる 最後のお便りいきます。三重県在住の、はっさんからのメッセージです。〈私は2年半になる1個上の彼氏がいるのですが、最近は一緒に住んでいても家族なみにリラックスできて幸せなんですけど、もっと女っぽい、惚れ直させたい的なことを思うんです。そこでお二人、ゲストさんは女の人のどういうところにキュンとしますか？ 魅力を感じますか？ 教えてください〉。

虫眼鏡 ずっと一緒にいるとさ、基本的に、ま、童貞だったころは一緒にいるだけでドキドキ、手をつないだらそれだけでハッピーだったんですけど、今はね、なんとも思わないじゃないですか。

ゆめまる そうだねぇ。あ、でもなんか、あるのは、ひとつ縛りしてるときかな。髪をかきあげるみたいな、動作には、いまだにキュンってするけど、あと、それ以外のとこは別になんとも思わなくはなってきてる。

虫眼鏡 え、しばちゃんは？

しばゆー 僕の場合はですね、**劇的にマンネリ**っていう部分あるんですけど。

ゆめまる 劇的にマンネリ（笑）。

しばゆー 家にずっといるんでね。

ゆめまる まあね、一緒に暮らしてるんで。

しばゆー 僕が、キュンってするところといったら、僕のお相手と他の男の人が、仲よさそうに話してたりだとか、なんかちょっといい感じに話してるとこを見ると、キュンってする。

虫眼鏡 キュンなの？ チクっとじゃないの？ キュンとするの？

しばゆー あ、キュンですね。

ゆめまる **寝取られ欲**みたいなのがあるってこと？

しばゆー ま、それに近いものかな。

虫眼鏡&ゆめまる あぁ、そうなんだ。

しばゆー 完全に手に入れてしまってると思ってるから、もう。釣った魚に餌はやらない的なテンションで、あんまりかわいいと思わないですよね基本的には。でも他の男と仲よさそうに話してると、あれ？ **俺のものじゃないんじゃね？**っていう精神。

ゆめまる 虫さんは？

虫眼鏡 虫さんはしばゆーのやつ聞いちゃうと微妙だけど、僕髪の毛切ったときとか、あ!ってなる。見た目が変わるからね。ま、あとは、寝てる時って無意識じゃん。無意識なのにこっちに来たりとかすると。

ゆめまる あぁ、はいはいはいはい。

虫眼鏡 **こいつ無意識に求めてやがる。かわいいやつめ**、ってなる。

しばゆー 虫さ～ん、って言ってくるの？

虫眼鏡 虫さんじゃねえよ！ 僕本名、虫だと思ってんのか！ 僕本名、金澤虫眼鏡じゃねーから！

しばゆー ははは！ **名字、名字！**

ゆめまる 上の名字言っちゃったじゃん（笑）!!

虫眼鏡　たくさんのメッセージありがとうございました！
しばゆー　ククククク。
虫眼鏡　今日の放送、いかがだったでしょうか？　しばちゃん、どうでした？
しばゆー　いやぁ非常に楽しいですよ。毎回来たいくらいの。
ゆめまる　楽しかったですか？
虫眼鏡　なんか、ちょっと慣れてきて楽しくなってきたんですよね。最初やっぱ緊張してたんですけど。
しばゆー　なんか、めっちゃ慣れてるね二人とも。
ゆめまる　そうなのかな？
虫眼鏡　慣れたというか、緊張がなくなったんだよ。
しばゆー　co.jpみたいなのも、サラサラサラサラって言って、やべえ、って。こいつらやべえ。
虫眼鏡　ははは。また来てください、しばちゃん。
ゆめまる　来てください。
虫眼鏡　さてここでお知らせです。

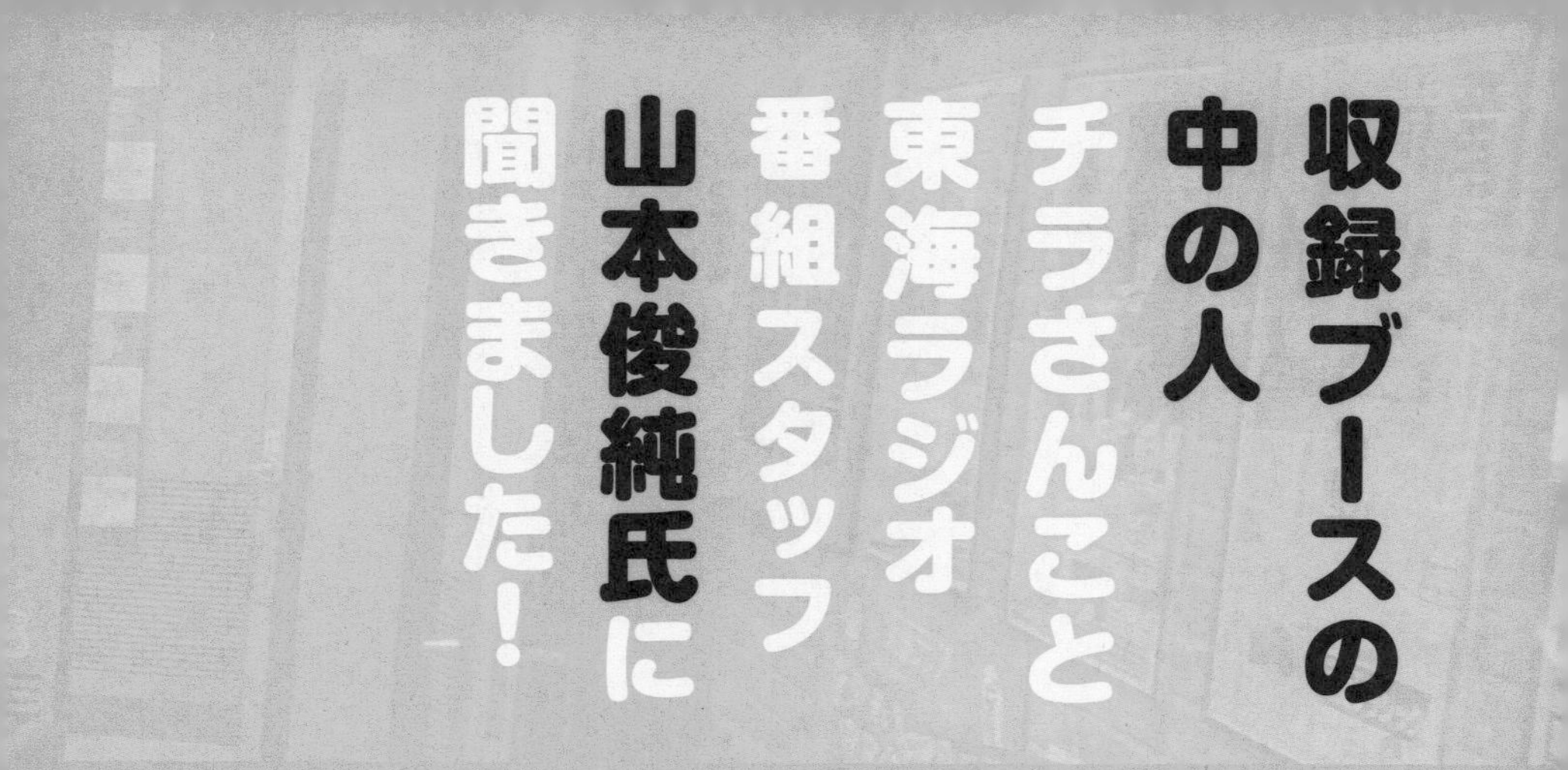

収録ブースの中の人 チラさんこと東海ラジオ番組スタッフ山本俊純氏に聞きました！

チラさんって何者？＆ジングル制作のヒミツ

―"チラさん"という愛称の由来は何ですか？

チラ　この番組が始まるちょっと前に、東海ラジオでユーチューブの生配信をやっていて、局アナと僕が放送作家みたいな感じで担当していたんですよ。そしたら画面に僕がチラチラ映るもんだから、コメント欄で"チラさん"という名前をいただきまして、それをそのまま愛称として使わせていただいているという感じですね。それで「東海オンエアラジオ」が始まるにあたって、うちの局長が東海オンエアメンバーに僕のことを「チラさんって呼んでやってください」って紹介したのがそのまま残って、番組の中でもそう呼ばれるようになったんです。

―チラさんはブースの中にいて、写真を撮っているんですよね？

チラ　そうですね。本来の僕の役割としては、番組ブログにアップするための写真を撮ることです。それがブースの中で放送を聞いているとやっぱり面白いんで笑っちゃうんですよね。そしたら僕の笑い声がだんだん入るようになって（笑）。まあ、構成上笑い声が入るのはいいんじゃない？ということになって、そこから例えば台本の間違いを訂正したり、彼らにいじられたりという感じで今に至っています。

―もう、ある程度チラさんも込みで番組ができあがっているような気もしますが（笑）。

チラ　いやいやいや、そんな（笑）。僕のイメージとしては、リスナーの一人がなぜかブースに紛れ込んでて笑ってるっていうのがいいのかなと思ってます。

―そしてチラさんといえば、何といっても毎回番組後半に流れるオリジナル・ジングルの制作者として欠かせない存在なのですが、あれはどういうきっかけで作り始めたんですか？

チラ　そもそも僕は編成という、いわば番組制作にタッチしない部署での関わりだったんです（※現在は制作に異動となり、制作者として番組に携わっている）。要はネット配信なんかに知識のある人間として番組をお手伝いしていたという立ち位置で。でも元々制作にいたということもありますし、

自分自身も深夜ラジオが大好きなので、何かやりたいなと思って始めたのがきっかけですね。バナナマンさんの深夜ラジオなんかで過去のハイライトがジングルになって流れるじゃないですか、あの感じをやりたいなと思って。でも毎週作るつもりじゃなかったんですけどね。やってるうちに次も次もって自分の中でなっていっちゃって（笑）。

――毎回ものすごい熱量を感じます（笑）。

チラ　ありがとうございます（笑）。何でしょうね、やっぱり毎回彼らが面白いトークをするからネタがたくさんあるということに尽きますね。

――なかでも印象に残っているジングルはありますか？

チラ　何だろう？　でもやっぱり最初に作ったものじゃないでしょうか。てつやさんだったかな、「東海オンエアラジオ」という番組名を言えなくて噛んでしまったという番組開始ならではのドタバタ感とか初々しさをジングルにして残しておきたいなって思ったのが出発点としてはあるので。

――とある回では、より面白いジングルを作るために「パワーワードを欲しい」ということをメンバーにリクエストされていましたが、ジングル制作においてチラさんなりの基準やポイントみたいなものがあれば教えてください。

チラ　リズムに乗せたら面白いパワーワードが出てくるときっていうのと、トークの展開でポンと放たれた一言で一気に大爆笑が起こるとき、大きく分けてこの2種類のパターンがあるんですよ。そういうポイントが基本的には毎回あるので、そこを逃さずに採取するということですね。それが毎回あるというのがそもそもすごいんですけど、だからこそ継続してジングルを作れるっていうことなんでしょうね。

――リスナーからの反響はないんですか？

チラ　ツイッターではいただきます。今日も良かったです、とか（笑）。何だよこのジングル、とか（笑）。反応があるとやっぱりうれしいですね。

2019 01/24

エッチすぎてよくないナースに生電話の回

GUEST
りょう

ゆめまる　いやぁ、年明けて1回目の収録ですけど。

虫眼鏡　あぁそうですね、収録は年明けで1回目ということで、まぁ、ちょっと遅いですけど、あけましておめでとうございます、みなさん。

ゆめまる　あけましておめでとうございます。今年もよろしくお願いします、ということで。

虫眼鏡　東海オンエアラジオが今年も続くように応援してください、みなさん。

ゆめまる　年末年始、東海オンエアのメンバーは世界各国に行ってたじゃないですか。ハワイいったりロンドンいったり。

虫眼鏡　あぁ、ちょうど今日はゲストにりょう君がいるんですけど、僕がハワイ、ゆめまるがニューヨーク、りょう君はなぜか一人でロンドンに。

りょう　なぜかじゃねえだろ。なぜかじゃねえんだよ。くそー。

虫眼鏡&ゆめまる　ふふふふ。

ゆめまる　でね、ニューヨークに行って僕、てつやと二人で。お金を払ってないんですよ、ほぼ。

虫眼鏡　全部強盗？

ゆめまる　強盗じゃない(笑)。食い逃げとかもしてない。ジャンケンで決めてたんですよね、タクシー代とかも。で、てつやばっか負けてて、

りょう　ははは。

後半てつやマジで怒ってた。

ゆめまる　で、なんか、マジで俺負けすぎじゃね？　マジで腹たってきた、みたいなこと言ってて。で、僕がたまに負けたんですね。そしたらてつやがずっと、俺の顔の横で、勝った勝った勝った、みたいなことを言ってまして。

りょう　あいつ最近弱いよね。

ゆめまる　弱い。

りょう　**俺もさっき、ご飯おごってもらったん**だけど、ジャンケンで。まさに今さっき。

ゆめまる　ははは。**てつや最初に出すのが、パーなんですよ。**

虫眼鏡　あぁ、そうなんだ。

ゆめまる　パーで、チョキ出しとけば勝てるっていうのを、僕は見つけてしまいまして。

虫眼鏡　ほうほう(笑)。じゃあこれを聞いてるリスナーのみなさんは全員てつやにジャンケンで勝てるってことですね。

ゆめまる　そういう感じで、僕たちって、**ニューヨークで喧嘩ばっかしてたん**ですよね。だからハワイとかロンドンに行ったの人の感じを、教えてほしい俺に。

虫眼鏡　いやだから、ハワイは、マジで日本でさ(笑)。外国人がいる日本。

ゆめまる　ほんとに？　日本人ばっかなの？

虫眼鏡　ばっかではないけど、まぁ、40%くらいが日本人で、40%がデブな外国人で、20%くらいがきれいな外国人って感じ。

ゆめまる　そうなんだ。

りょう　日本語で困らないよね、あそこは。

虫眼鏡　基本的に店員さんが日本語で接客してくるの。

ゆめまる　そうなんだ。いらっしゃいませ、みたいな感じで？

虫眼鏡　うん。僕たちハワイアン航空って飛行機で行ったんだけど、機内食食べるのに、「フィッシュ or ビーフ」みたいなさ、あるじゃないですか。それめっちゃフランクに、「食べる？　ごはん食べる？」って(笑)。

ゆめまる&りょう　ははは。

ゆめまる　そんな感じなんだ。

虫眼鏡　ハワイはね、外国じゃないですよ。

ゆめまる　ロンドンは？

りょう　俺はもう、行きの飛行機から日本語が通じなくなって。ロンドンは、とはいえ英語だからね、英語の国だから、別にそんなに、ニューヨークと変わらなく、困ることもなく。難しい会話はできないけど、生活するぶんには別に困らないね。

ゆめまる　すごいな、一人で行ってそんなこと言えるの。

虫眼鏡　ね。ちょっと聞いたけど、**英語で女の子ナンパしてた**もんね。

りょう　あぁ、言ってたね。

ゆめまる　しゃべりかけたの俺だけど、ライン聞いたりご飯誘ったりしてくるのは向こうだから。

りょう　すごい、向こうも積極的な方でね、いいですね。

ゆめまる　で、てつやと二人で行って、てつやがずっと言ってたのが、I want to…って適当なこと言ってて、一切通じなくて。向こうが気付いて、こっちですよ、みたいに言ってくれて。大変なニューヨークでした、僕は。楽しかったですけどね。

虫眼鏡　あぁそうなんだ。

りょう　大変だった?

ゆめまる　大変っていうよりも、大変な場面もあったけど……。

りょう　さっき聞いたけどさ、水がほしくて、英語の授業で、ワラって習うじゃん。水って。で、**ワラって言ったらバターが出た**らしい。

一同　(笑)。

ゆめまる　で、俺が、てつやがお店の人にワラって言って、バター?みたいに聞いてて、バター来るぞこのままだと、って、放置してたの。そしたら帰ってきて、バターやるよ、みたいな。

虫眼鏡&りょう　ははは。

ゆめまる　で、**Noバター!**

ゆめまる　No、ウォーター、って言ったら、あぁウォーターね、って水持ってきて。

りょう　ウォーターでよかったね。

ゆめまる　結局ウォーターでよかったんですけど。ま、今夜も#東海オンエアラジオで聴いてる人はつぶやいてみてください。東海オンエアラジオ!　東海ラジオをお聴きのあなた、こんばんは。東海オンエアゆめまると。

虫眼鏡　虫眼鏡だ。そして今日のゲストは。

りょう　ヘイヘイ、俺がりょうだぜ、Say Yeah!

虫眼鏡　りょう君でございます。りょう君の、俺がりょうだぜ、Say Yeah!も、4月末までだよね。

りょう　そうなんだよ。

虫眼鏡　だからもうカウントダウン。

りょう　長いよ、まだ。長いんだよ、**罰ゲームでこの長さおかしいでしょ!**

虫眼鏡&ゆめまる　ははは。

りょう　罰ゲームと言えばゆめまるもね。

ゆめまる　王冠かぶってますけども。

りょう　1週間でしょ?

ゆめまる　1週間。

りょう　きついだろうけど、きついというかまぁ、気持ち悪いけどさ。

ゆめまる　なんかこれ慣れちゃって。

虫眼鏡　ゆめまる、王冠をね、日常生活でもかぶり続けてるらしいんだけど、きつそうに見えないんだよね。

りょう　そう。今日なんてさ、朝、別の仕事があったじゃん俺ら。で、なんか、入り時間が早くてさ、ちょっと早めに着いたのか知らないけど、俺もゆめまるも別の車で、それぞれの車で寝てたの。で、俺がゆめまるを起こしに行ったんだよ。そしたらゆめまる、**王冠をアイマスクにして寝てた。**

虫眼鏡　ははははは!

りょう　**慣れすぎ慣れすぎ**(笑)。

ゆめまる　電話で起きたんだけど、りょう君最初わけわかんない、怖い人だと思って、めちゃくちゃびっくりした。うわぁ、誰!?　みたいになって。なんだ、りょう君か。出るわ、みたいに。

虫眼鏡&りょう　ははは。

りょう　ゆめまるのほうがおかしいから、どう考えても。王冠は。

虫眼鏡　昨日僕もゆめまると一緒にジム行ったんだけどさ、**ジムに王冠かぶってる人が走ってる**の、よくないなと思ったんだけどさ、こいつ全然気にせずに走るしさ。ジムにお風呂ついてんじゃん。これ入っていいのかよって。

ゆめまる　で、最終的にね、これはダメだねって、やめたんだけど。

りょう　本人は気にしないんだよね、あんまり。

ゆめまる　全然気にしないですね。えー、この番組は、愛知県・岡崎市を拠点に活動するユーチューバー、我々東海オンエアが名古屋にある東海ラジオからオンエアする番組です!

虫眼鏡　ゆめまると、僕虫眼鏡が中心となってお届けする30分番組。なんですけど、年が明けて、久しぶりにこの東海ラジオのスタジオに来たわけですよ。そしたらね、普段は局長がいて、チラさんって僕たちの写真撮ってくれるお兄さんがいて、プロデューサーさんがいて、ってなるんだけど、今日一人しかおらん（笑）。**削減されてない、予算？**

ゆめまる　これはねぇ、番組終わっちゃいますよ。**徐々に終わりに近づいていきますよ。**

虫眼鏡　ほんと、**みんながお便り送ってくれ、**まじで。

ゆめまる　最終的に僕たちのバディさんがね、音響とかやり始めたりするかもしれないんで。

虫眼鏡　それサブチャンでいいやん（笑）。家でやりゃあいいやん僕たちが。

ゆめまる　ははは。

虫眼鏡　ってなわけで、我々の中では新年1発目の曲紹介になるわけですけど。ま、あのノリはほんとにやめよう。ゆめまるが、僕たちがやりたいって言ってるのに、ゆめまるが変な曲を紹介するのやめましょう。なんとなくゆめまるが紹介した曲は僕もね、ここまでの、15回やってますから、わかってきました。僕が提案しますわ、ゆめまるに。

ゆめまる　わかりました。

虫眼鏡　これ、ゆめまる好きっしょ、って言って。

ゆめまる　もう掴んでるのかな、って思うんで、お願いします、ぜひ。

虫眼鏡　はい。今日は、ゆめまるさんに流してほしい曲は、THE BLUE HEARTSの「人にやさしく」です。

ゆめまる&りょう　あぁーーー。

ゆめまる　いい歌ですよ。

虫眼鏡　これは渋いしね、ゆめまるの好みにも合ってると思います。

りょう　いいね。ぽいぽい。ゆめまるが言いそう。

ゆめまる　大好きですよこれ。

虫眼鏡　はい。よろしくお願いします。

ゆめまる　それではここで1曲お届けします。THE BLUE HEARTSで「パンク・ロック」。

虫眼鏡　くそー!!

《曲》

ゆめまる　お届けした曲は、THE BLUE HEARTSで「パンク・ロック」でした。

虫眼鏡　いじわるやん、それはもう。

ゆめまる　おしい！

虫眼鏡　おしいじゃねーよ!!（笑）。

ゆめまる　おしい！

虫眼鏡　ひねくれもんやん！

ゆめまる　ま、次こそは、当ててください。

虫眼鏡　じゃあ、次はりょう君に任せます。

りょう　はい。

虫眼鏡　さて。東海オンエアが東海ラジオからオンエア。東海オンエアラジオ、このコーナーやっちゃいます。

ゆめまる　「気になるあの、戦犯エピソードを、事情聴取しちゃおーう」。

虫眼鏡　お前さ、それ悪い癖だってば（笑）。エコーかかってるかどうかチェックするために、一回途中で切るのは。

ゆめまる　はははは！　あのね、気になるあの、って言った瞬間に、あれ？あのってなんだ？みたいになっちゃったのよ。だから一回ちょっとストップしたんだけど、パッって行きたかったですね。

虫眼鏡　はい（笑）。これはですね、僕たちね、あなたの戦犯エピソードを判定しようって言ってね、みなさんからやらかしエピソードを聞いて、それはすごいやらかしだから反省したほうがいい、とか、それはしょぼいやらかしだから気にしなくていい、っていう、そういう何様だっていうコーナーをやっているわけなんですけど、ま、ちょっと前に生放送のときに、みなさんから、その戦犯エピソードを募集して、生電話で戦犯を判定するというコーナーがあったんですよ。

ゆめまる　やりましたね。

虫眼鏡　そのときに、**フラワーさんというド変態**がいたわけなんですけど。

ゆめまる　あのヤバい方ですよね。

りょう　どんな方ですか？

虫眼鏡　まぁまぁ、あとで話あると思うんですけど、自分の彼氏のお尻に、アポロってわかります、チョコ？

りょう　わかりますよ。

虫眼鏡　あれを入れる遊びをしてたら。

りょう　おい！

虫眼鏡　彼氏が喜んだっていう話をして（笑）。

ゆめまる　彼氏がハマっちゃったんだよね。

りょう　うわぁ、意味わかんない。

虫眼鏡　あれでも、たしかにハメやすそうな形してるけどさ。

ゆめまる　ちょうど**シワと凸凹がパズルみたいに**ね。

虫眼鏡　おい！（笑）。

りょう　たしかに（笑）。

虫眼鏡　カチャって。

りょう　食えんやん。ふざけんなよ。

虫眼鏡　そのときにね、フラワーさんって方にね、お電話させていただいたんですけども、ま、フラワーさんは今言ったアポロのエピソードをしてくれたんですけど、ほんとは僕たちは聞きたかったエピソードはそれじゃなかった。つまりこの人は、いくつもエピソード送ってくれてるんですよ。

りょう　え？

虫眼鏡　**こいつはマジでやばい**。本当に。

りょう　最初のやつがやばかったのに、また今からかけるの？

虫眼鏡　もっとすごいのがありましてね。今回は、再び今電話つながってるので、今回は特別にフラワーさんの戦犯を事情聴取して、叱りたいと思います。りょう君、しかってください。

りょう　任せてくださいよ。

虫眼鏡　お電話つながっているでしょうか？　フラワーさん？

フラワー　はい、**もしもし**。

ゆめまる　**もしもし**。

虫眼鏡　東海オンエアの虫眼鏡です。

ゆめまる　ゆめまるです。

りょう　りょうだよー。

フラワー　はい、こんばんは。

虫眼鏡　あ、御無沙汰してまーす。

フラワー　はい。

虫眼鏡　今年もよろしくお願いします。

フラワー　お願いします。

虫眼鏡　でね、今軽く言いましたけど、このフラワーさんって人はですね、彼氏のお尻にアポロを入れてプレーしたというクソ変態なんですけど、他にもエピソードがあるんですよね？

フラワー　はい、あります。

虫眼鏡　言いなさい！

フラワー　（笑）。**看護学生時代の話なんですけど、当時付き合ってた彼を、夜勤中に招き入れまして**。

ゆめまる　招き入れたんだね。

りょう　看護学生の身分で。

ゆめまる　すごい。

フラワー　で、イチャイチャしてたんですけど、それだけじゃ満足できなくなったので、**普段しない姿で合体**して。

虫眼鏡　**不埒な姿で合体**、どういうことですか？　ちょっとよくわからないですね。

フラワー　普段しない姿。

ゆめまる　あ、普段しない姿。

虫眼鏡　あ、普段しない姿ね。

ゆめまる　どんな姿ですか？

フラワー　えっとね、**壁に手ついて、立ちバックみたいな**。

虫眼鏡　うん。セックスしてるね！　うん。

ゆめまる　やってんな。**パコってんな**。

りょう　すご。

フラワー　あげく、結局合体終わった後に、お着替えしてるときに、**先輩ナースに見つかって、二人で説教くらった**っていう。

虫眼鏡　当たり前じゃないですか。

りょう　当たり前です。

ゆめまる　しかも今も現役看護師ですけど、バレた段階で学生クビですからね。普通にもう来なくていいよって言われるんですけど。

フラワー　うふふふ。

虫眼鏡　そっかそっか、看護学生だったんですね。ちょっとこれは事情聴取ということでね、我々の質問に正直に答えてください。もしも嘘をついた場合は偽証罪が適用される場合もありますので答えてくださいね。

フラワー　はい。

虫眼鏡　しかし答えたくない場合はあなたに黙秘権があるので答えなくても結構です。

フラワー　はい、わかりました。

虫眼鏡　ゆめまるさん、なんか質問あるでしょうか？

ゆめまる　まぁやっぱりすごく気になるのは、やっぱ看護学生で薬を扱うじゃないですか。ピル飲んでナマでやってた？

虫眼鏡　なんで！（笑）。どうでもいいじゃんそこは！

りょう　最初にそこ？

フラワー　（笑）。

虫眼鏡　そこめちゃめちゃどうでもいいからな別に（笑）。

ゆめまる　そこ大事だから！　**学生の身分でナマでやっちゃダメだぞ！**って。どうなんですか、そこは？

フラワー　え？　ピル飲んでなくても生でしてました。

虫眼鏡&ゆめまる　**最悪！**

ゆめまる　こいついかん。

虫眼鏡　おじさんはわからないわぁ。

ゆめまる　わからん。

りょう　わかんないよ、これはよくないよ。

虫眼鏡　今、**戦犯ランクがグングン上がってます**からね。ちょっと、わたくしからも質問させていただいてよろしいでしょうか。今、彼氏を招き入れたというふうにおっしゃいましたけど、ま、僕はね、この話聞いたときに、今看護師さんって男もいるじゃないですか。そのお友達看護師さん、もしくは、夜勤のドクター。玉の輿狙いのドクターとやってんのかと思いましたけど、そういう感じなんですか？

フラワー　いや、じゃなくて、ほんとに、救急車が入るような入口から、ちょっとちょっとこっちから入って、って入れて、**休憩室でやっちゃいました。**

虫眼鏡　**なにやっとんだ!!**

フラワー　うふふふふふ。

ゆめまる　看護師やめろー。どういう気持ち？　ムラムラして止まらないの？

虫眼鏡　ナースコールきたらどうするの？　どうされました?って言うの？

ゆめまる　ど、ど、ど、どうされ、され、ました。

虫眼鏡　お前がどうされましただよ!!

フラワー　そのときは、ナースコールあんま鳴ってなかった。

ゆめまる　個人情報だらけのところにね、部外者呼ぶのはダメですよ。

虫眼鏡　まぁまぁ、だからこそ戦犯エピソードなんですよね。

りょう　なんで呼んだの？

フラワー　だから、寂しかったから。

りょう　やばいですよ、すごいな。

ゆめまる　よく看護師やれてんな今も。

虫眼鏡　よくAVとかでさ、看護師さんが患者さんにエッチなことするみたいなのあるじゃないですか。

りょう　やりそう。

虫眼鏡　それやってないですか、あなた？

フラワー　そこはまだ、やってない。

虫眼鏡　あぁこれからですね、それはじゃあ。

ゆめまる　やろうとか思ったこともない？

フラワー　**チラつくけど、**まだ。

ゆめまる　チラついてんだこいつ!!

フラワー　（笑）。

ダメじゃん。

りょう　じゃあ、外では会ってるんだ？　患者さんと。

フラワー　あ、退院した後とかでしょ？　だったらOKかな。

一同　**あははは！**

りょう　僕いきますね。

虫眼鏡　卒業したらOKな学校の先生みたいな感じなんですね。でもほんとにさ、バレた後にさ、すいませーんって言って、次の日からまた行ったってこと？

フラワー　その先輩は、そこで怒っただけで、他にはバラさなくて。

りょう　うわぁ、すご。

ゆめまる　いいナースだなぁ、その先輩。

虫眼鏡　なるほどね。

りょう　たまたまじゃあ、助かっただけだ。

虫眼鏡　はははは。まぁ、ナースとしては非常に**エッチすぎてよくないナース**ですけどね、**我々のリスナーとしては非常にいいリスナー**ですね。はい。

フラワー　ありがとうございます。

虫眼鏡　フラワーさん、あなた次回からラジオネーム、アポロさんに変えてくださいね。

フラワー　わかりました（笑）。

りょう　まだ持ってんだろうなぁ。

ゆめまる　あるなら聞きてー、もっと。

虫眼鏡　あるでしょうね。またこれからも東海オンエアの、東海オンエアラジオにお便り送るように。それがあなたの懺悔ですから。

フラワー　わかりました。

虫眼鏡　最後にりょう君に戦犯判定してもらうから。りょう君、このエピソード、いくつですか？

りょう　いもぱんきんたんぱんそん！

虫眼鏡　もちろん最上級。

——いせぱんしんかんしんそん！

虫眼鏡　違う！　もう一個上もう一個上！

——いもぱんきんたんぱんそん！

虫眼鏡　それ。「いもぱんきんたんぱんそん」です。

ゆめまる　おめでとうございます。

フラワー　ありがとうございます（笑）。

虫眼鏡　これ珍しいですよ、イモをあげるのは。

フラワー　はい。

ゆめまる　さすがにイモでしたね、これは（笑）。

虫眼鏡　これはすごい。じゃあ次また患者さんと何かありましたら、我々のね、妄想のおかずになりますんで、送ってください。ありがとうございましたアポロさん。またよろしくお願いします。

フラワー　はい。ありがとうございました。
ゆめまる　いや、すごい方でしたね。
虫眼鏡　でもちょっと嬉しいけどね。こういう人が世の中にいるっていうのは、男としてはうれしいことですけど。
りょう　**夢あるよね**、患者で入院するときの。こんなナースいたらね。
ゆめまる　うん。手コキくらいされてえもんな、俺。
虫眼鏡　ふふふ。てつやが入院したときにさ、かわいい看護師さんいるかなぁと思って、ちょっとだけわくわくしたんだけど、結構ベテランさんばっかりだったから、なーんだと思って(笑)。
ゆめまる　みんな重鎮だったからね(笑)。えー、「気になるあの戦犯エピソードを事情聴取しちゃおう！」でした。

——今週の、ジングルで批評。虫眼鏡さん、去年最後12月27日の放送、5分10秒ごろ、曲紹介をしながら、何かいやらしいことをしてましたよね？　イッちゃってましたよね？〈虫眼鏡　じゃあまたね、早速曲紹介のほうしていきたいんですけども、**もうイグ、もうイグ**〉——番組中は我慢してね。東海オンエアラジオ！

虫眼鏡　これ作ったの誰ですか？　クビにしたほうがいいよ。
ゆめまる　これやばいな！
虫眼鏡　だからチラさんクビになったのかな、じゃあ。ダメですよ、人の声素材を切り取って、変なフォーマット作るの(笑)。
ゆめまる　イグって、点々ついてるからね(笑)。
虫眼鏡　めっちゃ難しい音を切り取ったねえ。でも今後、誰されるかわかりませんから、きれいな日本語を使っていきましょう。
ゆめまる　僕にもくるかもしれないんで。
虫眼鏡　いや、おもろかったですね。
ゆめまる　それではここで、いただいたメッセージのほうを紹介していきます。
虫眼鏡　ふつおたのコーナー。
ゆめまる　あのですね、戦犯今日やったじゃないですか。ま、メッセージのほうでも戦犯が来てまして、蒲郡市に住んでる、みきちゃんさんからの戦犯エピソード。〈高校のとき、水風船を窓から投げて停学になりました。職員室に呼ばれ警察の取り調べのように先生が、入れ替わったり立ち替わったりしながら、自分がやりましたと告げました〉というのがあるんですけども、戦犯だったんで繋がりで読んだんですけども、これは実際戦犯レベルだったらどれくらいですかね？
虫眼鏡　え？　こんなんだって、思い出でしょ、こんなの。
りょう　うん。だよね。
ゆめまる　思い出かぁ。結構、水風船窓から投げる女子って、結構ランク高くねぇ？みたいな。
虫眼鏡　ま、たしかに(笑)。そっか、みきちゃんさんだもんね。女の子が水風船を窓から投げてたら多分ヤンキーだわな、それは。
りょう　でもまぁ、怒られちゃった、でいいでしょ？
ゆめまる　あぁ。
虫眼鏡　で、職員室から帰ってきて、うぜー！で帰ってきて、もう！で終わる話だからね。これは。
ゆめまる　じゃあ平和的な感じで戦犯のランクにも入らないくらいですかね？
虫眼鏡　うんまぁ、「小戦犯」あげてもいいよぉ、くらい。
ゆめまる　じゃあ「小戦犯」ということで、これは。

——小戦犯！

ゆめまる　はい、じゃあ次のメッセージを読みます。ペンネーム、りかこちゃんさんからのメッセージです。〈最年長は私、53歳ではないかと〉。
虫眼鏡　お、りかこちゃんさん、53歳なの？
りょう　いいね。
虫眼鏡　こういった方に聴いていただけると我々はね、うれしいですよね。
ゆめまる　〈息子にすすめられて動画を見始めたのですが、数か月前、ちょうどラジオも始まって大好きになりました〉。
虫眼鏡　ありがとうございます。
ゆめまる　〈さて、質問です。虫君はいつから女子に対して古風な考えを持つようになったんですか？古風な女の子の魅力ってなんですか？〉。
虫眼鏡　あぁ、いつからっていうか、親がそうなのよ。
ゆめまる　あぁぁ。
りょう　専業主婦みたいなこと？
虫眼鏡　そう、お母さんも専業主婦だし、お父さんもわりと亭主関白系な方で。なんか昔から僕はお母さんは家にいてほしいな、っていうふうに思ってたから、いつからですか？って言われるとムズい。

ゆめまる　生まれたときからの生活で、って感じになっちゃうね。
虫眼鏡　ですね。
りょう　でもその家庭が好きとは言わないじゃん虫さん。
虫眼鏡　そうなんだよね。そこがね、難しいとこなんだよね。
りょう　実は好きなんじゃないの、じゃあ。
虫眼鏡　いやなんか、言うやん、結局さ、お母さん嫌いとか言ってても、結局連れてくるお嫁さんはお母さんに似てる人とか言うやん。そうなのかもね。たしかに、ウチのお母さんはちょっと古風というか、大人しい系なのよ。で、そういう人が好きなのよ。でもお母さんは好きじゃないのよ。
りょう　あははは。
ゆめまる　ま、それはありますけど。
虫眼鏡　これいかに?って感じですよね。
ゆめまる　この人、まだありまして、希望のコーナーっていうか、コーナーのほうにも応募されてまして。
虫眼鏡　あら、ありがとうございます。
ゆめまる　希望のコーナー。〈局長さんのことをもっと知りたいのコーナー〉。
虫眼鏡　あはははは。
ゆめまる　すごいことを言ってるんですけども、ま、局長さんいるときに是非とも。
虫眼鏡　局長さん結構いたずらしてきますからね。知ってるりょう君?　クリスマスソングを紹介するっていうコーナーがあって、僕ととしみつとゆめまるが1曲ずつ曲を紹介して、この中で局長が好きな曲を1曲選んでくれます、って言ったら、局長全然関係ない自分の好きな曲を流して。
ゆめまる　洋楽を流して。
りょう　クリスマスでもないってこと?
虫眼鏡　一応クリスマス。
ゆめまる　一応クリスマスなの。
りょう　へぇ、ふざけるね。
虫眼鏡　局長に相談しておきましょう。
ゆめまる　ぜひやってみたいと思います。
虫眼鏡　今のとこ僕ら言える情報は、局長も痔がある、ってことくらいですね。
りょう　へぇ。
ゆめまる　あと、笑ってたらなんとかなってる、っていう判断基準でラジオをやってる、僕たちは。それじゃ、次のメッセージいきます。ペンネーム、なっこさんからのメッセージです。〈私は野球と東海オンエアが好きな静岡に住む20代女性です〉。
虫眼鏡　おぉ、素晴らしい。僕やん、それ。
りょう　いいね。そうだね、俺もだわ、だったら。
ゆめまる　〈最近とても悲しいことが起こりました。中学のときから12年間応援していて、一番大好きな選手が違う球団にトレードで行ってしまいました〉。
虫眼鏡　うん?　静岡で?
ゆめまる　〈もちろん今までどおりその選手のことを応援するつもりですし、球団も応援するつもりですが、その球団一筋という選手だったので、まさかのトレードでショックが大きくて立ち直れません〉。
虫眼鏡　ゆめまるさん知らないと思いますけど、今年はですね、フリーエージェントがありましてね、錚々たるメンツが動いてるわけですよ。
ゆめまる　それってやばいことなの?

歴史的にやばいの?

虫眼鏡　やばいというか、仕方ないことなんですけど。我らがドラゴンズは、相も変わらず何も起こらなかったんですけど(笑)。まぁ、静岡に住んでるからやっぱ巨人なのかな?
りょう　巨人っぽいね。人的補償でしょ。
虫眼鏡　巨人さんは、フリーエージェントっていってね、他の球団の選手をゲットした代わりに、お返しみたいなのがあるんですよ。
ゆめまる　あー。
虫眼鏡　それで、巨人にしか俺は入らないぜ!って言って、他のドラフトを蹴って入ってきた選手がとられちゃったりとかして。だから巨人ファンはきついんじゃないかな。
ゆめまる　なんだよ、みたいな感じになっちゃうんだね。
虫眼鏡　うん。
りょう　愛される選手二人が抜けたからね、その人的補償で。どっちかだろうね。つらいよね。
虫眼鏡　これはつらい。ドラゴンズだったら、大島とか吉見とか、そういうレベルのね。つらいでしょ、ゆめまるもそんな。
ゆめまる　うーん、僕わかんないけどぉ、**お母さんトレードされたらやっぱ困るから。**
虫眼鏡　違う違う(笑)。**ちょっと違うね。**

ゆめまる　まぁ、そんだけ結構大きいことだったんだね。そのトレードっていうやつは。
虫眼鏡　そうよ。
りょう　選手は応援するけど、チームは変わらず、って感じだよね、そういうのがあっても。
虫眼鏡　だからね、東海オンエアの中で誰かがフリーエージェントで出ていったとしても、これからも東海オンエアを応援し続けますよ、みたいな。そういうもんですわ。悲しいけど。
ゆめまる　わかりました。なんとなくわかりました。
虫眼鏡　**ゆめまるはFAしないでね。**
ゆめまる　FAされちゃうかもしれない。あ？　自分でするの、あれは？
虫眼鏡　そうそう。
ゆめまる　そうなんだ。それも知らんから。
虫眼鏡　されちゃうのは戦力外通告(笑)。それはきつい。
ゆめまる　あ、クビってことでしょ？
虫眼鏡　たくさんのメッセージありがとうございました。さて、今日の放送、いかがでしたでしょうか？
ゆめまる　楽しかったですね。
虫眼鏡　りょう君がゲストだと落ち着いてしゃべれるね。
ゆめまる　うん。
りょう　え、そうなの？
虫眼鏡　ちゃんとやりたいことできるわ。
ゆめまる　しばゆーのときとかもう…。
りょう　彼はしょうがないよ。
ゆめまる　暴れん坊だったから(笑)。
虫眼鏡　てつやのときとか、盛り上がりすぎて時間がめっちゃ押して、後ろのほうないとか。
ゆめまる　めちゃくちゃ早口になっちゃったりね。
虫眼鏡　ちゃんと時間通りいきますからね。さて、ここでお知らせです。

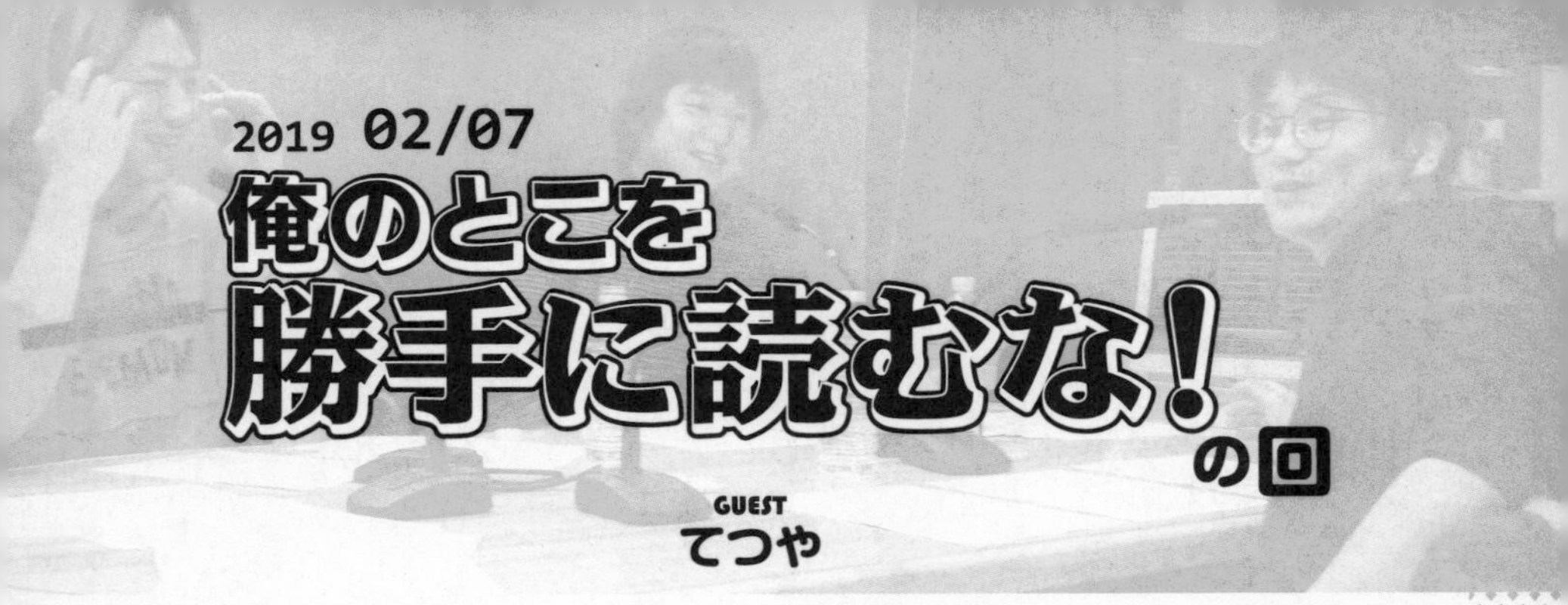

2019 02/07

俺のとこを勝手に読むな！の回

GUEST
てつや

ゆめまる　本日も始まりました東海オンエアラジオ。

虫眼鏡　始まりました。

ゆめまる　今日はゲストのほうで、てつやが来てるんですけども。

虫眼鏡　**てつやって誰ですか？**

てつや　リーダーだよ！　**お前らのリーダーだよ！**

ゆめまる　メンバーのことを忘れるという虫さんの（笑）。

虫眼鏡　わからない人もいるかな、と思ってね。

ゆめまる　あぁ。東海オンエアのリーダーですね。

てつや　はい。

ゆめまる　てつやさん昨日、どうやら**京都に行ってた**みたいで。

てつや　あぁ、そうなんですよ。今日、まだ録ってる段階ではツイッターとかでもなにも言ってないですけど。

虫眼鏡　これから言うつもりがあったの？

てつや　一応、インスタ映え写真撮ってきましたんで。

虫眼鏡　あぁ、そうなんだ。

てつや　インスタのフォロワー増やそうかなと思って。5年前に京都に行ったことがあって、動画にもしてるんですけど、その懐かしの場所に行ったりしてね。

ゆめまる　免許のときの京都かな？

てつや　あ、そうそう、バイクの免許合宿で行って。千本鳥居？　伏見稲荷大社の。あそこ行って、5年前と同じ場所で同じ挨拶をする動画を撮ってきた。

虫眼鏡&ゆめまる　おぉ、すごいね。

虫眼鏡　そんなに余裕あったの？

てつや　普通にあれだよ、ツイッター動画用だけどね。携帯でパッと撮って。

ゆめまる　携帯で何十秒のね。

虫眼鏡　河原町のオーパでオーパする動画も撮ってきた？

てつや　それは撮ってない（笑）。

ゆめまる　てつやその京都はさ、**誰と行ったの？**

てつや　お？　**え？**　なに？

ゆめまる　誰と行ったの？

虫眼鏡　一人で行くわけないな、そういえば。

ゆめまる　一人で行くわけないからさぁ。

てつや　なに？

ゆめまる　だから誰と行ったか。

虫眼鏡　ほんとはこのラジオも昨日録ろうって言ってたんだよ。

ゆめまる　そうだ。

虫眼鏡　だけどてつやが、俺はその日用事があるから無理だ、って言われて、チッ、ウザッと思いながら、ま、じゃあ今日でいいや、って今日になったんだけど。え、なんか、**大事なお母さんとか、そういうこと？**

ゆめまる　あ、家族ね。親孝行してるっていう。

虫眼鏡　それはしょうがないなぁ。

てつや　**女だよ!!**

虫眼鏡&ゆめまる　**お母さん？**

てつや　違う違う（笑）、**母親のこと女って言わねーだろ！**

虫眼鏡&てつや　ははは。

てつや　クリスマス一緒に過ごした子がね、京都行きたいって言うから、じゃあ行くか、って一緒に行ってきたんですよ。

虫眼鏡　なんで、**好きなの？**　てつや。

てつや　え？　俺が？

虫眼鏡　てつや好きなの？

てつや　好きって、あれだよ、**彼女にしたいとかじゃなくて、**普通にちょっと……なんて言うの？　いっぱいいる好きのね。いや、ここにいるあなたたちと、後ろにいるスタッフさんたち、みんな好きじゃないですか。そういうことですよ。

虫眼鏡　でも、僕とゆめまるが今日ラジオやろう、って言ったやつよりも、そっちに行ったわけやん。ということは俺とゆめまるより好きやん、それは。

てつや　いや、二人は空けれるやん。向こうは仕事の休みとかがあるからさ。ね。どっちもどうしようもないってなったらラジオ選びますよ、それは。ねぇ。どうだ?

――なっ!!

ゆめまる　ははは。チラさんが噴いてるよ。なっ!!って。

てつや　あんな噴き方ある?(笑)。**な!!って噴き方ある?**

虫眼鏡　ふふふ。今夜も#東海オンエアラジオで聴いてる人はつぶやいてみてください。

ゆめまる　東海オンエアラジオ!! 東海ラジオをお聴きのあなた、こんばんは! 東海オンエアのゆめまると!

虫眼鏡　虫眼鏡だ! そして今日のゲストは、

てつや　てつやでーす! お願いしまーす。

ゆめまる　この番組は、愛知県・岡崎市を拠点に活動するユーチューバー、我々東海オンエアが名古屋にある東海ラジオからオンエアする番組です!

虫眼鏡　ゆめまると、僕虫眼鏡が中心となってお届けする30分番組なんですが、今日は25分間くらいをね、てつやの京都の話で進めていきたいと思います(笑)。

てつや　いらんだろ! もうほぼほぼ終わったわ。

ゆめまる　なにそれ? 付き合おうとか思わないの?

てつや　思わないよ、今彼女いらないもん。

ゆめまる　でも、そんだけできるってすごくない? そういう、あんまり気がない子に対してさ。

てつや　うーん。

虫眼鏡　だって泊りじゃないんでしょ?

てつや　そうね、日帰りだったね。

虫眼鏡　じゃあエッチしないってこと?

てつや　うーん、いやぁ、前日にウチに泊まって一緒に。

虫眼鏡　あ、前泊ね。

てつや　そうそう。

虫眼鏡　あ、前泊で岡崎でエッチしてから京都行ったと(笑)。

てつや　いやでもなんか、一緒に寝るじゃん。一緒に寝て、よーしってと思ったら、**ヒホウがあります**、って言われて。

虫眼鏡　うふふふ。ヒホウって「**秘宝」の方?**

てつや　ちげーわ。**「悲報」だよ。**ほんとの悲しい報告があると言われて。ま、察したわけですよ。

虫眼鏡　でもてつや関係ないじゃん。

てつや　いや、ちがうちがう(笑)。

虫眼鏡　サブチャンで見てもらえばわかりますけど。てつや関係ないですから。

ゆめまる　ベッド汚れてるから。

てつや　向こうも**サブチャン第2号**になっちゃうから嫌だって。それは嫌だって。

虫眼鏡　布団に血ついちゃうといけないですからね。

てつや　そうそうそう。だから残念な結果になりましたね。

虫眼鏡　でも悲報と言えばてつやさん、てつやさんにとってはまたちょっと、この番組は収録日と放送日がズレてるからあれですけど、ほんとについ最近てつやにとって悲しいことがあったじゃないですか。

てつや　まぁ悲報と言えば大悲報ですね。我の応援してやまない嵐さんが、活動休止の発表をしてしまいまして。10年くらい応援してるわけですよ、中3からなんで。それはそれは悲しいですけど、まぁね、大野君の一回自由になりたいというその気持ちはすごいわかりますので。

虫眼鏡　嵐さんたちはいつから活動してるの?

てつや　もう、今20周年。

虫眼鏡　今おいくつ?

てつや　40手前とかだよね。

虫眼鏡　今の僕たちの年齢のときは、もうバリバリ?

てつや　バリバリだね。

虫眼鏡　それは遊びたい。きっと。**京都行ってる暇ないよ。**

てつや　絶対ないからね(笑)。

ゆめまる　2時間だけでも飲みいくかぁ、みたいなことも多分できてないと思うから。

てつや　めっちゃ忙しいでしょうね、そりゃあ。日本で一番忙しいんじゃないか、っていうくらいだからね。ファンの人もかなり温かく見守ってるみたいで。まぁまぁまぁ、前向きな活動休止という捉え方ですかね。

虫眼鏡　今日ばかりはてつやさんにね、曲紹介のほうを。

ゆめまる　てつやがほしい曲のほうを僕が流してあげたいなと思います、さすがに。

てつや　そうですね、もうわかってると思いますけど、嵐が聞きたくてですね、5人で10周年を迎えたときに、「5×10」と書いて、ファイブ・バイ・テンって曲があって、これからもみんなでやってこう、っていうすごいいい曲があるわけですよ。ぜひそれを聴きたいな、と。

ゆめまる　嵐の「5×10」って曲ですね、わかりました。それではここで1曲お届けします、台風クラブで**「ずる休み」**。

てつや　え?

《曲》

ゆめまる　お届けしたのは、台風クラブで「ずる休み」でした。

てつや　あのさぁ、風強きゃいいってもんじゃないんだよ。嵐だって。

ゆめまる　ははは。

虫眼鏡　まぁね、嵐を台風と言い換えたのは100歩譲っていいとしよう。ずる休みはダメだぞ。

てつや　ずる休みはダメだろう!!

ゆめまる　たまたまだから、たまたま。

てつや　たまたまじゃねえよ。「大野君の夏休み」って世の中で言われてるのにさ、♪ずる休み～じゃないんだよ!

虫眼鏡　**ゆめまるが喧嘩売ったことになってますからね今。**

ゆめまる　ジャニーズファンのみなさま、えー、すいません。これはちょっと僕のふざけでした。

てつや　**俺らがほんとに休みになっちゃう**かもしれないよ。

ゆめまる　ははは。番組なくなっちゃう可能性あるから。

虫眼鏡　しかもそれは正当な休みになっちゃうよ(笑)。さて。東海オンエアが東海ラジオからオンエア。東海オンエアラジオ。このコーナー、やっちゃいます! 東海オンエアラジオの、「戦犯を査定しちゃおう!」。これですね、リスナーさんから募集した「やってほしいコーナー」から誕生した大人気コーナーでございます。みなさんのやらかしちゃったエピソードを募集して、それを僕たちが、どの程度やらかしたのかってのを判定していきます。そして僕たちはそれを見て、バカだなこいつら、と言って今日も気分よく帰るわけです。まぁね、みなさんからしてもね、笑ってもらったほうが、ネタになるならこれでもよかったです、みたいな、逆によかったんです、みたいな感じになると思うので、ウィンウィンのコーナーでございます。てつやさんも結構人が失敗したの大好きなんで。

てつや　おぉぉ、それお前だろ!

ゆめまる　ははは。すごい性格悪いやつじゃねえかお前。

てつや　虫さんだろ、それは。

虫眼鏡　今日もね、たくさん戦犯が送られてきてますので、早速聞いていきたいと思います。それでは、スタート!

——ラジオネーム、カナブンさん。〈先日、一人で高校からバイト先に向かう最中のことです。私の高校は制服があり、冬だったので、制服の上にセーターを着て歩いていました。女子のみなさんならわかると思うのですが、セーターの裾をなるべく下に伸ばしていたので、歩いていると少しずつ上がってきてしまう状態でした。なので、裾が上がってきたら下げて、を繰り返して歩いていました。しばらくして、また裾を下げると、その先に違和感を感じ、そのまま手を伸ばしてみると、手に触れたものは、スカートではなくパンツだったんです。セーターを下げることを意識しすぎていて、セーターの内側にスカートが巻き込まれていっていることに気づいていなかったんです。幸い、後ろには誰もいなかったんですが、隣は車道のため誰かに見られたと思うと、恥ずかしくてたまりませんでした〉

虫眼鏡　これは女子にしか気持ちがわからないというか。

ゆめまる　どういう状況なのか、っていうのもイマイチ。

てつや　車乗ってる男からしたらありがたい話ですからね、これは。

虫眼鏡　そうです。男からしたらね、ありがとうございます、になっちゃいますから(笑)。

ゆめまる　たぶん、このカナブンさん、恥ずかしくてたまりませんでした、って文があるから、**性癖めざめてますね。**

虫眼鏡　はははは! 目覚めてませんってば(笑)。

ゆめまる　露出って部分で目覚めたんで、これはいい解放の仕方したんじゃないですか。

てつや　そう思うと相当戦犯度高いですね。

虫眼鏡　たまには、チラっ、って。でもなんかさ、こんな制服を着た上に、セーターを着るっていうくらい寒がってるのにさ、そこはパンツなんだ?ってなるよね。

ゆめまる　あぁ、たしかにそうだね。

てつや　あれじゃない、興奮して温かくなっちゃったんじゃない？
ゆめまる　あはははは。
虫眼鏡　下半身のほうだけ（笑）？。
てつや　あったまっちゃって。
ゆめまる&てつや　**お前らが戦犯だよ！**（笑）。
虫眼鏡　さ、判定してみますか。どんな感じだと思いますかこれは？
ゆめまる　これは結構いってますよね。
虫眼鏡　わかめちゃん状態ってことですか？
てつや　そうですね。
虫眼鏡　僕はね、パンツ見てもなんとも思わないので、ちょっとよくわからないなって感じなんで、二人に聞いてみたいんですけど。
てつや　まぁ、これは僕的には、「ぱんそん」ですかね。
ゆめまる　うん、**パンツだけに「ぱんそん」**。
――ぱんそん！
虫眼鏡　違う意味になったじゃねーかよ！（笑）。「ぱんそん」が。次のエピソード聞いてみましょう。
――ラジオネーム、アポロさん。
虫眼鏡　あれ？
ゆめまる　あれだよね？
てつや　あのやばい人。
虫眼鏡　違う人だって。別なアポロなのかぁ。
ゆめまる　あ、違うアポロ。
――〈先日、成人式がありましたが、私はとある理由で参加しませんでした。実はその半年ほど前、まずは、一人目の初恋の人に会いに、名古屋で合体〉。
ゆめまる　合体って、釣りバカ日誌みたいに言うな。
――〈それから間もなく、同窓会で友達の初恋の人と飲んだ流れでカーセック……〉
虫眼鏡　あぁそうか、アナウンサーさんは一応言えないんだこれは。
――〈最後は、2番目の初恋の人とデートして結ばれました。というわけで、あまりの気まずさに成人式は辞退させていただきました。これくらい戦犯にはならないと信じていますが、確認のため、教えてください〉。
虫眼鏡　なるほど。僕は合体もカーセックスもしたことないのでちょっとお二人に聞いてみたいと思います。
ゆめまる　合体もないの？　**合体は嘘じゃん！**
虫眼鏡　したことないからわからないですけど（笑）。どうですか、これは？

てつや　別にこれは、同級生とかそのへんとさ、合体して、その後別の人とまた合体して、みたいな。それはいいんですけど、成人式に行かなかったことで、あなたが来なかったことで悲しんでいる人がいるよ、っていう、そこだけ理解していただきたいですね。
ゆめまる　この、とある理由で、っていうのが、着物を貸してくれるレンタル会社がつぶれる、みたいなのだったらだいぶ戦犯ですけど。
てつや　やめろ！
虫眼鏡　それはその会社がね。しかも成人式なんていったら、4回目の合体ができたかもしれなかったのに。
てつや　ひたすら合体できる日なのにね。これは、成人式を休んだという理由で、「大戦犯」じゃないですか？
虫眼鏡　ほぅ。「大戦犯」。
――大戦犯！
てつや　成人式は行ったほうがいいよ。
虫眼鏡　てつやさんも成人式のとき、なにか合体のようなことはあったんですか？
てつや　成人式の日は絶対に人生で初めてのお持ち帰りをするぞ、と心に誓って、中2のときにメールした女の子を誘いだしてホテルに行ったんですけど。
ゆめまる　お！　すごいじゃん。
てつや　入れさせてもらえず。後日聞いた話によると、**入れる価値もない**、と言われた。
虫眼鏡&ゆめまる　ははははは！
虫眼鏡　入れる価値もないは、お前が言うことやん！
てつや　こんなブツを私に入れる価値ない、って。
ゆめまる　一応見られたの？　脱いだりしたの？

てつや ほんとに、ピンサロくらいのことしかさせてくれなかった。

虫眼鏡 でもそこはしたんだ？

てつや 手で抜いてくれるくらいの。

ゆめまる でもまぁいいじゃん、それは。

てつや いや、でもさぁ、嫌よ、後からさ。なんでだろうと思ってさ、入れる価値もなかったって、友達伝いに聞くの？

ゆめまる **友達伝いはつらいな**（笑）。

てつや つらいよ。

虫眼鏡 次のお便りいってみましょう。

——三重県伊勢市、ラジオネーム、ゆめまるのつれまるのつれまるの妹まるさん。

ゆめまる どっかたぶん知り合いですね

——〈私が高校一年生のときの学校での話です。私はトイレをギリギリまで我慢する癖があります。その日もギリギリまで我慢していました。ギリギリがきたので走ってトイレに駆け込み急いで座り用をたしました。ん？ なんかおかしい。途中で用を止めて立ち上がると、私は洋式便所のふたを開けるのを忘れ、ふたの上に用をたしていたんです。さすがにあせりました。少量とはいうものの、ふたの上に私のおしっこがあり、床に少し流れていたんです。残尿をちゃんとトイレの中にたしたあと、他の人にバレないようにしっかりふき取り、できる範囲の掃除をしたものの、申し訳なさと恥ずかしさで誰にも言ったことがありません。この戦犯がどれくらいの戦犯なのか、判定よろしくお願いします〉。

てつや **素晴らしいエピソード**。もう泣くかと思った。

虫眼鏡 気持ちわりーなぁ（笑）。

てつや ほっこりしたなぁ。

虫眼鏡 どこにほっこりする要素あったんだよ（笑）。

てつや 素晴らしいなぁ。

ゆめまる 高校のときの先輩でも同じような人いたよね。

てつや あぁ、おったね。

ゆめまる 学校帰りにお腹痛くなって、家まで我慢して帰って、急いでウンコしたら、便器閉まってて、ウンコをその上に。

虫眼鏡 なんで気づかないの（笑）。

てつや たしかね、思いっきり開けたんだよ。やばすぎて、**バーン**って開けたら、その勢いで**バーン**って戻っちゃって、気づかずに座って、その上に**バーン**て出して。

虫眼鏡 気づかずに出すはあり得んやん（笑）。絶対いつもの座り心地と違うもん。

てつや **バンバンバーン！**って。多分開けた瞬間にはもう肛門ゆるんでるんだよ。1秒後にはもう出てるんだよ。

ゆめまる たしかそれが、**固形のじゃなくて液系**なやつだったって。

虫眼鏡 あぁ、液状かぁ。これはどれくらいですか？

ゆめまる これは別に……。

虫眼鏡 女の子ですからね。妹まるさんだから。

ゆめまる あぁ、女の子かぁ。そっかそっか。

てつや 素晴らしい話です。これは相当ですよ。

虫眼鏡 これ男だったらちょっとね、気持ちわるいなって思うんですけど。

てつや 今後への期待も込めて、これは、「いもぱんきんたんぱんそん」ですかね。

虫眼鏡 おぉ！

——いもぱんきんたんぱんそん！

虫眼鏡 期待込めて？ どういうこと？（笑）。

ゆめまる 次は何をするの？

てつや この人がいったいどれくらいの戦犯を今後してくれるのかって、楽しみでしょうがないからね。

虫眼鏡 これからもギリギリまで我慢してほしいね。

てつや ぜひともやめないでほしいです。

虫眼鏡 もっと大きなことやったらまた送ってきてください。

てつや お願いします。

虫眼鏡 さあ、最後のエピソード聞いてみましょう。

——ラジオネーム、かっしーさん、22歳、女性。〈私は二十歳のとき、友達と韓国に4日間の旅行にいきました。楽しい旅を終え帰国し、当時学生でお金がなかったんで、大阪から地元の静岡県まで電車を乗り継いで帰ることにしました〉。

てつや 遠いね。

ゆめまる 相当遠いよ。

——〈途中で、トイレに行きたくなりましたが、電車なんでトイレのある車両が見当たらなく、乗り継ぎの時間も短くて、トイレに寄る暇すらなくて、1回でも乗り継ぎを間違えたら帰れない状況で、ただただ膀胱が悲鳴をあげている状況を我慢するしかありませんでした〉。

虫眼鏡　なんかさっきと似てんなぁ。

ゆめまる　漏らす系が多いねぇ（笑）。

――〈2時間ほど我慢して、豊橋駅で重い荷物をもって階段を必死に走り、私の膀胱は我慢の限界を迎えようとしていました。乗り換えた電車は満員で狭く、本当につらい状況でしたが、よく見ると、車両に奇跡的にトイレがありました。大荷物とともに人混みをかき分け、キャリーをトイレの前にいた女の子の集団にあずかってもらい、私は無事トイレに辿り着くことができました。男性が使っている便座に抵抗があったんで、お尻を浮かせて用をたして、ほっとしていると、ゆっくりとトイレの扉が開き始めました〉。

虫眼鏡　えー。

――〈私は閉めるボタンを押してロックがかかると勘違いしてしまい、カギを閉め忘れていたんです。トイレに入ってきたのは男性で、その男性は驚きのあまり、大声で、**「ごめんなさい！」**と叫びました。満員の列車で大勢の視線が用をたしている最中の私に向きました。みんな目を丸くして驚いていたことは忘れられません。早くトビラを閉めたかったんですが、ボタンは私からは離れているところに付いていて、手が届く状況でもなかったんで、男性に、「早く閉めてくださいお願いします、早く」と、必死にお願いしました。男性はボタンを押して、トビラはゆっくりと閉まりました〉。

ゆめまる　ゆっくりなんだよね（笑）。

――〈よく見ると、閉まるトビラとともに、キャリーをあずけていた女の子の集団も、私のことをかわいそうな目で見ているではありませんか。とにかく最悪でした。恥ずかしすぎて、トイレから出たあとは、キャリーとともに別の車両に逃げ込みました〉。

てつや　なるほどぉ。2連続で涙の出る話が。

虫眼鏡　これはなんだろう、エロくはないんだけど、まぁ恥ずかしいですよね。

てつや　素晴らしいなぁ。

ゆめまる　たぶん開いた瞬間に、「あ、終わった」みたいな、サーッて血の気が引いていく感じが伝わるね。

虫眼鏡　なんかこれさ、女性特有っていうかさ、男性って別におしっこしてるとこを男に見られても別になんとも思わんしさ。

てつや　ま、ドキッて感じだよね。

虫眼鏡　なんなら女性に見られてもなんとも思わんくない？

ゆめまる　そうだね、あ、ごめんごめんってくらいになっちゃうから。

虫眼鏡　だって普通にトイレ掃除のおばちゃんとかいるやん。いるけどね、横でおしっこしたりするじゃん。やっぱ女性はダメなんですよね、見られるの。しかもなんなら、お尻浮かせてるからね。

ゆめまる　ははは。

てつや　たしかに。そういやそうだったな。すごい体勢だな、そう思うと。

虫眼鏡　これは女性としてはつらいんじゃないですか結構？

てつや　うん、相当ですね。

虫眼鏡　さぁゆめまるさん、判定してあげてください。

ゆめまる　これはですね、「いもぱんきんたんぱんそん」で。

――いもぱんきんたんぱんそん！

虫眼鏡　これは大きいですね。

てつや　でますねー。

虫眼鏡　今日大きいの2つ出ましたね。大きいの2つっていうか、単純にてつやとゆめまるにハマってただけかもしれないですけど。

ゆめまる&てつや　ははは！

てつや　ま、1個前のは小さい方でしたけどね。

虫眼鏡　いやこの人も小さい話でしょ、これ。膀胱って言ってたから。

てつや　膀胱か、じゃぁ**小さい話2つ**か。

虫眼鏡　そう、小さい話（笑）。たしかにでも、大きいほうを漏らしちゃった話も聞いてみたいですね。

てつや　聞いてみたいですね。それはそれでありですからね。

虫眼鏡　そんなやついないですからね、**ウンコを漏らすやつなんて。**

てつや　いや、**いるだろメンバーに。**

虫眼鏡　あははは。

てつや　メンバーが最近ハワイで漏らしたろ。

虫眼鏡　女性のしょんべんもらした話は今日たくさん聞けたので、男性のウンコを漏らした戦犯のほうもありましたら是非送ってください。以上、東海オンエアの戦犯を査定しちゃおう、でした。

《ジングル》

虫眼鏡　なんかジングルが日に日に

長くなってません？

てつや　なんすか今の？　なに今の？（笑）。

虫眼鏡　これはどういう気持ちで作ってるんですか？

チラ　いや、申し訳ありませんでした、と。

メンバー　（笑）。

チラ　殴られる音で、って話があったので。

虫眼鏡　これはチラさんの自己満足の場と化してるからね。

ゆめまる　面白フラッシュみたいな感じがあるよね。

虫眼鏡　毎週これ楽しみですからね。さぁ、メッセージ紹介していきましょう。

ゆめまる　はい、いただいたメッセージのほうを紹介していきます。

虫眼鏡　言ったやん！　僕そうやって。

ゆめまる　書いてあるやん台本に。

虫眼鏡　僕が今それ読んだやん！

ゆめまる　**読むな、俺のとこだから！**

虫眼鏡　別にいいやんそんな（笑）。

ゆめまる　**台本とかあんま言うな！**

虫眼鏡　**そんなに台本重視すんな、流れがあるやん！**

ゆめまる　はい、ラジオネーム、バリバリなあつしさんからのメッセージです。〈僕は愛知県東海市に住む19歳の浪人生です。僕は去年大学受験に失敗して浪人をしていました〉。

虫眼鏡　ばーか。

ゆめまる　お、酷いな。もう絶対ラジオ聴かないよこの人。〈浪人中は1日10時間勉強は当たり前で、朝7時に起きて夜2時に寝るという生活を10か月続けました〉。

虫眼鏡　おぉ、すごい。

ゆめまる　〈さらに、教材費を稼ぐために日曜日はバイトを入れたりと、めまぐるしい1年でした。そんな私を支えてくれたのが東海オンエアです〉。

虫眼鏡　バカって言ってごめんな。

ゆめまる　〈みなさんの動画は毎日とても面白く、この1年でより好きになりました。これからも体調崩さないように頑張ってください。また、おこがましいかもしれませんが、大学進学が決まったので、ねぎらいの言葉をいただけると幸いです。これからも応援しています、頑張ってください〉ということですけど。

てつや　決まったの？　よかったね。

虫眼鏡&てつや　おめでとうございます。

ゆめまる　決まってるってことは、これはセンター受けて二次試験も受けたってことになるの？

虫眼鏡　いや、どうなんだろう？　二次はまだ早いんじゃないか？　この時期だと。

ゆめまる　あぁ、じゃあ、違う入試のAOとかそういう系？

虫眼鏡　かな？　わからないですけど、とにかく決まったということでよかった。

ゆめまる&てつや　おめでとうございまーす！

虫眼鏡　これは多分東海オンエアの動画を見て、心地よい息抜きをしていたおかげ、ってところもあると思いますね。

ゆめまる　1日10時間なんて勉強したことある？

てつや　**俺人生で10時間勉強したことないよ。**トータルで。

虫眼鏡　嘘つけ（笑）。

ゆめまる　はい。次のメッセージのほういきます。ラジオネーム、てっちゃんにのかって呼ばれたいさんからのメッセージです。

てつや　呼んでやろうかな。

ゆめまる　呼んであげてくださいよ。

虫眼鏡　え、呼ばせないでよ。

てつや　（笑）。

ゆめまる　〈こないだ『U-FES.』のベイブレードステージで、虫さんと一緒にベイブレードした者です〉。

虫眼鏡　お！

ゆめまる　〈覚えてたら嬉しいな。虫眼鏡さんとゆめまるさんに質問です。今インフルエンザAにかかっていてふらふらの状態で書いています。お二人が病気にかかったら何をして時間をつぶしますか？　また元気になるようなメッセージを待っています〉。

虫眼鏡　これは僕とゆめまるさんにメッセージと言っていますが、てつやは現にかかっていますからね、インフルエンザAに。

てつや　そうね。

ゆめまる　なにしてた？

虫眼鏡　なにしてた、てつやは？

てつや　俺はね、ネギま！（『魔法先生ネギま！』）読んでた。

虫眼鏡&ゆめまる　あぁ。

てつや　漫画は楽ですよ。

虫眼鏡　僕もジョジョ（『ジョジョの奇妙な冒険』）読んでたんだけど、なんかね、漫画をこう読むって意外と体勢きつくない？

てつや　あぁ、そうそうそう。

虫眼鏡　なんか疲れちゃって。

ゆめまる　首痛くなって肩痛くなって。

虫眼鏡　そうそう。

てつや　俺は、漫画全部ウチにあるんだけど、体勢がつらいから携帯で課金して漫画読んだ。

虫眼鏡&ゆめまる　（笑）。

てつや　ピッコマで**課金して読んだ**（笑）。

虫眼鏡　そういうことか。横を向くと、若干楽には読めるんだけど、僕眼鏡してるから、眼鏡がミシッってなっちゃうんだよ。だから、仰向けかうつぶせでちょっと浮かせて読むかしかなくて。それが疲れちゃうから僕は漫画もダメだと思って、ひたすら寝てたのよ。ただ、大人って全然寝れないんだなと思って。1時間くらいで、あ、もう寝れませんから、みたいな。他のことして、みたいな。

てつや　病気のときって寝にくいよね。

虫眼鏡　なんか、つらくて寝れないんだよ。

ゆめまる　腰とかめっちゃ痛くなんなかった？　インフルエンザ。

虫眼鏡　いや、そこはひどくなかったんだけど。

ゆめまる　あ、そうなんだ。

虫眼鏡　僕はほんとに、熱がつらいのと、頭痛があって。ただね、薬飲んじゃいけないんだって、インフルエンザって、あんまり。解熱剤みたいなの。よくないらしくて、薬飲んじゃダメだよって、おじいちゃんに言われたから。おじいちゃんって、お医者さんのおじいちゃんね。だから我慢してた普通に。ほんとに暇だった。それが一番つらかったかもしれない。

てつや　携帯一個持ってるだけでなんでもできるっていうのが一番楽っちゃ楽だよね。**そうなるとやっぱ東海オンエア見るしかないんじゃない**ですかね。

ゆめまる　動画を見るとか今あるからね、映画を見るとかネットフリックスとか。

虫眼鏡　結構ユーチューブは見てたな。

ゆめまる　じゃあまぁ、ユーチューブ見てもらうということで。いいですかね？

虫眼鏡　ふふふ。なんでそんな冷淡なの？

ゆめまる　インフルエンザはもういいから。**インフルエンザの話すると感染っちゃうから。**

てつや　感染んねーよ。**どういう感染ルートだ。**やべえ、名前呼ばなきゃ、ののかさんありがとうございました。

虫眼鏡　たくさんのメッセージありがとうございました。今日の放送、いかがでしたでしょうか？　あ、噛んだ。

てつや　あぁあぁあぁ。

虫眼鏡　てつやさん、いかがでしたでしょうか？

てつや　いやぁ、前回はちょっとお尻ひーひーだったんでね、今日は純粋に楽しめましたわ。

虫眼鏡　そっかそっか。

ゆめまる　そうだっけ？

てつや　今日はもう円座なくて、普通にイスに座れるようになったんで。

虫眼鏡　お尻ギュンキュン、今？

てつや　なんか最後の診察に行ったら、生傷が1ミリくらい残ってるくらいで、ほぼほぼ健康体と。

虫眼鏡&ゆめまる　へぇー。

ゆめまる　完治したのかな？

てつや　人間すごくない？　あの状況からの完治だよ。

虫眼鏡　すごい。僕も手術の瞬間を動画で撮ってたけど、え？　**こんなにビリビリにしていいの？ってくらいビリビリにしてた**から。

ゆめまる　バッサーっていって。

虫眼鏡　ほんとバッサーっていって。

ゆめまる　それがもう1ミリになってるってことでしょ？

てつや　そう、内側のね。内側の1ミリが残ってるだけで。

ゆめまる　すごいね。

虫眼鏡　へぇ。じゃあまた新しい痔に期待ってことで。

てつや　いやぁ、痔瘻と痔核やらないよ。

虫眼鏡　さてここでお知らせです。

2019 02/14 あいつ眼鏡かけて眼鏡もん見てるぞ！の回

GUEST
てつや

ゆめまる　本日も東海オンエアラジオ、始まりました。
虫眼鏡　始まりましたね。
ゆめまる　今日はリスナーの方からのメッセージのほうから紹介でいきたいと思いますね。２月14日ってこともあるので、今日はバレンタインですね。なので、恋のお悩みからいきます。ラジオネーム、ちぃさんからのメッセージです。〈わたしは、**好きで離れたくないセフレがいます。**セフレを好きになった私が悪いのはわかってます…。大好きなのを相手はわかっています。だから関係もあやふやで、この関係を半年ほど続けております。今度就職で私は東京の方にいくことになり、離れ離れになります。なんか最後は質問みたいになってしまうのですが、ここまで好きになったのは初めてで、どうしたらいいかわかりません。好きじゃなくなる方法を教えて欲しいです〉というメッセージが来ております。
虫眼鏡　なるほどねぇ。
てつや　これはよくないことをやらかしてしまいましたね。
虫眼鏡　セフレってなんかわかんないですね。セフレってあれですか？黄色いカップで、黄色いこういうふうに……。
てつや　**それ、スフレじゃないの？**
虫眼鏡　違う違う。そんで、その上に輪切りのレモンが置いてあるやつだっけ？
ゆめまる　**サクレだ。**
虫眼鏡　あ、それサクレか。
ゆめまる　あぶね(笑)。わかんなかったらどーしよーって思った。
てつや　**むずっ！**
虫眼鏡　化粧品のメーカー？
てつや　それ、ソフレじゃない？
虫眼鏡　それ、**チフレか。**
てつや　チフレ！　なんだよソフレって。
虫眼鏡　なんだっけ、日本のスリーピースロックバンドの、凛として……あ、それ、**時雨か。**
ゆめまる&てつや　もぅー、わからん！
てつや　**なんでそんないっぱいあんだよー。**
虫眼鏡　準備しといてよ(笑)
てつや　わかるか、そんなん！
虫眼鏡　**で、セフレってなんでしたっけ？**
てつや　**セックス・フレンドだよ！**
虫眼鏡　ふふふ。セックスするだけの友達のことか、なーんだ。最初からそうやって言ってくれればいいのに。
てつや　そりゃ好きになっちゃいけないよね。ただ、なったもんは仕方ないですからね。忘れるためには次のセフレを作るしかない。作りましょう。
ゆめまる　これ、男が結構悪いなと思うんだよね。大好きなのも知ってるってわけでしょ、男のほうは。それの、好きっていう気持ちに対して付け込んでさ、セフレみたいな関係になってるわけやん。
虫眼鏡　そんなんてつやにも言えることやん。
てつや　おーい。
虫眼鏡　てつやのセフレだっててつやのこと好きやん。でもてつやは別に、なんかやればいいやって思ってるやん。
てつや　聞こえ悪いなぁ。
ゆめまる　でも、好きって感じではないんでしょ？
てつや　俺は最初から言うの。絶対付き合わないよ、って。俺は絶対に付き合わないし、そっちが嫌だったらもう会わないから、って。お互いがいいんだったら、って。

ゆめまる　この場合はさ、あやふやになっちゃってることがいけないよね。男がさ、「しめしめ、こいつと会えばやれるぜ」みたいに思ってるだけやん。

てつや　そうね。たしかにそういう節もあるわね。

ゆめまる　男最悪だなこれ。**腹立ってきた俺。**

てつや　ははは。じゃあ最悪な男だから早く離れたほうがいいってことですね?

ゆめまる　でも方法だったら、関心もたないっていうか無視っていうのが一番なんじゃないかな、と思います。連絡がきても返さないとか。

てつや　それが難しいんだったら次の相手を見つけるってことですね。それしかないでしょうね。

虫眼鏡　なるほど。**やっぱセフレの話になると二人ともめっちゃしゃべりますね。**

てつや　ははは。

ゆめまる　じゃあ**サクレの話する?**思い出の話聞くか?

てつや　**時雨聴くか?**

虫眼鏡　いい、いい(笑)。大丈夫大丈夫。

ゆめまる　えー、今夜も#東海オンエアラジオで聴いてる人はつぶやいてみてください。東海オンエアラジオ!! 東海ラジオをお聴きのあなた、こんばんは! 東海オンエアのゆめまると!

虫眼鏡　虫眼鏡だ! そして今日のセフレは先週に引き続き、

てつや　てつ、えー? **テフレです。**

虫眼鏡　誰だよ(笑)。

ゆめまる　ははは。ちゃんと名前は言ってよー。

てつや　てつやです、てつやー。

ゆめまる　はい。この番組は、愛知県・岡崎市を拠点に活動するユーチューバー我々、東海オンエアが名古屋にある東海ラジオからオンエアする番組です!

虫眼鏡　ゆめまると、僕虫眼鏡が中心となってお届けする30分番組。ということでね、オープニング、ちぃさんは、セフレを作ってしまって悩んでしまってるようだったんですけど、お二人はセフレとの関係で悩んだこととかありますか?

てつや　ふふふふ。ど直球だな!

虫眼鏡　いや、いい広げ方でしょこれは。めちゃめちゃ正当な広げ方でしょ、話の。

てつや　ゆめまるは最近そういうのないんじゃないの?

ゆめまる　僕はそういうこともうやめようと思って、そういう人とはーー。

虫眼鏡　今の話はいい。

ゆめまる　なに?

虫眼鏡　今やってません、って話はいいって(笑)。なんかありましたか?って聞いてんだから。

ゆめまる　どういうことをやったか、ってことですよね?

虫眼鏡　もめたりしましたか?って、そういうこと。

ゆめまる　そういうのはない。セフレともめたっていうのはないですね。

虫眼鏡　あぁ、じゃあ健康的にやってた。

ゆめまる　普通にお互いの、ま、需要と供給が合ってるよ、みたいな感じです。

てつや　俺も一人と長く続くことそんなにないんで、まぁ、点々と、**乗り継ぎ乗り継ぎ**(笑)。

虫眼鏡　各駅停車?(笑)。

てつや　そうそう。**各駅停車で。**

虫眼鏡　じゃあ今の京都の子はそうなの?

てつや　そう、いまんとこはそうだよね。クリスマスからなので。

虫眼鏡　セフレなんだじゃあ。

てつや　セフレという言葉、嫌いなのよね。なんか、セックスするためだけのじゃなくて、セックスもするよ、って友達なのよ。**友達プラスセックス。**

ゆめまる　遊ぶし、デートもするけど、セックスだけの利益を求めないみたいな。

てつや　専用じゃないんだよ。

虫眼鏡　なるほどね。セックスもできます、みたいな。

てつや　そう。友達にプラスみたいな感じで。

虫眼鏡　あぁ、**アプリみたいな感じなんだ**(笑)。

てつや　そうそうそう。

虫眼鏡　はい、わかりました。まあ、こういうやつらですよ。

てつや&ゆめまる　こうなるやんか! ほらほらほら!

ゆめまる　俺らもう価値下がった、終わりー。もう呼ばれないよラジオ。

てつや　今日女抱こ。

虫眼鏡　ふふふ。ゆめまるさん、曲紹介なんですけど。今までゆめまるさんが曲紹介をすると、他の曲を流しちゃうんじゃないかということで、クレームがきております、みなさんから。

ゆめまる　そりゃそうだろうな。俺の自己満で流してたから。

虫眼鏡　ほんとは来てないけど、来てるような気がして僕は言ってます、今こうやって。なので、今日は僕が曲紹介したいと思います。今日はゆめまるさんの好きな曲、言ってくださいよ、流してあげますから。

ゆめまる　あ、ほんとですか？

虫眼鏡　はい。流してやるよ。

ゆめまる　じゃあ、今回僕が流したい曲は、BUDDHA BRANDってラッパーさんの「人間発電所」って曲があるんですけど、それちょっと僕思い入れがある曲なので流してほしいなと思ってます。

虫眼鏡　いいですよ、じゃあ僕が流してあげます。

ゆめまる　お願いします！

虫眼鏡　それではここで1曲お届けします。BUDDHA BRANDで「人間発電所」。

ゆめまる　いや、普通に流す？

《曲》

虫眼鏡　お届けした曲は、BUDDHA BRANDで「人間発電所」でした。

てつや　ゆめまるの曲は普通にいくんだね。

ゆめまる　俺さぁ、みんながやってたノリさぁ、ちょっと俺もやりたかったのにさ。

虫眼鏡　ゆめまるだけ仲間外れにしちゃおうと思って。**ゆめまるが絶対この曲流さんとパンチするよ**、って言ったからね。流してやった。

てつや　はっはっは。

虫眼鏡　この曲初めて聴いたけど、どこで出会った曲なんですか？

ゆめまる　これはですね、多分高校2年生か3年生くらいかなぁ。

てつや　あ、そんな前なの？

ゆめまる　たまたま兄ちゃんの車に乗ったときに流れてて、ヤバ！って。なにこれ？みたいな感じになって、それでちょっと調べて、BUDDHA BRANDっていうラッパーで、「人間発電所」って曲を知って。この曲は、加藤ミリヤさんもカバーというか、やってたりするんですよね。

てつや　へぇ。結構有名な曲なんですね。

ゆめまる　有名な曲です。ヒップホップといったらこの曲ですね。

虫眼鏡　新たな出会いでした。さて。東海オンエアが東海ラジオからオンエア。東海オンエアラジオ！このコーナーやっちゃいます!!

ゆめまる　ゆめまるプレゼンツ。「来たれ！はがき職人」。

虫眼鏡　はい、こちら、**ゆめまるがやらないとパンチするぞって言って始まったコー**ナーでございます。

てつや　すぐパンチするな。

ゆめまる　プロデューサーさんを殴ったりはしてないですからね僕は。殴ろうともしてないですけど。このコーナーっていうのは、webとかラインとかのコメント募集ではなくて、手書きのハガキでのリクエストを復活させようというコーナーですね。そっちのほうが、リスナーさんの気持ちも伝わるし、思いも伝わるかな、という、いいコーナーなんじゃないかなと思い、やりました。

虫眼鏡　いいですよ。

てつや　素晴らしいですよこれは。

ゆめまる　いいですか？

虫眼鏡　**パンチされたくないんで**。

ゆめまる　このコーナーは、ハガキでリクエスト曲を送ってもらい、その曲にまつわる想い出やエピソードを書いてもらって送ってもらってますと。メッセージを紹介した後に、あなたのリクエスト曲をかけますよ、という単純なコーナーですね。

虫眼鏡　普通にラジオっぽいコーナーですね。

ゆめまる　さっそく届いていますので、その中から紹介していきます。ラジオネーム、マリナさんからのメッセージですね。〈虫眼鏡さんゆめまるさん、そしててつやさんこんにちは〉。

虫眼鏡&てつや　こんにちは！

ゆめまる　〈私は今高校3年生で、先日大学の推薦入試がありました。そこでは面接試験があり、ずっと練習をしてきました。尊敬する人は？という質問に、「東海オンエアのてつや！」と言いたいと私は学校の先生に伝えたところ――〉

てつや　素晴らしいな。

ゆめまる　〈なめてる？と一喝されました〉。

てつや　なんでだよ!!　いいだろ!!

虫眼鏡　わははは。

ゆめまる　**〈やむを得ず、内村航平**と言いました〉。

てつや　すごい変化だな。

虫眼鏡　ふふふふ。

ゆめまる　（笑）。〈案の定面接で英語で訊かれ、その甲斐あってか、無事第一志望の大学に合格しました〉。

てつや　おぉ、それはよかったですね。

虫眼鏡　内村さんのおかげですな。

ゆめまる　〈でも昔から変わらず、自分を貫く姿を本当に尊敬しているので、一喝されたときはとても悔しかったです。みなさんは尊敬する人を聞かれたら誰と答えますか？〉というメッセージが来ていますけど。

てつや　はい。まず、うれしいですね。尊敬する人に俺を言いたいと言ってくれたことは。

虫眼鏡　まぁ、ねぇ、学校の……僕も昔学校の先生をしてたことがあるので、ま、こういうね、特に理解しようともせずに、あぁユーチューバーか、何言ってるの？っていうようなやつが先生やってるのは普通にムカつきますけどね。**職業にね、優れてるとか劣ってるとかってないじゃない**ですか。それを先生たちが伝えていかなきゃいけないのに、こういう態度をとられるっていうのは僕たちとしては心外ではありますし、こういう人たちに目にもの見せてやりたいと思って頑張ってるところもありますんでね、ま、今はしょうがないっす。これから頑張っていくんで、いつか東海オンエアのてつやって言っても、OK、いいね、って言ってもらえるように我々も頑張っていきたいところではありますけど、ま、でも舐めてますね、てつやは。

てつや　え？　えええ？　今、え？　舐めてんの？

ゆめまる　いい話かと思ったら、最後てつやめっちゃバカにされてたやん。

てつや　結局ダメ俺？　ダメですか？

ゆめまる　てつやね、これ、言われてみんなが、いいよてつやなら、ってなるためには、**セフレ多分作っちゃダメだよ。**

虫眼鏡　ふはははは！

ゆめまる　で、**ラジオでセフレの話しちゃダメだよ。**

てつや　たしかにね。尊敬されるのは嬉しいけど、学校の面接で伝える上では俺はよくない、と俺も思う。そうね。学校で言えるようなレベルのほうは俺も目指してないので、ぜひそっちは内村航平さんでいってください、今後も。

ゆめまる　はははは。

虫眼鏡　でも昔から変わらず自分を貫く姿は本当に尊敬している、だそうですよ、てつやさん。

てつや　これからも変わらずね、舐めてるって言われるような感じでいきます。

虫眼鏡　変わらないだけだろお前（笑）。ま、よくも悪くもですけど。ちなみに尊敬する人、みなさんは誰ですか？

ゆめまる　尊敬する人かぁ。

てつや　これ、むずいんだよねえ。

虫眼鏡　これ、面接だと絶対練習させられるよね。僕、杉原千畝さんって言ってるよ。

てつや　あぁ。歴史上の人だっけ？

虫眼鏡　そうそう。ビザ配った人。

ゆめまる　はいはいはいはい。

虫眼鏡　僕は何を尊敬してるかっていうと、上からダメだよって言われたことを、いや、やるし、って言ってやっちゃったんですよその人は。そういうとこ、ちょっとてつやに似てるなっていうか、自分がどう思われてもいいから、みたいな、自己犠牲なところね、結構尊敬できるなと思うんですよね。

ゆめまる　僕は、ずっと部活をやってた人生だったので、尊敬してる人は、為末大選手。為末大さんですね。もう引退して。

虫眼鏡　陸上選手ですね。

ゆめまる　そう、陸上選手。400メートルハードルの。その人のかっこいいところは、一人でやってたの。練習内容考えるのも、トレーニングの考え方とかそういうのも。で、アジア人で初かな？　日本人で初かな？　世界陸上かなんかで決勝に出るとか。すごい記録を残してる選手なので、そこを見習ってやってたんですけど、全然タイム伸びないんですよねえ。

虫眼鏡&てつや　はははは。

虫眼鏡　じゃあ、僕が尊敬する人は杉原さんで、ゆめまるが尊敬してるのは為末大さんで。

ゆめまる　てつやの尊敬する人、気になるなぁ。

てつや　いやでもねぇ、簡単に言うと、男としての憧れみたいな感じで、櫻井翔さんはすごい好きなわけですよ。かっこよくて、頭よくて、面白くてっていう。かっこいいっていうのは、見た目もだし、歌もパフォーマンスも、なにこの人？っていう。ステータス半端じゃないじゃん、っていう意味の尊敬なんだけど、なりたいわけではないのよ。なれないし。自分のジャンル、俺が生きてる上でのこのレールの先にいる人っていうのはまだ見つかってないわけですよ。こうなりたいな、って人が。だから今のとこ、そういう意味での尊敬はないかもしれない。

虫眼鏡 へぇ。なんか僕ね、お母さんって言うと思ってた。

てつや お母さん？ 尊敬……、尊敬じゃない……。

虫眼鏡 結構まっしぐらじゃない？

てつや お母さんに。

ゆめまる お母さん好きだよね？

てつや まぁまぁ、生き方、性格とかは母のものを完全にもらってますからね。ま、人にやさしくありたいので。

虫眼鏡 良さだと思いますけどね、それは。

てつや たしかに優しい人は尊敬できますね。

虫眼鏡 というわけで、この方のリクエスト曲ですね。

ゆめまる リクエスト曲、いきますね。まりなさんからのリクエスト曲で、マキシム ザ ホルモンで「爪爪爪」。

てつや おお。

《曲》

てつや （曲に合わせて気持ちよく歌う）

虫眼鏡 てつや、てつや。得意な曲だからって――。

ゆめまる カラオケじゃないよ。

てつや （まだ歌う）

虫眼鏡 ラジオ中だよ。

ゆめまる 歌いきったわ。お届けした曲は、マキシム ザ ホルモンで「爪爪爪」でした。

虫眼鏡 カラオケじゃないんだから。

ゆめまる ついテンション上がっちゃいまして。

ゆめまる サビ、めっちゃ気持ちよさそうだったやん。

てつや ははは。俺の悩みとして、カラオケにいって、「爪爪爪」歌っても、ゆずの「栄光の架橋」歌っても、**両方83点**って。全然変わらん。

虫眼鏡 ふふふ。たぶん、「女々しくて」歌っても83点だよ。

てつや なにやってもそんな。

虫眼鏡 ハガキでリクエスト曲、そしてその曲にまつわる想い出やエピソードを書いて送ってください。これはちゃんと流れますからね。ゆめまる悪いことしないんで。あて先は、〒461-8503 東海ラジオ 東海オンエアラジオ「来たれ！はがき職人！」まで送ってください。

ゆめまる 皆さんからのハガキを楽しみにしています。「来たれ！はがき職人！」でした！

《ジングル》

ゆめまる ジングル面白すぎんか？

てつや ちっちゃん、ちっちゃん、って（笑）。

虫眼鏡 今日の放送もどっかが切り取られて、ジングルにされちゃうからな。チラさんの手によって。ボロ出さないようにやらないと。

ゆめまる いいですね。たくさんメッセージいただいてるので、メッセージのほう紹介していこう。

虫眼鏡 ザクザク紹介していきます。

ゆめまる ラジオネーム、てぴ大好きさん。

てつや あら。

ゆめまる からのメッセージです。〈私は今バイト禁止の高校に通っているのでバイトができないのですが、高校を卒業したらバイトをしようと考えています。みなさんが今までやってきた中で、楽しかったバイトやおすすめのバイトはありますか？ よかったら教えてください。これからも毎週木曜日楽しみにしてます〉。というメッセージが来ております。

虫眼鏡 これはね、「あったカフェレストラン ガスト」ってとこをオススメしますけどね（笑）。

てつや すかいらーくグループのね。

ゆめまる 二人一緒だもんね、そこで出会ってるからね。

てつや そうそう。

虫眼鏡 僕とてつやはガストで出会ってるんですよね。

てつや あそこは楽しかったよね。

虫眼鏡 そう、楽しかった。あのね、めっちゃ忙しいお店だったの、僕たちの行ってるところ。

ゆめまる あ、そうなんだ。

てつや そう、繁盛店で。

虫眼鏡 日本で何位ってレベルのお

店で。
ゆめまる　それめちゃくちゃ忙しいじゃん。
てつや　そう。
虫眼鏡　まじで忙しいのよ。それが楽しかった逆に。だから僕そのあとに、コンビニでバイトしたんだけど、まじで暇で、耐えられんくてすぐ辞めちゃった。
てつや　あぁ、逆にね。俺もガストしか知らないからわからないけど、あれは楽しかったと言えると思う。
ゆめまる　僕、すきやなんですけど、すきやの話をしたら絶対に**全部ピー**になってしまうので。
てつや　そんなダークなの？（笑）。
ゆめまる　あのね、いや――。
虫眼鏡　あ、ゆめまるがやってたときってちょっと問題になってたとき？
ゆめまる　そうそうそう。ちょうど僕が辞めたときに、**ワンナイ**、じゃない、ワンオペ……。
てつや　あはははは！　なにその間違い！
虫眼鏡　ねー！（笑）。
虫眼鏡　お前セフレおるやん絶対！
ゆめまる　ワンオペ問題がニュースで取り上げられて。
虫眼鏡　**ワンナイト問題**のほうがあるよ、ゆめまるは今。
ゆめまる　ワンナイト問題だと、すきやのバイトの女の子を抱いた、ってくらい。
てつや　それがワンナイト問題（笑）。
虫眼鏡　厨房で？
ゆめまる　厨房じゃない、**ちゃんと家帰ってやったわ！**　さすがにできんわ。
てつや　つゆだくだったから（笑）。
ゆめまる　やかましいなー！（笑）。
てつや　早く進んでくださいよ。
ゆめまる　おすすめのバイトありますか？って、ガストね？
てつや　俺もガストおすすめしますよ。
虫眼鏡　ガストはまじで楽しいですよ。人間関係がちゃんとできてれば。
ゆめまる　人が多いでしょ？
てつや　そうね。人も多いし、メンツが楽しいかどうかってのも大事だから、多いとこいくのは大事かもしれない。
虫眼鏡　ガストって結構大きいお店だから、多いのよバイトが。年齢層が違う人もいるけど、気が合う人も絶対にいるから。そういう24時間営業的なお店でちょっと大きいお店だったら絶対友達ができると思いますね。
てつや　ガスト、みんなで海行ったしね。
虫眼鏡　そう。
ゆめまる　なにそれ、めっちゃ仲いいじゃん。
てつや　レンタカー借りて7人くらいで海行ったのよ。
虫眼鏡　そのときに店長に一斉に休み出したから店長がキレて。
てつや　はははは。
ゆめまる　そりゃ怒るだろうなぁ。
虫眼鏡　○○さんって子だけ休み出してくれなかったんだよ（笑）。
てつや　そうだ。
虫眼鏡　ってことがあったりね。でもめちゃめちゃ楽しかった、ガストは。
ゆめまる　ガストもいいし、僕バイトするなら、（小声で）すきや行ってくださいと。
虫眼鏡　いやだから……ま、そっか。
ゆめまる　今変わったから。
虫眼鏡　僕たちは結構大きいお店推奨派ですね。
ゆめまる　それじゃ続いてのメッセージのほういきます。ラジオネーム、雪だるまに似た雪見だいふくさんからのメッセージです。
てつや　まんまるだな。
ゆめまる　〈私は嫌なことがあるとすぐに顔に出てしまいます。例えば部活動でここができないと注意されると、は？と思ってにらみ返しながら返事をしてしまいます。ある日、風の噂で先輩の中でリーダーを務めてる人が、私に注意してもふてこく返されるし、と言っていたことを聞き、あぁ顔に出てしまうのはいけないことと思いつつも、どうしてもイラッとしてしまいます。そういうときどうすれば、顔に出さずに丸く収められるのでしょうか？　同期の中には何を言われてもずっとニコニコしている子もいて、すごいなぁと尊敬します。いい案を教えてください〉というメッセージが来てますけども。
てつや　うーん。
ゆめまる　ま、顔に出るのはしょうがないことなんじゃないかな？と思いますけどね。
虫眼鏡　僕はまじでアドバイスなにもできんわ。まじでこの子と一緒。
ゆめまる　虫さんね、見返したとき、顔死んでる動画……。
てつや　動画やばいから。
ゆめまる　最初ぼーっとしてる感じになっちゃうからね。
てつや　なんだろうね、相手と会話してるときに自分の顔のこと意識しないじゃん普通は。だから相手がお客さんで自分が舞台に立って自分を見せてるって思えば、自然と笑顔をたもてるんじゃないですかね？　演技っていう感じで。

虫眼鏡　あぁ、たしかに笑おうと思って笑えないことはないですからね。

てつや　ぎこちなくなっても明るく振る舞うっていうのだけ気を付けてれば、なんだかんだいけるもんじゃないですかね。

虫眼鏡　ガストのときもやってたな。**は？**って言ってたもん普通に。

ゆめまる&てつや　はははは！

てつや　**は？**って言うな！

ゆめまる　どうなんだろうね。虫さんは動画で結構顔に出てるな、って感じのやつわかったけど、てつやとかは出ないじゃん。

てつや　うーん、出ないほうではある、出ないわけじゃないけど。

虫眼鏡　てつや表情筋ないもん。

てつや　ないってなんだよ！　たしかに笑顔がもとからあんまりないかもしれない（笑）。

ゆめまる　顔に出たなって思うのは、後輩の子にカレー買いに行かせて、2辛がきたときの顔はまじで出てたよ。

てつや　**2甘でって言ったら2辛きた**やつね。

ゆめまる　**おい！**みたいな感じで。

てつや　そんなだったかな？（笑）。やっぱそうやって言われるとき俺は気づいてないから、無意識なんだよ。だからもう常に笑顔でいようって、明るくいようっていう心構えが大事ですからね。

虫眼鏡　そういうこと言われて、は？って顔に出ちゃってもいいや、ってやつもいるし。こいつはダメだ、先輩とか先生とかね。そういう人たちの前だけ気張ってればいいからね。こいつはやばいぞ、って人をチェックしといてください。

ゆめまる　これで解決できたらいいかな、と思います。

虫眼鏡　がんばってね。それでは最後にしますか。

ゆめまる　それでは続いてのメッセージのほういきます。匿名希望さんからのメッセージです。〈質問なのかわからないのですが、私は春から大学生になりアパートで一人暮らしをはじめます。気を付けたほうがいいこと、こうしたらよい暮らしになる、といったことがあれば教えてください〉ってのがありますけども。

てつや　一人暮らししてたのって虫さんだけ？　ゆめまるは？

ゆめまる　俺したことないけど。

てつや　大学で、ってなると虫さんだけだね。

虫眼鏡　気を付けたらいいことって、男の子かな女の子かな？

ゆめまる　それもわからないねえ。

虫眼鏡　匿名希望さんか。女の子の場合は、サークル行くじゃないですか、打ち上げをするじゃないですか。で、打ち上げ終わったあとに誰の家で二次会やるみたいな感じになるんですよ。女の子の場合は絶対、ウチいいですよ、って言わないほうがいいですね。帰らねえやつがいるんで。

ゆめまる&てつや　あぁ、なるほど。

虫眼鏡　で、あぁ、ってなっちゃうんで、気を付けてください。

てつや　それをよしとするかどうか、ってことですよね。

虫眼鏡　そう。なんか大学生って、いい家に住めないじゃないですか。だからお風呂の鍵とかもさ、カチャって鍵じゃなくて、カーンって、10円玉で開いちゃうみたいな鍵なのよ。

ゆめまる&てつや　あぁ。

虫眼鏡　それでふざけて覗きにくるとか、いうくだりありましたからね。僕たちの大学で。

てつや　えー、いいなぁ、なにそれ！

虫眼鏡　マジ？　できんだろう？

てつや　えー、めちゃくちゃうらやましくない？　そういうの。そういう大学生らしいエッチな話。

虫眼鏡　僕たちのサークルの中でも、誰々の乳首見たけどレーズンだったわ、みたいな。

ゆめまる　まじで？　それさ、ひどいなぁ。

虫眼鏡　裏でレーズンって呼んでたりとか。お前らが勝手に覗いといて、レーズンだわっておかしいだろ、と思って。

ゆめまる　ありがとう、って言えよって思うけどね。

てつや　**ありがとレーズンって名前にしてた勝手に**（笑）。

ゆめまる　ラジオネーム、ありがとレーズンさんに、来るかもしれんやん。

てつや　ふははは。

虫眼鏡　ま、だから、サークルの打ち上げとかね、友達をあんまり家に呼びすぎると、今のてつやん家みたいになっちゃうんで気を付けてください、って感じですね。

てつや　はははは。男だったらいいけどね。男目線で言うと? 虫さんあれだよね、一人暮らしのときにさ、生まれて初めてAVを買ったら偶然まほっちゃんに開けられてバレたのね。

虫眼鏡 そうそう、それ気を付けたほうがいいわ。AVを買うじゃないですか、通販で。恥ずかしいからね。そうすると、ポストにスコーンって入れられるんですよ。それを、まほっちゃんに開けられる可能性があるんで。

ゆめまる&てつや はははは。

虫眼鏡 **まほっちゃんを家に呼ぶときにはAV買わないほうがいい**です。

ゆめまる 注意したほうがいいと。

てつや ちょうどだったもんね、1回しか行ったことないのにさ。偶然そこでポストに入ってるから何か見てみようぜ、って出したらさ、**眼鏡のAV**でさ。

虫眼鏡 はははは!

てつや **あいつ眼鏡かけて眼鏡モノ見てるぞ、**ってなって(笑)。いやめっちゃおもろかった、あれは。

虫眼鏡 たくさんのメッセージありがとうございました。今日の放送いかがでしたでしょうか? ゆめまるさんどうでしたか、楽しかったですか?

ゆめまる うーん、非常によかったんじゃないかな、と。

虫眼鏡 はい、ここでお知らせです。

ゆめまる&てつや **早い早い!**

2019 02/21

シンガーソングライターは絶対タバコを吸うの回

GUEST
としみつ

ゆめまる　本日も始まりました東海オンエアラジオ。ゆめまるのフリートークですけど。

虫眼鏡　大人気のコーナーでございますね。

ゆめまる　そんな人気あんのかなぁ。**心配かけちゃうからね。**

としみつ　今日のテーマは？

虫眼鏡　ちょっと待って。心配かけちゃうからねって、**誰にかけちゃうの？**(笑)。

ゆめまる　メッセージもらったじゃん1回。俺のお母さんっぽい人からね。

虫眼鏡　あぁ、心配です、みたいな。虫さん、支えてあげてください、みたいなやつでしょ。

ゆめまる　で、まぁ、そんなのどうでもよくてさ。

虫眼鏡　ふふふ。どうでもいい話、お前から振るなよじゃあ(笑)。

ゆめまる　今日のテーマっていうか、話す内容なんだけど。最近なんかニュースとかで、高齢者が車の運転しててさ、ブレーキとアクセル間違えて突っ込んじゃったとかあるじゃないですか。

としみつ　結構多いよね。

虫眼鏡　なんか重たいっていうか、結構社会問題をもってきますねフリートークで。フリーに話していい内容じゃないですよ。

としみつ　大丈夫？

ゆめまる　大丈夫ですよ。それでね、話したいことがあって、今まで別にさ、身にあんま起きてなかったから。

虫眼鏡　いや、めちゃめちゃ起きてるやつおるやん、我々の周りに(笑)。

ゆめまる　まあね。こんなんなら免許返さなきゃいけないんじゃない？くらいだったんだけど、昨日ね、僕、名古屋でお仕事あったじゃないですか。その帰りに運転してたんですよ岡崎を。そしたらまず、高齢者が運転してる車が横入りしてきたんですよね。それでもちょっと、ムッとくるじゃないですか。で、まぁしょうがねっかとか思ってたんですよ。で、信号待ちしてて、子供が手あげて渡ってたんですよ。

としみつ　信号ないとこでね。

ゆめまる　信号ないところっていうか、なんだろ、**ゴツッ**……ごめんなさい、マイク手当たっちゃいましたね、今。バーンって大きく動きすぎちゃった。

虫眼鏡　**ははは！**

ゆめまる　で、子供が手あげて、渡ってたんですよ。普通、車の運転手さんは気づいて止まるじゃないですか。

としみつ　止まるわ、そりゃ。

ゆめまる　なんだけどね、その高齢者が運転してた車ね、子供に突っ込みそうになったの。

としみつ　ばかやろうジジイ、って言った？　ちゃんと。

ゆめまる　おいおいおい！　なんだよ！ってなって、それを見て、**高齢者免許返せよ！**って。

としみつ　うちのばあちゃんも確か原付取り上げたもん。もう原付乗ったらあかん、コケとるじゃん一回、みたいな。

ゆめまる　家族がやらなきゃいけないんじゃないかなと思って。

としみつ　そうすると今度、チャリ乗っていくんだよ。

ゆめまる　いやぁ、チャリかぁ。

としみつ　自転車があるって言って。チンチン！って。そんでひかれそうになんの。あかんってもう。免許なくてもチャリ乗るから気を付けたほうがいいよ。

ゆめまる　これを話してて、多分聴いてる人も納得する人もいれば、ちょっとそれお前らおかしくね？って言って来る人もいると思うんで、メッセージめっちゃ待ってます。

としみつ　あぁ、いいね。そういうのやりたいな。

虫眼鏡　あのねぇ、僕もさ、高齢者の人がアクセルとブレーキ踏み間違えてコンビニのガラスのとこバリバリって入ってくやつとかあるじゃん。あれ見て、そんなのないだろと思ったんだけど、僕ね、あるんだよ。

としみつ　**運転すんなや！**（笑）。

虫眼鏡　違う違う、あるって言っても、僕はまだ若いから、あっ違うわ、って言って、回避できるんだけど、多分それが衰えたら絶対にセブンイレブンに突っ込むのよ。だから僕は事あるごとに言ってんだよ。僕が、あ、おじいちゃんだなと思ったら、僕がどんなに暴れようが免許を物理的に取り上げてほしい。

としみつ　サブチャンでまじ取り上げるよ。「**虫眼鏡から免許を取り上げます**」。

ゆめまる　みんな老人でしょ？　お前あぶねえ、返せってお前……。

虫眼鏡　ヒャハハ。なんだよ、お前らもおじいちゃんじゃねーかよ！

ゆめまる　もう返したからさ、免取りだよ、って。事故ってるやついるから一人。

としみつ　気を付けようね、みんな。

ゆめまる　はい、今夜も#東海オンエアラジオで聴いてる人はつぶやいてみてください。東海オンエアラジオ!!　東海ラジオをお聴きのあなた、こんばんは！　東海オンエアのゆめまると！

虫眼鏡　虫眼鏡だ！　そして今日のゲストは！

としみつ　としみつです。お願いしまーす。

虫眼鏡&ゆめまる　お願いしまーす。

ゆめまる　この番組は、愛知県・岡崎市を拠点に活動するユーチューバー、我々東海オンエアが名古屋にある東海ラジオからオンエアする番組です！

虫眼鏡　ゆめまると、僕虫眼鏡が中心となってお届けする30分番組でございます。というわけで、普段とはちょっと違ったオープニングトークをしたってことで、曲紹介のほうにいきましょう。

ゆめまる　いきましょうか。

虫眼鏡　今日は誰がやる？　ま、いつもゆめまるやってるけど。

としみつ　毎回来て思うのは、たまには選ばしてほしいな。

ゆめまる　あぁ。

としみつ　だから、その、いつも、なんなのその曲？っていう。俺たちの聴取者の層から言ったら、なんなのその曲！っていうのがかかるじゃん。

虫眼鏡　それはそれでいいけどね、たまにはね。

ゆめまる　じゃあ今日は3人でさ、出した曲で一番いいやつ流したらいいんじゃない？

としみつ　たまにはさ、今、あいみょんさんとかさ、米津さんとかさ。まさにONE OK ROCKさんのアルバムリリース今日じゃない？

ゆめまる　あ、そうなんだね。僕はね結構、卒業シーズンというか受験シーズンもあって、竹原ピストルさんの「よー、そこの若いの」とかね。

虫眼鏡　あぁ。あれはでもいいんじゃない？

としみつ　CMになってるからみんな知ってるよね。それもいいんじゃない。

虫眼鏡　僕はあれだなぁ、逆に渋くいっちゃったというか、ゆめまるに気に入ってもらおうとしちゃったかもしれないんだけど、ザ50回転ズの「涙のスターダスト・トレイン」。

ゆめまる　いいじゃん、それ流してぇもんな。

虫眼鏡　どうやって決めようね。3曲流したらちょっと時間ないじゃん。だから、ジャンケン……、ジャンケンだと結局さ――。あれ、なんか今……。

ゆめまる　流れてる流れてる、おいおい！

《イントロ》

《曲》

ゆめまる　お届けした曲は、G-FREAK FACTORYで「日はまだ高く」でした。

虫眼鏡　おい！　お前の選んだ曲だろどうせ。

ゆめまる　**ヒャハハハ！**

としみつ　絶対そうじゃん。

虫眼鏡　せめてこの中の3曲であれよ、やるなら。

としみつ　急に流れたな。

虫眼鏡　なに、竹原ピストルさんの名前出してさぁ。

ゆめまる　ごめんなさい、でもこれは、なんか今日は、流したかったんや。

虫眼鏡　**だったら素直にそう言えよ！**（笑）。

ゆめまる　くだりあるやん（笑）。

としみつ　作ってかないとね。

虫眼鏡　さて、東海オンエアが東海ラジオからオンエア！　東海オンエアラジオ！このコーナーやっちゃいます!!「東海オンエアラジオの気になるリスナーさんに電話しちゃおう」。楽しみだぜこのコーナーは。ちょっと前からね、電話してもいいリスナーさんは、電話番号書いて送ってくださいって言ったらね、みんなが電話してくれ電話してくれ、ってことで。でもね、誰でも彼でも電話してもつまんないってことで、我々が気になるよってリスナーさんに電話しちゃおうというコーナーでございます。で、こんなメッセージをいただいたわけですね。東京都、まきさん。〈楽しいラジオをさらに盛り上げる材料にして頂ければと思い、私の経歴をまとめてみました。現在27歳です〉。ちょっとおばさんですね。

ゆめまる　上だね。

としみつ　かわんねーわ。

虫眼鏡　ふふふ。〈20歳の成人式はSMクラブの仕事のため出ませんでした〉。

ゆめまる　ははははは！

としみつ　え？　ちょっと待って、おかしくない？

虫眼鏡　〈20歳の夏頃イベントコンパニオン勤務。他にも時系列がごちゃごちゃですが、診療中に足を蹴ってくる院長がいる歯科医院、国内化粧品ブランド、外資系化粧品ブランド勤務の経験があります。あと風俗嬢をしておりました。ひと通りのジャンルで働いてきましたが、一番長く続いたのが川崎のソープでNO.1でした。今は足を洗って美容関係の仕事をしております〉。足を洗ってってことは、足が臭かったってことですか？

としみつ　お前、一番日本語得意じゃねーか。

虫眼鏡　ふははは。というわけで、**川崎のソープでNO.1**をしていたということでね。

ゆめまる　（嘆息）川崎の。

虫眼鏡　僕はまったく興味ないんですけど、ゆめまるさんとしみつさんはそういうのが大好きということでね。

としみつ　大好きではないんだけど、やっぱり、話は聞くよ。

ゆめまる　もしかしたらNHKの「仕事の流儀」みたいな感じでさ、いけるかもしれないよ。真面目な感じの。

としみつ　川崎のソープのNO.1で？

ゆめまる　♪ずっと探して〜いた〜、って流れて。

虫眼鏡　ははは。はい、やめてください。

ゆめまる　ごめんなさい、他局の。

虫眼鏡　はい、みなさんが気になることをちょっと聞いてみましょう。

としみつ　これ気になるでしょ。

虫眼鏡　（高い声で）もしもし？

――（高い声で）こーんにちは。

ゆめまる　やりづらいぞ。

虫眼鏡　まきさんですか？

――はいそうです、はじめまして。

虫眼鏡　いつもラジオ聴いてくださってありがとうございます。

――いいえこちらこそ、よろしくお願いいたします。

虫眼鏡　すいませんね今日はお忙しいところお時間いただいてしまって。ウチのとしみつとゆめまるがどうしてもまきさんとお話ししたいと。

ゆめまる　このあとセンズリこくんで、ちゃんと話してもらって。

――（笑）。いや、私も、みなさんとお話をさせていただけるのすごく楽しみに、仕事の励みにずっとしてたので。

ゆめまる　真面目な方なのにねぇ。

としみつ　真面目なのよ風俗嬢。

虫眼鏡　やっぱりね、風俗で働いてる方、おしゃべりがうまいですから。

――いやいや、うまくないですよ。

虫眼鏡　ゆめまる君でも安心して質問できますから（笑）。ゆめまる君、なんでも質問してください。

ゆめまる　じゃ、ちょっとお客さんみたいな感じで。

――どうぞ。

虫眼鏡　いつもみたいな感じで質問してください（笑）。

ゆめまる　あ、どもどもども、こんにちは。早速、シャワー浴びます？

虫眼鏡　（笑）。時間無駄にしないお客さんだね。

――そうですね、ちょっと、う〜ん。

虫眼鏡　先にお店に電話したほうがいいんじゃない？

――あ、そうですね、お店に電話したほうが（笑）。

虫眼鏡　**やめろよこのくだり!**　はい、普通にみんなが聞きたいこと聞いてください。

ゆめまる　普通の質問いいですか？やっぱ風俗嬢でNO.1になるだけあるなら、やっぱかわいいし人気があるってことですよね？

としみつ　誰に似てるか気になりますね。

ゆめまる　そうそう。

虫眼鏡　よく芸能人とかで誰に似てるとか言われたりしますか？

―よく言われるのは、**菜々緒さん？**

としみつ　あー。菜々緒さん、すらーっとした、スレンダーの。

ゆめまる　あぁ。きれい。

としみつ　菜々緒さんかぁ、なるほどなるほど。

―いや、そこらへんの道端の石ころくらいの顔してるんで。

ゆめまる　やばいぞそれは。

虫眼鏡　ゆめまるみたいな顔してるってことですか？

―あ、そうですそうです。

ゆめまる　いや、おい、俺石ころかい！

虫眼鏡　ふふふふ。

ゆめまる　しかも、お前、そうかいって言うなや！

―（笑）。

としみつ　菜々緒さん、高身長なんだね。

虫眼鏡　結構いろんな仕事を転々としてらっしゃるとお伺いしたんですけど、我々やっぱりユーチューバーという職業をしてるわけですけど、やっぱりNO.1になりたいわけですよ。

―はい。もちろんですよね。

虫眼鏡　フィッシャーズを抜かしてね。NO.1になる秘訣っていうのを、まぁ、業界は違えどね、秘訣をなんか教えていただけないでしょうか。我々に。

―そうですね。私は、今までは、接客業というのをしてきたわけなんですけど、風俗もですし。今は美容部員として働いているんですけど、NO.1になる秘訣っていうのは、私の個人的な意見でいいんですか？

虫眼鏡　もちろんもちろん。

―自分が楽しくて、相手が笑ってればそれでいいんです。

としみつ　ほぅー。意外な答えが返ってきたな。

虫眼鏡　そうですね。

ゆめまる　サービスを良くする、っていうわけでもなく。

虫眼鏡　意識高い答えが返ってくると思いきや。

ゆめまる　意外と原点だね。

としみつ　原点的な回答が。

―そうです。もう、原点忘れず。

としみつ　初心忘れるべからず、みたいな。

―そんな感じです（笑）。

虫眼鏡　これは、浅いように見えて非常に深いですよこれは。

ゆめまる　そうですね。

としみつ　結構風俗嬢の方って話し聞くと、頑張ってる人多いですよね。

虫眼鏡　うん。

―あぁ。

ゆめまる　学費のためとかね。

としみつ　結構そういう話聞くと、感動するんですよね。感動して、じゃ！って言って、抜いてもらうんですけど。

虫眼鏡　わははは。

―そうですねぇ、どうなんですかね？　風俗嬢って枠で考えたNO.1っていうのは、うーん、信用ですかね。

メンバー　あぁ。

ゆめまる　ちゃんとやってくれる、ってのもいいからね。

虫眼鏡　あとね、としみつが来ましたよ、とか言わないとかね。そういうやっぱ信用ありますよ。

―あ、それは言います。

メンバー　あ、言うんだ！

虫眼鏡　なんか有名人のお相手したことはありますか？

―あ、**あります。**

としみつ　ピーとか入るかもしれないですけど、もし言えるなら……。

ゆめまる　言えるならね。

としみつ　ピー入ると思うんですけど。

―あぁ、はい。これ、ソープのお客様じゃないんですけど大丈夫ですか？

としみつ　全然。経験の中でなら。

―えっと、18のときに働いていたSMクラブで、&%#"#+'&さん。

メンバー　おおお！　えー！　わお！　まじで！

虫眼鏡　すごい！

ゆめまる　そっちなんだー！

としみつ　そのSMクラブは結構激し目でした？

―あ、うーん、お客様によって

……。

としみつ　ちなみにその方は、どんな、激し目だったのか？

―いや、あの、私、＊＊＊＊＊ですよ。

ゆめまる　え？　どういうこと？

としみつ　ちょっと待って……。え？　え？　**向こうがS**で、ってこと？

―あ、そうです。

メンバー　えーーーー！

ゆめまる　**そっちかー！**

としみつ　全然ピー音より上ないの？　グオングオンみたいな（笑）。

―なんか、ザーーー、みたいな感じで（笑）。

虫眼鏡　いやぁ、貴重な話聞けましたね。めちゃめちゃ楽しかった。いや、ラジオの時間がなければ一緒にご飯食べにいって、めちゃめちゃ長い話聞きたいですねこれは。

―いやぁ、ほんとに私も是非岡崎のほうに行きたいんですよ。

虫眼鏡　おぅ。もし偶然会ったらそのお話を聞かせてください、じゃあ。

―ぜひぜひ、いろいろネタを持っておりますので。

としみつ　飯食ったあとはね、チュチュッて。

虫眼鏡　チュッチュッて言うな（笑）。としみつはチュッチュッてするかもしらんけど、ゆめまるは勃たないから。

ゆめまる　勃たないから。じゃあもし、ソープとか風俗系に復活したときはまたお便りください。

としみつ　たしかに。

ゆめまる　店名書いて送ってくれれば僕必ず行くんで。

虫眼鏡　ふははは。

―いや、もう残念ながら私戻りません。

虫眼鏡　あら。じゃあ、今の美容部員のお仕事を頑張っていただきたいということですね。

ゆめまる&としみつ　頑張ってください。

―そうですね。

虫眼鏡　すいません、今日はありがとうございました。

ゆめまる　ありがとうございました。

―いえ、こちらこそ。ありがとうございました。

虫眼鏡　またお便り送ってください。ありがとうございました。いやぁ、楽しいお話でしたね。

ゆめまる　衝撃だったなあ。

虫眼鏡　このコーナーはおもろい。さすがに。

としみつ　すごいね。

虫眼鏡　私だってこんな経験してるから話したいわ、って人がいたらね、またぜひ、どしどし送ってください。「東海オンエアラジオの気になるリスナーさんに電話しちゃおう」でした！

としみつ　（しみじみ）すごいなぁ。

《ジングル》

虫眼鏡　はい、チラさんチラさん、マイクの前にきてください（笑）。

チラ　な、なんでしょう？

虫眼鏡　どういうことでしょうか？

チラ　いや、面白くないですか？

虫眼鏡　やめてくださいよ！

チラ　ひとつだけ言っときます。バカにはしてます。

メンバー　あはははは。

ゆめまる　してるんかい。最後の、めーがーねー、っておもろいもんな。

虫眼鏡　でも眼鏡AV結構いいんですよね。とったときに変わるじゃないですか、印象が。

ゆめまる　知らん知らん（笑）。

虫眼鏡　2回楽しめる感じがありますからね。えっと、メッセージ紹介いきましょうね。

ゆめまる　はーい、いきましょうか。

虫眼鏡　ふつおたのコーナーです。

ゆめまる　ラジオネーム、ねむたいねさんからのメッセージですね。あ、岡崎市の方ですね。〈私は岡崎の専門学校に入学して、岡崎で下宿しています。しかし今年の3月学校を卒業し地元へ戻ります。なので、岡崎でやっておくべきこととか、行っておくべきところはありますか？　あったら教えてください〉。

虫眼鏡　これ僕とかとしみつは、生まれ育ってるからさ、ここすごいな、とかがわからないんだよ。逆にゆめまるは、岡崎に最近引っ越してきたじゃん。

ゆめまる　そうだね。

虫眼鏡　で、ここは行ったほうがいいわ、とか、すごいわ、ってとこありますか？

ゆめまる　すごいわってところだと、やっぱり俺の大好きな**シビコ**。

虫眼鏡　ははは。行ってるの？　ほんとに。

ゆめまる　いや、結構シビコね、行くんだよ。

としみつ　暇なときにさ、2か月くらい前だけど、2時間くらい間があって、ゆめまると俺で。どうする？ってなって、シビコ行く？って言って、なんもないシビコ歩いて、満足して帰ったことあるから。

ゆめまる　でもほんとに岡崎でやっておくべきことっていうのは、やっぱりなんか、僕たちが紹介してるラーメン屋とかさ、には行っててほしいな。

虫眼鏡　行ってるんじゃないの?

としみつ　この子がどこまで行ってるかだよ。

ゆめまる　あぁ、うんうん。

としみつ　行ってるのであれば、もっとなんかね、深いとこ、地元でも有名な……。俺たちが出してない地元で有名な店ってまだまだいっぱいある。

ゆめまる　いっぱいあるからね。

としみつ　味噌煮込みうどんの店とかさ。そういうとこに行ってるかどうか。ご飯で言ったらですけど。場所はなかなか厳しいね、中総のてっぺんとか。

虫眼鏡　あぁ。若干夜景がきれいなところ?

としみつ　そう、若干。

ゆめまる　夜いくとカップルがいてめっちゃビビるってとこ。暗すぎて。

虫眼鏡　ははは。僕たちが**カーセックスを探せ、するところ。**

としみつ　そうそうそう。

ゆめまる　ははは。なんだろね、やっておくべきこと。

虫眼鏡　まぁでもやっぱり、お店とかは、もう行ってる気がすんだよね。どっちかっていうと、岡崎からいなくなっちゃうわけじゃん。だから、思い出としてさ、それこそ今の中総のてっぺんとかさ、そういう風景とかとして、あぁ岡崎はいいとこだったなぁ、って思ってもらえるところに行ってほしいです。

としみつ　下手に刻もうとしなくても、なんとなく刻んであれば、ね、帰ってきたときに、あぁこんなとこあったな、っていうので俺はいいと思うけどね。

ゆめまる　ま、やっぱあとは、遭遇しとくってことですね。

虫眼鏡　あぁ、僕たちとね。

ゆめまる　もう帰っちゃうなら。ま、会いたいです。それでは、続いてのメッセージいきます。ラジオネーム、あーちゃんからのメッセージです。

虫眼鏡　あーちゃん。Ｐｅｒｆｕｍｅかな?

としみつ　違うだろ!

ゆめまる　〈今好きな人がいて、私は20歳、彼は35歳です〉。

としみつ　あら!

ゆめまる　〈シンガーソングライターをしている方で、デート等は行くのですが、手は出してこないです。でも付き合ってはいないんです。彼は、何を考えてるかまったくわからないです。こういう男性は何を思ってると思いますか?〉。

としみつ　てつやに聞いたほうが一番早い話じゃないですか。

虫眼鏡　でもシンガーソングライターだからとしみつに聞いたほうがいいかもしれない。

としみつ　いや俺シンガーソングライターでもねえし。ＳＳＷじゃねえし。

虫眼鏡　でもとしみつも手を出さないから、としみつに聞いたほうがいいかもしれないよ。

としみつ　え、でもねえ、うーん、デートに行くんでしょ?

ゆめまる　で、手を出してこない。

としみつ　でも、35歳でしょ?

虫眼鏡　そうなんだよね、だから、この二十歳の子だっけ?

ゆめまる　二十歳ですね。

虫眼鏡　二十歳の子は、あ、一緒に行ってる、デートだ!って思ってるかもしれないけど、大人からしたらさ。

としみつ　小娘じゃん。

虫眼鏡　**デートとも思ってない説**あるから。

としみつ　小娘と……、え?　デートってなにしてんだ?　どっか行くのか飯食うのかわかんないけど。

虫眼鏡　飯かなぁ?

ゆめまる　飯とかじゃない?　映画とか。

としみつ　めちゃくちゃ若い子と飯を食いにいくっていう行為をしているだけ、説はある。

虫眼鏡　**歌詞書いてんだ!**

ゆめまる　それだ‼　**ネタだよネタ!**

としみつ　いっぱいそういう経験積んで、この子はこういう感じなんだっつって。やってるわ。

虫眼鏡　だって、シンガーソングライターの人みんなタバコ吸ってるもん、歌詞書くために。

としみつ　なにそれ?（笑）。

ゆめまる　その偏見はわからん（笑）。

虫眼鏡　全員タバコ吸ってるもん、歌詞書くために。

としみつ　なにそれ、なにそれ。

虫眼鏡　歌詞にタバコって出るやん。

ゆめまる　あるね。

虫眼鏡　吸ってないけどタバコか

な、と思って、とか言われたらさ、歌詞に重みがなくなるやん。だから、全員吸うやん、タバコ。

としみつ　重みが出るの？　吸おうかな、じゃあ。

虫眼鏡　ふふふふ。としみつもね、バンドもやってんのにタバコ吸ってないなんておかしいやんって、にわかやん、っていう(笑)。

としみつ　だからすぐ解散したんだ。

虫眼鏡　ははは。タバコ吸わんから解散するやんそれは。

としみつ　すぐ解散したもんな。

ゆめまる　すぐ解散しましたね。

としみつ　でも前向きな解散ですからね。

ゆめまる　まあまぁまぁ、そうなんだよね。

虫眼鏡　リスタートに向けてのね。

としみつ　ネタにできる解散だから。……ネタにできる解散って、**そんな解散ねーわ！**　次！

ゆめまる　次いきましょう(笑)。何を思ってるかって聞いてるのに、なにも……。遊んでんじゃない？って。

虫眼鏡　でも、残酷なことを言ってるけど、たぶんそうだよこれ。

としみつ　ばっつり言うわ、**遊ばれてるよ！**　絶対に。だってさ、35歳で手出してこねーわけねーじゃん。めちゃくちゃ童貞か遊ばれてるかどっちかだよ。

ゆめまる　めちゃくちゃこじらしてんな(笑)。

虫眼鏡　シンガーソングライターに童貞いないから歌詞づくりのために……。

としみつ　じゃあ絶対遊ばれてるわそんなの。

虫眼鏡　うん。だから歌詞つくってるんですよ。

ゆめまる　いいですか、次いきますよ。はっはははは。は～あ。はい。ラジオネーム、はるなさんからのメッセージです。〈今、1年半つきあってる人がいます。遠距離で3か月に1回会えるか会えないか、っていう感じです。でも私は最近とても冷めてしまっていて、好きという気持ちがほとんどありません。でも、別れるに踏み切れるかと言ったら、そこまではいけず、どうしたらいいか悩んでいます。最近ジムに通い始めて、そこの2個上のトレーナーさんのことが気になりだしました。まだちゃんと好きなのかわかりません。でも、多分好きです。1年半付き合った彼と別れて新しい恋に行くべきか、遠距離だしもう少し頑張ってみるか、アドバイスください〉っていうメッセージですけどね。

としみつ　いやなんかもう、しょーもないわ。

虫眼鏡　わっはははは！　としみつさん怒ってますよ。

としみつ　はよ別れろ。

ゆめまる　別れて2個上行けばいいやん。

としみつ　おかしくない？　だってさ、なに？　気になる人ができて、って言ってるじゃん。冷めてるとかさ。なんでそんなのが、まだ彼のことがどうのこうの。

ゆめまる　彼のことがかわいそうと思ってんだよね、こいつ。

虫眼鏡　はははは！

ゆめまる　俺、**こういうやつ一番嫌いなの**。

虫眼鏡　お便りを送ってくれてるんだから。

としみつ　いやいや、それはいいよ。

ゆめまる　ありがとう、って思うよ。お便りありがとう、って思うけど、よく相談されるの、女の子に。うち彼氏とさぁ、彼氏のことそんなに好きじゃないんだけどぉ、みたいな言った瞬間に、どうしたらいい？みたいに聞いてくるやん、そういうやつ。いや、別れろ、バカか！

虫眼鏡　ふはは！

ゆめまる　お前、俺の時間返せよ、それ。

虫眼鏡　まぁね。

ゆめまる　彼氏が浮気した、とか言われて、じゃあ彼氏こうじゃない？みたいに言えばいいけどさ、好きなのかなぁ？みたいな。

虫眼鏡　たしかに。でも別れるっていうのがわかんない、みたいなので、ちょっと保身とも思えちゃうしね。

としみつ　だから、ひどい女と思われたくないだけでしょ？

ゆめまる　ひどいからね、好きな人つくってる時点で。

虫眼鏡　気になってます、って言ってる時点で、**いやいやダメーーー！**だから。

としみつ　安心したいんでしょ、こういう相談して。いやいや、もうね、好きな人できてるの、彼とも3か月に一度しか会えないんだから、新しい恋みつけて頑張ればいいじゃん。わかった、じゃあ頑張る！って言いたいだけだろお前。

虫眼鏡　ははは！

ゆめまる　どうせこれね、あと数か月したらね、2個上のトレーナーとやる。こいつは。

虫眼鏡　でもね、そのトレーナーいろんな女とやってるから、遊ばれるまた。**で、歌詞にされちゃう。**

ゆめまる&としみつ　わははははは！

としみつ　ＳＳＷじゃん！　この人も。

ゆめまる　遅れてきたやんけ！

シンガーソングライター！

虫眼鏡　たくさんのメッセージありがとうございました。

としみつ　ちょっといいすぎたかなぁ、大丈夫？

虫眼鏡　今日の放送いかがでしたでしょうか？

としみつ　なかなか激しかったよ。

虫眼鏡　激しかったね(笑)。オープニングトークからね、最後まで尖ってたよ。

ゆめまる　尖りまくってたね。

としみつ　でもね、やっぱり、映像では見せない、ラジオ！の感じはあるな。

虫眼鏡　まぁたしかにね。ま、これを聴いてくれてる人の特権といいますかね。

としみつ　この賛否両論ありそうな感じがラジオ。

虫眼鏡　言いたいこと言いたいですからね。

ゆめまる　この放送のあと怒られたら、次たぶん、次週、めっちゃ反省して。

としみつ　めちゃくちゃ声小さいから。

虫眼鏡　局長の顔みて。局長、めちゃめちゃ笑ってる。あぶね！

としみつ　あ、笑ってる！　その横にカメちゃんがいるから、カメちゃんがなんかやらないか心配してる。

虫眼鏡　カメちゃんたまに失礼なことするから。

としみつ　局長、今日もスーツばちばち決まってます、って。

虫眼鏡　ほんとカメちゃんダメですよ、局長に変なことしちゃ。番組なくなっちゃうんで。さて、ここでお知らせです。

2019 02/28

モーテル鈴木は バカくそシコるの回

GUEST としみつ

ゆめまる　本日も始まりました東海オンエアラジオ。今日は視聴者の方からのメッセージから紹介していきます。〈とても恥ずかしいのですが、私はとても性欲が強いです。**ほぼ毎日のように夜、電マでオナニーをします。**昼間など考え事をしてる時はだいたいいやらしい事を考えてしまいます。隣におばあちゃんがいるにも関わらずそういう事を考えてしまいます。実は今も隣にいます。こんな女はどうでしょうか。実際のところ性欲の強い女はどうですか?〉

としみつ　どうですかって、いいよ。別に。

虫眼鏡　別に、いいけど、こっち困りはしないからさ。

としみつ　困りはせんよね。

ゆめまる　でも**俺、電マ当てるの大好き。**

虫眼鏡　知らねえよ(笑)。

としみつ　わっはははは！　**やかましいお前！**

ゆめまる　電マ当てるのマジで好きなの！

虫眼鏡&としみつ　あははははは！

ゆめまる　**やベーくらい好きなの。**

としみつ　なにが、なにが、なにが?理由があるわけでしょ?

ゆめまる　こうやって、**プーって**当ててるでしょ。で、女の人が感じてるじゃん。当ててイク瞬間が好きなのね、女性が。ビクついてんのが。おぉおぉ、いいね、って燃える、っていうのがあるんだよね。そんだけなんだけどー(笑)。

虫眼鏡&としみつ　わははははは！

虫眼鏡　これね、問題なのは、17歳。

ゆめまる　あぁ、この子がね。

虫眼鏡　いや17歳ですよ。

としみつ　でも17歳ってどうなの?オナニーするの、実際のとこ?女性はやっぱりさ、合コンとかでもさ、「私したことないです」って。

虫眼鏡　あ、僕が会った女の人は、それ全員嘘です、って。

としみつ　でしょ、でしょ、しょうがないことでしょだってあれはみんな。

虫眼鏡　17歳と言えば、女の子はどうか知らんけど、男なんて、チンチンしかないみたいな状態じゃん(笑)。

としみつ　**バカくそシコってるでしょ。**自分の中でシコりまくってると同じことでしょ、だから。

虫眼鏡　チンチンが主体で動いてるからね。

ゆめまる　**チンチンチンチンって、**練り歩いてるから。

としみつ　それと同じでしょ。別におかしくないんじゃない?

ゆめまる　うん。おかしくない。

虫眼鏡　おかしくもないと思うし、男から見てどうなのって言ったら、嬉しいくらい、もはや。

としみつ　むしろなんか、燃えるというか。こいつぅ、みたいな。

虫眼鏡　うはは。ゆめまるだったら、よーし、電マの調子はOKだな、って。

ゆめまる　電マも選ぶからね、あのツマミのやつで。「強・弱・オフ」みたいのじゃなくて。

虫眼鏡　あぁ、無段階調整のやつね。フェアリーだフェアリー。

ゆめまる　そうそうそう(笑)

としみつ　学校かばんに電マ入れて持ってってもらえよ一回、この子に。

虫眼鏡　なんで?

としみつ　一回一回。

虫眼鏡　あぁ、でもやっぱり、あれか。授業中に、先生お腹痛いです、ってトイレ行って、みんなが授業してるのに私こんなことしてイケない子、みたいな。

ゆめまる　あはははは。

としみつ　それやってほしいな一回。

ゆめまる　きったねえ話してんなぁ(笑)。

としみつ　で、一回お便りで送ってほしい、読まないけど。報告だけしてほしい。

虫眼鏡　ゆめまるがね、このルームに入る前にハガキを読むんですよ。今日はこれ読もう、みたいなのを決めるのに。そこで報告が届いてたら、僕たちも、あ、あいつほんとにやったんだ、ってそれボツにするから（笑）。

としみつ　それだけやらしてほしい。

ゆめまる　それでは今夜も#東海オンエアラジオで聴いてる人はつぶやいてみてください。東海ラジオをお聴きのあなた、こんばんは！　東海オンエアのゆめまると！

虫眼鏡　おいおい、いい声になったなぁ（笑）。虫眼鏡だ！　そして今日のゲストは先週に引き続き！

としみつ　**モーテル鈴木です、**お願いします。

虫眼鏡&ゆめまる　ふはははは。

ゆめまる　**誰だよお前！**（笑）。

虫眼鏡　ふふふふ。この番組は、愛知県・岡崎市を拠点に活動するユーチューバー我々、東海オンエアが名古屋にある東海ラジオからオンエアする番組です！

ゆめまる　**ゆめまると、僕虫眼鏡**が中心となってお届けする30分番組（笑）。

虫眼鏡　**虫眼鏡って言うなよ！**（笑）なんで台本読むことができんの（笑）。

ゆめまる　**ダメだ、ダメだ。ダメだもう**（笑）。

としみつ　何にハマってんの？

虫眼鏡　何がツボだったの？　モーテル鈴木？

ゆめまる　**モーテル鈴木が……誰だよ！**（笑）。

としみつ　モーテル鈴木のくだり知ってる？　俺の名前いっぱい考えるくだり。

ゆめまる　知らないよぉ。

としみつ　知ってる人は知ってると思うよ。

虫眼鏡　で、オープニングでいただいたオナニーなんですけど、みなさんはどうですか？

としみつ　いや別に男だったら恥ずかしいことじゃないですよ。

虫眼鏡　今よ、今。

としみつ　あ、今？

ゆめまる　今の状態で。

虫眼鏡　僕さ、最近ちょっと悩みがありまして、マジで性欲なくなっちゃったんだよね、僕。

ゆめまる　ええ？

としみつ　いやいや何言ってんの。それヤバイよ。

虫眼鏡　いや、ほんとに。

としみつ　性欲だけはあったほうがいいよ、絶対それは。

虫眼鏡　そう、だから僕も、これ言ったら好感度上がるとかじゃなくて、マジでなくなっちゃったから困ってんの。

ゆめまる　あららら。

としみつ　性欲しかないけどね。

ゆめまる　としみつ強いもんね。

虫眼鏡　としみつは性欲強そうだもんね（笑）。まぁね、コスパいいじゃん、じゃあ。いっぱいできるからね。

としみつ　そうそう、いや、いっぱいはできねえんだよ。

虫眼鏡　ふふふふ。

ゆめまる　としみつ、自分でしてるとき、どんなふうにしてるの？

としみつ　あ、普通にソファーに寝ころびながら……なんだこれ。

虫眼鏡　（笑）。

ゆめまる　ソファーに寝ころびながら？

としみつ　普通に携帯。FANZAとかで買うから。旧DMM。

虫眼鏡　だから、あのね（笑）、FANZA、旧DMMって、元の昔の名前言わんでええんや。

としみつ　でもあれだよ、**特にお客様手続きないですよ。**

虫眼鏡　きゃははは！

としみつ　FANZAに移行しても、お客様は特に手続きありません。

虫眼鏡　新しく会員登録しなくていいからね。

としみつ　そう。心配しないでください。

虫眼鏡　マジでね、同じことカメちゃんが言ってたから。

一同　わははは！

としみつ　これ男だったらみんな笑ってると思うんだけどな（笑）。買う人だったら。

虫眼鏡　僕めちゃくちゃ命かけてるんですよね、選ぶのにって。

としみつ　でも、そうね、買ったりしてるから。

ゆめまる　あ、そうなんだね。

虫眼鏡　そうなんだ。やっぱりそれにお金を払えるのはいいかもしれないね。

としみつ　CD、音楽と一緒かな。

虫眼鏡　あぁ、普通に素晴らしいと思うものにはお金を払いたいという、それは非常に重要なことですね。

ゆめまる　それは素晴らしいこと。

虫眼鏡　やっぱ質を維持するにはお金使っていかないといけないんですけど、ちょっと僕はチンチンなくなっちゃったんで、お金払うのは二人に任せたいなと思うんですけど、ゆめまるはどういうふうにしてるんですか?
ゆめまる　僕はですね、一人でやってるとき、曲を聴きながらやってますね。
としみつ　え?
虫眼鏡　ほんとですか?　なんで曲聴きながらやるんですか?
ゆめまる　なんかそっちのほうがテンポもこうやってあるじゃないですか、8ビートとか。
としみつ　え?　そんな、メタルだったらどうすんの?　**ドゥルルルル、ドゥルルルル、シッコン、パパスコーン**、みたいな。
虫眼鏡　ははは!　ツービートだったらどうすんだ、**ツタツタツタツタッ**って。
ゆめまる　そしたらこう――。
虫眼鏡　あ、そっちのほうが遅くなるんだ(笑)。
としみつ　無音でわかるかよ!　誰が伝わるんだよ。**ラジオなの忘れんな。**
虫眼鏡　えー、どういう曲聴いてやってんのか紹介してほしいですね。
ゆめまる　じゃあ今日の曲紹介は、いつも聴いてるような曲でいきますね。
虫眼鏡　了解です。
ゆめまる　それではここで1曲お届けします。OLEDICKFOGGYで「パレード」。
《曲》
ゆめまる　あららら、かわいい。
虫眼鏡　何やってんの?　ちょっと、曲終わってるけど。
としみつ　これこれこれこれ!
ゆめまる　あ、めっちゃかわいいじゃん!
虫眼鏡　お前、ラジオ局でさ、**収録してるときにAVみんな!**(笑)。
としみつ　確認作業だからこれは!
虫眼鏡　ちょっと曲消して。
ゆめまる　はい。お届けした曲は、OLEDICKFOGGYで「パレード」でした。
虫眼鏡　さて、東海オンエアが東海ラジオからオンエア!　東海オンエアラジオ!このコーナーやっちゃいます!!
ゆめまる　ゆめまるプレゼンツ、「来たれ!はがき職人」
虫眼鏡　ゆめまるがやりたいというこのコーナー。
ゆめまる　はい。僕が提案したコーナーなんですけど、ま、このコーナーはね、今だとwebとかメールとかで送れるじゃないですか。でもそうじゃなくて、手書きのハガキを送ってもらって、聴取者さんの気持ちと、僕たちが読んだ気持ちを他の人にも伝えやすくなんじゃねえかなと思ってこのコーナーやってます!　さっそくメッセージが届いているので。
虫眼鏡　今日の流れでさ、こんな真面目なお便りきてもさ、なんかごめんってなっちゃうよね。
ゆめまる　今日はちょっと余計、オープニングに合わない。だってさ、このコーナーの前、俺がオナニーのときに聴いてる曲だよ。
虫眼鏡　あははは!　そうじゃん、嘘だよお前、嘘ついてんじゃん。そう言えば忘れてた。あれ嘘じゃん!
としみつ　**テテレテテレテテレテテレ**じゃねーんだよお前(笑)。
虫眼鏡　**ツッチャン、ツッチャン、ツッチャン、ツッチャン。**
ゆめまる　**いつ発射するんだよ**これ(笑)。
虫眼鏡　もうー。どうせだったらエッチなお便りがいいね。今日はそういう回と思って割り切って。
としみつ　先週みたいなエッチなね。
虫眼鏡　なんか申し訳ないなー。
ゆめまる　それじゃ読んでいきますね。ラジオネーム、るいちゃんさんからのメッセージです。〈私は幼稚園生のときに一人の男の子に恋をしました。初恋で、小学6年生まで続きました。私は勇気を出せず告白できませんでした。小学6年のときに些細なことで仲が悪くなってしまい、当時はとてもつらかったです。で、今リクエスト曲を聴いて、中学2年の今は新しい恋をしています。今度こそ勇気を出したいです〉というメッセージが来てて、さらにこの子、2枚送ってくれてて、〈もう1つは、東海オンエアのみなさんへ、**みゅっ、**質問があります〉。
虫眼鏡　は?　お前今なにやったんだ?
ゆめまる　もうね、笑いすぎてね、みゅっ、ってなっちゃった。はい。〈私には好きな人がいます。その人は勉強ができる、運動ができる、そしてモテるという、私の中学2年のクラスの中で、1位2位を争うくらいの人です〉。
虫眼鏡　僕やん。
としみつ　え?
ゆめまる　〈それに比べて私は、勉強できない、運動できない、そして普通女子です。でも来年は受験があったり卒業したり大変な時期なので、告白したいと思います。もし私のような女子から告白されたら、どのようにされたら嬉しい、またはOKしますか？ よろしくお願いします〉。

としみつ　同じ子？

ゆめまる　同じ子ですね。るいちゃんさんですね。

虫眼鏡　るいちゃんさん、恋多き、あ、多くはないのか。恋に恋してる、中学生でしたっけ？

としみつ　ピュアなね。かわいいね。

ゆめまる　いやぁいいねぇ。どのように告白されたら嬉しい？

虫眼鏡　全部嬉しいんだよ。

としみつ　嬉しいんだよ告白なんて。好きという思いを伝えられただけで嬉しいだろ。

ゆめまる　いるじゃん男の子で。なんか気取って、これプレゼントして告白みたいな、すかしてるやつ。そうじゃなくて普通に、俺お前のことめっちゃ好きなんだよ、って言えばOKされるから。だいたい。

虫眼鏡　でも女の子から告白されるでしょう。結局男ってさ、なんていうの、その場でさ、俺あいつに告白されちゃってさ、って。

ゆめまる&としみつ　言う言う。

虫眼鏡　まじキモいけぇ、とかって言うけど、**絶対嬉しい**からね。

としみつ　絶対嬉しい。

虫眼鏡　誰にどんな告白されてもめっちゃ嬉しいから。

としみつ　嬉しいから言っちゃってんだから。

虫眼鏡　そう、嬉しいから。あれ自慢だからね。

としみつ　自慢したいんだよほんとに。

虫眼鏡　まぁね、うまくいくかどうかは、正直ね、僕たちが大丈夫大丈夫って言って、無責任なこと言えないから、どうなるかわからないですよ、受験のシーズンなんで。今は受験に専念したいから、っていうね、決まり文句言われてしまう可能性もありますから、ま、絶対うまくいくよ、なんて僕たちは言えないですけど、ただね、幼稚園のときに好きだった人にね、告白できずに後悔してますから、伝えておいて、振られた！ みたいな、切り替えることも大事ですからね。そして、思い残すことなく受験を頑張っていただきたいということで。

ゆめまる　素晴らしい答えが返ってきたからね、もう俺らなにも言えね。オナニーの話も言えね、だめだ。

虫眼鏡　**すごくない、ラジオって？ オナニーって言っていいって。**なんか。

としみつ　すごいね。

虫眼鏡　東海オンエアの動画だったら、ピッてかけるもんちょっと。心配で。

としみつ　**ピナニー**みたいにするもんね。

ゆめまる　わはは。新しい食べ物みたい。**郷土料理みたい。**

虫眼鏡　というわけでね、この子の背中を押す曲を真面目にかけましょう。

ゆめまる　はい。ラジオネーム、るいちゃんさんからのリクエスト曲です。スピッツで「空も飛べるはず」。

《曲》

ゆめまる　お届けした曲は、スピッツで「空も飛べるはず」でした。

虫眼鏡　いや、名曲ってのはね、いつ聴いてもエモい気持ちになりますね。

としみつ　心洗われました。

ゆめまる　キュンキュンしちゃったもんね。

としみつ　反省しました、オープニングの件。

虫眼鏡　ほんとにね、僕たちもギター練習するとき絶対この曲練習するもんね。曲流れてる間、うわぁいい曲だね、って言ってる間に、**お前らベスフェラの話すんな!!**

としみつ　なんだよそれ、ベスフェラって！

虫眼鏡　**今シーズンのベストフェラチオ**の話すんなよ!!

ゆめまる&としみつ　わっははは！

としみつ　なんだよ、いいだろ、俺の今シーズンのベストフェラチオの動画。

ゆめまる　なんだっけ？ まいまーい。

としみつ　ありがとねえ。

虫眼鏡　最悪！ このるいちゃんさんはさ、佐世保に住んでるってことは。

としみつ　家族で聴いてるぞ。

虫眼鏡　まぁそのあれじゃん、radiko取ってくれてるわけじゃん。ってことは、もう一回聴けるわけだよね。だから、私お便り読まれたんだよ、って友達に自慢するときに、最初にオナニーの話から始まるんだよ。

ゆめまる&としみつ　あははは！

ゆめまる　**強烈なラジオだ。**しかも中学生だからね。

虫眼鏡　ほんと申し訳ない、るいちゃん。またお便り送ってください。今度はね、今度は真面目な回で読めるように頑張りたいと思います。はい、ハガキでリクエスト曲、そしてその曲にまつわる想い出やエピソードを書いて送ってください。あて先は、〒461-8503 東海ラジオ 東海オンエアラジオ「来たれ！はがき職人」へ送ってください。

ゆめまる 皆さんからのはがきを楽しみにしています。「来たれ！はがき職人！」でした！

《ジングル》

ゆめまる はい、いただいたメッセージのほうを紹介していきます。

虫眼鏡 反省していただいて、ここからは真面目にね。後半になっちゃいましたけど、ここからは真面目にやって、我々はこういうこともちゃんとやってますよ、エロ番組じゃないですよ、と。

としみつ **エロラジオじゃないからね。**

虫眼鏡 言っていかないと。はい、では読んでいきましょう。

ゆめまる はい、ラジオネーム、ポテポテトさんからの……あ、申し訳ないです。ちょっと間違えました。ラジオネーム、ポテポテポテトさんからのメッセージです。

虫眼鏡 うふふ。申し訳ございませんでした。

ゆめまる 〈福岡からいつもラジオを聴いています。今回、エロティックなみなさんに悩み相談に乗ってもらいたく、メールを送りました〉。

虫眼鏡 全然私たちは違いますよ。

ゆめまる 〈ゆめまるさん、虫眼鏡さんは、好きなお相手がいると思うのですが、どのくらいの頻度でエッチをしますか？〉。

としみつ おい。

虫眼鏡 おい！ **これリスナーが悪いじゃねーかよ！**

としみつ 困ったなぁ、うちのリスナーは本当に。困ったやつばかりなんだから。で、なんですか？

ゆめまる ポテポテポテトさんは、今彼氏と遠距離で、年に5回くらい。

虫眼鏡 え？ 女の子？

ゆめまる 女の子です。

虫眼鏡 なんだ、ポテポテポテトさんって聞いて、勝手に男を想像してた。

としみつ ミスターポテトヘッドを想像しすぎじゃない？

虫眼鏡&ゆめまる はははは。

ゆめまる で、遠距離で、彼氏と会うの年に5回くらいで、会うときは必ず一緒にお風呂に入って、そのあと、寝る前と朝起きてセックスするらしいです。だけどこの人はね、セックスがあんまり好きじゃないと。

虫眼鏡 いるよね、たまにそういう子。ほんとに好きじゃないんだろうね。

ゆめまる 彼氏はめちゃセックス好きで、それをどうやって断ったらいい？っていう相談のメールですね。

虫眼鏡 え？ そんなたまにしか会わないのに断っちゃうってこと？

ゆめまる 断りたい。ま、言いなりになっちゃうって感じですね。

虫眼鏡 えー。

としみつ 年に5回だったら断るなよ！って言っちゃうな。

ゆめまる 〈相手を傷つけない断り方があれば教えてほしいです〉。これは普通に、疲れたからできないとか言えばいいんじゃないかな？ 傷つかないでしょ、セックスできねーよって言われて。

虫眼鏡 一番いいのは、生理中だからごめんねえ、の嘘でしょ。

としみつ まぁ、それだと諦めるよね。

虫眼鏡 その時点で、なんだってなるもんね。なんだ、しょうがねっか、ってなるもんね。運が悪かった、ってなるよ。

としみつ 運が悪かった。

ゆめまる ま、普通にそういうふうに断ればいいんじゃないかな。嘘をついてもいいんじゃないかな、と思います。

虫眼鏡 彼氏のことは好きなんですよね？

ゆめまる 大好きらしいです。一緒にいるだけで幸せ、という。

としみつ 打ち明けるかだね。セックス好きじゃない、と。

虫眼鏡 それもいつかは必要になってくるかもしれないですね。

ゆめまる じゃ、続いてのお便りいきますね。続いてのお便りなんですけど、東海オンエアラジオの企画提案ではなく、僕たち東海オンエアの活動のほうの企画提案をされたので、プチ企画会議をしてみようかなと。

虫眼鏡 簡易的にね。

としみつ 送る場所間違えてるじゃん。

ゆめまる えー、ラジオネーム、こいさんからのメッセージです。まず1つめの企画ですね。〈選んだ食材名だけで絶品料理つくり選手権！ or 料理対決〉。ま、説明なんですけど、〈1、紙に食材名を書く〉。ま、結構たくさん書きますよ。〈2、その紙を目隠しして数枚とる。3、その紙に書いてある食材だけで料理をし、美味しいほうの勝ち。罰ゲームは1週間料理教室に通う〉という企画ですけども。

虫眼鏡　先に言っていいですか、ボツです。なんだろうな、今までどっかで見たことあるような感じ。
ゆめまる　やったことありますからね。
としみつ　そう、ありそう。
虫眼鏡　もっと我々難しいことやってるんで。
ゆめまる　ちょっとこれは甘いかな、っていう。それじゃ次の。
虫眼鏡　もう一個あるの？
ゆめまる　4つくらいあるんだけど、ま、抜粋してやってこうかな。
虫眼鏡　ゆめまるが一番おもろいなと思ったやつにしよ。
ゆめまる　えー、ちょっと待ってくださいね。あぁこれですかね。〈アプリを騙せ。全力で年寄り文理対決〉。説明ですけど、〈1、それぞれチームの代表者を1人決め、その人の顔を全力で老けさせる。2、顔年齢を測るアプリをインストールし、その人の顔年齢を測る。3、実年齢より老けていたほうが勝ち。4、負けた人は1週間、おじいちゃんの着る袴のようなものを着て生活〉。
としみつ　罰ゲーム言わなきゃいけないと思ってるわ、みんな。
虫眼鏡　なに、罰ゲーム1週間なになに、を言わなきゃいけない？
としみつ　1週間、って言わなきゃダメだと思ってる。
ゆめまる　でもこれは、なんか結構面白そうだと思わない？
としみつ　面白そうだね普通に。俺やるわ。**個チャンでもらうわ**。
ゆめまる　としみつの個チャンでやる。
虫眼鏡　ちょっとそれくらいがちょうどいいじゃんね。僕たち結構なんの躊躇もなく油性ペンで顔に描いてさ、おじいちゃんおばあちゃんになってるじゃん。だからそれを改めてやるぞ、ってなると、前もやっとったやん、ってなるからね。
ゆめまる　そうだね。
虫眼鏡　なんか、サブチャンとか、としみつの個人チャンネルだったらちょうどいいかもしれない。
ゆめまる　ちょうどいい。面白いのかなと思うね。
としみつ　個チャンネルでそういうのすげえやりたいのよ。
ゆめまる　ま、この人の企画は、出たやつはほぼボツということで。
虫眼鏡　**そういう言い方すんなよ！**(笑)。
としみつ　きっつ、お前。
虫眼鏡　もうちょっと考えな。もうちょっとね、練っておいで、っていうか、一回返しますわ。
ゆめまる　いい線。
虫眼鏡　僕たちもね、案件やるときはそうなんですよ。一回この動画出して、一回返されて、それでもう一回直してもっていくんですよ。だから、一回返しますわ。
ゆめまる　一回返して。はい、次のお便りいきます。ラジオネーム、あいさんからの悩みです。〈結婚して2年経つんですが、旦那が飲み会行って帰ってくるって言った時間に帰ってきたことがありません。日またがず帰ってくるって言っても、2時とか3時とかになってて、早くても1時くらいです。早く帰ってこいって言いたくても、旦那にとってストレスになるからあんまり言いません。男の人たちはそういうとき、こういうとき、こういう言い方だったら早く帰ってこようかな、って思うような言い方ありますか？　コスプレして待ってれば早く帰ってきますかね？〉
虫眼鏡　あぁぁ、あのねぇ、ほんとに申し訳ないと思いますけど、男子代表として、代表になっていいのかなぁ、まじで飲み会してるときに、早く帰ってこいって言われると、めちゃくちゃムカつくんですよ。ほんとに。
ゆめまる　わかる。お前いねえからそう言うだろ、って。
虫眼鏡　こっちはこっちで、今、遊んでるとも限らんじゃん。めちゃめちゃ真剣な話してるかもしんないし、それによって仕事がうまくいったりするかもしれないことをやってるじゃん、ま、遊んでるけどねだいたい、エッチな話してるだけなんですけどいっつも。それを、お前が寂しいのかなんなのか知らないけど、早く帰ってこいって、**知るか！**って。
ゆめまる　それめっちゃわかる。
としみつ　厳しい。亭主関白な人だなぁ。
虫眼鏡　お前だって絶対そうだろ

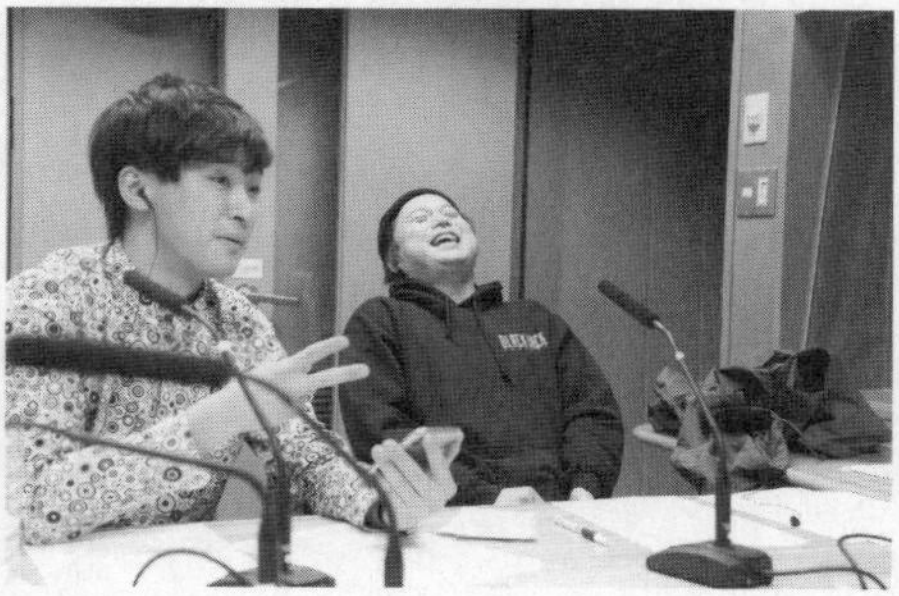

うがよ！　**お前飲み会大好きじゃねーかよ。**

としみつ　ははは。飲み会大好き。でもなんか、この男の人は幸せじゃない？　多分、楽しんでる、邪魔しちゃ悪いって思うからから言えないわけでしょ。

虫眼鏡　一旦その前提がありまして、それでも、こう言ってるから帰るわ、しゃーねーな、っていうようなことを考えたほうがいいんですよ。

としみつ　なんかきっかけがあればいいんだよな、そういうときは多分。なんか特別なことがあったら帰るか、みたいに男はなるはず。帰ってきてほしい、って。まだ言ったことないのかな？

ゆめまる　あぁ、そうだね。

としみつ　逆にさ、急に言われたことない人がさ、急に言われたらさ、おっ！ってなるんじゃない？

ゆめまる　なるかもしれんね。

虫眼鏡　最初の1、2回はいいかもね。え？　なんかあったかな？　と思って。ちょっとごめん、なんか呼んでるから帰るわ、ってなるけど。なんだった？って言って、なんでもない寂しかったから、って言ったら怒るよね。

としみつ　ちゃんと理由言ったらいいんじゃない？

ゆめまる　ちゃんと言った時間に帰ってこい、旦那さん言ってるからね、この時間に帰ってくるって言ってるのに帰ってこないってのがあるから。

虫眼鏡　これはかりは男だけでしゃべってもしょうがないんだ。ほんと、男女のわかりあえないとこだ、これは。

ゆめまる　それはしょうがない、楽しくなったら残っちゃうから。

虫眼鏡　女の人に相談してください(笑)。たくさんのメッセージありがとうございました。今日の放送いかがでしたでしょうか？　としみつさんどうでしたか？

としみつ　いや、過去イチよかったかもしんない。

虫眼鏡　今日は楽しかったね(笑)。

としみつ　この2週よかったかもしんない。

虫眼鏡　先週と今週は非常に楽しかった。

としみつ　激しかった。

虫眼鏡　なんかさ、このラジオをさ、東海地方の人は聴けるけど、じゃない人ってお金を払わないと聴けないじゃん。だから、聴いてる人少ないのかなって思うんだけどさ、もったいないよね。めちゃめちゃおもろいんだけどラジオ。

としみつ　ばっかだな、っていう目線で見てもらうのが一番ちょうどいいというか。

虫眼鏡　めちゃ楽しいもんな、ラジオ。

ゆめまる　カオス回でしたね、これは。

としみつ　全然これからも気ぃ使わずにしゃべっていきたいですね。

虫眼鏡　さてここでお知らせです。

2019 03/14

iPhoneから送信!!されたクソオタの回

GUEST
しばゆー

ゆめまる　東海オンエアラジオ、本日も始まりました。でね、今日は視聴者さんからのメッセージのほうから紹介していこうかなと思います。岡山県在住のラジオネーム、ワカメちゃんさんからのメッセージです。

虫眼鏡　ワカメ酒ちゃん。

しばゆー　ワカメ酒ちゃん?(笑)。

虫眼鏡　中3って書いてある。

ゆめまる　ダメダメダメ。中3でワカメ酒ダメ。〈私は中学3年生で理科の授業で卒業研究というものをしました。私はそこで、虫眼鏡のしくみについて調べることにし、インターネットで虫眼鏡と検索したら、むし……えー、虫眼鏡さんについてしか出てきませんでした〉。

虫眼鏡　ちょっと待って(笑)。メンバーの名前で噛むのやめない?

ゆめまる　もうね、むし、っぺ、ってなっちゃった。えー、〈先生に授業に関係ないものを調べるな!と怒られました。私はどうするのが正解だったんでしょうか?　ちなみに、東海オンエアさんは大好きです〉っていうメッセージがきています。

虫眼鏡　なるほどねぇ。これは僕も困ってですね、僕も別にそんなエゴサとかしないんですけど、ま、たまに「虫眼鏡」って調べたときに、ガチの虫眼鏡が出てきちゃう。なんか「虫眼鏡炎上」とかでツイッターにあったから気になって見てみたら、虫眼鏡でアリを炎上させてるやつで(笑)。

ゆめまる　ははははは。最悪じゃねえかよ、それ。

しばゆー　本家より有名になっちゃって(笑)。

虫眼鏡　僕が本物の虫眼鏡より有名になったらね、日本大丈夫か?って思うよね。

ゆめまる　名前変えないといけないよね。

虫眼鏡　ほんとに申し訳ない。で、虫眼鏡さんについて調べるな、と。そりゃそうですよね。

ゆめまる　関係ないもんね。

虫眼鏡　でも、虫眼鏡の仕組みについて調べるんだよね。で、僕も一個の人体だからさ、虫眼鏡の仕組みって、人体の仕組みみたいな。

しばゆー　臓器について。

虫眼鏡　もうちょっとね、ワカメ酒ちゃんが僕について詳しく調べる気があるんだったら、

ゆめまる　ラジオネーム変えちゃダメだよ(笑)。

虫眼鏡　僕はちゃんと提供しますから、体。

しばゆー　ちゃんと、ドナーとして。

虫眼鏡　調べてみろよ、って言ってね。だから、逆に言えば私は虫眼鏡について調べるんです、って言って、ごり押ししてね、人体のほうを調べていくのもアリかもしれないですよ。

しばゆー　虫さんはワカメ酒を調べると。

虫眼鏡　ははは。

しばゆー　この人の。

虫眼鏡　中3だからなぁ。

ゆめまる　この人はちょっとしょっぱいね、って。ダメだよ、中学3年生にそんなこと言っちゃ。

しばゆー　まぁどっちが名前を変更するかって話だよね、ややこしいから。

虫眼鏡　虫眼鏡が名前を変更するか、ワカメ酒ちゃんが名前を変更するか?

しばゆー　**違う違う違う!**　ルーペのほうの虫眼鏡の名前を変更するか、人の名前を変更するかって話だよね。

虫眼鏡　僕はさ、自分で好き好んで虫眼鏡なんて言ってるわけじゃないからね。あのね、君たちびっくりするかもしれないけど、**僕は不服だよ、ずっと。**

ゆめまる&しばゆー　え?　そうなの!!

虫眼鏡　ふふく、なの。

ゆめまる　気に入ってるかと思ってたー。

しばゆー　**FU・FU・KU**（笑）。

虫眼鏡　僕が自分でさ、「僕眼ちっちゃくて虫みたいで眼鏡かけてるから虫眼鏡ね」って。

しばゆー　言ったんじゃねえの？

虫眼鏡　ちげーわ（笑）。**パワハラなんだわ**これは。

しばゆー　はじめ社長につけられたからね。

虫眼鏡　別になんだったら、**いつでも変えます**からね、僕名前は。

ゆめまる　変える機会があれば。

しばゆー　虫眼鏡の家にトツして、**変えろやテメー!**って言うのもいいんじゃないでしょうか？

虫眼鏡　そうですね。ワカメちゃんさんが僕の家まで遊びに来てくれれば、僕は名前変えること検討しますんで。

しばゆー　愛知県岡崎市柱曙……。

虫眼鏡　**おーい!**　それ以上言うな、おいおいおい。

ゆめまる　ダメだよ住所言っちゃ（笑）。これネットなんだから、ネットに載ってんだから。はい、それでは今夜も#東海オンエアラジオで聴いてる人はつぶやいてみてください。東海オンエアラジオ！　東海ラジオをお聴きのあなた、こんばんは！　東海オンエアのゆめまると！

虫眼鏡　虫眼鏡だ！　そして今日のゲストは先週に引き続き！

しばゆー　しばゆーでーす、よろしくー。

ゆめまる　この番組は、愛知県・岡崎市を拠点に活動するユーチューバー、我々東海オンエアが名古屋にある東海ラジオからオンエアする番組です！

虫眼鏡　ゆめまると、僕虫眼鏡が中心となってお届けする30分番組。あの、先週ですね、このラジオ、野球が始まる4月になったら、なくなるんじゃね？みたいなことをちょっとお話したじゃないですか。

ゆめまる　してましたね。

虫眼鏡　そしたら実はですね、そのお話をして曲が流れてる間に、プロデューサーさんがカンッて入ってきて、部屋の中に。「大丈夫です、4月からも番組続きますんで（笑）」って言ってたんで、とりあえず生き長らえましてね。ただね、普通に今までの木曜9時からだと、ゴリゴリに野球がやってるので、お引越しはすることになるかと思います。で、今のとこ、日曜日の10時くらいになるんじゃないかという予定になってますね。日曜日の10時っていったらね、そんな朝早くからそんな下ネタやって大丈夫なんですかね？

ゆめまる　いやいやいや、夜ですよ夜。

虫眼鏡　朝10時じゃないの？

ゆめまる　朝10時だったらこの放送終わりだよ。

しばゆー　勘弁してくれよ。

ゆめまる　全部ひっかかって、**ピーーーー**。朝からずっとピーの音だけだよ。

しばゆー　間違えんなヴァグラス。

虫眼鏡　ふふふ。だから、夜10時くらいですので、まぁ、今後も下ネタを言っても大丈夫なような気がする、ということで。

ゆめまる　ゴールデンですからね。

虫眼鏡　僕たちは自分で言ってないんだけど、お便りが下ネタを言ってるんですけどね。

しばゆー　捻じ曲げるときもあるけどな。

ゆめまる　お便りまじ下ネタ多すぎる。**ウンコネタが多いって嘆いてた**もんね、プロデューサーさんがね。

虫眼鏡　ま、とりあえずこれからもウンコのネタのお便りを送ってもらっても大丈夫ですよ、ということでございます。というわけで、曲紹介にいきましょうか。今日は普通に、昔みたいにね、僕がこの曲かけてほしいな、ってのをゆめまるにプレゼンしますので、ゆめまるさんがいいなと思ったらかけてください。

ゆめまる　わかりました。

虫眼鏡　フラワーカンパニーズの「深夜高速」っていう曲。

しばゆー　うわぁ、いいじゃん、いいじゃん！　めっちゃいいじゃん！

ゆめまる　いいじゃん！

虫眼鏡　渋いでしょ、ゆめまるも流したいと思ってくれるんじゃないですか？

ゆめまる　そうそう。結構、聴くと落ちる曲なんだけどね。ま、いい曲だよ、すごいいい曲。

しばゆー　落ちるの？（笑）。

ゆめまる　だって、結構重めな歌詞だけども、ま、みんなに響くのがあるかなと思いますね。

しばゆー　生きててよかったですね。

虫眼鏡　ゆめまる、そういう、なんていうの、めっちゃ流行ってるよって曲よりはね、そういう昔の名曲みたいなのを採用してくれる傾向にあるので。

ゆめまる　そういうの好きですから。

虫眼鏡　これでどうだ!!

ゆめまる　それでは、ここで1曲お届けします。ASIAN KUNG-

FU GENARATIONで、「ソラニン」。

虫眼鏡　**それフラカンじゃなくてアジカン！**

《曲》

ゆめまる　お届けした曲は、ASIAN KUNG-FU GENERATIONで「ソラニン」でした。

虫眼鏡　さて、東海オンエアが東海ラジオからオンエア！　東海オンエアラジオ、このコーナーやっちゃいます!!

ゆめまる　ゆめまるプレゼンツ「来たれ！はがき職人」

虫眼鏡　ゆめまるさん、このコーナーはどういうコーナーなんですか？

ゆめまる　このコーナーはですね、webでのコメント募集ではなくて、ハガキの募集のほうを復活させて、やっぱりハガキの方がね、リスナーさんのメッセージの気持ちとか、思いとかが伝わってくると思ってるんで。

虫眼鏡　**ゆめまるは日本郵政とつながってる**からね。ハガキ買って、みたいな、そういうキャンペーンだからね。

ゆめまる　ははは。そんなね、ダークサイドじゃないよ俺は。でね、これは、ハガキでリクエスト曲を送ってもらって、その曲にまつわる思い出やエピソードを読むみたいな感じでやっていくコーナーなんですけど。

虫眼鏡　これはいいコーナーなんですよね。ほんとにリスナーさんの思い出が聞けて、しかもリスナーさんがそのときに聴いてた、っていうか、リスナーさんの思い出深い曲を聴ける、という、マジでラジオかよ、っていうコーナーです。

ゆめまる　いいコーナーですよこれは(笑)。

しばゆー　ラジオだよ別にこれは(笑)。

ゆめまる　早速やっていきますね。三重県名張市在住の、はぁるかさんからのメッセージです。

虫眼鏡　なんておっしゃいました今？

ゆめまる　はるかさんからのメッセージです。

虫眼鏡　はい。

ゆめまる　〈私は高校3年間全国大会出場に向け必死に部活動に取り組んできました。1、2年生のころは全国大会に出場できず、今年こそと思い、自分たちの夢を信じて頑張ってきました〉。

虫眼鏡　弓道部かな？

ゆめまる　〈ですが、時に練習方法はこれでいいのかな、など、不安に襲われてどうしていいかわからないときは、いつもこの曲を聴いて泣きながら元気をもらっていました。結局全国大会には出場できず、1ヵ月ほどつらかったんですが、この曲を聴いて元気をもらっていました。失恋ソングですが、私にとってこの曲は自分を支えてくれた曲です〉とメッセージきてるんですけど。

虫眼鏡　あぁ、なるほどね。

ゆめまる　部活動まじめに頑張ってた方は、二人は頑張ってたほうなのかな？

しばゆー　俺は頑張ってましたよ。

虫眼鏡　すいません(笑)。

ゆめまる　頑張ってましたか、部活動？

虫眼鏡　すいません。

しばゆー　え？　頑張ってないんですか？

虫眼鏡　僕は……、え、まって、高校は頑張った部類に入るのかな？

ゆめまる　高校「は」？。

虫眼鏡　僕、**中学校はパソコン部の幽霊部員**だった。で、高校は、軽音楽部なんだけど、軽音楽部だと学校がうるさいから、合唱もやってるってことで音楽部って名前のところで、好き放題やってた。

ゆめまる　それって大会とかあるの？　軽音とか合唱とか。

虫眼鏡　一応NHKの合唱コンクールとか、自分たちで出す大会とかはありますけど、ま、それなりの……。

ゆめまる　で、しばゆーは？

しばゆー　中学校は**ハンドクラフト部**、ガチでやってて。

ゆめまる　ハンドクラフト部ってなにやんだよ？(笑)。

しばゆー　いや、まじでやってたんですけど僕。そうっすね、**運動部っすね**、ハンドクラフト部って名前の(笑)。

ゆめまる　ハンドボール部じゃなくてね？

しばゆー　ハンドボールじゃないですよ。はんだごてで、いろんなもの溶接して引き出しとかを作るっていう部活で、**鬼ごっことかしました**。

ゆめまる　**あははは！**　なんだよその部活。

しばゆー　鬼ごっこガチ勢。マジで鬼ごっこしかしなかった。木の上に隠れて。

虫眼鏡　うふふふ。で、中学校で体を鍛えて、高校で？

しばゆー　高校で、なんと**伏線回収の生物化学部。**

虫眼鏡　あはははは。

ゆめまる　ははは。その生物化学部も、結構ハードだったと思うよ(笑)。

しばゆー　マジでハードだったよ。木の名前覚えるのとか。学校中の木を回って、マジで名前を言っていくの。

ゆめまる　部員はどんなやつがいたの？　何人くらいいたの？

しばゆー　部員はね、いっぱいいたよ、10人ぐらい。**みんなピアスとかあいてた。**

ゆめまる　わはははは！

しばゆー　俺だけピアスあいてなかったけど。

虫眼鏡　しかも、先生はしばゆーを部員として認めてなかったんでしょ？

しばゆー　そう、卒業式の部員紹介のときに俺呼ばれなかったからね。

ゆめまる　へぇ。しばゆーの生物化学部はヤンキーが集まる部活でしたね。

しばゆー　まじめにやってました。

虫眼鏡　**だから誰もやってねーじゃねーかよ！**(笑)。ゆめまるは？

ゆめまる　俺は真面目にやってたね。全国大会めざしてやってましたね。

虫眼鏡　全国大会に行けなくて悔しかったってことは、そのレベルの、高いレベルでやってる人たちですよねきっと。

ゆめまる　でもすごいこの気持ちめっちゃわかるわ。練習方法これでいいのかな？とか悩んじゃったり、記録が出なくて悩んだりとか、ま、結局俺も出れなかった人だからさ。1ヵ月くらい悔しかったか、って言われたら、そんなに悔しくなかったんだけど。

虫眼鏡　なんで出れなかったの？

しばゆー　あ、デブだったんだ。**デブだったから？**

ゆめまる　**痩せてたわ！**

虫眼鏡　むくんでたから(笑)。

ゆめまる　ばかばかばか。

しばゆー　お前、**顔パンパンだからスタメン落ちな。**

虫眼鏡　お前**昨日水飲みすぎて顔パンパンだからスタメン落ちな**(笑)。

ゆめまる　個人種目だわ、俺は。でね、なんだろう、僕、ぎっくり腰で出れなかったんですよ。

虫眼鏡　え？

しばゆー　しょーもないじゃん(笑)。

ゆめまる　県大会3日前くらいにぎっくり腰になっちゃって、試合出るんだけども痛すぎて、記録出ず。で、予選落ちしちゃって、なんか悔しいな、っていうよりも、やりきれない感が強かった。

しばゆー　それめっちゃ悔しいね。

ゆめまる　でも、頑張ってきたことが大事だから。それはね、証明できてると思うので、じゃあ早速リクエスト曲を流して、元気をあげようと思います。

虫眼鏡　ゆめまる泣いちゃうんじゃないの、これ。

ゆめまる　泣いちゃうかもしれない。えー、ラジオネーム、はるかさんからのリクエストで、竹内まりやで「元気を出して」。

《曲》

ゆめまる　**ぐすん……ひっく、**おっ、お届けした曲は、竹内まりやで「元気を出して」でした（泣）。

虫眼鏡　逆にバカにしてるよ。ゆめまるなんか泣きすぎちゃって顔むくんじゃってるから。

しばゆー　顔パンパンになって……(泣)。

ゆめまる　なげーよ（笑）、泣かなくていいよもう。

虫眼鏡　ハガキでリクエスト曲、そしてその曲にまつわる思い出やエピソードを書いて送ってください。あて先は……（泣）。

ゆめまる　頑張って虫ちゃん（泣）。

虫眼鏡　〒461-8503　東海ラジオ……ぐすん、東海オンエアラジオ**お〜んお〜ん、うわ〜ん**「来たれ！はがき職人」へ……送ってください。

ゆめまる　ぐすん……みなさんからの、ハガキを、楽しみにしています。「来たれ！はがき職人」でした(泣)。

《CM〜ジングル》

ゆめまる　ひどい。最低なジングルだった。ひどいなー。

虫眼鏡　チンクルだったチンクル。

ゆめまる　ははは。はい、じゃあいただいたメッセージのほうを紹介していきます。

虫眼鏡　ふつおたのコーナーですね。

ゆめまる　はい。大阪府在住のラジオネーム、りっちゃんさんからのメッセージです。〈こないだなんと、友達からいきなり、24時間ウォーキングしたいとラインが来ました〉。

しばゆー　ボンボンTVか？

ゆめまる　〈理由も、24時間テレビがどうちら、というわけではなく、めちゃくちゃ東海オンエアさんの企画と似ていてびっくりしました。私はしばゆーさんとゆめまるさんがすごくつらそうに歩いておられるのを見ているので、最初はまじで嫌だなと思っていましたが、なんだかちょっと楽しそうだなと思いはじめ、結局やることにしました。東海オンエアさんほどルールは厳しくなく、ゆるーくやる予定なので楽しんでこようと思います。いつも応援してます!〉。

虫眼鏡　おぉ。まだやってないんですね。なんか、やったお二人からのアドバイスとかありますか?

しばゆー　アドバイスですか?

やめたほうがいい(笑)。

虫眼鏡　あははは!

ゆめまる　やらんほうがいい。まじで。

虫眼鏡　なんで? 歩くだけやん、と思ってんだけど僕。

ゆめまる　いやもうね、やってみ。8時間超えたくらいから、地獄なの。足の裏がむけるし、皮が。

しばゆー　やったことないこと若いうちにやろう、とか、そういうなんか、ドラマとかが生まれるわけでもなく、**ただ疲れる**んだよねー。

虫眼鏡　うふふふ。

ゆめまる　**そしてただ、泣けてくる**んだよね。なにやってんだろう?ってなってくるんだよ。

しばゆー　やるせない気持ちになる。だったら、ヒッチハイクとかそういうことをやったらいいんじゃない?

ゆめまる　人とのつながりがあるやつ。

虫眼鏡　いやそれはお二人がおじさんだからですよ。この人は若いから足痛くならないから。

ゆめまる　やってみればいいんじゃない? 足の小指がよ。

しばゆー　**やってみろよ、じゃあよー! てめー!**

虫眼鏡　俺はおじさんだろ、お前らよりも(笑)。

ゆめまる　でもほんと気を付けてほしいのは、**足の小指が2倍**になるってことだけは覚えといたほうがいい。

しばゆー　2倍(笑)。

ゆめまる　太さがポーンってなる、水ぶくれで。

しばゆー　お前の顔じゃねーかよ。

ゆめまる　おい、やめとけお前。

虫眼鏡　なに、ゆめまるは24時間顔で歩いてきたの?

ゆめまる　はい、じゃあ続いてのメッセージ読みますね。

しばゆー　はいはいはい。

ゆめまる　ラジオネーム、カレーの……。

しばゆー　**ちょーっと待ったー!**

ゆめまる　どうしましたか?

虫眼鏡　なんですかしばゆーさん。

ゆめまる　読んじゃいけないメッセージでした?

しばゆー　いつまでもふつおたに頼ってんじゃねーよ、**ぬるいんだよー!**

ゆめまる　頼ってんじゃないよ、これふつおたのコーナーなんだから。

しばゆー　こっから、俺が引き継がせていただくぜ。俺がお送りする、**クソオタのコーナーじゃー!!**

虫眼鏡　そう言えばしばゆーね、ゆめまるがこうやって選別したさ、ボツになったほうのお便りを、見せて見せて、って見てたわ。

ゆめまる　でも俺が選んだクソオタだからね。

しばゆー　そのクソの中から、ボツの中のボツ「**ベスト・オブ・クソ**」。

虫眼鏡　**クソって言うなよ!** クソって言わないでください。

ゆめまる　送ってくれてるんだからね。

虫眼鏡　視聴者さんがせっかく送ってくれてるんですから。

しばゆー　その、やる気ないだろ!っていうね、お便りを、逆に読んでいくっていうのをちょっとやってみようかな。

ゆめまる　大事ですね、そういうのも。

虫眼鏡　あぁ、なんなら、こういうのはボツになっちゃうよ、っていうのを教えれるかもしれないけど。でもね、ま、クソなお便りなんて一個もないですよ。

ゆめまる　ないよ。ありがとー!って言えるよ。

虫眼鏡　選ばれなかっただけでクソとは違いますからね。

しばゆー　はい。じゃあ、早速いいですか? ラジオネーム、なし。

虫眼鏡　ふふふふ。

ゆめまる　匿名さんね。

しばゆー　はい、匿名さん。メッセージいきますね。〈ゆめまるの帽子は、なんでそんなに小さいんですか?〉。

ゆめまる　クソだなぁ。

虫眼鏡　**クソじゃねーかよ!**

しばゆー　まだあります、すいません。まだありますので。

虫眼鏡　ごめんなさい、まだクソじゃなかった。

しばゆー　まだクソかどうかわかりませんので、もう一回最初から読みますね。〈ゆめまるの帽子は、なんでそんなに小さいんですか？ **iPhoneから送信**〉。
虫眼鏡&ゆめまる　わははははは！
しばゆー　**クソじゃねーかよ！　消せや！**　iPhoneから送信、消せや！！
虫眼鏡　いいやん読まんくても（笑）。
ゆめまる　多分、先週かなんかとかぶった、チョンっていうやつあるじゃん、帽子で。
虫眼鏡　あぁ。
ゆめまる　あの写真見て送ってくれたんだろうな。
しばゆー　クソだなぁ。
虫眼鏡　答えてよ。
ゆめまる　なんでそんなに小さいかって？　**デザインだろ！**（笑）。デザインだから仕方ねえだろ。俺がちっちゃくしてねえんだから。
しばゆー　はい、広がりません（笑）。
虫眼鏡　こうなっちゃうとね（笑）。今のがクソだっただけだから、そんなにいっぱいないですからね。
しばゆー　まじでクソです、これからも。
虫眼鏡　え？
しばゆー　ラジオネーム、なし。
虫眼鏡　ははは。基本的にラジオネーム書かないんだね。

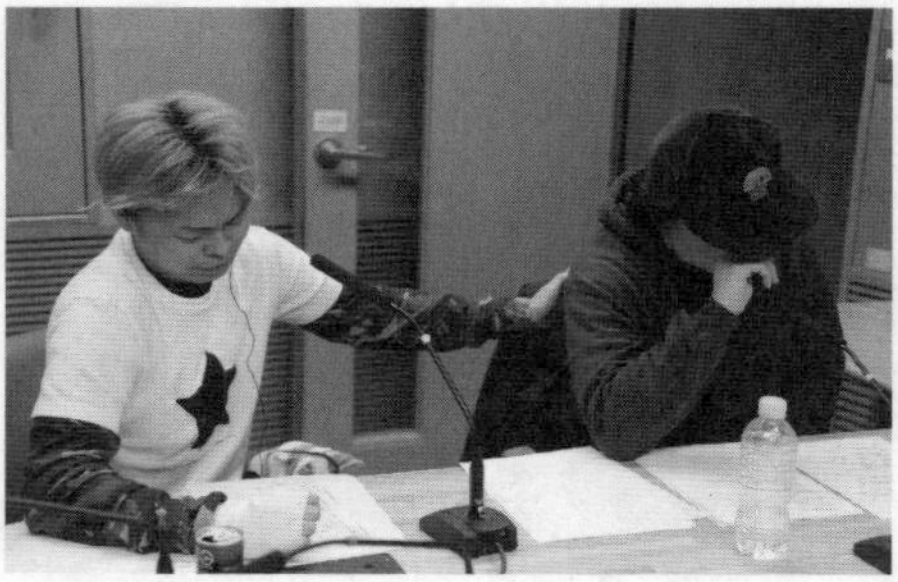

ゆめまる　殴り書きだ、こいつ。
しばゆー　〈やぁどうも、なんで全部、第1回しかやらないんですかー？〉。以上。
ゆめまる　ははは！
虫眼鏡　えー？　どういうことですか？
しばゆー　いやもう、主語も述語もなにもクソもないですね。
虫眼鏡　えー、わかんない。多分僕たちが、普段ユーチューブのほうの動画で、第1回選手権の、第2回をやらないのはなぜですか？ってことか。
ゆめまる　そういうことですね。
虫眼鏡　いや、**つまらんからだわ!!**　2回目はつまらんからだ。
ゆめまる　2回目は超えれんのよ、1回目を。
しばゆー　そういうことですよ。
虫眼鏡　お前のお便りみたいにな！
ゆめまる　2行っていうね。
しばゆー　あ、これラジオネームがある。珍しい。いきますね。ラジオネーム、めちゃんさんから。〈**iPhoneから送信**。としみつ君へ、テスト勉強しんどいので、お電話してください。電話番号、ペレレレレレレレレまで〉。
虫眼鏡　**出会い系サイトじゃないんだよー!!**
しばゆー　なんだよこれよー!!
ゆめまる　でも、新しいね。「iPhoneから送信」が最初だから。
虫眼鏡　あぁ。一応、電話してもいいよ、って方は電話番号送ってください、って言ってるから、ま、普通に話したかったんだろうね。ただ僕たちは気になる人にしかお電話しないんで、としみつが、こいつ気になるんだよ、って言ったら、お前それはエロスやん、ダメだよってなっちゃうから。もうちょっと僕たちが気になるような話題を言ってくれればいいのにね。
しばゆー　気になる話題ありましたね。はい、ラジオネーム、としみつ大好きーさんから。〈熊本に住む、主婦の、みんです〉。あ、みんさんだった。〈としみつ大好きすぎて、この前旦那をとしみつって呼んでしまいました。今宵はバレンタインですが、旦那が出張。寂しい。電話してほしいです。電話番号、ペレレレレレレレレ。**iPhoneから送信**〉。
虫眼鏡&ゆめまる　あははははは！
ゆめまる　全員「iPhoneから送信」って書いてあるじゃねえかよ！
しばゆー　**消せや!!**
虫眼鏡　だからとしみつのこと好きなやつ、こういうことするんだってば！
しばゆー　チャレーな、こいつ、チャラチャラしてんなぁ。
ゆめまる　はい、もういい加減ね、あのぉ、じゃあ次のメッセージ読んでいただきますから。
しばゆー　いいですか？　ラジオネーム、東海ラジオ質問さんから。〈突然ですが、質問です。高校は私立で推薦で決まったのですが、昨日今日明日と定期テストがあります。みんさんは定期テストとかどのくらいの点数をとっていましたか？　つまらなくて申し訳ありません。よければ採用をお願いしま

す。としみつ大好き。笑笑。iPhoneから送信!!〉

虫眼鏡　わはははは!

ゆめまる　もうやばいなぁ、定型文じゃねーかよぉ。

虫眼鏡　「としみつ大好き。笑笑。iPhoneから送信」っていうさ、署名みたいなやつになってんの?

しばゆー　**真面目にやれやぁ!**

虫眼鏡　途中しかもちゃんとしたお便りだったのに。

ゆめまる　そうそう(笑)。

虫眼鏡　その「iPhoneから送信と、としみつ大好き!」のせいでやん。

しばゆー　あれ?　いけるかいけるかいけるか?「iPhone送信!!」。はい、これもう、続けます?どうします?

虫眼鏡　もう、もう、もうちょっといこう。

しばゆー　もうちょっといきます?あ、これいいんじゃないですか?ラジオネーム、はるな(てつや大好き)さんから。

虫眼鏡&ゆめまる　ははは。

しばゆー　〈こんばんは!　**アンド、シャープ1、2、8、5、2、2ドットマーク。**

虫眼鏡　ふはははは。それ多分文字化けでしょ?

しばゆー　これ、まんま読んでますんで。〈毎日動画を見て元気をもらってます。私はてつやが大好きでたまりません。他のメンバーもみんな面白くてとても大好きです。**アンド、シャープ1、2、8、5、4、1、ドット……**〉。

虫眼鏡　だから(笑)、文字化けの部分、読まなくていいんだって。

しばゆー　〈スマホのロック画面も東海オンエアにしたり、この前てつやとしばゆーが写っているユーチューブの本も買ったりと、マジのマジのファンです〉。

虫眼鏡&ゆめまる　ありがとうございます。

しばゆー　〈これからも東海オンエアのみなさんのこと応援してます、動画も全部見ます。**アンド、シャープ1、2、8、5、1、4ドット、アンドシャープ1、0、8、4ドットー**〉。

虫眼鏡&ゆめまる　はははは!

しばゆー　**文字化け送んな!!**

虫眼鏡　化けちゃったんだって(笑)、読まなくていいんだって。別に今文字化け読まなかったら、普通のお便りだったかもしれんやん。

しばゆー　はーい、まぁこんな感じですかね。

虫眼鏡　ま、やっぱりあれですね。言っちゃ悪いですけど、てつやの人好きな人と、としみつのこと好きな人が犯人です、これは(笑)。

ゆめまる　悪いですね。せっかくなんで、ベスト・オブ・クソを決めますか?

しばゆー　ベスト・オブ・クソを決めていただければ。

ゆめまる　僕だったら一番最初に読んだやつですかね。あ、違う。第2回、なんでやらないんですか?っていう。これかな。匿名希望さん。やぁどうも、なんで全部第1回しかやらないんですか?っていうのが、俺の中のベスト・オブ・クソですね。

虫眼鏡　これはベスト・オブ・クソじゃないですか?

しばゆー　じゃあ、何も言うことがないですね。この人に、なにもあげない!!

ゆめまる　クソ称号をあげます!

虫眼鏡　まあね、クソクソ言ってますけど、送ってくださって、このコーナーができたっていう意味では、ありがとうと思ってますので。

ゆめまる　ありがとうと思ってますよ。

虫眼鏡　これからもね、どしどし送ってください。あの、クソは送らなくても大丈夫ですよ。

しばゆー　味をしめないでください、クソオタのコーナーはもうやらないんでね。

虫眼鏡　クソオタのコーナーは、次の次のしばゆーの回くらいでしかやらないので。ま、ふつおたを送ってくださいということですね。

ゆめまる　ま、読んでいきますのでね。

虫眼鏡　ま、どういうのが採用されて、どういうのが採用されにくいのか、ってのがこれでわかってきたのではないでしょうか?たくさんのメッセージ、一応、ありがとうございました。

しばゆー　ありがとうございましたー。

虫眼鏡　今日の放送いかがでしたでしょうか?

ゆめまる　今日の放送、インパクトあった。クソオタが全部もってっちゃってますね、僕の中で。

虫眼鏡　ふふふ。普通ダメだからね。クソって、リスナーさんのお便りにクソって言っちゃ。さて、ここでお知らせです。

2019 03/28

虫眼鏡はセクハラをしてるよねの回

GUEST
りょう

ゆめまる　3月28日、東海オンエアラジオ、今日も始まりました。
虫眼鏡　やっていきましょう。
ゆめまる　豊田市、ラジオネーム、ぺちゃさんからのメッセージです。〈東海オンエアに出会い3年です。70歳です〉。
虫眼鏡　おっ！　70歳。
りょう　すご。
ゆめまる　〈ついていけないこともあります〉。
虫眼鏡　すまんな。
ゆめまる　〈でも、孫と共通の話題があり、今どきの若者を知ることができ、孫といい関係でいられるのは、東海オンエアのおかげです〉。
虫眼鏡　とんでもない。
ゆめまる　〈虫眼鏡さんはネームを嫌がっていますが、豊田市観察の森には、**「虫眼鏡の会」**という調査ボランティアがありますよ〉。
りょう　おぉ、**ファンクラブ？**
虫眼鏡　違う違う(笑)。だからなんだよって思っちゃった(笑)。
ゆめまる　〈グループの核になる虫眼鏡さんがいなければ、グループが今の地位にはいないと思います〉。
虫眼鏡　たしかに。
ゆめまる　〈ゆめまるさん、歯切れのよいしゃべりになりましたよね〉。絶対俺ね、このおじいちゃんより歯切れいいよ！　お前よりかはいいからな。って、**おばあちゃんだと!!**　なんと！　嘘だろ、ごめんなさい！
虫眼鏡　ははは。
ゆめまる　〈としみつさん、歌素敵ですね。**素直に生きている。**てっちゃんいい子だね。お母さんの育て方が良かったのね〉。
虫眼鏡　そんなんいいやん別に(笑)。
ゆめまる　〈てっちゃんのやさしさ見習います。りょう君かっこいい〉。
りょう　はい。
ゆめまる　〈しばゆーさん　パパがんばれ。**子供ネタでは、長い年月仕事はできないよ。**虫さんファイト！〉。
りょう　虫ファンやん、ただの。
虫眼鏡　これ、僕だけいっぱい書かれてるよね。
りょう　ね。俺の、りょう君かっこいいって、付け加えただけだもん。
虫眼鏡　うふふふ。最後、りょう君なんもねぇ、かっこいいって言っとくか、って。
りょう　ほんとにそんな感じだよね。
虫眼鏡　いやこれおもろいね、としみつさん、素直に生きている、って、伝えてあげたい。たしかに、と思うし。ま、てっちゃんは優しいし、しばゆーさんは子供ネタで長い年月仕事できないから(笑)。
ゆめまる　俺だけすごくさ、リアルな(笑)。
虫眼鏡　ゆめまるもだけど、しばゆーも結構普通にダメ出しされてるからね。ガチのアドバイスされてる。
ゆめまる　ははは。ありがとね、70歳のおばあちゃん。
虫眼鏡　70歳のおばあちゃん、やっぱ人を見る目があるから、この虫眼鏡さんはグループの核だっていうふうに言ってますからね。虫眼鏡さんがんばってますね、ファイト！ということで。
りょう　じゃあ虫眼鏡の会に顔出しなよちゃんと。
虫眼鏡　ちげーよ(笑)、何を観察すんだよ僕、豊田市観察の森で。いやほんとに、豊田市観察の森で虫眼鏡の会は何を調査してんだろうね。
ゆめまる　わかんない。
りょう　いやマジで行って、お願い。
虫眼鏡　やだ(笑)。
りょう　**お願い！**
虫眼鏡　虫眼鏡の会、会員になりたくない。今夜も#東海オンエアラジオで聴いてる人はつぶやいてみてください。

ゆめまる　東海オンエアラジオ！　東海ラジオをお聴きのあなた、こんばんは！　東海オンエアのゆめまると！

虫眼鏡　虫眼鏡だ！　そして今日のゲストは。

りょう　ヘイヘイ、俺がりょうだぜ、Say yeah!!

ゆめまる　この番組は、愛知県・岡崎市を拠点に活動するユーチューバー我々、東海オンエアが名古屋にある東海ラジオからオンエアする番組です！

虫眼鏡　ゆめまると、僕虫眼鏡が中心となってお届けする30分番組。来週からは、日曜の10時にお引越しなので、みんな間違えないでくださいよね。この、マヌケども！

ゆめまる　お願いします。

虫眼鏡　なにゆめまるさん、そんなモゾモゾしてるんですか？

ゆめまる　あのですね、ちょっとオープニングから、ずっと言おうと思ってたんですけど、**めちゃくちゃおしっこしたいです。**

虫眼鏡&りょう　はっはっはっは。

虫眼鏡　ダメだよ(笑)。始まっちゃってるんで。

ゆめまる　**行かせてください。**

虫眼鏡&りょう　**ダメダメ。**

ゆめまる　曲振りだけして、曲の間に帰ってくるから俺。

りょう　無理無理無理。

虫眼鏡　あぶないもん。

ゆめまる　大丈夫だって。

虫眼鏡　だってこの東海オンエアラジオの核はやっぱりゆめまるだから。ゆめまるさんファイト！って言われてたじゃんさっき。

ゆめまる　だから、ファイト！って言われてるなら、ウンコくらいさせてくれ。ウンコじゃねえ、おしっこくらいさせてくれ。

虫眼鏡　ウンコは絶対間に合わんじゃん(笑)。

ゆめまる　おしっこだから大丈夫。

虫眼鏡　今日の曲はなんですか？

ゆめまる　今日の曲はですね、竹原ピストルさんで「東京一年生」という曲ですね。結構長い感じの曲なので、絶対間に合います。

虫眼鏡　ゆめまるのおしっこ待ちでこの曲流していいんですか？　竹原ピストルさんに失礼じゃないですか？

りょう　(笑)。

虫眼鏡　ゆめまるがおしっこしてるんで、この曲一応流しときました、みたいな。

ゆめまる　一応じゃないよ、もう(笑)。

りょう　だいたい今回俺にも聞かずに自分の好きな曲流して、なのに自分は聴かずにトイレ行くってどういうことだよ(笑)。

虫眼鏡　たしかに（笑）。ゆめまる聴いとらんやんそれ!!　俺が聴きたいからさぁ、っていうテンションでいつも選んでるじゃん。ダメだよ、行っちゃダメ行っちゃダメ。

ゆめまる　**お願いお願い！**　行かせて行かせて！

虫眼鏡　ダメダメダメ（笑）。ほんとにダメ、ゆめまる。

ゆめまる　曲振りするから。

虫眼鏡　はやく曲振りして。

ゆめまる　それでは、ここで1曲お届けします。

虫眼鏡　**ダメだよ、りょう君、捕まえといてちゃんと。**

ゆめまる　それではここで1曲お届けします、竹原ピストルで「東京一年生」。

《曲》

ゆめまる　お届けした曲は、竹原ピストルで「東京一年生」でした。

虫眼鏡　お前、普通に間に合うなよな。

ゆめまる　お前な、めっちゃ肛門痛えんだぞ。

虫眼鏡&りょう　はははは。

虫眼鏡　**なんでおしっこって出てってウンチしてくるの？**　嘘じゃんそれ。

ゆめまる　走ってる間にウンコしたくなるやん。

虫眼鏡　嘘でしょ絶対(笑)。そのときに肛門痛くなるレベルのウンコ出ないでしょ。

ゆめまる　なんか急ぎすぎて、**ばーっ**て出したの。

虫眼鏡　うふふふ。さて、東海オンエアが東海ラジオからオンエア！　東海オンエアラジオ、このコーナーやっちゃいます！「東海オンエアの気になるリスナーさんに電話しちゃおう！」

ゆめまる　ちょっと待て、その前にな、その前にな(笑)、言いたいことがあるんだよ！

虫眼鏡　なんだよ!?

ゆめまる　なんだよお前このクソみてーな落書きした、前の放送のソープ嬢の写真は。

虫眼鏡　なんかりょう君が描いてました。

ゆめまる　ゆめ君遊ぼう、って。全然遊んだるわ。**こういうイタズラしちゃダメ！**

虫眼鏡　なんださっき曲の間に1回気づいてたくせに。

ゆめまる　（小声で）おい、やめろお前、そういうこと言うの。

りょう　ははは。

ゆめまる　トイレからの流れを。

虫眼鏡　はい、このコーナーでございますね。前回もリスナーさんに電話しましたけど、やっぱり気になる人いっぱいいるよ、ということで、今回も僕たちが気になるリスナーさんに電話しちゃおうというコーナーです。これ面白いですからね。やっぱりね、僕たちが持ってないね、なんていうの、彼女、彼らの一番のエピソードが聞けるんで。普通にやっぱりスベらないんですよね。で、今日はこんなメッセージを頂いてます。兵庫県、ラジオネーム、エコバック好きそうさん。前もお便り送ってくれましたね。

ゆめまる　そうだね。

虫眼鏡　このエコバック好きそうという名前は僕が与えた名前なんですよ。

りょう　なんで？

虫眼鏡　僕が本出版してるじゃないですか。その本のお渡し会で大阪に行った時に会いにきてくれた子なんですよ。

りょう　じゃあ、顔見知りなの？

虫眼鏡　そう、**僕の女**。

りょう　いや、違う違う違う（笑）。

ゆめまる　びっくりしちゃった今俺（笑）。

りょう　全然違うよ。

虫眼鏡　普通にめちゃめちゃエコバック好きそうっていう名前からわかるとおり、めちゃめちゃ真面目そうでいい子なのよ。

ゆめまる　おっとりしてる感じの子なのね。

虫眼鏡　そうそう。そんな子がどんなメッセージを送ってきてくれたのか、って感じなんですけど。はい。〈私は兵庫県に住む22歳、大学4回生です。高校2年～3年の時にした戦犯エピソードをみなさんに判定してほしいです。それは……13歳上の臨時で6ヶ月位いた先生と10ヶ月ほど付き合ってました〉。

りょう　えぇー。

ゆめまる　おいおい。

虫眼鏡　〈まず先生ってところでアウトですが、実は……結婚2年目ぐらいの既婚者、いわゆる不倫してました〉。

ゆめまる　クソだな。

りょう　クソですねー。

ゆめまる　まじでクソ人間だな。こいつ。

りょう　男がクソ。

虫眼鏡　〈私がバスケ部員で、先生が男子バスケの顧問をしていたので、いろんな話をしている中で仲良くなり、そーゆー関係になりました。朝練終わりに、一人で部室の鍵を体育教官室に返しに行き、キスをしたり……。体育倉庫でキスをしたり……〉

ゆめまる　今のとこキスだけですね。

虫眼鏡　〈遠征先のホテルが男子バスケとかぶり、試合に負けたにもかかわらず、先生の部屋に内緒でお邪魔したりしていました。家にも何回も泊まりに行ったりしていました。その時奥さんは実家に帰っていたみたいです。2年位して友達に聞いたのですが、多分この時奥さんは妊娠中だったっぽいです。今思えば体だけだったのかな～と思いますが、普通に楽しかったですし、なんなら1から10までやり方を教えてもらったので、かなり満足してます（笑）。ちょっとしたスリルが楽しく、人気がある先生で、優越感もありました。私の恋愛エピソードを判定してほしいです〉というお便りでございますけど。

ゆめまる&りょう　う～ん。

虫眼鏡　やっぱり不倫といえばゆめまるとりょう君ということでね。

りょう　おい！　俺は違うだろ、ゆめまるだろそれは。

ゆめまる　不倫はしたことねーわ。浮気はあるわ。

虫眼鏡　今日はこの二人にね、このエコバック好きそうさんをね、ちょっと説教していただかないといけないなと思って、電話をつながせていただきました。もしもし！

―もしもし。

虫眼鏡　**お前なにやっとんだ！**

―（笑）。すいません。

虫眼鏡　すいません、一応名乗ってください。

―あ、エコバック好きそうさんです。

虫眼鏡　あ、お久しぶりです。

りょう　こんにちは。

―お久しぶりです、ありがとうございます。

虫眼鏡　なんか、普通にバスケ部員ってだけでも結構意外だったんですけど、なかなかやることやってるらしいですね！
――（笑）。そう、びっくりしました。イメージとは全然違うと思いますよ（笑）。
ゆめまる　ほんっ、いやぁ、**いかんぞ！**　やっちゃ。
りょう　相手が結婚してたってのは知ってたの？
――あぁ、知ってました。
ゆめまる　あぁ、じゃあこいつ悪い人間だ。
りょう　最低だぁ。それは悪い人間だ。
虫眼鏡　一応聞きますけど、その先生のどこがよかったんですか？
――人気もあったし、普通にかっこよかったですね。大人の魅力ですよ。
虫眼鏡　はぁ。なんかそういう年齢っていうのは、なぜか年上の男性が好きになったりするじゃないですか。
――そうなんですよね。
虫眼鏡　なんか意味わかんないですよね、あれは。
りょう　今は彼氏さんいるんですか？
――9個上です。
りょう　やっぱそういう感じなんだね。
ゆめまる　上が好きなんだね。
虫眼鏡　そういう人なんだ。ちょっとね、僕よくわかんないところがありまして、このいただいたお便りの中で。
――はい。
虫眼鏡　1から10までやり方を教えてもらったので、かなり満足してます（笑）って書いてあったんですけど、これ何のやり方を教えてもらったんですか？　はんだ付けですか？
――（笑）。夜の営みですか。
虫眼鏡　夜の営みっていうのはなんのことですか？
ゆめまる　いろいろありますからね。
りょう　1から順番にお願いします。
虫眼鏡　ご飯食べるとかお風呂食べるとか。あ、お風呂食べるじゃないや（笑）。
一同　あははは。
虫眼鏡　ご飯食べるとかお風呂入るとか、そういう営みのことですか？
――まぁ、セックスですよね。
虫眼鏡　なるほど（笑）。
ゆめまる　でもセックスだったら、10じゃんそれは。
虫眼鏡　いやいや、そのセックスの中でも1から10が。じゃ、**まず1をお願いします。**
――1ですか？　1は、まぁ、**舐めてあげたり**（笑）。
ゆめまる　ははははは。
虫眼鏡　今ね、りょう君が引いてます。
ゆめまる　このラジオさ、いつからこうなっちゃったの？　ほんとに。
虫眼鏡　待って、それだけじゃ早いじゃん。舐めてあげましたって、なんのことかわかんないじゃん。
ゆめまる　あぁ、まぁね。アイスかもしんないしね。
虫眼鏡　**何を舐めてあげたんですか？**
――こぉ…（笑）。
ゆめまる　**肛門？**
――**セクハラですよ！**（笑）。
虫眼鏡　なんですか？　セクハラですよじゃないよ、**あなたが書いたんでしょうが**、1から10までやり方を教えてもらったって！　なんのことかわかんないでしょうが、聞いてる人は！　だから気になっちゃうかなと思って僕たちが代わりに聞いてあげてるんですよ。もう、引いてるよ。なにもしゃべらなくなっちゃったよ。
りょう　**虫眼鏡はセクハラをしてるよね**（笑）。
ゆめまる　俺も虫さんに引いちゃうよ（笑）。
虫眼鏡　お二人なんか質問ありますか？
りょう　今の人は不倫じゃないの？
――違います、違います。
りょう　人のものがいいとかじゃなくて？　不倫はダメだよ。
――そういうわけじゃないですよ。
虫眼鏡　ゆめまるさん、なんか質問ありますか？
ゆめまる　すごいこれは気になるんですけども、学校でエッチはしましたか？
――学校ではしてません。
りょう　あぁ、してないんだ。
虫眼鏡　どこまで、学校でどこまでできるんだろう？
――いやぁ、キスまでですね。
虫眼鏡　やっぱキスまでなんだ。
ゆめまる　キスまでなんだね。
虫眼鏡　学校は冒険しないんだね。
りょう　それって、周りにはバレてないの？
――周りにはバレてないはずです。
りょう　へぇ。
虫眼鏡　でも、自慢したくなっちゃわない、それって？　なんかみんながあの先生かっこいいよねぇ、ってとき、**私あの人のチンチン舐めたことあるやんね**、って言いたくなっちゃわん?
――ずっと言いたかったです（笑）。
ゆめまる　いやぁ、すごいねぇ。
虫眼鏡　あれ、まって、大学4回生って、今3月ってことは、もう来月とかから社会人ですか?
――社会人です。
虫眼鏡　じゃあ今人生最後の休日を過ごしてるって感じですか?
――すごい楽しいです。
虫眼鏡　なるほど。もう働き始めたらね、ほんとに年上の人は全員お嫁さんいますから、その人たちのチンチンを舐めないようにしてくださいね!
――はい、わかりました。
虫眼鏡　もう、反省しましたか?
――はい。
虫眼鏡　勘弁してあげよう。
――はい!
虫眼鏡　いやぁ、これからもメッセージたくさん送ってください。
――はい。
ゆめまる　待ってます。
――はい、ありがとうございました。
虫眼鏡　今日はありがとうございました。
ゆめまる　ありがとうございました。
りょう　ありがとー。
――ありがとうございました。
ゆめまる　圧倒されちゃった。
りょう　**こんなんばっかだね、このラジオは。**
虫眼鏡　このラジオはへんてこな人しか聞いてないのか、それともこのお便りを選んでくれるプロデューサーさんがこういうの大好きなのか、どちらかです。
りょう　どっちもだねー。人妻抱いたことある?
ゆめまる　ないないない。人妻はないですね。
虫眼鏡　でも彼氏いる人に言いよったことはある?
ゆめまる　言い寄られたね。
虫眼鏡　でもゆめまるは、りょう君もいたときだね、エッチしたじゃない。
りょう　そうそう。
ゆめまる　俺は悪ない!!　**わぁぁあーー!!**
虫眼鏡　「東海オンエアラジオの気になるリスナーさんに電話しちゃおう!」でした。
《CM～ジングル》
ゆめまる　ここがジングルになるかぁ。
虫眼鏡　ね。どこがなるんだろうと思いながらしゃべってて。今日はどこだと思う?
ゆめまる　今日はどこだろうなぁ。
虫眼鏡　今日、僕な気がするな。どこ舐めたんですか、とかそのへん。
ゆめまる　それだわ（笑）。
りょう　**セクハラ・ラッシュ**ね（笑）。
虫眼鏡　セクハラじゃないですからね、合意のもとやってますからね。
ゆめまる&りょう　はははは。
虫眼鏡　お便りいきましょう。今日は普通のお便りですね。
ゆめまる　はい。ラジオネーム、はるな（てつや大好き）さんからのメッセージです。
りょう　あぁ、バカか。
虫眼鏡　じゃあ読むのやめよう。
ゆめまる　読んであげてぇ。名前読んだから。
虫眼鏡　聞くだけね。
ゆめまる　〈私は今好きな人がいます。でも、相手は妻子持ち。そして住んでる県もとても遠いです。たまたま出会い、今はLINEも持ってます。だけどそんなに連絡もとれず、気持ちも伝えられません。やっぱり妻子持ちの人を好きになるのはいけないことなのでしょうか?　諦めたほうがいいですか?〉っていうメッセージが来てますけど。
りょう　諦めたほうがいいです。
虫眼鏡　てつや大好きじゃねーじゃねーかよ。
ゆめまる　俺これをなんで読みたかったかっていうと、てつやファン、こういう人多いなっていう。
虫眼鏡　ふふふ。
りょう　へぇ、そうなんだ。
ゆめまる　ちょっと飛んでる人が多いです。
りょう　あぁ、まぁまぁまぁ、わかる。
虫眼鏡　**不倫回なの、今日?**
りょう　なんで人の家庭壊せるの?
虫眼鏡　そんな、大正論で言ったらもうかわいそうだよ（笑）。もう、相手が。
りょう　やめとけよ。
ゆめまる　まさにその通りだよね、そこをちゃんと考えて。リスクを考えてないんだよ多分。甘い考えなんだよ。
りょう　そうだね。
虫眼鏡　ほんとにね、社会的にもね、経済的にも、死にますからね。
ゆめまる　終わるよ。不倫はまじダメだよ。えー、次のメッセージいきますか、もう。名古屋市在住の野球おばさんからのメッセージです。

虫眼鏡　野球おばさん?

ゆめまる　〈こんばんは。毎週放送を楽しみにしています。私は、かなり深刻な悩みがありメールをしました。今年26歳になるのですが、男性経験がありません。いわゆる彼氏いない歴イコール年齢です。かといって、遊んでないわけではなく、毎週クラブにいったり、週末はだいたい栄でイェーイ!の人生です。そんなことを二十歳過ぎからしてるにもかかわらず、未経験で迷ってます。そういうことが完全になかったわけではないのですが、踏み切れず、告白されても丁重におこ、とわり、続けて今に至ります。これは一種の病気ではないかと振り、切って楽しむようにしていますが、ふとわ…れに返ったときにヤベェよとなります。一番の原因はお酒が飲めないので常に意識がギンギンに冴えわたっており……〉

虫眼鏡　ちょっと待って(笑)!　今日下手くそすぎるわー、読むの。

ゆめまる　あのねぇ、こういう、ちょっと僕からのお願いなんですけど、こういう連チャンでばーっと文章書かれると、なんかすげームカついてくる。

虫眼鏡　**なんでだよ(笑)!**

りょう　改行しろってこと?

ゆめまる　改行してほしいんだよね。

虫眼鏡　なんでお前が怒るんだよ。みんなはお前にイラついてるよ、噛みすぎだから。

ゆめまる　**うるせーよ!**　ま、なんかアドバイスないですか、っていう質問ですね。男性経験がねーと。

りょう　男性経験したいの?

ゆめまる　したいんじゃない?　もう26歳で。

虫眼鏡　でも毎週パリピ、クラブでイェーイ!と言えばお二人なんで、お二人なんかアドバイスありますか?

ゆめまる　そういうこと俺が乗っちゃうと、変な語弊が生まれてる。

りょう　信じられちゃうからね。実際はマジで行ってないから。

虫眼鏡　りょう君マジですぐ帰るもんな(笑)。

ゆめまる　どうやったらいいんだろうなぁ。

りょう　え、何に?　何に悩んでるのかわからない。男性経験がしたいなら、別にいくらでもいるじゃん。

ゆめまる　でもなんか、踏み切れず、って言ってるからね。

虫眼鏡　でも踏み切れずってことは、そういうチャンスがあったってことだよね。

ゆめまる　うん。告白されても断ってるし。

りょう　単純に好きな人ができないことが悩みなら、それは待つしかないやん。

虫眼鏡　逆に26まで取っておいたならさ、それしっかり守ってほしいですけどね。変に捨てるよりも。

ゆめまる　あぁ、結婚までね。それは大事だね。

りょう　まぁそうだね。それは忘れないでほしいね。

ゆめまる　まぁ、この人は変な人で使うんじゃなくて、大事な人とエッチをしてください。

虫眼鏡　うん。なんか多けりゃいいとか早けりゃいいってもんじゃないですからね。

りょう　ほんとそう思う。

ゆめまる　ほんとその通りだよ。

虫眼鏡　ほんとにゆめまるに聞かせたいわ。

ゆめまる　だから俺別に多くて自慢してないやん!

虫眼鏡　うふふふふ。

ゆめまる　多いぜ俺、かっこいい、って言ったことないからね。

虫眼鏡　はい、ちゃんと読んで。

ゆめまる　はい。えー、ラジオネーム、コバタツさんからのメッセージです。〈東海オンエア、おもろい!〉

虫眼鏡　ありがとうございます。

りょう　え?　ふつおたでもない。

ゆめまる　これはどこで紛れ込んだんだ?　これは**クソオタのコーナーだぞ!**

りょう　これクソオタじゃんか(笑)。

ゆめまる　どこで紛れ込んだんだ!

虫眼鏡　僕が紛れこました。

ゆめまる　**くそー!**　これが出てきた瞬間に、これはやばい、読むかどうか迷ったけど、読んであげましたよ。

虫眼鏡　いや、クソオタじゃないじゃん別に。ちゃんとおもろいって言ってくれてるから、ありがとうじゃん。

ゆめまる　ありがとう。

虫眼鏡　ありがとう。次いきましょう。

ゆめまる　次いきましょうか。

りょう　ツイッターで送れって。

ゆめまる　はははは。ラジオネーム匿名希望さんからのメッセージです。

虫眼鏡　ラジオネーム匿名希望さん

の場合、読まなくていいって。

ゆめまる 〈こんばんは。高校3年生の女子です。私には付き合って7ヶ月くらいの彼氏がいます。その人は反応が薄く、なにを考えてるかわかりません。例えば、バレンタインをプレゼントしても、普通と言ったり、誕生日プレゼントをあげても、使ってるところを見たことがありません。私は付き合っていて幸せがわからなくなってきました。幸せってなんですか？ 恋愛イコール幸せですか？ 虫さんとゆめまるさんとりょうさんは、付き合うってどういうことだと思いますか？〉ってメッセージが来てます。

虫眼鏡 えー。なんか僕はね、これは真面目に答えますと、僕この人と結婚していいかチェックする期間だと思ってるのよ、付き合うっていうのは。

りょう めっちゃ一緒。

虫眼鏡 だから、なに考えてんだろう？ってなった瞬間に僕は、あぁじゃあこの人と結婚しんわ多分、って思っちゃうよ。

りょう めっちゃ一緒。そういうことですよ。ほんとにその通り。

ゆめまる ほぅ。

虫眼鏡 だから、恋愛イコール幸せじゃないんですよ。幸せにたどり着くための、準備する場所なんで、別にその、付き合ったから幸せとかないですからね。と思いますけど。

りょう でも、結局結婚が幸せだとしたら、そこまでの過程も幸せになるじゃん。

虫眼鏡 まぁまぁ、そこが幸せだったら結婚してもいい、ってなるけど。だから、付き合ったイコール幸せじゃないよ、っていうか。それが幸せじゃないんだったら違うやん。今、聞いた感じ、あんまり幸せそうに感じないというか。多分、合ってないよ、って思っちゃう。

りょう でも世の中そんな人ばっかじゃない？ そういう感じじゃなくて、一回付き合ってみよう、って付き合う人ばっかじゃない？ だから、世の中のカップルはほとんど別れるじゃん。

ゆめまる そうだね。

りょう ね、ゆめまる。

ゆめまる まぁまぁまぁ。

りょう **元カノ20人。**

ゆめまる あれはさ、若い……。

りょう 一回付き合うやん、ゆめまる。

ゆめまる いや、もうそういうのはなくなったわけよ、俺もね。自慢できないからね、大人になると。

虫眼鏡 そうだね（笑）。

ゆめまる ダサいことだから。そんだけやってるってことは。あんまね、言いたくないけど、ま、笑い話になるから言うけどさ、あんまり俺誇ってないからね。そこは。

虫眼鏡 まぁね、今の方のお便りに戻りますけど、照れてね、そういうふうな態度とってしまう男の子もいますんで、それだけ間違いないようにしてください、と。それじゃなくて、本当に反応が薄いんだったら多分好きじゃないですからあなたのことを（笑）。次のお便りいきましょう。

ゆめまる はい。北海道在住の、ほのぴさんからのメッセージです。〈元カレと体の相性がよくて離れられず、別れた後、1年くらいセフレ関係を続けた結果、向こうに彼女ができて終わったはずが、1年間年月があいてから、またセフレ関係を再開してしまった戦犯です〉というメッセージ。まぁ、なんだろう、セフレ関係って結構つらいよ。

虫眼鏡 僕はいたことないからわからない、ほんとに。

ゆめまる いや、なんか、あったわけなんですよ昔。

りょう でも関係性によることない？ お互いが同じ気持ちかどうかだよ、絶対。

ゆめまる それはそうだね。向こうが好きみたいになってくると、うわぁってなったり。

虫眼鏡 ってか、その人のお便りに答えたっけ、今？

りょう なんの話だっけ？（笑）。

ゆめまる これは、戦犯エピソードですね。

虫眼鏡 あぁ。

ゆめまる セフレ関係に戻っちゃった、っていう戦犯です。

虫眼鏡 あぁなるほどね。判定してください。

ゆめまる えー、「小戦犯」ですね。

虫眼鏡 ふふふ。たいしたことないと。

――小戦犯！

虫眼鏡 あぁ、すごいね。すごいですね**ピーーー！**さん。

ゆめまる すぐ出てくる。

虫眼鏡 **ピーーー！**さん。

ゆめまる わははは。

虫眼鏡 プロデューサーさんの名前をうっかり言っちゃった（笑）。沢山のメッセージありがとうございました。今日の放送いかがでしたでしょうか？ どうですか、りょう君。今回、今日の放送は？

りょう　**ほんと下ネタ多すぎない？**　もうちょっと爽やか要素入れようぜ。

虫眼鏡　ゆめまるがお便り選んでるんだよ。

りょう　あぁ、やっぱゆめまるがそういうの好きなんだ。

ゆめまる　ちょっと待ってください、これはね、選んでるのはプロデューサーKです。

虫眼鏡　違いますよ、ゆめまるさんが選んでますよ(笑)。

ゆめまる　まぁまぁまぁ、その、読む、ボツのほうと、来たお便りがあるのね、全体の。どれを読んでも、ほぼ、下ネタなんだよ。

虫眼鏡　なわけないだろ(笑)。僕ばーって読んだけど、そんなことなかったぞ別に。

ゆめまる　なんだろう、下ネタちょっと禁止したら、これお便りなくなっちゃいそうだから怖いやん。

虫眼鏡　下ネタ番組でいいんだよ別に(笑)。

ゆめまる　ちょっと、**えぐい！**

虫眼鏡　ふふふふ。ちょっと同じのが続くと同じになっちゃうからね。

りょう　そうそう。

虫眼鏡　どっかで一回**爽やかウィーク**みたいなのやろう。

ゆめまる　それ大事だ(笑)。

虫眼鏡　今週は爽やかウィークです！

りょう　ははは。下ネタは下ネタでおもろいんだけどね。続くとちょっとね。

虫眼鏡　さて、ここでお知らせです。

2019 04/07

爽やかになり損ねた感ある『爽やかウィーク』の回

GUEST
てつや

ゆめまる　本日も、東海オンエアラジオ始まりました。4月に入って、10時に変更になって、この時間初の放送です。

虫眼鏡　お前らが**下ネタばっかりやってる**から遅くなっただろ、時間が！

てつや　ちげーだろ！

ゆめまる　こっちのセリフだ、**お前が言ってるからだろ！**

虫眼鏡　でもね、4月になって野球が始まってるにも関わらず、この番組が終わらなかったってことだけはありがとう。

ゆめまる　そうだねほんとに。

てつや　1年間続くんですか、じゃあ？

ゆめまる　このまま行くってことじゃないですか？

虫眼鏡　この調子でいけば、続くんじゃないですか？

てつや　わかんないですよ、5月に入ったらもう終わりかもしれない（笑）。引っ越し早々。

ゆめまる　そんな悲しいことはないと思いますけどね。

虫眼鏡　たしかに今日、局長見に来てないからな。

ゆめまる　あぁ、飽きられたわ、俺ら。終わったわ。

虫眼鏡　最初のほうはちょくちょく見にきてくれてたのに、もう見に来てくれてないから、飽きられてるかもしれない。

てつや　10時ごろに勝手にやらせとけ、みたいな感じかもしれない。

ゆめまる　で、今日はまぁ、東海で、本日はね……。

虫眼鏡　ちょっと待って（笑）。すいません、なんて？　なんて？

ゆめまる　めちゃくちゃだったね。

虫眼鏡　今日は東海でね、って言った、いま？（笑）。

ゆめまる　東海ラジオが中日ドラゴンズとオフィシャルスポンサーと契約を結びましてね。

虫眼鏡　ちゃんと読んでください。

ゆめまる　東海ラジオは、中日ドラゴンズとオフィシャルスポンサー契約を結び、「ドラゴンズステーション東海ラジオ」が誕生しました。ということで、この番組も「ドラゴンズステーション東海ラジオ」のジングルからスタートしたわけなんですけど。

虫眼鏡　そうなんですよ。これは、結構すごいことなんですよ。

てつや　どういうことなんですか、これは？

虫眼鏡　普通に東海ラジオさんが、ドラゴンズのスポンサーになったってことなんですよ。シンプルに。だから、ね、聞いてんでしょ？　**東海ラジオの局員さん!!**　そろそろね、僕たちにドラゴンズ戦のチケットとか、始球式とかさ、そういうのあるでしょ、**スポンサーさんなんだから！**

ゆめまる　すげー卑しいなぁ。

虫眼鏡　**くれ！**

てつや　全国に向けて発信してる中でね。

虫眼鏡　偉い人が来たら直訴しよう。

ゆめまる　俺、びびっちゃうわ、それ。

虫眼鏡　ははは。

ゆめまる　でね、今日は、ドラゴンズスタジオからの放送なんですけど、虫さんから見てこのスタジオってのは結構すごい？

虫眼鏡　僕たちの入ってるブースはいつも通りなんですけど、カメちゃんとか大人がいるほうはすごい楽しそうなのよ。だから、僕は曲の間にちょっとあっちに行ってきたいと思います。なんなら後ろにね、**7つの隠れドアラを探せ**っていうさ、アトラクションみたいのがあるのよ。いや、このブースの中でできないだろ、と思って(笑)。だから、曲の間に僕は7つ見つけて帰ってくるんで。でも見つけるまで帰ってこれませんので、もしも見つからなかったら曲受けとかしといてください。

てつや　え！　あぁいうのって結構難しかったりするからね。

ゆめまる　ラスト1個とか絶対見つからないよ。

虫眼鏡　大丈夫でしょ(笑)。でも普通にちょっと楽しそうだから。行ってきたいと思います。

ゆめまる　行ってきてください。

てつや　来週の放送もたぶん虫さんいないでしょ。

ゆめまる　ははは。ずっといるんだ、ここで。ま、4月ということでね、各地で桜が見頃なんですけど、収録をしている今日も、東海ラジオの周りでは桜が咲いてるんですよ。収録が終わった後にね、ちょっと花見にでも行かないですか……。

てつや　夜桜見学なんてね、行きたい。

ゆめまる　見学なんですか？

虫眼鏡　何を学ぶんだよ(笑)。

てつや　見学とは言わないか。見物か。

ゆめまる　ま、楽しく花見したいなと思うんですが。

虫眼鏡　ま、たしかに行かないからね、そんなに。

ゆめまる　うん。なかなかね。

虫眼鏡　じゃ、行っちゃいますか？

ゆめまる　行っちゃいましょうか。ま、日曜に引っ越して初回の今夜は、**「爽やかウィーク」**を目指しています。

虫眼鏡　あ、そうだそうだ。たしか、前回の放送が、もう下ネタのオンパレードだったんですよ。

ゆめまる　届いてくるお便り、ぜーんぶ下ネタなの。

てつや　みんなどんどんそっちに寄っちゃってんだね。

虫眼鏡　なんか気づいてないふりしてたけど、**プロデューサーさんがエロいんじゃね?って説**があんのよ。シンプルに、ただ。

てつや　あ、そういうことね(笑)。

虫眼鏡　そういう話が好きなんじゃないかっていう説があって(笑)。今週はさすがにね、曜日も時間も変わったんで、新しい聴取者さんが聴いてくれてる可能性があるわけですよね。だから、なんだこのけしからん番組は！って思われたら恥ずかしいじゃないですか。だからもう今日、爽やかにね。

てつや　いいですね。

ゆめまる　それではいきましょう。今夜も#東海オンエアラジオで聴いてる人はつぶやいてみてください。東海オンエアラジオ！　東海ラジオをお聴きのあなた、こんばんは！　東海オンエアのゆめまると！

虫眼鏡　**てつやだ！**　そして今日のゲストは。

てつや　**え！　虫眼鏡です！**

違う！

虫眼鏡&ゆめまる　ははは。

てつや　だから、お引越ししたんだからさ、初めての人がいるんだから。

虫眼鏡　すいません(笑)、この声がてつやと思われちゃう。気持ち悪い。

てつや　おい、こっちのセリフだぞ。

ゆめまる　この番組は、愛知県・岡崎市を拠点に活動するユーチューバー我々、東海オンエアが名古屋にある東海ラジオからオンエアする番組です！

虫眼鏡　ゆめまると、僕てつやが中心となってお届けする30分番組(笑)。

ゆめまる　ややこしいなぁ、もう。

てつや　今日はリーダーの虫眼鏡がね、ゲストで参加しておりますのでね。

虫眼鏡　東海ラジオの収録で、今日はDスタジオ、ドラゴンズステーションっていうスタジオからお届けしてるわけですけど、テンション上がらないんですか、君たちは？

ゆめまる　いや、まぁ、すげぇなぁとは思うけど。

虫眼鏡　どこが？

ゆめまる　うん？　どこが？　どこ？　どこ？　俺はあるよ。俺はあるけど、てつやどこ？

てつや　俺は、なんだっけ、ドアラがバク転とかするじゃん？　すごいなって思う。

虫眼鏡　おーい(笑)。

ゆめまる　俺はね、中日の見たことないユニフォームが飾ってあるのがすごいなと思います。

てつや　あぁ、部屋に飾ってありますね、いっぱい。額に入って。

虫眼鏡　あとでみんなでその前で写真撮りますか？

てつや　そこに、自分で勝手に着てくださいみたいなユニフォームがある。

虫眼鏡　あ、ほんとだ。

ゆめまる　フォトOKって書いてある。

虫眼鏡　あとで僕、着てこよう。ってなわけで、曜日が変わって1曲目の曲紹介なわけなんですけども、あのね、初めて聴いてくださってる方もいるかもしれないので説明しますけど、ゆめまるさんはちょっとね、いろんな曲の知識があるのは結構なんですけど、なんかね、ふざけちゃうんですよちょっとだけ。
てつや 誰が知ってんの?っていうコアなとこいっちゃう時があるんですよね。
ゆめまる コアじゃないよ。結構有名だよそれは。
てつや そうなんだ?
ゆめまる 音楽好きからしたら。
虫眼鏡 一応僕たちのリスナーさんって、たぶん若い人が多いのかなって思うんですよ。だからその子たちが喜ぶ選曲をしてほしいなとは思うんですけど。
てつや そうだよ。
虫眼鏡 なんかね、俺この曲も知ってんだぜ、かっこよくね?みたいな。
ゆめまる そんなんじゃないじゃん!
虫眼鏡 **ゆめまるのオナニーの場所**になってんですよ。
ゆめまる 聴いてほしいな、って思うんですよ。
虫眼鏡 なんか、曜日変わったから、僕の中では今日1回目みたいな気持ちなんですよ。だから、心機一転して、最近よく聞くアーティストさんの名前とか、そういう曲をまずやっていかないか、と思うわけですよ。
ゆめまる あ、それはたしかにいい。みんな知ってる、ってことでしょ?
虫眼鏡 で、そういう土台ができてから、みなさんこんな曲もありますよ、って感じで紹介していく。
ゆめまる あぁ、なるほど。
虫眼鏡 そうしませんか?
ゆめまる わかりました。
虫眼鏡 今日は1回目みたいな感じなので、聞いたことあるようなアーティストさんの曲でお願いします。
ゆめまる はい、それでは、ここで1曲お届けします。電気グルーヴで「富士山」。
虫眼鏡 おっと。

《曲》

ゆめまる お届けした曲は、電気グルーヴで「富士山」でした。
てつや **そういうことじゃねーんだよ!** そういう意味で言ってんじゃないの。
ゆめまる いやいや、なんかちょっとタブー視してるけど、別に、タブーじゃないからね。
てつや わかるよ。タブーではないんだけど、あのね、そういうことじゃないんだって話なんだよ。
ゆめまる 今一番話題性があって……。
てつや いや、あいみょんとかさ、米津さんとかさ。もう、聴かせる気ないでしょ? ラジオ聴いてほしいなんて気持ちないでしょ?
ゆめまる あははは。いや、あるある。逆にこれはさ、おもろいやん。
てつや ま、知る機会になっていいよね。こういう曲出してんだよ、ってことをね。ゆめまる好きだからね。
ゆめまる ま、こういう曲が好きなんでね、今回流したわけなんですけども、
てつや **虫眼鏡ぇ!! なにしてんだ!**
ゆめまる あと2つ?(笑)。あつ2つないの? 放送進んじゃうよ、このままだと。レギュラーだから、あなた一応。いいじゃない、いいじゃない、ダメダメ!
てつや 曲の前、1本目だからどうのこうの言っとったやんけ!
ゆめまる **戻ってきて、早く!**
てつや **1本目からいないメインMCがおるか!**
ゆめまる 次、あれだから。「来たれ!はがき職人」だから虫さんの振りがないと始められないから、これ。
てつや ほんとだよ。じゃあゆめまる代わりにやっちゃって。
ゆめまる わかりました。さて、東海オンエアが東海ラジオからオンエア! 東海オンエアラジオ、このコーナーやっちゃいます! ゆめまるプレゼンツ「来たれ!はがき職人」。
てつや ゆめまるがやりたいというこのコーナーですけど。
ゆめまる はい、そうなんですけども。このコーナーは、webのコメント募集だけではなく、ハガキでのリクエストを復活させようというコーナーです。なんでかというとね、ハガキのほうがね、リスナーの気持ちが伝わるし、我々パーソナリティーの気持ちも伝わると思うので、こういう企画を考えて、やらせていただきます。ま、この企画はハガキでリクエスト曲を送ってもらい、曲にまつわる想い出やエピソードを書いて送ってもらってます、と。で、メッセージを紹介した後、送ってくれた人のリクエストをかけるよー、という、非常に僕のエゴが出ないコーナーなんですけど。
てつや あれ? 戻ってきた。見つかった?
虫眼鏡 見つかってないけど、多分

バランス的に、こっち側なんだよね、多分。あっちに、4つあったのよ。

てつや あぁ、スタジオの向こう側にね。

虫眼鏡 向こう側に4つあって、こっち側に1個だけってことないやん。

てつや あと2個はこっち側にあると。

虫眼鏡 ここに2個あるはずなんだよね。

ゆめまる もう、ずっとコーナーのBGMが流れてるのに、虫さんのドアラ探す声がめっちゃ流れてますけども。

てつや はい、僕らが録音しているものすごい近くで虫眼鏡がゴソゴソ探し回っております。

ゆめまる じゃあコーナーのほう進めていきますね。ラジオネーム、ウルトラの母さんからのメッセージです。

虫眼鏡 今、二個はがれてどっか行っちゃった。

てつや 今、名前聞いたとこなんだから!

ゆめまる ラジオネーム読んだとこや。**チラ! チラ!**

てつや なんの話してんだよ!

ゆめまる チラまで……。はい、もう一度言いますね。ラジオネーム、ウルトラの母さんからのメッセージです。

てつや ありがとうございます。

ゆめまる 〈はじめまして、3人の娘の母です。春ですね。この時期は進級や進学、就職など、周りもウキウキですね。そういうこともない私は、娘たちの趣味や興味のあることにくっついていっては楽しんでいます〉。ま、ライブやイベントなどに行ってるみたいですね。

てつや いいですね。

ゆめまる 〈先日も、岡崎までドライブに行きました〉。

てつや あ、ありがとうございます。

ゆめまる 〈親は、自然と子供たちの好きなことが好きになっちゃいます。最近は、「東海」とか、「オンエア」とかの言葉にも反応しちゃいます。虫さんは……〉。

てつや おい、虫さんは!?

ゆめまる 〈親子で共通の趣味や話題はありますか?〉って質問が来てるんだが、虫さんは……おらん。

てつや あ、向こうで、バツ。

ゆめまる バツじゃねーよ。マイク通して言え! バツじゃねー。ま、虫さんはないみたいなので、てつやさんなんかありますか?

てつや いや、僕はね、今、子供の趣味を親がもらうみたいに聞いたんですけど、僕は……。

虫眼鏡 **あったあったあったあった!!!!**

てつや **うるせーなー!!**

ゆめまる かわいそうだよ、このコーナー。

てつや はははは。せっかくハガキを書いてくれたのに。

虫眼鏡 見つけました7個!

ゆめまる どこにあった?って聞きてぇけど、聞けねぇよコーナー中だから。

てつや ラジオでこれどうしようも扱えない話だから。

虫眼鏡 番組ブログ見てください。

てつや ってことで、僕は親からの影響をよく受けるってことで、車で聴いてたV6にハマったりとか、嵐にハマったりとか、そういう曲の趣味とかは結構引き継いでると思いますね。

虫眼鏡 てつやは結構お母さんっ子だよね。

ゆめまる お母さん子だねー。

虫眼鏡 性格もなんか似てるもん。

てつや そうね、親の影響だいぶ受けてますね。

虫眼鏡 部屋の汚さとかも似てる。

てつや そうそう、実家、物がパンパンすぎて俺も片づけれない。

虫眼鏡 ははは。てつやの家ね、みんな見せたいくらい、ほんとに。

ゆめまる すごいよね、**リビングの端っこのほう不快**だもん。くさってるような感じになっちゃってる。

てつや 博物館になってるからね。

ゆめまる 虫さんは特にないということですか?

虫眼鏡 ねーだろ。

ゆめまる なんか親の影響受けたとかない?

虫眼鏡 強いて言うならば、ドラゴンズファンなのはパパがドラゴンズの中継を流してたからドラゴンズファンになったのかなぁ、くらいだけど、それ以外はまじでないねぇ。

ゆめまる 僕はなんか特に、虫さんと同じで、共通の趣味ってものはないんだけど、似てるなぁって徐々に気づいてきたのは、収集癖があるみたいな。

てつや あぁ。コレクター?

ゆめまる そうそう、そういう系。フィギュアとか集めるの。

虫眼鏡 え、ゆめまるのお父さんが? お母さんがってこと?

ゆめまる お父さん。

てつや　お父さん、最近、何集めてるの？

ゆめまる　最近はね、2年ぐらい前だけど、金魚のブリキのおもちゃみたいなの流してました。

虫眼鏡　を、集めてるの？

ゆめまる　集めてた。

虫眼鏡&てつや　へぇー。

ゆめまる　金魚好きだから。

てつや　今も飼ってるの、金魚は？

ゆめまる　今？　親父死んだから……。えー、でね（笑）、まぁそういう感じになってるんですけども、リクエスト曲が（笑）。ねー、この振りやるのはいいけどさ、**黙らんで！**

虫眼鏡　だって笑ったら失礼じゃない？　これ仲間内だから許されるやつじゃん（笑）。

ゆめまる　放送乗っけちゃダメだよ、こういうのー。

てつや　**引っ越し一発目でやっちゃいけない空気**だったな今（笑）。

ゆめまる　運転してる人も、あ、親父死んだんだ……。

てつや　今、放送事故に見せかけた日常のくだりなんです、すいません、間違えました（笑）。

ゆめまる　で、ウルトラの母さんからのリクエストなんですけども、嵐で「ファイトソング」。

てつや　お！　まじですか？

ゆめまる　これ多分あれだよね、この東海オンエアラジオ始まって以来、嵐。

てつや　そうだよ、ずっと俺、嵐、嵐言っててさ。

虫眼鏡　そっか、てつやのやつだったら絶対流さないもんね。

てつや　え？　これは嵐が流れるの？　ほんとに。

ゆめまる　流れます。

てつや　すごい。ちょっと、みんなが送ったら流してくれるらしいから、みなさんお願いしますよ。

虫眼鏡　このコーナーはほんとに、リスナーさんから送られてきた曲はちゃんと流すもんね。

ゆめまる　ちゃんと流しますんで。

てつや　うわぁ、そういうパターンだったのか。

ゆめまる　しかも、この「ファイトソング」ってのはレアらしくて、限定盤にしか入ってないんだよね。

てつや　そう。「Ｌｏｖｅ ｓｏ ｓｗｅｅｔ」の初回限定盤にしか入ってないやつだったと思う、たしか。

ゆめまる　めちゃくちゃレアだね。

虫眼鏡　じゃあ、マイナーな曲みたいな感じ？

てつや　いや、マイナーではないな。ファンの中だったら絶対知ってるみたいな。でも手に入らないっていう。

虫眼鏡　へえ。

てつや　ライブDVDでよく聴くしかないって感じだよね。

虫眼鏡　じゃあ、今から流すのももしかしたら若干レアな感じなの？

てつや　レアレアレア。

ゆめまる　へえ。ま、東海ラジオさんのレコード室にもないみたいなんでね。

虫眼鏡　あ、そうなの？

ゆめまる　なくて、天の声さんが自分の持ってるものを貸してくれて。

虫眼鏡　あのエッチな人？

てつや　**あのエッチな人、すごくない？**　それ持ってるって。

ゆめまる　だからめっちゃファンってことでしょ。話めっちゃ合うじゃん。

てつや　おぉ。

虫眼鏡　おぉ、エッチだなお前（笑）。

てつや　**ちょっとファイトしちゃおうかな**（笑）。

ゆめまる　ははは。それでは、ラジオネーム、ウルトラの母さんからのリクエストで、嵐で「ファイトソング」。

《曲》

ゆめまる　お届けした曲は、嵐で「ファイトソング」でした。

てつや　いい曲。やっと聴けたことで。

虫眼鏡　ま、こういう感じでね、みなさんが送ってくれた曲はちゃんと流しますんで、普通のラジオみたいにリクエスト曲送ってください。ハガキで、リクエスト曲、そしてその曲にまつわる想い出やエピソードを書いて送ってください。あて先は、〒461-8503　東海ラジオ　東海オンエアラジオ「来たれ！はがき職人」へ送ってください。

ゆめまる　みなさんからのハガキを楽しみにしています。「来たれ！はがき職人！」でした。

《CM～ジングル》

虫眼鏡　**捏造するのはやめてくださいよ！**

チラ　なんの話ですか？

虫眼鏡　今日は爽やかウィークだって言ったの聞こえなかったんですか？

チラ　いやいや、これを聴いて反省していただこうと。

ゆめまる　はははは。

虫眼鏡　普通に反省するじゃないですかこれ！　あとから聞いたら。

ゆめまる　あの回はね、引いちゃったね（笑）。

てつや　今のはどういうやつだったの？

虫眼鏡　とある女の子がね、先生と不倫してたって話だったんですけど。１から10までやり方教えてもらったって言ってたから、なんのことかわかんなくて、何だっけなあ？と思って、何を教えてもらったの？って聞いたら、セクハラです、とか言われたから、なんでだよ？と思って。

ゆめまる　ラジオパーソナリティーは聞くだろう！っていう。

チラ　**反省してください！**

虫眼鏡　反省してください、みなさん！

ゆめまる　はいわかりました。じゃあ、反省してね、いただいたメッセージのほうを紹介していきます。

チラ　**爽やかウィークですから。**

虫眼鏡　今日僕あれだ、**途中サボってたから、２倍しゃべるわ、いつもの。**

ゆめまる　お願いしますね。愛知県、かなさんからのメッセージです。

虫眼鏡　かなさんからのメッセージかぁ。

ゆめまる　〈私は今自動車学校に通っていて〉

虫眼鏡　自動車学校？

ゆめまる　〈もうすぐ平針に行く予定です〉。

虫眼鏡　あぁ、平針試験場ね。なるほど

てつや　**邪魔になってんじゃねーかよ！**

ゆめまる　〈教習はとても楽しく幸せな時間を指導員とともに過ごしています（笑）。そこでみなさんの車校でのエピソードを教えてほしいです〉。

てつや　うわー。

虫眼鏡　爽やかですねー。

ゆめまる　爽やかだよこれー。

てつや　いやぁ、ありますよ。え？　合宿だった人は？

虫眼鏡&ゆめまる　合宿じゃない。

てつや　通い？　俺だけ合宿なんだよね。みんな学校卒業して3月にいくじゃん。新生活というか、仲間感がやっぱすごいわけですよ。そこで俺は、通いで来た女の子に一目ぼれをして、連絡先を聞いて断られるという、サブミッション失敗がありまして。それはいいんだけど、普通にめっちゃ毎晩毎晩みんなで騒いでて。

虫眼鏡　らしいね、合宿の人たちって。

ゆめまる　いいね、そういうの。

てつや　そうそう。ホテルのロビーとかでめっちゃ話してて。で、一人の女の人が好きになってしまったわけですよ。

ゆめまる　話してるうちに？

てつや　そうそう。そしたら同い年の男も、その人のことを好きになってて、なんか三角関係になったあげく負けるという。

虫眼鏡　まぁ、普通の思い出ですねえ。

てつや　壮絶な。

ゆめまる　爽やかだね君。

虫眼鏡　なるほどなるほど、ゆめまるさんはなんかありますか？

ゆめまる　僕ね、通いで車校に行ってたんですけども。毎回先生固定されるのね。

虫眼鏡　え？　そうなんだ。

ゆめまる　この先生とこの先生が僕の担当、みたいな感じで。一人の女の先生がいたんだけど。ある日運転しててさ、仮免とった後の教習で。そのとき**僕痩せてたんで**デートに誘われたんですよ。

てつや　え？　先生から？

虫眼鏡　ほぅほぅ。

ゆめまる　うん。服どこで買うの？みたいな流れになって、どこどこで買ってるんですよぉ、みたいな話したら、今度一緒に行こうよ、みたいな。

虫眼鏡&てつや　えぇー。

虫眼鏡　ちょっと待って、僕痩せてたんで、ってなに？（笑）今気になってたんだけど（笑）。

ゆめまる　痩せてたらからかっこいい、ってことでしょ。痩せててかっこよかったから、デート誘われたんだよ。

てつや　昔、かっこよかったからね。

ゆめまる　で、なんかそのときは、一緒に買いに行こうよ、って言われたんだけど、ちょっと照れくささと、車校のやつに恋したくねー、みたいな、ちょっとした……。

てつや　尖り？

ゆめまる　そう、尖りがあった。だから、いやぁ、みたいな感じで終わって、あとあと、**行っときゃよかったな！**

虫眼鏡　僕のエピソード、僕はね、ほんとエピソード覚えてないんですけど、一個だけあるあるを言う

と、バックの練習をするときに、はい**バックは我慢我慢、バック好き？ バック好き？**っていう、クソしょーもない下ネタがあるよ、って話。

ゆめまる あるか？ 聞いたことねーよ！

てつや **ないないだよそれは！**

ゆめまる 気持ちわりーなぁ。

虫眼鏡 練習するときに、バック好き？っていう意味のわからん男同士の、へへへヘンってのあるでしょ？

てつや 虫さんすぐさ、こういう下ネタ系のあるある捏造するからね。

虫眼鏡 **捏造してねーよ！**(笑)。

てつや 自分が言うだけなんだよ。

虫眼鏡 3人先生いたけど、3人とも言ってたよそのとき。

ゆめまる その車校やばいな。

てつや 虫さんが3人に言ったんだよそれは。

虫眼鏡 言ってねーよ！(笑)。

ゆめまる いや、絶対企画だろその車校。**マジックミラー号置いてあるだろ、**車庫に。

てつや 先生がバックしてきたら虫さんに入っちゃうみたいな。

虫眼鏡 なんだそれ。

ゆめまる ま、なんか、こういうピュアなエピソードもありましたね僕は。

虫眼鏡 やばい、**爽やかウィークだった今日。**

ゆめまる バックとかじゃないよ。はい、続いてのメッセージいきます。ラジオネーム、アポロさんからのメッセージです。

虫眼鏡 お！ アポロさん。あのアポロさん？

ゆめまる **あのアポロさんですよ。**お尻の穴にアポロ入れちゃった。

虫眼鏡 初めて聴いたリスナーさんの方に紹介をすると、アポロさんってのは問題児なんですね。彼氏のお尻の穴にアポロを入れて喜んで、ひだひだとアポロのひだひだをカチッとハメて喜んでる人なんです。ちょっと爽やかウィークなんだから、アポロさんのやつ読まないほうがいいんじゃないの？ **大丈夫？**

ゆめまる 大丈夫です。

てつや 爽やかなの、今日は？

ゆめまる 〈最近暖かい日が続き、春もうすぐそこまで来てると思うのですが〉

虫眼鏡 爽やかですね。

ゆめまる 〈メンバーのみなさんが春を感じるときはどんなときですか？ ちなみに私は通勤での車窓からの梅や菜の花が増えてきたのを見て春を感じています〉っていうふうに来てますね。

虫眼鏡 **おぉーーー！**

てつや そういう文章書けるんだぁ。

虫眼鏡 成長したね。

ゆめまる 成長してるよ、ほんとに(笑)。反省してたのかもしれない、一番。

てつや そうね。

虫眼鏡 なるほどなるほど。

ゆめまる どんなときに春を感じるのか。

虫眼鏡 どんなときに春を感じるか？ 僕ね、暑がりなのよ。他の人より。だから、あのね、わりと半袖になるの早いじゃんね。

ゆめまる&てつや うん。

虫眼鏡 僕はもういらんなこの上着、と思って、半袖だけで外出たときに、はい春きました、って思ってる。

ゆめまる&てつや あぁ。

ゆめまる 俺、春いつだろう？ 春かぁ。なんだろうなぁ。桜は春っちゃ春だけど、他にあるっていったら、風が強くなったらかな。

虫眼鏡 春一番。今ね、撮影一番困るよね。

てつや 春、やたらうるさいね。

虫眼鏡 外はあったかくて気持ちいいんだけど、風が強くて、編集しようと思ってやると、**ボーーーーーーーーー**。するんですよ。

てつや なんも聞こえなくなっちゃうやつね。

虫眼鏡 ひとつのもの、ボツにしようかと思っちゃうもん。

ゆめまる カットしてーって(笑)。

虫眼鏡 てつやさんありますか？

てつや 色合いがさ、なんか、鮮やかになるよね。

ゆめまる あー、色はね。

てつや 冬ってやたらコントラスト低くない？ 灰色調というか。なんかほんとに変わってるのかすごい疑問なんだけどさぁ。気持ちなのかな？

虫眼鏡 サチュレーションをあげないといけないんだよねぇ。

てつや あがってるのかな？ みんなファイナルカットであげてるのかな？

虫眼鏡 サチュレーションをね。

ゆめまる これはもうあれかもしれん、誰かに作られた世界かもしれないからね。

てつや　可能性あるからな。

虫眼鏡　たしかに。

てつや　空とか急に鮮やかになるからね。

ゆめまる　このアポロさんね、何個かメッセージ送ってくれてんだけど。

虫眼鏡　あぁ、そうなんだ。

ゆめまる　あのぉ、**2個目からは下ネタですね。**

虫眼鏡　あぁそうなんだ（笑）。

ゆめまる　全然反省してなかったですね。

虫眼鏡　破り捨てましょう、じゃあ。

ゆめまる　**〈日々想像しながら下着を湿らせてます〉**とか、書いてあるんで。

てつや　（笑）。

ゆめまる　めちゃめちゃ反省してないですね。

虫眼鏡　破り捨てましょう。はい、たくさんのメッセージありがとうございました。今日の放送はいかがでしたでょうか？　てつやさん、いかがでしたか？

てつや　ま、**爽やかでしたね今日は。**

虫眼鏡　ははは。爽やかになりそこねた感、ちょっとあったとこない？

てつや　いや一切の下ネタがなく、非常に心地いい気分で終われました今日は。

虫眼鏡　たしかに。春にふさわしい、素晴らしい収録でございました。

ゆめまる　春にね。素敵です。

虫眼鏡　さてここでお知らせです。

2019 04/14

僕は結構乳輪の色とかにこだわるの回

GUEST
てつや

ゆめまる　本日も始まりました東海オンエアラジオ。今回は、メッセージから始めていきますけども。埼玉県在住、ラジオネーム、さくらもちさんからのメッセージです。〈素朴な疑問なのですが、大人になったら何か楽しいことはありますか？　子供の頃は放課後や休み時間に友達と遊んだりできるから授業も頑張ろうって思えるけれど、大人になったら一日中仕事をして、帰るのは夜というのをほぼ毎日しているから大変そうで、大人はすごいなと思います。ゆめまるさんとてつやさんはユーチューバーとしての意見、虫眼鏡さんは教師だった時の意見をぜひお聞きしたいです〉というメッセージがきてますけども。

虫眼鏡　なるほどなるほど。これ、みんなも考えんかった、一瞬？　大人って楽しいのかなぁって。

ゆめまる　あぁ、考えたね。なんか、仕事ばっかして夜帰ってきて飯食って寝てるだけやん、みたいな。何を楽しみにやってるんだ？とは思ってた。

てつや　俺は今考えてる。**大人になったら楽しいのかな？**って。

虫眼鏡　**お前大人だよ。**

てつや　俺まだ大人なってないよ(笑)。

虫眼鏡　お前楽しいことばっかりやっとるだろうが。

てつや　そうね。俺は特殊なタイプの楽しみ方してるから参考になんないかもしんないけど、普通にユーチューバーってそもそも楽しいじゃん？　撮影だったりも。

虫眼鏡　うん。

てつや　それがこの人にとっての仕事だとして、メンバーと解散した後は、俺ん家が溜まり場になってるから結構、地元の友達とかの。誰かしらいるからなんか楽しいし、あと今は、ここでは言えないですけど新しいユーチューバーをちょっとプロデュースしてまして。

ゆめまる　あぁ。

てつや　ちょうど昨日、あ、今日か、今日この瞬間に初投稿の動画があがってるわ。

虫眼鏡　そうなんだ。

てつや　30分前くらいかな。

虫眼鏡　じゃあそれも楽しみになったね。

てつや　そうだね。後輩育てるみたいな。特殊ですね、結構。

ゆめまる　俺はなんだろうな。小さいとき思ってたのは、大人にしかできない遊びがあるじゃん。

虫眼鏡　**風俗とかね。**

ゆめまる　風俗もそうだけど(笑)、飲みにいくとかね。夜遊びとかね。そういうのをたまにやるから、息抜きになって楽しいのかな、みたいな感じでは思ってたかな。

虫眼鏡　さくらもちさん子供だよね、まだ？　僕もさくらもちさんと同じこと考えてて、仕事楽しくなかったらマズいなと思ったのよ僕。だから、ちょっとつらくても楽しい仕事にしようと思って先生を選んだじゃんね。先生ってさ、遊んでたら褒められるのよ。子供と遊んでるだけなのに、いやぁ金澤先生は子供と一緒に遊んであげて偉いね、みたいなこと言われるからめっちゃいいじゃんと思って。だからそれこそ先生を選んだし。なんなら、てつやがちょろっと言ってたけど、ユーチューバーって、遊ぶことが仕事みたいなもんだから、さくらもちさんがどういう職業に就きたいかわからないですけど、自分が楽しいなって思える職業を真剣に選んだほうがいいんじゃないの、とは思いますね。

ゆめまる　そうだね。今夜も#東海オンエアラジオで聴いてる人はつぶやいてみてください。東海オンエアラジオ！　東海ラジオをお聴きのあなた、こんばんは！　東海オンエアのゆめまると！

虫眼鏡　虫眼鏡だ！　そして今日のゲストは先週に引き続き。

てつや　**りょうです！**

ゆめまる　はははは！

虫眼鏡　りょうさん、今日よろしくお願いします(笑)。

ゆめまる　お願いします(笑)。

てつや　**違うんです違うんです、てつやなんですよ。**台本に、りょうですって書いてありました。すいません。

虫眼鏡　今日はりょうということでやってかれますけども。

てつや　気持ちだけはりょうでいきます、じゃあ。

ゆめまる　この番組は、愛知県・岡崎市を拠点に活動するユーチューバー、我々東海オンエアが名古屋にある東海ラジオからオンエアする番組です！

虫眼鏡　ゆめまると、僕虫眼鏡が中心となってお届けする30分番組。さぁ、最初のお便りなんですけど、このラジオにあるまじき真面目さで始まってしまった。

てつや　びっくりしたね。

虫眼鏡　でもほんとにさ、仕事つらいつらいって言いながら仕事行ってる人いるじゃん？

ゆめまる　いるねぇ。

虫眼鏡　ほんとに何が楽しいの？

ゆめまる　それを聞いたんだけど、いやぁお金のためにやってる、って。じゃあ変えろよ、って。

虫眼鏡　うん。チラさんはなんのために働いてんですか？

チラ　この仕事楽しくてやってますよ。

虫眼鏡　今プロデューサーさんが見てるからね、言えないと思いますけど。

てつや　どうしますか、**マイク切ってしゃべりますか？**

チラ　いや(笑)、でもあれじゃないですか、仕事どんなにつらくても、そのつらい時間があるから、違う自分の趣味とかの時間がより楽しくなるっていう。

虫眼鏡　へぇ。チラさん趣味なんなんですか？

チラ　僕キャンプいったりとか。

虫眼鏡　あぁ、そうなんだ。

てつや　かっこいい。

ゆめまる　でも**めちゃくちゃ色白**ですけどね。

チラ　すいませんでした(笑)。

虫眼鏡　たしかに、だからこそ趣味みたいなものがあるのかもしれないし。僕思ったのは、だから、結婚したり子供作ったりするのかなって。

てつや　あぁ、なるほど。家庭をね。

ゆめまる　そうだね。

虫眼鏡　てつやが、今、ユーチューバーをプロデュースして、それが楽しみって言ったけど、子供もプロデュースするようなもんじゃん。立派な大人になるためにね。そういうところに、自分を捨てて、じゃあ今度新しいの育てよう、って楽しみ方するのが**人間としての営み**なのかなと思って。いや、僕はまだ無理だな、って。てつやさん、曲振りしてください今日の。

てつや　あ、今日のですか？

虫眼鏡　ゆめまるの曲振りクビにしました。先週とか怖かったの、僕ドアラ探しながらさ、おぉいいのか？と思ったら。

ゆめまる　いいでしょ。♪ふーじーさん。

虫眼鏡　まぁ曲に罪はないですからいいんですけどね(笑)。だからね、てつやくん曲振りしてください！

てつや　は、はい。曲振りします。

虫眼鏡　どうしたんですか？　いいです、早く。お願いします。

ゆめまる　ここ読んでね、ちゃんと。

てつや　えっと、今日の、曲、えっと……、それでは1曲お届けします。**ハイドロポンプレジェンドで「なにする」でしたっけ？**

虫眼鏡　うふふ。

《曲》

ゆめまる　お届けした曲は、never young beachで「なんかさ」でした。

てつや　**それだ！**

虫眼鏡　おーい、**打ち合わせしてんならちゃんとやっとけよ！**

てつや　ゆめまるが急になんかさ、意味わからんこと言い始めてさ。なんか渡されたから、一回だけしか聞いてなかったのよ。

虫眼鏡　なんで何回も確認しないんだよ。

ゆめまる　てつやの言ったバンドはなに？

てつや　え、なんだっけ？　ハイドロポンプレジェンドの「なにする」でした。

虫眼鏡　曲の名前のほうは惜しかったね。さて、東海オンエアが東海ラジオからオンエア！　東海オンエアラジオ、このコーナーやっちゃいます！「戦犯を査定しちゃおう！」これ結構久しぶりじゃないですか？

ゆめまる　久々だね。

虫眼鏡　まぁ、どういうコーナーかね、初めて聴いたよって方のために説明させていただきますと、ま、聴いてるリスナーさんから、やっちまった！っていうエピソードを募集します。それを僕たちがここで笑ってやります。やばいだろそれ！って言ってね。で、そのやらかし具合が、どの程度の戦犯なのかってのを判定していくということでございます。そして今回は**戦犯査定協会**から、てつやさんに来ていただいてますんで。

てつや　任せてください。元々このね、戦犯だよ決めたの私ですので。

虫眼鏡　なんなら、てつや君が来る時は毎回このコーナーやってんじゃないかという。

てつや　そうそうそう。だから俺全然久々な感じしないんだよ。

虫眼鏡&ゆめまる　あははは。

てつや　おなじみのコーナーみたいな。

虫眼鏡　というわけで、今回はてつやさんに戦犯度合いを判定していただきます。

てつや　任せてください。

虫眼鏡　それでは、いきましょう。スタート！

――碧南市、ラジオネーム、ヒステリックなグラマーさん。

虫眼鏡　碧南市ってのは、戦犯ポイント高いですよ。

――〈私は、高校時代野球部のマネージャーをしていました〉。

虫眼鏡　失礼しました。

――〈顧問の先生は偉い先生で、とても恐ろしい先生だったんですが、ある夏の日のこと、試合が終わり、先生のお言葉をいただいてる途中、その日も、怒り気味で、空気は完全にピリついていました。選手の表情も真剣そのもの。そんなとき、事件は起こったんです。なんとそのへんを飛んでいたセミが、恐ろしい顧問の先生のズボンにとまったんです〉。

てつや　盛り上がっちゃうやつだこれは。

――〈しかも、夏にすっごくうるさい鳴き声を上げるタイプのもので、怒っている先生のBGMかのように鳴き続けたんです〉。

虫眼鏡　なるほどねぇ、おもろいなぁ。

――〈それに私たちは笑うのを耐えるのに必死でした。それが伝わったのか、先生の怒りは急加速。とってもつらい空間でした。このセミ、戦犯していると思いませんか？　よければ判定していただきたいです〉。

虫眼鏡　なるほど、これはヒステリックなグラマーさんが戦犯しちゃったわけじゃなくて、このうるさいタイプのほうのセミが戦犯やってるのね。セミおるよね、全然鳴かん大人しいやつとさ、**クソ鳴くやつ。**

てつや　いるいるいるいる（笑）。

虫眼鏡　なんかさ、ミーンミーンってめっちゃ鳴いてるからさ、この主どこだろうな、っていってさ、コイツか？と思ったらめっちゃ静かだから、**お前じゃないんかい！**ってなるよね結構。

ゆめまる　なるなるなる。

虫眼鏡　たまにさ、**お前だー!!**って（笑）。

ゆめまる　あー！　**俺を見ろー!!**って言ってるようなやついるからな。

虫眼鏡　そいつがとまってしまったと。まだお二人なんてあれじゃないですか、陸上部の先生がほんとに体罰をするようなね、厳しい先生で。

ゆめまる&てつや　**おーい!!**

ゆめまる　**言うなよ!!**　学校名バレてんだから、言うなよ!!　僕たちの顧問の先生は、夏になるとタンクトップ着てるんですけど、いや、タンクトップじゃなくてなんだっけ、ポロシャツ着てるんですけど、パツパツすぎて乳首がちょいちょい勃ってるんですよ。

てつや　ほんとにね、みんながガノンドロフって言うやつ。**まじで、筋肉魔人。**

虫眼鏡　うぁーーーー、ドン！って（笑）。

てつや　ほんとに。で、**Bボタンの振り向き裏拳**で俺を吹っ飛ばしてくるんですよ。まじで。

ゆめまる　ふふふ。

虫眼鏡　あははは。いやお前、体罰じゃねーかよそれ。

てつや　ははは。

ゆめまる　ま、てつや君はね、ガッツリ締められてたタイプなんで。

てつや　矯正指導されてまして（笑）。そういうときって、周りが笑ってくれるわけですよ。俺が怒られてることでゆめまるが笑ったりするんだけど、そこにさらにセミっていう笑い要素が加わってくれるのは、怒られてる側としては非常に嬉しいことなので、いい要素ですよねこれは。

虫眼鏡　あぁ、そうなんだ。

てつや　シュールなコントと化してるんでね、これはセミはいい働きをしてると言えますね。

虫眼鏡　おぉ、そうなんですか。じゃあ判定のほうをお願いします。

てつや　これは、小戦犯！

――小戦犯！

虫眼鏡　なるほど。しかもね、**この容疑者はもう死んでます**もんね今回は。死者に罪はありませんので、許してあげましょう。

てつや　そうしましょう（笑）。

虫眼鏡　はい、次のエピソード聞いてみましょう。

――大阪府、ラジオネーム、ハミングマヨネーズさん。〈私は、毎日電車に乗って通学しているんですが、ある日お腹の中にガスが溜まって、どうしてもお腹が痛くなってしまいました。もう限界だ、と思った私は、ほんの少しだけ、プッとガスを放出しました〉。

ゆめまる　あぁいいじゃない。

――〈地下鉄で周りの音も大きくバレなかった、と、ほっとした私は、あと一発だけ、と思って気を抜いて、ブオッと自分でも驚くくらい大きな音が出てしまったんです〉。

てつや　あるよね。

虫眼鏡　テンプレですね、これはね。

――〈あぁ、やらかした。ちょうどドア側に立っていた私は知らんぷりを続けましたが、ほかの人の顔色を伺うと、クスクス笑う声や、小さい子には指をさされていました〉。

ゆめまる　やられてんなぁ。

――〈一番近くに座っていた人なんか、不機嫌そうに大きく咳払いまでされました。遠くの人は、私がオナラをしたと気づいたのかはわかりませんが、少なくとも、人が少ない車両ではなかったので、近くの人にはバレたでしょう。あぁ、終わった、と思い、停車駅に着いた瞬間、そそくさと移動しました。あぁくさ、と思いながら〉。

てつや　**そそくさ、あぁくさ。**

虫眼鏡　ははは。これはわりとテンプレな感じですけど。なんかさ、思ったのはさ、東海オンエアの人たちってさ、オナラをさ、面白いもんだと誤解してる節があるじゃん。なんか動画でもさ、ブッってオナラしたときにさ、別にほかっときゃいいのにさ、わざわざ、ご丁寧にテロップまでついてさ、ペッみたいな感じでさ。

ゆめまる　おっ、ペッ、とかね、分けたりね。

虫眼鏡　そうそうそう。そのせいで僕もさ、オナラするときはこっそりやったらはずかしいな、っていう良くない感情が芽生えてきてさ、オナラをするときはわざと音を立ててしようと心がけてるんですよ。そのせいでさ、**オナラを殺す筋肉が退化**してさ、最近どこに行ってもオナラを我慢できなくなっちゃった。

ゆめまる　ははは。ガス漏れしてんだ。

虫眼鏡　うん。我慢できる?

てつや　俺できるけどな。昔から、特に家でさ、屁って我慢しないじゃん。家でペッってやって、ウチだと家族全員、オナラしちゃった後「**失ヘイ**」って言う文化があるんだけど。

虫眼鏡&ゆめまる　**わははははは!**

てつや　ブッ!って鳴らして「失ヘイ」って言ってて。

虫眼鏡　え?　てつやのお父さんも言ってるの?

てつや　みんな「失ヘイ」って言うよ。

ゆめまる　なにそれ?

てつや　ないの?

ゆめまる　ないないない。

てつや　「失ヘイ」が出たら、あ、屁か、っていう空気感があるんだけど。

虫眼鏡　なるほど。

てつや　学校じゃできないから、スカシっ屁してって、その2つで分けてたからさ、使い分けが今もできるよ。

ゆめまる　すごーい。

虫眼鏡　へぇ。もう退化しちゃった。

てつや　したら、おもろい場所と、しちゃいけない場所でうまく切り替えてね。

虫眼鏡　ゆめまるあんまオナラしてるイメージないわ。

ゆめまる　うーん、でもするほうだよ。寝ながらしたりするよ家では。ついこないだ、**屁したら、ビチビチのウンコ漏らしちゃって。**

虫眼鏡&てつや　ふははははは!

虫眼鏡　この戦犯はどれだけですか?

てつや　これはさすがにね、「いせぱんしんかんしんそん」。

――いせぱんしんかんしんそん!

てつや　ゆめまるに出ちゃった。

ゆめまる　コンビニでパンツ脱いで、ゴミ箱に「**封印!**」って言って捨ててきたから。

てつや　ガチじゃん(笑)。

虫眼鏡　捨てんなよ!　コンビニにウンコ漏らしたパンツ。

ゆめまる　ごめんなさい。

虫眼鏡　やばい、ゆめまるのせいで、この人しょぼく感じちゃうわなんか。てつやさん、この人はなにですか?

てつや　(投げやりに)戦犯。

――戦犯!

虫眼鏡　もう、お前さぁ、かぶせんなよ。

ゆめまる　超えちゃったやん。

てつや　**オナラはウンチに勝てねえんだからな。**

虫眼鏡　(笑)。次のエピソード聞いてみましょう。

――ラジオネーム、どんな鍋もポン酢じゃないと食べれない人さん。

ゆめまる　ちょっとかわいそうだな、ラジオネーム。

―〈私の戦犯。それは、家でトイレをしているところを、お母さんの彼氏に見られたことです〉。

ゆめまる&てつや　お母さんの彼氏?

虫眼鏡　お母さんが大戦犯してるね。

―〈私の母は、私が小学生のときに離婚して、今彼氏がいます。私はある日、トイレに行きました。お母さん、私、妹の3人暮らしで、男の人なんてめったに家に来ないので、普段はいつもトイレの鍵を閉めないんです。そのときも私はトイレの鍵を閉めていませんでした。すると、廊下からこっちに来るような足音が聞えたんです。まさかねぇ、と思いじっとしていると、足音は近づいてきて、もう私と彼の距離はわずか数メートル〉。

虫眼鏡　閉めればいいやん。

ゆめまる　うん。ガチャっとね。

―〈ここで私は何かに目覚めてしまったんです。このまま私が鍵を閉めなかったら、どんな対応をとるだろう?〉。

てつや　すごい。

―〈そして、なぜかその時の私は、扉が開くのを待っていました〉。

てつや　天才じゃないか?

虫眼鏡　てつやの顔がニヤけてるわ。

―〈扉が開いて、私と目が合った瞬間、お母さんの彼氏は、ごめん!と扉を閉めました。座ったままの私は、自分の変な性癖に目覚めたことの恥ずかしい気持ちや、彼氏の行動に笑えてくる部分があり、複雑な感情でした。私の戦犯はどのくらいか、ぜひ判定してほしいです〉。

虫眼鏡　これてつやさんからしたら、すごいうらやましいシチュエーションじゃないですか?

てつや　いや、ずっとニヤニヤしちゃった今。

虫眼鏡　てつやさんはね、FANZAでね、いろんな作品を買ってるんですけど、**おしっこ漏らしてる作品**が非常に多いんですね。

ゆめまる　おすすめしてくれたやつもおしっこでしたからね。

てつや　篠宮さんのおしっこデートってやつね。おもらしデートか。

虫眼鏡　うふふふふ。これはぁ。

てつや　これ結構素晴らしいことですよ。

虫眼鏡　これてつやさんに判定していただくとしたら、もしかしたら低いかもしれないですね。ご褒美なんでね。

てつや　これ戦犯っていうとね、戦犯ではないんですけど、期待値を込めて……なんて言うんだろう、何目線だろう。もはや、**逆に**、「いもぱんきんたんぱんそん」。

―いもぱんきんたんぱんそん!

虫眼鏡　なんの逆ですか(笑)?

てつや　戦犯の道なんですよこれは。素晴らしくいけない道なんですけど、それを僕はもう、ぜひ突き進んでいただきたいなということで。

虫眼鏡　なるほど。

てつや　間違ってないですよ、あなたは。

虫眼鏡　いや、間違ってるよ(笑)。次のエピソード聞いてみましょう。

―岡山県、二十歳、なるなるなるちゃん。〈私は昔、たこ焼き屋で働いていたんですが、たこ焼きの他に唐揚げも売っていて、店長からたこ焼きを買っていただいたお客様には、唐揚げもご一緒にいかがですか?と付け加えて言え、と言われていました〉。

虫眼鏡　いらなくね?

ゆめまる　いらんなぁ。

―〈40歳くらいのおじさんが買いに来てくれた時に、店長から言われていた、唐揚げもご一緒にいかがですか?と言おうとしていたところ、**カラオケもご一緒にいかがですか?**と間違えて言ってしまい、大笑いされ、一緒に行く?と言われました。とても恥ずかしく、顔が真っ赤になりました。**iPhoneから送信**〉。

虫眼鏡　言わんでいい、**言わんでいい!**

ゆめまる　**言わなくていいー!!**

虫眼鏡　それクソオタですから。読まなくていいんだよ!

ゆめまる　多分この40歳くらいのおじさんは、マジでカラオケ誘われたかと思って、一緒に行く?って聞いたんだね、これね。

虫眼鏡　いや、マジではないでしょ。ちゃんとわかってるでしょ、この人。

てつや　ねぇ。なんかミスったなこいつ、ってやつじゃないの?

虫眼鏡　結構人のミスってすぐ気づかん?あ、ミスったんだな今、って。

ゆめまる　あぁ。

てつや　顔でわかるから。そのあとの、やっちゃったの顔で。これかわいらしい話ですね。

虫眼鏡　これはかわいらしいですね。ちゃんとね、そのおじさんがガチにしちゃって、とかだったら面倒くさかったですけど、おじさんもちゃんとわかってね、処理してくれて、ひとくだりしてくれてるんで、これは結構きれいな話というか、自分のもってるスベらない話の一個になったんじゃないか、くらいの感じですけど、どうでしょうか？

てつや　これは、「いせぱんそん」！

――いせぱんそん！

てつや　これは、岡山にとっては大事件です。

虫眼鏡&ゆめまる　はははは。

てつや　多分この日の岡山一大きな事件でした。

虫眼鏡　いやいや、岡山をなめすぎでしょ(笑)。

ゆめまる　ニュースになってるかもしれないからね、夕方の。

虫眼鏡　（アナウンサーみたいに）本日、カラオケを唐揚げと間違える事件が……。

てつや　それも間違えてる(笑)、**それも逆になってんじゃん**今。

虫眼鏡　（アナウンサーみたいに）失礼いたしました。

ゆめまる&てつや　ははは。

虫眼鏡　というわけで今回もなかなかボリュームのある戦犯が送られてきております。またてつや君がゲストで来るときには、戦犯を査定していただこうと思いますので、みなさん自分のやらかした話がありましたら我々に送って、我々が笑ってあげたいと思います。以上、東海オンエアの「戦犯を査定しちゃおう！」でした。

《CM～ジングル》

虫眼鏡　メッセージ紹介していきましょう。

ゆめまる　いきまーす。ラジオネーム、りょう君推し推し子さんからのメッセージです。

虫眼鏡　あら。じゃあ残念ながら不採用ですね。

ゆめまる　はい。じゃあ次のメッセージ。

てつや　はははは。

ゆめまる　〈私は現在、就活生です。今は面接の段階まで選考が進んでいますが、面接はどうしても緊張してしまい、うまく自分のことが話せません。そこでみなさんに質問です。面接のときに緊張を軽減できる方法を教えてください〉。

虫眼鏡　はーい、じゃありょう君に聞いときまーす。

ゆめまる　はい、じゃあまたりょう君がゲストのときに答えるという形に。

てつや　ははは。かわいそうに。え？面接したことある人は？

虫眼鏡　あるよ、僕。

ゆめまる　あるある。

てつや　え、ゆめまるあるの？

ゆめまる　一応あります。

虫眼鏡　受験とか面接あったでしょ。

てつや　あぁそうか、あれも一応面接か。

虫眼鏡　うん。

てつや　うわぁ、覚えてねー。緊張……。

虫眼鏡　緊張しなくなる方法を考えるんじゃないって。緊張は絶対にするから、緊張してもしゃべれるように練習してください。

ゆめまる　そうそうそう。

虫眼鏡　つまり、普段から緊張するようなことをいろいろやってください、ってことですよ。

ゆめまる　人前に立つとかね。

てつや　緊張に慣れるってことね。

虫眼鏡　例えば、人前でしゃべるとかもそうですし、高い風俗に行ってみるとか、そういうのも緊張するじゃないですか。

ゆめまる　めっちゃ緊張するね、それは(笑)。

てつや　**あと、3車線くらいあるさ、道路の横断歩道の真ん中で止まっちゃう。**

虫眼鏡&ゆめまる　はっははは！

ゆめまる　**うわぁ怖っ**、めっちゃ怖いわそれ。

てつや　超緊張するから。名古屋とかで両端から見られて、あいつヤバい、やっちゃってる、みたいな。

ゆめまる　くそー、**早く!!**ってね。

てつや　そこで、私の志望動機は!!!とか言えば、当日絶対大丈夫。

ゆめまる　あぁ、たしかに。

虫眼鏡　緊張なくすことはね、人間的に不可能なんで、そこをトレーニングしましょう。次のお便り、どうぞ！

ゆめまる　ラジオネーム、つっつさんからのメッセージです。〈私は女ですが、アダルトビデオを見るのが大好きです〉。

虫眼鏡　ま、そりゃそうですね。

ゆめまる　〈おかずとしてではなく、単純に映像作品として面白かったり、セクシー女優さんがかわいくてエッチで、バラエティー番組を見る感覚でつい見ています。東海オンエアさんのおすすめのセクシー女優さんは誰ですか？　私は、浜崎りおさんの若妻シリーズと、女教師シリーズです〉。

虫眼鏡　知らんわ(笑)

ゆめまる　〈ジャンルだと、父親のもの系ですね〉あんまりちょっと言いたくないな、ここ。〈と、黒ギャルも好きです。おっぱいと乳輪はより大きいほうがいいと思います〉。

虫眼鏡　えー。乳輪大きい人ってダメだわ。

ゆめまる　〈ぜひみなさんの特選のおかずを教えてください〉。

虫眼鏡　なるほど。ちょっと調べるんで時間ください。

てつや　とりあえず僕の購入履歴見たらね、パッと目につく文字でいうと、「しょんべん妖怪」。

虫眼鏡　わははは。違う、だから、しょんべん妖怪さんです、ではないでしょ。バラエティー番組感覚で見てんだから、しょんべん妖怪はバラエティー番組感覚で見ないだろ。

てつや　夏目あいさんの「しょんべん妖怪」、これね、非常にいいんですよ。ゲゲゲの鬼太郎パロディで、なんかネズミ男とかも出てくるんですけど、ミスターマウスみたいな名前で。猫娘の下着あさってるのよ。

虫眼鏡　はやくしろって（笑）

てつや　あ、ザ・マウスだ、ザ・マウス！

ゆめまる　もういいよ！（笑）。ザ・マウスの顔やめろ、お前！

虫眼鏡　早く言えって！　女優さんを。

てつや　羽咲みはるさん、好きですね。

虫眼鏡　あぁ、有名な子ですね。

てつや　ひなみれん。ロリっぽい人ですね。

虫眼鏡　あ、知らない知らない。あとで教えてください。

ゆめまる　知らないわ。

てつや　最近は、河合あすなさんとか。

虫眼鏡　知らない。

てつや　紗倉まなさんとか。

ゆめまる　うん、昔から言ってるからね。

てつや　ま、このへんはやっぱ熱いですね。

虫眼鏡　ゆめちゃんはどうですか？　ゆめちゃんはキレイ系が好きだよね。

ゆめまる　そうだね、でもね、最近っていうか、もう引退しちゃったんですけど結婚して。月野ゆりあさんっていうね。

虫眼鏡　あぁ。ゆめまるがチンチンの型枠とるときに見てた人じゃん。

ゆめまる　そうです、見てたやつです。その人は好きですね。

てつや　前、動画で言ってたよね？

ゆめまる　そうそうそう。もう引退しちゃったんでね。ま、でも、AV見るっていっても、俺結構素人系が好きだから、AV女優ってわけじゃないのね。

虫眼鏡　あぁ、じゃあわかんないんだ女優さんはね。僕はね、AV見たことないんですけど、強いて言うなら、**僕は結構乳輪の色とかにこだわる。**

てつや　へぇ。

ゆめまる　ははは。

虫眼鏡　水卜さくらさん、っていう人とか、あとね、最近で言うと、架乃ゆらさんっていう人。ちょっとロリ顔の子なんですけど、そういうところが好きなのかなぁって思います。

てつや　ピンク色なの？

虫眼鏡　そう、ピンク色が好きなんですよ。**なにやってんだー!!!**　お前ら!!

てつや　爽やかに行こうよー。

ゆめまる　ごめん、爽やかじゃなくなっちゃった。

虫眼鏡　沢山のメッセージありがとうございました。今日の放送はいかがだったでしょうか？　しょんべん妖怪さんいかがでしたか？

てつや　ふふふ。おすすめのものをね、こういうところでしか言えないものを紹介できるのはやっぱうれしいですね。

虫眼鏡　こういうところでしか、って言うな！　東海地方に流れてんだこのラジオは！

ゆめまる　結構聴いてんだぞこれ！

てつや　ぜひ、しょんべん妖怪飼ってみてください。

虫眼鏡　さてここでお知らせです。

2019 04/21

めっちゃ脇汗が止まらない！の回

GUEST
としみつ

ゆめまる　本日も始まりました東海オンエアラジオ！

虫眼鏡&としみつ　**（野太い声で）**はい、よー。

ゆめまる　なんかサチオさんみたいな方がいますけどね。えー、今夜も#東海オンエアラジオで聴いてる人はつぶやいてみてください。東海オンエアラジオ！　東海ラジオをお聴きのあなた、こんばんは！　東海オンエアのゆめまると！

虫眼鏡　虫眼鏡だ！　そして今日のゲストは。

としみつ　**（野太い声で）**サチオでーす、お願いしまーす！

虫眼鏡　違う違う（笑）。

ゆめまる　ややこしくなる。

虫眼鏡　としみつさん、この番組、ちょっと前から日曜日に移動したんですよ。今まで木曜日だったのが。

としみつ　そうですね、聞きましたよ僕も。

虫眼鏡　だから、今までと聴いてるリスナーさんが変わってる可能性もあるわけ。

としみつ　日曜の夜。

虫眼鏡　はい。だから、東海オンエアを全然知らない人が聴いてる可能性もあるわけですよ。そこで、**サチオでーす！**と言ったら、ほんとにこういう声のサチオって人がいるんじゃないかと思われてしまいますから。

としみつ　あぁ、なんちゅうかサチオがいるんじゃないかって。

虫眼鏡　そうそうそう。**サチオってのはちなみにね、僕たちが岡崎市でよく行くラーメン屋さんの店長の名前です**（笑）。

一同　わははは！

ゆめまる　いや、なかなか流れないよ。

虫眼鏡　内輪ネタすぎるんだよ。はい、今日のゲストとしみつということですね。

としみつ　としみつですー。

ゆめまる　はい、この番組は、愛知県・岡崎市を拠点に活動するユーチューバー、我々東海オンエアが名古屋にある東海ラジオからオンエアする番組です！

虫眼鏡　ゆめまると、僕虫眼鏡が中心となってお届けする30分番組。なんですけどもね、今日も2時からスケジュールが入ってたわけですけど……。

ゆめまる　2時でした？

としみつ　今日2時だよ。

ゆめまる　え？　今日14時集合だった？

虫眼鏡&としみつ　そうだよ。

としみつ　え、意味わかんね、どういうこと？

ゆめまる　14時半じゃないの？

虫眼鏡&としみつ　14時だよ。

ゆめまる　じゃあ俺めちゃくちゃ遅刻してきてるやん。

虫眼鏡　そうだよ。**だから、お前めちゃくちゃ遅刻してるやん！**（笑）。

一同　わははは！

ゆめまる　え？　まじで？

としみつ　今日俺は、虫さんを迎えにいったから、そのロスタイムたしかに、まぁ高速乗るとしたらあるな、と思って、あれかと思ったけど、え？　ゆめまる今日めちゃくちゃ遅刻したってこと？

ゆめまる　うん。まじですか？　14時だったの？

一同　あはははは！

ゆめまる　嘘やん！

としみつ　なんで、俺、14時がいいですって、多分俺がお願いしたのかな？　14時にできますか？って言って。

ゆめまる　え、なんか俺すげー勘違いしてた。14時半だと思って1時半に虫さん家の前に着いて、今日は確実に間に合う、OKと思って連絡したら、先行ってるよ、ってなったから、早いなぁって。
虫眼鏡　ごめん、僕は先に用事あったんで、今回ゆめまるに連絡するの忘れて先に名古屋きちゃったから、それは悪いなと思ったんですよ。ただ、ゆめまる普通に1時間遅刻してきたから、こいつ遅刻ワイルドになってんな、と思って(笑)
ゆめまる　いやいやいやいやいやいや。
としみつ　たしかに、14時半集合だとしたら、すごいいい時間に来たね。
ゆめまる　そうそうそう。で、としみつめっちゃ早く行ってるから、なんでこいつこんな早えの？みたいな。
としみつ　あぁ、そういうことか？
ゆめまる　思ってたの。14時半って今知ったやん。**ほんとごめんなさい!!** めっちゃごめんなさい!!
虫眼鏡　ほんとだよ。
ゆめまる　ごめんなさい!!
としみつ　ほんとだよお前。
虫眼鏡　今日急いで収録しないと。
ゆめまる　そうですね、次があるかもしれない。
虫眼鏡　15分くらいで終わろう。15分くらいで(笑)。ってなわけで、日曜日に移動したって話をさっきしたんですけど。一応ね、東海オンエアって人間を知らない人が聴いてくださってる可能性も全然ありますので、ま、自己紹介がてらというか、今日としみつさんってゲストの方がいらっしゃってて、ま、東海のメンバーなんですけどね、としみつさんの好きな曲をかけて、としみつってこんな人間ですよっていう感じの自己紹介がてら、今日の東海オンエアラジオ第27回を始めていきましょう。
ゆめまる　それは大事ですね。
としみつ　僕、緑色じゃないですか。
虫眼鏡　メンバーカラーがね。
としみつ　これは関係ないんですけど、最近もう1回スピッツをね、なんかしんみり。
虫眼鏡　ほんとに緑色関係ねーじゃん(笑)。
としみつ　まじ関係ない(笑)。なんか、好きな曲「スパイダー」とか。
虫眼鏡　あぁ。渋いね。
としみつ　めっちゃ好きなのよあれ。ギター弾いたりして。今日はちょっとそれ聴きたいな、と。
ゆめまる　スピッツの「スパイダー」ですね。
としみつ　うん。
虫眼鏡　じゃあ、曲振りはゆめまるさんが担当してますんで、じゃあゆめまるさんお願いします。
ゆめまる　それではここで1曲お届けします、サニーデイ・サービスで「街角のファンク（feat.C.O.S.A.&KID FRESINO）」。
としみつ　はぁ～。

《曲》

ゆめまる　お届けした曲は、サニーデイ・サービスで「街角のファンク（feat.C.O.S.A.&KID FRESINO）」。
虫眼鏡　はい。今日もありがとうございました。
ゆめまる　ありがとうございました。
としみつ　ま、そういうくだりがあるんですよね。
虫眼鏡　これねぇ、27回やってますからね、このくだり。
としみつ　僕が曲紹介の後に、はぁ、って溜め息わかりにくくついたのは、曲が嫌じゃなくて、そういうくだりだからついただけ(笑)。
虫眼鏡　そう、結局この流れで曲はいい、っていうくだりなんですけど。
としみつ　めちゃくちゃいいよね、毎回。
ゆめまる　そろそろネタが尽きてきてるよ。
虫眼鏡　どうやってこのへんでゆめまるが違う曲を流すのかをネタにね、悩んでるね。
としみつ　それ3か月前も言ってたから多分大丈夫よ。
ゆめまる　はははは。
としみつ　ずっと言ってると思う(笑)。
ゆめまる　今後もいける、このまま？
虫眼鏡　こないだね、彼女のお父さんが、今まで木曜日に放送されてたから聴けなかったけど、日曜日になったから聴けるようになったんだって。だから、お風呂掃除しながら聴いてたら、曲を紹介しないってくだりを初めて聴いて、めちゃめちゃ面白かったって。
一同　はははは！
としみつ　刺さってんだ(笑)
ゆめまる　そうなんだね。
虫眼鏡　そう思ってくれる人はいるんだってわかったので、よかったですね。
ゆめまる　うれしい。
虫眼鏡　さて、東海オンエアが東海ラジオからオンエア！　東海オンエアラジオ、このコーナーやっちゃいます！**「東海オンエアを音で笑わせろ！」**。
ゆめまる 新コーナー。
虫眼鏡 ラジオ・イズ・ミュージック・メディア。アンド、ディス・コーナー・イズ、その特徴を活かしてやるマキシマム。アーンド、サウンド・ユー・シンク、ザット・ファニー、パロディソング、オリジナルソング、ハミング、カンバセーション、アンド、寝言。面白ければ何の音でも大丈夫という募集を先週、先々週と2回に渡ってやってまいりまして、今回はですね、それを発表していこうと思うわけなんですけど、どんなことも最初はショボいんですよ。投稿内容も最初はクソおもろくなかったので、どんなの？ あぁそういうふうなのね、それよりは面白いのいけるわ、って感じでみんなの心のハードルが下がって、今後めちゃめちゃ成長するコーナーかもしれないですよね。で、もしも、このコーナーをやったあとに募集が全然だったら、打ち切り(笑)。
としみつ はい、すぐ止めましょう。
虫眼鏡 もう一瞬で(笑)。
ゆめまる もう無かったことにしよう。放送なかったことにしよう。
としみつ 話題に触れないから。
虫眼鏡 そう、radikoとかでも聴けないようにしよう(笑)。ってなわけで、今日は一旦お試しみたいな感じでやっていきたいと思います。
ゆめまる はい。じゃあもう行っていいですかね？
虫眼鏡 いいよ。
ゆめまる いいですか？ 横浜市、ラジオネーム、かほさんからの音ですね。〈今日お送りさせて頂いたのは、叔母の家の犬の声です。お正月とかに遊びに行って、夜、帰るよ〜って声掛けるとこんな鳴き方します。2匹居るのですが、1匹しかこの鳴き方はしないので珍しいなと思って録りました〉。
虫眼鏡 はい、どうぞ。
——音源
ゆめまる 待って待って待って待って。
としみつ え？
虫眼鏡 え？ かわいいじゃんこれ。これ犬だよね？
としみつ 赤ちゃんじゃないの？
虫眼鏡 これ犬と猫間違えてないよね？ 犬だよね？
としみつ 犬なんじゃない、じゃあ。
ゆめまる これもしかしたら、帰るよーって声を入れた後に、自分でやってるかもしれない。
ギャーーーー。いけたかな？って。
虫眼鏡 かほさんがね。
ゆめまる でも珍しいんじゃない？ ほんとに犬だったら。
虫眼鏡 これはちょっと面白いじゃん。ほんとに犬だったらだけどね。これ、かほさんがやってたらクソつまらないけど。
ゆめまる もしかしたら叔母かもしれないよ。
虫眼鏡 あぁ、叔母にやらせてるの？ 叔母にやらせてたらおもろいな。いやぁ、これは面白いし、なんなら別に、普通にかわいい。
ゆめまる かわいい。
としみつ ね。
虫眼鏡 帰るのが寂しいんだろうね、きっとね。いやぁ、いいじゃないですか。これは合格だと思いますね。次やばいな。
ゆめまる 続いては、ラジオネーム、アポロさんからの(笑)。
虫眼鏡 こいつマジね、怖いんだよな。
ゆめまる 飛んでるんだよ。
虫眼鏡 ほんと大丈夫？ **チュッポチュッポチュッポ**とかだったらどうする？
ゆめまる わははは。そしたら、**ピーーー**だよ、もう。それでは、聴いていただきましょう。
——音源
虫眼鏡 は？ 待って待って待って。大丈夫ですかこれ？ 今ピーかかってませんよね？
ゆめまる 終わりましたか？ **パンパンパンパンパンパンパン**って結構な速さでしたよ。
ゆめまる これはあれですよね、アポロさんだったらバックじゃないですか？
虫眼鏡 いやぁ、ここには、〈生々しいからまるでハメ撮りのようですが音の正体は布団を叩く音です！ ちなみにこのスピードだと秒でイっちゃいます。運がよければ潮も吹くかなぁ〉。
ゆめまる 知らんがな。
としみつ 知らん
虫眼鏡 知らんわ!!!
ゆめまる 結局この人は下ネタにいっちゃうんだね。
虫眼鏡 でもこの人はさ、自分がそういうキャラだってのがわかってるから、ちょっといいよね。こうやってするとエロいでしょ？ 実は違うんですよ。お前らのエッチ〜、ってことができるから、こういう作戦もありっちゃありですよね。

としみつ　ま、ちょっと布団ってわかっちゃったからなぁ今の。なんとなく。

虫眼鏡　としみつさんレベルになるとわかっちゃいますよ、太ももと太ももが当たる音なのか、布団叩いてる音なのか、違いわかりますからね。さ、最後いきましょう。

ゆめまる　最後は、ラジオネーム、Kさんからの音ですね。（きっと喜んでくれると思う音を録音しました。ぜひ聴いてください）。

虫眼鏡　きっと喜んでくれると思う音だって。イヤ〜ンとかじゃない、これはもう（笑）。なんだよ、喜んでくれる音って。はい。聴いてみましょう。

——音源（東海オンエアラジオをお聴きのみなさん、東海オンエアのゆめまるさん、虫眼鏡さん、としみつさん、こんばんは！　もえきゅんソングを世界にお届け）

虫眼鏡　**え？**　ちょっと待ってください。

——**（でんぱ組.incの、えいたそこと、成瀬瑛美でーす）**

虫眼鏡　**えーーーー!!!**

——（虫眼鏡さん、いつも番組で私たちのことを話してくださって、ありがとうございますー。）

虫眼鏡　ありがとうございます。

——（ライブのチケットが外れたこと、DVDを買ってくださったこと、ツイッターを見てみんなちゃんとチェックしてますよー）

虫眼鏡　え、ほんとですか？　ありがとうございます。

——（東海オンエアラジオもばっちり聴いてますよー）

虫眼鏡　まじですか？

——（「でんでんぱっしょん」流してくれて、どうもありがとうございます。私たちでんぱ組.incも、東海ラジオで土曜の午後7時30分から）

虫眼鏡　**あ、番宣……。**

——（「JAM GEM DEMPA」という番組を）

としみつ　めちゃくちゃ番宣だ。

ゆめまる　番宣なんだ。

——（放送しています。もっちろん聴いてくださっていますよね？　チラっチラっ。どうかなどうかな?）

虫眼鏡　もちろんです。聴いてます。

——（私も東海オンエアさんの動画が大好きです。まず、東海オンエアさんは）

ゆめまる　長いな。

虫眼鏡　いい、黙って黙って！

——（それぞれキャラクター性が高く、とても愛せるトーク、そして、本人たちが楽しんでやっている企画などなど魅力がたくさんあります。毎日毎晩見ております。月曜日以外。うふ。好きな企画もたくさんありますし、控室の番組、それぞれの個人チャンネルなどなど、楽しくチェックさせていただいてまーすー。ワハハと笑ってます。私たちでんぱ組.incは、「我々はどこから来たのか、我々はでんぱ組.incなのか、我々はどこへ行くのか、とりま東名阪」というツアー中です）

ゆめまる　ライブの情報も流してるのね。

虫眼鏡　黙ってください。

——（今月30日は名古屋ダイヤモンドホールでライブもあります。虫眼鏡さん、是非ぜひ会いにきてくださいね。）

虫眼鏡　だからチケット外れたんだって。

——（でんぱ組.incの成瀬瑛美でしたー）

虫眼鏡　えーーー、すごーい！

ゆめまる　これはすごいね。

としみつ　もう一回ちょっとどなたか教えてもらっていいですか？

虫眼鏡　これは、でんぱ組.incで、えいたそさんっていう黄色い色の人がいるんですけど、その方です。

としみつ　おぉ、すげー。

虫眼鏡　この4月から東海ラジオで番組を始められたので。

ゆめまる　おぉー。

としみつ　じゃあ、その。

虫眼鏡　権限ですよ、**プロデューサー権限**で、今日はあれですね、僕にドッキリをかけてくれたんですね。

ゆめまる　これ嬉しいドッキリでいいね。

虫眼鏡　これ僕、生まれて初めて嬉しいドッキリかけられたわ。

ゆめまる&としみつ　あはははは。

虫眼鏡　**いつも嫌なことしかされてない**のに。やばい、めっちゃ顔赤くなっちゃった、恥ずかしい。

ゆめまる　赤かったわ。

虫眼鏡　めっちゃドキドキした、びっくりしたー。

としみつ　いいな、そういうの。**俺もやって。**

虫眼鏡　うふふふ。としみつ、言ったことないでしょ。

としみつ　俺もだって、いつもあれだもん、嬉しいドッキリないもん。

ゆめまる　きついドッキリね。
としみつ　きついか、会えんか、だもん。
ゆめまる　いやでも、すごいな。
虫眼鏡　えー、うれしかった。
ゆめまる　こういう使い方もあるのね。
としみつ　ね。
虫眼鏡　なるほどね。
ゆめまる　いいと思うこれは。
虫眼鏡　いやぁ、めっちゃいいコーナーですねこれは。これはぜひなくさないで続けていって(笑)。
としみつ　大好きになってるじゃんこのコーナー(笑)。
ゆめまる　毎回東海ラジオでやってる番組の人がね、声送ってくれても全然いい。
虫眼鏡　なははは！　そういう番宣のコーナーになっちゃうじゃないですか。
ゆめまる　ＫＩＲＩＮＪＩさん待ってます。
虫眼鏡　番宣みたいなこと言ってますけど、ま、でんぱ組.incさんの番組も始まってますので、そちらのほうも是非チェックしてみてください。
ゆめまる　「面白い音」はまだまだ大募集中です。あなたが歌う替え歌、自作の歌、鼻歌、会話、寝言、一発芸、面白ければ、何の音でも大丈夫です。**おちんちん。**送り方は……。
虫眼鏡　ちょっと待って(笑)。しまった、ここできちゃったか。ごめん、ゆめまるが今日遅すぎるから、**ゆめまるの台本に落書きしといたんだよ。**
ゆめまる　「おちんちん」って書いてある。
虫眼鏡　しまった(笑)。情報量が今多かった。
としみつ　**小学生みたいなことすんな！**(笑)
ゆめまる　送り方は、「東海ラジオ」ホームページ内、「メッセージボード」から入って、「東海オンエアラジオ」を選択して送ってください。
虫眼鏡　「東海オンエアを音で笑わせろ！」でした。

《CM〜ジングル》

虫眼鏡　**集合ー！**
としみつ　だんだん長くなってない？
虫眼鏡　ジングルの尺だんだん伸びて、半分ジングルとかになっちゃいません、この番組？
としみつ　日時的には昨日の放送？
虫眼鏡　かな？
ゆめまる　そうだね。
としみつ　聴いてたから。
虫眼鏡　今まではね、前回分の素材でジングル作ってたのに、今、りょうとてつや出てきてるから、確実に組み合わせてる感じ。
としみつ　時空がもう。
チラ　もっと前も組み合わせていこうかなと。
虫眼鏡　これさ、最終的には今までの会話組み合わされて、すごい変な会話してるジングルとか作られちゃうかもしれないですね。
チラ　番組は半分で、別の音源で番組を構成する……。
虫眼鏡　(笑)。いやぁ、でもジングルとかどうでもよくて、**僕めっちゃ脇汗が止まらない**んですよね。
ゆめまる　まだ止まらんのかい。
虫眼鏡　ＣＭのときも、脇汗やばいなと思いながら(笑)。はぁ。
ゆめまる　さ、メッセージ紹介ですね。ラジオネーム、みっちゃんさんからのメッセージです。
虫眼鏡　みっちゃんっていうの。
ゆめまる　〈実習中子供を膝の上に抱っこしてたら、なんかじわじわあったかくなってきたから、子供ってあったかいなと思ってたら、じわじわ臭くなってきました。まさかと思い子供を抱きあげたら、普通に膝におしっこを漏らしていました〉っていうのがありますけど、子供だったらあるあるなのかな？
としみつ　実習中か？
ゆめまる　保育士の方だと思うけど。あるあるでしょ？
としみつ　うーん、いくつの子が……。
虫眼鏡　てつやと付き合ったらおしっこ飲ませてって言われますからね。
としみつ　たしかに。**お願い！**って。**1回だけ！**って。
ゆめまる　これで実習中とかじゃなくて、おじいちゃんとかだったらめっちゃ面白いですけどね。知らないおじいちゃん抱っこしてたら、おしっこ漏らされて。
としみつ　子供だったらかわいいね。
ゆめまる　まぁ、かわいいかわいい。それでは、続いてのメッセージいきますね。ラジオネーム、ただの番人さんからのメッセージです。〈私には仲良くさせてもらってる女性がいます。昔その女性に告白されたことがあり、私はそのときふってしまいました。そのときはその女性のことはあまり知りませんでした〉。ま、初めて会ってから3か月くらいの出来事だったみたいで、〈時が経つにつれてその女性と接するにつれて、少しずつ惹かれるようになっていきました。そして私は好きになってしまいました。前置きが長くなってしまいましたが、一度ふった相手のことを好きになってしまう男性は、どうなんでしょうか？〉。

虫眼鏡　え、なんかそれはいいんじゃないの？　っていうかさ、僕もなんかの本で読んだことあるけど、女性は友達からの恋愛になりにくいけど、男性は友達から恋愛になりやすいって。

ゆめまる&としみつ　ほぉー。

虫眼鏡　だから、よく知らないのに付き合えないですよ、って男の人は断るけど、女の人は一目ぼれしやすいというか。ほんとに好きって、瞬間でなるって聞いたから、なんていうのかね、友達になって仲良くなったから好きになったのは男としては普通のことなのかなって、男3人しかいないから聞けないけど。

ゆめまる　好きって言われるとさ、その人のこと気になっちゃわない？

虫眼鏡　まぁまぁまぁ。好きな人好きになったりするからね。自分のこと好きって言ってくれた人のことを好きになるもんね。

ゆめまる　でも別におかしくはない。

としみつ　変ではないと思うけどなぁ。

虫眼鏡　変じゃないと思うけど、逆にだから相手の女性が、私は自分の気持ちにはっきり区切りをつけてあなたのことはもう、って言われたら、それは、もったいなかったね、チャンチャンってことで、それはしっかりけじめをつけるってことですかね。

としみつ　仕方ないよね。

ゆめまる　ま、真摯に対応していただければいいんじゃないかな、と思います。

虫眼鏡　ほんとですよ。

ゆめまる　そしたら次のメッセージいきます。

虫眼鏡　はい。最後にしましょう。

ゆめまる　さつきさんからのメッセージです。

虫眼鏡&としみつ　**（甲高い声で）**さつきちゃーーん！

ゆめまる　〈私は今年の4月から社会人になりました。初めての一人暮らしのうえ、毎日夜遅くまで研修があります。すでにしんどさを感じています。質問は、東海オンエアさんのみなさんが、なにかしんどいなって思ったとき、それをどう乗り越えるか聞きたいです。お願いします〉。

虫眼鏡　えー。しんどいことないです。僕は毎日楽しく生活させていただいてるので、そういう質問はちょっと他の人に担当をお願いしたいなと思います。

ゆめまる　**（かすれた声で）**しんどいなぁーと思うときかぁー。

虫眼鏡　声がさ（笑）。

ゆめまる　**（かすれた声で）**だめだ、しんどい、あの、ゴホゴホっ。しんどいなって……。

虫眼鏡　おい、カフ下げるぞ。

としみつ　ははは。

ゆめまる　しんどいなって思うときはやっぱり、僕はね、飲み行くとかそういう感じですかね。誰かに話を聞いてもらうとか。

虫眼鏡　あぁ、そういうことか。

としみつ　しんどいなって思いたくないんだよね、基本的に自分がやってることに対して。

虫眼鏡　僕もね、たぶんそっち派なんだよ。しんどいって思わないことが――。

としみつ　しんどいなって思う気持ちでやっちゃうと、しんどくなっちゃうから、だからどうせやるなら楽しくやりたいじゃんか。だからなんかちょっとね、沈みかけたときも、あぁこれはもう切り替えよう、って、一回切り替えますね。よく仕事がダルいとか言うじゃないですか、同級生でも。仕事行きたくねぇとか。そんな仕事するな。

虫眼鏡　うふふふ。

としみつ　そんな気持ちになるような仕事に就くなみたいなことを思っちゃうんですけど。

ゆめまる　それはみんな思いますけどね。

としみつ　言うのは簡単だけどって言われちゃうかもしれないですけど。心構えはね、そのくらい持っててほしいなと僕は思いますけど。

虫眼鏡　僕も最初にちょっとふざけましたけど、そういう考えの持ち主なんで、つらいと思わないように、僕はつらいこと一個もないですって言い聞かせて自分をだましてるところはありますね。ま、でも、最初だからね、慣れない環境だから戸惑ってるところもあると思うんですけど、だんだん慣れてくればつらいなかにも、これは楽しいんだけどねってところがあると思うので。

としみつ　そうそう。これがあるかな、っていう。
虫眼鏡　いい友達見つけるとか、恋するとか、そういう、つらいことの中に輝きを見出していったらいいのではないでしょうか？
としみつ　いいアンサーでした。
ゆめまる　**（へつらうように）**最高ですね。
虫眼鏡　たくさんのメッセージありがとうございました。**（野太い声で）**なんだー！　今日の放送いかがでしたでしょうか？（笑）。
ゆめまる　笑っちゃったじゃん。
としみつ　笑ってるやん。
虫眼鏡　いや、今日の放送はとてもいい放送でした。僕は今日のこと忘れないですね。
ゆめまる　え？　あ、そっかそっか、メッセージの音ね。
としみつ　そっかそっかそっか。
ゆめまる　新コーナー始まって、いいなと思うな。やっぱ新コーナーって、気分変わるね。
虫眼鏡　なんか新しいことしてる感あるよね（笑）。
としみつ　クラス替えみたいなもんだよね、わかんないけど。
虫眼鏡　さてここでお知らせです。

2019 04/28

平成最後のエモい放送の回

GUEST
としみつ

ゆめまる　本日も始まりました東海オンエアラジオ。まずはメッセージからの紹介です。ラジオネーム、しゅんしゅかさんからのメッセージです。〈私は三重県に住む新高校2年生です。私には、高1の6月くらいから好きな人がいます。しかし、告白できないまま高1が終わってしまいました。告白できなかった理由は、「勇気が出なかった」ことのほかに、その人が「1回失恋したからもう恋はしない」と言っていたからです。これはもう告白しない方がいいのでしょうか。恋愛マスター、教えてください〉というメッセージが来てますけど。

虫眼鏡　誰ですか、恋愛マスターは。

としみつ　誰だ？　俺別に恋愛マスターでもないし。

虫眼鏡　僕違うよ。

としみつ　俺高校彼女いなかったからなぁ。

虫眼鏡　あ、じゃあちょっと間違ってますね(笑)。

ゆめまる　もしかしたら、いるかもしれないじゃないですか。

虫眼鏡　チラさん結婚してますしね。

チラ　違うでしょ、どう考えても違うでしょ(笑)。

虫眼鏡　でもだってあれですよ。高校1年生がね、男の子かな？　高1の男の子がさ「俺さぁ失恋したからもう恋しねえのね」って。

としみつ　ははは。絶対そんな感じだよね、超かわいくない？

虫眼鏡　なに言ってんだお前、って。

としみつ　恋しねぇわ、って。**嘘つけお前！**って(笑)。

虫眼鏡　**絶対すぐするわ！**(笑)

としみつ　クソみてぇにクラブ行くだろこのあとお前！(笑)。

虫眼鏡　ま、どうせね、どうせとか言っちゃいますけど我々も大人なんで。どうせね、高1のガキの言ってることなんて嘘なんですよ!!　そんなね、すぐね、女の子がね、**おっぱい出してたらチンチン勃ちますから**ね。そんで、ちゃんとやることやって、責任もって付き合うよとか、結局そういうことになったりするんで、大丈夫です、関係ありません。

としみつ　全然関係ない。

ゆめまる　告白はしたほうがいいな。

としみつ　なんか渡しちゃえばいいんじゃない、これ、って

ゆめまる　**シーブリーズとか？**

としみつ　あははははは！

虫眼鏡　なんで？

ゆめまる　そういうことじゃないの？　なんか渡すって？

としみつ　全然俺恋愛マスターじゃないからわからない(笑)。

虫眼鏡　やばい、恋愛マスターの作戦聞こう。シーブリーズ渡してどうするの？

ゆめまる　だから普通に汗かいてさ、やべ、汗拭きシート忘れた、どうしよう。

としみつ　これ、使っていいよ、シーブリーズ。

ゆめまる　え？　いいのほんとに？

としみつ　うん。

ゆめまる　やばー。**ジュチュチュチュチュチュ。**

虫眼鏡&としみつ　ぎゃははは。

虫眼鏡　**なんでだよ!!**(笑)。

としみつ　いやぁ、それ付き合えるよ。

ゆめまる　それ付き合えるでしょう。ま、今夜は、恋愛マスターを目指しましょう、という感じですね(笑)。

虫眼鏡　これどーすんだよ！　絶対大丈夫じゃねーじゃん。

としみつ　いきなり失敗してんじゃん(笑)。

ゆめまる　今夜も#東海オンエアラジオで聴いてる人はつぶやいてみてください。東海オンエアラジオ！

東海ラジオをお聴きのあなた、こんばんは！　東海オンエアのゆめまると！

虫眼鏡　虫眼鏡だ！　そして今日のゲストは。

としみつ　としみつですー。

ゆめまる　この番組は、愛知県・岡崎市を拠点に活動するユーチューバー、我々東海オンエアが名古屋にある東海ラジオからオンエアする番組です！

虫眼鏡　ゆめまると、僕虫眼鏡が中心となってお届けする30分番組！　東海オンエアラジオはなんと！　**今夜、平成最後の放送**でございます。

ゆめまる　まじかよー！　みんなー、もう平成終わるってよー!!

《曲》

ゆめまる　お届けした曲は、SASUKEで「平成終わるってよ」でした。

としみつ　終わりますねー。

虫眼鏡　ゆめまるがあれだよ、平成終わるってよ！って言ったから曲振りと間違えて曲が流れちゃったじゃないかよ。

ゆめまる　あははは。

としみつ　あっ、そうだったの？(笑)。

虫眼鏡　そうそうそう。

ゆめまる　それはもうあれですよ、Kさんのミスですよ、プロデューサーさんの。

虫眼鏡　でもこれ、すごいいい曲ですねえ。

としみつ　めちゃくちゃいい。

ゆめまる　この子、15歳、あの話題の子ですよね。

としみつ　15歳でしょ。

虫眼鏡　衝撃だね。

としみつ　いろいろ、新しい地図とかに提供してる。めちゃくちゃいいよね。

虫眼鏡　そうなんだ。

ゆめまる　天才だねえ。

虫眼鏡　ま、平成終わるらしいんですよ。

ゆめまる　終わっちゃいますね。

としみつ　終わっちゃうね。関係ないんじゃない、実際？

ゆめまる　実際あんま変わんないと思うんだよ。

としみつ　かっこつけたこと言うなら、そんなん関係ねーよ、みたいな。数字が変わろうがさ、やること変わんねえから、みたいな、そういうのあるじゃん。

虫眼鏡　僕たち別に、僕たちが変わるというよりも書類上の何かが変わるだけなんですけども、ま、ただね、人生を振り返る区切りとしてはすごくいいじゃないですか。

としみつ　いいですね。

虫眼鏡　なんだったら、平成から令和に変わる瞬間に僕たちがラジオ番組やらさせていただいてるってことは、記念っていうか、なんでしょうね、自慢できることだと思いますし。

としみつ　そんなこと思ってなかったからね。

虫眼鏡　どうでしたか？ってざっくり聞いちゃいますけど、ゆめまるさん平成どうでしたか？

ゆめまる　平成どうでしたか？(笑)。

としみつ　平成5年生まれですから我々。

虫眼鏡　なんなら我々が平成みたいなとこありますからね。平成とともに生きてきてますから。どうでした、平成は？

ゆめまる　**平成？　よかったんじゃないですか？**(笑)。

虫眼鏡　はははは！

ゆめまる　平和だったやん。平和ではないか、いろんな問題も起きたけどさ。

としみつ　いろんなこと起こりましたよ。

ゆめまる　なんだかんだみんな、ハッピーで暮らしてる人もいれば、ハッピーじゃない人もいたけど。ま、いいんじゃないかなと思います。よくわかんないですね。

虫眼鏡　めちゃくちゃ浅いこと言うなぁ、こいつ(笑)。

ゆめまる　平成ってどうでした？って言われてもさ、思い出話になっちゃうやん。

虫眼鏡　思い出話でいいんですけど、基本、なんか、我々みたいなまだ若い人間ってさ、自分の昔を振り返ってさ、あのときはこうだったこうだったって話すことあんまりないじゃないですか。

ゆめまる　ないねえ。

としみつ　なんだろうね、自分がすごくちっちゃいときにさ、とんでもない事件とか起こったじゃん実は。

虫眼鏡　あぁそうだね。

としみつ　それが、今25じゃないですか。25でその出来事が起こったとしたら、また考え方とか生き方が変わってたりしたのかな、とか思ったりはするよね。

虫眼鏡　よくも悪くも、僕たちはこの東海地方に生まれて、東海地方で生きてきたじゃん。大きい災害とかも特になく、すごいテロみたいな事件もなく、ほんとにのうのうと生きてきたから、ま、なんだったらほんとに安住してたというか。

としみつ　愛知って、このへんだけ、そうですね、安住して……。
虫眼鏡　それこそほんとに平成だったの僕たちは。でもなんかね、新しい時代、ありますよ大地震とか、こっちの地方にも。そのときに我々がどういう対処をするか。
としみつ　なにをするかだと思いますよ、ほんとに。ユーチューブやってたとして、どういう発信をしていくのか、どういう形で世間を元気づけて。役目だと思いますけど。
ゆめまる　そこで僕たちのね、力量というか出ますからね。
としみつ　そここそが本領発揮かな。
虫眼鏡　どっちかっていうと、今までの生きてきた時代よりも、**新しい令和の時代のほうが僕たちの力量が試される**ところが多いのかな、と思って、兜の緒を締めなおすというわけでございます。
チラ　何より**みなさんの仕事は、平成に生まれた職業です。**
虫眼鏡&ゆめまる　そうか。
虫眼鏡　すごくね？
ゆめまる　すごいねー。
としみつ　ちょっと鳥肌立ちましたね今。
ゆめまる　しかもここ最近で。
としみつ　5年以内ですよ。
虫眼鏡　すごい。**自慢しよう。**多分だけど、僕たちって、健康に生きてれば令和の次の時代も多分知れるんだよね。
としみつ　ま、そうだね。
虫眼鏡　そのときにめちゃくちゃ自慢しよ。
としみつ　そうだね。ユーチューブの教科書あったら載ってもおかしくないんじゃないですか僕たち（笑）。
虫眼鏡　ま、ま、ま、たしかに、ユーチューバーの本があったら。
としみつ　我々さ、運よくさ、いいタイミングでユーチューブ始めさせてもらったじゃない？　それもあってね、ほんとにありがたいことで。
虫眼鏡　ということで、今回はほんとに平成最後ということでね、別になんだろうね、記念でもなんでもない普通の回なんですけど、まぁ、そういう気持ちで、あっ最後なんだっていう感じで、お別れを告げつつ、東海ラジオからやっていきたいと思います。
ゆめまる　はい、お願いします！
虫眼鏡　東海オンエアラジオ、このコーナーやっちゃいます！　ゆめまるプレゼンツ「来たれ！はがき職人」。はい、平成5年生まれのゆめまるさんがね、どうしても平成中に、平成の間だけはこのコーナーやりたいんだ！って言ってね、**平成の間だけだよ、っていう約束**で始まったこのコーナー。
ゆめまる　このコーナー打ち切りだなぁ。
虫眼鏡　うふふふ。
ゆめまる　おいおい、3日後このコーナー打ち切りだな！　次の放送たぶんこのコーナーなくなったら、ゆめまるがもう降板するっていう。
としみつ　はははは！
虫眼鏡　時代変わったらMC2人代わってるかもしれないよ。
ゆめまる　番組も変わっちゃうかもしれない（笑）。気を付けないと。まぁ、このコーナーは、webのコメント募集だけでなく、ハガキで、その人が書いた字とかのメッセージを読んでいく、っていうコーナーですね。
虫眼鏡　ここだけ時代に逆行してるわけですね。
ゆめまる　そのハガキに書かれたリクエスト曲を流して、その曲にまつわる想い出やエピソードを読んでいく、という感じです。
虫眼鏡　まぁ、要は普通のラジオです（笑）。ここだけが唯一。
ゆめまる　で、僕の個人的な曲を流すわけでもなく、書いてくれた人のやつを流していくんで。
虫眼鏡　そうだよ。ほんとにみなさんが好きな曲をね、聴きたい曲を聴くためには、このコーナーでハガキを出すしかないですからね。
としみつ　ここしかないからね。俺もここしかないと思ってるから。
虫眼鏡　はははは。だってね、リスナーさんのリクエスト曲すら、じゃなくって、僕たちのリクエスト曲すら流れないからね。このラジオは。
ゆめまる　ハガキ送ってください。
としみつ　あ、僕が？
ゆめまる　そしたら読むから。
としみつ　はははは！
ゆめまる　それでは早速メッセージのほういきましょうか。ラジオネーム、ドドリアさんからのメッセージですね。
虫眼鏡　ドドリアさんだ（笑）。
ゆめまる　〈私は今26歳で、先日、二十歳のころから付き合ってた方と別れることになりました。理由は途中から遠距離で、お互いつらくなっていたこと、私も彼もいわゆる結婚適齢期になり、将来のことを考えた結果でした。夜に電話でふられた後にこの曲を聴いて、もう吸わないと決めたタバコを吸ってめちゃくちゃ泣いて、次の日仕事を休みました〉。
としみつ　うわぁ。
ゆめまる　〈今でもオンラインゲー

ムを一緒にしたり、連絡をとりあったりしているのですが、別れたのに変わらない態度で過ごすのクソすぎて、少しもやもやしています。私から冷たくできないのはダメなのでしょうか？ みなさん別れた彼女と友達になれるタイプですか？〉っていう、ガチガチに失恋した方からのメッセージですね。

虫眼鏡 へぇ。

としみつ ちょっとアーティストだなこの人。

虫眼鏡 普通に、映画やん、っていうか、曲作ってるこの人？

としみつ ね。多分いい詞かくよね。

ゆめまる どうなんだろうね。冷たくはできないけど、別れた彼女と友達になれる人？

虫眼鏡 僕は全然無理です。

としみつ 人によりますね。全然、元カノと飯は、年1回とかありましたけど。

ゆめまる すごいな。俺は虫さんと一緒で、なれないタイプ。

虫眼鏡 うん。全然無理。

ゆめまる **会うなら、ワンチャンあるかな?って思っちゃうようなクソ人間**だから。

虫眼鏡 うふふふ。じゃ会わないほうがいいね、ゆめまるは。今回我々は恋愛マスターってなるわけじゃないですか。アドバイスしてあげてください。この方に。

ゆめまる まぁ、なんでしょうかねえ。冷たくできないのは、人の性格上で優しいってことなので、別にそれはダメではないと思うんですけど、その環境が嫌なら仕方なく冷たくしなければいけないのかなと思ったりもしますね。

虫眼鏡 なんかさ、この人は6年間付き合ってたわけじゃないですか。で、この方も結婚適齢期ってことは、多分結婚意識されてると思うんで、次に、ほんとに結婚してもいいなという方と付き合うじゃないですか。でもその人と6年間付き合うかっていったら、ちょっとわからないじゃないですか。もうちょっと早く結婚したりするかもしれないじゃないですか。そのときに、旦那さんの気持ちになったら、6年間ずっと付き合ってた元彼と、今でも仲良くやってますよ、となると、僕はそこはきっちりけじめをつけないと、不誠実じゃないのって思っちゃうから、そういうこと考えると全然会わないほうがいいなって思っちゃうタイプなので、冷たくすべきだなっていう気持ちはすごくわかるんですね。ま、どうですか？ 男女の間にそういうね、男女っていうか、一時期付き合ってた関係の中に、友情ってのは成り立つのか、ということですよ。僕はね、成り立たねえと思う。

ゆめまる 成り立たないんじゃない？

虫眼鏡 だって友情って、今ここの3人の間に芽生えている感情でしょ？

ゆめまる うん。

虫眼鏡 ねーだろ。

ゆめまる 別れたあとは、ないと思うな。

としみつ もう、なんだろね、ほぼ他人みたいな目で見てるかもね。

虫眼鏡 人づきあいはできるよ、ギリギリのね。ただ、それが友情と呼べるかっていうと、ないな、と思う。僕はそう思うんで、僕が個人的にアドバイスするんだったら、綺麗事いうよりもはっきり言いますけど僕はそいつと連絡とるのやめたほうがいいなって思います。

ゆめまる 僕は男性目線からいくと、男性はいまだに連絡取り合う元カノってのは、ワンチャンありって思ってる感じはあるので。

虫眼鏡 そう思われちゃいますからね、周りからしたら。

ゆめまる そう思われてるってことは、なめられてるわけですよ、この子がね。だから、それ多分嫌だと思うので、連絡とらないのが正解かなと思いますね。

虫眼鏡 としみつさんちょっと違う考えがあるみたいですけど、どうですか？

としみつ いや、わかんない。違う考えっていうか、そんな深く考えてないだけかもしれないですね。別に、ほんとにただゲームの友達だったら、俺は別にいいんじゃないかって思うし。ま、ただ、次の人がいるんだったら、やっぱり、ね。

ゆめまる 考えていかないとね、いけないですね。

としみつ 考えていかなきゃいけないっていうか、別れた人とね、いつまでもってのは、ちょっとやっぱり、ズルズルいってる感は出ちゃう気もしますね。

虫眼鏡 ま、というわけで、今のとこ、恋愛マスターでもなんでもない3人の、3人違う意見がありましたけど、ま、どれがあなたの心に響いたのかわかりませんが、この方のリクエスト曲を聴きながら、しみじみしましょう。

ゆめまる はい。ドドリアさんからのリクエスト曲で、チャットモンチー「染まるよ」。

《曲》

ゆめまる　お届けした曲は、チャットモンチーで「染まるよ」でした。

虫眼鏡　いやぁ、これね、ちょっと我々の年代に**ぐっさり刺さってしまいますね**。今お便り送ってくれた方も26歳でしょ。

ゆめまる　26歳です。

虫眼鏡　同じ26だもん。

としみつ　同じだもんね。

虫眼鏡　これね、刺さっちゃうなあ。

としみつ　泣くよ。

ゆめまる　これだよこれだよ、この、**これをやりたかったんだよ！**

虫眼鏡　あはははは。

ゆめまる　こういうのをやりたかったんだ。

としみつ　そういうことなんだよ。

ゆめまる　これだよ！　伝わったでしょ、気持ちが。

虫眼鏡　**今日までだしね**（笑）。

ゆめまる　終わりだなぁ。

虫眼鏡　ぅふふふふ。お前が終わりって言っちゃダメだろ。

ゆめまる　最後の最後によかったなぁ。

虫眼鏡　いや（笑）、終わらねーよ。なんで終わらそうとしてんだよ。

ゆめまる　**このコーナー継続です!!**

虫眼鏡　はい、ハガキでリクエスト曲、そしてその曲にまつわる想い出やエピソードを書いて送ってください。あて先は、〒461-8503　東海ラジオ　東海オンエアラジオ「来たれ！はがき職人」へ送ってください。

ゆめまる　みなさんからのハガキを楽しみにしています。「来たれ！はがき職人」でした！

《CM～ジングル》

虫眼鏡　今日はちょっとエモい雰囲気でしたね、始まりからここまで。

としみつ　そうね。いいんじゃないですか。

虫眼鏡　バランスとらないと。

としみつ　え？

ゆめまる　一気に崩れましたよ「染まるよ」。染まんなかったね、みんな。

虫眼鏡　いやいやわかんない。もしかしたら、しんみりと今日は終わる日かもしれないし。でも今日はそういう日なんだなって意識だけしておきますわ。

ゆめまる　わかりました。

虫眼鏡　何と言っても平成最後の放送ですから。さぁ行きましょう。

ゆめまる　いただいたメッセージのほう紹介していきます。ラジオネーム、福岡のあいりさんからのメッセージです。〈私は福岡県の田舎に住む25歳です。毎日平凡な日を過ごしています。メンバーのみなさんは、なんも予定がない日があったりするのでしょうか？　それとも、なにか休みの日などは必ず予定を組むタイプなんですか？　お返事お待ちしております〉というメッセージですけど。

虫眼鏡　なんもない日、結構あるよ。

ゆめまる　あるよ。なんもない日、なにしてるみんな？

としみつ　俺とりあえず家出ちゃうかな。

虫眼鏡　あ、そうなんだ？

としみつ　家の中にいてもいいんだけど、そういう日もあるけどもちろん。だけど、基本的にはなんかね、昼くらいからうずうずし出して、ちょっと服を着替えてみるんだよね。で、お前もう服着替えたんだから、出かけるしかないよ、っていう状況を自分で作っちゃうんだよね。

虫眼鏡　ちなみにとしみつさ、そのさ、いやぁ出かけよう、ってときに、どういうとこ行きがちなの？

としみつ　遠く面倒臭いなってときは、結構しょうもないとこですよ。まぁ、ビレバンとか。しょうもないっちゃあれですけど、ま、イオンのCD屋さんに行ったりとか、レコ屋さん行ったりとか。

虫眼鏡　ま、チェックみたいな。

としみつ　そうそう。ま、気合入れるときは名古屋で、古着見に行ったりすると、休み感あるな、っていうので、気持ちが休まるんだよね。

ゆめまる　虫さんはなんかある？

虫眼鏡　僕はね、ゴリのおたく、ゴリのインドア派だから、出ないんですよほとんど。出たくない。どっちかっていうとね。だから僕は家に、読んでない本とかマンガとか見てないものとかがいっぱいあるから、それを消化してますね、ベットの上とかで。

ゆめまる　あぁそういうことね。

虫眼鏡　どっちかっていうと、外に出て、休みだなぁ、ってよりは、家でゴロゴロしながら、休みだなぁ、っていうタイプ。

としみつ　あぁ。いや絶対俺だって、矢場公園のベンチに2時間座ってたことあるもん。

ゆめまる　すっげ。

虫眼鏡　俺絶対としみつみたいな人と付き合ったら別れちゃう、だから。

としみつ　公園でこうやってさ、座っててさ、休んでんな今って。

虫眼鏡　ふふふ。俺絶対、もう帰ろう、って言っちゃうそしたら。

としみつ　そしたら来るんだよ、視聴者の子が。「なにしてんですか?」

「座ってる」。

虫眼鏡&ゆめまる　**わはははは!**

虫眼鏡　暇と思われるやん（笑）。

としみつ　見てわかるでしょ、座ってるんだよ、って（笑）。怖いと思うよ。

ゆめまる　すごいねそれは。

としみつ　ずっと座ってるときある。最近ないけど、もう。それこそ学生のときとか、社会人1年目とかは、ほんとにやってた。

ゆめまる　なんで?

としみつ　白川公園とか、名古屋に行って座りにいこ、みたいなこと。

虫眼鏡　なにそれ?

としみつ　アホでしょ?

虫眼鏡　休みの過ごし方って性格でるよねめっちゃ。血液型とかよりよっぽど性格診断に向いてる気がする。

ゆめまる　むいてるね。続いてのメッセージいきます。〈相談があります。私は高校3年生で、付き合って1年になる彼氏がいます。これから先、大学生、社会人となっていっても、この彼と付き合っていって大丈夫なのか不安です。もちろん大好きだし性格に不安もありませんが、将来彼が職に就いて安定した生活が送れる保証もありません。東海オンエアのみなさん、アドバイスがほしいです〉。これはちょっと僕先に言わせてください。

としみつ　どうぞ。

ゆめまる　高校生から付き合うカップルって、別れます。

虫眼鏡　ふふふふ。全員思ってるって。

としみつ　俺のじいちゃんばあちゃん、高校で出会ったんだぞ。

ゆめまる　それは昔だから。

虫眼鏡　ちなみに僕のじいちゃんばあちゃんもですけど。

ゆめまる　俺の父ちゃん母ちゃん、中学から付き合ってる。

虫眼鏡　おい（笑）、あるじゃねーかよ、じゃあ。

ゆめまる　けど、そのときはまだ、なかったじゃん、連絡手段。

としみつ　あれこれ出会いがなかったからね。

虫眼鏡　大学とかもあまりみんな行くわけじゃなかったからね。

ゆめまる　お手紙とか出してラブレターとか書いてたんだよ、お父さんお母さん。今は携帯もあるからいろんな誘惑もあるわけよ。だからこんなのね、みんな別れんだわ。一回別れて、失恋して、また付き合ってうまくいって結婚すんだわ。大丈夫だわ。

虫眼鏡　多分、そうですよね。初めて付き合った人って、絶対この人と結婚するって思うんですよ一瞬。嘘なんだよ、その気持ちは。**嘘なんだよ!!**

としみつ　ほんとだよ。

ゆめまる　しかも、このね、不安って、これ失礼なんだよねすごく。

虫眼鏡　そう、だから、まだね、あなたが、いや私は絶対にこの彼氏と結婚しています、って言っても無理なんだよ、って僕たちは言うけど、今あなたはそんなふうに不安だなと思ってるなら、ぜってーに無理。

としみつ　だね。

虫眼鏡　いやだめだ。なんかちょっと厳しくない?（笑）。ちょっとなんか。

としみつ　いいんだよ。

ゆめまる　恋愛マスターだからいいんだよ俺ら!

としみつ　甘えてるやつ多いから言ってやらねーとだめなんだよ。

虫眼鏡　ってなわけでね、そういう経験をつんで大人になって、真の愛に出会うわけですわ。

ゆめまる　続いてのメッセージいきます。ラジオネーム、あやのさんからのメッセージです。〈私は21歳女です。私の悩みは、もてたくてもてたくて仕方ないということです〉。

虫眼鏡　はははは。シンプルでよろしいね。

ゆめまる　〈彼氏ができても、他の人からもかわいいと思われたくて必死になってしまいます〉。

としみつ　はっはっは。

虫眼鏡　そりゃそうでしょ。

ゆめまる　〈そんな女が自分の彼女だとどう思いますか?〉。

としみつ　いやもう、天才ですねこの子は。

ゆめまる　PSつけていいですか?えー、本名書いてあるんですけど、〈メールアドレスの名前と苗字が違いますが、離婚後、苗字が変わったので気にしないでください〉。これ、見てください。

虫眼鏡　あ、なるほどね。

ゆめまる　本名で、離婚して名前が変わっちゃってるけど……。

としみつ　一回バツついて……。

虫眼鏡　いや、失敗してんじゃん、じゃあ一回。

としみつ　もてようとするから失敗してんじゃねーかよ。しぼれ、一人に!

虫眼鏡　そうだよね。

ゆめまる　でも、この気持ち僕すごいわかりますねえ。

虫眼鏡　どっち?　もてたくてしょ

うがない？

ゆめまる　もてたくて仕方ないっていう。

虫眼鏡　男は全員そうでしょ。

としみつ　さすがにね、もてたい。

ゆめまる　もてたい。

としみつ　でもなんかね、もてたいって思いつつも、いたら、間違いなく。

ゆめまる　一人を愛するけど、やっぱりね、相手にされなくなったらめっちゃ悲しいやん。

虫眼鏡　別に、あの、相手いるいないは、もてたいの関係ないね。あんまり。ただ、女性が、そういう女性がいて、それが自分の彼女だったらどうですか?っていう質問ですよね。僕はちょっと心配になっちゃう。そうすると。自分の彼女がそういう人だと。

としみつ　俺も心配になっちゃう。

虫眼鏡　え？　なんでそんなちょっとコンビニ行くだけなのにそんな化粧するの?

ゆめまる　それは思うわ。そうなったら。

としみつ　俺以外にもモテようとしてるの、なんか嫌だ。

虫眼鏡　嫌だね(笑)。まぁでも、まとめますと、どうやって自分を磨き続けてて、ちょっとくらい彼氏を不安にさせたほうが、彼氏も調子乗らないと思うので、結果的にね、お互い磨き続けることはいいですよね。

としみつ　あせり続けるの大事じゃない。

虫眼鏡　そのかわり、結婚を安易にしないほうがいいですね、そういう人は。

としみつ　離婚してんだから。

虫眼鏡　うっふふふ。はい、沢山のメッセージありがとうございました！　今日の放送はいかがでしたでしょうか。

としみつ　平成最後。

ゆめまる　平成最後ねえ。

虫眼鏡　平成最後です。平成最後ということで、しゃべりすぎたのかわからないんですけど、めちゃくちゃ時間を押してます。15分くらいオーバーしてます。

ゆめまる　これ久々ですから。

虫眼鏡　これ、何をカットされるかわからない。最初のエモいとこカットされてるかもしれんじゃん全部。

としみつ　まさかの。

虫眼鏡　さてここでお知らせです。

2019 05/05

しばゆーのベロは柔らかいってばよの回

GUEST
しばゆー

ゆめまる　本日も始まりました東海オンエアラジオ。今日の放送は令和はじまって最初ってことで。しかも、ゴールデンウィーク最終日ということでね。あ、明日が最終日なんですね。
虫眼鏡　あ、なるほど、5月5日だから、今日は子供の日ってことで。
ゆめまる　で、ゴールデンウイークってなると、たくさん、実家に帰ったりさ、帰省したりして飲み行くわけじゃん。で、俺も最近飲み行っててさ、縁があって、トラックメーカーのillmoreって人と飲みにいく機会があったわけですよ。アーティストとして活動してる人と。その人、東海オンエアファンだって話も聞いてて。
虫眼鏡　ありがたいね。
ゆめまる　お互いに、曲も知ってるし、東海オンエアも知ってるみたいな感じで話してたら、その人、グッズツアーあったじゃないですか過去に。
虫眼鏡　はいはいはいはい。
ゆめまる　それの福岡のパルコのイベントのときに会ってるんですよ。
虫眼鏡　そうなんだ?
しばゆー　へぇ。
虫眼鏡　しばゆーと虫眼鏡とてつやは会ってて、その写真も見せてもらって、なんかもう、すごい人と会ってるんだよ一回。
虫眼鏡　しかも、ちゃんとしたファンじゃないですか。
ゆめまる　そうそう。だから俺それを見たときに、**やば!**みたいな。この人まじだ!みたいな、思って。しかもしばゆーに、なんかしばゆーに言われたんだよね、って言ってて、その人が言ってた一言が、しばゆーが**「絶対お前薬物やってるだろ!」**みたいな一言をその人に対してめちゃくちゃ言ってて。
しばゆー　ははははは。
ゆめまる　超失礼なことをしてたっていうのをしばゆーに今日伝えました。怒りたい。
しばゆー　すいませんでした。
ゆめまる　でも結構喜んでたのでね、よかったですね。
虫眼鏡　あぁ、そうなんですね。
ゆめまる　今日は、こどもの日ということなので、この放送では**男の放送を目指して**やっていきましょう。
虫眼鏡　待って待って。こどもの日**なので**男の放送目指しましょう、ってどういうこと?
ゆめまる　子供の日って言ったら男の子だからね。ま、男ってことじゃないですか?
しばゆー　**そうなんでげすか?**
ゆめまる　そうなんでげす。
虫眼鏡　子供って言ったら女の子もいるってばよ。
ゆめまる　いやぁ、そういう……、あれじゃん、女の子はひな祭りとかそういうのがあるし。
しばゆー　あ、節句はそうですね。
虫眼鏡　あぁ、五月人形的なやつのことってことかよ?
ゆめまる　そうそうそう。
しばゆー　**五月人形はまじで高え。**
虫眼鏡　ははは。
しばゆー　ほんとに高い。しかも、お父さん側のお父さんが買うんですよ。僕のとこだったら、僕の息子の節句人形は、僕のお父さんが買うんですよ。
虫眼鏡&ゆめまる　あぁそうなんだ。
しばゆー　っていうことになってるらしいのね。
虫眼鏡　しばゆーのパパは買ってくれただよ?
しばゆー　あれ30万とか40万するわけ。
虫眼鏡　えー、でも高そうだもん、ですもん、ってばよね。
ゆめまる　あれって、譲り受けることはしちゃいけないの？ なんて言うの、お下がりというかさ。

しばゆー あぁ、兜を？

ゆめまる 兜とかそういうのを。

しばゆー 柴田家の兜は、俺がかぶりまくってぐちゃぐちゃにしてボロボロだから捨てたんで、新しく買わなきゃいけなかったですね。

虫眼鏡&ゆめまる あはははは。

虫眼鏡 **お前戦場出てんじゃん**、それ。

しばゆー わははは。名誉なことなのにな、ほんとは。ボロボロにしたの、普通に、遊んで。

ゆめまる なるほどね。

しばゆー 半分くらい払ってもらっただけなんですけど。

虫眼鏡 あぁ、そうなんですね。

しばゆー **血眼になりながら**半分くらい払ってくれた。

虫眼鏡&ゆめまる はははは。

虫眼鏡 そんなに払いたくなかった(笑)。

しばゆー ははは。いや、血眼だってばよそりゃ。

ゆめまる はい、今夜も#東海オンエアラジオで聴いてる人はつぶやいてみてください。東海オンエアラジオ！ 東海ラジオをお聴きのあなた、こんばんは！ 東海オンエアのゆめまると！

虫眼鏡 虫眼鏡だってばよ！ そして今日のゲストは。

しばゆー しばゆーだよー！

虫眼鏡 よろしくお願いします。

ゆめまる&しばゆー お願いしまーす。

ゆめまる この番組は、愛知県・岡崎市を拠点に活動するユーチューバー、我々東海オンエアが名古屋にある東海ラジオからオンエアする番組です！

虫眼鏡 ゆめまると、僕虫眼鏡が中心となってお届けする30分番組だってばよ。あのぉ、今日僕しゃべりにくいんですけども、あのね、オープニングから僕は語尾を、だってばよ、にして、ちょけてんな、って、令和いきなりちょけてんなって思ってる方いらっしゃるってばかもしれませんってばよ、あのぉ、僕はですね、東海オンエアの企画でですね、5月の間、語尾を、だってばよにしなければいけないという罰ゲームを課せられているんだってばよ。

ゆめまる むずいね(笑)。

しばゆー むずい。

虫眼鏡 これね、へたくそだってばよ、選び方が、語尾の選び方が。

しばゆー てつやが考えたやつなんだけどね。

虫眼鏡 だってばよ、ってのは基本的に、断定のときにしか使えないから、だってばよ。

しばゆー 活用できないんだよね。

虫眼鏡 疑問形とかにできないってばよ、これは。

ゆめまる でも俺、ごわすのときは、ごわしたとか。

しばゆー 完全につかいこなしてたもんね。

虫眼鏡 ごわすは、なになにでごわす？って言えば疑問っぽく聞こえるってばよ。ただ、だってばよ？って聞いたところで疑問なんだ、ってならないだってばよ、これは。

しばゆー つっこみとかももうできないもんね。

虫眼鏡 いやほんとに、しゃべりたくなくなってくるってばよ、これ。しかも、言ったじゃん、サブチャンがまわったときにさ、いや待ってください、僕とゆめまるはラジオのレギュラー番組やってんだから、そういうしゃべりに関する罰ゲームを課すんじゃないってばよ、って言ったってばよ。だけど、関係ないってばよ。

ゆめまる この1ヵ月に4回放送されるけど多分、ずっとだってばよっていうね。

虫眼鏡 5月の放送4回あるのかな？ 全部僕、だってばよだってばよ。

ゆめまる 1回でいいんだよ、その罰ゲームは。

虫眼鏡 そう。罰ゲームはね、長くなってくると、面白くなくなってくるってばよ。

しばゆー 今一番面白いけどね。

虫眼鏡 そう、みなさん1回目だからすごい新鮮でね、今日、この人、だってばでしゃべるんだ、ふーんって思うかもしれないんだってばよ。ただ、4回目とかになってくると、もういいって！って絶対なってくるってばよ。

ゆめまる 聞きづれえラジオだな、ってなってくる可能性もあるからね。

虫眼鏡 そう。しかも、日曜日放送ですから、暇な方とか聴いてるかもしれないってばよ。その人がこれ聴いたらさ、この人、痛った、ってなるってばよ。

しばゆー **いくっ！**

ゆめまる 声優さんかなにかかな、みたいなね。

虫眼鏡 キャラづけに必死な人だと思われてるってばよ、これ。

ゆめまる はずかしいやつや、一番。

虫眼鏡 なので今回僕はね、中途半端にしゃべり始めて、語尾どうしようって、**語尾迷子**になってしまう可能性がだってばなので、今日はお二人にね、いつもの僕の分もみなさんにしゃべっていただくって感じなんで、頑張ってくれってばよ。

ゆめまる がんばるってばよ。

しばゆー がんばるってばよ。

虫眼鏡 ま、せっかくなんでね、この、だってばよ、っていう語尾を考慮しまして、今日の曲紹介、KANA-BOONの「シルエット」でお願いしますってばよ。

ゆめまる あぁ、そういうことですね。

しばゆー いいじゃん。

ゆめまる それではここで1曲お届けします、エレファントカシマシで「悲しみの果て」。

虫眼鏡 だってばよ。

《曲》

ゆめまる お届けした曲は、エレファントカシマシで「悲しみの果て」でした。

虫眼鏡 いや僕ね、NARUTO見てないってばよ。

しばゆー え、見てないってばよ?

虫眼鏡 NARUTOのアニメとか漫画とか読んだことないってばよ。

しばゆー でもNARUTOってばね、全然ってばって言わんてばよ。

虫眼鏡 僕もユーチューブで、いやNARUTOについて勉強すれば、NARUTOっぽい言い回しができるってばよ、って思ったってばよ。で、参考にしようと思って勉強のために見たってばよ。全然しゃべれないってばよ。

しばゆー 全然言わんってばよ。

虫眼鏡 全然言わんってばよ。

ゆめまる 緊迫したところで、だってばよって言ったらさ。

虫眼鏡 普通に標準語しゃべるってばよ、あいつ。たまーに言うってばよ。

しばゆー 大人になってからさらに言わないからね。

虫眼鏡 そうそう(笑)、基本的に、なになに!って言い切るときは言わないってばよ。さて、東海オンエアが東海ラジオからオンエア! 東海オンエアラジオ、このコーナーやっちゃうってばよ! 東海オンエアラジオの「恋の戦犯を査定しちゃうってばよー!!」リスナーから募集した「やってほしいコーナー」から誕生したコーナーだってばよ。リスナーさんのやらかしちゃったエピソードを募集して、それがどの程度の戦犯なのかを判定していくコーナーだってばよ。今回はその発展形として、みなさんからの「ダメな恋」、つまり恋限定で戦犯を判定していくところなんだってばけど、今回、みなさまから送られてきたたくさんのメッセージの中にね、電話で直接話を聞いてみたいってばよ、って思った人がいたってばなので、今日は直接電話をして話を聞いてみたい、だってばよ。まずね、どんなお便りを送ってきた方なのかってことだってばけど、ラジオネーム、泥水さんって方だってばよ。〈オラ、19歳の学生だってばよ。以前働いていたバイト先の人と一線を越えてしまったってばよ。結論から言うと、**20歳上の子持ちの人妻とヤってしまったってばよ**。前々からすげー可愛がってくれるな〜とは思っていたってばけど、2ヶ月ほど前に電話で告白されて、それから寝る前に毎日電話をしていた結果、家に行ったときに流れでヤってしまったってばよ。諸事情でバイトは辞めてしまったってばけど、このままだと関係がズルズル続いてしまうような気がするってばよ。オラ自身その人とヤるのは嫌ではないってばけど、相手は子持ちの人妻なので、ハッキリ断ったほうがいいってばよー、とも思うってばよ。どうすればいいと思うってばよ?〉というお便りを送ってくださった方だってばよ。

しばゆー 全然入ってこないんだって。

虫眼鏡 ほんとに忘れてほしいってばよ。

しばゆー なんでキャラまでやるってばよ?

虫眼鏡 だってキャラに入らないと持たないんだよ、このテンション。

しばゆー キャラだとしても違うってばよ。オラとか言わんってば。

ゆめまる オラは言わん、NARUTO。俺って言う、ちゃんと。

しばゆー どっちかっていうと、悟空よりになってたってばよ。

虫眼鏡 そうだってばよ。これね、今ね、お便り聞いた瞬間に、おいおいエッチなやつだな、と思ったと思うかもしれないってばよ、みなさんは。

しばゆー エッチなやつだ、こいつは。

虫眼鏡 **これ、女性なんだってばよ。**

ゆめまる **おおおーーーーー!**

しばゆー **えええーーーーー!**

虫眼鏡 人妻とやるって言ってるってばけど、ま、女性同士ってことですよねつまり、あ、ですよねってばよ。

ゆめまる そういうことなんだ。

しばゆー 泥水さん、女性。なるほど。

虫眼鏡　どちらかというと、今こういうのって触れにくい場所ではあると思うってばけど、ま、東海オンエアラジオってことなんで今回はね、バカなふりをして、なにそれ？　**どうやってやってんの？**　教えてー！ってばよ！

ゆめまる　大丈夫ですかそれ？

虫眼鏡　聞いていって、ま、いくのが我々男の好奇心ってことじゃないでしょうか。我々のことも理解してくれてると思うので、あえてそこはズバズバ踏み込んでいくってばよ。

しばゆー　はい。

虫眼鏡　もしもし、ってばよ。

――もしもし。

しばゆー　あ、かわいらしい。

虫眼鏡　泥水さんだってばよ。

――はい、泥水だってばよ。

虫眼鏡　あぁいいですね、ありがとうございますってばよ。ってばよ、にするといろいろ内容が入ってこなくなってしまうってばよ。泥水さんは標準語でしゃべってくれればいいってばよ。

――わかりました。

虫眼鏡　お便り読みましたってばけど、ちょっとね、もしかしたらデリケートな部分かもしれないってばよ、これは。ただ、**我々にデリケートを要求してはいけないってばよ。**

――はい。

ゆめまる　要求しちゃいけないからね。

しばゆー　そう。俺たちにデリカシーなんてないぜ。

虫眼鏡　ふふふ。なのであえて今回は我々バカなふりをして、どんなふうにやってんのかなとか、そういうことを聞いていきたいってばよ。ま、答えられる範囲で答えてくれたら嬉しいってばよ。

――わかりました。

ゆめまる　お願いします。

虫眼鏡　ちょっとまず僕から聞いていってばよ。

――はい。

虫眼鏡　女性同士が、ま、ちょっとエッチなことをしたってばよね？

――はい。

虫眼鏡　基本エッチなことってのは、**男の男根**をね。

ゆめまる　わはははは。

しばゆー　**イチモツの、チンポを、**挿入するってことかな？

ゆめまる　**もりもりもりもりーー。**

虫眼鏡　それが…、うるせーな（笑）、お前らよってばよ。

しばゆー　めりめりと。

虫眼鏡　めりめりめりってやるのが行為の一連の流れだってばよ。

――はい。

虫眼鏡　ただ、女性同士だと、なんだろうね、穴と穴だってばよ。

――はい（笑）。

虫眼鏡　**凹と凹**だってば。どうやって、やるってばよ？

――やるというか、なんか、私自身はノーマルというか、触りたいとかがないので、相手がすごい触りたいって感じなので、なんか、男女で言う愛撫みたいな。

ゆめまる　あーん。

しばゆー　あぁなるほど。

虫眼鏡　なるほどだってばよ。

ゆめまる　触り合いっこみたいな感じなんだね、じゃあ。

――はい。

虫眼鏡　よくね、漫画とかで見る知識なんだってばけど、男性同士女性同士だと、すごいツボがわかってるからいい、みたいな話を聞くってばよ。やっぱり、いいんですかってばよ？

――いいですね。

ゆめまる　そうなんだね。

しばゆー　へえ。

虫眼鏡　ありがとうございますってばよ。しばゆー君、なんか聞きたいことあるってばよ。

しばゆー　そもそも泥水さんは、女性と男性どちらがお好きなんでしょうか？

――男性です。

虫眼鏡　なるほどだってばよ。

しばゆー　ん？　女性？

しばゆー　男性だってばよ。

しばゆー　あ、男性のほうが好き。

ゆめまる　両方いけるってわけではないんだね？

――わけではないですね。

虫眼鏡　じゃあ**ガチのノンケ**だってばよ。

しばゆー　ガチのノンケだったってばけど、子持ちの人妻の人がエロすぎてセックスしたいという感情になってしまったと？

――かもしれないです（笑）。

しばゆー　えー。じゃあノンケを超えてきた人妻が。

虫眼鏡　ゆめまるっち、なんか聞きたいことあるってばよ。

ゆめまる　僕気になるのが、なんていうの、泥水さんは男性が好きなわけじゃん。だけど、人妻の人から誘われたときって、どこでやろうみたいに思ったの？

――流れでしたね。

虫眼鏡　雰囲気？

――嫌ではなかったんです。

虫眼鏡　あぁ、なるほどだってばよ。

――ノンケだけど、別に、みたいな。

虫眼鏡　これは1回だけの過ちっていう感じじゃなくて、定期的にやっちゃってるってばよ?

――いや、まだ2ヶ月とかなんで、3回くらいですかね。

しばゆー　いや3回って結構ですよ。

虫眼鏡　泥水さんは今彼氏さんいらっしゃらないってばよ?

――今はいないです。

しばゆー　あぁ、いないってばよ。男性経験はあるってばよ?

――は、あります。

しばゆー　あるってばよ。男根を、おチンポを挿入されたときは気持ちよかったってばよ?

――はい(笑)。でもなんか、今のほうが気持ちいいかな。

しばゆー　あぁ、しっくりきてる。

虫眼鏡　あぁなるほどだってばよ。

ゆめまる　いや、むずいなー。

虫眼鏡　難しいってばよ。ま、これは一応ね、ダメな恋で、戦犯を判定するってコーナーじゃないですか。ただなんでしょうね、僕たちが感情移入しにくいところというかさ、どうなんだろうね、この人妻の旦那さん的には嫌なのかなぁ、だってばよ。

ゆめまる　いやぁ、俺だったら別にいいやってなっちゃう。女性同士で。

虫眼鏡　僕もいいやってなっちゃうってばよ。

しばゆー　いいと思う。

――えぇえ。

ゆめまる　まぁまぁまぁ、いいよいい、いい、みたいな。

虫眼鏡　そうなってくると、誰が損してるんだって話になってくる、ってばよ。

ゆめまる　でも自由にこれをやってるっていうのは、行為としてはダメなことではあるから、うーん。

しばゆー　そうか。

虫眼鏡　ゆめまるさん一応ね、これは戦犯を判定しなきゃいけませんので、戦犯レベルを判定していただけますか?

ゆめまる　えぇえ。

しばゆー　**一回ゆめまるとしばゆー、チュウしてみる?**

虫眼鏡　一回ゆめまるとしばゆーがチュウしてみて、どれくらいそれが嫌だったかってことで判定するのもアリですけど、だってばよ。

ゆめまる　ま、同じね、土俵に立つというかさ、世界にいくっていうことで。

しばゆー　そう、**試しに**。

虫眼鏡　お互い人間的には魅力を感じてる二人じゃないかだってばよ。

――(笑)。

しばゆー　最初チュウから始まるんですもんね? そういうのは。

――はい。そうですね。

ゆめまる　じゃ、人妻? 俺じゃあ泥水さんの気持ちになるからね。

虫眼鏡　しばゆー、妻いるから。人夫で、だってばよ。

しばゆー　じゃ、泥水さんの気持ちでいきます。

虫眼鏡　なんでお前が泥水さんなんだよ(笑)。

ゆめまる　人妻さんね。

しばゆー　人妻さんの気持ち。

ゆめまる　泥水ね、俺が。

――おっぱい触りながら、チュウ。

虫眼鏡　おっぱい触りながらだってばよ。

しばゆー　おっぱい触りながら、どうすればいいんですか? 人妻さんはいつもどういう感じで?

――うふふふ。エロい感じで。なんか基本的に**ベロを入れるのが好きみたいで。**

虫眼鏡　なるほどだってばよ。ちょっとやってみないとわかんないよそれは。

しばゆー　ベロをいじる?

虫眼鏡　ベロを入れるんだってばよ。

(チュウ中)

ゆめまる&しばゆー　**うぇぇえ!**

虫眼鏡　**なにやってるってばよ!!**

ゆめまる&しばゆー　**うぇぇえ!**

虫眼鏡　ゆめまるさん判定をお願いしますだってばよ。

ゆめまる　うぇぇ、大戦犯……。

虫眼鏡　大戦犯!

――大戦犯!

ゆめまる　いや、なんかその、言ったじゃん、世界に入ろうみたいなね。俺そういう趣味ないから、世界入れんわ。

虫眼鏡　うふふ。だって泥水さんだって趣味はないだってばよ、これは。

ゆめまる　まぁね、でも、しばゆーをそういう認識してないから、そういう性の対象としてね。

しばゆー　その時点で扉がないんですよね。

ゆめまる　そうそう。だからそれはできなかったけど、まあ、**しばゆーのベロが思いの外やわらかい**、それだけはわかりました。

虫眼鏡　やかましい、気持ちわりー話すんなだってばよ。

しばゆー　**今夜、いかがでしょうか？**

虫眼鏡　やめろってばよ(笑)。泥水さん、我々が今聞いただけの印象で話してしまいますけども、泥水さんは、私はノンケだって言い張ってるってばけど、**4%**くらいあるってばよ。その要素が。

——4%？　はい。

虫眼鏡　人妻さんと、これからもこういう関係を続けていくにつれ、その4%はどんどん増えていくかもしれない。

しばゆー　そうですね。

虫眼鏡　泥水さんは、例えば次に彼氏ができたときに、え？この男根全然気持ちよくないってばよ、ってなっちゃうかもしれないってばよ。

——はい(笑)。

虫眼鏡　そういうふうに、戻れないところまでいっちゃう可能性があるってばよ。泥水さんは今片足突っ込んでるってばよ。で、別に、なんでしょうね、いや女性は男性と付き合うべきだろ！みたいなことは僕たちは思ってないってばけど、泥水さんがどっちに進むかってとこの分岐点にいるのは間違いないな、というふうに思うってばよ。なので、泥水さんが、これから、いや私は男性と結婚したいってばよって思う場合は、もうやめたほうがいいかなと思いますし。

ゆめまる　一切ね。

虫眼鏡　逆に、こういう世界、私に向いてると思えば、迷惑のかけない範囲で。いやぁどうなんだろうな、旦那さんの気持ちを考えるとなんとも言えないですけど、泥水さんの気持ちだけを考えるんだったらば、楽しいことをしていくのもアリかなというふうに思ったくらい、だってばでございます、ってばよ。

——わかりました(笑)。

虫眼鏡　ただ、我々からの判定は、大戦犯だってばよ。

しばゆー　大戦犯でした。

虫眼鏡　なんでかっていうと、しばゆーのベロがやわらかいからだからだってばよ。

——うふふ。

ゆめまる　そっちのほうが戦犯強かったですね。この話より。

虫眼鏡　というわけで、泥水さんありがとうございました、だってばよ。

ゆめまる&しばゆー　ありがとうございました。

——ありがとうございました。

虫眼鏡　今後も東海オンエアラジオをよろしくお願いしますだってばよ。バイバイだってばよ。

——はい。バイバイだってばよ。

ゆめまる　ばいばーい。

虫眼鏡　はぁ。**だってばよあるとしゃべりにくいな**、ほんとに、難しいだってばよ。

ゆめまる　こっちも待っちゃうわ、そのだってばよを言うまで。

虫眼鏡　そうだってばよ。僕がしゃべってるとき二人がすごい黙ってくれてるな、ってのめっちゃ感じてるってばよ。

ゆめまる&しばゆー　わははははは。

ゆめまる　相槌しか打てない。

しばゆー　まだ難しい段階だってばよ。

ゆめまる　まだ慣れてないんでね。

虫眼鏡　次のコーナーは僕基本的に黙り気味にいくってばよ。だから二人で盛り上げてくれってばよ。

ゆめまる　わかりました。

虫眼鏡　以上、「東海オンエアラジオの恋の戦犯を査定しちゃうってばよ！」でした！ってばよ。

《ジングル》

虫眼鏡　チラさん、いい仕事してるじゃないってばよ。

チラ　もう一度お楽しみいただこうかと。

虫眼鏡　いやほとに、このオンエアのときも、自分の声聞くやん、**キモオタじゃねえかよ。**

ゆめまる　ははははは！

しばゆー　キモオタ。

虫眼鏡　キモかったってばよ、普通に。恥ずかしかったってばよ。

ゆめまる　なかなかないよ、自分の声で引いちゃうっていうのもね。

虫眼鏡　いやぁ、なんかキモい顔してんだろうなって思ったってばよ、これは。

ゆめまる　ニヤけてたなぁ今。

虫眼鏡　でも幸せだったってばよ。はぁ。ふつおたのコーナーだってばよ。

ゆめまる　はい。みなさんからいただいたメッセージのほう紹介していきます。ラジオネームないですかね、これは。うん？　ないね。お悩み相談が来ていますね。

虫眼鏡　はい。だってばよ。

ゆめまる　〈お悩み相談なのですが、私は昔からどうしても貯金ができません。毎月この額貯金しようと決めて口座を別にしても、足りなくなり結局引き出してしまいます。もうすぐ23歳になるのですが、貯金0はほんとにまずい気がしています。いい貯金方法があれば是非教えてください〉。という相談がきてるんですけども。貯金って心がけたことある？　二人は。

しばゆー　ない。

虫眼鏡　いや僕はどっちかっていうと、そのタイプ。そのタイプっていうか、貯金したくなっちゃうタイプだってばよ。

ゆめまる　あぁ。俺も多分しばゆーと一緒で、ないって感じで、で、彼女が、結婚するまでの貯金一緒に作ろうっていうので、何年前？　3年前くらいから貯金し始めて、月4万円ずつね、お互いに。今、それが、結構たまってまして。

虫眼鏡　だからどっちかっていうと、しばゆーは使っちゃうタイプだってばよ？

しばゆー　使っちゃうと意識して使ったことはないけども、節制しようとも思わないな。生きてるだけで。

虫眼鏡　だからしばゆーはあんまり貯金ない。**嘘つけー!!!**

しばゆー　うほほ！

虫眼鏡　ってばよ！

しばゆー　あんたが言うなー!!

ゆめまる　でも貯金するからね。

虫眼鏡　僕は貯金してるから貯金たまってるだけだってばよ。しばゆーは貯金してないけど、なんでお金たまってるってばよ？

しばゆー　収入多いからだよ!!!　お前らもだろ!!!

虫眼鏡　言うなってばよー！(笑)。

ゆめまる　言うな、収入が多いとかラジオで言うと嫌だ。嫌な空気になるな。

しばゆー　だからこれもう、月23万の気持ちになって考えよう。

虫眼鏡　だから、一個の解決策だよね、今の僕たちがしゃべったことは。収入を増やせばいい、ってのは一個の。

しばゆー　収入を増やせ。

ゆめまる　どんだけ使っても有り余るお金があれば。

虫眼鏡　稼げばいいってばよ。

しばゆー　一発当てろっていう解決策は一個ありますね。

虫眼鏡　とりあえずそれは一個提示するとして、じゃなかった場合、どうするってばよ。

ゆめまる　口座別にしてもどうしても使っちゃうってことは、もう、いじれない口座を作るんじゃない？

虫眼鏡　定期預金的なやつだってばよ。

ゆめまる　入れたら一生動かせないという。

しばゆー　まじで収入を増やすが一番いい解決だと思うんだけど。

虫眼鏡　(笑)。

ゆめまる　ま、たしかにな。なんか、ま、収入を増やすが一番いい。

虫眼鏡　おい！　お前らさっきいやらしいって言ってたじゃないかよ。

ゆめまる　一番よく考えたらそれだわ。

しばゆー　一番いいわ、まじで。

虫眼鏡　普通にママに管理してもらうのが一番いいんだってばよ。ま、ママに相談して、ママに握ってもらうってばよ。それか、一発当てるってばよ。次のお便りいきましょうってばよー。

しばゆー　ママにチンポ握ってもらうの？

ゆめまる　ラジオネーム、豊橋でユーチューバー……。

虫眼鏡　今、なんて言ったってばよ？

しばゆー　いやさっき、ママにチンポ握ってもらう……。

虫眼鏡　なんでお前、聞こえるか聞こえない声で、ママにチンポ握ってもらうってばよ～、って言うってばよ。

ゆめまる　チンポチンポ言い過ぎ(笑)。

しばゆー　チンポっていうワードに今ハマってる。

虫眼鏡　お前今日、男根とチンポにハマりすぎだってばよ今日は。基本的にね、いやなんでだろうね、このラジオ、男根って言っていいんだろうね？　このラジオ。普通は言っちゃいけないと思うってばよ。

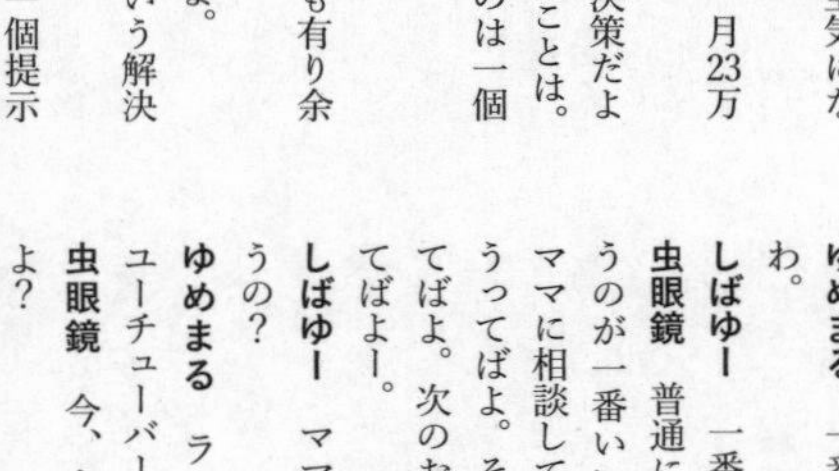

ゆめまる　みんなシーンってならず、ゲラゲラ笑ってたからね、男根って言葉に。
しばゆー　すいませんすいません。
虫眼鏡　もうダメだ。あ、でも今日**男の放送だからセーフ**だってばよ。
ゆめまる　えー、ラジオネーム、豊橋でユーチューバーになるさんからのメッセージです。
虫眼鏡　あら。
ゆめまる　〈ちょっと今暇なので、目的地は運転手さん次第でヒッチハイクしようと思います。僕は学校に行くバスに乗り遅れたら、ヒッチハイクに頼るくらいヒッチハイクが大好きです。でもやっぱりなかなか止まってくれないんですよ。ここでみなさんに質問です。あなたは今彼女もちです。そんなとき、めちゃくちゃかわいくてくっそエロそうで、こいつ座ったときにパンチラするやんけー、って女がヒッチハイクしてたら、乗せますか?　乗せませんか?〉。
虫眼鏡　あぁ、運転手さん側の意見でってことね。
しばゆー　あぁ、運転手さんね。
虫眼鏡　えぇ、乗せへんわ。
しばゆー　乗せるー。
虫眼鏡　乗せちゃうってばよ?
しばゆー　乗せるってばよ。
ゆめまる　目的地が合えば俺も乗せちゃうな。
虫眼鏡　えー。
しばゆー　違うよ、これはエロに対しての興味ではなく、ヒッチハイクやるとかやるやん!っていう。
虫眼鏡　あ、まぁ、しばゆーはそういうとこへの理解あるかもしれないってわけね。僕は、そんな、女性って、女性なのに一人でヒッチハイクやってるって、なんか怖って思っちゃう。
ゆめまる　あぁ、危険のほうが強い感じになっちゃうからね。
虫眼鏡　なんかどういう人なんだろう、葉っぱやってんじゃないかって思ってしまうってばよ。
しばゆー　ははは。あぁそういう。乗せたこともあるってばよ。
虫眼鏡&ゆめまる　しばゆー?
しばゆー　うん。ヒッチハイカー。
虫眼鏡　どんな感じだったってばよ?
しばゆー　だいたい絶対に男の二人組。で、ユーチューブ絶対やりたいって言ってるね。絶対必ず言ってる。でも女性はいないですね。
ゆめまる　でもしばゆーも過去にヒッチハイクしてたけどさ、あんとき何話すの、車内で。
しばゆー　世間話ですよ。どこ行くんですか?っていって。
ゆめまる　しばゆー東京まで行ったじゃん。ヒッチハイクで。あのときって、途中で寝たりしないの?
しばゆー　いや、寝る。めちゃくちゃ寝るときもある。
虫眼鏡　ははは。
しばゆー　でも基本的には、乗せてくれたから全力で接待はする。
ゆめまる　あぁ、話ずっと途切らさないようにしゃべって、みたいな?
しばゆー　そう。
ゆめまる　経験したことないわ俺、ヒッチハイクなんて。
虫眼鏡　だからどっちかっていうと、例えばさ、仕事でトラック運転してる人とかの中には、寂しいから乗ってくれて嬉しいよ的な人もいるかもしれないってばよ。そういう人と乗り合わせられたら、まぁ、楽しいかもしれないってばよだけどね。沢山のメッセージありがとうございました!!　今日の放送いかがだったってばよ?
ゆめまる　だってばよ、が邪魔だったよ。
虫眼鏡　いやほんと、だってばよ邪魔だ。ラジオだけやめさせてって交渉したい。ほんとにしゃべれなくなるってばよ、これ。僕が連続でしゃべることが多いってばよ。ただ、ってばよ、ってばよ、ってばよ、って繰り返すとちょっとほんとに自分しゃべりすぎてるなって気がして、邪魔だってばよこれ。
ゆめまる　でも俺ほんとに待たなきゃいけないんだと思って、すごいこっち側もストレスを感じてるんで、もうやめてください。
虫眼鏡　ほんとよくないってばよ。これラジオだけやめるって交渉するってばよ。
ゆめまる　交渉を(笑)。
虫眼鏡　さてここでお知らせです、だってばよ。

2019 05/12

高橋一生さんが婦警の恰好をして数学の成績が上がったよの回

GUEST
しばゆー

ゆめまる 本日も始まりました東海オンエアラジオ！〈最初はメッセージのほうから始めていきたいと思います。ラジオネーム、さきちゃんさんからのメッセージです。最近2回も派手な遅刻をして、ガン萎え中です。遅刻＝東海オンエアという方程式があると思います。なので遅刻やそのあとの切り替えなどのお話を聞きたいです〉。というメッセージがきてるんですけど、僕、今日ね、危うくやっちゃいそうでしたね。やっちゃいましたけど。

虫眼鏡 やってたね。

しばゆー 完全にやってたね。

虫眼鏡 今日も5時集合っていうか、5時から収録開始だったってばよ。そしたら、ゆめまるに、今日も迎えにきてくれるってばよ、ってラインしたら、5時に迎えにいくね、って返ってきたってばよ。だから、慌てて電話したってばよ。

ゆめまる **うん？**って思ってね（笑）。あのぉ、僕、収録時間をマジで1時間ほど間違えておりまして。

虫眼鏡 いや、前回もだってばよ、ちなみに。

ゆめまる そうなんですよ。さすがに、これ気づいたときに、**いよいよ俺病気じゃねえか**、ってくらいの。なんで間違えちゃったのか、ってのも一切わからないくらいの感じですね。

しばゆー まぁそうですね。東海オンエアは遅刻する人いっぱいいますけども、共通してみんな、**基礎代謝のように遅刻**をするんですね。汗をかく、みたいな。

虫眼鏡 ふははは。

しばゆー 息を吸うように遅刻をする。遅刻を遅刻とも思っていない、そういう節があるんで、よくないですけど**遅刻を遅刻とも思わん精神。**

ゆめまる その精神は持っちゃいけないんだけどぉ。

虫眼鏡 東海オンエアは、悪いほうにみんな枯れてるってばよ。遅刻したときに、なに遅刻してんだ、みんなの時間を無駄にして！って怒ってるやつがなに？みたいな感じはあるってばよ。

ゆめまる&しばゆー あははは。

ゆめまる 一応なんだろう、申し訳なさはあるよね。

しばゆー そう、申し訳ない、めちゃくちゃ謝ることはすごく大事ですね。

ゆめまる しばゆーも最近撮影を2時間ほど遅刻しましたね。

しばゆー びっくりした。

ゆめまる あれ、なにがあったの？

しばゆー ほんとーに寝てたんだよね。

虫眼鏡&しばゆー あははは！

ゆめまる **ガチ寝坊だった。**

しばゆー びっくりするくらい寝てた。

ゆめまる ここに今日いる3人は、最近大きな、派手な遅刻を結構しているので。

虫眼鏡 僕なんかは、基本的に遅刻しないキャラだってばよ。ただ、一生言わないようにしようと思った出来事がありまして、普段から東海オンエアの動画を見てくださる方はあのことだなってわかると思ってばけど、しばゆーくんと北海道に旅行の旅っていう動画で、北海道に旅ロケをする機会があったってばよ。で、飛行機とって、**北海道に10時集合**って約束したってばよ。

ゆめまる 早いね、意外とね。

虫眼鏡 で、そのために8時くらいの飛行機とらないといけないってばよ。なので、空港の近くのホテルに泊まって、明日朝起きてすぐパッと移動できるようにしとこうと思ったってばよ。**起きたってばよ。9時50分だったってばよ。**

ゆめまる　わははは。
しばゆー　**やーいこら。**
虫眼鏡　飛行機着陸してるってばよ。
ゆめまる　もう着いてるよ(笑)。
しばゆー　やーい貴様。
ゆめまる　しばゆーは間に合ったんだ、ちゃんと。
しばゆー　間に合った、珍しく。
虫眼鏡　しばゆーが電話してきて起きたってばよ。
ゆめまる　どこにいるの?って(笑)。
虫眼鏡　そう。どこにいるってばよー、って言ったから、あーぁ、大阪にいるってばよー。
しばゆー　えー。
ゆめまる　で、そっから、何時に着いたの?
虫眼鏡　で、飛行機をとり直さなきゃいけないってばよ。飛行機ってそうね、こっちの都合でポンポンポンポン飛んでくれないってばよ。なので、一番早くて5時に着くやつだったってばよ。5時に着いて、しばゆー君と**合流したのが5時半**だってばよ。今までみんな、10分15分遅刻を繰り返してきてるじゃないってばよ。
ゆめまる　そうですね。
虫眼鏡　僕は1回で7時間半稼いじゃったってばよ。
ゆめまる&しばゆー　はははは!
虫眼鏡　だからもう何も言わないってばよ。
しばゆー　**ものすごい土下座してきたもん。全然面を上げなかったもん、この人。**
ゆめまる　起きた瞬間、大あせりだったの? やっべー! みたいになっちゃう?
虫眼鏡　あのね、**全然あせらないってばよ。逆に。**あのね、ほんとに、やべえ急げば間に合う!っていう時間だったら、みんなあせると思うってばよ。数分だったら。それだったら自分の努力で縮めれるかもしれないってばよ。だって、飛行機飛んじゃってますからね。もう間に合わないってばよ。だから、あせっても無駄じゃない、ってばよ。だからめっちゃ落ち着いてたってばよ。**一旦風呂ためました。**
ゆめまる&しばゆー　ははは。
虫眼鏡　一旦風呂ためて、風呂入って、新幹線とらなきゃいけないってばよなー、と思いながらって感じだったってばよ。
ゆめまる　へぇ。そうなったら俺、自分に笑っちゃうな。あ、おもろ、それはおもろすぎるってなっちゃうなぁ。
虫眼鏡　**基本的に遅刻をしてしまったら、その後取り返すしかない**ってばよ。だから、そのあとの切り替えなどって言ってますってばけど、切り替えるというよりも、ごめんと言って、あと頑張る。それしかないってばよ。
ゆめまる　そう。それしかないね、ほんとにないね。えー、今夜も#東海オンエアラジオで聴いてる人はつぶやいてみてください。東海オンエアラジオ! 東海ラジオをお聴きのあなた、こんばんは! 東海オンエアのゆめまると!
虫眼鏡　虫眼鏡だ! そして今日のゲストは。
しばゆー　しばゆーだよ~~~。
ゆめまる　この番組は、愛知県・岡崎市を拠点に活動するユーチューバー、我々東海オンエアが名古屋にある東海ラジオからオンエアする番組です!
虫眼鏡　ゆめまると、僕虫眼鏡が中心となってお届けする30分番組、だってばよ。今ね、僕うっかり、虫眼鏡だ!って言っちゃったってばよ。あのすいません、こうやって言っちゃったら、僕はめっちゃ本気で悔しがらなきゃいけないっていうルールがあるんで、ちょっと放送中なんだけどすいません、**くそー!!!**
しばゆー　めんどくせー。こいつー!
虫眼鏡　ほんとに面倒くさいこれ。一応ね、このラジオには台本ってものがありまして、ま、言うこと言うこと全てがね、事細かに書いてあるわけじゃなくって、何分くらいにこの話題にいって、みたいな感じの、ざっくりした台本みたいなのがあるってばよ。そこに、誰がしゃべる「虫眼鏡」みたいなふうに書いてあるってばよ。今日は全部これしばゆーにやってもらうってばよ。
ゆめまる&しばゆー　(笑)。
虫眼鏡　虫眼鏡って書いてあるところ全部しばゆーやってくれってばよ。
しばゆー　まじでかってばよ。
虫眼鏡　僕はもう今日ゲストの気持ちでやるんで。
しばゆー　(笑)。
虫眼鏡　しばゆーとゆめまるで基本的に進めてくれ。
しばゆー　これからどうするんだ、ま、慣れるまでね。
虫眼鏡　お願いしますってばよ。
ゆめまる　ラジオの収録、俺すごい楽しみというかさ、楽しんでるんだけど、だってばよ、になった瞬間、全然楽しくなくなったから、もうやめよう。

ゆめまる 楽しくないってばね。

虫眼鏡 楽しくない。テンポ崩れるからもういい、やめよ。**この罰ゲームやめてくれ、**お願いだよ〜。

虫眼鏡 ダメだってばよ。ルールだってばよ。ルールを破ることはできないってばよ。だから、僕のフォローをしてくれってばよ、二人で。

しばゆー わかりました、僕がしゃべりました今回は。

ゆめまる がんばります。じゃあ、曲振りいっちゃっていいですかね？ 今日はなんかリクエストとかありますか、しばゆーさん。

しばゆー リクエストですか？ まぁ僕、かわいい曲が好きなんでね。

ゆめまる ほぅほぅほぅ。じゃあ、きゃりーぱみゅぱみゅとか、そんな感じ？

しばゆー あぁ、きゃりーぱみゅぱみゅ「PONPONPON」。

ゆめまる はい、しばゆーのリクエストということで。それではここで1曲お届けします、TOKONA-Xで「知らざあ言って聞かせやSHOW」。

しばゆー ポンポンウェイウェイウェイ。

《曲》

ゆめまる お届けした曲は、TOKONA-Xで「知らざあ言って聞かせやSHOW」でした。

しばゆー さて、東海オンエアが東海ラジオからオンエア！ 東海オンエアラジオ、このコーナーやっちゃいます！「第2回東海オンエアを音で笑わせろ！」。ラジオは、音のメディアです。その特徴を最大限に生かした新コーナーです。あなたが、面白い音、歌う替え歌、自作の歌、鼻歌、会話、寝言などを送ってもらい、みんなで笑おうという企画でございます。2回目ですね、これが。

ゆめまる 1回目で打ち切りになるかと思いきや、2回目があったっていうね。

しばゆー へぇ、俺知らないわ。

ゆめまる みんな送ってくれたから2回目があったってことです。ありがとうございます！ さっそく行っちゃってもいいですかね？

しばゆー お願いしますお願いします。

ゆめまる まず最初は、千葉県の巨神兵さんからのメッセージですね。〈面白い音送って！との事だったので、**19歳女の子の手マンの音送っちゃいます**〉っていうのがきてますけど。

しばゆー えぇ！

虫眼鏡 **手マンっていうのは、手で握ったお饅頭ってことですか？**ってばよ。

ゆめまる 新しい饅頭を作るっていうことで。

しばゆー **手で、ピーーーをくちゃくちゃやることです。**

ゆめまる （笑）。今日はチンポじゃなくピーーーか。たまってんだなぁ。そんな音を送ってくる19歳がいるということでね、じゃあ早速聞いてみましょう。

《音》

しばゆー え？ ダメじゃん。

虫眼鏡 ダメな音流れてましたよ。

しばゆー 完全にダメじゃん今の。

ゆめまる これ、手マンしてたな。

しばゆー ほんとにダメじゃん。

ゆめまる 〈この音は、高校で流行っていたほっぺの横をつまんでクチャクチャ鳴らしてるだけです〉。って書いてある。

しばゆー あぁぁあぁ。

ゆめまる だからこうやって、**くちゃくちゃくちゃくちゃ。**

しばゆー なんで流行った？

虫眼鏡 ふふふふ。

ゆめまる どんな高校？（笑）。これは面白いっていうよりも汚い音なんで。

しばゆー くちゃくちゃくちゃくちゃくちゃ。

虫眼鏡 きたねーってばよ。

ゆめまる しばゆーがやると、手マンの音ではなくなってたね。ローション。

しばゆー きったね。**性病みたいな感じ。**

虫眼鏡 ねばねばなんだった（笑）。

しばゆー 知らんけどね（笑）。

ゆめまる いやこれは、こんな音が届いてますね。

しばゆー ほぅ。面白いな、このコーナー。

ゆめまる じゃあ、続いての音です。宮城県在住のくまくまさんからの音ですね。〈ドライブ中にたまたま隣にいたトラックのモノマネを突然し始めた旦那です〉。っていうのがきてますけど。どういう音なんだろう、これは？ ちょっとわかんないんで聞いてみましょうか。

《音》

しばゆー　え？　どっちだ？

虫眼鏡　待ってくださいってばよ（笑）。

ゆめまる　待ってくださいって、2回目やっちゃいけないって。

しばゆー　1回目もきてた、もしかして？

虫眼鏡　違うってばよ。もうダメだ、しばゆーが話を進めることができないってばよ。普通に音に驚いてるってばよ。

ゆめまる　もう一回ちょっと聞いてもいいですか？

《音》

ゆめまる　面白い音を送ってって言ってんだけど、旦那さんの行動を送ってもらってもさ、音だけで。

しばゆー　ウワンウワンウワンウワンの部分ってことだよね、今？

虫眼鏡　そこがモノマネだってばよ。

しばゆー　あぁぁ。**クソじゃん。**

虫眼鏡&ゆめまる　わはははは。

しばゆー　びっくりしたわ、トラックのほうが本物だと思ってたわ。

虫眼鏡　そんなわけあるかい（笑）。

しばゆー　なるほどねぇ。てつやの、ブーンブーン！みたいなことだと思ってた。

ゆめまる　てつやのそれって、結構クオリティ高いじゃん。なんだけど、これはクオリティが低すぎて、俺はクソとは言わなかったけど、しばゆーが言ってくれてちょっと嬉しかった。ちゃんと言ってくれてよかった。クソだ。

しばゆー　（笑）。

虫眼鏡　しばゆー、トラックのモノマネしてってばよ。

しばゆー　あぁぁあーーー、ビビビビッビビーー。

ゆめまる　（笑）。お前、どんな世界で暮らしてきたんだ。**トラック見たことある？**　いやぁ、これはクソな音でしたねぇ。

虫眼鏡　いやこれ、**クソ音のコーナーかもしれない。**ほんとにいかにみなさんがクソなものを送ってくるかってのを楽しみにするかもしれない。

しばゆー　なるほどね。そういう気持ちで見よう、じゃあ。

虫眼鏡　ほんとに似てるモノマネって面白くないってばよ、逆に。似てねーじゃねえかよ、とか、そんなこと言わねえだろ、ってのが面白いってばよ。だからそういう気持ちでいきましょう、ってばよ。

ゆめまる　じゃあ、最後の音ですかね。愛知県在住の、うめちゃんからの音ですね。〈私の母は**イビキが盗賊**みたいです。そして音がうるさいです〉。

虫眼鏡　盗賊のイビキ知らんだろ、ってばよ。

ゆめまる　〈妖怪地鳴りババアです。母以上のイビキを聞いたことがありません。毎晩母のイビキが私の部屋まで聞こえてくると「ああ今日も出たか、妖怪」と思いながら就寝します。私の安眠はいつくるのでしょうか……〉。っていう。結構イビキが大きい音で。

しばゆー　聞いてみたいな。

ゆめまる　それじゃ、聞いてみましょうか。

《音》

虫眼鏡　すごいってばよ、これは。

ゆめまる　おぉ。

しばゆー　トラックのモノマネ、これ？

虫眼鏡　ふはははは！　こっちのほうが似てるってばよ。

しばゆー　こっちだよね？

虫眼鏡　これがくまくまさんってばよ。

ゆめまる　いや、**これこれこれ！**　こっちだよ、トラック。

虫眼鏡　これは高クオリティってばよ。くまくまさんのやつとくっつけたらおもろかったってばよ。

ゆめまる　そうだねぇ。

虫眼鏡　イビキって聞いちゃって、あぁイビキか、っていってもハードルを越えてきてくれたってばよ。でもこれうめちゃんも、お母さんのイビキめっちゃうるさいってばよ、って思ってるけど、いやうめちゃんもその血ひいてるから、怪しいってばよ。

ゆめまる　あぁ。

しばゆー　たしかにね。

虫眼鏡　自分のイビキって全然聞こえないってばよ。なんか僕も、イビキかいたことない人間って思ってたってばけど、最近、イビキかいたよ昨日、とか言われて、え？　そうなんだ？って。

しばゆー　その瞬間、めっちゃはずいよね。

虫眼鏡　恥ずかしいってばよ。

ゆめまる　えー、面白い音はまだまだ大募集中です。あなたが歌う替え歌、自作の歌、鼻歌、会話、寝言、一発芸、面白ければ、何の音でも大丈夫です。送り方は、「東海ラジオ」ホームページ内、「メッセージボード」から入って、「東海オンエアラジオ」を選択して送ってください。

しばゆー 「第2回 東海オンエアを音で笑わせろ!」でした!

《ジングル》

ゆめまる チラさんほんとに仕事してますね、これ。まさか、あっこ取るとは思わなかった。SEA BREEZEを舐めるモノマネをしてるところを。

チラ すすったから、ラーメン妖怪が出てきたの。

ゆめまる あぁ、なるほどね。

虫眼鏡 ちゃんとストーリーがあるってばねー。

ゆめまる それでは、いただいたメッセージのほうを紹介していきます。ラジオネーム、SJKのゆきおさんからのメッセージですね。

しばゆー **ちょっとまったーーー!**

ゆめまる はいはい、どうしたの?

しばゆー いや、普通のお便りなんて、読んでんじゃないよ。

ゆめまる ふつおたのコーナーだからね。

しばゆー ぬるま湯につかってんじゃないよ。

ゆめまる でた、もしかして。

しばゆー この世にはな、クソったれたお便りってのが存在するんだよ。

虫眼鏡 そっか、しばゆー回だってばよ。

しばゆー **クソオタのコーナー!!!**

ゆめまる 始まりました。

しばゆー はい、今回もね、クソオタのコーナーやっていこうと思います。前回、ちょっとだけ好評だったみたいでね。

虫眼鏡 いや、クソオタが好評な世界、終わってるってばよ(笑)。

ゆめまる 番組終わるでな、それはもう。

しばゆー じゃあ、早速、いいですか? どんなクソオタか。

虫眼鏡 叱ってかないとってばよ。

しばゆー ラジオネーム、なし。〈あ、これ、電話番号です。080、プルルルー、iPhoneから送信〉。

ゆめまる 出た、クソオタですねー。

しばゆー **出始めにクソですね。**

ゆめまる まず、電話番号送るなら、そのメッセージも書いて送ってくれないとね。

虫眼鏡 そう。電話番号書いてある、電話かけよう!って僕たちかけてないってばよ。こういう話をあったんですよ、聞いてください、みたいな感じで電話番号書かないと、かけないってばよ。

ゆめまる かけないんだよ。

しばゆー はい、もうクソです。はい、件名、げんきー。〈お元気ですか? 僕は元気です。お元気そうでよかったです。ペンネーム、マジカルボーイ iPhoneから送信〉。

虫眼鏡 ははは。

ゆめまる **クソオタに共通するのは、iPhoneから送信なんですね。**

しばゆー そうですね。基本的に。自己完結しちゃってますからね。

虫眼鏡 たしかに。こっから話を膨らませないってばよ。

しばゆー はい、次いきましょう。〈最近お腹がゆるいです。便秘のとしみつさんは、どうやって便秘になったんですか? MK、070、トゥルルルルウ〉。以上です。

虫眼鏡 意味がわかんねえんだよ(笑)。

しばゆー MKもわかんないし、**070ってウィルコムなのか、**っていう。

虫眼鏡&ゆめまる わははは!

虫眼鏡 昔ウィルコムだった人、070だってばよ。

ゆめまる そうですね。

しばゆー すごく残るところでございますね。はい、では次いきましょう。ペンネーム、シルバスターゆうたろうさんから。〈I have ブラ、I haveさば~〉ってきてますね。

ゆめまる どういうことですか?

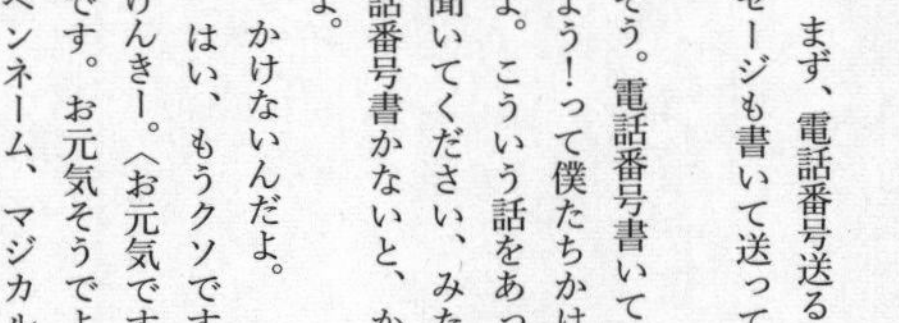

(笑)。
虫眼鏡　いや、で、アーン!ってするとどうなるってばよ?
しばゆー　え?　ゆめまるさんやってみます?
ゆめまる　**I have ブラ〜、I have サバ〜、アーン!　ブラサバサバサバブラ、**みたいな感じですかね?
しばゆー　あぁ。違いますね。
虫眼鏡　違うってばよ。
しばゆー　答え書いてあります。
〈ブラジャーでシメサバ、ボンサバ、ドゥ〉。
虫眼鏡　ふふふ。
ゆめまる　じゃあ一連の流れでやってみてください、しばゆーじゃあ。
しばゆー　**I have ブラ〜、I have サバ〜、アーン!　ブラジャーでシメサバ、ボンサバ、ドゥ。**
虫眼鏡　ねえ。**これしばゆーのお便りだってばよ。**シルバスターゆうたろうはお前だってばよ。
しばゆー　違いますよ、クソオタのコーナーですから。
虫眼鏡　お前が今、勝手に一発ギャグやっただってばよ。
しばゆー　違いますよ。
ゆめまる　**自分でクソオタ送ったんだ?**自分で送ったんだね?
虫眼鏡　**じゃあなんでお前の台本にそんな書き込みがいっぱいしてあんだよ!**
しばゆー　**うわー、やめてくれ!**やめてー!　普通のクソオタじゃもう間に合わねえと思ったんだよ。
ゆめまる　これなんて書いてあんの?
しばゆー　しばたゆ、って最初に書いてある。
虫眼鏡　しばたゆうすけだったらお前だってばよ(笑)。
しばゆー　じゃあ次いきましょうか。**ペンネーム、シルバスターゆうたろうさん。**
虫眼鏡　**お前じゃねーかってばよ!!**(笑)。
ゆめまる　出てきたぞ、おい!!(笑)。
しばゆー　〈みなさん、令和になって元号ギャグって考えたことありますか?　**元号ギャグ**やってみてくださいよ〉。
虫眼鏡　うっとうしいだってばよ、それ。
ゆめまる　ないですよ、元号ギャグなんて。
しばゆー　ないですか?　でもここに書いてありますよ。元号ギャグ。
虫眼鏡　え?　読んでみてくださいってばよ。
しばゆー　〈**レイ足すレイはレーイワ。レイ引くレイはレーイサ。わっさ、わっさ、官房長官おかえししますー**〉って書いてありますね、これ。
ゆめまる　(苦笑)。
虫眼鏡　お前さ、**私物化すんなってばよ!**
しばゆー　え?
虫眼鏡　私物化しちゃダメだってばよ。
しばゆー　私物化ってなんでごわすか?
虫眼鏡　電波を私物化しちゃいけないってばよ。
ゆめまる　ですぎ。
しばゆー　なかなかいいクソオタなんじゃないでしょうか、これはね。
虫眼鏡　ちょうどいいクソオタだってばよ。普通にしばゆー君がお便り送ってくれればいいってばよ。採用するってばよ。
ゆめまる　普通のコーナーで読むんで、しばゆーが送ってくれれば。
しばゆー　なるほど。じゃあ今度送りますね。
ゆめまる　待ってます。
虫眼鏡　送ってくださいね。
しばゆー　はい、これでクソオタのコーナーは以上です。
ゆめまる　じゃあ、あと2つくらい普通のお便り読みますか?　それではね、前回の放送で、最後アポロさんのメッセージを途中で切っちゃったわけじゃないですか。
虫眼鏡　あぁ、気持ち悪すぎて切っちゃったやつだってばよ。
ゆめまる　でもなんかこれは普通に、気持ち悪くはないですね、今回のお便りは。
虫眼鏡　なるほど。
ゆめまる　なんでちょっと続き読んでもいいですかね?
虫眼鏡　2週にわたってね。
ゆめまる　ラジオネーム、アポロさんからのメッセージですね。〈成長したと褒めてもらったので近況をご報告します。最近の私は、パイパンノーパンが標準装備でお相手ともいっぱいマグわい合ってるのですが、裸にエプロン、チャイナ服、婦警の制服、女医、つなぎ服でさらに楽しんでいます。女体盛りならぬ、女体ケーキで甘いひと時も過ごしています。メンバーのみなさんは好きなケーキはなんですか?　ちなみに私はモンブランです〉。

虫眼鏡　えー、僕はどっちかっていうと無難なショートケーキが大好きだってばよ。しばゆーさんはどうだってばよ？

しばゆー　いやぁ俺チョコケーキかな。

虫眼鏡　ゆめまるさんはどうだってばよ？

ゆめまる　僕ですか？　あのぉ、僕甘いもの食べれないんで。

虫眼鏡　（巻き気味で）あぁそうなんだってばよ。じゃあ次のお便りいきましょうだってばよ。

しばゆー　いいのかな、これ？

虫眼鏡　ははは。なんでゆめまるがこのお便り読みたがったのかわからないってばよ。

ゆめまる　かわいそうやん。せっかく送ってくれて、途中で読み終わっちゃったから。

虫眼鏡　これは読み終わった時点で完結してるってばよ。

ゆめまる　続いてのメッセージいきます。

虫眼鏡　女体ケーキってなんだってばよ？　いい、進めといてください。

ゆめまる　ラジオネーム、ななはさんからのメッセージです。

虫眼鏡　おっぱいとかを生クリームで乳首隠して、みんなに舐めてもらうとか……。

ゆめまる　〈愛知県名古屋市に住む、JKです。私は中学の数学の先生にガチ恋をしていました。その先生は30歳で結婚していて子供が二人います〉。

しばゆー　スポンジケーキでかいの用意してその間に挟む……。

ゆめまる　〈その先生は高橋一生に似ていて、優しくて面白くて、大のドラゴンズファンです。先生はとにかくかっこいいのと、たくさん魅力があって大好きです。先生が野球の素振り的なのしてるとキャーキャー言ってたバカです。でも私はその先生を好きになったおかげで数学頑張ろうとなり、おかげで数学の成績がグングン伸びて、3、4、5と伸びて予定よりもいい高校に行くことができました。それもあって好きが増す一方です。本当に……〉。**俺も話に入れてよ!!**

虫眼鏡　あぁ、ごめんごめん。

しばゆー　なに？　婦警さんの話だっけ？

ゆめまる　あ、**止まってんだそこで、君たちの時間**。止まってんだ、メッセージ読んでるとき、止まってんだ。

しばゆー　**高橋一生さんが、婦警さんの格好をしてる？**

虫眼鏡　違う、**高橋一生さんが、数学の成績上がったんだってば。**

ゆめまる　違う違う、**それも違うよ！**　高橋一生さんに似てる数学の先生にガチ恋してました、っていう女の子のメッセージだよ。

虫眼鏡　なるほど。

ゆめまる　で、中学校のときね、それが。で、高校に入って、その先生のことを忘れたいけど忘れられないと。高校で新しい恋をするためにどうしたらいいの？っていうふうにきてるんですね。

しばゆー　ほう、なるほど。

ゆめまる　普通のお便りを読んでたら、ずっと女体ケーキの話とかするからさ。絶対そっちのほうが楽しいやん。

虫眼鏡　そんなの、そのお便りに失礼だってばよ。

ゆめまる　なにを話してたの？

虫眼鏡　女体ケーキの話をしてたときに、僕は普通によくある、乳首とかに生クリームを塗って、私を食べて、っていうケーキの話だと思ってたってばよ。そうしたらしばゆーは、違うよ**スポンジの間に女体が挟まってんだってばよ**、って言ってたってばよ。

ゆめまる　ははは。

虫眼鏡　具のほうだってばよ。そんなでかいスポンジないってばよ。相当スポンジが低反発じゃないと沈みこんじゃうって話をしてたってばよ。

ゆめまる　その発想はすごいな（笑）。

しばゆー　普通に盛っても女体盛りになっちゃうからね。

ゆめまる　いいんだよ、このお便りで……。

しばゆー　え？　これ、卒業したあとの話でしょ？

ゆめまる　卒業して。

しばゆー　だったらもうしがらみないんじゃないの？って思うんですけどね。

ゆめまる　あぁ、先生に恋をするってことに対して、ってこと？

しばゆー　そう。

ゆめまる　これはどんどんアタックしていい、ってことでいいのか？　ダメでしょ？

しばゆー　え、ダメなのかな？

ゆめまる　ちょっと待ってね、虫さんちょっとしゃべって。

虫眼鏡　なんでだよ！（笑）。

ゆめまる　元先生だからもっとしゃ

べれや、こういう話題のところで。
虫眼鏡　あ、なるほど。
ゆめまる　しゃべってほしいよ。
しばゆー　先生と生徒って関係ではないんだから。ガンガンいっちゃっていいんじゃないかな？
ゆめまる　でも実際それってどうなの？　いいのかな？　いいんですか？
虫眼鏡　だからもう、いいんですか僕しゃべって？　先生はあなたのこと相手にしてません、まったく、まったく相手にしてませんってばよ。
しばゆー　えー、うそー。
虫眼鏡　はい。完全に相手にしてません。特に中学校の先生は、何歳ですか？　わかりませんけど、最低でも24歳上なんですよね。中学生って多くても15歳ですよね。はい、絶対にあり得ませんその年齢差。
しばゆー　かなしー。
虫眼鏡　先生ってのは、先生になった瞬間に子供は子供に見えるわけだってばよ。だから、おっぱい大きいからかわいいなとか、まったくそういうのないってばよ。だからお前いい加減にしろって思うってばよ。で、新しい恋をしたいからどうのこうの言ってるばよね。恋ってのは、新しい恋をしたいから頑張ろうって意識するもんじゃないってばよ。もうその瞬間に、恋をしてる瞬間に前の恋が終わるってばよ。だから、私も新しい恋をしたいから頑張らなきゃな、前の人を忘れたいの、とか意識してる間は絶対に新しい恋できませんから、あのぉ、黙ってろ、黙って勉強しろっていうふうに思います、ってばよ。
しばゆー　かなちゃん、そんなふうに思ってたの？　高校のとき恋した教育実習生のかなちゃん、俺のこと相手にしなかったんだ。
虫眼鏡　相手にしてません！
しばゆー　へぇ、めっちゃ好きやったのに、教育実習生の。
虫眼鏡　教育実習生なんてまったくそんな余裕ないって、心の余裕ないってばよ。沢山のメッセージありがとうございましたってばよ。
しばゆー　今回の放送いかがだったでしょうか？　どうでしたか？
ゆめまる　僕ですか？　あのぉ、**この放送すごく嫌でした僕。**
虫眼鏡　なんでだよ(笑)。
ゆめまる　テンポがね、いつもと崩れちゃってる感じが。
しばゆー　虫さんが、ってばよで一回自分を諦めてる姿勢みたいなのが、いつものリズムを崩してる気がしない？　たしかに。
虫眼鏡　編集でなんとかしてもらわないと。
しばゆー　**虫さんがやっぱ大事なんだなって思ったね。**
ゆめまる　そうそうそう。
しばゆー　さてここでお知らせです。

2019 05/19

東海ラジオさんはすごい僕にいいことしてくれるの回

GUEST
りょう

ゆめまる　本日も始まりました東海オンエアラジオ！　**東海オンエア、今、風邪が大流行しておりまして、**今ここで収録してる虫さんと、りょう君は、ほんとに風邪をひいております、というわけなんですが、どうですか？　みなさん調子。

虫眼鏡　僕はマジで頭が痛いってばよ。ただラジオのいいところは、めっちゃつらそうな顔してても、それが聴いてる人にはわからないってところがいいところであり、悪いところだってばよ。だから、ゆめまるがそういうことを言わなければ、今回、今日もね、いつも通りできたってばよ。

ゆめまる　**おいおいおいおい、**じゃあ俺途中でめっちゃ咳するぞ。咳してもいいんか？　つながらんぞ。

りょう　ふふふ。

ゆめまる　昨日しばゆーから連絡きて一番驚いたのが、しばゆー君インフルエンザB型になっておりまして、もしかしたら、僕たちもなってるかもしれなくて、ほんとに、ラジオの人、もし感染してたらパンデミック起こしちゃいます。ごめんなさい。

りょう　ごめんなさい。

虫眼鏡　**電波に乗ってみなさんにインフルエンザB型を配信してる**ってばよ。

りょう　そういうことになるね。

ゆめまる　まぁね、今日は、まぁまぁまぁ、元気にやっていきましょう。ちょっと体調悪いかもしれないですけども。虫さん無理しないでね。ほんとに頭痛いって言ってたんで。えー、今夜も#東海オンエアラジオで聴いてる人はつぶやいてみてください。東海オンエアラジオ！　東海ラジオをお聴きのあなた、こんばんば！　東海オンエアのゆめまると！

虫眼鏡　虫眼鏡だってばよ！　そして今日のゲストは。

りょう　りょうでーす！

ゆめまる　この番組は、愛知県・岡崎市を拠点に活動するユーチューバー、我々東海オンエアが名古屋にある東海ラジオからオンエアする番組です！

虫眼鏡　ゆめまると、僕虫眼鏡が中心となってお届けする30分番組！と、台本には書いてあるってばよ。しかし、このラジオ、毎週聞いてくれてる方ならご存じかと思うけど、僕今、東海オンエアのほうの罰ゲームで語尾を「だってばよ」にしないといけないっていう罰ゲーム中なんだってばよ。でね、いろんな方から、いやラジオは仕事なんだからそれはいいんじゃないの？っていうふうに言われたってばよ。僕も、たしかになって思うんだってばよ。でもそういうのダメだってばよ。らしいんだってばよ。東海オンエア的にそういうの、仕事とか関係ないらしいってばよ。

りょう　そうなの？

虫眼鏡　めちゃめちゃ昨日もすごい偉い人からお名刺もらうときとかも、あっ、**お名刺ちょうだいしますってばよ、**って言わなきゃいけなくて、あとからめっちゃ言い訳するっていう面倒くさい生活送ってるってばよ。

ゆめまる　それは結構ありますよね。

りょう　大人と接するときはいい、っていうルールじゃないの？

虫眼鏡　え？　そんなルール初めて聞いたってばよ。

ゆめまる　俺も初めてだな。なんか、撮影に影響が出るなら、それはしなくていいみたいな感じはあると思うけど。

りょう　なんか、てつやも、なんだっけ？　なんかで外してたよね、なにかを。

ゆめまる　サングラスは外してたときあったね。

りょう　そうそうそう。だから別に……。

虫眼鏡　サングラスのときだってばよ、それ。

ゆめまる　たしか。なんのときだ？

りょう　別にいいんじゃないの、だから。

虫眼鏡　え？　そんなこと言うってばよ。じゃあ普通に僕今、だってばよ以外でしゃべるってばよ。

りょう　でもラジオはできるんじゃない？っていうと思うよ。

虫眼鏡　りょう君はね、先週と先々週のラジオの怖さを知らないからそういうこと言うってばよ。

りょう　今のところは虫さんすごいきれいにしゃべれてると思うんだけどな。

虫眼鏡　で、今日は、台本を見るとですね、普段基本的には回しっていうか、ズラズラズラって読むところとか進行とかは僕になってるんだってばよ。ただ、今回はそこの名前がりょうになってるってばよ。

りょう　びっくりした。さっき来たら、あれ？　俺やん今日なんか？って。

ゆめまる　いや結構ね、怖いよ。

りょう　ゲストのはずなのにな、って(笑)。

ゆめまる　ゲストの人にやらせるの怖いよ、ダメなんだよほんとは。

虫眼鏡　結構**僕とゆめまるの間で作り上げてきた空気感**みたいな。

ゆめまる　あるからね。

虫眼鏡　ただ今回は、ちょっとね、新鮮な感じかもしれないですよ。

りょう　楽しみですね。

虫眼鏡　僕は基本的に、ゲストっぽく押し黙ってるんで。

ゆめまる　ダメだ、それもダメだわ。じゃあ、もうなんか、曲紹介のほう行ってもいいですか？

虫眼鏡　早速いきましょう、ってばよ。

ゆめまる　それではここで1曲お届けします、平沢進で「パレード」。

虫眼鏡　と、見せかけて、でんぱ組.incで「絢爛マイユース」だってばよ。

りょう　あり？

ゆめまる　返された……。

《曲》

虫眼鏡　お届けした曲は、でんぱ組.incで「絢爛マイユース」だってばよ。

ゆめまる　いや、俺初めて自分の好きな曲じゃないものを流してしまったなぁ。

虫眼鏡　そう、このラジオはね、ゆめまるがね、しっぶい曲を流すっていう伝統があったんですけど、**第31回目にして初めてこんなアイドルソングが流れてしまう**っていうってばよ。

ゆめまる　すごいぞ。

りょう　なぜ突然？

虫眼鏡　そう、なぜと聞いてくださいってばよ。

ゆめまる　なんでなんで？

虫眼鏡　そうなんだってばよ。4月30日、平成最後の日の話なんだってばよ。その日はね、でんぱ組.incさんが名古屋ダイヤモンドホールでライブをやってたってばよ。で、僕はね、最近、でんぱ組.incさんすごいハマってて、是非ライブに行きたいと思ってチケットに応募したんだけど取れなかったってばよ。

ゆめまる　あぁ、人気でね。

虫眼鏡　そうそうそう。だから、しょうがないな、と。そういう運命なんだと。で、また、チケットが当たったらまた改めて行きたいなって思ってたってばよ。そしたらね、ゆめまる君はいたと思うんですけど、このラジオの企画で、音を。

ゆめまる　あぁ、面白い音をね。

虫眼鏡　送ってもらうっていうクソ企画があるってばよ。

ゆめまる　ははははは！

虫眼鏡　でんぱ組.incのえいたそさんが、僕に、メッセージを送ってくれてたってばよ。

ゆめまる　虫さんが、赤面っていうか、すごい緊張してる感じのね。

虫眼鏡　普通に26歳の大人が顔赤くなったってばよ。

りょう　ははは。

虫眼鏡　キモかった。キモオタだった。で、そのときにね、是非来てくださいって招待していただけたんだってばよ。でね、この番組のプロデューサーさんも、僕も行くんだってばよと。でんぱ組.incさんも東海ラジオの中で番組やってるんで。だから、プロデューサーさん、結構なおじさんだってばよ。**おじさんと二人で、アイドルのライブ見に行って**ですね(笑)、なんならね、写真も撮らせていただけちゃった。ま、ほんと、コネチケですまんなって感じだってばよ。

りょう　贅沢だなぁ。

ゆめまる　いいなぁ。

虫眼鏡　ちょっとこれは権力を使って写真撮らせてもらってね、**平成最後にすごいいい思い出ができたってばよ**、ってことをね、みなさんにご報告するために今回はね、この曲を流させていただいたってばよ。

りょう　なるほど。

ゆめまる　全然いい。ありがとうございます、**それなら全然いい。**

りょう　ほんとに。

虫眼鏡　もう次回からは、ゆめまるさんの曲に戻しますんでね。

ゆめまる　いいんだよ、みんな流していいんだよ、ほんとは。

虫眼鏡　ゆめまるが怒るから。

ゆめまる　いやいや(笑)。

りょう　さて、東海オンエアが東海ラジオからオンエア！　東海オンエアラジオ、このコーナーやっちゃいます！「虫さんに始球式のことを聞いちゃおう！」。

虫眼鏡　なるほど、そんなコーナーまで、ありがとうございますだってばよ。

ゆめまる　でも最近だからね。

りょう　**5月4日、ナゴヤドームの中日対ヤクルト戦で、我らが虫さんが始球式を務めました。**今日は、その時のことを詳しく聞いてみたいと思います。

虫眼鏡　いやぁ、最近ほんといいことが続いてるというか、うれしいドッキリが続いてるってばよ。

りょう　いやぁ、とんでもねえな、これは。

ゆめまる　**怪我するぞ、なんか起こるぞ不幸が。**気を付けてな。

りょう　気を付けたほうがいい。

虫眼鏡　平成の最後から令和の最初にかけて、ちょっとピークがきちゃってるってばよ。

りょう　すごかったなぁ。

ゆめまる　まずはね、そのときのことを、当日の東海ラジオ「ガッツナイタースペシャル」の実際の実況を聴いて思い出してもらいましょう。

虫眼鏡　そっかそっか。聴けるんだってばよ。

ゆめまる　それでは、お願いします。

りょう　うわ、やばい！

《ラジオ音源》

～これから、東海オンエア、虫眼鏡さんによる始球式が行われます。左バッターボックス先頭の太田が入っています。今、ボールを投げました、91キロ。若干スライドしましたが、なかなかなピッチングでした。ダイレクトでキャッチャー加藤にボールが届きまして、今、キャッチャーの加藤とがっちり握手。そして、虫眼鏡さん、四方にしっかりと頭を下げて、今ドラゴンズ選手たちとハイタッチ。

りょう　おぉ。

ゆめまる　なるほどねえ。

虫眼鏡　こんな実況されてたってばよ、恥ずかしいってばよ。

りょう　いや、ほんとにいい球だったよねあれ。びっくりした。

ゆめまる　**会場が、おぉ～ってなった**もんねほんとに。

虫眼鏡　いや、そうなんだってばよ。ま、あれは僕たちのイベントじゃないじゃないですか、ってばよ。だから、僕たちのことを知らない人のほうが当然多いわけだってばよ。その人たちからしたら、始球式ってのはね、いい球が投げれたら、おぉ。ダメだったら、なぁんだ。ってなるだけのイベントっちゃあイベントだってばよ。だから、あれはね、なにがなんでもね、ノーバンでストライクを投げなきゃならないっていう緊張感の中の始球式だったってばよ。

りょう　あれはすごかった。

ゆめまる　虫さん、始球式をずっとやりたいって言ってたけどさ、始球式やるってわかった瞬間はさ、どうだったの？　嘘やん？とか思ったの？　目隠ししていったわけじゃん。場所までは。

虫眼鏡　そう、先に言われてたら、最初から嬉しいな、すごい大役を任されたな、責任感もたなきゃな、とか言って練習とかすごいして、じわじわと実感してったと思うってばよ。で、すごい緊張して本番を迎えられたかなと思うってばよ。ただ、あれ**急すぎて、ちょっとよくわかんなかったってばよ**(笑)。

ゆめまる　ははは。なになに？　みたいな。

虫眼鏡　なに？　投げればいいの？みたいな(笑)。

りょう　開き直れたんだね。

虫眼鏡　どっちかっていうと、家に帰って、ツイッターとかで自分の投げてる姿を見て、え？すごくね？ってなったってばよ。

ゆめまる　あぁなるほど。

りょう　後から実感がわくやつだね。

ゆめまる　いやいいなぁ。**俺、あんときさ、二日酔いすぎて、ほぼほぼ記憶がないのね。**だからさ、虫さんにすごい聞きたいのがさ、3万6000人入った感じなんだけど、そのときどうだった？　緊張とかするの？　なんか、見られてるわぁ、みたいな。

りょう　お前、記憶ないのにうざすぎるだろ。**あれの記憶ないのか？**　一応いたんだよ。

ゆめまる　**いたよ！　覚えて**

るよ！だけど、**薄ら薄ら**なんだよ、ほとんど飛んでんの。まじべロッベロで。

りょう　朝も寝坊したしな、あの日（笑）。

ゆめまる　ごめん。ほんとにごめん。

虫眼鏡　なんか、東海オンエアもユーチューブのイベントとかで、まぁまぁの人数の前に立つことあるってばよね。6000人とかの前に立ったことあったよね。

りょう　あるね。

虫眼鏡　それの6倍とか、平気でね。自分たちが見たことない量の人間が周りにいたってばよ。だから6倍緊張するのかなって思ったっちゃ思ったってばよ。だから正直、始球式行いますとか言って、今日は誰誰ですとか言ってるときが一番緊張したけど、**いざマウンドに立ってみると、マジでなんにも周り気にならなかった。**

ゆめまる&りょう　へぇ。

虫眼鏡　ほんとに一人で加藤選手とキャッチボールしてるくらいの気持ちだったってばよ。

ゆめまる　**すげー**。それ立った人にしかマジでわかんないやつなんだね。

虫眼鏡　ほんとにグローブしか見えないってのはそういうことなのかなって感じだったってばね。

ゆめまる　でね、結構メッセージのほうもきてて、その中のひとつをちょっとここで紹介しようかなと思うんですけど、ラジオネーム、ちょこさんからのメッセージですね。〈いつも岐阜県から楽しくラジオ聴かせてもらってます。私は父親の影響で小さい頃から中日ドラゴンズが大好きです。今シーズンも何度かナゴヤドームへ応援にいきました。実は昨日も父と妹が見にいっていて、虫さんが始球式だよと連絡をくれました。ですがその連絡をくれたときには、時すでに遅し。これほど野球見にいかんかったことを後悔したことはありません。虫さんに質問なんですけども、マウンドから見る景色はどうでしたか？　なんか選手さんたちとのエピソードなどあれば聞きたいです〉っていうのがきてますけど。なんかあったら。

虫眼鏡　あぁ。今言ったみたいに、意外とね、マウンドに立ってしまうとキャッチャーしか見えなくて、あんまり緊張はなかったってばよね。ま、でも、緊張しなかったってよりは、ほんとに、真っ白になっちゃっただけだってばよ。

ゆめまる&りょう　あぁ。

虫眼鏡　だから普段ね、ま、その後普通に柳選手が先発ピッチャーで投げたってばよ。だから、すごくね？　あの人たちって。3万6000人の人に見られて、100何球も投げるってばよ。めちゃくちゃ緊張するんじゃないの?って思うってばよ。なんなら野球選手ってさ、僕たちより年下の人だってもう活躍してるから、だから、**やっぱりすごいな野球選手は、**っていうのは感じた、ですね、ってばよ。まぁあと、選手さんたちとはあんまり関わる機会はなかった。試合前なんでね。

ゆめまる　まあそうだね、たしかにね。

虫眼鏡　だけどドアラくんがね、すごい頭ポンポンって叩いてくれてね、パーンって叩いてくれて、ありがとうって思ったんだってばよ。ただね、あとから考えたんだけど、**ドアラ1994年生まれだってばよ。あいつ年下だってばよ。**

ゆめまる　あぁそうか！

りょう　意外にそうなのかぁ。

虫眼鏡　なんか、今度謝らせなきゃなと思って。

りょう　へえ。94年からあのスタイルなんだ、じゃあ。

ゆめまる　すごいね。めちゃくちゃ元気な人だな、じゃあ。

りょう　井田勝也アナウンサーによる虫眼鏡投手のヒーローインタビューも届いていますので聞いてもらいましょう。

《音源》

――放送席、放送席、今日見事ナゴヤドームの始球式を務めてくださいました、虫選手です。ナイスピッチング。

虫眼鏡　ありがとうございます。

――今日、地元、ナゴヤドームでの始球式。どんな気持ちでマウンドに上がったんですか？

虫眼鏡　そうですねぇ、やっぱり、ゴールデンウイークということもあってお客さんがたくさん見に来てくれてる中で、ま、できるだけいいパフォーマンスをしたいなということで、緊張したんですけど、頑張りました、ってばよ。

――いいパフォーマンス、そういう意味では、肘の爆弾、少し気になるところがあったんじゃないでしょうか？

虫眼鏡　なので球数制限ってことで、今日は1球だけだったってばよ。

――その1球に渾身の力を込めて、どんなことを考えながら投げたんでしょうか？

虫眼鏡　そうですね、いざマウンドに立ってみると、ほんとに真っ白になってしまって、ほんとにキャッチャーのミットしか見えてなかったってばよ。だから何を考えてるかと聞かれたら、何も考えてなかったと答えるのが正しいってばよ。

――それはゾーンに入っていたとも言えるんでしょうか？

虫眼鏡　僕の球も、いいゾーンに入ってたっていうことだってばよ。

――今日のピッチング、誰に伝えたいですか？

虫眼鏡　やっぱり、この丈夫な体に産んでくれたお母さんとかそういう人とかに伝えたいってばよ。

――では最後に、番組を聞いているみなさんに一言メッセージをお願いします。

虫眼鏡　ドラゴンズは今借金3ということで、ちょっとだけ苦しい位置にいますけれども、我々の応援でこれからもドラゴンズを盛り上げていきましょう。

――以上、今日の始球式を務めてくれました虫眼鏡投手でした。放送席、お返しします。

ゆめまる　虫さん、選手になると、**虫選手**なんだね。

虫眼鏡　いやだから、今普通にぬるっとさ、ヒーローインタビュー聞いてみましょう、はーい、ってな感じで入ったってばよ。なにそれ？

ゆめまる　（笑）。

虫眼鏡　ヒーローじゃないって、普通に。試合ボロ負けしてるってばよ。で、しかも、虫投手って、違うってばよ。なのに井田アナウンサーはね、あの人はねぇ、ふざけてるのかふざけてないのかわからない。

ゆめまる　それね、俺も見てて思った。**ふざけてんのかな、ガチなのかな、この人？**

虫眼鏡　だから、こっちも真剣に答えるべきなのか、ちょけたほうがいいのかわからなくて、ちょっと曖昧になっちゃった。

りょう　でも、ちょうどよかったと思うよ。上手だったよ。

ゆめまる　で、始球式のあとは、東海ラジオのガッツナイタースペシャルの放送席でゲスト出演してたってこと？

虫眼鏡　これもね、なんだったらこれのほうがね、緊張したってばよ。

りょう　へぇ。

虫眼鏡　ま、僕もね、ちっちゃいころから野球を見ながら「振りかぶって第4球投げました、アウトコース外れてボール。ボールカウント2ストライク2ボールです」とかそういうことやってたってばよ。野球見ながら。で、お母さんから、あんたそんなことやってよく舌回るねぇ、とかいうことを言われながら育ったから。それをやってるプロを目の前にして、ほんとすごいなと思いましたし、そのブースにいさせていただけるっていうのは非常にいい経験になったな、という感じだってばよ。

ゆめまる　そこでね、今日は、あるお方からコメントのほうをもらってますので、そちらのコメントのほうを聞いてもらいましょう。

虫眼鏡　え？

《音源》

虫眼鏡さん、始球式をやりましたね。実現おめでとうございます。**山本昌です**。放送席で見ましたけど、非常に素晴らしいボールがいったなというふうに思います。初めてにしては上々の出来だったんじゃないでしょうか。フォームが非常にきれいで、小さな体を大きく使ってということなんですけど、そうですね、もうちょっと肩が大きくしっかり回ったらもっともっと、いいボール投げれるんじゃないかというふうに思います。そして肘にネズミがあるそうなんで、これを手術してさらに肘がよくなると、もっともっといいボールが投げれるんじゃないかというふうに思います。是非肘の手術をおすすめします。がんばってください。

虫眼鏡　えー。**うれしー！**

ゆめまる　すごいよぉ、いいね！

虫眼鏡　なんかね、**東海ラジオさんはすごい僕にいいことをしてくれる**ってばよ。いろいろと。

りょう　遅いぞ気づくの。すごいぞ。

虫眼鏡　でんぱ組.incさんから始まり、始球式、そして今の山本昌さんからのメッセージまでいただいて、いや、いい仕事してるってばよ僕。

ゆめまる&りょう　あははは。

虫眼鏡　**東海オンエアやめたら東海ラジオに勤めよう**、って思ったってばよ。

ゆめまる　すごいよこれ。

虫眼鏡　幸せだってばよ。僕もこれ、後から見て、どうしてもストライク入れなきゃいけないと思ったから、やっぱ普段よりも緊張してたってばよフォームが。

ゆめまる　あぁ、ちょっと堅くなってたんだ。

虫眼鏡　ちょっと小さくなってたってばよ。だから、まぁ、次があるなんてことはないですけど、ま、もしもね、次があるって言ってもまた変な感じになっちゃいますけど、そういうところが反省点かなって思ってますってばよ。

りょう　でも、オリックス・バファローズのエースの山岡君から連絡きたけどさ、めっちゃいい球じゃないっすか、って。

虫眼鏡　僕もね、インスタでDMきたけど、めっちゃほめられた。

りょう　はははは。

虫眼鏡　いや、さすがにほめてくれるでしょ。いや、あれは全然ダメだよ、とは言わないよ。

りょう　あの出番の出方で、あれはすごいよ普通に。

虫眼鏡　あれは偶然だって。ほんとに偶然だってばよ。

りょう　すごいなと思った。

虫眼鏡　というわけで今言いましたけど、肘の軟骨がはがれてるってばよ。

ゆめまる　ネズミがいますからね。

虫眼鏡　というわけで手術入るんで、その間東海オンエアのほうよろしくお願いします。2、3か月リハビリかかる。

ゆめまる　**山本昌さん呼ぶから。**

虫眼鏡　よろしくお願いしますってばよ(笑)。

《ジングル》

ゆめまる　はい。ここでいただいたメッセージのほうを紹介していきます。愛知県在住の、ノンストップ序破急さんからのメッセージです。〈先日私は某書店で、岩井ジョニ男の写真集を立ち読みしていました。するとなんと、左から、りょう君とお友達の方が歩いてきたのです〉。

りょう　どこだ?

ゆめまる　〈あまりの驚きに固まりましたが、思い切って声をかけ、握手を乞うと、プライベートだったにもかかわらず、快く応じてくれました。いつも見ている動画どおり、爽やかで、身長も公式どおり2m15cmあった気がします〉。

虫眼鏡　14ね14。

りょう　ねえだろ。

ゆめまる　〈びっくりしすぎて、そのあとずっと上の空でしたが、ほんとにうれしかったです。しかしそれと同時に、写真やサインをしてもらわなかったことを死ぬほど後悔しました。そこで質問です。もし東海オンエアのみなさんは偶然お会いしたら、どこまで要求していいのでしょうか? サインや写真などはありですか?〉というのが来てますけども。**これは、ありです。**

虫眼鏡　お前が言うなって(笑)。

りょう　はははは。

虫眼鏡　これはほんとにね、人と場合による、時と場合によるってばよ。そしてそいつの機嫌にもよるってばよ。

りょう　結局話しかけるなら早く話しかけてほしいよね。

ゆめまる　それはあるね。

りょう　ずっと微妙な距離で待たれるの困る。

虫眼鏡　こっちからね、あぁ写真撮る?って言いにいけないんだよ。

りょう　そうそう。ご飯中はやめてほしいよね。

ゆめまる　あ、それはそう。めっちゃ思う。

りょう　それぐらいじゃね、でも?

ゆめまる　ご飯のときと、そうだね、タイミングだと、ご飯とデート中とかは俺やだな。

りょう　そうだね。普通のことだね。

ゆめまる　そうそうそう。

虫眼鏡　なんかあとさ、プライベートなのにすいません、って言うやついるってばよ。

ゆめまる　いるいる。

虫眼鏡　いや、プライベートじゃなかったら絶対ダメだってばよ(笑)。プライベートだから、ギリいいんだよ。ま、あと思うのは、**すごい好きな人が目の前にいるのに、声もかけれない人間にはなってほしくないってばよ。**

ゆめまる&りょう　あぁ。

虫眼鏡　だから、別にこっちに怒られてもいいから声かけてくるくらいの気持ちでこいよ、とは思う。僕、断ったこと、基本的にはないよ。

ゆめまる　僕しょっちゅう断っちゃうな。

虫眼鏡　**ゆめまるとしみつは機嫌出すぎ**だってばよ。

ゆめまる　機嫌っていうか、なんだろう。来る側の態度がすげえ気にくわないときがあんだよ。まじで。

りょう　えぇ。俺断ったことないな。断るってなに? だってさ、結構怖がらせるよね。

ゆめまる　いや、怖がらせてないんだって。俺は。

りょう　いや、怖いよ。

虫眼鏡　怖がらせてるってばよ。

ゆめまる　怖いんか? じゃ、怖がらせないようにするわ。怖がらせないように、あ、ごめんね、って。

りょう　それならまだいい。

ゆめまる　ま、なんか一番俺が困ったのが、駐車場に停まってて、チケットあるやん、入れてお金払ってるとき。そのときに話かけてくる人いてさ。コンコン、みたいな。ウィーンって開けて、ちょっと待ってもらっていいっすか?みたいな。払ってるやん。だけど、写真撮ってください、今でいいんでって。**あ、あぁ、ウィーン……。**

虫眼鏡&りょう (笑)。

ゆめまる いやでもあれも申し訳ないなと思いながら。そういうのもいっぱいあります。ほんとタイミングわかってくれればね。あと、態度結構気を付けてほしい。

虫眼鏡 いや難しいってばよ。だってさ、ゆめまるからしたらね、ここはよくてここはダメだから、このいい時に来いよって思うかもしんないってばよ。ただ**視聴者さんからしたらその瞬間しか会ってないってばよ。**

ゆめまる まぁまぁまぁね。

虫眼鏡 だから、ご飯だから仕方ないな、っていうの、すげぇもったいないなと思っちゃうってばよ。

りょう ご飯を待てばいいじゃん。

虫眼鏡 え? だって待たれるほうが嫌だってばよ、そんなの。だから僕は別にそんなの全然気にしないから、さっと行って邪魔にならないようにやってほしい。

りょう ご飯って、周りもいるじゃん。

虫眼鏡 え? 自分が出ればよくない?

りょう あ、自分が外に出てってこと? 見たことないよ、そんなところ。

ゆめまる そこまでするのは嫌だな俺。

虫眼鏡 僕全然彼女とご飯食べてるときに声かけられて、全然外出てくってばよ。

ゆめまる それはすごいわ。

りょう えー。見たことないなそんな人。

ゆめまる それはすごい。そこはちょっと見習うわ、俺も。

虫眼鏡 まぁでも、思うのは、グループの中に、ちょっとね、そういうのお前ら考えろよ、っていうタイプの人がいて、逆になんでもいいよ、って言っちゃう人がいて、**その混沌としてる感じがバランスいいのかな、**って思うってばよ。

りょう たしかに。

虫眼鏡 あまりにも、舐められすぎると、いけないとも思うし、お高くとまりすぎてもいけないと思ったばよ。だから、ま、そこらへんはうまくなってんじゃないの、って僕は思ってるってばよ。

ゆめまる バランスとれてんだね。

りょう そうだね。

ゆめまる 沢山のメッセージありがとうございました! 今日の番組、いかがだったでしょうか?

りょう 今日は咳が出そうなのがつらかった、こっち側は。

ゆめまる そうだね。ずっと、ホッ、ホッ、って。

りょう うわぁやばい、やばい、ってなりながらしゃべるから、変になっちゃうね。あと、だってばよ、はやめよう、もう。

虫眼鏡 (笑)やめようってなんだってばよ。

りょう 慣れてるよね、なんか。

ゆめまる てばってよ、みたいな。なんだそれ。

りょう さてここでお知らせです。

収録ブースの中の人 チラさんこと東海ラジオ番組スタッフ山本俊純氏に聞きました！

「東海オンエアラジオ」のココがすごい！＆東海オンエアに望むことは？

――「東海オンエアラジオ」のオリジナリティーはどのあたりにあると考えていますか？

チラ 現在の東海ラジオ内の番組と比較しての話で言うと、圧倒的に自由ですね。それは意図的に自由にさせているということではなくて、少しでも縛ってしまうと途端に面白くなくなると思うんですよ、彼らの場合は。そう考えると、一昔前――例えば80年代とか90年代とか――のラジオって、結構しゃべり手の自由度が大きかったと思うんです。それが最近はやっぱりコンプライアンス的な縛りがきつくなっているという面はどうしてもありますから、みんながナチュラルにセーブをかけるような状況だと思うんです。ところがこの「東海オンエアラジオ」に関しては、もう聞いていただければ分かる通り、そういう縛りとか忖度みたいなものがほとんどない（笑）。彼らの番組が支持されているのは、そういう自由さを感じられるからなんじゃないかなと思います。うれしいのは、ラジオから彼らを知って、好きになって、彼らのホームグラウンドである動画の世界に入っていくという人が結構いるということですね。あと、制作者目線でいえば、いろいろと凝ったことをやりたがるものなんですけど、彼らの場合はシンプルに勝負ができるというところもすごいなと思いますね。

――そのへんは聴取率にも表れていますか？

チラ 正直、いいです。それはきっと彼らの番組に対する姿勢が反映されているのかなと思いますね。というのも、彼らがホームにしている動画の世界って、リアルに再生回数で自分たちを評価され続ける場所じゃないですか、だから自分たちがどれくらい聴かれているのか、ということには普通のパーソナリティー以上にシビアな感覚を持っていると思いますね。実際、彼らから質問されたりしますから。初めてラジオをやるのに、〝どれだけ聴かれているか〟を意識しながら、それでいて自由度を失わずにやっているというのはすごいなと思います。

②

——数字で評価され続けている世界にいる、というのはリアリティーがありますね。

チラ　それは考えたら、ユーチューブもラジオも一緒ですからね。彼らにとって面白いものというのは、自分たちだけが面白いではダメで、きちんと視聴者なりリスナーなりに評価してもらって初めて成立するものなんですよね。もちろんそれって当たり前のことではあるんですけど、実は相当客観的な視点がないと難しいものなんだと思います。

——番組制作者として、これから彼らに望むものはありますか？

チラ　超具体的なことをいえば、生放送がレギュラーでできるくらいのパーソナリティーになってほしいということですかね。それは言葉選びがどうとか、まわしのうまさがどうといったテクニック的なことというよりは、生放送でリアクションが瞬間的にくるという環境の中でトークをして、目の前のリスナーとコミュニケーションをとることの快感を知ってほしいと思います。

——そこがラジオの原点でもありますもんね。

チラ　やっぱり動画ともテレビとも違う一番のところって生放送でダイレクトに反応が返ってくる中で成り立っていくものですからね。もちろん動画でも生配信ということはあるんですけど、ラジオの場合は声だけという限られた中でどうやって面白いものを作っていくかという違ったやりがいがあると思うので、そこにはチャレンジしていってほしいなと思います。その上で、〝ラジオでの東海オンエア〟というものを確立して、東海ラジオの破天荒パーソナリティーといえば東海オンエアだよねって誰もが思い浮かぶくらいになってもらいたいですね。

2019 05/26

パイパン伝説いっぱい持ってるの回

GUEST
りょう

ゆめまる　本日も始まりました東海オンエアラジオ！　早速メッセージのほうからやっていきましょう。神戸市在住の、ラジオネーム、おゆてぃさんからのメッセージです。〈東海オンエアさんの大ファンの高校3年生の娘を持つ母親です。今回はお礼とお願いがあって投稿させていただきました。娘は受験生なのですが、この旅行を最後に受験勉強に集中するとのことで、娘のたっての願いで聖地・岡崎へ、平成最後の4月30日に家族旅行に行きました。私は毎日仕事で忙しく、家族との時間を作ることができていませんでした。特に高校生になってからはお互い忙しく、会話しない日もあり、恥ずかしながら娘が日々どんなことを考えているのか、どんなことに興味を持っているのかもあまり把握できておらず、こんな親子関係でよいのかなと日々悩んでいました。今回、この旅行を通して娘とたくさん会話ができ、私の知らぬ間にしっかり成長していることに改めて気づかされ、また親子の絆も深まりました。東海オンエアさんのおかげで家族がひとつになれました。本当に感謝の気持ちでいっぱいです。旅行は本当に充実したものだったのですが、帰った後に、イオンモールでてつやさんとりょうさんのゲリラ交流会があったとの情報を得て、会えなかったことを泣いて残念がっていました。そこでひとつだけお願いしたいのですが、『受験頑張って！』と一言いただけるとありがたいです。（ちなみに娘の名前はひなです）。皆様の今後のさらなるご活躍をお祈りしています〉という、むちゃくちゃいいメッセージがきておりますね。

りょう　ありがたいですね。

ゆめまる　結構家族でさ、岡崎に旅行に来てくれるって人がいるわけじゃん。それってすごくない？

りょう　すごいよ。

ゆめまる　旅行先で岡崎は選ばんやん、普通の人は。

虫眼鏡　ま、でもね、僕たちは岡崎に住んでるから、いや岡崎に何しに来るの？ってマジで思うってばよ。

ゆめまる　で、みんな行くのがさ、イオンとかさ、っていうところやん。

りょう　どこでもあるね。

ゆめまる　どこでもあるようなところに行くわけじゃん。

りょう　特別じゃないもんね。

ゆめまる　そうそう、あと公園とかになるわけでしょ、旅行場所が。それ、ちょっと申し訳ない気持ちもあるけどさ、あるんだよね、俺の中では。なんか、すごい嬉しいんだけどさ。「受験頑張って」の一言リクエストあるので、言っていきましょうよ、これは。じゃ、ちょっと僕が、ひなちゃん！って言うんで、受験頑張って！ってみんなでいきましょう。いきますよ。ひなちゃん！

3人　受験頑張ってー！

ゆめまる　いや、これは受験頑張るんじゃないですか？　頑張ってもらわないと困りますね。

りょう　ほんと頑張ってほしいですね。

ゆめまる　いやほんとに、ありがとうございます、これからも頑張っていくのでね、ぜひぜひ応援してください。今夜も#東海オンエアラジオで聴いてる人はつぶやいてみてください。東海オンエアラジオ！　東海ラジオをお聴きのあなた、こんばんは！　東海オンエアのゆめまると！

虫眼鏡　虫眼鏡だ！　そして今日の…、おーっと、くそー!!　虫眼鏡

だってばよ！　そして今日のゲストは。

りょう　りょうでーす！

ゆめまる　この番組は、愛知県・岡崎市を拠点に活動するユーチューバー、我々東海オンエアが名古屋に

ある東海ラジオからオンエアする番組です！

虫眼鏡　ゆめまると、りょうが中心となってお届けする30分番組だってばよ！

りょう　変わっちゃったな。

虫眼鏡　いや、ほんとにしゃべりにくいってばよ。短いことが言えなくなっちゃったってばよ。

ゆめまる　わかるわかる。それはね。

虫眼鏡　先週に引き続きりょう君に僕の代わりをお願いするってばよ。

りょう　はーい、頑張りまーす。

ゆめまる　ちょっと、オープニングですごいいいメッセージが来てたんだけども、さっきね、同級生と収録の合間で会いまして。女子プロ野球やってる子なんだけど。その子と写真撮ったわけなんですよ。ま、榊原選手って言うんですけども。これちょっと見てもらいたいんだけど、**顔の大きささ、ちょっとやばくない？**

りょう　言ったじゃん、撮ってる時に言ったよ。**ゆめまる顔でかすぎるけど大丈夫？**って。聞いたよ。え、でかいけど大丈夫？って。

ゆめまる　うそ？（笑）。全然聞いてなかったわ。

虫眼鏡　**遠近法使ってる？**ってばよ、それ。

ゆめまる　俺も遠近法だと思った、最初。だから、**カメちゃん言ってよ！**

りょう　**言ったら小顔になるんか！**

ゆめまる　**ならんわ！**

りょう　ははは。

ゆめまる　めっちゃデブやなお前、って、めっちゃ言われてたわ。同級生から。

りょう　デブだもんな、ほんと。だって、前に会ったのが何年も前でしょ？

ゆめまる　そうだね、もう4年くらい前になりますね。

りょう　4年前と今のゆめまるの違いはすごいぞ。

ゆめまる　衝撃だったと思う。だからもう、真っ先に言われたのが、**太ったね、**って言葉でしたね。

りょう　そうだろうな。

ゆめまる　それでは今日もね、曲振りのほうやっていきましょうか。なんかりょう君あれば、教えていただければ。

りょう　ま、最近街中でほんとによく聴く曲なんだけど、これ流せばみんな喜んでくれるんじゃないかっていう。

ゆめまる　おぉ、いいね。

りょう　あいみょんの「マリーゴールド」で。

ゆめまる　なるほどね、はいはいはいはい。これみんな好きですから。

りょう　絶対みんな好きだもん。

ゆめまる　それではここで1曲お届けします、浜田省吾で「もうひとつの土曜日」。

りょう　やっぱりかぁ。

《曲》

ゆめまる　お届けした曲は、浜田省吾で「もうひとつの土曜日」でした。

虫眼鏡　久しぶりにこんなベタベタな曲振りやっちゃって、ってばよ。

ゆめまる　いやぁ（笑）。

虫眼鏡　ちゃんと僕に振られたら、キャンディーズの「危い土曜日」って言って、**土曜日違いだよ！**って言おうとしたってばよ。

ゆめまる　むずいよ、いきなりは。

虫眼鏡　さて、東海オンエアが東海ラジオからオンエア！だってばよ。東海オンエアラジオ、このコーナーやっちゃうってばよ！「あなたのモヤモヤを『正論』で解消しちゃうぞ！」だってばよーー！

ゆめまる　押したな、ゴリ押したな今。

虫眼鏡　ふふふ。

ゆめまる　解消しちゃうぞー!!って。

虫眼鏡　これはですね、要はお悩み相談コーナーだってばよ。ただね、こういうのって、基本的に、お便り送ってくれてる人の味方になっちゃいがちだってばよ。

ゆめまる　ま、それはありますね。

虫眼鏡　それはつらいよね、とかいう感じで、その人に都合のいい答えを返してしまいがちになってしまうだってばよ。

ゆめまる　それは結構ありますね。

虫眼鏡　ただね、りょう君はそういうことを許さないってばよ。今日はりょう君がゲストってことで、ま、お悩み相談してくれる人に対して、ガチの正論でズバッと解決していくってばよ。

りょう　はい、任してください。

虫眼鏡　その人にとって都合の悪いことであろうと、バシッと言うし、僕たちも、りょう君それは言い過ぎだよ、みたいなこと言わないですから。ほんとに、メンタルの強い人がね、このコーナーの相手に選ばれてると思うので、りょう君遠慮せずにいつもみたいにズバッと言ってくださいってばよ。

りょう　はい。

ゆめまる　それも優しさなんでね。早速メッセージのほういきましょうか。東京都在住の、ラジオネーム、たらこスパゲッティさんからのメッセージです。

虫眼鏡　28歳だってばよ。年上だけど関係ないってばよ。

りょう　逆にやりやすい。

ゆめまる　〈私は都内で保育士をしています。いきなりですが、男性であるみなさんに質問です！　何故保育士って男性からの好感度が高いんですか!?　どんな仕事も大変だとは思いますが、保育士さんってみなさんが思っているよりもキツイ仕事です。保護者、上司からの重圧、やってもやっても終わらない書類仕事、次から次へとやってくる行事の準備……挙げたらキリがありません。しかも、女社会は地獄絵図です……やばいです。みなさんなりの考えを聞かせて頂けたらと思い、メールをしました〉というメッセージがきておりますね。

虫眼鏡　まず、このメッセージが意味わかんないってばよ。このなんか、質問されてるのは、なぜ保育士って男性からの好感度が高いんですか？ってとこだけだってばよ。

ゆめまる　そうだね。

虫眼鏡　だから、それに関して、いや保育士ってつらいんですよこんな仕事で、って情報別にいらないってばよ。これどういうことだってばよ？

ゆめまる　正論だよ、正論だよ、正論なんだけど、**はえーんだ、はえーんだよまだ**。

虫眼鏡　僕じゃないか。

りょう　今から電話でしょ？

虫眼鏡　今から電話して、どういうつもりなのか聞いてみたいってば。

りょう　でにくそー。

虫眼鏡　これ愚痴なのか、私めっちゃモテちゃうんですけどなんでだと思いますか？っていう質問なのかどっちなのかはっきりしてほしいってばよ。

りょう　それが気になる。

虫眼鏡　そういうところをりょう君に今回はズバッと言ってもらう。今のは僕の思ってることじゃないってばよ。**りょう君に言えって言われたから言ってるだけ**だってばよ。

ゆめまる　ははは。

虫眼鏡　もしもし！

——はいもしもし。

虫眼鏡　たらこスパゲッティさんですね、ってばよ。

——はいそうです。

りょう　どうも。

虫眼鏡　どうも、東海オンエアですってばよ。

りょう　聞いてました、今の？

——聞いてました。

ゆめまる　はははは。

りょう　どうなんですか、そのへん。モテるんですか、たらこスパゲッティさんは？

——全然モテないんですけど(笑)、結構つらい、きつい仕事で、ま、どの仕事もそうだと思うんですけど、結構女社会ギスギスネトネトネチネチするんですよ。そうすると、私もたぶんそうだと思うんですけど、精神力が強くなり、キャラも濃くなり、気持ちも強くなり、みたいな人が結構多くて。え？　みたいな性格の人とかが、いっぱいいたりするんですよね。現にいっぱい会ってたりするんですが。で、そうなってきたときに、保育士ってフィルターを通ると、なぜ好感度が、男性からの好感度が爆上がりするんだろうなぁ、みたいな。

虫眼鏡　なるほど。あのね、僕も昔教員をやってたってばよ。で、女の先生って、ま、言葉遣いなんだけど、子供に対して、**お前らなになにしろ！**って言うってばよ。

りょう　そうなの？

虫眼鏡　そうじゃない、わりと、6年生の先生とかそういうところわりと想像できるところないってば？

りょう　ま、わかるわ。

ゆめまる　厳しい人だとね。

虫眼鏡　しなさい！とか。

ゆめまる　それは言われるわ。

虫眼鏡　で、普通のさ、女性って、そんな言葉遣い絶対しなくないってばよ。

ゆめまる　しないね。

虫眼鏡　普通に働いてて、しろ、しなさい、とか。

りょう　そうだね。

虫眼鏡　あなたたち、とか。そういう言葉遣い絶対しないってばよ。だから、なんか気が強くなっちゃうんだってばよ。今ね、たらスパさんがおっしゃったのと同じだってばよ。で、そういう意味で、女性の教師はマジでモテないっていうふうに僕は言われてたってばよ。

ゆめまる&りょう　へぇ～。

虫眼鏡　だから、そこが保育士さんと普通の教員の違いだってばよね。

ゆめまる&りょう　あぁ。

ゆめまる　なんか、**俺、好きだよ、女教師。**

虫眼鏡&りょう　あははは！

りょう　聞いてないんだよ、そこは。

虫眼鏡　**それはお前のDMM動画の中の話**だってば。

ゆめまる　ははは！　めっちゃバレてるわ。

りょう　なんで保育士の好感度が高いかって、これはもうなんか、女子力ありそう感あるんじゃね？

ゆめまる　ある。それだと思う。

りょう　子供の世話するし、裁縫もするしね。そういうとこじゃないの？

虫眼鏡　一般的にはそうやって言われるってばよね、なんか子供好きそうだから、子供産んでもすごいお世話してくれそうとか、言わないってばよ。

ゆめまる　そうそうそう、優しそうだしね。しかも。

りょう　普通にそうじゃないですか？

——いやぁ、なんか仕事ぶりとか見てて、保育士イコールいい母親になるってイコールが私の中になくて。逆に普通の会社員でも、どんな職業でもいいお母さんってたくさんいると思うんですよね。そこが、イコール保育士にはならないっていうか。

りょう　でも、その確率が高そうって思えるんじゃないですか？普通に。子供に接してるしね。

——あぁ、なるほど。

ゆめまる　正論ですなぁ。

——まぁ、正論ですね（笑）。

虫眼鏡　まぁ今回はりょう君がこういう感じで正論でね、**あなたの考えの腐ってるところを正していく**ってばよ。

りょう　腐ってないですよ全然（笑）。

虫眼鏡　なんかりょう君に聞きたいことあるってばよ？

りょう　全然腐ってなかったですよ、今のところは。

——どうやったら彼氏できますか？

ゆめまる　それなぁ。

虫眼鏡　**お前は黙ってろってばよ。**

ゆめまる　僕が答えるとすると——。

虫眼鏡　**お前は黙ってろってばよ**（笑）。

ゆめまる　ま、やっぱり優しくするってことが一番じゃないか——。

虫眼鏡　**お前は黙ってろってばよ！　お前みたいな彼氏いらないってばよ。**

ゆめまる　ははは。

虫眼鏡　りょう君に聞きたいってばよ。

りょう　なんで彼氏がいないんですか、じゃあ？

——出会いないんですよね。

虫眼鏡　それすごい思うってばよね。なんか、学校の先生やってたときも、え？　こいつしかおらんやん、みたいな。二択だった。こいつかこいつ。

ゆめまる　仕事場がね、はいはい。

虫眼鏡　そう。だって、その仕事場か、なんていうの、家か学校のどっちかにしかいなくって、学校に適齢期の女の子が二人いて、そいつかそいつのどっちかしか選べないってばよ、ってなっちゃう。でも、保育士さんとなるとね、そもそも職場にちょっとでも男性がいるかっていうと、そういうわけでもないってばよね？

——そうですね。いなかったときもあります。一人も。

りょう　でも、出会いない仲間で集まって合コンとかできるでしょ？

——たまーにありますね。たまーに。

りょう　周りはどうしてるんですか？

——周りは学生から付き合ってるっていうのが結構多いかもしれない。

りょう　そっから紹介とかもできますしね。え、どういう人と付き合いたいんですか？

——いやぁ、でもなんか、なるべくなら周りの知らない人っていうか、あんまりつながりがない人がいいかなって思うと、なんか出会いがないってなっちゃうんですよね。

りょう　なんで、周りとつながってたらダメなんですか？

——えー、なんか、**筒抜けなのがなんか嫌かな、**みたいな。

りょう　へぇ。

虫眼鏡　でも保育士さんとかさ、看護師さんとかさ、人の体に触れる女性はエロいみたいな伝説あるってばよ。

ゆめまる　あるねあるね。

りょう　ありますね。

虫眼鏡　たらスパさんはエロいんですかってばよ?

——えー、エロいかエロくないかだったら、たぶんエロいほうだと思いますけど。

虫眼鏡　あぁ、いいじゃないですかってばよ。

ゆめまる　いいですねぇ。

虫眼鏡　そんなのすぐ彼氏できそうなもんですけどね、ってばよ(笑)。

ゆめまる　ほいほい、ってね。

虫眼鏡　ほいほい!

りょう　いい相手がいないんでしょ、だから。

——そう、いい相手がいないですね。

りょう　そのうち現れるのを待てばいいんじゃないですか?

——あぁ、頑張ります。

りょう　いい女になって、いい女になり続けて、で、いい男が現れたときにすぐに。

虫眼鏡　いや、りょうさんわかってないです、ってばね。

りょう　なんで?

虫眼鏡　りょう君、あなたはまだ26歳ですってばよ。男性で26歳ったらまだ全然いいですよ。たらスパさん28歳だってばよ。**もうクソババアだってばよ。**

——(笑)。

ゆめまる　**ディスがひでえ。**突然のディスだ。

りょう　年齢そんな気にすることないと思うけどね俺は。あぁ、でも世間は違うのかなぁ。

虫眼鏡　子供ほしいとかはあるんだってばよ?

——子供ほしいですねぇ。

虫眼鏡　あぁ、そうすると体力的にも、もうそろそろ結婚したいなとか思ったりしますかってばよ?

——そうですね、周りが結構もう結婚して子供いてっての見てると、別にあせったりはないですけど、いいなぁみたいな。

りょう　だったら婚活素直にするしかないんじゃないですか?

虫眼鏡&ゆめまる　正論だ。

りょう　だってそうなるじゃん。

虫眼鏡　婚活とかしたことあるってばよ?

——したことないですね、なんか、そういう婚活パーティーとかってみんなギラギラしてて、ちょっと引いちゃいそう。

虫眼鏡　でもなんかそれちょっと面白そうだなってすごい思う。また**ちょっとみんなで行こうってばよ婚活パーティー。**

ゆめまる&りょう　ははは!

虫眼鏡　たらスパさん、愛知来てってばよ、ちょっと婚活パーティーしようってばよ。

ゆめまる　**ラジオ収録しよう、**それで。

りょう　面白そう。

——行きます行きます全然行きます(笑)。

虫眼鏡　ま、だから、お仕事も大変ですからね。お仕事が大変で、気が滅入っちゃって、なんか、休日にちょっと違うところに足を伸ばそうとかね、そういう気持ちにならないな、っていうメンタル面ももしかしたらあるのかな、と僕は思ったってばよ。たらスパさんに気をつかって言ってるやつだから正論ではないってばよ。

——(笑)。

虫眼鏡　りょうさんに最後に締めてもらいましょうってばよ。

りょう　たらスパさん、**素直に婚活してください。**

——はい、がんばります!

虫眼鏡　りょうに言われたんなら仕方ないってばよ。

ゆめまる　ありがとうございました。

虫眼鏡　ありがとうございましたってばよ。バイバーイ。

——ありがとうございました。

ゆめまる　**正論はこんなにも心が痛くなるなぁ。**

虫眼鏡　正論を振りかざすとね、相手は黙りますけど、それはほんとの勝利なのかっていうね、のがあるってばよ。

りょう　でも、言ってあげるのも優しさではあるよね。

ゆめまる　優しさではあるからね。

虫眼鏡　ま、婚活がうまくいったらまたお話を聞かせてください、って感じだよね。そしたら僕たちも婚活パーティー行ってみたいな、と思うってばよ。「あなたのモヤモヤを正論で解消しちゃうぞ!」だってばよ。

《ジングル》

ゆめまる　いただいたメッセージのほう紹介していきましょう。さっきのコーナーでりょう君が正論を言うってのがあったんですけど、メッセージのほうでも結構ね、りょう君宛てのやつが来てるので。

ゆめまる　そちらのほうも読みつつ、やっていこうかなと思います。

虫眼鏡　あ、そうなんだってばよ。

りょう　はい。

ゆめまる　ラジオネーム、ふみなさんからのメッセージです。〈みんさん、ボンジョルノー!〉

虫眼鏡　ボンジョルノー!!だってばよ。

ゆめまる　〈質問です。**りょう君は、イタリア出身ですか?**〉

りょう　いえ、岡崎出身です。生まれも育ちも愛知県岡崎市でございます。

ゆめまる　続いてのメッセージいきます。

りょう　はい。

ゆめまる　こういう感じでいくのでね。これはね、匿名希望さんからですね。〈私はこの前、全身脱毛をし始めました。その際、ん?　ぶいあい……V、……。

虫眼鏡　おい!　**VIOを読めんやつがあるか!**

りょう　がんばって(笑)。

ゆめまる　〈その際、VIOもやったため、毛が全部ないパイパン女です。すごく楽でいいのですが、私はまだベッドでおセッセしたことがない処女です。処女なのにパイパンは初体験を迎えるとき男性的にはどうなんだろう?と今更ながら考え始めました。よければ、虫さん、ゆめまるさん、りょう君目線で教えていただけるとうれしいです。**あと、りょう君はイタリア人なのかどうか教えてください**〉。っていうメッセージが来ておりますけども。

虫眼鏡　イタリア人なんですかってばよ?

りょう　いやいや、日本人です。愛知県の岡崎市出身で、岡崎でしか暮らしてません。

虫眼鏡　でもりょう君が住んでる実家のところ、めちゃくちゃいっぱい木がはえててさ、こんなとこほんとに岡崎?って場所だってばよね。

ゆめまる　そうだよね。

りょう　いやいや、同じ中学校区でしょ(笑)。

ゆめまる　ははは。

虫眼鏡　我々の中学校区、学区くそ広い。

ゆめまる　あ、そんなに広いの?

りょう　ははは。

虫眼鏡　めちゃくちゃ広いってばよ。なんの話だったっけ?(笑)

りょう　パイパンどう、パイパンどう?

ゆめまる　パイパンどう?って話ですよ。

虫眼鏡　**パイパンといえば私だってばよ。**

りょう　そうですね。

ゆめまる　そうなの?

りょう　え?

虫眼鏡　え?　そうだってばよ。

りょう　**パイパン伝説いっぱい持ってる**じゃん。

虫眼鏡　あ、僕はパイパンじゃないってばよ。

ゆめまる　びっくりしたー。

虫眼鏡　パイパンの彼女をもってたことがあるってばけど、ま、処女だよって言われたやつがパイパンだったら、正直、嘘つけ!ってなるって普通に(笑)。

ゆめまる　絶対経験あるやろ、みたいな。

虫眼鏡　なんでその人が、そういうところの処理をしてるのかっていう理由がはっきりしてればね、いいかもしんないってばよ。

ゆめまる　でもなんか別に、気にしないよね。

りょう　うん。気にしない。

虫眼鏡　IとOはギリわかるってばよ。Vはよくわかんないってばよ。Vは別に、そこ邪魔!ってなることあるの?って思うってばよ。

ゆめまる　いや、あるんすよ。**邪魔なときあるんすよね。**

虫眼鏡　いつだってばよ?

ゆめまる　え?　男性からしてね。男性からしたら邪魔なときありますよ、そりゃ。

虫眼鏡　いつだってばよ?

ゆめまる　**ペロペロのときです。**

虫眼鏡　ペロペロってなんだってばよ?

ゆめまる　ペロペロって?　だからあれじゃん、土手をペロペロする……。

虫眼鏡　次のメッセージいきましょうってばよ。

ゆめまる　えー……。

虫眼鏡　早く、次のメッセージいくってばよ。薄めよう。

ゆめまる　薄めよう、これね。愛知県春日井市在住の、ラジオネーム、りおなななさんからのメッセージです。〈恋のマスターりょう君に、ぜひとも相談に乗っていただきたいなと思い、送らせていただきました〉。

りょう　全然マスターじゃないか

ら。

ゆめまる 〈私は中学3年生の女子です。今、好きなのか、好きには至らないのかよくわからない人がいます。その人とは家がとても近く、仲がとてもよく、男友達という感覚で今までは接していました。彼は性格がとてもよく、顔は普通ですが、ものすごくモテる人で、友達のその彼への恋の相談にのっているうちに、家が近いということもあり、絡むことが増えていき、次第に私は彼のことが好きなのかな?と思い始めるようになりました。それに、なんか少女マンガに出てきそうなことを普通にするんです。もうそれはキュンとしちゃいますよね。でも、本当に好きかと言われると、返事に困ってしまいます。今までまったく恋愛をしてこなかったので、どこからが好きなのかわかりません。りょう君やみなさんは、どこから好きだと考えますか?(笑)〉。

りょう なに笑ってるの?

ゆめまる かわいいなと思ったんだよ。

虫眼鏡 こういう子に正論を突きつけるのがあなたの仕事ですってばよ。

りょう 好きって言いたくてしょうがなくなったらほんとに好きだから、まだそこまでの好きじゃないんじゃないですか? ま、好きは好きなんですよきっと。いろんな好きがあるからね。だから、好きって言いたくなるほどの好きじゃないなら、まだ別に言わなくていいんじゃないかな。

ゆめまる この子が好きになっちゃって、友達の恋愛奪うわけだよ、こいつ。くーっ。

りょう それはね、しょうがないことだから。

虫眼鏡 りょう君ちょっと優しいってばよね、その答えは。僕とゆめまるだったら、ゆめまるどうせこう言うだろうなと思うけどさ、**クソガキが!**って(笑)。中学生だろ? **絶対結婚しないってばよ、そいつと!** どうでもいいってばよ。

ゆめまる はははは! これね、何回もラジオでこういうの読んでるんだけど、結婚しねえんだから別にいいんだよ!って(笑)。

虫眼鏡 **どっちでもいいよ!**って感じだってばよね(笑)。

ゆめまる それじゃ、次のメッセージいきます。ラジオネーム、久しぶりの米さんからのメッセージです。〈私には2ヶ月になった彼氏がいます。小中学校と同じだったのでーー〉。

虫眼鏡 え? 2ヶ月の赤ん坊と付き合ってるってこと?

りょう おいおいおい。アホになったか急に。**だってばよ、でアホになったんか?**

虫眼鏡 ツッコミたくなっちゃうってばよ(笑)。

ゆめまる これも正論だからね。

虫眼鏡 そうですね。書き方気をつけてくださいってばよ。

ゆめまる 2ヶ月たった彼氏がいると。〈小中学校と同じだったのですが、高校はバラバラで場所も全然違います。私は同じ科にほとんど男子はいないのですが、彼氏は共学で3分の2が女子で、かわいい子が多いです。突然ですがここでみなさんに質問です。もし東海オンエアのみなさんがこの立場のとき、いつかは浮気しますか? ちょっと気になったので聞いてみました。もしよかったら答えてください〉っていうね、メッセージがきてますけども。

りょう これに関しては**ゆめまる以外は浮気したことない**しね。

ゆめまる まぁね、たしかに。

りょう だから、浮気しませんよ、って言うよ。

ゆめまる この子の立場になったら、この子と彼氏のね、浮気しないよ。だって、高校生でしょ?

虫眼鏡 **ガキやん!**

ゆめまる **ガキやん!**

りょう まぁまぁまぁまぁ。

虫眼鏡 絶対すぐ別れるってばよ。

ゆめまる 高校生で浮気する前に別れるって。

虫眼鏡 浮気とかそういうのじゃないってばよ。まだ。普通に、もういいや、ってなるって。

ゆめまる そうそう。性に貪欲なだけだからさ。

りょう ゆめまる高校のとき、何股もしてなかった?

ゆめまる まぁ、あれだよ、かぶる時期が1日2日あって、っていうのをずっと繰り返して。

りょう あぁ、そういうことか。

虫眼鏡 次のやつを捕まえてから、逆を離すタイプ?

ゆめまる 離しかけてんだけど、こっちが掴んでくるから、次のやつ掴んでた。

虫眼鏡&りょう (笑)。

ゆめまる だから綱引きされてたんだね、俺はね。えー、ま、多分彼氏は浮気しないと思うよ。がんばって。

虫眼鏡　ははは、めっちゃ適当だった。

ゆめまる　続いてのメッセージです。ラジオネーム、マニアブラザーズさんからのメッセージです。〈先日、高校生のときに付き合ってたやつは別れる、は納得しました〉。

虫眼鏡　あはははは。今日も言ってるやん。

ゆめまる　〈自分の高校でも同時に付き合ってたやつらは別れています。しかし例外な例もあります。自分であります〉。

虫眼鏡　え?

ゆめまる　〈高校で卒業式を終えて帰宅時に接触のない気になる後輩に声をかけて仲良くなりました〉。すごいなこの人。

虫眼鏡　すごいってばよ。

ゆめまる　〈その後、付き合って結婚しました〉。

虫眼鏡　おー、すごいってばよ。

ゆめまる　〈10数年も続いています。在学時に付き合うより、卒業後のほうが長く続くと自分は思いました〉。

虫眼鏡　へえ。

ゆめまる　〈**サイン入り生写真を希望します**〉。

虫眼鏡　**あげましょう。**

ゆめまる　この人にあげましょう、マニアブラザーズさんにね。

虫眼鏡　そういうね、恋もあるっちゃあるでしょう。その方、おいくつだってばよ?

ゆめまる　えっと、43歳ですね。

虫眼鏡　あぁ、だから先輩からの意見だってばよ。みんな、高校生のうちから付き合ってるやつとは別れるけど、卒業してから付き合えば別れないかもしんないって教訓があるってばよ。実は僕のおばあちゃんとおじいちゃんも、高校時代から。

りょう　へえ。

ゆめまる　俺のお父さんとお母さんも中学校時代から。

虫眼鏡&りょう　えええ。

りょう　**じゃあ全然例外いっぱいあるじゃん。**

虫眼鏡&りょう　はははは。

りょう　めっちゃ身近なとこに。

ゆめまる　身近にあるんだけどね、俺言いたいんだよね。

虫眼鏡　そうなんだ、言いたいだけなんだってばよ。たくさんのメッセージありがとうございましたってばよ。

ゆめまる　今日の放送いかがだったでしょうか?

虫眼鏡　今日は外に、いつも見た事ない顔の人がいっぱいいるから、張り切らないといけないと思って、ちょっと頑張ったってばよ。

りょう　全然軽やかにしゃべってたよ。**だってばよ使いこなしてたよ。**

虫眼鏡　**咳しすぎだってばよ、お前ら!**

ゆめまる　俺咳してねーわ、まだ! ふざけんな。

りょう　さてここでお知らせです。

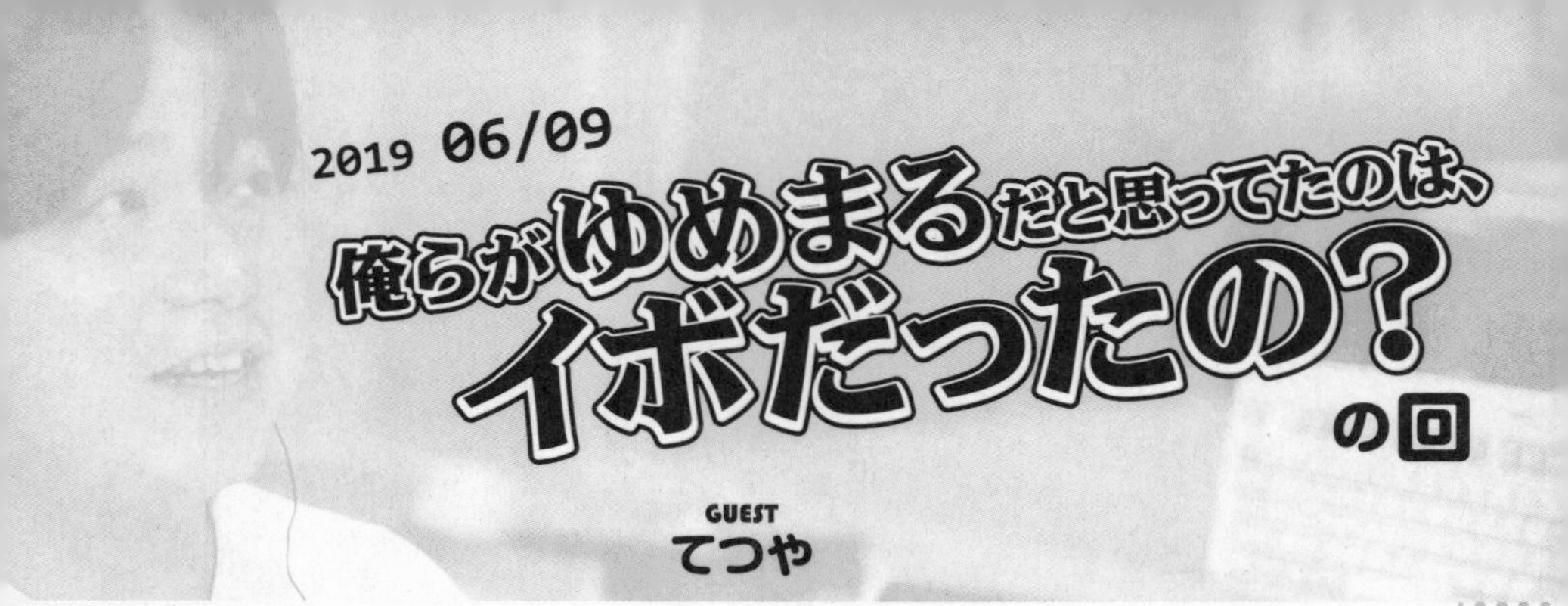

2019 06/09

俺らがゆめまるだと思ってたのは、イボだったの？の回

GUEST
てつや

ゆめまる　本日も始まりました東海オンエアラジオ。今日はメッセージのほうからスタートということで。埼玉県在住の、ラジオネーム、ももたろうさんからのメッセージです。〈現在大学一年生です。お金の面からあまり旅行には行かないのですが、たまにはと思い、週末に台湾へ一人旅をすることを決意しました。海外には一度行ったことはあるのですが、一人で旅行するというのは初めてです。一人旅をする、と言うと「一人で何が楽しいの？」とか言う人もいるかもしれませんが、一人ということにどういう利点があると思われますか？〉というメッセージがきておりますね。

虫眼鏡　うーん。

てつや　一人旅って行く？

ゆめまる　憧れはあるけどそんな行かないよね。

てつや　ま、時間をね、一人旅のために割くってのはなかなかないよね。

虫眼鏡　僕もあんまり……。一人は好きだけど旅まではしないな。でもなんかお二人は動画の企画で一応行ってるじゃないですか。スペインとトリニダードトバゴ行ってるじゃないですか。ま、一人は一人でいいなと思ったこととかないですか？

てつや　でもめちゃくちゃ楽しいよね一人旅って。

ゆめまる　自由がきくから、タイミングとか。

てつや　みんなで行くと、みんなでここに来たよっていう、友達がいる楽しさを味わうんだけど、一人で行くとね、その場所の楽しさをより理解できるから。

ゆめまる　そうだね。

てつや　むしろ海外とか珍しい場所は一人で行ったほうが、なんなら楽しいまである。

虫眼鏡　あぁー。

ゆめまる　でも俺は一人旅は向いてない。俺は嫌だなぁって。

てつや　スペインのとき？

虫眼鏡　みんなで一緒に行ったほうがいいなと思ったってこと？

ゆめまる　そっちのほうが楽しいじゃん、って思う。飯とか一番悲しいからね。

てつや　そうなんだ。

虫眼鏡　たしかに、飯嫌だね。一人だとなかなか、入れる店入れない店みたいなのとか、自分で勝手に選んじゃいそうだし。

ゆめまる　そうそうそう。気ぃ使うし。なんかゲストハウスとか泊ってさ、友達になるみたいなさ、そういうのがあるから一人は楽しいみたいな人もいるから。完全に一人ってのはあんまないよね。

てつや　そうだね、一人で行って誰ともしゃべらずに終わるっていう旅はちょっとつまらんかもね。

ゆめまる　つまらんと思うな。結局誰かとしゃべる。

虫眼鏡　ももたろうさんには、つまんないよって言っといたほうがいいですか？

てつや　**違う違う違う違う**（笑）。出会いを求めてきてくださいよ。

虫眼鏡　台湾の女の人すごいかわいくないですか？

てつや　そうね、そうなんだよ。

虫眼鏡　**ほんとに台湾行ってみたい**なと思って。

ゆめまる　飯もうまいらしいしね。

てつや　最高じゃん。行ったほうがいいじゃん。

ゆめまる　えー、今夜も#東海オンエアラジオで聴いてる人はつぶやいてみてください。東海オンエアラジオ！　東海ラジオをお聴きのあなた、こんばんは！　東海オンエアのゆめまると！

虫眼鏡　虫眼鏡だ！　そして今日の

ゲストは。

てつや　てつやでーす。

ゆめまる　この番組は、愛知県・岡崎市を拠点に活動するユーチューバー、我々東海オンエアが名古屋にある東海ラジオからオンエアする番組です！

虫眼鏡　ゆめまると、僕虫眼鏡が中心となってお届けする30分番組！なんですけど、旅行という話ありましたけど、今年まだ行ってないよね？　東海オンエアで。

ゆめまる　**寝ない旅**くらいだね。

てつや　寝ない旅だけだね。

虫眼鏡　寝ない旅、今回は、楽しくなかったから(笑)。実は。実はあれ楽しくないからね。

てつや　そうだった？　俺ちょっとなんか別角度で、体調が悪くて楽しめなかったってのはあるけど。俺以外そうだった？

ゆめまる　今回きつかった。

虫眼鏡　きつすぎた。ほんとにあれ、きつすぎて、ま、楽しい瞬間瞬間はあるんだけど、基本的に楽しくない時間のほうが長くて、つらいなって。

てつや　**修業だもんね。**

ゆめまる　あの旅から、普通に体調悪くならん？

虫眼鏡　みんななったよね。実は東海ラジオは、プレミアムウィーク中ということでね、普段よりもプレミアムにお届けしてるんですよ。でね、東海オンエアラジオでは、来週、サイン入りの私物をプレゼントすることになっております。ゆめまるさん、何を？　ゆめまるさんはイボですか？　**サイン入りのイボをプレゼントします。**

ゆめまる　このイボあげようか？　ここのイボ。

てつや　ちっちゃ。

虫眼鏡　あぁ、ゆめまるのこの脇の下についてるもう一個の乳首みたいなやつ？

ゆめまる　これね、これたまに痛いんだよなぁ。

虫眼鏡　取ろうとすると怒るやん、ゆめまる。

ゆめまる　当たり前だろ、**怖いじゃん！**　もし取ってさ、**こっちが本体だったらどうするよ？**

てつや　なに、こっちが本体って？　(笑)。

ゆめまる　うーんって、倒れちゃったら。

てつや　**俺らがゆめまるだと思ってたものは、イボだったの？**

虫眼鏡　あぁ、ゆめまるが痛ぇーって言ってるってこと。

ゆめまる　こんにちはー。

虫眼鏡　じゃあ、ゆめまるはそのイボをプレゼントします。後でちぎろう。

ゆめまる　普通に服あげるよ。服っていうか、帽子をね。

虫眼鏡　あぁ。じゃあ僕もTシャツあげようかな。ま、来週はてつやじゃないけど、としみつがなんかプレゼントするのかな。としみつからも私物がプレゼントされますんで、みなさんね、楽しみに聴いてください。

ゆめまる　はい、じゃあまぁ、いきますか。それではここで1曲お届けします、EVISBEATSで「ゆれる」。

《曲》

ゆめまる　お届けした曲は、EVISBEATSで「ゆれる」でした。

虫眼鏡　EVISBEATSで思い出したんですけど、僕、令和の間中アサヒビールしか飲めないじゃないですか。今までね、岡崎ではそんなに困らなかったんだけど、東京ね、ないんだよねアサヒビールが。

ゆめまる&てつや　**えぇー！**

虫眼鏡　ないっていうか、たまたまかもしんないけど、なんかね、キリンとプレモルが多くて、しかも、瓶で出てくるとこあるじゃん。大きい飲み会だとね。そのときに、目上の人から注がれたときに、**ヤバっ！**と思って。

ゆめまる　冷やっとくるね。

虫眼鏡　すごい説明しちゃった。こないだ、僕、ドラクエのイベント呼んでいただいて、ドラクエを作ってる、神様と呼ばれてる、堀井さんと同じ席に。

ゆめまる　すごいよね。

虫眼鏡　同じ席っていうか、同じ場にいさせていただいて、おい、どうしよう、もしもお酌されたら、と思って。そんなことなかったんですけど、そういうドキドキもありますね、あの罰ゲームには。

ゆめまる　普通に怖いよね。

虫眼鏡　いや怖かった。さて、東海オンエアが東海ラジオからオンエア！　東海オンエアラジオ、このコーナーやっちゃいます！「東海オンエアラジオの気になるリスナーさんに電話しちゃおう！」。はい、このラジオ、毎週リスナーさんから、たくさんのメッセージを頂いていますけども、今日はこの中からね、うわぁこの人かわいいだろうな、という人に電話をつないでみようと思います。ま、てつや君がね、この人めっちゃ気になるってお便りがあったので、ちょっと読んでみてください。

てつや　はい。東京都ラジオネーム、サボテンの女さんから。〈私は気づけば小学校低学年の時からオナニーをしていました〉。

虫眼鏡　**え!!**

ゆめまる　わはははは!

てつや　〈そして私は今年26歳なんですが、週に3、4回は当たり前、調子のいい時は毎日オナニーしてしまいます。男性からしてこのような女子をどう思いますか? また、同じ女性でも、**私一度もオナニーしたことな〜い〉**

虫眼鏡　**それ、ヒカキンさんのものまねじゃん。**

てつや　違うわ(笑)。

虫眼鏡　たまにそういう喋り方するよね。

てつや　**僕、オナニーしたことないんです。**

虫眼鏡&てつや　**ヒカキンTV。**

てつや　**やめなさい!**　俺、このあと一緒に仕事すんだぞ。

ゆめまる　サムネイル顔真っ青だからね。

てつや　うはは! したことないんです、じゃなくて、〈私一度もオナニーしたことない、っていう女性がたまにいるのですが、私は絶対に嘘だ!っと思ってしまいます〉ということですね。

虫眼鏡　ま、たしかに女性のこういう事情ってあんまり知らないですし、聞くのも野暮なんでね。

てつや　その方に今から電話で話を聞けるっていう。

ゆめまる　ええっ!

虫眼鏡　いやこれはね、僕たちは興味ないですよ、まじで興味ないんですけど、聴いてるみなさんが知りたいかなと思いまして、代表して今日はてつや君がいろいろ聞いてくれるということなんですよね。

てつや　**教養のお時間ですよ**これは。

虫眼鏡　もしもし!

——もしもし。

虫眼鏡　サボテンの女さんですか?

——はい、サボテンの女です。はじめまして。

てつや　今年26歳でね。

虫眼鏡　東海オンエアでございます。

——よろしくお願いします。

虫眼鏡　早速なんですけど、僕オナニーってしたことなくって、なにかわからないんですよ。

——それは絶対嘘です。

虫眼鏡　オナニーってなにかわからないんで、オナニーってなにかちょっと教えてもらっていいですか?

ゆめまる　そっからですね。

——オナニーはですね、自分のピーーーとかピーーーを、自分で気持ちよくするって行為ですね。

虫眼鏡　そうなんですか、楽しそうですね。

ゆめまる　へぇー。

てつや　楽しそうですね。

虫眼鏡　なんか男性といいますとね、アホみたいにね、毎日のようにやるんですけど、女性っていうのはそこがミステリアスというか、聞いちゃいけない領域みたいになってるじゃないですか。

ゆめまる　ね、わかんないよね。

虫眼鏡　それがね、情報開示のこの社会、よくないんじゃないかってことで、今回はてつや君がいろいろ質問したいことがあるそうなんで、正直にお答えいただければと思います。

——はい。

虫眼鏡　てつやさん、1つめの質問お願いします。

てつや　まぁそうですね、週3、4回とかやってると思うんですけど、そんな毎回毎回、**何を題材にオナニーのほうをされてるんですか?**

ゆめまる　あぁ、大事ですよ。

——あぁ、それは、1つめはやっぱアダルトビデオですよね。

3人　あぁぁ。

てつや　女性も見るんですね。

——見ます見ます。

虫眼鏡　どういう映像のほうをご覧になるんですか?

——**マジックミラー号とか。**

ゆめまる　あらららら。

てつや　MMですか。

——はい。あと女性なんで普通になんか、媚薬マッサージみたいな。

ゆめまる　あぁ、いいねあれね。

てつや　あぁ、ありますね、隣にお母さんいるのに、みたいなやつとかね。

ゆめまる　**だいたい、やってる施術師がハゲだよね。**ハゲの強いやつなんだよね。

——そうですそうです。

虫眼鏡　女性でも、どこに興奮するポイントがあるんですか、あれは?

―あれは、女性ってこう、相手のをみて、ビデオとか見て、**自分もやられてる感覚になる**んです。

虫眼鏡　えー。

てつや　まぁ、映ってる女性に感情移入するというか。

―そうですそうです。

てつや　ちなみに、オナニーは毎回毎回どうやってやってるんですか？

ゆめまる　（小声で）ああ、大事。

―もう、**自分の手が唯一信じられる武器**というか。

てつや&虫眼鏡　あぁ。

ゆめまる　どっち？**中派？外派？**

てつや　おっさんが急に(笑)。

―外派。

ゆめまる　外派かぁ。ピーーーちゃん系ね。

てつや　ははは！

虫眼鏡　今日はピーーー多いなぁ。やっぱり道具とかはあんまり使わないって感じなんですかね？

―そうですね。週3、4だとしたら、1回は道具を使って、あとは**手がやっぱいいですね♡**。

てつや　結構じゃあ使ってるほうっちゃ使ってるほうかもしれないですね。

虫眼鏡　何使ってらっしゃいます、道具は？

―私は普通の、ローターみたいな。

ゆめまる　あぁ、なるほどね。

てつや　ちなみにサボテンの女さんのお豆さんは大きさはどれくらいですかね。

―たぶん、ちょっと大きいと思います。

虫眼鏡　あぁ、舐めやすいねじゃあ。

ゆめまる　あぁ、やっぱね。

虫眼鏡　媚薬マッサージしやすいんじゃないですか？

てつや　してる人としてない人って、サイズ感が違ってくるよね。

ゆめまる　ありますね。

虫眼鏡　それ聞こうよ、してない人ってのが存在するのかどうか。

ゆめまる　あぁそうだね。

―あぁ。

虫眼鏡　どう思います？　ほんとにしたことない人っているんですか？

―いやいません、絶対いません。

てつや　あぁ、やっぱそっち派なんだね。

ゆめまる　サボテンの女さんは、触ったら気持ちいいっていうのはどういう状況で気づいたの？　小学校低学年で。

てつや　ね。たしかに。

ゆめまる　鉄棒でこうやってたら、とか？

―幼稚園くらいのときから、なんか、多分触ってました。

てつや　あぁ、自然と触るっていう流れからか。

虫眼鏡　あぁ、そういう気づきはあるらしい。結構真面目にそれ教育で学んだよ。なんか、またがることが好きになるんだって、小学校とか幼稚園とかから。

ゆめまる　へぇ。

虫眼鏡　で、またがる遊具とかあるじゃん。それで快感を覚えることがあるらしいよ。

てつや　へぇ。

―あぁ。

ゆめまる　女の人、座ったらもうね、あるもんねそこに。

―ありますね(笑)。

てつや　**いいな、羨ましいな**それは。

虫眼鏡　だからサボテンの女さんは、周りの方にも、私はめっちゃオナニーしてんだよねって言ってんですか？　それとも、別に言わんでいっか、って、したことないしたことない、って言ってるんですか？

―いや、めっちゃ言ってます。

てつや　おぉ、素晴らしい、**素晴らしいね！**

ゆめまる　**飲み屋に一人いたら空気変わるやつ。**

てつや　この人がヒーローになるからね。

虫眼鏡　こいつアホちゃうんか、こいつ。

ゆめまる　サボテンの女さん、彼氏いるんですか？

―いや、3月くらいに別れました。

ゆめまる　あぁ。

―だから自分を慰めるためにもやってますね。

虫眼鏡　だから逆にウチのてつやなんかは、豪華なオナニーやんとか言って風俗呼んだりするんですけど、そういう感じというか、一人でするのもいいけど、寂しいからっていう理由でなんか、男がほしくなったりとか、そういうのはなくって、もうオナニーだけでいいや、って感じなんですか？

―**どっちも大好きです。**

虫眼鏡　あぁ、こいつがスケベなんだ、じゃあ。

てつや　素晴らしいスケベだな。

虫眼鏡　でも男性からしてこのような女性はどう思いますか、っていうふうにありますけど、こいつ話せるやつだなって思いますね。

ゆめまる　あぁそうだね。

虫眼鏡　別にエロいな、抱けるな、とかそういうよりも、あ、こいつ話しててておもろいやつだなって思うから、全然むしろ好感度があがる。

てつや　人として好きになるタイプだね。

――ありがとうございます。

虫眼鏡　逆にですけど、てつや君は調子の悪いときでも毎日オナニーしてしまうんですけど、それ、女子から見てどう思いますか？

――えー？　でもオナニーしたらギンギンになりません？

てつや　元気かぁ。でもたぶん、そこ男女の差があるかもしれん。**俺らはもう腑抜けちゃう**から。

虫眼鏡　寝ちゃうんです。

――あぁ。それはちょっと控えて……、いや、でも気持ちいいですもんね(笑)。

ゆめまる　ははは。

てつや　理解あるなぁ。

虫眼鏡　こういう女性いいですよね。今回はすごく貴重なお話を聞かせていただいて、ありがとうございました。

ゆめまる&てつや　ありがとうございました。

――こちらこそありがとうございました(笑)。

虫眼鏡　これから女性に会ったら、この人もオナニーしてんだ、って目線で女性を見るようにします。はい、ありがとうございましたー。

――ありがとうございました。

虫眼鏡　メールとかたくさん送ってください。

てつや　素晴らしい話が聞けましたね。

虫眼鏡　素晴らしい女性でしたね。あんなかわいらしい声の人がね、やってるわけですよ今日の夜も。

てつや　つまり全員やってるってことなんだよね。もう隠してる場合じゃないですよ。チラさんはいつやったんですか？　自分で。

チラ　あ、最近ですか？　一昨日。

3人　あぁ。

虫眼鏡　チラさん新婚だからね。奥さんに聞かれたりしたら怖いですからね。

ゆめまる　すごいなぁ、今の質問。

虫眼鏡　以上、東海オンエアラジオの気になるリスナーさんに電話しちゃおうでした。なんだこのコーナー。

ゆめまる&てつや　あはははは。

《ジングル》

虫眼鏡　ふつおた、ご紹介していきましょう。

ゆめまる　ラジオネーム、ななはさんからのメッセージです。〈愛知に住むJKです。毎晩東海オンエアを見て楽しんでいます。周りにも自分が思ったよりもたくさん東海オンエアのファンがいて……〉。

虫眼鏡　さっきの話聞いてから、毎晩楽しんでいます、って言われると、何で楽しんでいると思っちゃいますよね。

ゆめまる　ははは。

てつや　題材にされてるな。

ゆめまる　〈周りにもたくさん東海オンエアのファンがいて、すごいなーと日々思っています。そんな大人気の東海オンエアのみなさんと会いたいです。私が東海オンエアのみんなと会えたら、っていう妄想の中では、まずキャーって興奮、写真撮ってもらう、握手して、一生手洗えないって言う、こんな感じの王道なんですけど、東海オンエアのみなさんは、ファンと会ったときどんなことできたら嬉しいですか？　もうファンにはたくさん会いすぎて飽きてるんかなぁとかいろいろ考えちゃいます〉。

虫眼鏡　あぁ、なるほどなるほど。今言ってくれたなかで、これちょっとね、実はマイナスなんだよってのがありまして、キャーっ！って言われるのちょっと苦手なんですよ。

てつや　ま、そうね。

ゆめまる　わかるねえ。

てつや　キャーはやめてほしいね。喜んでくれるのはめっちゃ嬉しいんだけど、周りの人に聞かれて迷惑になるっていうのがね。

虫眼鏡　そう、僕たちはみなさんに対応することはすごく嬉しいんですよ。サイン書いてあげたいなとも思うし、写真撮りたいんですけど、**周りの人に迷惑かけたくない**なっていう、もう片方の天秤があるんで、騒ぎになっちゃうくらいだったらじゃあやめよう、ってなっちゃうんだよね。

ゆめまる　そうだね。

虫眼鏡　だから、あんまり、**キャー!!　パチパチパチパチパチ!**ってなると、おぉい騒ぐなよぉ、ってなっちゃうから。

てつや　特に人込みとかね。

虫眼鏡　公園とかだったら別にいいんだけどね。

てつや　そう、普通にそのへん歩いてて、全然人が通ってないときにキャーって言われる分にはまぁまぁってなるけど。

虫眼鏡　僕とてつやはね、割と結構丁寧に対応するほうだと思うんで、むしろ、視聴者さんのこと大嫌いなゆめまる君はこういうことだったらうれしいよっていうのは？

ゆめまる　いや、嫌いじゃないけど！　なんだろね、うれしいことでしょ？　普通に握手だけでいいでしょ。握手してください、とか、写真撮ってくださいは嬉しいじゃん。そういう王道のやつは嬉しいけど、たまにいるさ、ハグしてくださいとか。俺ハグ嫌なんだよねえ。

てつや　あ、そうなの？

虫眼鏡　へぇ、ラッキーじゃん。なんで？

てつや　え？　いやなの？

ゆめまる　やだやだ。なんか、変に気持ち悪いと思っちゃうね。

てつや　そうなんだ。

ゆめまる　昔からそうなんだよね。なんか気持ち悪いと思っちゃう。

てつや　わからんな。女性の体に触れれるなら触れれるだけ触れたい。

虫眼鏡　あまり言いすぎるとこっちが悪くなっちゃうからあれですけど、なんか、むしろ、やったー！くらいに思っちゃうけどね。

てつや　そう、**僕パンツはかない人なんで、**夏とかね、ゆるゆるの半ズボンとか……。

虫眼鏡　おいおい、あまり言いすぎないようにしろよ。

てつや　女子中学生が、ハグしてください！とかいって抱きついて、**ちょうど半勃起になってて一番テントたってて。慌てて逃げました。**ちょっと忙しいからごめんね、って、目の前にテントぱーん立てながら。

虫眼鏡　うふふ。横向きのテントぱーんと立てながらね。

てつや　うん。いい仕事だな、と思ってね。

虫眼鏡　だからゆめまるに声かけるときだけ気を付けるといいよ、って感じだね。

ゆめまる　いやでも、最近ね、やさしいですよ。

虫眼鏡　心入れ替えた？

ゆめまる　心入れ替えた。**会釈をするようにしました。**

てつや　会釈！（笑）。

ゆめまる　街中歩いててもね。

虫眼鏡　沢山のメッセージありがとうございました！　今日の放送いかがでしたでしょうか？　さ、また、**てつや君が来ると下ネタ回**という感じになるわけなんですけど。

てつや　俺がいないときってどうなの？

虫眼鏡　え？　どうだろう？

ゆめまる　どうだろう？　普通のときもあるよ。

虫眼鏡　りょう君が来るときとか割と真面目だったりするかも。

てつや　へえ。

ゆめまる　相談系が多い。

虫眼鏡　あとしばゆーはあんまりしゃべんないかな？

てつや　あんまりしゃべんないの致命的じゃん（笑）。

ゆめまる　とんでるときが多い。

てつや　とんでるってなに？

ゆめまる　とんでるんだよ、あいつは。

てつや　意識どっかいっちゃってるの？

ゆめまる　話全然進まねえときがあんだよ。

虫眼鏡　さて、ここでお知らせです。

2019 06/23

本人の曲流せや！の回

GUEST
としみつ

ゆめまる　えー、本日も始まりました東海オンエアラジオ。メッセージのほうから始めていきます。ラジオネーム、かっすんは152cmさんからのメッセージですね。〈としみつさん、ミニアルバム発売おめでとうございます！〉

としみつ　ありがとうございます。

ゆめまる　〈「C.A.K.E.」の中で「初体験は21！」と言われていますが、どこで卒業されましたか？　とても気になるので教えてください〉。

虫眼鏡　なんの初体験だろうね。

としみつ　21、21か。**トゥエンティーワーン！**ってんすよ。

ゆめまる　あぁ、初体験はトゥエンティーワーン。

としみつ　自分の実家ですよ。自分の部屋。

虫眼鏡　実家でやったんだ、すごいね。

としみつ　いやなんか、家だったね。

ゆめまる　彼女呼んで？

としみつ　お金ないじゃん。20か21の間ぐらいだったと思うんだけど。

ゆめまる　あぁ、バイトだったんだね。学生か。

としみつ　バイトだもん、だって俺。月5万で生活してた。全然バイトしてなかったから。

虫眼鏡　お父さんとかお母さんがいない間にこっそりって感じ？

としみつ　いや、1階にいたんじゃないかな？

虫眼鏡　え、すごいなあ。

ゆめまる　ね。地震が地震が？って。**ガタガタガタガタ**って。

としみつ　どんだけ激しいんだ（笑）。え？　**それすごいんかな？**　わりといるんじゃないの？

虫眼鏡　結構下にいるときにやることはあるのかなぁ？　怖くない？

としみつ　いやぁまぁまぁ、それすらも楽しんでた。

虫眼鏡　いやすごいな。それくらい気になってることですよね、みんなね。

ゆめまる　ラジオネーム、みそぎんちゃくさんからは、〈「C.A.K.E.」についての質問です。あの曲に出てくるナイフは、としみつさんのあそこのことですか？　曲を聴いてると誘惑されている気分になります。気になって夜も眠れません〉。

としみつ　なるほどね。

虫眼鏡　誘惑しちゃダメだよとしみつ、曲の中で。あそこの話したら。

としみつ　誘惑したもん勝ちじゃない？（笑）。

ゆめまる　まぁね、表現としてはね。

としみつ　そうね、表現としては。

虫眼鏡　ちなみに本当はどういう意味なんですか？

としみつ　まぁでも、「俺のナイフでえぐらせてくれ」っていう歌詞なんですけど、**まぁ、おチンチンでしょう。**

虫眼鏡&ゆめまる　あはははは。

としみつ　おチンチンでしょ？　もうそういう表現として書いてるわけだから、ナイフという。

虫眼鏡　で、えぐりたいと。

ゆめまる　えぐりたいと。

としみつ　そうそうそう。

ゆめまる　**チンポで、穴を、えぐりたい、ってことか！**

としみつ　誰、この人？（笑）。ちょっとテンション高いんだよね。

虫眼鏡　じゃあみそぎんちゃくさん、これからも眠れぬ夜を過ごすわけですね。

ゆめまる　えー、今夜も#東海オンエアラジオで聴いてる人はつぶやいてみてください。東海ラジオをお聴きのあなた、こんばんは！　東海オンエアラジオ！　東海オンエアのゆめまると！

虫眼鏡　虫眼鏡だ！　そして今日のゲストは、なんと！

としみつ　あ、書いてある。**シ**

ンガーのTOSHIMITSUです！ お願いしまーす。

ゆめまる お願いしまーす。

としみつ 恥ずいっすね、シンガーっていうのは。

ゆめまる この番組は、愛知県・岡崎市を拠点に活動するユーチューバー、我々東海オンエアが名古屋にある東海ラジオからオンエアする番組です！

虫眼鏡 ゆめまると、僕虫眼鏡が中心となってお届けする30分番組！ 先週は、プレミアムウィーク、プレミアムなウィークだったんですけど、今回は**何もないただのウィークなんで、スペシャルゲストの、シンガーのTOSHIちゃんに来ていただいております。**

としみつ ちょっとだけ寂しいよね。なんもないからシンガーのTOSHIMITSUって。

虫眼鏡 (笑)でもあれなんだね、としみつって、僕も曖昧だったんだけどさ、曲の活動をしてるときは、ローマ字のTOSHIMITSU。

としみつ 迷ってそれを。バンドのときなんか、フルネームでやってたの、歌詞表記とか。

ゆめまる あぁ。

としみつ 本名でやってたんだけど、どうする?ってなって、どうしても平仮名が違ったんだよね。

ゆめまる ちょっとダサさは。

としみつ っぽさで決めるとこあるじゃん。ローマ字、TOSHIってもういるじゃん、すごい人が。TOSHI、ないな。TOSHIMITSU、まぁローマ字か、って感じで。

ゆめまる 分けてんだね。

としみつ あんまり考えてないです。

虫眼鏡 はい、というわけでね、オープニング曲を流したいんですけど、ま、さすがにね、今日はTOSHIMITSUさん曲出してるってことなんで……。

としみつ ありがたいですね、いいんですか?

虫眼鏡 曲を聴いて買いたいって人もいるかもしれませんしね。

としみつ **こういうの大事だからね！** ラジオで聴いて、なにこの曲！って調べるから。お願い。

ゆめまる あぁ。たしかにそれは大事なことで、同じメンバーでもあるし。

としみつ きたー、ラジオ、自分の曲流れるとまじテンションあがるわ。

虫眼鏡 で、いじりたいんだったら、TOSHIMITSUの曲流すわ、って言って、てつやの今日流しちゃうとかね。

ゆめまる あぁ、そういうのあるね。

虫眼鏡 それでいきましょうよ。ユーチューバーはいまや音楽やる時代だぞと、そういうふうにアピールしていきましょう！

としみつ いきましょういきましょう。

ゆめまる それではここで1曲お届けします、OliverTreeで「Alien boy」。

としみつ 嘘みたい。

《曲》

ゆめまる お届けした曲は、OliverTreeで「Alien boy」、でした。

虫眼鏡 かっこいいな、この曲。

ゆめまる かっこいいでしょ、どう? よくない?

としみつ いや、よかったけど。

ゆめまる どうした?

としみつ よかったけどさぁ。

ゆめまる いい歌聴いたじゃん。

としみつ もうほんとに、ほんと、**平仮名で呼んで、これから俺のこと。**

虫眼鏡 ははは！

としみつ もうこれ以降。

虫眼鏡 としみつー、って呼べばいいの? こんなかっこいい曲のあとに。

としみつ こんなかっこいい曲のあとに。

虫眼鏡 だって、〈NEXT、シンガーのTOSHIMITSUさんにいろいろ聞いちゃおう〉って台本にあるもん。

ゆめまる&としみつ ははは。

としみつ こんな流れ……はずっ。

虫眼鏡 さて、東海オンエアが東海ラジオからオンエア！ 東海オンエアラジオ、このコーナーやっちゃいます！「(カッコつけた感じで) シンガーのTOSHIMITSUさんにいろいろ聞いちゃおう！」。

としみつ あ、これ僕の曲ですよ。

ゆめまる え? **消せ消せ！**

としみつ **なんでだよ！** なんだよそれ！

ゆめまる 消せ！ **わー！**

虫眼鏡 (カッコつけた感じで) 今日はスペシャルゲスト、シンガーのTOSHIちゃんにお越し頂いています。よろしく願いしまーす。

としみつ TOSHIちゃんです。

虫眼鏡　（カッコつけた感じで）ここからは、今月2日に発売された、TOSHIちゃん初のミニアルバム「THE BEST」の聴きどころについてお聞きしていきます。（普通に戻って）なんだ？　このめちゃくちゃラジオみたいなコーナーは。

ゆめまる　ね！　**初だぞ！**　不安になるわ！

虫眼鏡　今日はアーティストの人ゲストで来ていただいたからじゃないかこれ。

としみつ　初めてだよ、そういうコーナーもしかして。

ゆめまる　ないないないない。

としみつ　**まともなやつ？**　もしかして。まともなやつ？

ゆめまる　まともです。

虫眼鏡　このラジオ、まともなこともやんだぜ！　じゃ、まずね、「THE BEST」っていうタイトルなんですけど、普通だったら、ベストアルバムを出すときにね、「THE BEST」ってのを出すんですけど、この「THE BEST」というタイトル、どんな思いを込められたんでしょうか？

としみつ　これはね、アルバムタイトルってのは結構……、**どんな顔で見てんのお前俺のこと？**

ゆめまる　だから話聞いてるやん！

としみつ　顔がやばかった今。アルバムタイトルってなんか、長い文章だとかさ、あるじゃん。それで考えたときに、このアルバムを頑張ってレコーディングして作ったから、ベストじゃんと思って。ベスト尽くしたから、じゃあベストでいいか、って。

ゆめまる　「THE BEST」と。

としみつ　そう。普通につけるよりかはいいかなと思って。

虫眼鏡　あぁ。

としみつ　ちょっとボケたかったのよ。ボケたかったっていうとすげえ恥ずかしいけど。

ゆめまる　ジャケでボケてたよね？

としみつ　ジャケ、ボケてたね。

ゆめまる　前はすごい、わーってなってるしね。

としみつ　あの写真もちょっと俺的にはおもろくて、なんか笑えるんだよね。あそこに「THE BEST」って載るってさ、ふざけてるじゃん。しかもミニだし、アルバム。フルじゃねーし。

虫眼鏡　でもなんか、字面的に、TOSHIMITSUさんの、TOSHIMITSUって表記が全部アルファベットの大文字じゃないですか。「THE BEST」もアルファベット大文字だし、曲もなんてったらそういう感じの曲多いじゃないですか。

としみつ　そうね、ローマ字と、カタカナみたいな。

虫眼鏡　なんかわりとね、雰囲気できてるというか、こういう系のアーティスト感なんだなががわかりやすい。

としみつ　今回は結構、6曲入ってるんですけど、それぞれ違う雰囲気というか、全部違うTOSHIMITSUくんがいると思ってもらえればいいかなって曲の雰囲気になってます。

ゆめまる　すごい。

虫眼鏡　いいコメントいただきましたね。**6曲に6人のTOSHIMITSUがいる。**

としみつ　そうそうそうそう。これはずっと僕も言ってて。

ゆめまる　**帰ってから聴きます。**

虫眼鏡　ふふふふ。

としみつ　**なんで聴いてから来(こ)んの？**

虫眼鏡　お前、車で聴いてこいよ。

としみつ　ほんとだよ。

虫眼鏡　さあ、この「THE BEST」なんですけど、いろんなシチュエーションで聴かれる方いると思うんですけど、おすすめのシチュエーションというか。こういうとき聴いてほしいな、みたいな。ありますか？

としみつ　それぞれ、さっきも言ったけど曲が全然雰囲気違うから、バカな曲もあるし、真面目な曲もあるんで、なんだろうなぁ、生活してて、あんま考えずに、あっ今この気分だなってときにその曲を流してもらえるといいのかな。わりと、俺がそういうとき多いかな。

ゆめまる　じゃあ、としみつ的にさ、これからテンション上げようみたいなときは？

としみつ　そういうときは、「スーパースター」聴いてもらえればいいし。結構ダンスチューンな感じだから。あれはみんな踊ってもらえて……流れてますけど。

ゆめまる　あ、これなんですね。

としみつ　そうそう。結構、イントロで泣ける。個人的には、いい感じで、踊ってほしい感じなんで、テンションあげてほしいですね。

虫眼鏡　これでね、シンガーとしての道を歩き始めたTOSHIMITSUさんなんですけども、これからどのようなシンガーになりたいですか？

としみつ　シンガーとしての夢ですか？

虫眼鏡　そうなんですよ（笑）。TOSHIちゃん！

ゆめまる　TOSHIちゃん好きそうだね、この話。

としみつ　ま、**ポルシェに乗って……。**

虫眼鏡&ゆめまる　わはははは！

ゆめまる　**めちゃくちゃ成金だこいつ！**　くそやばいやつだ。

としみつ　違う違う違う（笑）、まぁね、ライブもまだ、ワンマン決まってないんですけど、ま、なんていうんですかね、自分なりにステップを踏みつつ、夏フェスとかもいずれは出たいなと思いますし。

ゆめまる　いいねいいね。

としみつ　大きな箱、Zeppだとか、そういうとこでワンマンできるようなシンガーになれたらいいなと思って、頑張りたいなと思ってます。

虫眼鏡　なんかね、我々一応東海オンエアっていうね、ユーチューブが本職ではあるんですけど、メンバーが各自で大活躍してきて、そっちで有名になって、おい待てよ、あのシンガーのTOSHIMITSUがやってるユーチューブのチャンネルあるらしいぜ、って言って、それが東海オンエアなんだってなったらね。

としみつ　おチンチン出してるぞ、ってなるからね。

虫眼鏡　**TOSHIMITSUさん、チンチン出してるよ!!**

ゆめまる　**胸からこいつ血でてる！**とか、いろいろね。

虫眼鏡　**TOSHIMITSUさん便秘だからってめちゃくちゃ胸毛まみれの胸をマッサージされてますよ、**みたいなね。

としみつ　そんな人いないんじゃないのかな、あんまりまだ。

虫眼鏡　そういう新しいエンタメというかね、そういう感じ、夢ありますもんね。

ゆめまる　楽しさはあるよね。

としみつ　二面性を大事にしてて。アルバムジャケット二面性がテーマで。ユーチューブの僕と、シンガーとしての自分と、そういう感じでテーマが。結構それは世界観つくりましたね。

虫眼鏡　あ、そういうことなのね。

ゆめまる　いいね。

虫眼鏡　マルチにこれからも活躍してってほしい、って感じですね。

としみつ　わかりました。

虫眼鏡　リスナーさんからも質問きてますね。

ゆめまる　そうなんですよ。メッセージ結構きてるので、読んでいきたいなと思います。えー、ラジオネーム、れいかさんからのメッセージです。〈ゲストのTOSHIMITSUさんの初EPの「THE BEST」ですが、スーパースターの歌詞の内容が、アーティストを目指している昔のとしみつ感が出ていてリアルでいいなと思いました〉。

虫眼鏡　なに、昔のとしみつ感って（笑）。

ゆめまる　こいつ知ってんのかな？っていうね。でもなんかね、質問っていうか、応援、感想とかが多い。アルバム聴いてどう思ったかっていう。

虫眼鏡　それね、TOSHIMITSUさんの力になりますから。

ゆめまる　いいなと思った、っていうのとかね。

としみつ　はいはい、ありがたいですね。

ゆめまる　他にだと、ラジオネーム、としみつさんと同じ名字のあやちゃんさんからのメッセージです。

虫眼鏡　鈴木あやさんね。

としみつ　鈴木さんだ。

ゆめまる　〈先日TOSHIMITSUさんのリリイベに行かせていただきました〉。

としみつ　はい、ありがとうございます。

ゆめまる　〈大好きなTOSHIMITSUさんを目の前にしたら、かっこよすぎて緊張しすぎて、話したいことが全部話せませんでした。しっかり目を見て話を聞いてくださって、ありがとうございました〉。

としみつ　しっかり見ましたよ。

ゆめまる　〈「THE BEST」、「RESTART」が一番好きです〉。

としみつ　ありがとうございます。

ゆめまる　〈「スーパースター」の歌詞がとても好きです〉っていうふうにきてますね。

としみつ　うん、俺も好きなんですよね。

虫眼鏡　「RESTART」といえば、「START LINE」って曲もありますよね。

ゆめまる　スタートライン立って、棄権して、ってこと？

虫眼鏡　一回なんかあったのかな？

としみつ　なんで今回「ReSTART LINE」って曲出したんだ

よ！

虫眼鏡　（笑）。

ゆめまる　次出すのは、「Re:ReSTART LINE」。

としみつ　なんだ、「Re:ReSTART LINE」って！

ゆめまる　続いてのメッセージです。ラジオネーム、ぼーのさんからのメッセージです。〈先日、TOSHIMITSUさんのアルバムお渡し会に行かせていただきました。ほんとに一人一人と丁寧に会話されてることが印象的で、とても幸せな時間を過ごすことができました。ユーチューバーの活動応援しています〉とかね、きてますね。

としみつ　ありがとうございます。

ゆめまる　ちょっと質問のほうもね、きているので、ちょっといきたいですね。ラジオネーム、あいさんから。〈バイトを始め、初めて自分の稼いだお金で買ったCDがTOSHIMITSUくんのミニアルバムです〉。

としみつ　それほんとうれしくない？

ゆめまる　すげえそれうれしいね。

としみつ　「スーパースター」の歌詞に出てくるから、「最初に初めて買ったCDは」って。

虫眼鏡　結構いろんなさ、自己PRみたいな、PRじゃないか、自己紹介みたいなゲームとかでさ、初めて買ったCDはなんですか？とかない？

ゆめまる　あるある。

としみつ　この子有名になったら、俺のCD出すってこと？

虫眼鏡　そうよ。

としみつ　えらいこっちゃ。

虫眼鏡　その子、TOSHIMITSUさんの、って言うんだよ。

としみつ　**そのときパチンコやってるから**

虫眼鏡　なんだよお前（笑）、活躍してないんだよそのときに。

ゆめまる　やっぱりこの子も気になってるのは、〈僕たちが初めて買ったCDはなんですか？　今でも覚えてますか？〉ってのが来てますね、メッセージで。

としみつ　結構俺言ってるんですけど、サスケの「青いベンチ」なんですよ。

ゆめまる　へぇー。ちょっと世代違うのかな？

としみつ　え？　そうかな？　従兄弟から教えてもらって、その曲を。いい曲だなと思って、買いにいったのかな。たぶんサスケが初めて。

虫眼鏡　たしかにドンピシャですね、我々の世代。

ゆめまる　あぁ、そうなんだ。

としみつ　そのあとに、アニソンとか。主題歌のやつ買い出した気がしますよ。

虫眼鏡　僕なんだろう？　AquaTimezさんの、ちょっとアルバムの名前忘れちゃいましたけど、まぁ全盛期のときの、一番売れたアルバムかなぁ。

としみつ　アルバム買ったんだね、じゃあ。

虫眼鏡　たぶんアルバムでした最初は。

ゆめまる　僕は、買ったっていうかもらったんだけど、初めて曲というものを聴いたのは、zeebraの「Street Dreams」っていう、ゴリッゴリのヒップホップ、兄ちゃんから、やるわ、って言って。

としみつ　あぁ、兄ちゃんがね。

虫眼鏡　ゆめまるは、間違いだとは言わんけど、最初っから違うんだね。

としみつ　最初から。

ゆめまる　だから、触れれないんだ、わからないから、みんなが知ってる曲って。

としみつ　なるほどね。

ゆめまる　じゃあ次がね、最後のメッセージのほうになるんですけども。ラジオネーム、あおさんからのメッセージです。〈今日、TOSHIMITSUさんのCDリリースイベントに行ってきました。すごい目を見て話してくださったのですが、目力が強すぎてビビりました。スターオーラがものすごかったです。私の両親が、栄で居酒屋をやっていますとお話ししたのですが

としみつ　あぁ、覚えてる！

ゆめまる　〈ぜひ、ゆめまるさんとTOSHIMITSUさんで飲みに来てください、待ってます〉。

としみつ　覚えてる覚えてる。居酒屋やってる子、めっちゃ覚えてるわ。

ゆめまる　**今度、ここの居酒屋でラジオをやりましょう。**

虫眼鏡　はははは。ラジオ、**めちゃめちゃうるせーじゃねえかよ！**

ゆめまる　収録をしましょう（笑）。

としみつ　覚えてるよ、その人。

虫眼鏡　じゃ、せっかくなんでね、ゆめまるさん、ここばかりは頼みますよ！

ゆめまる　任せてくださいよ。

としみつ　お願いしますよ、ほんとに。

ゆめまる　まぁね、ずっと流れてる

曲も気になると思うんで、みなさん。えー、それでは、ここで1曲お届けします。今月2日に発売された、TOSHIMITSUさん初のミニアルバム「THE　BEST」から……。

としみつ　**きた！**

ゆめまる　折坂悠太で「坂道」。

としみつ　（苦笑）。

《曲》

虫眼鏡　いやぁTOSHIMITSUさん。こんなしっとりした曲も出してるんですね。

としみつ　そうなんです、結構なんか、カフェで流れてそうな。

ゆめまる　ジャズっぽい感じのやつも。

虫眼鏡　いろんなジャンルの曲出してんですね。

ゆめまる　6人いるってそういうことだよね。一人一人違う感じ。

虫眼鏡　TOSHIMITSUが6人いるっておっしゃってましたからね。こういうTOSHIMITSUもいるってことで。はい、素晴らしい曲でございましたね。

ゆめまる　**名前も違いますからね。**

虫眼鏡　うふふふ。

ゆめまる　出してる名前が違います、折坂悠太って方なんで、TOSHIMITSU、**また違う名義で出してる？**

虫眼鏡　TOSHIMITSUさん初のアルバム「THE BEST」の中に、折坂悠太さんの……。

ゆめまる　坂道。ややこしいなぁ、**あかんあかん！**

としみつ　お前がやったんだろうが!!　流せ!!

虫眼鏡　流してあげない（笑）。

ゆめまる　絶対流さない（笑）。

としみつ　**本人の流せ！**（笑）。

虫眼鏡　聴きたい方は、自分で買ってくださいってことなんでしょうね。

としみつ　ほんとに、そういうことですね。

虫眼鏡　「シンガーのTOSHIMITSUさんにいろいろ聞いちゃおう」でした。

としみつ　はい。

《ジングル》

ゆめまる　ちょっとジングル、手ぇ抜いてたなぁ。

虫眼鏡＆としみつ　はははは。

ゆめまる　**疲れちゃってるな。**はい、ふつおたのコーナーです。じゃ、早速いきますね。ラジオネーム、東京住みの高3の女子、あ、これ普通に名前なかったね。

虫眼鏡　東京住みの高3の女子さんですね。

ゆめまる　からのメッセージです。〈みなさんは北海道に去年プライベート旅行にいったり、しばゆーさんと虫眼鏡さんは47道府県の旅で……〉

虫眼鏡　46道府県な。

ゆめまる　あ、46道府県の旅で。〈実は明日から私修学旅行で北海道に行きます。なにかおすすめの場所などあれば教えていただきたいです。小樽や……〉

虫眼鏡　いや、**明日からだったらもうおせーだろ!!**

としみつ　おせーだろ！　終わってるだろ!!

ゆめまる　この子が、〈めちゃいいところが、教えてほしいです！〉って言ってんだけど、〈また、私はラジオが聴けないため〉っていうね。

虫眼鏡　なにやってんだよ、じゃあ！

ゆめまる　ラジオ聴けないのに、メッセージを送ってくるあたりが、**メンタル強目**っていうので読ませていただきました。

虫眼鏡　なるほどね。

としみつ　**果し状みたいだね。**

虫眼鏡　おすすめと言いますか、ま、一応答えるのかこれ？

ゆめまる　一応ね。

虫眼鏡　なんか飯を食う時間を多めに割いてほしい。

としみつ　絶対そう!!

虫眼鏡　北海道は、なに食ってもうまいんで。

ゆめまる　去年衝撃うけたもんね。普通のさ、居酒屋みたいなところで、レッドアイ、ビールとトマトジュースで割ったやつなんだけど、北海道のトマトが入ってるみたいな。**ゴリうまく**てさ、ひたすらそれしか飲まなくて、**ウンチ真っ赤っか**だったからね。

虫眼鏡　なんでお前それ、ウンチ真っ赤っかってオチにすんだよ（笑）。

としみつ　最後言わなくていいんだよ。

ゆめまる　ま、非常においしいものがいっぱいありますからね。

としみつ　ほんとにおいしいね。

虫眼鏡　ほんとね、3日間、朝昼晩、ちゃんとメニュー決めれるくらいね、いろいろ食うもんあるんで。ま、こいつは聴いてないけどね。

としみつ　ははは。聴いてねえから何言っても無駄だからね。

ゆめまる　じゃ、続いてのメッセージいきます。ペンネーム、そるとさんからのメッセージです。〈ご相談したいことがありメールしました。私は25歳のOLで、一人暮らしをしています。今年で2年目になりますが、一人でいると何もする気が起きず、むなしい気持ちになってしまいます〉。

虫眼鏡　ゆめまると一緒だ。

ゆめまる　〈東海オンエアのみなさんは、一人暮らしをされていると思いますが、どのようなモチベーション、気持ちで生活をされていますか? 教えていただきたいです〉。

虫眼鏡　なにモチベって（笑）。

としみつ　モチベ持って一人暮らしするってなんなの?

ゆめまる　〈今まさに、虚しい気持ちにかられています〉。

虫眼鏡　むずっ。お便り。

としみつ　俺別に一人の時間好きだから。

虫眼鏡　そう、男はね、そうなんすよ。別に僕も彼女が、いなくなっても平気っていったら彼女がかわいそうですけど、別に、一人でも全然平気なんですよ。むしろ一人の時間ほしいくらいなんで、だから、この方女性ですよね?

ゆめまる　女性だと思いますね。

虫眼鏡　そこがちょっと違うかもね。

としみつ　たしかに。

ゆめまる　で、すごいびっくりするのが、件名が**「転職について」**って書いてあるんですけど、全然関係ないんですよ。今気づいたんですけど。

虫眼鏡　はははは。いや、最初は転職について書きたかったんじゃない? でも、なにもする気起きないから、転職について書くのやめよ、っていって、なにも書く気が起きませーん、になっちゃったんじゃない?

としみつ　**全部一人暮らしのせいだ。**

虫眼鏡　次のお便りいきましょう。

ゆめまる　はい。ペンネーム、じゃない、ラジオネーム、いまえびすさんからのメッセージです。

虫眼鏡　いまえびすさん。たぶん名字がイマエなんでしょうね、その人は。

としみつ　イマエ、ビス。

虫眼鏡　ははは。名前、イマエ、ビスかもしれんね?

ゆめまる　〈3年前の高1から見ています。私はくだらないことがほんとに大好きなので、いつも楽しませてもらってます〉。

虫眼鏡　くだらねえって言われてない? 僕たち。まぁまぁいいや。

としみつ　褒め言葉ですよ。

ゆめまる　〈岡崎市に行ってみたいなと心から思っています。どこで待ち伏せしたら確実に会えるでしょうか? 教えてください〉。

としみつ　くそかよ。教えるわけねーだろ。

虫眼鏡　ま、てつやん家に張ってるとね、だいたい撮影日に集まってきますからね、人間が。

ゆめまる　いや一回あったのが、てつやん家にぱーって寄るときがあって、訳わかんない車が停まってたの。軽がね。なんだろう?と思って俺がぱーって駐車場入ってさ、車とめて出てきたら、なんかこっち、ぶーんっていってさ、あれちょっと危険だぜ。あの家。

としみつ　危険だよ。ずっといるんだもん、下にいて、女の子二人。ずっといたもん。おかしいじゃん、信号が青になっても渡らないからさ。それで行ったらさ、はぁはぁみたいに興奮して。なんでここにいるの?って。いや、イオンがわからなくて。**嘘つけ!**

虫眼鏡　ネットで調べればわかるからね（笑）。

としみつ　嘘つけって言ったあとに、写真撮ってあげたの。撮ってあげて、あんまこういうことすんなよ!って言ったら……。

虫眼鏡　だからその子が嘘ついてるってことは、その子自体もやばいことしてるって意識はあるんですよね、きっと。

としみつ　あんまこういうことすんなよ、って言ったら、はいすいません、って言ったから、いや嘘ついてんじゃねえか、って。

虫眼鏡　なんていうの、我々がね、家の近くで撮影をするのが一番いかんのだけど。

としみつ　それはいけないけど。

ゆめまる　住所出してたりするしね。

虫眼鏡　ま、僕たちが撮影した場所に行きたいはわかるのよ。だから、あの公園とかに人がいるのは、まぁまぁってなるんですけどね。

ゆめまる　まぁしょうがない。

虫眼鏡　そういう人って別にさ、心の中で、やばいことしてるって意識絶対ないじゃん。もう、指摘されて、嘘ついちゃうってことは、いやあなた悪いことだってわかってますよねってなっちゃいますからね、こっちは。

としみつ　てつやとか虫さんとかりょうとか優しいから怒らないけど、**ついてきたら気持ちわりぃ**からね。

虫眼鏡　ははは!

としみつ　絶対お前くるやん! **どこにGPSつけてるの?**って聞いたことあるもん俺。

ゆめまる　**つけてないよ!**ってキレながらきますからね。

としみつ　気持ちわりぃからやめてほしい。

ゆめまる　あと僕はツイッターで最近、家がバレてますね。

としみつ　えぇー!

虫眼鏡　あ、そうなの?

ゆめまる　なんかね、きました。

としみつ　かわいそうに。

ゆめまる　住所とかではないんだけど、だいたいわかってますよ、みたいなリプがきて。

としみつ　あの牽制なんだろうね?

ゆめまる　うわぁ、みたいな。

虫眼鏡　ゆめまるが炎上したら、**窓に石投げられるんじゃない!?**

ゆめまる　うー。

虫眼鏡　沢山のメッセージありがとうございました!(カッコつけた感じで)TOSHIちゃーん、今日の放送いかがでしたでしょうか?

としみつ　(めっちゃカッコつけた感じで)今日は、そうだね、僕の曲流れなかったけども、まぁ、楽しいミニアルバムになったから、ぜひHMVに行って買ってほしいね。

虫眼鏡　(カッコつけた感じで)ありがとうございます。さて、ここでお知らせです。

2019 07/07

あんこが最強！ドサンコヌイヌイハヌーンの回

GUEST
しばゆー

ゆめまる　はい、本日も始まりました東海**なめプリ**オンエアラジオが始まりましたけど。
しばゆー　なめプリオンエア。
ゆめまる　今日はメッセージのほうから紹介していきましょう。なんか突っ込んでほしかったな。**おい――！みたいな感じのやつ、ほしかったね**。
虫眼鏡&しばゆー　（苦笑）。
虫眼鏡　そんなベタベタなことするかよ（笑）。
ゆめまる　はい、メッセージのほう紹介していきます。岐阜県岐阜市在住のふうかさんからのメッセージです。〈岐阜県岐阜市に住んでいる小学4年生です〉。
虫眼鏡　あら。大きくなったね。
ゆめまる　〈わたしは、「てつとゆめ」が大好きです。虫眼鏡先生に質問です〉。
虫眼鏡　ぅーん、「てつとゆめ」関係なーい。
ゆめまる　〈どうしたら勉強が好きになりますか。今度、お家に来て勉強を教えてください〉。
しばゆー　おーい。
虫眼鏡　あぁなるほどねえ。
しばゆー　お家に来て勉強教えてくださいときましたよ、先生。
虫眼鏡　ふうかちゃん、かわいいかなぁ。4年生だからね。
ゆめまる　だめだめだめ。そういう話。
虫眼鏡　4年生だからね、まだね、勉強が好きとか嫌いとか、そういうのよくわかってないかもしれないね。やっぱりね、中学校高校で僕勉強意外と嫌いじゃないんだよね、って子はね、小学校のころからうまいことといってる経験があるというか、掛け算がんばったらできるようになったよとか、テストで頑張ったら100点とれてお母さん褒めてくれたよ、とか、そういう成功体験をいかにつんでるかなんですよね。だから、**頑張ればできるもんだぞ**、と思い込んでほしいですね、勉強は。やっぱ誰しもね、やればできるものではあるんで。ふうかちゃんにはがんばってほしいな、ってことでね、ま、ちょっとお家に来てもらうためにはですね、**交通費とちょっと時給のほうを2500円くらい**ちょっといただくかなという感じですね。
ゆめまる　大人出すな、大人を（笑）。ま、この、ふうかちゃんに**僕権限で、写真をプレゼントします**。
しばゆー　えー。
虫眼鏡　なんの写真をあげるんだよ？
ゆめまる　こちら、このおハガキ見てください、これ。
虫眼鏡　あらぁ、写真くださいって赤字で書いてあるわ。
ゆめまる　赤字で書いてあるのと、すごい、この、メッセージ＋虫さんの絵を描いて送ってくれてるの。
虫眼鏡　えー！　ありがとう。
しばゆー　かわいい。
ゆめまる　これのね、やさしさというか。**かわいいな！**
虫眼鏡　ゆめまるは、小学4年生にやさしいなぁ。
しばゆー　かわいいなぁ。
ゆめまる　子供、好きなんでね、僕。あ、**ロリコンじゃないですよ**。
虫眼鏡　こうやってね、今日は七夕ってことでね、ゆめまるさんが、一個願いを叶えちゃったってことですね。
しばゆー　あらま。
ゆめまる　え？　なんの願いですか？　あ、写真をあげるという。
虫眼鏡　そうだよ。書いてあるじゃん、写真くださいって。
ゆめまる　あ、そうですね。この子の願いを叶えてあげれました。それじゃ、今夜も#東海オンエアラジオで聴いてる人はつぶやいてみてください。東海オンエアラジオ！　東海ラジオをお聴きのあなた、こんばんは！　東海オンエアのゆめまると！

虫眼鏡　虫眼鏡だ！　そして今日のゲストは。

しばゆー　しばゆーでーす。

ゆめまる　この番組は、愛知県・岡崎市を拠点に活動するユーチューバー、我々東海オンエアが名古屋にある東海ラジオからオンエアする番組です！

虫眼鏡　ゆめまると、僕虫眼鏡が中心となってお届けする30分番組！　さ、**今日は七夕**ということなんですけども、みなさん、**たくさんの富と名声と名誉を手に入れたみなさん**に、あえて質問なんですけど、**今願い事はなんですか？**

ゆめまる　願い事ですか？

しばゆー　願い事ねえ。僕、欲しいものはあるんですよ。今。**でっけえ水槽がほしい。**

虫眼鏡　でっけえ水槽がほしいの？（笑）。なんで？

ゆめまる　でっけえ水槽ね。

しばゆー　でっけえ水槽でグッピーとか買って、チョロチョロチョロロって音で癒やされたい。

虫眼鏡　あははは！

ゆめまる　アクアリウムみたいなものをやりたいんだ。

しばゆー　そう。

虫眼鏡　えー、でもね、絶対にできないよね、しばゆー。僕は昔やってたんだよ、アクアリウム。でもあれほんと、水温の調整とか、PH調整とか、コケが生えるから掃除するだの、水交換だの餌あげすぎがどうたらこうたらとか、この魚とこの魚は一緒に入れちゃいかんとか、いろいろ勉強しなきゃいけなくて。

しばゆー　やべえやべえ。

ゆめまる　あるんだ、そんなに。めっちゃ奥深いんだ。

虫眼鏡　ゆめちゃんは？

ゆめまる　僕、願い事かぁ。なんだろうなぁ。なんだろう。

しばゆー　**彦眼鏡星が、叶えてくれますよ**、なんでも言ってくださいよ。

虫眼鏡　僕にできることなら。

ゆめまる　あぁ、じゃあ、**肝臓癌にならないようになりたい**ですね。まじなこと言うと、お酒飲みすぎてて、ちょっと引っかかりそうな感じするんで。

虫眼鏡　最近飲んでますか？

ゆめまる　最近は減りましたね。だいぶ。

虫眼鏡　タバコもお酒も減ったんだ。

ゆめまる　うん。体重は増えましたけど、やっぱり。虫さん願い事ないの？

虫眼鏡　僕ね、最近まざまざと思い知ったんだけど、**あれ僕友達いなくね？**って。

しばゆー　なんだそれ（笑）。

ゆめまる　おぉー。

虫眼鏡　ほんとに元々ね、深い付き合いはしてこなかったんですよ、今まで。ほんとに東海オンエアの人間が初めて、こんなに毎日会うような人間っていうことで。ま、遊んでる暇もあんまないんですけど。ツイッターで言ったんですけど、僕の本の第2弾が20冊くらい家にポンと送られてきたんですよね。お知り合いの方に配ってください、みたいな感じで。だーれに配りゃいいんだと思って。めちゃくちゃ余っちゃって。そうなったときに、もったいないなというか、もうちょっと友達、僕いたはずなんだけどなと思ったんで。僕がね、七夕様に願うとしたら、**友達が欲しいです**。

しばゆー　ははは。

ゆめまる　すごいなぁ、小学生だな、まじ。こわいな。

しばゆー　いいと思うわ。遊びに真剣にね。

虫眼鏡　はい、僕と友達になってくれるよ、って人はね、ラインのＩＤを書いて送ってください。

しばゆー　めちゃくちゃ来るわ。

ゆめまる　それではここで1曲お届けします、ケンチンミン&ｉｌｌｍｏｒｅで「この街で生きてる」。

《曲》

ゆめまる　お届けした曲は、ケンチンミン&ｉｌｌｍｏｒｅで「この街で生きてる」でした。

虫眼鏡　ね、曲流れてる間におしっこの話しないで。

しばゆー　もう先ほどのラジオから引き続き我慢してるんだ。

ゆめまる　なんで？

虫眼鏡　なんで休憩中にいかないんだよ！

しばゆー　だってゆめまるが**ワーワーワーワー**とかやってきたから。

ゆめまる　そのあと時間あったよね？　ワーワーとやって、こっちきて一人でいたもん。

虫眼鏡　だって僕とゆめまるトイレ

行ってんだもん、だって。

しばゆー　**意地張っちゃったよ。**

ゆめまる　ははは。ほら、でたでた。

虫眼鏡　自分が小便我慢したらおもろいと思ってんじゃん。

しばゆー　**意地張っちゃっておしっこ我慢しちゃって。**

ゆめまる　ラジオじゃ伝わんねーんだよな、これ。

虫眼鏡　さて、東海オンエアが東海ラジオからオンエア！　東海オンエアラジオ、このコーナーやっちゃいます！「メイトーのなめらかプリンをアレンジしちゃおう！」なんと7月の東海オンエアラジオは、メイトーのなめプリ月間なんですよね。先月から、メイトーのなめらかプリンの美味しいアレンジ方法をみなさんに投稿してもらっております。今月は、僕らもアレンジ方法を考えて、放送日にこんな感じでどうですかって投稿していきます。初回の今日は、しばゆーさんが投稿してくれたってことなんですよね。

しばゆー　見てくれたかな？

虫眼鏡　というわけで、早速なんですけど、なめプリ、いろんなアレンジ方法をここのコーナーで紹介していこうということでございます。ちなみにね、知らない人はいないと思うんですけど、なめプリご存じですか？

ゆめまる　なめプリは知ってますよ。

しばゆー　さすがに知ってるよ。

虫眼鏡　コンビニに行くじゃないですか。それぞれのコンビニのプリンがあるんですけど。

ゆめまる　デザートゾーンとかですね。

虫眼鏡　そこ、**くいって曲がったところに絶対置いてあるやつ**なんですよ。安くてですね、パンパンに詰まってるやつ。

ゆめまる　**これがこの値段かい！**っていうね。

虫眼鏡　そう、安いんだよ。でね、普通にめちゃくちゃうまいんですよ。

しばゆー　まじで美味しいです。

虫眼鏡　これが一番好きっていう人もたくさんいらっしゃいますから。

ゆめまる　僕のお兄ちゃん大好きですね。

虫眼鏡　これ僕も大好きなんですよ。というわけで、そのまま食べても美味しいんですけどね、アレンジしたほうがより美味しさを発見できるのではなかろうか、という探究心ですよね。

ゆめまる　いいですね、これは。

虫眼鏡　まずはですね、これ有名らしいんですけど、東海オンエアラジオプロデューサーK、これは岸田さんのことですね。

ゆめまる　ふはははは。きっしー、岸田ね。

しばゆー　言うなや、伏せてんのに～。

虫眼鏡　（笑）。プロデューサーKさんのアレンジなんですけども、凍らせて食べると、溶け始めのアイスみたいで美味しいですよ、と。

ゆめまる　ほぅ、なるほど。

虫眼鏡　プリンを凍らせるなんてね、なに考えとるんだとみなさん思われるかもしれないんですけど、これが実は意外と美味しゅうございますなんですよ。

ゆめまる　ソフトクリームみたいになるのかな？

しばゆー　なるほど。

虫眼鏡　なんとですね、**偶然ここに今なめプリが**置いてある（笑）。

ゆめまる　**えー！　なんで！**

しばゆー　なんてこったぁ。

虫眼鏡　しかも偶然凍ってるんですよ。

ゆめまる　えー!!　すごーぃ。

虫眼鏡　ちょっとこれはね、今ここで食べていいんじゃないですか？

ゆめまる　食べてみましょう早速、食べましょう食べましょう。

虫眼鏡　しばゆーさん食べてみてくださいよ。

しばゆー　いただきます。あー、意外とかたくない。

虫眼鏡　そう！　ガチガチに凍ってると思いきや、プリンなんでね、カッチンカッチンになんないんですよ、ぷるっとしてる。

しばゆー　おー、**うめぇ！**

ゆめまる　まじですか？　あ、ほんとだ、結構やわらかいですね。

虫眼鏡　もともと、なめプリ味が濃いじゃないですか。高級アイスみたいな感じとか、言われたりするそうなんですけど、どうですか？

ゆめまる　食べてみますね。

しばゆー　ほんとだ、溶け始めのアイスだ。

ゆめまる　これめっちゃくちゃ美味いよ。

虫眼鏡　この凍らせて食べるってアレンジなんですけど、Kさんが提案した体になってますけど、これ結構有名らしいんですよ（笑）、この凍らせるというアレンジはね。

ゆめまる　**なめプリファン**は

知ってるのね。

虫眼鏡　そうそう。ま、ファンの中では有名なアレンジらしくて、ここからはもうちょっと個性を出していくということで、ま、この東海オンエアラジオの放送のとき、裏でアハハハとかたまに後ろで笑ってるおじさんがいると思うんですけど、あ、おじさんって言っちゃった、一個上なんですよね。あの、チラさんが考えてくれたアレンジがございます。

ゆめまる　ほうほうほうほう。なんでしょうか？

虫眼鏡　**冷凍なめプリwith塩レモン。**

しばゆー　ウィズ～。

ゆめまる　結構攻めてる気する。

虫眼鏡　これはちょっとね、東海オンエア見過ぎじゃないかっていうふうに僕は思ってしまうんですけど。

しばゆー　合うのか、これ？

虫眼鏡　チラさん、これはどういう狙いがあるんですか？

チラ　なめらかプリン、美味しいんですけど、ちょっとこう大人になってくると甘すぎるかな、と思うときが。

虫眼鏡　一個ちょっと重いな、みたいなのがあるんですね。

チラ　のときに、塩レモンでちょっと味を変えて、楽しむという。

虫眼鏡　なるほど。ここに塩とレモンあるんで、チラさん、こんなもんですよって感じでかけてください。

チラ　レモンは、酸味の好み次第なんですけど、塩はそんなに多くなくていい。

しばゆー　なるほど。

ゆめまる　しかも**ちゃんと岩塩使ってくれる**のね。

虫眼鏡　東海ラジオ、いい塩使ってますねえ。

チラ　直接かけるというよりは、塩を何か小皿に出しておいて、で、スプーンにとったのにレモンをかけて塩にチョンと乗せて食べるっていう。

ゆめまる　あぁなるほど、なるほど。

虫眼鏡　なんか、**通な肉の食い方みたい。**

ゆめまる　**俺が一番嫌いなタイプ**だなぁ。そういう通ぶるやつ、まじで。

虫眼鏡　じゃあ、これはまず私がいってよろしいですか？

ゆめまる　はい、食べてください。

虫眼鏡　僕、結構**すっぱいの、ちゅきちゅき**なんで、多めにいこうかな。

しばゆー　いってんねえ。

虫眼鏡　3滴いきまして、お塩をつけまして、じゃあいただきます。**あっ、うまいわ。**めっちゃうまいよ。

チラ　よかった！　よかったー！

ゆめまる　ええー。

しばゆー　ちょっと俺も、食いたい食いたい。

虫眼鏡　やってくださいやってください。なんだろう、口の中に甘ったるさが残らないというか、さらっとしてる感じ。

ゆめまる　ほぅ。ちょっと見た目な感じだと、チーズケーキみたいな味になんじゃないかなと。

虫眼鏡　そうそう！　そんな感じ。塩をつけすぎないほうがいいかもしれん。

しばゆー　あ、塩つけすぎた。でも、あ、うん。

虫眼鏡　そう、一番最初はね、塩が表面にいるから、**あっ酸っぺ**、ってなるんですけど、口の中でぐっちゃぐちゃにすると、なんか、レアチーズケーキ的なさっぱり感が。

しばゆー　塩があることによって、逆に甘くなる気がする。

虫眼鏡　はい、というわけで、ここからはね、今内輪の話だったんですけど、ま、リスナーのみなさんにもですね、アレンジ方法を投稿していただいてるので、ちょっと聞いてみましょう。というわけで、フラワーさんという方からの投稿がありますね。いっぱい送ってくれてますね。**レーズンのせ。**レーズン好きですか？

ゆめまる　レーズンまぁ好きですね。

虫眼鏡　じゃあちょっとここにね、**レーズンが偶然置いてある**ので、レーズンのせて食べてみますか？

ゆめまる　あれ？

しばゆー　なんてこった。

ゆめまる　びっくりした、乳首が出てくるかと思っちゃった。

虫眼鏡　え？

ゆめまる　そういうボケやん。

虫眼鏡&しばゆー　ははは。

ゆめまる　こっちは普通の凍ってないほう。

しばゆー　あぁ、レーズンが、おばあちゃんの乳首みたいだって話ね。

ゆめまる　そういうことですよ。

虫眼鏡　というわけで、レーズンとプリンを一緒にいただいちゃってください。

ゆめまる　いただきます！

虫眼鏡　どうですか？　ま、アイスクリームにもラムレーズンみたいな味がありますから、こういう乳製品との相性は非常によさそうに感じるんですけども。

ゆめまる　なんか、なんだろうな？　ケーキ感増すよね。

虫眼鏡　お前**ジュルジュル**って食うなよ、もう！

ゆめまる　だからプリンっていうよりも、ケーキ要素が増しますね。

虫眼鏡　あ、そうなんですか？　私もいただいていいですか？

しばゆー　結構強いから、レーズン少なめでやったほうがいいかな。

虫眼鏡　ほんと？　うん。

ゆめまる　これうまいね。

しばゆー　うまい。

ゆめまる　上品な味わいに、もっとさらになります。

虫眼鏡　あ、美味しい。今ちょろっと言ったけど、ラム酒をちゃらっとたらすとか。

しばゆー　**貴族か**、私たちは。

ゆめまる　それいいっすね、それ絶対うまいわ。

虫眼鏡　これ大人はやったらいいんじゃないですか？　普通にうまい。

しばゆー　華麗なる一族感が。

ゆめまる　で、次は？

虫眼鏡　**あんこのせ。**

ゆめまる　おぉ。

虫眼鏡　あんこですね。

ゆめまる　甘いもの×甘いものだから、相殺しちゃわないかな？

虫眼鏡　じゃあこれも一旦、生というか、凍ってないほうのほうに。

ゆめまる　**あん！**

虫眼鏡　あん！(笑)。すいません、私、つぶあんを、チューブで出してんですよ。失礼いたしました。あんこ、ま、名古屋ですからね。食べちゃってください。

ゆめまる　じゃ、いただきますね。

虫眼鏡　あんこ、こんなチューブとかあんだね。

ゆめまる　いただきます。うめー。

虫眼鏡　あ、うまいの？

ゆめまる　あ、**うまいわこれ！**

しばゆー　めっちゃうめえこれ。

ゆめまる　なんだろ、えっとね、クリーム……、うまいぞ、これめっちゃうまい！

虫眼鏡　うん、**これめっちゃうまい!!**

しばゆー　これはめっちゃうまい！

ゆめまる　これうまい、まじうまい！

しばゆー　**これベスト。**

虫眼鏡　ベスト出ました!!

ゆめまる　いや、すごい、これは。

虫眼鏡　これめちゃくちゃうまいわ。

ゆめまる　めちゃくちゃうまい。なんかさ、クリーム大福みたいなさ。

虫眼鏡　あ、そうそうそう。

ゆめまる　まじで、**びびってるわ。**

しばゆー　商品化したほうがいいくらい。

虫眼鏡　なんか、ね、あんこプリンって商品をとられちゃうよ、他のなんかに。

ゆめまる　あっても別におかしくない。

しばゆー　下の茶色いところをあんこにするとか、ありそー。

ゆめまる　うまいわー。

虫眼鏡　おいしいですね、これは。

ゆめまる　おいしいです、これは非常に。

虫眼鏡　そして、別の方、nicoさんかな。メイプルかキャラメルソースをかけて**ゆっくり食べる**らしいです(笑)。

ゆめまる&虫眼鏡　ゆっくり？

虫眼鏡　ゆっくりが大事だと思うんですね。一応今ここにね、**偶然メイプルソースがありますん**で、ここに今たらしますんで、ゆっくり食べてください。えー、あぁ、美味しそうだけどね。

しばゆー　メイプル。

虫眼鏡　ちょっと多めに入れましたんで、ゆっくり食べてください。

ゆめまる　ゆっくりですね。

虫眼鏡　じゃ、ゆめまるさん、いや、そこはいい(笑)、そこはいい！

しばゆー　**遅い遅い遅い！**

虫眼鏡　最初、初動はいいんだって！　口に入れてからゆっくりやってよ。

ゆめまる　わかりました、普通に食べますね。それじゃ、いただきます。あぁ、なめプリが強いっすね。

虫眼鏡　あぁ、ゆめまるはあんま好きじゃない感じかな？　しばゆーさん？

しばゆー　(じゅるり)

虫眼鏡　ははは。なんでお前だけ**卵豆腐食うみたいな、じゅわって食べるの？**

ゆめまる　相殺しちゃってない？　なんか、ちょっとさ。

しばゆー　いや、なめプリって茶色のカラメル部分ないよね？　それを付け足したって感じ。

ゆめまる　あぁ、なのかな？

しばゆー　すごくありそうな味。

虫眼鏡　僕はね、好きかも。なんだろうね、**ホットケーキの液体**

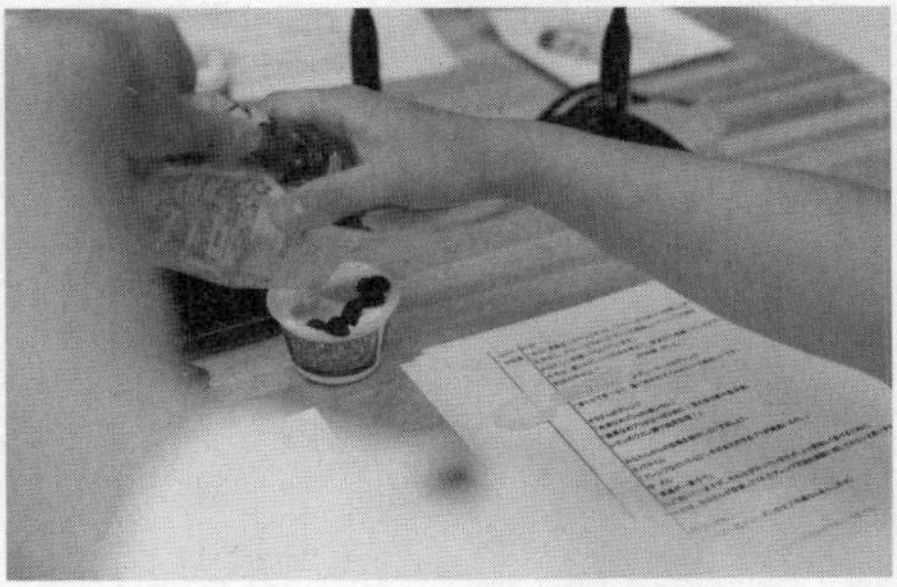

版を食べてる感じというか。
しばゆー　あぁ、粉部分を?
虫眼鏡　ふふふ。っていうか、なんだろうね、ホットケーキの味というか。というわけで食べてみたんですけど、あのね、うまいんだなこれが!
ゆめまる　これ、**全部うまいんだな!**
しばゆー　うーめぇ。
虫眼鏡　やっぱこのプリンがね、言ってしまえば、シンプルな材料でできてるじゃないですか。意外とね、いろんなものと合うわけなんですよ。というわけで、今のとこね、やっぱあんこかな、最強は。
ゆめまる　**最強はあんこ**だったよ。
しばゆー　3人ベストってすごいよね。
虫眼鏡　うん。ちょっとね、あんこに挑戦してくるアレンジ方法見たいですね。
ゆめまる　欲しいっすね。なんかこう、へんな、塩っ辛い塩辛とか乗っけちゃうようなね。
虫眼鏡　あぁ。喧嘩する方向ね。
しばゆー　意外といけなくもなさそう。
虫眼鏡　今のとこは、まぁまぁそれは合うわな、って感じ。チラさんのやつは攻めてましたけど、そういう**攻めたやつほしい**ですね。
ゆめまる　ほしいですね。
虫眼鏡　はい、東海オンエアラジオでは、なめらかプリンの美味しいアレンジ方法を募集中です。写真と共に、「#メイトーのなめプリ」で投稿してください。今月は、抽選で毎週3名の方に、「なめらかプリン8個入り1ケース」をプレゼントします。8個入ってるんでね、8パターンアレンジできますからね。
しばゆー　ほほほ。大変な可能性あるな。
虫眼鏡　以上、「メイトーのなめらかプリンをアレンジしちゃおう!」でした。

《CM〜ジングル》

ゆめまる　いやぁ(笑)、**おもろいなジングルやっぱり。**
虫眼鏡　楽しそうですね。
チラ　楽しいっすよ。
虫眼鏡　ふふふ。さぁ、ふつおたのコーナーやっていきましょう。
ゆめまる　いきましょうか。
しばゆー　**ちょーっと待ったー!!**
ゆめまる　またきましたよ、これ。
しばゆー　普通のお便りばっか読みやがってよ。
ゆめまる　また出た出た出た。
虫眼鏡　はいはい。
しばゆー　そんなの、そんなの満足してんのかー!!
ゆめまる　はい、いいですよ、やりたいんですよね。
しばゆー　**クソオタのコーナー!!!**
虫眼鏡　もう、しばゆーのためにね、Kさんがすごい溜めてますからね。
しばゆー　すいませんね、ほんとに、申し訳ない。僕のために、溜めていただいて。これね、なにも生まないからね、でも。
ゆめまる　そうなんだよね、でも、**クソオタはちょっと成仏させないと、**番組終わる可能性あるので(笑)。
虫眼鏡　そう、溜まっちゃうからね、悪いものが。じゃあお願いします。
しばゆー　じゃあいきますよ。ピーーーさん。
ゆめまる　わはは。本名言うなよお前! ピーーーだよ。
しばゆー　ピーーーさん。iPhoneから送信。以上です。
虫眼鏡　ははは! **空メールじゃねえかよ。**
ゆめまる　おい! なんでだよ!
しばゆー　なんだよ、てめー。
虫眼鏡　なんでプロデューサーさんは空メールの白い紙を印刷したんだろう。
しばゆー　**こんな不毛な紙はねえ。世界で。**
虫眼鏡　はい、お次いきますか。
しばゆー　あ、でも今回はあんまりクソオタがないというか。
虫眼鏡　あぁ、そうなんですね。いいクソオタですか、じゃあ?
しばゆー　**僕プレゼンツのふつおたのコーナーかもしん**

ない。

ゆめまる　あ、しばゆーさん宛てのね。

虫眼鏡　じゃあ我々はなめプリ食ってますんで、どうぞ読んでください。

しばゆー　ただ俺が読むっていう。ペンネーム、レペゼンサザンクロス〈実家に住んでます〉さんから。

虫眼鏡　ふふふ、ちょっと怪しいぞそれ。

しばゆー　怪しいっすね。みなさん今日の晩御飯はなんでしたか？　僕はといえば、**毎日泥水とパンティをすすって生きています**〉。

虫眼鏡&ゆめまる　わはははは。

しばゆー　〈なんて、うっそでーす！　**普通にマルゲリータ、素手で焼いて食べました**。なんて**ボンサバドゥ!!ドゥーーーー!**　ところで、バ**イザウェイウェイウェイウェオオ、アッハーン**〉。なんだこれー!!

ゆめまる　お前やん、しばゆーでしょ？

しばゆー　まだあります。

ゆめまる　あ、まだあるの、続き？

しばゆー　〈ところでしばゆーさんの、これだけは2日も欠かしたことないよ、というルーティーンがあれば是非教えてほしいです。**僕は身長が10ミリくらいしかないので、毎朝コップ一杯の牛乳を飲むことがルーティーンです**〉。無理だろ!!　**10ミリしかなかったらコップ一杯飲めねえだろ!**　〈おかげで、毎朝溺れかけますし、中耳炎がひどいです〉。

ゆめまる　中耳炎(笑)。

しばゆー　なるわな。〈PS、くだんの、電話番号ですが、個人の番号だとちょっとなと思い、実家の固定電話にします。052、ピー、ピー、ウチの親が出ると気まずいから嫌だなと思いつつ、自分は**絶賛自宅警備員中**なので、いつでも出れます、気軽にかけてください。覚え方は、**ポッコツーン、ムックイ、ドサンコヌイヌイハヌーン**。これは、ヘルツェゴビナ語、ボスニア・ヘルツェゴビナ語で、恥を知れ、といいます。それではみなさま、**アスタラビスタ!**〉

虫眼鏡　ふはははは！

ゆめまる　**バカなんか!!!**　すごいな。

虫眼鏡　**お前、お便り送んなって!**

しばゆー　俺じゃねーよこれ、誰だよ、もー!!

ゆめまる　ちょっと、かけてみたい。

しばゆー　実家につながっちゃうよ。

虫眼鏡　ダメだよ、絶対この時間にかけたらお母さん出ちゃうって。

ゆめまる　もしもしー、っつって、どーも、っつって。

しばゆー　どうかしてるよもう。

虫眼鏡　どうかしてる上に、なげー。

ゆめまる　でも、おもろかったなあ。

虫眼鏡　すごいセンスは感じますね。しばゆーさんに成仏させてもらってよかったんじゃないですか？

しばゆー　はい、もう、お疲れさまでした。ありがとう楽しかった。

虫眼鏡　はい、次の。

ゆめまる　この、バックで流れてる音がいいですね。

しばゆー　えー、〈ゆめまるさん、虫眼鏡さん、ゲストのしばゆーさん、こんばんは。今ごろになって、しばゆーの魅力に気づいてきました〉。あっ、ありがとうございます。

ゆめまる　お、いいね。

しばゆー　〈動画の編集以外にも、ふとしたときに見せる目線とかがドキドキです。髪の色、一部だけ変えてるのも好きです。ところでしばゆーさんは、奥さんと喧嘩したらどうやって仲直りしてますか？　教えてください、お願いします。そして、僕の大好きな企画で、「サバイバルしりとり晩御飯」っていう動画が大好きなので、またやってくださいね〉。**俺出てねーじゃねーか!!**

虫眼鏡&ゆめまる　はははは。

しばゆー　アポロさんからでした。

虫眼鏡　あ、アポロさんからなんだ、へぇ。しばゆーさんはどうやって仲直りしてるんですか？

しばゆー　うーん、そうですね、**自然消滅の逆?**

ゆめまる　自然に鎮火する感じね。

しばゆー　自然鎮火でやってますね。

虫眼鏡　あぁそうなんだ。

ゆめまる　しばゆーさんついこないだ、バチ喧嘩してましたからね(笑)。

虫眼鏡　あ、そうなの？

ゆめまる　**帰らねえよ!!**って。

しばゆー　そんなのあったっけ？

ゆめまる　LINEで送ってきてくれたやつ。

しばゆー　あぁ(笑)。

ゆめまる　生放送終わったあとに、しばゆーからLINEがきて、ポンって画像、スクショでね。そしたらめっちゃ喧嘩してんの。浮気してんじゃねえよ！　でも、してないんだよね？

しばゆー　そう、だから、ゆめまると生放送やるから、電話切るねって言って一回ブチッと切っちゃったことがあるのね。そんときに、俺は風俗いってんじゃねえのか、ってのでめちゃくちゃキレられて。いや、生放送してんのにだよ。

ゆめまる　で、もう帰ってくんな！って、しばゆーの次の文が、もう帰んねーよ!!っていうので。

虫眼鏡　へぇ、しばゆー喧嘩すんだね。

しばゆー　それはちょっと、怒らない？　だって自分だったら、**生放送してたら風俗いってる**って言われて。

ゆめまる　仕事してんのにね。

虫眼鏡　**バカらしくなるけどね、そんなやつとしゃべるの。**

ゆめまる&しばゆー　ははは。

しばゆー　ありがとうございます！

虫眼鏡　あとさ、これはね、もしも相手に聞かれたらもしかしたらいけないのかもしれないけどさ、お前ん家のトイレ、なんか貼ってない？

しばゆー　あぁ、あれですね。

虫眼鏡　あれ、ツイッターかなんかで出てたんだけど、しばゆーがめっちゃ、誓約書みたいなのトイレにはらされててさ、怖いなと思った。

ゆめまる　え？　なに？

しばゆー　僕が、とある飲み会に参加したら、シャンパンじゃんけんってのをやりまして、僕がシャンパンじゃんけんに負け続けて、**お会計が50万円**になってしまったことがあるんですよ。それで、しかもベロベロに酔っ払って、朝帰って、廊下でゲロを吐くっていう失態をしましてね。

虫眼鏡　ふふふ。それはまぁ、しばゆーが悪いけどね。

ゆめまる　怒られるわな。

しばゆー　それでバチギレされて、**3ヶ月禁酒**と。

虫眼鏡　あ、そうなの？　っていう誓約書がトイレに貼ってあるんだ（笑）。

しばゆー　そう（笑）。

ゆめまる　きついなー。

虫眼鏡　ちょっと、我々がダウンに入りそうなので、この程度にしておきますか。沢山のメッセージありがとうございました。

ゆめまる　しばゆー君、ダメだって！　**おしっこはダメダメ！**　ほんとにダメ、**プリンがあるからダメ！　今日だけはダメ！**　ほんとにあと数分で終わるから。

しばゆー　わかったわかった。

ゆめまる　はい、ここでお知らせです。

2019 07/14

アフロの中にも弱者と強者がいるの回

GUEST
りょう

虫眼鏡　(取りつくろった明るい口調でハキハキと)東海ラジオをお聴きのみなさん、こんばんは。7月14日日曜日、時刻10時をまわりました。こんばんは、今日も東海オンエアラジオをやっていきましょう。
ゆめまる　番組変わりました?
虫眼鏡　うふふふふ。
ゆめまる　びっくりしちゃいましたよ今。
虫眼鏡　え、普段だったらね、東海の虫眼鏡と、東海のゆめまると、ゲスト、今日は東海のりょうなんですけど、3人でやってくはずなんですけど、なんか**目の前に知らない人がいるんですよ**。ちょっと聞いてみましょう。誰だよ!
ゆめまる　**ゆめまるだよ!! 俺の夢が叶ったんだよやっと!!**
りょう　あ、夢だったんだ?
ゆめまる　そうそうそう。
りょう　じゃ、おめでとうと言っとくわ。
虫眼鏡　誰だよ(笑)。
ゆめまる　誰だよっていうか、ま、なぜ誰だよと言われてるかということ。
虫眼鏡　ラジオだからわからないんだよね。
ゆめまる　あのぉ、**髪型を変えまして**、今までずっと、髪伸ばしてて、ツイッターとかで髪切れよとか、きたねーよとか。
虫眼鏡　不衛生だよとかね。
ゆめまる　めっちゃ言われてたわけですよ。
虫眼鏡　**ユーチューブ下手だよ!**　とかね。
ゆめまる　それは悪口じゃん、ただの。それは意見。
虫眼鏡&りょう　ははははは。
ゆめまる　でね、髪切れって言われてて、あのぉ、なんで伸ばしたかっていうと、**アフロにしたくて**。
虫眼鏡　ま、ちょくちょく言ってたよね。知ってる人は知ってると思うんですけど。
ゆめまる　で、やっとアフロにしましてね。
りょう　どんだけ伸ばしてたの?
ゆめまる　えっ、1年くらいかな?
虫眼鏡　そんなにいるもんだと思わなかったのよ、毛が。別に、今僕がやっても、それなりになんのかなと思ったけど、全然違うんだね。
ゆめまる　そうそうそう。ほんと、10何センチないとできないっていう感じですね。
りょう　でも思ったより大きいよ(笑)。
虫眼鏡　ははは。それちょっとね、大きくない?　伸ばしすぎたんちゃう?
ゆめまる　あのですね、僕が、髪質が柔らかすぎて、
りょう　笑いすぎた(笑)。
ゆめまる　ジリジリっていうか、結構強めのアフロかけたんですけど。
虫眼鏡　ふふふ。ちょっとわからさないでよ!　ラジオ番組持ってる人が。
りょう　今日初めてだもんね、俺らも見たの。
ゆめまる　そうだね。ほんとはもっと強めのやつがかかるはずだったんですけど、髪が柔らかすぎて、ちょっと、とれはじめて。
虫眼鏡　誰ですか?(笑)。
ゆめまる　デザイナー、デザイナーやってます僕いま。はい。
りょう　すごっ(笑)。
ゆめまる　ちょっと触ってみて。
りょう　**まじでふわっふわなの**。ふわっふわ。
虫眼鏡　え、ほんとじゃん。
ゆめまる　すごいんですよこれ。
虫眼鏡　**なめプリじゃん**。
ゆめまる&りょう　ははは。
ゆめまる　**なめプリしっかりしてっから**。ふわふわじゃねえからな。
りょう　あれトロトロだから。

虫眼鏡　それって**結構ユーチューブに支障でるレベルのふさふさだよ**、それ（笑）。後ろの人迷惑だよ。

ゆめまる　それはめっちゃ思ったの（笑）。ちょっとやりすぎた。でも今日は、セットをそんなしてないのね。

虫眼鏡　そうなの？（笑）。セットとかあるんだ？

ゆめまる　セットありますよ。

虫眼鏡　へぇ。

ゆめまる　こうやって**手でポンポン**やってくと、乾かしながら、こうやってやってくと。

虫眼鏡　こうやって**ベインベインベインベイン**ってやってくのがセットなの？（笑）。

ゆめまる　こう、**どんどんどんどん丸くなってくる**んですよ。

虫眼鏡&りょう　おぉ。

ゆめまる　で、縮んでるとこはこうやって伸ばして、ポンポンポンポンってやるような感じでやると、ま、なってくる。

虫眼鏡　え？　アフロのセットってのは、真円に近いっていうか、きれいに丸に近ければ近いほど優れてるの？

ゆめまる　そうなんですよ。それで、**アフロの中にも弱者と強者がいて、弱者は楕円形**のやつなの。

虫眼鏡　あはははは！

ゆめまる　強者は、まじな円のやつ。

りょう　誰が言い出したの？

ゆめまる　これは美容師が言ってたの。丸ければ丸いほどかっこよくて偉いって。

りょう　へぇー。

虫眼鏡　じゃあゆめまる、いまちょっとあれだね、なんか、ハンバーグみたいな形してるね。

ゆめまる　ハンバーグみたいな感じなんで。

りょう　どっちでもないからな。

《SE》

虫眼鏡　うわぁ、**びっくりした！**

ゆめまる　びっくりしたなぁ。今夜も#東海オンエアラジオで聴いてる人はつぶやいてみてください。

虫眼鏡　反応してあげなさいよ（笑）。

ゆめまる　東海オンエアラジオ！　東海ラジオをお聴きのあなた、こんばんは！　東海オンエアのゆめまると！

虫眼鏡　虫眼鏡だ！　そして今日のゲストは。

りょう　りょうです。

ゆめまる　この番組は、愛知県・岡崎市を拠点に活動するユーチューバー、我々東海オンエアが名古屋にある東海ラジオからオンエアする番組です！

虫眼鏡　ゆめまると、僕虫眼鏡が中心となってお届けする30分番組。一旦アフロはおいときまして、まぁ、ゆめまる、こんな自分の夢が叶ったんだったらね、テンション高くきてくれるかなと思ったんですけど、**こいつめちゃくちゃ体調悪い。**

ゆめまる　あのねぇ、ほんとにごめんなさい、申し訳ない。なんかね、この**アフロかけるのに4時間座ってた**わけですよ。

虫眼鏡　まぁ時間かかるんだね。

ゆめまる　で、4時間座ってて、

虫眼鏡　ちなみにどうやってかけるの？

ゆめまる　もう、針金を、髪に巻きつけて。

虫眼鏡　え？　そうなの?!

りょう　へぇー。

ゆめまる　そうそう。ほんとは、ロットってあるじゃん、巻きつけるやつ。アフロの。パーマかけるときとかの。あれがあるんだけど、アフロになるともっと細くて、細かいやつにしなきゃいけないから、針金なの。**ワークマンとかで売ってる**。ワークマンじゃない、ホームセンターとかで売ってる。

虫眼鏡　ははは。

りょう　ガチの針金？　ただの針金なの？

ゆめまる　ガチの針金を、美容師さんがピチピチピチって切って、巻くの。

虫眼鏡　へぇ。そんなアナログなんだね。

ゆめまる　そうそうそう。

虫眼鏡　なんかね、僕たちのイメージだと、へんな機械みたいなのでウィンウィンウィンってなるんじゃないんだね。

りょう　ははは。それはパーマかけたことなさすぎだろ。

ゆめまる　それで針金でかけてて、ま、巻くのに結構時間かかるわけですよね。4時間くらいかかって、全工程で。その最中に、どんどんどんどんつらくなってきて、喉痛くなるし。

りょう　アフロで体調くずしてんの？（笑）。

ゆめまる　なんていうの、暑くて汗かくんだけど、その、エアコンきいてるからどんどん寒くなるわけですよ。それでくずしちゃって、終わったころにはなんか、びっくりするくらい顔真っ青みたいな。

虫眼鏡　ふふふ。ラジオパーソナリティーってね、体調くずしちゃいけないし、しかも、喉やっちゃいけないと思うんですよね。なのになんでお前そのガサガサの声で。

りょう　ははは。**きたねえ喉してるもんな。**

ゆめまる　ごめんなさい、唾飲み込むとめっちゃヒリヒリします。

虫眼鏡　というわけでね、ここで1曲お届けしたいわけなんですけど、昔、アフロで思い出したんですけど、鶴ってバンドが、いまもいるんですけど、鶴っていうバンドがアフロにしてて、僕そのバンドすごい好きだったんですよ。ライブ会場いってハグもしたことあるんですけど。久しぶりにそれ聴きたくなったんで。

ゆめまる　アフロつながりで。

虫眼鏡　そうそうそう。いまはね、アフロやめちゃったんですけど。鶴の「夜を越えて」という曲、お願いします。

ゆめまる　はい。それではここで1曲お届けします、kiki vivi lilyで「So much」。

虫眼鏡　**なんていった？**

《曲》

虫眼鏡　これ、**違う曲だな！**

ゆめまる　「底なし」だな、Theピーズの。

虫眼鏡　これ、いいや、このままいく？　このまま行こう。

ゆめまる　このままいきましょう（笑）。

《曲》

ゆめまる　**お届けした曲は、kiki vivi lilyで「So much」をかけようとしましたが、Theピーズの「底なし」になってしまいました。**

虫眼鏡　はははは！　なにその曲受け。

ゆめまる　びっくりだよ。

虫眼鏡　ゆめまる怒れないからね、これに関して。いつも自分がやってることだからね、これ。

りょう　二人裏切られたんだね、いまは。

虫眼鏡　そうそうそうそう（笑）。これで僕のやつが流れたらおもろかったのにね。

ゆめまる　俺も裏切られた。これ違うぞ！って。

虫眼鏡　まぁまぁまぁ、面白かったですね。というわけで、kiki vivi lilyは、来週にしましょう。

ゆめまる　来週ですね。

虫眼鏡　さて、東海オンエアが東海ラジオからオンエア！　東海オンエアラジオ、このコーナーやっちゃいます！

ゆめまる　ゆめまるプレゼンツ「来たれ！はがき職人」。

虫眼鏡　はい、説明お願いします。

ゆめまる　はい。このコーナーはですね、webのコメント募集だけではなく、ハガキでのリクエストを復活させ、ま、そっちのほうが、僕たちの気持ちも入るし、リスナーさんの気持ちもね、伝わるということで始まりました。

虫眼鏡　はい、早速届いていますので、その中から紹介していきます。

ゆめまる　ラジオネーム、さくやさんからのメッセージです。

虫眼鏡　さくやさん、北海道札幌市の方ですね。

ゆめまる　〈最近、家に届くチラシに、ちらほら夏期講習の案内を見かけるようになり、もうすぐ夏だなと思いつつ、自分も通ったなと思っています。中学高校のころは、学校の夏期講習にいきながら、塾の夏期講習にいってましたが、そのときに必ず聴いてた曲です。いまでもこの曲を聴くと、そのときのことを思い出したり、どんなものかわかんないけど、恋の夏期講習受けてみたいなぁと思います。みなさんは、どんなものの夏期講習を受けてみたいと思いますか？〉。

虫眼鏡　夏期講習ねぇ。ちなみに（笑）、この3人の中にですね、塾の夏期講習とかに行ったことある人いますか？

りょう　夏期講習、あるかもしれんなぁ、中3くらいは。

虫眼鏡　あぁ。**僕いままで塾というものに一度も行ったことない**のよ。

ゆめまる　そうなの？

虫眼鏡　どういうもんなんだろうと、すごく憧れてた。

ゆめまる　うーん、**俺の塾は、すごかったっていうか、変な感じでした**よ。

虫眼鏡　ゆめまる塾行ってたの？

ゆめまる　行ってました行ってました。

りょう　なに？　変な塾って。

ゆめまる　個人のさ、あるじゃん。一人一人違う授業やるみたいな。

虫眼鏡　あぁ、個別指導みたいなね。

ゆめまる　それで、まぁ、**1時間の授業があるんだけど、その間、何分トイレに入ってられるかって対決をみんな**

でやってて。
虫眼鏡　最悪(笑)。
りょう　すごっ。
ゆめまる　俺じゃあ10分いくわ、みたいな。1時間の間に10分いくわけ。で、10分超えなきゃいけないの、次のやつ。
虫眼鏡　ふははは!
りょう　え?
ゆめまる　だから、12分入ってたり。
りょう　え、**トイレにお金払ってたってこと?**
ゆめまる　そういうことになるなぁ。
りょう　たっけえ、トイレ(笑)。
ゆめまる　そういう、ゆるいような塾でしたね。
虫眼鏡　あぁ、個別指導塾はゆるいよね。わりと。僕はね講師っていうか、教える側では入ったことあるから、塾の先生やってたから。あれは楽しかったよ。普通にモテるしね、めちゃくちゃ。
ゆめまる　あぁ、そうなんだ。
虫眼鏡　めちゃくちゃモテる、あれは。
りょう　**恋の夏期講習は受けてみたくない?**
虫眼鏡　えぇ?(笑)。いらんだろお前は!　**お前は先生側やん!**
りょう　違う違う、なんでそうなんの。
虫眼鏡　りょう君が教える側ですよね、ちゃんとお風呂に入りましょうとかね。
ゆめまる　ちゃんと爪は切りましょう。
りょう　そんなことでいいんだ?　それは授業しなくていいな、普通は。
虫眼鏡　なんかありますか?　今この歳になって習ってみたいこととか。
ゆめまる　あれですね、僕なんか普通なんですけど、キャンプとかする、ちっちゃい子がいくようなさ。
りょう　ボーイスカウト。
ゆめまる　あ、ボーイスカウト。あれを受けてみたいんですよ。
虫眼鏡　え?　なにが?　子供として?
ゆめまる　子供としてっていうか、生徒として行ってみたいの。
虫眼鏡　あの変なユニフォームみたいなやつ着て?
ゆめまる　そうそう、旗もって。
虫眼鏡　ロープの結び方教えてもらうの、なんで?
ゆめまる　そういうのを体験してこなくて、まじ、自然あんま好きじゃないんです、森とか、**虫とかが嫌い**なんで。
虫眼鏡　でも虫捕まえそうな髪の毛してるのに?(笑)。
ゆめまる　むっちゃ入ると思うよ。
りょう　じゃあ**嫌いな人とラジオやってんだ。**
3人　はははは。
虫眼鏡　お前!　やめちまえ!
ゆめまる　ごめんね、明日から降板するわ。
虫眼鏡　あと思ったのはさ、僕、わりと学習欲高い側なのよ。いろんなこと習いたくてさ。それこそユーチューブにかかわることでは、カメラの使い方とか、ほんとに教えてもらいたいし、編集も、東海オンエアってあんまり編集うまくないというか、てつやが独学でやったやつをみんなが脈々と受け継いでるだけでさ、使いこなしてはないじゃん。だからそういうのもちょっとね、習ってみたい、って気持ちはある。

りょう　**ユーチューブの夏期講習。**
虫眼鏡　なんなら今、大学とか専門学校でユーチューブを教えてるとことかあるやん。あれ受けてみたい。
ゆめまる　受けてみたいね、体験入学。
りょう　まじで行ってみたいなそれ。
虫眼鏡　東海オンエアのりょうがユーチューブ課の授業受けに行ったら面白くない?
ゆめまる　あれ何教えてくれるんだろうね?
りょう　ははは。東海オンエアが行ったらどう思われるんだろうね、向こう側に。
ゆめまる　**いやらしいよね、ちょっと。**
りょう　めちゃめちゃいやらしいんじゃないの?
虫眼鏡　誰が先生やってんでしょうね、あぁいうのって。
ゆめまる　え、先生ユーチューバーですか?　(言いにくそうに)あ、はい……、みたいな。

虫眼鏡　え？　登録者何人いるんですか？
ゆめまる　(言いにくそうに)いや、ちょっと、3千人です……。
虫眼鏡　3千人もいるなんてすごいじゃないですか。
ゆめまる　(言いにくそうに)知ってます、君のこと……。
りょう　ユーチューブってなると、そうなっちゃうよね。でも、機材とかはまじで知らないからさ。
虫眼鏡　みんな**知識なさすぎるんだよね。東海オンエア、**意外と。
りょう　まじで虫さんに教えてもらったことしかできない。
虫眼鏡　だから逆に言うと、ユーチューブ科でそういう授業教えてもらうかもしれんけど、そんなのいらないよってことですよね、僕ら。東海オンエアくらいの位置までは来れるぞ多分、っていう。
ゆめまる　その上がどうなるかってことですね。
りょう　ユーチューブでいえばそうなんだね。
虫眼鏡　**あんだけサムネ下手くそでもね、再生回数とれますからね。**
りょう　そうだね。
虫眼鏡　というわけで、リクエスト曲は？
ゆめまる　はい、さくやさんからのリクエストで、B'zの「恋のサマーセッション」。
《曲》
ゆめまる　お届けした曲は、B'zで「恋のサマーセッション」でした。
虫眼鏡　**いやB'zを聴くと「つけめん舎一輝」にいるような気持ちになりますね。**
りょう　誰がわかるんだ(笑)。
ゆめまる　ははは。わからん。知らんもん。
りょう　誰がわかるんだ、岡崎の美味しいつけ麺屋さん。
虫眼鏡　好きな人はね、「つけめん舎一輝」で是非聴きにきてください。ハガキでリクエスト曲、そしてその曲にまつわる想い出やエピソードを書いて送ってください。今日送ってくれたさくやさんにはなんと、僕の気まぐれで僕のサイン入り本を差し上げたいと思います。
ゆめまる　おぉ、すごいね。
りょう　おぉ、当たりだ。
虫眼鏡　今日ね、家にいっぱいあるなと思って、10冊持ってきたんだ。だから今日読まれたお便りで、**おもれえ、**ってやつにはくれちゃいます。
ゆめまる　おぉ、いいですね。
虫眼鏡　あて先は、〒461-850 東海ラジオ　東海オンエアラジオ「来たれ！はがき職人！」へ送って下さい。
ゆめまる　みなさんからのハガキを楽しみにしています。ゆめまるプレゼンツ「来たれ！はがき職人」でした！
《CM～ジングル》
ゆめまる　いや、ひどいですね。
虫眼鏡　あれ、カットしなきゃいけない場所ですからね。あれね、**しばゆーがプリンを食べた音**ですから、ただの。
りょう　気持ちわる(笑)。
ゆめまる　しばゆー、そのときの放送まじで汚くて、**食べながら屁こくし。**
虫眼鏡　おしっこしたいって言うし。
りょう　最低だ。
ゆめまる　**ぐちゃくちゃでしたね。**
虫眼鏡　ふつおたのコーナー！
ゆめまる　はい。たくさんきてますね。
虫眼鏡　ね。ツイッターでさ、いつも東海オンエアラジオのツイートを、お便り募集してますとかあるじゃないですか。たまたま今週、りょう君なんで、**りょう君はちゃんとお便りに答えてくれるよ、**って僕がリツイートしたら、そしたらりょう君が、変なお便りでもいいよ、ってまたさらにリツイートしたじゃん。**いつもの4倍くらいきた、お便りが。**
ゆめまる　いつも読むんだけど、放送前にね。だいたい、40分くらいかかるわけですよ。でも今回はリアルに、1時間くらいかかってます。
りょう　ははは。
虫眼鏡　りょう君、人気すぎるからな、困るんだよな。
りょう　ちゃんとリツイートしただけだって。
虫眼鏡　**りょう君に質問したい女子がいっぱいいる**んだよ。
りょう　面白いお便りいっぱいあったでしょ？
ゆめまる　いっぱいありました。
虫眼鏡　面白くないお便りには本あげないからな。
ゆめまる　なんかこう、なんだろうね、ふつおたもめちゃくちゃ来てたので、今日はふつおたのほうやって、来週りょう君のほうやろうかなと。
虫眼鏡　なるほど。来週もりょう君ゲストですからね。残念だったな、りょう君に対する質問は来週までお預けだよ、**このいやしんぼ！**

ゆめまる それじゃ、ラジオネーム、ネオチョビウィズブルーさんからのメッセージです。〈先日のでんぱ組.incのライブに参戦されていたということで、よろしければライブの感想などをお話しいただけると嬉しいです〉。

虫眼鏡 はいはいはい、もしかして、ラジオにお便り送りますね、って言ってくれた人かな？ 僕のツイッターとかで。

ゆめまる 結構きてて、同じような内容なんですけど、〈満面の笑みでライブチェキを購入する虫さんを見かけました〉。ラジオネーム、ちはやさん。

虫眼鏡 なるほど。

ゆめまる ま、そんな感じです、ライブの感想など、チェキなど。

虫眼鏡 まぁ、なんでしょうね、あれは、恥ずかしいなこの話するの。**普通にただのキモオタになっちゃう**んだよね、この話すると。

ゆめまる いいじゃん。

虫眼鏡 前回、ダイヤモンドホールにきてくれたときは、チケット取れなかったんですよね。多分当たらないだろうなと思って応募したんでよかったんですけど。ただ、そのときは、なんていうの、**ズルい力**というかね、いわゆるコネチケを使って、東海ラジオさんの力を借りてというかね、招待していただいて行けたんですけど、でもそれはね、**ファンになるんだったら違うだろ**、と僕は思ったんで、ちゃんとファンクラブ入って、今回チケット取っていったんですよ。だから、僕は普通にファンとして見て帰ろうと思ったんですけど、当日に、プロデューサーさんからね、今日挨拶来てくださいって言ってますけど、どうしますか？って言われて、それでさ、そこは「いやいいです」って違くない？

ゆめまる それは言えないね。

虫眼鏡 それで、一緒に写真なんか撮っていただいたりしてね、僕は、ただの大好きなオタクなんで、幸せだったんですけど、なんか、いいのかな？っていう気持ちが非常にあって。

りょう いいでしょ。もうファンクラブ入ってんだもん、十分だよ。

虫眼鏡 だって、そんないっぱい入ってる人いるんだよ、他にも。で、ずーっと応援してきてる人もいるじゃん。その人たちからしたらね、ずるいって言われるじゃん。

りょう まあね。

虫眼鏡 いやぁ、炎上しないかなってすごい心配だったんですけど、ま、なんか、僕の見える範囲ではね、結構みんな、いやぁ虫さんがでんぱ組.inc好きになってくれてよかったです、もっと宣伝してください、っていうファンばかりで、いやぁいいファンだなって。

ゆめまる でんぱ組.incの人も、東海オンエアのことを知ってるんだよね？

虫眼鏡 多分知ってくれてる人もいると思いますし、動画見てくださいって言ったら、見ましたって言ってくれる、ねもちゃんなんかは、こないだのジョジョの動画見てくれたみたいで。

ゆめまる ははははは。

虫眼鏡 面白かったです、って、ほんとかわかんないですけど、言ってくれてたんで。

ゆめまる いいですね。**非常にいい関係じゃないですか。**

虫眼鏡 やめてください、そんな関係とか。

ゆめまる あぁ、ごめんなさい。

虫眼鏡 ファンとアイドルの立ち位置なんで。いやぁ、この話やめてください、**恥ずかしんです僕は。**

ゆめまる&りょう はははは。

虫眼鏡 でも、ほんとに楽しかった。

りょう すごいなぁ。**めちゃめちゃいい位置とってるなぁ。**

虫眼鏡 **位置とかいうのやめろ**(笑)。

りょう 贅沢すぎるね。

ゆめまる そんなのだって、俺が好きなアーティストと会えたらさ、もう、え、え、え、って。

虫眼鏡 いやほんとにそう、**恵まれすぎちゃってんだよ**。たまたま同じ局でラジオやってたっていうご縁があったのがね、大きいんですけど、ほんとに、自分でも身にあまる光栄に、こんな幸せでいいのだろうかと思いつつ、ま、それで元気もらったんで、僕は今週モチベーションすごく高いですよ、はい。

ゆめまる いいですね、いい縁でしたね。

虫眼鏡 はい、ありがとうございました。

ゆめまる それでは続いてのお便りいきます。ラジオネーム、ゆうかさんからのメッセージです。〈去年の夏、ハイタッチ会のイベントに浴衣を着ていきました。その日は浴衣姿の子は他に見当たらず、浮いてしまったなと思いながら並んでいました。しかし、ゆめまる君が浴衣姿に気づいて声をかけてくれました。若い子の中で一人で浴衣なんて着ちゃって恥ずかしいことをしてしまったかも、と落ち込んでいたのですが、着て行ってよかったと思った瞬間でした。今年の夏もイベント行く日は懲りずに着ていっちゃおうかなとたくらんでます。そこで質問です。みなさんにとって浴衣姿って魅力的ですか？ 浴衣女子の好きな仕草、NGな仕草、また、浴衣にまつわるエピソードがあったらそちらも教えてください〉。

虫眼鏡　あぁ、ゆめまるあれですもんね、**浴衣の人は下着つけてないってこと信じてる側の人間だから浴衣大好き**なんですよね。

ゆめまる　それちょっと、エロい目線で見がち。浴衣はね。

虫眼鏡　**浴衣エロいよね。**

りょう　浴衣はいい。

ゆめまる　ここがいいんだ、**うなじがいいんですよ。**

虫眼鏡　みんな言うよね。ここのラインがいいって言いますよね。あとなんだろうね、僕はこの浴衣って、普段着慣れてないものだからさ、所作がさ、結構よちよちしちゃうというかさ、慣れてないよーって感じになるじゃん。

ゆめまる　歩幅狭いしね。

虫眼鏡　それがかわいいなって思っちゃうんですね。りょう君はどうですか？ みんな、りょう君がどう思うかが大事なんで。僕たちの意見、正直どうでもいいので。

りょう　**もちろん浴衣大好きですよ。**

虫眼鏡　おぉ、よかったねえ。

りょう　浴衣でも、みんな好きでしょ。

虫眼鏡　どうする、次のイベント全員浴衣で来たら。

ゆめまる　おいおいまじかよ！

りょう　浴衣は好きですよ。あのよちよち歩くの。

虫眼鏡　どこが好きなんですか？

りょう　あの歩幅の狭さだよね。

ゆめまる　あぁやっぱり、幼いって感じになるのかな？ かわいらしいのか？

りょう　なんだろうね。

ゆめまる　過去に浴衣をきて、彼女とデート行ったわけですよ。

虫眼鏡　ゆめまるが？

ゆめまる　僕が。

虫眼鏡　それ需要ないよ。**ゆめまるの浴衣需要ない**(笑)。

ゆめまる　ほんとに、**ジャニーズの階段落ちるやつあるじゃないですか、タッキーがバーッて落ちる。あのくらいの勢いで僕、駅の階段落ちて。**

虫眼鏡&りょう　ふははは！

ゆめまる　そんだけです。ふと思い出して、話したくなっちゃった(笑)。

りょう　めっちゃ面白そうだな、それ。

ゆめまる　下駄慣れてないから、ズコーンって、グルルルルー。

虫眼鏡　でもあれでしょ、**アフロだったからボヨーンって助かったんでしょ？**

ゆめまる　**そのときは坊主だったわ。**

虫眼鏡　はは！ 危ない危ない。さぁ、次のお便りいきましょうか。

ゆめまる　ラジオネーム、安城の中日ファンさんからのメッセージです。

虫眼鏡　**お！ 中日ファンということは、じゃあ僕のサイン入り本を差し上げます！**

ゆめまる　おぉ！ いいですねえ。

りょう　ちょろ！ ちょろいなぁ。

ゆめまる　〈ざわくんと、本当に友達になりたいです〉。

虫眼鏡　え？ なろうよ。

ゆめまる　〈具体的には中日の話をしたり、キャッチボールをしたりしたいです。ガチです〉。

虫眼鏡　え、やろうよ。

りょう　いくつ？

ゆめまる　〈年齢は29歳。年上だけどよろしく！〉。

りょう　ちょうどいいね。

虫眼鏡　ちょうどいいですね。

ゆめまる　ちなみに言いますと、僕この子知ってます。

虫眼鏡　え？ なんで？

ゆめまる　LINE ID書いてあるんですけど、ここに。そのラインIDを、まさかな？と思って**検索かけたら、僕の友達でした。**

りょう　あはははは。

虫眼鏡　えぇ！(笑)。

虫眼鏡　**じゃあゆめまるに言えよ！**

りょう　なに関係の友達？(笑)。

ゆめまる　普通に飲み屋で、一回ランニングをしてたときがあったじゃん、あのときに来てくれた子で。で、そっから仲良くなったの。飲みにいったりするようになって、LINEも友達だし、飲みに行くし、って感じの。非常にいい子ですね。しかも近いよ、たぶん。

虫眼鏡　あ、そうなんだ。なんかまたどっかで会ったら声かけてください、ぜひ。キャッチボールしましょう。たくさんのメッセージありがとうございました。はい、7月の東海オンエアラジオは、「メイトーのなめプリ月間」でございます。メイトーのなめらかプリンの美味しいアレンジ方法をみなさんに投稿してもらっています。先週だったかな、やりましたね。今月はね、僕らもアレンジ方法を考えて、放送日に投稿してますんで、ツイッターのほうチェックしてみてください。

ゆめまる　お願いします。

虫眼鏡　ちなみに今日は、りょうが投稿しておりますんで。

りょう　はい。

虫眼鏡　ここで言ったらみんなツイッター見てくれなくなっちゃうんで、言いませーん。

ゆめまる　今日紹介するのはね、おちゃさんからのアレンジ方法。

虫眼鏡　お茶をかけるってことかな？

ゆめまる　なんか、食パンにのせてトースターで焼いてフレンチトースト風。**〈ベリーをのせたら見た目が絶妙になってしまいましたが……〉。**

虫眼鏡　**微妙、微妙！**　微妙です。

ゆめまる　微妙だ。ごめんごめんごめん。**目がしょぱってるわ、**ごめん。

虫眼鏡　ふふふ。見た目が絶妙になったならいいやん。

ゆめまる　絶妙になったらいいやんと思って。なんで言うんだろうなと思って。ベリーのせたら微妙になっちゃったんだね。

虫眼鏡　もう、かわいい！

ゆめまる　ま、味は美味しいということで。

虫眼鏡　いや、美味しいでしょ。

ゆめまる　この写真を見てもらえれば。これ別に、微妙か？

りょう　微妙でもないな。普通だな。

虫眼鏡　こんな、**りょうが毎朝食ってるやつやん。**

りょう　毎朝なめプリは食べてないけど（笑）。

ゆめまる　カロリーすごいだろうけどね。美味しそう。

りょう　美味しそうだね、これは。

虫眼鏡　まじでめちゃくちゃ美味しそう。

ゆめまる　しかも、粉砂糖かけてんだね。

虫眼鏡　これあれだよ絶対、なんていうの、投稿するからちゃんと粉砂糖買ってきてやってるけど、家でやるときは絶対やらないよこれ。

ゆめまる　**ベンベン！**ってやってるのかな？

虫眼鏡　**ペンペン！**　口の中で混ぜればいい、ってやってるかもしれない。パン食って、プリンと、ね、ブルーベリージャム食べてるだけかもしれない。それでも絶対美味しい、これ。

ゆめまる　絶対うまいから。

虫眼鏡　ま、先週も言いましたけど、このなめプリ自体がわりと相性抜群なのでね、みなさんもいろんなものに組み合わせてみてください。東海オンエアラジオではなめらかプリンの美味しいアレンジ方法を募集中です。写真と共に、「#メイトーのなめプリ」で投稿してください。今月は、抽選で毎週3名の方に、「なめらかプリン8個入り1ケース」と僕らのなめらかなサイン入り生写真をプレゼントします。ぜひ応募してみてください。**今日のなめらかな放送いかがでしたでしょうか？**　りょうさん、久しぶりでしたが、どうでしたか？

りょう　うーん、なめらかだったかな？　なめらかな放送はまだまだかもしれないな。

虫眼鏡　**ゆめまるの声がちょっとね、トゲトゲしてたよね。**

りょう　そうそうそう。

虫眼鏡　イガイガしてたから。

ゆめまる　ちょっと今、ほんとに、**イガイガがイガイガすぎて、やばいです。**

虫眼鏡　龍角散を次はなめながらやりましょう。

りょう　イガイガがイガイガすぎるって（笑）。

虫眼鏡　さて、ここでお知らせです。

2019 07/21

なんで今それを言った？の回

GUEST
りょう

ゆめまる　本日も始まりました東海オンエアラジオ。

虫眼鏡　はい、先週に引き続き、今週はりょう君がゲストですので、真面目なお便りを紹介できますからね。早速やっていきましょう。

ゆめまる　ラジオネーム、あごひげさんからのメッセージです。〈**キスってなんでするると思いますか？**　何故、愛を確認する際に唇を重ねるのでしょうか？　別に鼻をくっつけ合うとかでもよくないですか？〉。

虫眼鏡　ということなんですよね。たしかにこれは、非常に、人間はどうしてこんなことをするのか、という。

ゆめまる　不思議なことですからね。

虫眼鏡　はい。根本的な疑問でございますから、これは**チュッチュ先生のりょう君にお聞きしたいと思います。**

ゆめまる&りょう　はははは。

ゆめまる　恋の夏季講習ということで。

りょう　チュッチュ先生ではないですけど。

虫眼鏡　チュッチュ先生のりょうさん、なんで唇を重ねるんですか？

りょう　**歴史がそうさせるんだよね**（笑）。

虫眼鏡　なんで最初人間はチュッチュしちゃった、口と口を重ねてしまったんですか？

りょう　それはもちろん、気持ちいいからでしょう。

虫眼鏡　でも気持ちいいっていったら、もっと気持ちいいことあるじゃないですか。

りょう　フランクに気持ちよさを感じ合える、お互いね。

ゆめまる　なるほどね。

りょう　神経あるでしょ、唇は。

虫眼鏡　なんかここで、別に鼻をくっつけ合うとかでもよくないですか？って書いてあるじゃないですか。で、僕、さっきゆめまるがお便りをバーッて読んでる間に、気になったんで、「キス　種類」って調べたんですよ。そしたらめちゃくちゃいっぱい種類出てきて、鼻をくっつけ合うキスあるらしいんですよ。

りょう　え？　それもキスって言うんだ。

虫眼鏡　そう。このサイトが正しいかわからないんですけど、ま、なんか、要はそういう愛を確かめ合う行為を広くキスと捉えるんだったら、って感じなんですけど。鼻をくっつけ合うキスはね、**スメルキス**と言ってね、相手の鼻と鼻をポンポンってくっつけて、相手の匂いを嗅ぎ合うみたいな。

りょう　ははは。

ゆめまる　**鼻臭い人だったらどうするんだろうね？**

虫眼鏡　好きな人だから、別にいいんでしょう。あとなんか、**バタフライキス**っていうのもあるみたいですよ。

ゆめまる　なに？　バタフライキス？

虫眼鏡　そう、バタフライキスはなんだと思いますか？

ゆめまる　え？　バタフライキスでしょ？　飛んでることしか想像できない、こう、ジャンプして、**ホイ！**みたいな。

虫眼鏡　ふふふ。せーの、チュ！　バタフライキスは、まつ毛でするらしい。

ゆめまる&りょう　えー。

虫眼鏡　まつ毛を、**ぺぺぺぺ**って。

ゆめまる　**ほよよよよよ**（笑）。

りょう　なにそれ？　絶対口が一番いいじゃん、やっぱり。いろんな歴史通過してきて、**やっぱり口だ**

わ、ってなったんだよ。

虫眼鏡　口の中でも、まぁね、意外と、舌を入れるか入れないかくらいの2パターンしかないかと思いきや、それだけでも20種類くらいあってですね、**スイングキス**は相手の下唇を挟んで左右に動くキスの種類です。

りょう　（笑）。

虫眼鏡　二人の口をすり合わせるように左右にスイングしてみてください（笑）。って書いてあったりするんだけど。

ゆめまる　こうなんか、ぺぺぺぺぺ。うぅわぁ。

虫眼鏡　やってんじゃないの、ゆめまるだって？

ゆめまる　いや僕はたぶん、えー、歯茎の上とか舐めたときあるよ。

虫眼鏡　あぁ、そういうのも、歯茎掃除するみたいなやつでしょ？

ゆめまる　そうそうそう。

りょう　ディープキスに種類があるんだよ、じゃあ。

虫眼鏡　なんか、舌を使って相手の唇をなぞる。

ゆめまる　あー。

虫眼鏡　入れずに唇、うぇぇぇーって。

ゆめまる　はははは。もうちょっときれいにできるけどね。

虫眼鏡　これね、りょうでよかったですね。りょうじゃなかったら、はいちょっとやってみて、って言ってるとこでしたね。

ゆめまる　しばゆーだったら絶対やってます。

虫眼鏡　ちょっとやってみようよー。

ゆめまる　今夜も#東海オンエアラジオで聴いてる人はつぶやいてみてください。東海オンエアラジオ！　東海ラジオをお聴きのあなた、こんばんは！　東海オンエアのゆめまると！

虫眼鏡　虫眼鏡だ！　そして今日のゲストは。

りょう　りょうでーす。

ゆめまる　この番組は、愛知県・岡崎市を拠点に活動するユーチューバー、我々東海オンエアが名古屋にある東海ラジオからオンエアする番組です！

虫眼鏡　ゆめまると、僕虫眼鏡が中心となってお届けする30分番組！　ゆめまる君？

ゆめまる　はい。

虫眼鏡　わははは。なんだその髪の毛（笑）。

ゆめまる　**それは関係ねーだろ！**（笑）。

虫眼鏡　さ、先週、曲を振るときにですね、ゆめまるが滑舌が悪かったのかわからないんですけど、違う曲が流れましてね、今日、Theピーズで「底なし」という曲を流すはずだったんですけど、それ先週流しちゃったんだよね。

ゆめまる　先週流してましたので、先週流れた、ｋｉｋｉ ｖｉｖｉ ｌｉｌｙさんの「Ｓｏ ｍｕｃｈ」を今日流そうかなと。

虫眼鏡　先週流れてないよ。先週流そうと思ってたやつでしょ？

ゆめまる　あ、流そうと思ってたやつですね。

虫眼鏡　はい。今日はミスがないようにさっさといっちゃいますか？

ゆめまる　いきましょうか。それではここで1曲お届けします、ｋｉｋｉ ｖｉｖｉ ｌｉｌｙで「Ｓｏ ｍｕｃｈ」。

《曲》

ゆめまる　お届けした曲は、ｋｉｋｉ ｖｉｖｉ ｌｉｌｙで「Ｓｏ ｍｕｃｈ」でした。

虫眼鏡　**ほんとに？**

ゆめまる　ほんとに、これ合ってますね。今日は合ってました。

虫眼鏡　流れた瞬間、**え？　え？　これか？**　とか言ってたじゃん。

ゆめまる　さすがに、ラジオ始まる前にね、違う曲でもいいですよ、って、ちょっと冗談で言ったじゃん。本気でやってきたから。

虫眼鏡&りょう　ははは。

ゆめまる　びっくりしました。

虫眼鏡　全然別にいいですけどね。さて、東海オンエアが東海ラジオからオンエア！　東海オンエアラジオ、このコーナーやっちゃいます！「あなたのモヤモヤを『正論』で解消しちゃうぞ！」はい、今日はりょう君がゲストということでね、**りょう君が言ったことに、それは違うよ！　って言える人間はいないわけなんですよ。**

りょう　**やめてよ！**

ゆめまる　でね、普通お悩みとかいうと、どっちかっていうと我々はそいつの味方をしてしまいがちなんですよ。たしかにそいつひどいよねぇ、とか、無条件にお便り送ってくれた方の味方をしちゃうんですけど、うちのりょうは、そんなものに惑わされませんよ。

りょう　むしろ俺味方しちゃうほうなんだよなぁ。

ゆめまる　**バッサバッサ**切りますんでね(笑)。

りょう　バッサバッサ言ってくれるの虫さんだからさ。

虫眼鏡　ははは。そうやって悩める子羊ちゃんたちに電話を繋いで、お悩みを聞くんですけど、こちら一切忖度なしで、「正論」で解決していきたいと思います。もちろんウチのりょう君が、それはバサッとやってくれるんで。というわけで、さっそくモヤモヤしている方からのメッセージから紹介していきたいと思います。東京都、ラジオネーム、こいたんさん。〈私は高校3年生で軽音部のギターボーカルをしています。そして今年の文化祭後の後夜祭で部活を引退となってしまいます。私は、後夜祭でトリをやりたいと思っています〉。鳥になりたいってことですかね?

ゆめまる　**普通に、鳥よ鳥よ鳥たちよ〜**を歌えば、鳥になれますね。

虫眼鏡　〈校内でライブをやる際の集客や、ライブハウスなどでやる時も頑張ってお客さんを沢山呼び、集客は1位を貰えたりすることも沢山ありました。ですが、後夜祭となると見られるのは**ギジュチュリョク**〉(笑)。

ゆめまる　ふはははは。

虫眼鏡　失礼いたしました。〈ですが、後夜祭となると見られるのは**ギジュチュリョク**〉。

ゆめまる　ははは! 言えない日だな、言えない日だ。

虫眼鏡　ちゃんとオンエアしてくださいね。〈ですが、後夜祭となると見られるのは**ギジュチュリョク**〉。

ゆめまる　言えないなぁ! 言えない日だなー!

りょう　そんな日あんの(笑)、虫さん?

虫眼鏡　〈正直私達は他のバンドに比べて**技術力**は劣っています。そんな私達だけど一生懸命練習をし、後夜祭のオーディションにのぞもうと思っています。そこで質問したいのは、オーディションで見せつけられる一番のパフォーマンスはなんだと思いますか。このバンドをトリにしたい!と思ってもらえるようなものはあるでしょうか。答えて貰えたら天にも昇る気持ちです〉。というお便りでございます。

りょう　これ、虫さんが専門家じゃないですか。

虫眼鏡　わたくしは高校、軽音やってたんですよ。ただ、このコーナーわたくし主役じゃないんで、ただの進行役なので、りょうさんにバッサリいっていただきたいと思いますので。

ゆめまる　むずいよね。

りょう　これはまじで、俺ら通ってない道だもんね。

虫眼鏡　**こいたーん!!**

―(笑)。こんにちは。

りょう　こんちは。

虫眼鏡　名を名乗れ!

―こいたんです。

虫眼鏡　こいたん、舐めやがって、ウチのりょうにこんなことを相談するなんて。**メンタルをズタボロにされる覚悟はできてるんだろうな?**

―できてまーす。

虫眼鏡　さぁこいたんさん、今一応お便りを読んだんですけども、もう一度自分の口で何に悩んでるのか言いなさい、りょう君に。

―はい(笑)。ほんとに、技術力がなくて、正直へたくそなんですよ。

虫眼鏡　まぁまぁまぁまぁ、そういうもんですよ。

―そうなんですけど、でもやっぱり、いろんな人に応援してもらって、ライブに来てくれたお客さんとかに、恩返しをする意味でも、頑張ってトリでやってやったぞ!ってのを見せたいので、オーディションのときに自分たちが、どうやったら他のバンドと差を見せつけられるか、とか。

虫眼鏡　いいコメントだねぇ。**なんか読んでる?**

ゆめまる&りょう　はははは

―読んでないですー(笑)。

りょう　うわぁ、むず。普通のことしか言えないよね。素人目線で言ったら、やっぱ楽しそうにしてほしいよね?

ゆめまる　まぁそうだねぇ。

りょう　一番楽しそうに盛り上がってやっていれば、周りも楽しめるからね。

虫眼鏡　どういう曲やってるんですか、普段は?

―普段は、ヤバイTシャツ屋さんとか、あと、あいみょんさんとか、あと、**大原、大塚、大原……? さくらんぼをやってます。**

虫眼鏡　あ、大塚愛ね!

ゆめまる&りょう　ははは!

虫眼鏡　自分のコピーした曲のアーティストの名前くらい覚えときなさい。

—すいません（笑）。

ゆめまる　ちょっと1曲、1フレーズでもいいんで歌ってもらっていいですか？

—あ、まじっすか？

虫眼鏡　ゆめまるさん、台本にも書いてあります、音源送ってくれてるんですよ、この子。

ゆめまる　音源、ライブ映像で送ってもらってるんですか？

虫眼鏡　いや、**そうだって言ってんじゃん!!**

りょう　ははは。

虫眼鏡　なんで僕が言ったことをわざわざ聞くのよ？

ゆめまる　聞いたほうがやさしいやん。

りょう　おもろい。

虫眼鏡　いやいや（笑）、送ってくれてるの。それを聴けばいいから。

りょう　聴きましょう。

虫眼鏡　今歌ってもらわなくても。ってわけでお願いしまーす。

《音源》

虫眼鏡　歌ってるのがこいたん？

—歌ってます（笑）。

虫眼鏡　こいたん、**頭おかしい人？**

ゆめまる　ギャーギャー言ってた感じの人？

りょう　いいじゃん。

虫眼鏡　**りょう君が嫌いなタイプの女の子？**

りょう　いやいやいやいや。いいじゃん、って今言っちゃったよ、つぶやいちゃったよ。

ゆめまる　なんか俺、大塚愛歌ってるって言ってたから、もうちょっとやさしい感じなのかなと思ったら。

虫眼鏡　ヤバTも歌ってるんだから

ゆめまる　ま、そっちもいくか。

—ギャップ萌えを狙ってます。

虫眼鏡　あぁなるほどね。**こいたんモテる？**

—あ、全然モテないんですよ。

虫眼鏡　でも**実はドラムと付き合ってたりする？**

—付き合ってないです（笑）。

虫眼鏡　付き合ってないの？　なんだ、つまんない。

りょう　**実話、それ？**

ゆめまる　隠しながら付き合っちゃう（笑）。

虫眼鏡　**僕はキーボードと付き合って、そのせいでいろいろモメて辞めました。**

ゆめまる　ダメじゃねーかよ（笑）。

—（笑）。

虫眼鏡　ありがとうございます。あれだね、ギターがうまくてカッコいいで勝負するタイプのバンドじゃないね。今ぱっと聴いた感じ。

ゆめまる　あ、勢いって感じ？

—そうですね。

虫眼鏡　まぁでも、一経験者としてアドバイスしようと思ってたことはできてるな、って感じだったんですよ。おるやん、周りに？　俺音楽聴いてるからさ、って誰も知らんような曲をコピーしたがるやつ。おりませんか？

—います、めちゃくちゃ。

虫眼鏡　お前ら、誰のために音楽やってんの？って思いませんか？

ゆめまる　聴く人がね、ライブやるなら。

虫眼鏡　じゃああなたは自分でこっそりやってなさいよ、と。どうせコピーなんだから、自分でうまく弾けてよかった、って自分で満足すればいいやん、って僕は思ってんですよね。ただ、後夜祭ってのは、みんなの前でみんなに聴いてもらうためのものじゃないですか。え？　あなたはほんとにお客さんのこと考えてますか？って僕は思って、だから自分がやりたい曲じゃなくって、ちゃんとみんなが知ってる曲で、ちゃんと盛り上がる曲をやりなさいよっていうふうにアドバイスしようと思ったんですけど、僕はなんか、もう大丈夫だなと思ったんで、りょうに任せます。

—あはは。ありがとうございます。

虫眼鏡　りょう君どうですか？

りょう　いや、さっきも言った通りのことだよ。盛り上がる曲やるしかないでしょ。なにがあんの？

虫眼鏡　このさ、誰が決めるの、順番は？

—先生たちが決めますね。

虫眼鏡　そうなんだ。

—**普段の生活態度**とか見られます。

ゆめまる　**だるー**。

りょう　じゃあそれじゃん、気に入られればいい。

—（笑）。

虫眼鏡　こいたんはなんでトリやりたいの？

—他のバンドと自分たちのバンドを比べたときに、他のバンドって、最初からずっと続いてるバンドがほぼなくって、みんな途中からメンバーが入ったりとか、なんかいろいろそういう感じなんですけど、あたしたちは最初から4人で組んできたガールズバンドで、目標がずっとトリをやるってことで、いろんなことがあってやめたくなったりもしたけど、でもやっぱりみんなが好きだし、お客さんに感謝してるから、やっぱりトリをやりたいなっていう、気持ちがあります。

虫眼鏡　へえ、なるほどね。

ゆめまる　なんか、**アドバイスすることねえ**や。決まってるわ、目標が。

——（笑）

虫眼鏡　**この人は今、ちゃんと台本読んでるからね。**でも僕は、一言いうのであればね、まぁトリはトリでね、もしとれなかったとしても、他の順番であってもね、流れとか繋ぎ方みたいなのはすごい役割があると思うんで、**野球と一緒ですよ。**

りょう　はははは。

ゆめまる　**突然わかんなくなっちゃった俺**（笑）。

虫眼鏡　その場その場で役割があるんでね、別にトリじゃなかったら残念、ってことはないと思うのでね。だから先生が、お前らはトリじゃなくて1番だ、とか、2番だ3番だって言われるかもしれないけど、まぁそれはそれで、あのぉ、じゃあ違うよ！　目標達成できなかったよ！とかね、思わずに、お客さんに感謝という言葉があったので、精一杯やってくれたらな、と僕は思います。ここでりょう君になんか言われて、はいわかりました、そこを今変えます、って言うようなやつは多分やれないので。

りょう　そうそう。

——（笑）

虫眼鏡　**こんなお便り送ってくんな!!**

——ごめんなさい（笑）。

りょう　**がんばれ！　その調子で！**　がんばってください。

——ありがとうございます。

虫眼鏡　**電話してる暇あったら練習しろ！**

——はい!!（笑）。

虫眼鏡　じゃあな!!

——はい、みんな応援してます。

虫眼鏡&ゆめまる&りょう　ありがとうー、ばいばい。

——ありがとうございます。

ゆめまる　今日電話に出てくれた、こいたんさんは高校の軽音部ということだったので、東海オンエアラジオではインディーズCDを出してますという方から自薦のメッセージのほうをお待ちしています。ま、**僕が気に入ったらオンエアするかもしれない**ので、番組宛てに送ってください。

虫眼鏡　今ゆめまる自炊って言った？

ゆめまる　え？　あ、自薦？　なんだっけ？　自薦だよね？

虫眼鏡　自炊のメッセージ。私は家でちゃんとご飯を作っているんですよ。

りょう　はははは。

ゆめまる　くそー。なんか今日ダメだなぁ。

虫眼鏡　ゆめまるが気に入ったら流してくれるかもしれないんでしょ？

ゆめまる　料理しますね。

虫眼鏡　これ、おいしいですねえ、次の料理食べていきましょう。

ゆめまる　僕が気に入ったやつは流そうかな、と思います。

虫眼鏡　ゆめまる全部聴くんですね、じゃあ。

ゆめまる　一応、送られてきたやつは全部聴こうかなと。

虫眼鏡　えー？　100枚送られてきても？

ゆめまる　そんな来るか？　来んよー。

虫眼鏡　僕も送ろう、じゃあ。クソみたいなやつ送るんで、ちゃんと聴いてください。

ゆめまる　聴きますんで。

虫眼鏡　以上、「あなたのモヤモヤを『正論』で解消しちゃうぞ！」でした！

《CM～ジングル》

ゆめまる　先週素材少なかったっすね、これは。

虫眼鏡　ふふふ。ハメハメハ大王、久しぶりに聴いたな。はい、では、ふつおたのコーナーでございます。

ゆめまる　先週、りょう君宛てのメッセージが多いので、今週に言いますよ、っていうね。

虫眼鏡　**疲れてる?**（笑）。

ゆめまる　ちょっと喉が。

虫眼鏡　熱出てる？

ゆめまる　熱っぽいかもしんないねー。

虫眼鏡　**今日はりょうスペシャル**でございますね。

ゆめまる　りょう君へのメッセージのほうをいきますね。

虫眼鏡　がんばってください。

ゆめまる　はい。変な話を送ってください、みたいなツイートしたみたいで。

虫眼鏡　りょう君が余計なことしましたね。

りょう　楽しいでしょ、そのほうが。

ゆめまる　結構きてますね。

りょう　おぉ、いいねー。

ゆめまる　ラジオネーム、ちゃぽんさんからのメッセージです。〈変なメッセージということで、この前私がやらかしたこと書きます。歯磨きをしようとして、歯磨き粉をリップクリームみたいにべちょーっと塗ってしまいました。そのおかげで、唇がスースーして荒れました〉。以上。

虫眼鏡　ん？　なに？

りょう　歯磨きをしようとして、リップクリームを。

ゆめまる　**ねちょーっ**と。歯ブラシに塗っちゃったってことかな？

虫眼鏡　違うよ、リップクリームみたいに唇に塗っちゃったってことでしょ。

ゆめまる　あぁ。

虫眼鏡　これ、やらかしたっていうか、**お前わざとやってんじゃん**自分で。

ゆめまる　ははは。

虫眼鏡　やらかしたー、やっちゃった、うっかりうっかり、みたいなテンションで送ってきてるけど、自分でやってんだって、おもろいだろ？って。

ゆめまる&りょう　ははは！

虫眼鏡　別におもろくないわい。

りょう　**めっちゃ怒られてるなぁ。**

ゆめまる　リップクリーム塗ってるから唇は荒れることはないんですけどね。

虫眼鏡　次のお便りいきましょう。

ゆめまる　大分県に住む、女子大生からのメッセージです。〈先日、6月29日に23歳になりました。そんな私に、同期から**蟹のラジコンを誕プレにいただきました**〉。

虫眼鏡　蟹？

りょう　すごっ。

虫眼鏡　クラブ？

ゆめまる　クラブ。〈横にしか動けない蟹のラジコンです。この歳になってあんまり意味ないものをもらうことなんてなかったので、妙に嬉しく、学校で遊びまくってます。りょう君は今までもらったもので、意味なー、なんこれ、大事にしよ、って思ったものはありますか？〉

りょう　意味ないものは東海オンエアの人たちからいっぱいもらうんだけど、あげたもので、高3のときに友達に、**ラジコンで動くゴミ箱**を買って教室に置いといて、そいつがゴミ、りょうって呼ばれたら、あ、ゴミ箱ね、って言って俺が授業中にウィーンって動かして横にゴミ箱つけるって遊びはめっちゃしてた。

虫眼鏡　すごい学校いってるね。ダメだよ。

ゆめまる　じゃあちょっと、こっからは、変な話というよりも、りょう君に一問一答というか、結構きてるわけですよ、短文のやつが。

虫眼鏡　なるほど。じゃあ僕お休みしてますね。

りょう　短文。

ゆめまる　短文のやつですね。

りょう　あんま考えないように答えてこう。

ゆめまる　考えないようにポンポンいってもらって。ラジオネーム、あだなはしゅうじ、さんからのメッセージです。〈りょう君に質問です。半年が終わってとても思い出に残ることはなんですか？〉。

りょう　スペインに行ったことです。いろんなサッカー選手に会えて楽しかったです。

ゆめまる　ちいちゃんさんからのメッセージです。〈りょう君はどんな女性が苦手ですか？〉

りょう　苦手かぁ。うんと、**頭悪い人**。勉強とかじゃなくてね。

虫眼鏡　**じゃあ僕の彼女ダメだ。**

ゆめまる　（笑）自分の彼女を出しちゃダメですよ！

りょう　あぁ（笑）。

虫眼鏡　次のお便りいきましょう。

ゆめまる　ラジオネーム、あゆみんさんからのメッセージです。〈彼氏とお泊りしとって、絶対4回したがるんですけど、どう思いますか？〉。

虫眼鏡　素晴らしい。

りょう　**スタミナがすごい**なって、普通に尊敬する。

ゆめまる　続いてのメッセージです。一問一答は最後の質問になりま

すね。まありさんからのメッセージです。〈りょう君が付き合う女の子に求める三箇条はなんですか?〉

りょう　三箇条か、三箇条。

虫眼鏡　**三箇条じゃすまないよね、りょう君なんて。五箇条の御誓文みたいな。**

ゆめまる　はははは!

りょう　ま、キレイでいてほしいよね、見た目は。

虫眼鏡　立札たてないと。

虫眼鏡　二箇条目は?

りょう　二箇条目、これなんか最近、好きなタイプって聞かれたときに答えるようにしてるやつなんだけど、聡明な人が好きだっていう。

ゆめまる　聡明。

虫眼鏡　さっきも、頭悪い人はあんまり好きじゃないって言ってたからね、そういうことかもしれんね。

りょう　聡明な人がいいな。あと一個は……。

虫眼鏡　あと一個絞ってる、いろんなのあるけど。

ゆめまる　ま、これにしとくかぁ。

虫眼鏡　これかなぁ。

りょう　うーん、ま、価値観かな? 価値観って言っとこ。価値観が合う人がいいよね。

ゆめまる　価値観合わないときついですからね、ほんとに。それでは、こっからはふつおたのほうもちょっと読んでいこうかなと思います。ラジオネーム、あいしーさんからのメッセージです。〈私はみなさんと同じ岡崎市に住んでいます。この前、南公園にいったところ、休みの日なので家族連れも多かったのですが、やはり東海オンエアファンが多くて、岡崎市もみなさんのおかげで有名になったと思いました〉。

虫眼鏡　そんなことないですよ!

ゆめまる　〈そこでみなさんは、自分たちが動画投稿を始めて、この岡崎市が変わったなと思うところはありますか? よければ教えてください〉。

虫眼鏡　それはね、**スカートはいた女二人組が歩いてることでしょ。**

ゆめまる　はははは! やたらとね。

虫眼鏡　**視聴者さん以外にスカートはいてる女性いませんので、岡崎市に。**

りょう　あぁ、なるほどね、たしかに。

虫眼鏡　なんかね、あれ絶対視聴者さんだって方の横通ると、やっぱり視聴者さんなんだよね。

ゆめまる　それはめっちゃわかるね。

りょう　スカートか、そうだねえ。

虫眼鏡　ほんとにあの町に来てくれるのすごいよ。ありがたいことだし。それはちょっと僕たちも自慢できるというか。正直そんな観光で有名になるような街じゃないじゃないですか。もともとね。そこにただ、僕たちがいる町だからという理由でただ遊びにきてくれるのはすごいなと思う。

ゆめまる　そうですね、ほんとに。ついこないだ僕、岡崎駅のホームから階段あがっていって、そしたら隣に視聴者の人がいたわけですよ。で、東海オンエアのことをわーっとしゃべってて、東海オンエアのファンなんだなと思って、よーく耳こらして聞いてたら、**虫さんの悪口ぼろくそに言ってて。**

りょう　ははは。

ゆめまる　虫眼鏡生理的に無理なんだよ!って、うわぁ、俺いるよ、って。俺いるよ、って言ってやろうかなと思ったけど……。

虫眼鏡　**ゆめまるはもちろん仲間思いだから、そいつらにラリアットしてくれたんだ。**

ゆめまる&りょう　ははは。

ゆめまる　何もいわずにこうやって行った。**からみたくねーや**と思って。

虫眼鏡　**なんでそんなこと言った?** 今?

りょう　たしかに。

虫眼鏡　なんで今そんなこと言った?

ゆめまる　言っといたほうがいいかなと思って。

虫眼鏡　言わないでくれよ。あぁもうテンション下がった。**もう、やってらんない!**

ゆめまる　じゃあ、今日の、おしまーい。

虫眼鏡　えー、7月の東海オンエアラジオは、「メイトーのなめプリ月間」でございます。メイトーのなめらかプリンの美味しいアレンジ方法をみなさんに投稿してもらっております。今月は、僕らもアレンジ方法を考えて、放送日に投稿しています。でですね、今回は、わたくし虫眼鏡の投稿なんですけど、なんと特別にですね、それをここで発表してやりたいと思います。今日投稿するね、私のおすすめアレンジ。まずですね、用意していただくもの、トースト、なめプリ、そして、グラタンの上とかにびゅびゅびゅってかける、虫みたいなチーズでございます。

りょう　それさ、先週のラジオで発表したやつの**パクリじゃない？**

虫眼鏡　**おだまりください**、おだまりくださいませ。

ゆめまる　非常に似てますね。

虫眼鏡　おだまりくださいませ。まずは、パンの上になめプリをバーンとやって、やわらかい、なめらかなんですよね。だから、ジャムみたいな感じで、ぶるるるって塗れるんですよ。で、その上にチーズをまんべんなく乗っけてください。チーズで蓋をする感じですね。で、それを、チーズが溶けるまでしっかり焼いてください。

ゆめまる　こんがりと。

虫眼鏡　はい。こういう感じですね。

ゆめまる　非常に見た目似てますね、なんか。

虫眼鏡　違います。これは先週の人がパクったんです。

ゆめまる&りょう　はははは。

虫眼鏡　僕はマジで、先週の時点でちゃんと提出してますから。僕は先週のやつみて、まじで一緒だと思ってですね(笑)、あせったんですよ。

ゆめまる　食パンやっぱ使うんやな、ってね。

虫眼鏡　ま、なんですけど、このチーズっていうね、一見しょっぱいものとの相性がどうなのかっていう感じでございますけど。

りょう　いや、おいしそうだなぁ。

虫眼鏡　わたくし、今回これをもちろん食べてきたんですよ。食べたところ、ま、チーズがね、フタをしてるじゃないですか。それに噛みつくと中からなめプリがぴゅっと出てくる。**めちゃくちゃ熱いです、なめプリが。**

ゆめまる&りょう　はははは。

ゆめまる　**火傷してんなー、こいつ。**

虫眼鏡　東海オンエアラジオではなめらかプリンの美味しいアレンジ方法を募集中です。写真と共に、「#メイトーのなめプリ」で投稿して下さい。今月は、抽選で毎週3名の方に、「なめらかプリン8個入り1ケース」と僕らのサイン入り生写真をプレゼントしますので、どしどし投稿してください。今日の放送、いかがでしたでしょうか？

ゆめまる　今日の放送は……。

虫眼鏡　長かったね。

ゆめまる　長かったですね、収録時間は。

虫眼鏡　本当は30分番組だから、我々も35分くらいでいっつもはね、やめるんですけど、**なんか今日変なお便りが多くて**さ。

ゆめまる　そうですね。

虫眼鏡　これ、どうなるんだろう、ちょっとこれ使われるかわからないから、ちょっと多めにしゃべっとこうってことで、50分くらいしゃべっております。

ゆめまる　過去最大です。

りょう　ははは。

虫眼鏡　**りょう君が変なお便り送ってって言うからやん！**

りょう　めっちゃ来るもん、変なお便り。

虫眼鏡　変だもん。変すぎ！　**変なお便りはね、変だから送らないでくれない？**(笑)。

ゆめまる　そして変な空気になって、こっち気まずいから。

虫眼鏡　さてここでお知らせです。

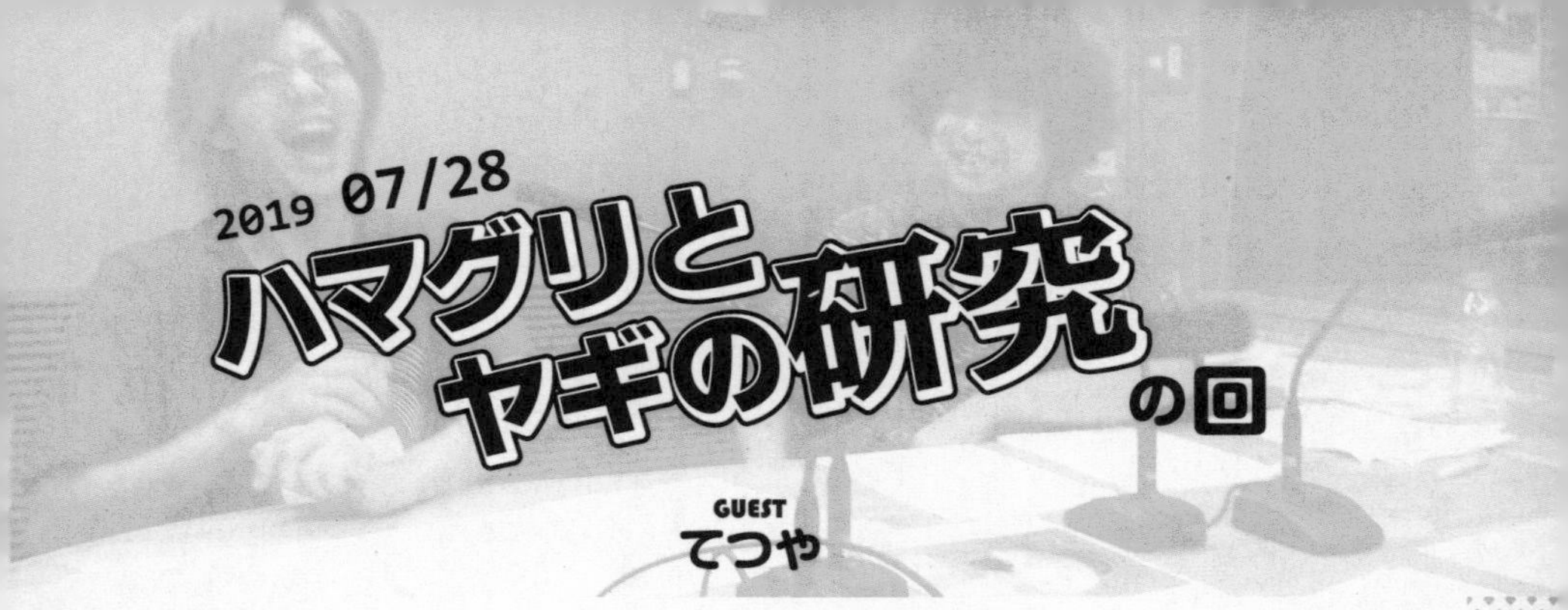

2019 07/28

ハマグリとヤギの研究の回

GUEST
てつや

虫眼鏡　東海オンエアの視聴者さんといいますと、今チャンネル登録者数が460万人を超えてるくらいのね、とんでもない数なんですけども。
ゆめまる　そうですよね、多いですよね。
虫眼鏡　このラジオって何人くらい聴いてくれてるのかな、と思ったんだけど、どうなんだろうね？　3万人くらいは聴いてくれてんのかな？
ゆめまる　いや、もっといってんじゃないかな？
てつや　そんないく？
虫眼鏡　ラジオ聴くって、なかなか限られた趣味というかさ。
ゆめまる　あぁ、ちょっとハードルは高いよね。
虫眼鏡　誰しもが聴くようなもんじゃないじゃん。
ゆめまる　何人くらい聴いてんでしょう？
虫眼鏡　東海オンエアの動画、あがってすぐに見てくれてる人が150万人くらい？　多いな。多いけどね、それも。
てつや　めちゃめちゃ多いよそれは
虫眼鏡　その中の50人に一人とかいうのでもさ、まぁまぁ納得じゃない？　そもそも東海地方の人じゃなきゃ聴けないからね。
ゆめまる　まぁそうだね。制限はあるから、数はじゃあ3万人もいってないのか？　ギリいってんのか？
虫眼鏡　かもしんないですよね。
てつや　知らない人を合わせて、そのくらいいってるかもしれないよ。
ゆめまる　うん。
虫眼鏡　だから、これをわざわざリアルタイムで聴いてくれてる人っていうのは、もしかしたら**東海オンエアガチ勢**と呼べるのかもしれないですけどね。だって、東海地方の人じゃない人は、お金を払って聴いてるわけですよ。ほんとありがたいなってことでね、**ちょっとした発表みたいなものがある**んですけど、東海オンエアのチャンネルでわざわざ発表するほどのことでもないというか、別に聴き流してもらえればいいんですけど、一応、ガチ勢のみんなに最初に聴いてもらったらいいのかなと思うんですけど。
てつや　でも嬉しいですよね、こういう場でそういう発表聞けるっていうのは。
ゆめまる　そうだね。これはもう**特権というか非常に大事なこと**だと思うよね。
てつや　ファン的には嬉しい話ですよこれは。
虫眼鏡　そうなんですよ。まぁちょっと嬉しい発表がありまして、**僕、彼女がおらんようになってしまったんですよ**(笑)。
てつや　おー、うれしくない！　一番うれしくない。
ゆめまる　うれしくないじゃん。

《SE》

てつや　**いやいや効果音!!**
ゆめまる　ダメだろ、**ゲスいー！**
てつや　反対だよ、完全に。
虫眼鏡　いやぁ、そうなんですよね。
ゆめまる　ええー。
てつや　あーあーあ。
ゆめまる　まあね。
虫眼鏡　なんか、これって別に発表することでもないやん。ほんとはね。
虫眼鏡　でもなんか、すごいなにかを内緒にしてるかのように感じてしまうのよ。なんか、僕個人チャンネルでね、ラジオやってんですけど、いやぁ虫さんの彼女さんとの関係性が好きです、とか、彼女さんと一緒に使ってください、ってプレゼントもらったりとか。
ゆめまる　あ、そうなんだ。
虫眼鏡　そう、あって。なんかだましてるかもしれない、と思って。
てつや　**いるよ、って言った以上は、いなくなったら言わなきゃいけないかな、っ**

て感じだよね。

虫眼鏡　ま、7月の初めくらいに実はね、彼女がおらんようになってしまったんですよ(笑)。

てつや　3年とかでしょ?

虫眼鏡　**3年**、3年。

ゆめまる　えー、3年ぶりにいなくなっちゃうんだね。

虫眼鏡　そうそうそうそう。

てつや　**ようこそ、こちら側へ。**

虫眼鏡　いや、そうなんですよねぇ。たったそれだけの報告でございますけど。ま、なんつーの、ちょっと先のあるお別れ方といいますか、ま、ほんとに大喧嘩して、もうお前なんて知るか、**パンチ!**って言って別れたわけじゃないので。

てつや　パンチはしんけどな、普通は(笑)。

ゆめまる　嫌い!ってわけじゃないと。

虫眼鏡　そう、嫌いっていうよりも、ちょっと一回お互い距離置こうか、と。ま、それでね、お互い他にいい相手見つかったならそれはそれでいいし、いやぁ、そんなことないよ、僕にはやっぱりあなたしかいないよ、っていう結論だったらお互い成長してもう一回出会う未来もあるかもね的なね、ま、**わりといい感じの別れだった**ので。

ゆめまる　希望があるよね、まだ。

てつや　サトシとリザードンみたいな感じのね。

虫眼鏡　**弱い彼女なんていらない!**(笑)

てつや　ははは。一旦別々で頑張ろうか、みたいな。

ゆめまる　映画でしか出てこないよもう(笑)。

てつや　戻ってきてくれるといいですね、ぜひ。

虫眼鏡　まぁまぁまぁまぁまぁ。それか、めっちゃいい人と出会えるか。

ゆめまる　まぁ、いい別れ方ですね。

虫眼鏡　まぁ、よりよい相手を見つけるために、っていうことで、ま、お別れしましたよ、というご報告をしてですね、今夜も#東海オンエアラジオで聴いてる人はつぶやいてくださいい、ということでございます。東海オンエアラジオ!

ゆめまる　東海ラジオをお聴きのあなた、こんばんは!　東海オンエアのゆめまると!

虫眼鏡　虫眼鏡だ!　そして今日のゲストは。

てつや　**バチオトメタギリヌシです!**

虫眼鏡　**誰だよ!**

ゆめまる　この番組は、愛知県・岡崎市を拠点に活動するユーチューバー、我々東海オンエアが名古屋にある東海ラジオからオンエアする番組です!

虫眼鏡　ゆめまると、僕虫眼鏡が中心となってお届けする30分番組なんですけど、誰ですか?

てつや　いやちょっとね、罰ゲームで3週間ほど、リーダーのてつやは、バチオトメタギリヌシになってしまいました。

ゆめまる　いやもう(笑)、名前なにそれ。ツイッターで見たとき、**誰だこいつ?**ってなったもん。

てつや　俺も全然覚えられないんだよ。

虫眼鏡　罰ゲームは川の名前にしてくださいってだけだからね。乙川でいいんだよ。

ゆめまる　俺それだと思ってたら、さ、いきなりてつやが、バチオトメタギリヌシとか言って、なにそれ?

てつや　オトがヌシになっちゃいました。

虫眼鏡　あれだね、ハクみたいなもんでしょ?

てつや　そうそうそうそう。**普段は、バチと呼んでください**(笑)。

虫眼鏡&ゆめまる　いやいやいやいや(笑)。

ゆめまる　かっこいいな、ちょっと。

てつや　バチです(笑)。

虫眼鏡　というわけでね、わたくしが晴れて彼女がいなくなってしまったので。

てつや　晴れたのかな?

虫眼鏡　なんでしょうね、気持ちは晴れやかというか。よくないのが、彼女と一緒に家に住んでて、**彼女を手下かのように扱ってしまってるところがあった**ので。

ゆめまる　ありましたね。そういう話とかしてて。

虫眼鏡　自分でやんなきゃいけないことが自分でやんなくなってたんで、ちょっと一回一人で暮らさなきゃというのがありまして、これからね、二人の先輩に、あ、二人じゃなかった、バチさんのようにね、ちょっと一人身の生活をしていこうかなと思ってるわけなんですけど。ま、というわけでね、こういうふうに、僕たちの心、僕たちっていうか僕、まぁ、僕へこんでないですけど、でも、元気を出せる曲がいいなということでね、今日はゆめまるさんにそんな曲をチョイスしていただけないかなぁと思うんですよ。

ゆめまる　わかりました。

てつや　明るいやつがいいですね。

虫眼鏡　うん。
ゆめまる　それではここで1曲お届けします、Re：Japanで「bitter sweet samba～ニッポンの夜明け前～」。
虫眼鏡　ん？

《曲》

ゆめまる　お届けした曲は、Re：Japanで「bitter sweet samba～ニッポンの夜明け前～」でした。
虫眼鏡　**わーい、とっても元気が出たよ。**
ゆめまる　いいですね。元気出るでしょこの曲。
てつや　なんとも染みる音色でしたね。
虫眼鏡　いやぁ、悪いよこの人ほんとに。
てつや　ちなみにこれ、誰が歌ってるんですか？
ゆめまる　えーと、吉本興業の芸人の方たちですね。
虫眼鏡　別に今事務所の名前言わなくてよかったもんね、わざわざ。
てつや　ははは。ほんと、誰？って聞いてんのにさ。
ゆめまる　いや、いっぱいいるから。いっぱいいるからね。まとめて言ったらわからないから。
てつや　芸人さんがいっぱいいるってことね。
虫眼鏡　で、まとめるときには事務所の――。
ゆめまる　事務所の名前言ったほうがわかりやすい。
ゆめまる&てつや　**お前謹慎しろ。**
てつや　いつか怒られるぞ。わはは。
虫眼鏡　さて、東海オンエアが東海ラジオからオンエア！　東海オンエアラジオ、このコーナーやっちゃいます！
ゆめまる　ゆめまるプレゼンツ「来たれ！はがき職人」。
虫眼鏡　えー、ゆめまるがやりたいというこのコーナーでございます。
ゆめまる　はい。webでのコメント募集だけではなく、ハガキのほうでリクエストを復活させようというコーナーですね。そっちのほうが気持ちも伝わるし、僕たちの、パーソナリティーの気持ちも入ると思うので。
虫眼鏡　**そんなことないよ。**僕たちはいつだって気持ち100％入れてやってるんだ。
ゆめまる　ま、たしかにその通りですけど、これは手書きで書いてくれてるので。
てつや　じゃあただ手書きってだけじゃねえかよ。
虫眼鏡　ふふふ。ちょっと面倒くさいだけじゃねえかよ。
ゆめまる　ははは。ハガキでリクエスト曲を送ってもらい、曲にまつわる想い出やエピソードを書いて送って下さい。ということですね。で、まず、名古屋市、ラジオネーム、こんぶまんさんからのメッセージです。
虫眼鏡&てつや　こんぶまんさん。
ゆめまる　はい。〈東海オンエアのみなさん、こんばんは。私はゆめまるさんたちと同じ、1993年生まれの女です〉。
虫眼鏡　25歳？　26歳？
ゆめまる　そんくらいだね。〈この曲は大好きなアニメのエンディング曲です。大学時代にカラオケ行くとウェイウェイした曲を友人たちが歌うなか……〉
虫眼鏡　あぁ、JSOUL BROTHERSね。
ゆめまる　〈アニソンしか知らない私は、いつもこの曲を歌っていました。さて、少し話は変わって、私事となりますが、先月6月9日に……〉。
虫眼鏡　おっ、シックスナインだ。
ゆめまる　〈大学生のころから付き合っていた彼と結婚することができました〉。**もう！　シックスナインとか言ったら結婚話が薄まるやんか、**ちょっと。
てつや　またぁ（笑）。
ゆめまる　下ネタ話だ。
虫眼鏡　すいません、**幸せな人を見てちょっと嫉妬してしまいました。**
てつや　別れたばっかなんで許してあげてください。
ゆめまる　えー、〈北海道の大学に通っていた私たちは、いっつもこの曲を聴きながら広大な星空を見にいったのを覚えています。今ではこの曲を聴くと、化物語ではなく彼と過ごした大学時代を思い出すほどです〉。
虫眼鏡　はいはいはいはい。
てつや　あれね。
虫眼鏡　まぁ、結婚ですか。25歳っていいますとね、周りの友達がバタンキューバタンキューと結婚していく……
てつや　**倒れとるやん！**（笑）。倒れちゃってんじゃねーか。
ゆめまる　インスタ開くとね、みんな結婚の画像ですよ。
てつや　**わかる！**　インスタすごいよね、今。
虫眼鏡　そうなの？

ゆめまる　やばいやばいもう。

てつや　**リア垢のインスタの結婚率がすごい。**

ゆめまる　みんな、おめでとー、とか、結婚しましたー、籍入れましたーとかばっかで。

てつや　高校の同級生とかね。

虫眼鏡　じゃあ、この人の幸せな曲を聴いてやりますかー。

ゆめまる　ラジオネーム、こんぶまんさんからのリクエストで、Supercelで「君の知らない物語」。

《曲》

ゆめまる　お届けした曲は、Supercelで「君の知らない物語」でした。

虫眼鏡　ご結婚おめでとうございます。

ゆめまる&てつや　おめでとうございます。

てつや　で、ですね、**北海道の大学というワードを聞いてしまうと、どうしても思い出してしまう話がありまして、**中学の同級生に、すごいおバカでスケベな一緒にバカやれる友達がいたんですけど、急に勉強に目覚めて、すごい頭よくなっちゃって、真面目なやつしかいない北海道の大学にいっちゃったんですよ。

虫眼鏡　へえ。

てつや　ただ、スケベは健在だったみたいで、女の子と夜浜辺でエッチをしようと。

ゆめまる　青姦ですね。

虫眼鏡　北海道の浜辺で?

てつや　そうそうそう。って流れになったらしくて。

虫眼鏡　**オホーツク海ですか?**

てつや　行ったらしいんですよ、海水浴場というか浜辺に。誰もいないときに。そしたら、真面目な大学なんで、同じゼミの友達が浜辺で**ハマグリの研究**をしてたせいで、エッチができなかったっていう話を聞いて。

虫眼鏡　ふははは!

てつや　俺の中の北海道の大学ってワードはそのエピソードで埋まっちゃう。

虫眼鏡　**ハマでクリをいじろうと思ったら、ハマグリ研究してるやつがおったのね**(笑)

ゆめまる&てつや　はははは!

ゆめまる　いや、すごいねえ。真面目な大学ですわ。

てつや　ずるいよね、ハマグリの研究でさ、さいなまれるの嫌だよねえ。

虫眼鏡　あとね、君たちね、曲が流れてる間、裏で、曲聴いてるわけじゃん。今3つ話してたんだけど、覚えてる?

てつや　え?

虫眼鏡　3個も関係ない話してんだよ。

ゆめまる　1個は俺は覚えてる。自分から言ったやつだから。

虫眼鏡　1個なんでしたか?

ゆめまる　えっと、**ヤギって紙食うっけ?**

虫眼鏡　なんの話してんの(笑)。

てつや　言ってたわ(笑)。

ゆめまる　めっちゃ疑問なんだけど、ヤギ、紙食う、歌あるから食うのはわかると。

てつや　黒ヤギさんだぁ、読まずに食べるからね。

ゆめまる　わかると。**食っていいもんなの? あいつらは。**あいつらは食って大丈夫なの?

虫眼鏡　ほんとは草食わなきゃいけないから紙食っちゃダメだもんね。

てつや　でもそれの話は今言われてやっと思い出したけど、他2つ思い出せないわ。

ゆめまる　もう2つわかんない。

虫眼鏡　1個は、**このイヤホンってアイドルと共有じゃないのかな?**って。

てつや　あぁそうだ、言ってたわ、しまった。

ゆめまる　**なめなよ**(笑)。

虫眼鏡　このラジオやってるときね、片耳のイヤホンがあるんですよ。で、自分の声を聴きながらしゃべってんですけど、このイヤホンって、毎回毎回新しいのに替えるわけないから、とっといてあるんだろうなと思ったんだけど、じゃあもしかしたらこのスタジオ使ってるアイドルと共有してんのかもしれないって言って、で、てつやが舐めよう、って(笑)。

てつや　って言ったら、自分の耳くそだらけだったっていう。

虫眼鏡　だから舐めるのやめよう（笑）って。それを共有してんのかもしれないからね。

ゆめまる　もう1個、話？

てつや　なんかした？

虫眼鏡　もう1個は、ピーーーー。

ゆめまる　ああ!!　**これはダメだー!!**　これはピーちょっと入れてくれ!!　まだダメだめだ！

てつや　ははは。まだ、って！

ゆめまる　なるほどね、その3つでしたね。

虫眼鏡　頼みますよ、ちゃんと曲聴いてくださいよ。はい、ハガキでリクエスト曲、そしてその曲にまつわる想い出やエピソードを書いて送ってください。ま、**僕たちはあまり聴きませんけど**（笑）。あて先は、〒461-8503　東海ラジオ　東海オンエアラジオ「来たれ！はがき職人」まで。

ゆめまる　みなさんからのハガキを楽しみにしています。ゆめまるプレゼンツ、「来たれ！はがき職人！」でした！

《CM～ジングル》

虫眼鏡　あれ？　ちょっとチラさん、どういうことですか？

ゆめまる　懐かしいやつですよね。

チラ　前回収録分、ちょっと、とれるところがなかったんで。頑張っていただいていいですか？

虫眼鏡　すいません。

てつや　これ、使いまわしですか、もしかして？　このジングル。

虫眼鏡　そうなんですよ。前回の収録分がちょっと面白くなかったっていうか。

ゆめまる　弱かったっていうか。

虫眼鏡　ま、面白くなかったっていうか、切り出してね、素材にできる場所がなかった。

てつや　ジングルにしにくいトークだったってことですか？

虫眼鏡　**どういうのがしやすいんですか、ジングルに？**

チラ　やっぱこう、**パワーワードがあるほうが。**

ゆめまる　あ、**ハマグリはパワーワードでしょ！**

全員　はははは。

ゆめまる　**浜辺でハマグリ!**っていう。

てつや　ハマグリどうですか？　いけそうですか？

チラ　いけるんじゃないですか？

あとヤギ。

てつや　あ、ヤギ。ヤギって紙食うの？（笑）。言い方がいいよね、ヤギって紙食うの？

チラ　ぜひパワーワードとリズムものをお願いします。

ゆめまる　わかりました。

てつや　パン！っていうのがいいのね。

虫眼鏡　それを意識しつつふつおたいきますか。

ゆめまる　はい。たくさんてつやさんに対してメッセージが来てるんですけど。

てつや　お。ありがとうございます！

虫眼鏡　てつや君人気あるからね。

てつや　やったー。

虫眼鏡　僕は彼女いないけどね。

てつや　それ言ったら俺もじゃねえか？（笑）。

ゆめまる　ラジオネーム、春日井のドラゴンズファンけいすけさんからのメッセージです。〈てつやさんに切実なお願いがあります。僕は、旅行先にわざわざ天体望遠鏡を持っていくくらい、天体観測が趣味なんですが……〉

虫眼鏡　アルタイル・デネブ・ベガですよ。

てつや　ひろってますね。

ゆめまる　〈今もっている天体望遠鏡よりも高性能なものが押し売り企画で登場していて、今回の引っ越しの機会に、ぜひその天体望遠鏡を譲っていただけないでしょうか？〉。

てつや　あ、あれか。

ゆめまる　〈いつもソファーの横に置かれていて、すごくもったいない気がしています。ぜひ僕に使わせてください。ガチでご検討をお願いします！〉。

虫眼鏡　**俺のだよ!!**

てつや　あれですね、メンバーがメンバーに、こんなやつ好きじゃないって言って渡して、気に入ったやつ1個だけ購入するって企画で。あれってとしみつが紹介して、虫さんが買ったやつ？

虫眼鏡　そうそうそう。

てつや　ずっと置いてあったよね。

虫眼鏡　え？　ずっとって言ってますけど、3週間くらいですよ。

ゆめまる　あ、そんなんだった？

虫眼鏡　雨が降ってた、荷物が多かった、で、2週間くらい持って帰れなくて、そろそろ持って帰るかってなって、今普通に僕の家に置いてありますからね。

ゆめまる　この子にはあげないで、**てつや自腹で天体望遠鏡を買ってあげてください。**

てつや　**俺がプレゼントすんの？**

ゆめまる　プレゼントしてあげてください（笑）。

てつや　ちょっと住所だけ見てもいいですか？　送っとこうかなぁ。
虫眼鏡　ゆめまるさん、ゆめまるさん、てつや君とある動画の企画中で……。
ゆめまる　はははは！
てつや　正式に言われてしまったら僕は、ね、あれなんですけど。
ゆめまる　これ、読んでみたらいいんじゃないですか？　下のここの文章。
てつや　ぜひ僕に使わせてください。ガチでご検討よろしくお願いします。
ゆめまる　どうですか？
てつや　**イエス！**
虫眼鏡　**お買い上げ！**
ゆめまる　お買い上げです！　春日井のドラゴンズファンけいすけさんには、**東海オンエアてつやから個人的に天体望遠鏡が贈られます!!**
てつや　いやぁー。
虫眼鏡　これなんの企画なんだろうってのは、ちょっとまた動画楽しみにしててください。
てつや　ちょっと今一回携帯でメモするわ。イエスを書かんといかんから。
虫眼鏡　ちゃんとこの方の住所とかもきっちりメモしとかないといけないですね。
てつや　あとで詳しいことをしっかりとね、見させていただきますね。
チラ　この方には番組から発送させていただきます。
てつや　あ、わかりました。
虫眼鏡　そのお買い上げはてつや君の実費でいきますんで。
てつや　**天体望遠鏡を、プレゼント、と。**はい今ちゃんと書きましたから。
虫眼鏡　え、ゆめまる、わかっててやったのこれ？
ゆめまる　全然全然、普通に、普通に。
虫眼鏡　忘れてた？
ゆめまる　違う、虫さんのだよ！　もうねえよ！って感じで終わるかなと思ってたんだけど、そうやん！って。今言われて(笑)。
てつや　俺も油断してた完全に。虫さんのだからなぁって思ったけど。
ゆめまる　そうだったね。
虫眼鏡　だってね、てつやに個人的に買ってくださいみたいなふりしたからさ、あ、**こいつ悪う、**と思って、ゆめまる(笑)。
ゆめまる&てつや　ははは。
てつや　あれ結構したよね、4万円くらいした？
虫眼鏡　4万くらいする。
ゆめまる　すごいよ、番組で！
てつや　ねぇ。**このタイミングでこのお便りしてくるってのは持ってるよ。**これはすごい。
ゆめまる　いいね、これはいい。
てつや　それはタイミングの勝利ですからね。
虫眼鏡　ちゃんとしたエピソードトークができたんで、ありがとうございます、むしろ。
ゆめまる　えー、続いてのメッセージです。〈プールの授業で潜水をしていたとき、真上に黒い水着を着た人のケツがあって、**浣腸したら女の子でした**〉。
虫眼鏡　うふふふ。面白いこの話。
ゆめまる　〈男だと思ってしたのに、女の子で思わず逃げてしまいました〉。
虫眼鏡　いや男でもしちゃダメだからな。
ゆめまる　〈このときみなさんならどう対処します？〉。
虫眼鏡　ラジオネームは？
ゆめまる　ラジオネームないですね。
虫眼鏡　ま、これは匿名にしたほうがいいな。
てつや　**やばいことしてんな**(笑)。
虫眼鏡　こいつ犯罪者だから、言っとくけど。男でも女だろうが。
ゆめまる　ま、授業だからまださ、なんていうの…。
虫眼鏡　あ、授業か。
ゆめまる　同級生の女の子のケツ、おいっ！ってやるのさ、ちょっと夢でもあるし。
てつや　羨ましいことではあるよね。自分がさ、やるぞと思ったらとてもやれないじゃん、怖くて。やっちゃったあとに、よかったって思える出来事だから、羨ましいなこれは。
ゆめまる　多分ね、その女の子気づいてるよ、お前がやったな、っていう。
てつや　そうだよね。
虫眼鏡　え、どういうこと？　みなさんならどう対処しますか？って。それはほんとにごめん、間違えた、って言うしかないもんね。
てつや　対処ってムズイな。
ゆめまる　もう、ごめんしかないよね。あ、ごめんごめんごめん、って。
てつや　**運命の始まりなんで付き合うしかないですねこれは。**
ゆめまる　ガーンって、**合体しちゃった！**って(笑)。**とれねー!!**って。
虫眼鏡　はははは。浣腸じゃねーじゃねーかよぉ。

てつや　逃げてる、って言ってんじゃんもう。

ゆめまる　やべー!!って言って(笑)。

虫眼鏡　はい、沢山のメッセージありがとうございました！　えー、7月の東海オンエアラジオは、「メイトーのなめプリ月間」です。**てつやくんも舐めるの大好きじゃないですか？**

てつや　**舐められるのが好きですね。**

虫眼鏡　はい。なめプリの「なめ」っていうのは、「なめらか」ってことの意味でございます。先月から、メイトーのなめらかプリンの美味しいアレンジ方法をみなさんに投稿してもらっております。今月は、僕らもアレンジ方法を考えて、放送日に投稿しておりまして、最終回なんですけど今日は、ゆめまる君が投稿しましたんで、ツイッターのほう是非チェックしてみてください。そして、今日紹介するのは、ゆずれもんさん。〈なめプリを使って東海オンエアパフェを作ってみました～　オンエアバードと旗は手作りです。美味しかった～～♡〉。

てつや　再現が、**バカにしすぎだろ！**(笑)。

虫眼鏡　ほんとにこうやって書いてあるもんね。

ゆめまる　最後のさ、カタカナの小さい「ァ」がさ、ちょっと気になるよね。ちょっと感じてるね。

てつや　これイっちゃってますね。

虫眼鏡　で、ニョロニョロニョロニョロハートついてますからね。

てつや　これ**舐められプリン**ですね。

虫眼鏡　はい(笑)、で、こちらでございます。

ゆめまる　おぉ、写真きてますね。

てつや　あぁ、すごい。

虫眼鏡　こんなにやっていただいて、あぁすごいですね。

ゆめまる　すごいねこれ。

てつや　これはうまそうだ。

ゆめまる　ピノ乗ってるよこれ。チョコ乗ってるよこれ。

てつや　腹減ったぁ。

ゆめまる　腹減る、これで？

てつや　食いたくなっちゃった。

虫眼鏡　お腹空いたね。

ゆめまる　でもこれすごいね。旗と、このオンエアバードね。

虫眼鏡　はい、みなさんもオンエアバードと旗を手作りしてね、なめらかプリンでパフェを作ってみるのはいかがでしょうか？　えー、東海オンエアラジオではなめらかプリンの美味しいアレンジ方法を募集中です。写真と一緒に、「#メイトーのなめプリ」で投稿して下さい。今月は、抽選で毎週3名の方に、「なめらかプリン8個入り1ケース」と、僕らのサイン入り生写真をプレゼントしまーす。どしどし応募してください！　今日の放送いかがでしたでしょうか。えーと。

てつや　バチオトメタギリヌシですね。

虫眼鏡　バチオトメタギリヌシさん。

てつや　いやぁやっぱ、下ネタは飛び交うんですね、どうしても。

虫眼鏡　いや、てつやの声だけなんだよ。

てつや　なんでなんでしょう？

ゆめまる　結構ハードな下ネタ出ますよ。

てつや　なんか前回は、下ネタやめようって意気込んだせいで、その反動で下ネタ出てたんで、今日は何も考えなかったんですけど、でも出ますね。しゃーなしですね。

ゆめまる　名前変えてもダメなんだね。バチさんになってもね。

てつや　バチオトメでタギってるからね。そりゃあ出ちゃうわな。

虫眼鏡　結構ゲストによって色が変わってくるのは慣れてきたよね。

てつや　あぁそうなの？　全然違う、やっぱり？

ゆめまる　全然違うね、しばゆーの放送はしばゆーが飛んでるだけ。

てつや　飛んでるの？

虫眼鏡　しばゆーあんま聞いてない(笑)。

てつや　ははは。

虫眼鏡　りょう君のときはラジオっぽくなるしね。というわけで、また来週もてつや君が、あ、てつやじゃなかった、バチオトメタギリヌシさんがいますので、来週も是非聴いてください。

てつや　よろしくお願いいたします。

虫眼鏡　さて、ここでお知らせです！

2019 08/04

プルプルいってチーンってなるコーナーの回

GUEST
てつや

ゆめまる　本日も始まりました、東海オンエアラジオ。メッセージのほうから始めていきます。ラジオネーム、IDライフさんからのメッセージです。〈私は20歳で結婚し、現在28歳の主婦です。先日、夫がノロウィルスにかかり、寝ているときに突然、**うわぁ〜〜**っと言って飛び起き、何かと思ったら下痢が漏れてました〉。

虫眼鏡　あら、大変。

ゆめまる　〈下痢がひどく、昼間も無意識のうちに漏れているとのこと。私は薬局へ急ぎ、初めて大人用おむつを購入しました。そして、下痢が漏れるたびにぐったりしている夫の足を持ち上げ、おむつを替えていました。私はこんな下痢処理してくれる優しい嫁いないぞ、介護体験早かったな、など夫を笑いながらやっていたのですが、これを友人に話すと、絶対にそんなことできない、とのこと。東海のみなさん、この状況の場合、パートナーにおむつを替えてもらうのに抵抗はありますか?〉。

虫眼鏡　あるわけないだろ(笑)。

ゆめまる　今さらね、こんなの。

虫眼鏡　**男同士で、目の前でうんこしてるのにな。**

ゆめまる　あんま思わんぞ、もう。おもろいやん。

てつや　ね、**やってやられてむしろ愛感じるくらいのね。**

ゆめまる　でも、さすがにこれ、病気だからまだいいじゃん、ノロウィルスって状況ね。酔っ払って下痢もらして、見られるのはちょっと恥ずかしい。

虫眼鏡　そんなことないんだって、普通の人間は。

てつや　ゆめまるは絶対そっちのパターンだもんな。

虫眼鏡　それは叱られておかしくないからね。

ゆめまる　でもあんま抵抗ないですね、これはね。

虫眼鏡　ノロはだって、なったことあります?

ゆめまる　一回だけありますね、牡蠣食って。

てつや　俺ないな。

虫眼鏡　ないのはやばいよ。一回ちゃんとね、ほんとに、人生の中でつらさランキング入るからね。

ゆめまる　って言うけどね。もう、うんち、ゲロ、僕は出ましたね。

てつや　上から下からと。

虫眼鏡　この方も夫がね、笑いながら下痢処理してもらってるって言ってますけど、こんな夫さん自分でやりなさいよ、って、無理無理。全然無理だから。

ゆめまる　ちょっと動くと、出ちゃうから。**ぴしゃ!**

てつや　熱とかそういう感じ、インフルみたいな感じじゃないの?

ゆめまる　違った俺は。

虫眼鏡　レベルが違う、ほんとに。ずっと腹痛いもんね。上か下かどっちかから出すとちょっとだけ楽になるから、常に何かを出していたい気持ちになるんだよね。

ゆめまる　でも出しすぎると脱水になって倒れちゃうから。で、水飲むじゃん、出るんだよ。

てつや　なるほど。

虫眼鏡　ほんと水飲むと、水が尻から出てくるからさ、どうしたんだ俺のお腹の中は、って。

てつや　**結構無限に牡蠣食うんだけどね。**

虫眼鏡　ならないの? 嫌だよね。てつや一回さ、潜ってさ、カッって採ってさ、カプッって食べるやつやってほしい。

ゆめまる　確定のやつね。

虫眼鏡　そうそうそう。

ゆめまる　確定演出でちゃうから。

てつや　好きなんだけどね、ならないね。

ゆめまる　今夜も#東海オンエアラジオで聴いてる人はつぶやいてみてください。東海オンエアラジオ！　東海ラジオをお聴きのあなた、こんばんは。東海オンエアゆめまると。

虫眼鏡　虫眼鏡だ。そして今日のゲストは。

てつや　バチオトメタギリヌシです。

虫眼鏡　こんばんは。

ゆめまる　この番組は愛知県・岡崎市を拠点に活動するユーチューバー、我々東海オンエアが、名古屋にある東海ラジオからオンエアする番組です。

虫眼鏡　ゆめまると、僕、虫眼鏡が中心となってお届けする30分番組でございます。えー、**最近うんちって漏らしてます、みなさん？**

ゆめまる　ははは。そんな質問あるかよ。

虫眼鏡　僕さ、夏ね、すぐお腹壊しちゃうんだよね。なんかね、僕日光に当たるとなっちゃうみたい。

ゆめまる　汗とかじゃない？　汗かいて冷えちゃうとか。

虫眼鏡　わかんないけどね、ちょっと外に出ると、その日の夜にお腹の調子悪くなるってことが、なんか今までの傾向からわかってきて。

てつや　今日やばいじゃん、じゃあもう。

虫眼鏡　うーん、かもしれんね。

てつや　結構暑くなかった？

ゆめまる　だって35度ありましたからね。

虫眼鏡　でも、今日はまだ電車とタクシーで来てるから、なんていうの、日光に当たるとなるんだよ。なんか熱中症の症状に下痢嘔吐ってあるじゃない。それの、下痢嘔吐だけ先にパーンって来るの。

ゆめまる　あぁ。最近うんこ漏らしてないけど、今日高速乗ってて、**うんち漏らしそうになりましたね。**

てつや　俺もね、今日電車で来るときに、**うんち漏らしそうになったもんね。**

ゆめまる　もう、鳥肌がすごくて。

てつや　わかる、そう。

ゆめまる　うわーってなって、**やべやべやべ、刈谷過ぎたー、**って。

虫眼鏡　てつや、うんち漏らしそうっていうか、うんちのせいで遅刻してますからね、今日。

ゆめまる　大排便してます。

てつや　遅刻せずに来ようとしてたら、たぶん電車の中でしてましたね、完全に。

虫眼鏡　僕も前、この方みたいに寝てて、普通に、あぁやばいお腹痛い痛い、おぉ出てるじゃん、って言って。出るときってさ、普通さ、ペッて付くだけじゃん。だけど、結構なんていうの、**ひとつのデザートくらいの量出ててさ。**そんなに漏らすことあるんだと思いながら。でもすぐ洗って洗濯機にペンって入れておくと、濡れてるからさ、中の洗濯物が全部カビちゃったりするじゃん。一回、お風呂にポンと置いといて、ちょっと洗濯物回すときにまとめて洗おうと思ったんだけど。で、次の日またお腹痛くなって、あれだよ、山に撮影行ったときずっとお腹痛いって言ってたじゃん。そのときも僕は**みんなにバレないようにちょっとずつうんち漏らしてて。**

ゆめまる　**わははははは！**

てつや　えーー(笑)。

虫眼鏡　その日も、あぁパンツ汚れてるな、っていって、お風呂場で洗ってっていう。風呂にパンツが何枚たまるんだ、っていう状況になって。

ゆめまる　結構まずくない？　**大丈夫、腹？**

虫眼鏡　ほんとに鍛えたい。どうすれば鍛えられるの？

ゆめまる　それってさ、肛門の括約筋鍛えても意味ないわけじゃん、締まる力は。

てつや　変わらんらしいね、あれは。

ゆめまる　お腹鍛えるっていっても無理じゃん。

虫眼鏡　え？　僕もうんち漏らしておむつ替えてもらうしかないってこと？

てつや　予防だよね、パンツの枚数増やすとか。**ナプキンとか。**

虫眼鏡　ナプキンは嫌だなぁ。大人用おむつを常にはいておくとかじゃない。

ゆめまる　それか、**ネジみたいなのでキュッキュッって**改造して、**アナルの栓みたいにね。**

虫眼鏡　別にうんちが出したくないわけじゃないんだよね別に。お腹痛くなりたくないだけなんだよね。

てつや　ストッパとか飲むしかないですね。

虫眼鏡　ちょっとね、鍛えていきたいとこです今年の夏は。はい。じゃあゆめまるさん、僕のお腹に効きそうな優しい曲をお願いしますよ。

ゆめまる　はい。それではここで1曲お届けします。キンモクセイで「二人のアカボシ」。

《曲》

ゆめまる　お届けした曲は、キンモクセイで「二人のアカボシ」でした。

虫眼鏡　**下痢イコールうんこ、うんこイコール臭い、臭いイコールくせぇ、くせぇイコールキンモクセイ、ってことでこの曲を選んだわけですね。**今回は。

ゆめまる　**うわぁ、なんかすごい申し訳ないな**キンモクセイさんに。

てつや　いや、それか、**うんこが大量に出る、肛門が切れる、赤いから赤星。血便。**

ゆめまる　ははは。

虫眼鏡　それは納得できないんだ、**肛門切れる、たしかにね、ってならないんだよ**(笑)。

てつや　くせぇ血便が出たってことですね、つまりは。

ゆめまる　キンモクセイさんの……、いや、やめよう。あんまり、言っちゃあかんわ。

虫眼鏡　そしてね、あのぉ、毎回恒例の曲中に関係ない話をするコーナーなんですけど。てつや君、アイドルにはまってるらしいですね。

てつや　あぁそうなんですよ。今、ZOCというアイドルにね。

ゆめまる　知ってますよ僕も。

てつや　マキシマム ザ ホルモンのオーディションがあったんですけど、そこでメンバーのかてぃさんと一緒になって、存在を知って。

虫眼鏡　一緒になってというのはどういう意味ですか?

てつや　ばかやろう(笑)。

ゆめまる　**合体しちゃったの!?**

てつや　**しんわ!**　アイドルなんだからやめなさい、ほんとに。

虫眼鏡　気になっただけじゃんね。

ゆめまる　一緒になったって言い方したらねぇ。もう一つ屋根の下みたいな。

てつや　ちゃんと一緒にお仕事でオーディションになったの。

虫眼鏡　はいはい。

てつや　で、まぁ、そういう人がいるんだと思って曲聴いてみたら、みごとハマっちゃって。なんか2曲くらいしかないんですけどね。それ、延々にリピートしてるんで。

ゆめまる　てつやさん、**ちょっと1フレーズだけ歌ってください。**

てつや　♪ファミリーネーム、同じ呪いで、だからって光を、諦めないよー。

虫眼鏡　いやぁ、やっぱ対応力ありますね。

てつや　そりゃ聴いてますからね。あせるー。

虫眼鏡　あれだね、次てつやの回にゲストで呼んで、僕たち休もう。

てつや　えー、やばいやばい。緊張するから。

虫眼鏡　僕とゆめまるがギャラ出すから来てくれないかな、東海ラジオまで。

ゆめまる　**めちゃくちゃギャラ払うわ。**

てつや　やっぱ最初さ、適当にさ、初めましてってさ、知らない人じゃん。あぁそういう方なんですね、って言って話すやん。そのときはいいけど、はまればはまるほど、どんどん緊張していくのわかる?

ゆめまる　あぁ。

虫眼鏡　僕もね、でんぱ組.incさんとお会いするときも、キモオタになっちゃいました。

てつや　そういうもんだよね。

虫眼鏡　はい、というわけで、次のコーナーいきますか。東海オンエアが東海ラジオからオンエア、このコーナーやっちゃいます。「東海オンエアラジオのてつやと話したいリスナーに片っぱしから電話しちゃおう!」。

てつや　いやぁ。

ゆめまる　尖りまくってるよこのコーナー。

虫眼鏡　これは**電波を使ったキャバクラ**ですからね。

ゆめまる　テレクラやってんね(笑)。

虫眼鏡　いつもエンディングのお知らせで僕がまるで台本を読んでるかのようなスピードでね、僕らと話してもいいよって方は電話番号も書いて送ってください、って読むよね。それでみなさんがそれにだまされて……。

ゆめまる　だましてないよ(笑)。

虫眼鏡　書いて送ってくれてるわけですよ。**このドスケベどもが!**で、今回はちゃんとね、電話番号送ってくれてる人にね、たまにはやっぱり電話しなきゃいけないなってことで、てつや君がね、あ、てつや君じゃなかった、なんでしたっけ?

てつや　バチオトメタギリヌシですね。

虫眼鏡　バチオトメタギリヌシさんと話したいとね、電話番号書いて送ってくれた方がたくさんいらっしゃいますので、電話して、その方のお話をさせてあげて、僕たちがニヤニヤするっていうコーナーなんですけど、なんとアポなしでございます。
てつや そう、なんとこれ、ガチアポなしですからね。
ゆめまる 困っちゃうよ、出なかったらみんな。出ないで、このコーナーの説明から丸ごとカットって可能性もありますからね。
虫眼鏡 しかも、**てつや君を好きな女性っていうのはだいたいキャバクラで働いてますので。**
てつや そんなことねーわ。
虫眼鏡 もうそろそろ出勤しちゃってる。
ゆめまる うんうん。同伴的にね。怪しいですね。
虫眼鏡 なので今回我々は、僕とゆめまる君はニヤニヤしてるので、てつや君ちょっと、もしもしからお願いしますよ。
てつや はい。男がいるんじゃないですか？　わからないですけど。
虫眼鏡 さあ、てつや君、こっから先の進行は任せます。
てつや はい、さっそく電話していきましょう。

《プルルル》
てつや かかってますね。
虫眼鏡 かかるはかかるからね。
てつや そりゃそうだね。
虫眼鏡 かかりませんねぇ、はやばい。さぁ出てくれるのか、知らない番号から。
てつや まじでいきなりだからね。
《プルルル》
虫眼鏡 うわぁ、出勤してる！
てつや キャバクラ行っちゃったかなぁ？
虫眼鏡 営業のＬＩＮＥ打ってるかもしれない今。
《プルルル》
てつや 俺が店行くしかないのか。**頼む！**
虫眼鏡 頼む、頼むよ！
《プルルル》
――カーン
全員 あぁぁ。
てつや これは悲しい。
虫眼鏡 もったいない。
てつや いや、リアルだね、これね。
虫眼鏡 ちょっとだけお便り読みますと、〈仕事のことでストレスが溜まって元気が出ないので、てっちゃんに元気をもらいたいです〉というお便りを送ったあなた！　お前は電話に出んかったから、てつやとしゃべれなかったからな、**ざまーみろ！** もう二度と電話しねーからな！
てつや かわいそすぎる（笑）。
ゆめまる 仕事に行ってんのかな、もしかしたらね。
てつや 残業してたりするかもしれない。頑張ってくださいほんとに。
虫眼鏡 がんばってね。
てつや じゃあ次の方、いってみましょう。
《プルルル》
てつや 出るかな？　頼む頼む！
――はい、ありがとうございます、ファミリーマート楠木一丁目でございます。
虫眼鏡 あ、すみません。間違えました、失礼いたしまーす。
ゆめまる **おい‼**
てつや ちょっと待ってください、ちょっと待ってください。
ゆめまる **こんなことあっていいのかよ‼** チラ！　なんだなんだ、今のなんですか？
虫眼鏡 ネタとしては面白かったけど、何が起こりました今？
てつや 完全にね、某コンビニの方が出ましたね。
虫眼鏡 ふふふ。そうですね。え？しかもさ、電話番号、ここの電話番号に送ってますよね、ちゃんと。え？大丈夫ですか？
《プルルル》
てつや え？　これどこにかかるんだ？　同じ人？　今からまたさっきの人にかかるみたいですけど。大丈夫かな？　何聞いたらいいんだ？どこって言ったっけ？
ゆめまる 楠木？
てつや 楠木って言った？　でも携帯番号だもんね？
《プルルル》
《お掛けになった電話をお呼びしましたがお出になりません》
――チーーン。
てつや **おいおい！**
ゆめまる なんだよこつら、**バカにしやがって！**
虫眼鏡 なんだったの、今の事件は？
てつや え？　あぁ……（笑）。
虫眼鏡 **普通にかけ間違いしてるんじゃないですか。** いやほんと申し訳ございません。
てつや 申し訳ないです。
虫眼鏡 で、新しくかけたほうは、また多分あれなんでしょうね、きっとくしゃみしてたんでしょうね。お便り的に、くしゃみの仕方について、てつやと話したいです、というお便りを送ってくださった方だったんですけど。
てつや 今かけてるのは、この、くしゃみですか？
虫眼鏡 次の方にいってますね。
《プルルル》
ゆめまる のんたんさんですね。
てつや この方でてほしいな、しゃべりたいですね。
虫眼鏡 お便り的にね、気になりますよね。
《プルルル》
てつや 潰れっちまうよ、企画が。頼むって。
ゆめまる これ最後か？ いや、あと一人？
虫眼鏡 もう一人。
ゆめまる **出てくれよ！**
てつや 頼む頼む。
《プルルル》
虫眼鏡 お便り気になる方なんですよね、ちょっとね。
てつや 内容的にね。一番話したいんですが。
《プルルル》
――チーン。
全員 **あーーーー！**
虫眼鏡 **電話にでんわ！**
ゆめまる **プルプルいってチーンっていうコーナーだ、これ。**終わった。
虫眼鏡 これはですね、12年前、てつやさんと御曹司さんの中学校で先生をしているお母さんを持っているあなたですね。
てつや そう、だからこの方のお母さんが僕のことを知ってて、オヤイヅっていうしょうもないのがおるんだわ、って娘さんに言ってたらしいんですよね。覚えててくれてるらしくて、嬉しかったんでね、話したい。
虫眼鏡 お母さんに替わってもできたかもしれないもんね。
てつや ね。めっちゃ話したかった。
ゆめまる あ、わかるんだ？
てつや わかるわかるわかる。
ゆめまる すごい。
虫眼鏡 残念。
てつや さ、最後。お願いします！
虫眼鏡 ラストチャンス。
《ただいま電話に出ることができません》。
虫眼鏡 ええ？
ゆめまる **えええええ！ このコーナーなにぃ!?**
《SE》
ゆめまる チャッチャンじゃない、落とすな!! **なんなんだよーー！**
虫眼鏡 「東海オンエアラジオのてつやと話したいリスナーに片っ端から電話しちゃおう」でした。
てつや あぁ終わっちゃったぁ。
《ジングル》
虫眼鏡 さぁ、みなさんのね、ここ3分くらいの記憶が消し飛んでることと思います。
てつや もう心が折れちゃいますねこれは。こういうパターンあるんだね。
虫眼鏡 **てつやを好きな人は電話にでん**ってことがわかりましたね。
ゆめまる てつやも出ないからね。基本。
てつや あ、そうか、俺が電話に出ないせいで、いざというときも。
虫眼鏡 似てるんだね。
てつや **因果応報**だ。
虫眼鏡 みなさん、こういうことがあるんでね、東海ラジオさんの電話番号くらい覚えといたほうがいいかもしれないですよ。この電話番号からかかってきたら出るぞ、みたいな。
てつや ってか、マジで出れるよ、って人がちゃんと送ってくれたら、普通に電話ができるって話ですからね。
虫眼鏡 そうそうそう、そういうことなのよ。今ね、もっとたくさんお便りが来てたら、かからないから次、かからないから次、って言って、あなたのところに電話かかってたかもしれない。
てつや そう。送ってください。ほんと話したいんですけど。
虫眼鏡 そうしたら、**てつやのLINE IDがゲットできたのに。**
ゆめまる ははは。
てつや アポなしだったら出ないよね、みんな。
ゆめまる まぁねえ。
てつや でにくいよね。頼みますね、アンテナ張っといてくださいね。頼みますよ。
虫眼鏡 ふつおたいきますか。ちょっと長めにやりましょう、編集がどうなってるかわからないので。
てつや さっきのバッツバツだろうなぁ。
ゆめまる ざっくりカットされたらまだ10分くらいしか放送されてないですよ。
チラ アイドルの曲かけます？
てつや やった、そうしよう。

ゆめまる　やりたい放題やろう。

てつや　もう俺のコーナーいいから、かけてください曲。

ゆめまる　えー、ラジオネーム、まいちゃんさんからのメッセージです。〈今年の夏こそしたいと思うことはありますか？　あと、新しく猫を飼うことになったので、その名前をできれば虫さんに決めてもらいたいです〉。

虫眼鏡　**ええ！**

ゆめまる　〈お願いします〉。

虫眼鏡　なるほどね。

てつや　大事にせんで、この名前。

虫眼鏡　しかもなんか、どっちに答える？　あっちこっちに来たんで、お便りが。

ゆめまる　あ、先に夏こそしたいと思うこと、いってみますか。今年の夏、したいこととか、あれば。

てつや　なんとですよ、猫飼いたいんですよ。

虫眼鏡　ええ！　ここでこのお便りに整合性をとらせてくるてつや、さすが。

ゆめまる　なんと、僕猫飼ってるんですよ。

虫眼鏡　**えーー！　初だし情報！**　さすがパーソナリティ。

てつや　ゆめまるに先越されちゃったんだよなあ。

ゆめまる　そうそうそう。最近猫飼いまして。

てつや　いいなあ。

虫眼鏡　猫がアフロのことを敵だと思って攻撃してる話を聞きましたけど、さっき。

ゆめまる　すごいですよほんと、めっちゃ食ってますからね、僕の髪。

虫眼鏡　だから臭いのか。

ゆめまる　おい、臭くねえだろ、ちゃんと風呂入ってるわ。

虫眼鏡　え、てつや君、猫飼うんですか？

てつや　僕が引っ越した理由の一番大きいのは、猫が飼いたいという。

ゆめまる　あ、飼える部屋に。

てつや　ペットOKなマンションに引っ越して、状況を整えてって感じですね。

ゆめまる　世話できますか？

てつや　ま、ウチは常に何人もいるんで。そのへんはね、いないときもあると思いますけど、大丈夫かなと。

ゆめまる　安心していいと。猫の名前。

虫眼鏡　僕に決めさせるってことはあれですよね、真面目に答えろよ、ってことですよね。

ゆめまる　そういうことですね。

虫眼鏡　僕は小さいころからね、猫飼ったら絶対こういう名前にするぞ、って決めてるやつがあって、それがですね、ワトソン君って名前なんですよ。

ゆめまる&てつや　おぉー。

ゆめまる　ちょっといいなぁ、しっくりくるなぁ。

てつや　ありそうですね。いいなぁ。

虫眼鏡　いいでしょ？　だから、一回それ先にひかせてあげるよ。

ゆめまる　ワトソン君。かわいい。

虫眼鏡　でも、雄イメージだけどね。

ゆめまる　まぁ、そうね。

虫眼鏡　ワトソン君にしていいよ。

ゆめまる　てつや、何飼うの？　名前どうするの？

てつや　俺、二匹にしたくてどうしても。

虫眼鏡　二匹飼うの？

てつや　二匹だと、勝手に遊ぶから寂しくないって聞いて。で、**「店長」と「バイトリーダー」かな**、って。

虫眼鏡　店長とバイトリーダーが子供作ったら嫌じゃん。

てつや　ちょっと熱冷めてきちゃって、ちょっとふざけすぎちゃったかな、と思って。

ゆめまる　いや、ふざけすぎ。

虫眼鏡　店長はいいよ。店長は、店長、店長って言ってすごいかわいがれるけど、バイトリーダーはちょっとなんか。

ゆめまる　長いし、愛がない。

てつや　そうなんだよね。リーダー、ってなっちゃうからね。

ゆめまる　リーダーって、城島君きちゃう(笑)。

全員　あはは。

虫眼鏡　あの人、呼んだら来る人じゃないんで。

ゆめまる　リーダー他にもいるから(笑)。

てつや　なーにー？って出てきちゃ

う。
虫眼鏡　まず、お前の隣にリーダーいるから。
ゆめまる　あはは。なんでお前の中のリーダーの代表、城島君なんだよ。はい、続いてのお便りいきます。ラジオネーム、匿名ですね。匿名希望さんからですね。〈ぜひ私の友達がしてたアフロを見てほしいです。これぞアフロって感じなので、ぜひ次こんな感じでお願いします〉。
虫眼鏡　見せてください。
ゆめまる　これね、ちょっと僕見たんですけど、**これこれ!これこれだよ!**って思う。
虫眼鏡　いいアフロですか?
おー、いいアフロじゃないですか!
ゆめまる　これは強いアフロです。
てつや　すごい!　これすごいね。
虫眼鏡　これちゃんと顔隠してあるから、番組のブログとかのっけていいのかな?
ゆめまる　大丈夫だと思いますけどね。
てつや　ボーボボみたいな、ぱっつぱつのまんまのやつね。
虫眼鏡　これはいいアフロですね。
ゆめまる　しかも多分この人、髪質硬いんだよね。
てつや　めっちゃいい。
虫眼鏡　え?　ラジオネーム、エコバック好きそうさん。
ゆめまる　あ、あげた人じゃん。
虫眼鏡　そう。僕が名前あげた人だ。えぇ。この人、友達にアフロいるんだ。
てつや　なかなか面白い友達いますね。
虫眼鏡　ね。なんかエコバック好きそうな、優しそうな顔してるんですけどね。意外とファンキーな友達がいるもんだ。
てつや　パンパンなアフロにね、エコバックつめていただいて。
ゆめまる　人も入れれるからね。
虫眼鏡　え?
ゆめまる　え?　はい、続いてのメッセージいきます。豊川市めぐみさんからのメッセージです。〈てっちゃん、虫さん、ゆめまるさん聞いてください。結婚して今年で3年たつんですが、旦那さんが結婚する前かわいいなって思うのは清楚系な女の子だけど、かわいいなって思う人とタイプの子は違うよ、って言ってたのに、最近はもっと痩せて○○って芸能人みたいに細くかわいくなってよと、自分のかわいいって思う人になって、みたいに言ってきます。男の人ってタイプの人とかコロコロ変わるもんなんですか?〉。
てつや　うーん。変わるっていうか、かわいいなぁとか好きだなって思うのはタイプだけど、一緒にいたいなっていうのは意外と違うんだよね。
虫眼鏡　そうなのよ。あんまりね、見た目関係ないっちゃ関係ないんだよね。だから変わって、っていうのも、見た目が合わないから愛が覚めちゃったとかじゃなくって、単純にちょっとイメチェン、違う姿見たいなぁとか、それくらいの軽い気持ちで言ってるだけだと思いますけどね。
ゆめまる　ちょっとしたマンネリみたいな感じになってるんじゃないですか?
てつや　まあね、同じ姿で何年も一緒にいたらね、ちょっと見たいなって思うのは自然のことですよね。
ゆめまる　ちょっと聞きたいんだけど、これ、結婚するときにすごい痩せてる人と結婚するとするじゃん。10年とか経ってさ、パンパンになっちゃう人いるじゃん、太っちゃって。
虫眼鏡　ゆめまるみたいに?
ゆめまる　俺みたいにね。ま、まさにその通りなんだけど。そういう人にどう思う?　自分の嫁さんがどんどん太っていっちゃったら。嫌いになったりするのかな?
てつや　えー、どうなんだろうね?
虫眼鏡　どうなんだろうね?
ゆめまる　俺、嫌だな、とは思うんだけど。
てつや　でも母親ってパンパンなイメージがある。
虫眼鏡　そう、なんつーの、レベルの差はあれさ、多分、ちょっとずつふくよかになっていくじゃん。子供生んだりしたら多分体形も変わるだろうし。
ゆめまる　いっぱい食べなきゃいけないし。
虫眼鏡　**おっぱい食べなきゃいけないだろうし。**
ゆめまる　食べる?
虫眼鏡　あぁ、いっぱい食べないといけない。
てつや　そのほうが母親感があって、むしろ安心感はあるのか?　母親としての包容力が増すんじゃないかな?
ゆめまる　それ、子供としてやん。子供の見方やん。
虫眼鏡　たしかに。
ゆめまる　そのときまで、妻を女として見てるかどうかじゃない?

虫眼鏡　りょうくんとかは絶対なんかさ、きれいでいてほしい、とか言いそうじゃない？　人によるかもしれないね。僕は、人に痩せろとか言う権利ないんで今（笑）。別に太ってもいいし、てつやも僕もね、ちょっと太ってるくらいが好きなんで。

てつや　そうだね。

ゆめまる　実を言うと僕もそっち側なんですよね。

虫眼鏡　そうなんだ。

ゆめまる　続いてのお便りいきます。ラジオネーム、あやかさんからのメッセージです。〈名古屋に住むもうすぐ15歳になる女です。私は友達の胸を触るのが大好きなんですね。お泊りとかでお風呂入るとき、毎回揉み合うんですよぉ〉。

虫眼鏡　**偶然ですね、僕も一緒なんですよ。僕も女の子の胸触るの好きなんですよ。**

てつや　ふふふふ。

ゆめまる　**偶然ですね。僕もです。**

てつや　**え！　偶然ですね、僕もなんです。**

ゆめまる　みんな偶然だなー（笑）。

虫眼鏡　こんな偶然あるんだね。ちなみに、チラさんもですか？

チラ　**僕もですね。**

全員　**えー、すごい!!**

虫眼鏡　こんなにみんな好きなことあるんだ。

ゆめまる　お風呂入りながら触るのいいですよね。

てつや　最高じゃん。

ゆめまる　で、〈毎回揉み合うんですよ。大浴場でなんかは、ケツを浮かして遊んでいます。もう私の将来はいろいろ心配で。そこで質問です。私はこのままでいていいんでしょうか？　あと、来月誕生日なので祝ってください〉。

虫眼鏡　知らんわ。そこはどうでもよくなっちゃった。

てつや　その話入ってこんわ。

虫眼鏡　**ケツを浮かして遊ぶかぁ。**

てつや　へぇ、いいですね。でも安心してください、**将来僕が守ります**。なんとでも。

虫眼鏡　よかったね。

ゆめまる　よかったね、あやかさん。

てつや　たまらんなぁ。そういう話聞かせていただくだけでね、男は幸せになれますんで。

虫眼鏡　でもなんだろうね、アニメキャラとかでもそういうタイプの女の子、おっはよーう！とか言っておっぱいガーンって掴んでくるやついるけど、そういうキャラが求められてるってことはね、少なくとも男子からしたらそういう人はね、いいなぁと思ってるわけですから。ま、いいんじゃないですか、と思いますけどね。

ゆめまる　これいいですね、**エロい話です**、って最初に。わかりやすい。

虫眼鏡&てつや　ははははは。

虫眼鏡　15歳からしたらエロいんだろうな、今の話は。よかったよかった。

ゆめまる　続いてのメッセージ。茨城県ラジオネーム、ゆいさんからのメッセージです。〈私は虫さん以外の東海のメンバーと同い年、26歳OLです。私事ですが、先月の8日から10日まで3日間、初めて岡崎に一人旅に行きました〉。

虫眼鏡　おっ！

ゆめまる　〈限られた日程でパネル巡りや聖地巡礼をしたりと、とても充実した旅行になりました。ただ、ひとつだけ心残りがあります。それは、岡崎のイオンで虫さんの概要欄の本のお渡し会の整理券を入手したのですが、仕事の都合で行けなかったことです〉。

虫眼鏡　残念。

ゆめまる　〈本自体は後ほど購入できたのですが、せっかく虫さんにお会いできる機会を無駄にしてしまいました。いまだに残念に思っています。それもあって先週の放送で虫さんがサイン本をプレゼントされているのを聴いて、うらやましいと思ってしまったので、私にも是非一冊お恵みください〉。

虫眼鏡　なにそれ。

ゆめまる　**いやしんぼです。**〈長文大変失礼しました〉。っていう感じですね。

虫眼鏡　なんでそれ読んだんですか？　そんなこと言ったら僕、あげるしかなくなっちゃうじゃないですか。

ゆめまる　**あげてくださいよ!!**

虫眼鏡　**あげるよ!!**

ゆめまる　せっかく一人旅来たんだから、この子。

虫眼鏡　どうすんの、これから、くれくれラジオになったら。

ゆめまる　もう読みません。

てつや　僕にもいろいろ送ってくれる方募集してますんでね。

ゆめまる　東海ラジオで言うな、届くだろ。

虫眼鏡　いつもありがとうございま

す。たくさんのメッセージありがとうございました。今日の放送いかがでしたでしょうか？　バチオトメタギリヌシさん、いかがでしたか？

てつや　もう二度と電話のコーナーやんねえよ。

ゆめまる　衝撃でしたね、あれはね。

虫眼鏡　でも結構悔しがってると思いますよ。みなさん。

てつや　まあね、できればリベンジ僕もしたいわけですよ。

虫眼鏡　絶対この放送聴きながら、おいふざけんなよ、と。私だったら絶対でたのに。お前のせいで私にかかってこなかったじゃねえかよ、って思ってる方もいると思うので、まぁね、次回とは言いませんけど、またリベンジ企画できたらいいなと思います。

てつや　多分僕のこと好きな方はニートがいると思うんですよ。家で暇してゴロゴロしてユーチューブ見てる方がいると思うんでね、是非電話しましょう。

虫眼鏡　あと、電話番号間違えないように書いてくださいね。

2019 08/11

ゲストは誰？ いつまで引っ張るんだよ！の回

GUEST
？？？

虫眼鏡　東海ラジオをお聞きのみなさんこんばんは。２０１９年８月11日夜10時を回りました。どうも、東海の虫眼鏡です。

ゆめまる　ゆめまるです。

虫眼鏡　本日はね、もうお盆に入ってるということで、みなさんゆっくりしてらっしゃるんじゃないでしょうか？　**今日はなんと、僕とゆめまるが二人**ということなんですけど。

ゆめまる　はい。

虫眼鏡　**怪しすぎる件について。**

ゆめまる　あのですね、これはですね、ドッキリ慣れをしてるので、これは誰かいると。

虫眼鏡　絶対そうなんですよ。怪しすぎる要素がすごくたくさんある。今ね、一個ずつ言っていきますよ。まず、**普段は2本録りなんですよ。**

ゆめまる　そうなんですよね。

虫眼鏡　まあね、みなさんゲストがね、一人来て、そのゲストが2回連続で出てるから察してると思いますけど、ま、基本的にはね、**一気に2週間分録ってるんですよ。なのに今回はなぜか一本だけ。まずそれが怪しい。**

ゆめまる　そうですね。そして、僕が思ったところは、**いつも収録時間がだいたい夜、夕方。**今、朝の10時半です。

虫眼鏡　今日ね、**10時半に来いって言われた**んですよ。

ゆめまる　はぇえ。

虫眼鏡　知らないよそんなこと（笑）。

ゆめまる　これ、まずいことですよ。もし、誰もいなかったら。**誰かいるんでしょ!!**

虫眼鏡　で、しかもですよ、まだありますよ。普段だったらね、かめちゃんがね、僕たちにね、いやぁラジオこの日なんですけどスケジュール大丈夫ですか？って聞いてくれるんですよ。聞かれなかったんですよ、勝手に入ってたんですよ。

ゆめまる　そうなんですよねぇ。

虫眼鏡　だから、向こうの方が忙しくてここしか時間とれなかったんだろうな、っていうふうに僕は思いましたし、まだ、まだありますよ。ストックがね、地味にまだあるんですよ。今週急いで録る必要性がないというか。

ゆめまる　収録のね。はい、たしかに。

虫眼鏡　あと1本、2本くらいいけるし、別にね、としみつを、今日忙しいわけじゃないんで、呼んでね、2本録っとけばよかったんですけど、なぜか僕とゆめまるだけが呼ばれて、1本だけ録る。

ゆめまる　のんびり会にしましょう、っていうのもなかなかないので。

虫眼鏡　そう。のんびり会にしましょうって言ってますけど、お盆ですよ。いやこのねぇ、東海ラジオさんが、お盆なんでゆっくりしましょう、なんて言いますか？って話ですよ。

ゆめまる　これ結構ラジオ聴かれる時期なんじゃないですか、みんな休みで。一番大事ですよ。

虫眼鏡　そうなんですよ。だからここでテコ入れしようとか思うと思うんですけど、なんか、違うのかなぁということで、でも、ま、でもね、あのぉ、先に言っちゃいましたけど、ちょっとね、**ドッキリにしようと思ってくださってると思うんで、一回進めましょう。**

ゆめまる　あ、わかりました、じゃあ。

虫眼鏡　はい、今夜も#東海ラジオで聴いてる人はつぶやいてみてください。東海オンエアラジオ！

ゆめまる　東海ラジオをお聴きのあなた、こんばんは、東海オンエアゆめまると…。

虫眼鏡　虫眼鏡と…。うーん、**ま**

だ出てこないねぇ。

ゆめまる　来ないですねぇ。これはなんでしょうかね？

虫眼鏡　一応台本にこう書いてあるので読みましょう。今日は、お盆休み真っ盛りということで、二人でゆったりとお送りしております。

ゆめまる　この番組は愛知県・岡崎市を拠点に活動するユーチューバー、我々東海オンエアが、名古屋にある東海ラジオからオンエアする番組です。

虫眼鏡　ゆめまると、僕、虫眼鏡が中心となってお届けする30分番組でございます。なんかね、前もこんなようなことあったんですよ。なんか、え？　今ラジオ録るんだ？　しかも、勝手に決まったなぁ、ってときがあって。そのときは、りょう君がゲスト回だったんですよ。

ゆめまる　ほう。

虫眼鏡　僕、どこに連れてかれたかっていうと、ナゴヤドーム連れてかれたんですよ。

ゆめまる　そうですよね、たしかにたしかに。虫さんはそうか、それがあるからね。

虫眼鏡　そう、だからめっちゃ警戒してて、昨日とかも、としみつとか……、ほんとだったらとしみつの番じゃん。としみつとかゆめまるに、**明日なんかラジオおかしくない？って言って探ったんですよ、僕は。**ゆめまるは実は知ってて。

ゆめまる　仕掛け人でね。

虫眼鏡　そうそう。また僕をハメようとしてんのかなと思ってね、探ったんですけど、なんか二人とも、ほんとだね、知らん、って。

ゆめまる　なんでだろう？って感じだったよね。

虫眼鏡　感じだったので、わりと、今回ゆめまるも知らされてないパターンかなって思いましたね。

ゆめまる　でも、もしゲストさんが来て、二人が驚くってことは、あるのかな？っていうね。

虫眼鏡　そうそう、そこが難しくて、僕とゆめまるがね、二人で、あーっ、この人だ！ってなる人が誰がいるんだろうってね、今日車で来ながら考えたじゃないですか。なんかいないよね、二人が共通して、わー！ってなる人。

ゆめまる　だから、いないから、なんだろう、すごい微妙なリアクションになるのが怖くなっちゃうよね。

虫眼鏡　一人はすごい知ってる人だけど、もう一人は、あぁハイこんにちは、みたいな感じになっちゃったりね。

ゆめまる　うわぁ、すげぇ！って言ってる中、あぁどうも初めまして、みたいな。

虫眼鏡　そうなんだよ。**山崎武司選手かなぁ**、とか、勝手に考えてたんですけどね。

ゆめまる　ははは。

虫眼鏡　ただね、ゆめまるさん、よくないですよ。ゆめまるさん、今日来た瞬間控室入って、今日ほんとに二人ですか？って聞いたじゃないですか。**なにやってんですか！　ちょっと！**　ドッキリ慣れしてない人ですよ、それ。

ゆめまる　ま（笑）、知らないふりをするのがね。

虫眼鏡　ほんとですよ。

ゆめまる　まぁまぁ、これはほんとに疑問だったんで、聞いちゃいましたね（笑）。

虫眼鏡　入っていきなり挨拶よりも、ほんとに二人ですか？って聞いてたもんね、今日。

ゆめまる　ははは。

虫眼鏡　ま、でも一応ね、台本が書いてあるじゃないですか。しかもね、もしゲストさんが入ってきたら、ゲストさんにかかわるコーナーみたいなのやると思うので、**多分この台本ニセモノなんですよ。**

ゆめまる　あぁ、差し替えられるんですね、どっかで。

虫眼鏡　そうそう。どうせチラさんが新しい台本持ってきてパッと差し替わると思うんですけど、今ちょうどチラさんどっか行きましたし。呼びに行ってるなあれ！

ゆめまる　おい、チラいねーぞ!!

虫眼鏡　ふふふ。だけど、そのわりに、台本しっかり作ってあるんですよ。

ゆめまる　ま、だって、今日のコーナー、ちょっと言っちゃいますけども、電話とかありますからね。

虫眼鏡　そうそうそう。これ全部嘘だったら（笑）、結構すごいぞと思うしね。

ゆめまる　この文書くのね、ちょっと結構きわどいことが書いてありますけどね。

虫眼鏡　だからね、気持ち的には半々っていうか。いや、半々じゃないな、7～8割、ほんとに二人だなと思ってるけど（笑）。

ゆめまる　（笑）。

虫眼鏡　まぁまぁまぁ、それはそれで楽しそうだしね。いや、ほんとに、**もう出てきていいですよ。ね？**

ゆめまる　うん。こんな引っ張らなくていいんで。

虫眼鏡　僕とゆめまるなんて録れ高

ないんで、もしも二人ってことになったらチラさんに出てもらうかね、井田さんとかに出てもらうことになりますからね。

ゆめまる 井田さん呼びましょう。ほんとに(笑)。

虫眼鏡 というわけで、ゲストさんが外で待ってると思うので、ささっと終わる感じでね、ま、ゆったりと言ってましたんで、ザ・クロマニヨンズの「タリホー」とかいきますか?

ゆめまる なるほどね。それではここで1曲お届けします。ザ・ハイロウズで「いかすぜOK」。

虫眼鏡 うーん、もういいや、それで。

《曲》

ゆめまる お届けした曲は、ザ・ハイロウズで「いかすぜOK」でした。

虫眼鏡 いやぁいい曲ですね。

ゆめまる いいよぉ、夏っぽい感じでね。

虫眼鏡 ずっと僕たちね、この曲聴いてるふりしながらね、ブースってガラス張りなんですけど、ガラスからずっと外のほう見てて、廊下から誰か歩いてこないかってのをね、めちゃくちゃ監視して。**どこ行ってたんですかチラさん!!**

チラ な、なんでもないです!

虫眼鏡 これどっかの控室に行って、もうちょっと待ってくださいねって言ってるなぁ。

ゆめまる これは、**くそーぉ!!**

虫眼鏡 普通だったらこの曲の合間にね、もうスタンバイ的な感じね。

ゆめまる ガチャっと入ってくるのがね。

虫眼鏡 で、わー!って感じになると思うんですけど。違うね。とりあえず、次のコーナーはやるんだ。

ゆめまる なるほど。

虫眼鏡 だから、一回次のコーナーだけやっちゃいますか。

ゆめまる やっちゃいましょう。

虫眼鏡 はい、さて、東海オンエアラジオが東海ラジオからオンエア。東海オンエアラジオ、このコーナーやっちゃいます。「東海オンエアラジオの気になるリスナーさんに電話をしちゃおう!」。

ゆめまる なるほどなるほど。

虫眼鏡 はい、タイトルコールをしたので、ちゃんとエコーもかかってるので、これはやるんですよ、多分。

ゆめまる これ、このコーナーの人がもしかしたらあれかもしれないよ、ゲストで来る。

虫眼鏡 いやいや(笑)、別にこの人に会いたいなと思わないよ、なんか見てる感じね。あまり関わりたくない人種の人なんですけども。

ゆめまる あはははは。

虫眼鏡 はい、すみません、もしかしたらもうつながってるかもしれないな。えー、毎週リスナーさんからたくさんのメッセージをいただいてるんですけど、今日はその中から、気になっちゃったな、というリスナーさんと電話をつないでみようと思います。あくまでも電話をつなぐだけですよ。今回おつなぎするのは、ラジオネーム、トイプードルさん。

ゆめまる ほぅほぅ。

虫眼鏡 〈26歳の愛知に住む女です。現在私は同じ会社の先輩と付き合っています。彼は性欲が強く、そんなところも大好きで、わりとどこでもイチャイチャしています〉。ちょっと**今ねぇ、僕イチャイチャって言葉結構嫌いなんですよ。**なんかわからないですけどね。〈例えば、服の上から胸を触ったり、お尻を触ったり。先日、仕事の休憩中に公園で少し話をしてました〉。

ゆめまる ま、ありがちだね。

虫眼鏡 〈手をつなぐ感じで(笑)、服の上から胸を触っていました〉。

ゆめまる どういうことだよ。

虫眼鏡 えーと、〈突然車から視線を感じ、止めて別々に会社に戻りました。私が先に戻り、会社の扉を開けようとしたとき、後ろから声をかけられ、**さっきすごい揉まれてましたね**、と、笑顔で声をかけられました〉。なんか若干主語がなくてよくわからないけど、また後で電話して聞いてみましょう。〈その車の方でした。なぜ声をかけてきたのか、何が目的なのか、どこに興奮したのか(笑)、女性からすると不思議でたまりません。**みなさんも人前でどのくらいのことができますか?**〉というお便りなんですけど、ちょっと怖いですよねこれ。

ゆめまる はいはい。これはあれですね、この歳になってこういうことやってるイコール、**あばずれですね**。

虫眼鏡 ははは。たぶん、たぶんなんですけど、これもうつながって、向こうに聞こえてるんですよ、きっとね。

ゆめまる 聞こえてるのか(笑)。ごめんごめんごめん。

虫眼鏡 仕組みわからないですけどね、たぶんね、もしもしって言った瞬間つながる気がするんで、**ゆめまるさん一回開口一番謝ってくださいね。**

ゆめまる はい。

虫眼鏡　もしもし？
――もしもし。
ゆめまる　**ごめんなさい！**
虫眼鏡　大変申し訳ございませんでした。
ゆめまる　大変申し訳ございませんでした。
――音楽のときから聴いてます（笑）。
虫眼鏡＆ゆめまる　ガハハハハ！
虫眼鏡　申し訳ございませんでした。盛り上げるためにね、わざと言ってるだけだから。
ゆめまる　そう、冗談だから。
虫眼鏡　ほんとはね、会いたいなぁと思ってるんですけど、今日電話なんですね、だから。たしかに。
――電話です。
虫眼鏡　というわけで、トイプードルさん。
――はい。
虫眼鏡　**あばずれですね。**
――そうですね（笑）。
虫眼鏡　そうですね。
ゆめまる　だって、ダメですよ普通に、これ。
虫眼鏡　お便りなんですけど、先輩とお付き合いしてらっしゃるということですよね？
――はい。
虫眼鏡　先輩がすごく**チンチンで動いてる方**っていうことで、お胸を触ってきたり、お尻を触ってきたりするっていうことで、まぁ、普段からそういうスキンシップがあるっていうことですよね。
――そうです。
虫眼鏡　まぁそれはいいですよ。
ゆめまる　まぁありがちだしね。
虫眼鏡　トイプードルさんのこと大好きだから、トイプードルさんのお尻とおっぱいが大好きだからということで、しょうがないんですけども、ここのね、お便りに書いてあるエピソードがちょっとイマイチよくわからないんですけど、ま、外でそういうお触りプレイをしていたと。
ゆめまる　スキンシップね、イチャイチャしてたとね。
虫眼鏡　突然車から視線を感じて、っていうのは、これは誰の視線ですか？
――知らない人です。
虫眼鏡　知らない人なのね、やっぱり。
ゆめまる　あ、マジで知らない人？会社の同僚とかではない？
――じゃなくてです。
虫眼鏡　おじさんですか？
――30代40代くらいの男性。
虫眼鏡　なるほどなるほどね。
――が、車から見ていたので、止めて、戻ったんですけど、追いかけられてて、この一言告げられたんですけど。
ゆめまる　**さっきすごい揉まれてましたね！**
虫眼鏡　あはは。ちなみになんですけど、これ聞かなくていいかな？でも一応聞いとくか、気になるね、視聴者さんがいるかもしれないからね。「揉まれてましたね」って言ってますけど、**何を揉まれてんですか、これ？**
――え？胸です。
虫眼鏡　あ、胸なんだ、**そっかそっか、聞いてよかった。胸とは思わんかったな。**
ゆめまる　ははは。ちなみにトイプードルさんって、**何カップですか？**
――私はBくらいです。
ゆめまる　あぁなるほど。**あんま揉み心地ないですね。**
虫眼鏡　やめなさいよ（笑）。でもね、車から視線を感じるところまでは、おじさんに非はないわけですよ。トイプードルさんが悪いですからね。トイプードルさんがやってるんですからね。
ゆめまる　外でやってるから。景色見てたら。
――そうですね。
虫眼鏡　そこまではトイプードルさん、それが目的でやってんでしょ？くらいに思っちゃいますけど、ついて来るのは怖いですよね。
――そうなんです。会社のところまでついてこられちゃったので。
虫眼鏡　怖いですね。
――でもそれ以降は特に追いかけられたりとか待ち伏せされたりとかはないんですけど。何が目的だったのかな？と思って。
虫眼鏡　いやでも、トイプードルさん不思議でたまりませんって書いてありますけど、このお便りに、どこに興奮したのか？って書いてありますから、おじさん興奮してんなってことはわかってるわけじゃないですか。
――すごいニヤニヤしてしゃべりかけられたので、やっぱ興奮はしてるのかな、っていう。
ゆめまる　なるほど。
虫眼鏡　ちょっと僕はね、まだすごい気持ちが若いので、イマイチこのおじさんの気持ちがわからないんですけど、ゆめまるさんは結構こういうのが好きなので、どういうところに興奮するのか聞いてみたいと思います。**ゆめまるさん、近くの公園でBカップを揉んでる人がいてそれを見ちゃいま**

したと。どこに興奮しますか？

ゆめまる　ま、興奮するっていうよりも、あの子結構活発だから、**やれんじゃね？**みたいな。

虫眼鏡　あぁ、そういうことか。

ゆめまる　そういうので多分声かけてきたんじゃないかな、と、僕は思いますね。

虫眼鏡　なるほどね。だから彼氏さんと、正当？　正当じゃないけど、彼氏さんとイチャイチャしてるとは見えない、というか。なんだろね、ぱっと見、彼氏さんかどうかわからないから、あ、**あの人誰にでもおっぱい揉ませる人なんだ、と。**

ゆめまる　そうそうそう。ああいうプレイしてる人だ、みたいに見ちゃいますね僕は。

虫眼鏡　あ、おじさんは、**俺もワンチャン的な**感じで声かけてきてるってことですか？

ゆめまる　**俺も混ぜてよぉ！**って感じで、さっきすごい揉まれてましたね！って。揉めるかな、と思ったら、さっさって行っちゃって。もうそれ以降は外ではやったりしてないんですか？

―それ以降はなるべく外で触らないようにっていうふうにしてるんですけど、やっぱりちょっと触ってきて喧嘩になるっていうのが。

虫眼鏡　あぁ、そうなんだね。トイプードルさんは、もうちょっと怖いからやめて、って感じなんですね。

―そうですね。

虫眼鏡　たしかにね。

ゆめまる　いやぁすごいねぇ、これ。

虫眼鏡　元気ありますよね。26でそんなに性欲があるっていうのは、正直男としては羨ましいというか、**いいぞ！**って思うよね、なんか（笑）。

ゆめまる　**頑張ってんな！**っていうね（笑）。いいんですよ。

虫眼鏡　ちなみに、今までで いいですよ、時効なんでいいと思うんですけど、一番、あぁこれやっちゃったわっていうプレイとかあります？　一番やり過ぎたときとか。

―これは、カットされますか？

虫眼鏡　これはね、カットしてほしいならカットするよ。

ゆめまる　僕たちが成仏させますんで、これは。

―なんだろう。ピーーーー（自粛）。

ゆめまる　わははは。あ、なるほどね！　そういうことか。

虫眼鏡　なるほどね、そっちか。そっち系のことか。**普通に僕たちが決めてた上限、ポンって越えてきたね**（笑）。

ゆめまる　お尻ね（笑）。

―いろんなパターンありますけど、それかな？

虫眼鏡　**活発な探検隊の方なんですね**。なるほど、よかったよかった。

―そうですね。

虫眼鏡　彼氏さんのことは好きなんですもんね？

―そうですね。

虫眼鏡　そういう意味でね、いろんなプレイを模索していくのは非常にね、カップルの仲がよくなる……ああ、僕がそんなこと言う資格なかったわ。

ゆめまる　えーと、まぁ、なんですかね、26歳になってこういう外で露出するってことはね、絶対ダメなんですけども。

虫眼鏡　そうなんです、一応、ダメなんですよ（笑）。一応言っときますね、我々、公共の電波使ってるんで。

ゆめまる　ダメなんですよ。あの、普通に、あのぉ、警察にバレたら連れてかれますんで、気を付けてください。

虫眼鏡　ま、服の上からならいいんじゃない？

―**おっぱい触ってても連れてかれるんですか？**

ゆめまる　やり過ぎるとダメですよ。

―あ、やり過ぎると。はい、それは気を付けます。

虫眼鏡　ゆめまるは経験ありますよ、おっぱい触って警察にらまれたこと。

ゆめまる　あぁ、えっとですね、中学校時代に、チューをしてたわけですよ公園で。そしたら、めちゃくちゃギリギリおばあちゃんが通ってって、「あんまチューしちゃあかんよぉ」って言って、**なんだあいつ！**みたいな。っていうのはありましたね。

虫眼鏡　あははは。萎えちゃうもんね。元気なくなるからね。

ゆめまる　怖くなって、あ、怒られる、って思って、彼女と一緒に帰った。

虫眼鏡　ま、**ほどほどにしてください**ってことで。怖いですもんね。そういう変なおじさんはいますからね。っていうことで、トイプードルさん、彼氏さんと仲良くしてくださいね。僕が言うことじゃありませんけども。

―ありがとうございます。

ゆめまる　がんばってください。

虫眼鏡　ありがとうございました〜。

ゆめまる　ありがとうございました

〜。

虫眼鏡　バイバーイ。「東海オンエアラジオの気になるリスナーさんに電話しちゃおう」でした。

《ジングル》

虫眼鏡　いいジングルでしたね。

ゆめまる　ちょっと、エモい感じの曲が流れながら。

虫眼鏡　ハマグリこれから食べるとき、ちょっと、あぁハマグリ、って気持ちになりながら食べることになるんですね。それにしても、**このラジオ、青姦にすごい理解が深いですね。**

ゆめまる　**あんまり僕推してないんですけどね青姦は。**ダメなんですよ。

虫眼鏡　青姦は一応、ダメなんですよ(笑)。てつやもね、昨日、先週の話だけどさ、ダメなんだよねその友達も。ほんとはね。

ゆめまる　しようと思っちゃダメだからね。

虫眼鏡　はい。というわけで、ふつおたのコーナーなんですけど、ここでゲストの方をご紹介したいと思います。**……まだ来ないみたいですね、ゲストさん。**

ゆめまる　あれれれ。

虫眼鏡　このコーナーも一応、二人でやるんだよ。一番最後のところ……。

ゆめまる　なるほどね、最後の挨拶、番宣みたいな。

虫眼鏡　そう、番宣だけしにくるの。

ゆめまる　なるほど。そんなゲストめっちゃ嫌だけどな、俺。

虫眼鏡　一旦ふつおたのコーナーやっていきましょう。

ゆめまる　ふつおたのコーナーですね。ま、結構虫さんのあれが多いですね。

虫眼鏡　なんですか虫さんのあれって？

ゆめまる　メッセージが。メッセージが来ています。

虫眼鏡　なんですかメッセージって。そんなメッセージ送られるようなことしましたっけ、僕？

ゆめまる　ラジオネーム、Aの母ちゃんさんからのメッセージです。

虫眼鏡　Aの母ちゃん。

ゆめまる　〈発表があるとのことで、ラジオ、プレミアム登録したよ〉。

虫眼鏡　ありがとうございます。

ゆめまる　〈イベント告知かと思いきや、お別れの話とは、母子ともども応援しています〉。

虫眼鏡　なはははは。ありがとうございます。でも母ちゃんなら意味ないな。

ゆめまる　えー、それでは続いてのメッセージです。ラジオネーム、フラワーさんからのメッセージです。

虫眼鏡　フラワーさん。

ゆめまる　〈先日のラジオ、ほとんどの方が虫さんの報告に驚愕してたんですが、ごめんなさい、私報告の場をラジオにしてくれた件で感動してました〉。

虫眼鏡　あぁ。

ゆめまる　〈動画もすべて把握してません。リスナーの方より知らないこと多いです。それでも自信もって東海オンエアが大好きだってこれからも言い続けます。っていう自己満足のメールでした。これからも東海オンエア大好きです〉。

虫眼鏡　うん。

ゆめまる　っていうようなね、結構、虫さんに慰めのやつが多いですよね。

虫眼鏡　ありがとうございます。まあね、詳しさのレベルとファンのレベルは全然関係ないですからね、別に動画がメインで見てくださるのが一番多いとは思うんですけど、ラジオで東海オンエアを知ってくださった方もね、それはそれで僕たちのファンだって言い張ってくれて構わないっていうか、僕たちはうれしいんでね、いろんな形で応援してくれればっていうふうに思います、と。

ゆめまる　なんか慰めのやつをいっぱい読んでると、こっちが結構病んできちゃうので……。

虫眼鏡　僕もね。

ゆめまる　元気なくなっちゃうから、ちょっと元気がありそうなね。

虫眼鏡　そうだね、ゲストさん来たときに二人が元気なかったらよくないからね。

ゆめまる　はい。モモカさんからのメッセージです。

虫眼鏡　**元気出るメッセージたのむぜ！**

ゆめまる　これ、件名が、テレフォンショッキングしたいよメール。〈最近仕事のことでストレスが溜まって元気がないので、てっ、みなさんに元気をもらいたいです。せっかく当たったのに電話〉……。

虫眼鏡　今「てっ」って言ったよ。今「てっ」って。てっちゃんじゃん。

ゆめまる　てっちゃんですね。これあれですね、てつやのときの、電話かけたけど出れなかった子からのメッセージですね。

虫眼鏡　あ、ほんとだ。〈せっかく当たったのに電話に出れなかったので、次もいつかチャンスはあるでしょうか?〉。えー、次の方も、〈お電話かかってきたのに出れませんでした〉。**バカ！**

ゆめまる　**出ろ！**　お前らの番号登録して、もうかけんからな！

虫眼鏡　まぁね（笑）、あの、みなさんに一応、電話で話してもいいよ、という方が電話番号書いて送ってくださってるんですよね一応。

ゆめまる　一応はね、そういうルールになってるので。

虫眼鏡　なので、それを書いてる人は、東海ラジオから電話かかってくる可能性があるんですよね。ってことは、東海ラジオの電話番号くらい一回見といてください。この電話からかかってきたら、出よう、って。

ゆめまる　普通に登録しとくのがベストだよね。かかってきたときに東海ラジオって。

虫眼鏡　知らない番号から出ない人いるじゃん、結構ね。052ですか？052、名古屋の市外局番ですね。からかかってきたら、ワンチャン、東海オンエアラジオなので。ま、そういうのを一旦覚えておいたほうがいいかもしれないですね。

ゆめまる　前回の放送、誰も出なかったじゃないですか。あの空気感、マジ怖くなかったですか？

虫眼鏡　いや、かけたくなくなっちゃうもんねこっちは。

スタッフ　052-951-2525は登録しといてください。

虫眼鏡　あぁ、2525です、最後。

ゆめまる　ニコニコで。951ニコニコで覚えておきましょう。

虫眼鏡　覚えてください！

ゆめまる　続いてのメッセージです。〈質問なのですが、7月21日の放送でゆめまるさんに聞いてほしい曲送ってくださいとの発言があったのですが、自分で作った曲と、審査していただけることも可能なのでしょうか？　返答お願いします〉。

虫眼鏡　返答お願いします（笑）。返答せよ！

ゆめまる　インディーズでCDを出してる方みたいで。

虫眼鏡　審査って別に、僕たち、合格！とかないですけどね（笑）。

ゆめまる　審査なんてないですよ。まぁ、いい曲だねって、紹介できたらいいな、っていうのをね、やりたいなと思ってる感じです。

虫眼鏡　どういう感じのコーナーにしたいんですか、ゆめちゃんは？

ゆめまる　なんだろう、やきもきしてるようなインディーズバンドとかアーティストさんがいれば、なんかまぁ、紹介する機会設けたいな、みたいな。東海圏で頑張ってるわけじゃないですか。ま、全国、聴いてる人がいれば送ってくれればいいですけど、ほぼ多分東海圏なんで、東海圏で面白いことしたいなぁ、みたいな。

虫眼鏡　なるほどね。**じゃあその回、ゆめまる一人ね。**

ゆめまる　なんだそれ。やめてくれ。30分間延々と曲流すんでしょ？　続いての曲は、みたいな。

虫眼鏡　そうそう（笑）。えー、次のお便りどうぞ。

ゆめまる　ラジオネーム、アップルさんからのメッセージです。〈私は今月21日に22歳になったばかりの社会人です〉。

虫眼鏡　おめでとうございます

ゆめまる　〈もうすぐ付き合って2年の1つ上の彼氏がいます。婚約をして同棲も始めて1年ほど経過するのですが、最近この人とほんとに結婚していいのか、いろいろ考えてしまいます〉。

虫眼鏡　ほう。出た！

ゆめまる　〈というのも、喧嘩したときの暴言や、態度、たまに物に当たることなどが酷いのと、一緒に生活していく上で、いやこれはやってよ、とか、これはありえん、みたいな、価値観が真逆なのです。また、結婚したら一生相手の家族と関わっていくのに、私と母はあまりよく思われてないし、私も母も相手の家族のことをよく思ってません〉。

虫眼鏡　ほうほう。

ゆめまる　〈でもそのことを彼に相談しても、大丈夫だよ、で済まされてしまいます。そんなこともあり先月彼に別れ話をしたのですが、**別れたら恨む、そんな親も許さない、**でもやっぱり俺は好きだから別れたくないと言われてしまい、今はとりあえず保留になっています。もちろん嫌なところも伝えたのですが、そんなに嫌がってるとは思ってなかったから直す、の一点張り。私自身3年続けた仕事を辞め新しいチャレンジをしようと思っていて、生活のほうも誰にも縛られず自分の力で全部やってみたいと思っています。もし何かいい方法やアドバイスがあれば、人生の先輩のみなさんの意見を聞かせてください〉。

虫眼鏡　うーん、なるほどね。

ゆめまる　なるほど、これ結構すごいですよ。

虫眼鏡　これ最後のお便りにしようと思ってたのに、時間が足りないじゃんね。

ゆめまる　**もう、ちょっと読んだらこれ間違いだったぜ！**

虫眼鏡　ははは。でもね、僕もね、ほんとに似た状況じゃないですか。

ゆめまる　まぁまぁまぁまぁ。

虫眼鏡　僕も別れたよ、って報告したときに、向こうの悪口を言ってないんですよ。一切。ここが我慢できなかったとか、一切言わないようにしたんですけど、でも僕が嫌なところがあったから彼女に、あ、自分からふったんですけど、彼女に別れを切り出してるわけじゃないですか。なのに、お前そんなんだから別れるんだよ、みたいなことをコメント欄に書かれて、ま、でも、それだけ我慢できないことがあるよ、と。このままだと結婚できないよと思ったので、これは時間の無駄だと思っちゃったわけ。

ゆめまる　それは正しい判断だよね。

虫眼鏡　うん。

ゆめまる　この子の彼氏は結構、喧嘩したときの暴言や態度、たまに物に当たるっていうのは、結構**Dの**

Vの可能性強まりますんで。

虫眼鏡　ドメスティックのほうね。

ゆめまる　これはねぇ、結構きついんじゃないですか？　あと、家族関係ってめちゃくちゃ大事だと思うんで。

虫眼鏡　だから結構根深い問題ではありますし、なんだろうねぇ、僕も一番考えてたのは、**なんで人生一回しかないのに、「まぁ直すって言ってるから我慢するか」って、おかしくない？**って。

ゆめまる　それめっちゃあります。これ、いい方法やアドバイスって言われてますけど、これもう**別れたほうがいいですよ。**

虫眼鏡　ははは。ゆめまるさんがそうやって言うんだから、簡単に別れるって言うなよ！

ゆめまる　別れたほうがいいよこいつ、**もう!!**

虫眼鏡　22歳でしょ？

ゆめまる　そっか、22か。

虫眼鏡　だから、そんなに切羽詰まってるわけじゃないんじゃないのっていうか、まぁ、大学生の年齢だよね？

ゆめまる　えー、社会人。ま、大学生の年齢ね。

虫眼鏡　年齢としては大学生くらいだもんね。だから、よくある話かな、と思っちゃうところもあるんでね、そこは自分の人生なんでよく考えてください。くらいの感じですかね。僕は同じ状況で、27歳って年齢もあって、いやぁちょっとマズいなと思ったので別れたよ、という。**これ以上はね、課金して聴いてください。**

ゆめまる　はははははは。

虫眼鏡　たくさんのメッセージありがとうございました。さ、**というわけで、ここでゲストの方をお呼びしたいと思います。**

ゆめまる　どうぞ!!（拍手）

虫眼鏡　……ゆめまるさんいかがでしたか、今日の二人の放送は。

ゆめまる　いやぁ、なんかあれだね、なかなか、やっぱいつも3人でやってるから、テンポがちょっと難しいところはあったりしましたね。

虫眼鏡　普段よりね、いっぱいしゃべらんといかんじゃん。すごい疲れたわ、今日は。

ゆめまる　しかも、ゲスト来るかな……、ゲスト来る!?（スタッフを見て）はぁ……。

虫眼鏡　**いつまで引っ張るんだよ！**　しかも、この番組30分番組じゃん。CMとかあるから30分も使わないんだけど、もう38分しゃべってるからさ、もう今さら来てもしょうがないんだよね。

ゆめまる　そうなんだよね。めちゃくちゃ使いづらいとこだね。

虫眼鏡　来ない？　来ない？　終わっちゃいますよ、いいですか？　バイバイ！

ゆめまる　バイバイ！

2019 08/18

グー、グー、グー、グー! もうちょい右の回

GUEST
としみつ

虫眼鏡　**どこだよー、ここはよー。**

ゆめまる　そうですね、いつもと違う場所で収録しております。

虫眼鏡　いつもより狭く感じるすごく。

ゆめまる　しかもね、なんていうの、後ろの部屋が右側になるじゃん。いつも左側にあるじゃん。右を見ると、としみつがいてちょっと見えないんで、としみつにこれを判断してもらいます。どうぞ、っていうところで。

としみつ　あ、そういうこと?

虫眼鏡　あと、いつものとこスタジオいっぱいあるから、窓から奥のほう見ると通路に誰か通るやん。局長のぞいてきたり、たまにアイドルが通ったりさ。それ楽しみにしてんのよ。

ゆめまる　**おぅ!**ってなるときね。

虫眼鏡　そう。おぉ、今日はこの人が通ってるのか。しかも結構有名な方とかいらっしゃるじゃんラジオ局の中ってって。誰もおらんもん、だって。狭いし。

としみつ　なんかあれだもんね、仕事するオフィスだもんね。

虫眼鏡　そう。もしかしたらね、東京でラジオやってる有名人の方が、隣のスタジオで録ってて、あぁ偶然ですね、とかあるかと思ったら、スタジオ1個しかねぇから、**ねぇ!**そんなことは。

としみつ　かぶらないからね。

虫眼鏡　そう、絶対かぶるとかあり得ん。

としみつ　来ないから誰も。

虫眼鏡　ということでなんと我々は今、**東京のスタジオからお届け**しているわけですよ。東京どうですか?

ゆめまる　東京ねぇ、お店いっぱいあっていいなぁと思うんだけど、**やっぱ疲れるわ、俺は。**慣れてないな、って思うまだ。

としみつ　でも、Uber Eats便利すぎない?　使った?

虫眼鏡　あぁ、名古屋使えないからね。

としみつ　一応使えるの名古屋は。一応使える。

虫眼鏡　え?　あ、岡崎が使えないってこと?

としみつ　岡崎は、そういうなんていうの、**無能のアプリ。**

虫眼鏡&ゆめまる　はははは。

ゆめまる　ないんだよね。提供されてません、って。

としみつ　タクシーアプリもそうじゃん。なんか、サービス範囲外ですみたいな。

虫眼鏡　あぁそうなんだ。

ゆめまる　出る出る出る。うるせぇわ、と思って。

としみつ　ずっと真っ黒。

虫眼鏡　りょう君がすごいさ、Uber Eatsまでいいわぁ、って言っててさ。なんかね、東京で僕たちもホテル暮らししてんだけどさ、なんだろうね、外にわざわざご飯食べいくのもさ、なんかやん。

ゆめまる　ちょっとね、わかる。おっくうなとこね。

虫眼鏡　目撃されてさ、ホテル特定されたらさ。

ゆめまる　終わりだよ。

虫眼鏡　そこで暮らさなきゃいけないわけですから。だからあんまり外出ないようにしなきゃなと思って。Uber Eatsいいなと思ってダウンロードしたんですけど、僕はそれと同時にジャパンタクシーもダウンロードしたんですね。で、今日僕、今泊ってるホテルから来ようと思って、よーし初めて使うぞと思ってジャパンタクシー使うやん、そしたらさ、**今混みあってて、数分後にまた試してください**って言われてさ。

ゆめまる　あるあるね(笑)。

虫眼鏡　ほんとか?と思って。ま、でも、お盆のはじまりに録ってますやん、だからそういうのあるのかな、仕方ない、自分で捕まえようと思ってね、**外に出た瞬間、空車三台、パンパンパーンって通ってさ。**

ゆめまる&としみつ　ははは。

虫眼鏡　嘘やん。**使えなすぎる。**

ゆめまる　東京ね、めっちゃ走ってるよね。

虫眼鏡　結局アナログのほうが強いんだなと思って。

ゆめまる　でも僕、Uber Eatsで一番驚いたの、パクチーって調べたらめちゃめちゃタイ料理出てきて、**うわぁやべえ!**ってテンションあがって、いろいろこうやったんですけど、やり方がわからなくて、受け取り方とか。だからもう、使ってないっす、ずっと。

虫眼鏡　**ゆめまるは何食べてんの?**

ゆめまる　俺いっつも、なんだっけ、これお店の名前言っちゃうと……、**ラーメンです、**近くのラーメン屋っす。あの通りのね。

虫眼鏡　え?　最初に行ったところ?

ゆめまる　そうそう。

虫眼鏡　あそこに通ってるの?

ゆめまる　食うもんねえじゃん。

虫眼鏡　**めちゃめちゃあるよ!**

ゆめまる　一人でなんかさぁ、焼き肉とか、韓国料理屋とか行くのもなんか恥ずかしくて、ラーメンでいいやって。

虫眼鏡　ゆめまる誘ってくれればいいのに。なんかさぁ、**秘密主義っ**ていうかさ。

としみつ　自分で勝手に行くよね。

虫眼鏡　俺はいいやぁ、って。で、勝手に帰ってさ。

としみつ　ね。

ゆめまる　違う、俺ね、**飯とか一人がいいんだよ。**一人で食いたいときがあるの。昼飯とかは、ランチ行こうってなったら行くけど、晩飯とかは別に俺一人でいいや、って人。

虫眼鏡　てつやと一緒なんだ。みんなと一緒に食べるの嫌いな人だ。

ゆめまる　いや、嫌いじゃないんだけど。

虫眼鏡　**ほんとは僕たちとご飯食べ行くときも我慢して食ってんだこいつ!**

としみつ　そうなんだ、へぇ、悲しいな悲しい。

ゆめまる　そういうわけじゃないけど、一人で飲み行くじゃん、その感覚なんだよね、飯も。

としみつ　へぇ。

虫眼鏡　これから誘わないようにするね、ゆめまる。

ゆめまる　おーい、そうなるか。やだなぁ、悲しいなぁ。

としみつ　変わった人だな。アフロだし。

虫眼鏡　しかもだってゆめまるさぁ、今日東京に……昨日来た?

ゆめまる　昨日来た。

虫眼鏡　僕はこの東京の用事が一旦このラジオだけだから、一回岡崎帰るのよ。だから、あらかじめ取っといたのよね新幹線を。危ないと思ったから。ゆめまるさ、今日変な、変なって言ったらあれだけどさ(笑)、個展に遊びに行くからさ、今日の夜からめっちゃ新幹線混んじゃうけど大丈夫?　帰れるの?って言ったらさ、**うーんもう帰らん、**って言って。

ゆめまる　だから今日はちょっと下北のほう行ってみようと思って。

としみつ　そんなわざわざ?(笑)。

ゆめまる　**下北行ってみたいの。**

虫眼鏡　なるほどね。せっかくなら東京で楽しみ見つけたほうがメンタル的にはいいですからね。ま、楽しいところ見つけたら教えてください。

ゆめまる　はい。今夜も#東海ラジオで聴いてる人はつぶやいてみてください。東海オンエアラジオ!　東海ラジオをお聴きのあなた、こんばんは、東海オンエアゆめまると…。

虫眼鏡　虫眼鏡だ。そして今日のゲストは。

としみつ　としみつです。

ゆめまる　この番組は愛知県・岡崎市を拠点に活動するユーチューバー、我々東海オンエアが、名古屋にある東海ラジオからオンエアする番組です。

虫眼鏡　**嘘ついた、嘘ついた!**

としみつ　はい、嘘つきました。

ゆめまる　**おいおいおいおい、名古屋じゃねえ、東京リアル、東海ラジオ、日比谷中日スタジオ、応援するぜ!**

虫眼鏡　ゆめまると、僕、虫眼鏡が中心となってお届けする30分番組でございます。この2回と、もう1回くらい東京で録るのかな?

ゆめまる　かな?　多分そうじゃないかな。

虫眼鏡　というわけで、ま、別に聴いてるみなさんからしたら何も変わりないと思うので、普段通り聴いてください。せっかく東京にいるということでね、今回の1曲目もね「東京音頭」とかにしようと思ったんですけど、一応これ東海ラジオさんもね、ドラゴンズのスポンサーなので止めるということで、フジファブリックの「東京」でいきましょう、今日は。

ゆめまる　それではここで1曲お届けします、くるりで「東京」。

虫眼鏡　東京。

《曲》

ゆめまる　お届けした曲は、くるりで「東京」でした。

虫眼鏡　さて、東海オンエアが東海ラジオからオンエア。久しぶりにこのコーナーやっちゃいます。東海オンエアラジオの「恋の戦犯を査定しちゃおう！」。

ゆめまる　懐かしい。**いや懐かしいぞこの企画。**

虫眼鏡　懐かしいっていうか、**初めてだろ**、よくよく考えたら。

ゆめまる　あ、**恋は初めてか。**

虫眼鏡　リスナーから募集した、やってほしいコーナーから誕生したコーナー、大人気コーナーというか、このラジオでは唯一……、唯一っていうか、あれか、あと、ハガキのやつ。この2個のコーナーだけが続いてるんですけど(笑)。これ、どういうコーナーかというとですね、みんながやらかしたエピソードを募集して、それを僕たちが大笑いしていくというね。

ゆめまる　まぁ成仏させるというかね(笑)。

虫眼鏡　で、我々が、それはどれくらいの戦犯ですよ、ってのを判断してあげますんで、っていうコーナーでございます。今回、その発展型として、戦犯にもいろいろあるんですけども、恋のやらかし戦犯を今日は判定したいと思います。

ゆめまる　どんなやらかしなんだろう。

虫眼鏡　たくさん届いてきてるみたいなので、さっそく、判定していきましょう。それでは、スタート！

——ラジオネーム、きりんさん。〈私は40歳後半、既婚。彼は、二十歳学生です。彼女あり。割り切った関係でそういう関係になって半年ほどです。ひと月に1回会うか会わないか程度ですが、ここ数回、シャワー中に財布からお金を抜き取られているんです。あれ？って思って気を付けるようにしていますが、確実に盗られています。今は気づいていても知らないふりしています。割り切った関係とはいえ、多少の好意はあるので、これを知らないふりして続けるのか、清算するのか。でも、清算しても趣味が一緒なので会うことが絶対あるんです。私は、お金のことさえなければ自然消滅まで続けたいのですが、彼にとっては財布的な見方しかされてないんでしょうね〉。

虫眼鏡　どうなんでしょうねえ。おばさんだもんなぁ。

ゆめまる　しかた……、いや、でも、盗るのもダメなんだよなぁ。

としみつ　ダメだけどねえ。

虫眼鏡　これはどうなんだろうね、男の人は何を考えてるんだろう、この二十歳の子は。

ゆめまる　あれでしょ、お金、財布として見てるでしょ。

虫眼鏡　でも体の関係もあるわけじゃん。それはなに？　ほんとにやりてーと思ってやってるのか、お金盗るために我慢して抱かれてるのか、どっち？

としみつ　どっちなんだろうねえ。

ゆめまる　やりてぇんじゃない？

虫眼鏡　やれてお金も盗れて。

ゆめまる　もらえるから。

虫眼鏡　もらえるっていうか、もらってないよ。盗ってるだけだよ。

ゆめまる　パクってるから、これいいでしょ、**一石二鳥やん**、みたいな。

としみつ　いくら抜かれてるかにもよるけどね。5万とかだったらやばいよね。

虫眼鏡　普通に犯罪だからな。

ゆめまる　ねえ。だって、いやでも、**不倫してるやんお前**、っていう。

虫眼鏡　あぁ、そうなんだよねえ。

ゆめまる　そうそう。元たどるとね。

虫眼鏡　この人なにも戦犯してないやん、って言おうと思ったけど、**めちゃくちゃでかい戦犯してたわ。**

ゆめまる　そこで戦犯一個あるし、財布金盗られてるし。

としみつ　不倫してるからしょうがないんじゃん?

虫眼鏡　不倫してるやつにね、やめたほうがいっかでも、やめなさいとは思いますけどね。判定お願いします。

ゆめまる　これなんだろう?　えーーー。「ぱんそん」くらいじゃないですか?

としみつ　まぁまぁまぁ。

——ぱんそん!

ゆめまる　不倫の戦犯と、お金、**なんかいろいろぐちゃぐちゃしすぎて。**

虫眼鏡　相手方が悪いね、相手方にはイセパンソンくらいあげたいね。それでは、次のエピソード聞いてみましょう。

——ラジオネーム、泥棒ビッグカツさん。25歳。〈ある日、ずっとかっこいいなと思っていた会社の先輩に連絡先を聞かれ、浮かれていた私は、友達に先輩とのLINEのスクショを送ってキャーキャー盛り上がっていました。彼氏いるの?と2回聞かれましたが、その都度はぐらかしていたら(彼氏いました)、3回目にとうとう、毎回はぐらかすやーん、ほんとのこと教えてよ、って言われたので、それをスクショし、友達に、また聞かれたー、どうしよう?と相談LINEをしたら、そのラインを間違えてその先輩に送っていました。社会的に死ぬかと思いました。今ではその先輩とお付き合いして1年半、幸せです〉。

虫眼鏡　**何言っとんねん。**

ゆめまる　**幸せなら戦犯もないわ。**

としみつ　勝手に幸せなんだから別に**面白エピソードじゃん、ただの。**

虫眼鏡　オチつけやがったな。

ゆめまる　チャンチャン、って終わらしちゃって。

としみつ　全然でしょこれ。

ゆめまる　別にこれ、小戦犯でもなんでもない。

虫眼鏡　これ微笑ましいエピソードでございますね。これはじゃあもう、いいですか?

《SE》

虫眼鏡　あ、すごい、チャンチャンってある。次の人の聞いてみましょう。

——ラジオネーム、ななふしさん。〈先日、私は片思いをしていた人に、ふられてしまいました。私の一目ぼれで、一回目のデートのときに告白し、わりといい反応を示してくれたのですが、その方には気になる人がいるからと返事を保留されていました。次のデートの約束もして、私は思いを膨らませていたのですが、デートの前日に彼から電話が……。出ると、告白の返事がしたいと言われ、結局、気になっていた子と付き合ってしまったから、私とは付き合えないという内容でした。それでも、前から約束していたから明日は遊ぼうと言われ、飲みにいったんですが、**一緒に飲みながら私は号泣。**涙は止まらず、店を出たあとも外でうずくまって泣いていました〉。

ゆめまる　**ダリぃーーー!**

——〈彼はもちろん困惑していました。結局彼は終電で帰ったんですが、私は感情が収まりきらないので、**そのまま吠えるように泣いていました。**

ゆめまる&としみつ　ははは。

〈その場所は、カップルが寄り添いながらいい雰囲気になるような草むらの場所だったのですが、**一人でうぉんうぉん泣いている女**を見ては、それまでそこにいたカップルが帰っていきました。そんな中で一組のカップルが温かいレモンティーを、どうぞと持ってきてくれて、恥ずかしさとそのやさしさに、**また声を上げて泣いてしまいました。**それから3時間ほど泣き続け、ようやく収まりがついたのでタクシーでその日は帰りました。起きてから顔はパンパンになっていましたが、泣いて発散できたので気持ち的にはすっきりしました〉。

ゆめまる　なんだよこれー。

としみつ　なんの話聞かされたの。

虫眼鏡　**もうエピソードだけでお腹いっぱいだわー。**判定とかないやんこれは。普通にいい。結果としてはいい話なのかもしれないね。映画みたいな。

ゆめまる　なんだろうね、戦犯要素なかったな。

虫眼鏡　ちょっとした映画見てるくらいの気持ちだった今。

ゆめまる　この男も悪いのが、1回目デート告白したとき、わりといい反応示してくれたんですがって。気になる人いるのにね。

虫眼鏡　でもわからん、その子がそう受け取っただけかもしれないよ。

ゆめまる　かもしんないか。

虫眼鏡　ただやさしいだけの人だったかもしれない。

としみつ　やさしいだけの説は全然あるからね。

ゆめまる　でも俺、もしふったあとに一緒に遊びいって号泣されたら、うわぁってなる。

としみつ　いや、**めっちゃ困るよね。**

ゆめまる　あぁ、帰りてぇ、っつって。

虫眼鏡　いや、帰ってるやんそいつは。

ゆめまる　もう帰ってるか（笑）。

虫眼鏡　これはどうですか、ゆめまるさん。

ゆめまる　これは、なに？　なんの戦犯なんだ一体？　どこが戦犯なんだ？

虫眼鏡　ま、女の人が草むらで泣いてるシーンくらいじゃないですか？

ゆめまる　草むらで泣いてるって俺は……。

としみつ　一組のカップルに気を使わせてしまったっていう。

虫眼鏡　そうだね。

ゆめまる　やさしさ「小戦犯」でいきましょう。

としみつ　やさしさ「小戦犯」ね。

――小戦犯。

虫眼鏡　ま、結果としてね、彼女も成長してますからね、いい思い出に捉え直すこともできるかもしれないですね。というわけで、聞いてみましたけど、あれだね、1個目のやつをのぞいてすごい真剣な恋だったからね、今回茶化せんかったなあんまり。いや、いいなぁ恋。**恋してー。**はぁ……、東海ラジオの、恋の戦犯を査定しちゃうでした。

《ジングル》

ゆめまる　いや、まじかよ（笑）。すごいね。

虫眼鏡　だってジングルの途中、チラさん現れてんじゃん、だって。東山動物園電話したんですか？

チラ　某愛知県内の動物園に電話して聞いたら、専門家の声で入れることはできないと。説明したいことがいっぱいあるから。ただ、ざっくり私が聞いた話をまとめると、目の前に出されたら食べちゃう。

ゆめまる　へぇ、**あいつらバカだなー。**でもなんであの歌があるんだろうね？　体には悪いよって言われてるのに、あの歌があるってことは、食べたやつがいるんだよ（笑）。

虫眼鏡　**ほらほらっていっぱい食わせて**（笑）。

としみつ　食うからおもろい、って。

虫眼鏡　で、歌にしたらおもろいからって歌にして。**悪いやつだな。**

ゆめまる　悪い歌だな。

虫眼鏡　だって人間が食べちゃいけない（笑）、**人間がコゲ食ったらと同じくらいの曲**だよね（笑）。

ゆめまる　体には悪いけどね（笑）。

虫眼鏡　人間がコゲ食ったって曲だもん。

としみつ　好きな人もいるもんね。

虫眼鏡　というわけで、ふつおたやっていきましょう。

ゆめまる　ラジオネーム、ぽんさんからのメッセージです。〈岡崎の隣に住む30歳の女性です。と、と、と、としみつさん！　いきなりですけど刺激もらいました、ありがとうございます。先日、名古屋のパルコで行われているとしみつさんの写真展に行きました〉。

としみつ　あぁ、写真展の話、はい。

ゆめまる　〈写真展なんて普段いくことないし、なんか緊張するしで、行くこと迷ってたんですが、ツイッターで見た、カンタさんとの2ショットの写真がなんかずっと私の中に引っかかっていたので、勇気を出して一人で行ってみました〉。

としみつ　ありがとうございます。

ゆめまる　〈中に一歩入った瞬間、度肝を抜かれました。正直、そこまで予習してなかったので、初めて見せる表情や、二人のオーラに自然と足が止まっていました。最高でした。今こうやって文章を打ってるときでさえ、思い出して指の動きが止まってしまいます。すごい作品たちです。そこで、としみつさんに質問です。一緒に撮影していたときの面白体験や苦労した撮影、共演した方々のエピソードがあれば聞きたいです。いつも応援しています〉っていう。

としみつ　なるほど。

ゆめまる　メッセージが結構きてたりしますね。

虫眼鏡　**あぁ、としみつのヌード写真展**ね。

としみつ　**ちげーわ！**　ヌード写真展じゃねーわ。一回でもそんな、裸になってみちゃうって話あったんだけどね。そういう、結構カメラマンも変な人で、やっぱりカメラマンって変な人多いんだなって思った。でも、あれはもともと遊びでやってたやつで、実は去年の年末から溜めてたやつなんだよね、まず。

ゆめまる　なんか、ファッションの……。

としみつ　もともとそれきっかけで出会ったの。で、その次に、なんか撮ろうぜ、みたいになって、で、年末から半年以上実は撮ってて。カンタも遊びきて、なんだろうね、結構ね、初めてのガチの現場というか、ユーチューバーの本って、我々も出させてもらってるじゃないですか、なんか全然違うんだよね。**グー、グー、グー、グー！　もうちょい右、もうちょい右、グー、グー、グー、グー、**みたいな。ほんと。そういう写真の。

虫眼鏡&ゆめまる　へぇー。

としみつ　**もうちょい目線こっち、目線こっち。目、右、目線そらして、そらして。グー、グー、**みたいな。

虫眼鏡　グーはなに？

としみつ　いいね、って意味で。ゆうや君はそういう言葉を言うんだけど。

虫眼鏡　ユーチューバーっぽくなっていうかね。

としみつ　そうそうそう。

虫眼鏡　としみつとカンタっていうキャスティングも面白いしね。

としみつ　もともとそれはなんか、共通のあれがあって。

ゆめまる　今回、このラジオが8月18日に放送されてんですけども、明日まで。

としみつ　明日までなんですよ。ぜひ、行っていただいて。

虫眼鏡　名古屋パルコ。

としみつ　西館8階ですね。

虫眼鏡　いい場所ですよ。

としみつ　ね。すごい場所で。

ゆめまる　名古屋の真ん中じゃないですか、ほぼ。

虫眼鏡　わかんないよ。

ゆめまる　ラジオネーム、うのさんからのメッセージです。

虫眼鏡&としみつ　うの！

ゆめまる　〈先日、名古屋パルコで開催されてる写真展ムーブにお邪魔してきました。普段の動画では見れないとしみつ君の表情をたくさん見ることができて嬉しかったです。個人的に、赤髪のとしみつ君がとってもかっこよかったと思いました。（サチヨさんも見にきていたらしいですよ）。ここで質問なのですが、これから先、としみつ君が新しく挑戦したいことはなんですか？〉

虫眼鏡　**これはヌードでしょ。**

としみつ　ヌードね。

虫眼鏡　それは挑戦したいって。**こらっ！**

ゆめまる　ゲイ雑誌にのる。

虫眼鏡　いや、そっちのヌードなの？　としみつの体、ヌードにしても、エロくないと思うけどね。毛生えてるし。

としみつ　まだね、その、僕、**胸毛が想像以上に生えてるんですけど、**その写真撮ってないねまだ。

ゆめまる　出してないんだ、胸毛は。

としみつ　ちょっと見えてる写真はあるんだけど。全胸毛はまだないから、撮ったらおもろそうだなってのはあるから、ぜひ山田孝之さんと一緒に撮りたいな、って野望はありますけどね。

虫眼鏡　おぉ、胸毛生えてるもんね。

ゆめまる　はい、続いてのお便りいきます。ラジオネーム、がんこちゃんさんからのメッセージです。

虫眼鏡&としみつ　がんこちゃーん。

ゆめまる　〈現在渋谷と名古屋で開催されてる写真展ムーブに行かせていただきました。普段見ることのできないとしみつ君の姿が見れて嬉しかったです。ほんとに素敵でした。写真展の中には、としみつ君が大好きなUVERworldのTAKUYA∞さんとの写真もありましたね。としみつ君の目はレディーガガ状態で、目が開いていませんでしたが、あの写真は隣にTAKUYA∞さんがいると知って撮ったのですか？　それともまったく知らず撮ったのですか？〉

としみつ　えっとね、あれは急に、目をつむってくださいってほんとに言われて。で、なんかね、カンタがそういう空気出すときって、だいたいわかるじゃないですか。誰が来るっていうのは知らなかったんですけど、ま、ドッキリ2回かけられてるんで。で、なおかつ繋がってるのは知ってたんで、そんなわけないなって目つむった瞬間に思ったんですけど、今から来ます！って言われて。いやいやいや、みたいな。言ってもじゃん。目つむって……、そりゃつむります、絶対開けませんよ。で、TAKUYA∞さんがきます、みたいな。で、写真撮ります。いざ来られましたみたいになって、わかんないの目つむってるから。で、横に並んでくださいって、その目つむったままオロオロ、よちよち歩きでいきながら、並んだら、写真撮りはじめました。でもわかんないじゃん。

虫眼鏡　目つむってますからね。

としみつ　実際さ、ここにニセモノの人がいて、撮ってもわからないし。
ゆめまる　おっさんでもいいんだもんね。
としみつ　そしたらさ、ま、結構初めてここだけで話すけど、耳元でね、聞こえたのよ。**としみつ、ありがとうな。**あれ?と思って。
虫眼鏡　**チンチン勃った?**
としみつ　チンチンなんで勃つんだ。でも、**抱かれるくらいのささやき。**
ゆめまる　甘い声でね。
としみつ　僕はライブのMCの声しか聞いてないですから。でも、明らかにあの声で。**お前ありがとうな、ええやつやな、**って。あれ?ええやつやな、って関西弁?みたいな。あれ?ってなって。これ、目つむってるから、挨拶もできないじゃん、変な感じになってるから。あれ?**これいるなぁ!**って言っちゃって。そのまま進んでって。でもさ、わかんないじゃん。写真撮ってる人は別の人で、声だけ違う人みたいな。で、終わりまして、**見たら、本物だったんですよ。**
ゆめまる　へぇー。
虫眼鏡　じゃ、ほんとに、としみつの目では見てないんだ。
としみつ　まじでほんとに開けてなくて。
ゆめまる　ずっと会えてないんだね。
としみつ　俺は、瞳と瞳を合わせて、会ったっていう判断にしてるから、俺は会ってない。まだだから、お会いはしてない。
虫眼鏡　そういうことになるんですね。
ゆめまる　結構裏話いいね、面白いな。
虫眼鏡　どこまで引っ張るんだろうね、としみつ、会えないってやつ。
としみつ　いやまぁ、僕はね、自分からは行かないっていうか、ほんとに運命に任せて。
虫眼鏡　向こうが飽きるまで、会えないっていうコンテンツにね(笑)。
ゆめまる　いやぁ素晴らしい。
としみつ　ま、明日までやってるってことで、ぜひ行ってみてください。
虫眼鏡　明日パンパンになっちゃうかもしれないね。
ゆめまる　**もうパンパンの金玉と同じようになっちゃうんじゃないの?**
虫眼鏡　たくさんのメッセージありがとうございました。はい、今日の放送いかがだったでしょうか?パンパンさん?
としみつ　パンパンさんはですね、なんか久しぶりで、どうなるかなと思いましたけど。
虫眼鏡　ま、写真展の反響が大きかったね。
としみつ　うん。名古屋、ほんと行きたいんですけど、今どうだろう。
ゆめまる　今回メッセージ3つくらいしか紹介できなかったんですけど、多分ね、40、50くらいは普通に写真展の。「いきましたよー」とか、結構きてたので。
としみつ　えー、うれしい。まじうれしい。
虫眼鏡　名古屋と東京だけで、だもんね。
としみつ　一応、カンタ東京で俺名古屋っていうので、多分そうなってるんですけど。
ゆめまる　あぁ、そういうことなのね。
虫眼鏡　これで大反響だったらね、もしかしたらとしみつが調子に乗って第2回とか。これはいろんな場所でやってくれるかもしれません。
としみつ　なんかまぁ、できたら、って話ですけど。
ゆめまる　**カンボジアでやろう。**
としみつ　**なんでだよ**(笑)。

2019 08/25

刺されるからハグはしない!の回

GUEST
としみつ

虫眼鏡　お台場に遊びに行く話しとんな（笑）。
としみつ　田舎もんだからさ。
ゆめまる　やっぱね、東京なんでね。
としみつ　久しぶりに行ってみたくない？
ゆめまる　修学旅行とか？
としみつ　行った行った行った。
虫眼鏡　ラジオネーム、おむすびさん。
ゆめまる　はい（笑）。ラジオネーム、おむすびさんからのメッセージです。〈商社で営業をしている25歳の女です。私には憧れの先輩がいます。その先輩は3学年上の29歳既婚です。
虫眼鏡　**キコーン。**
ゆめまる　〈いわゆる『できる営業マン』です。そんな先輩と同行することが多く、同行中にパパエピソードや家族の話を聞くととても微笑ましい気持ちになりますし、先輩の奥さんに対して嫉妬の気持ちもありません。ですが、たまに何かの拍子で先輩に触れてしまうと、もっと触れていたいとか、もっと側にいたいというよしま……〉。あぁ、ちょっと。やっちゃった。
虫眼鏡　今僕ね、ゆめまるが何回噛むか数えてるの。
ゆめまる　〈よこしまな気持ちが自分の心の奥底にあるということに気づいてしまいました。ただ、今のところ『好き』という感情はなく、ほんとうに、『憧れ』という気持ちが一番似合う関係です。私はもうすぐ今の会社を辞めます。つまり先輩にはもう会えなくなります。そう思うと寂しさもありますし、逆にもう会わずに済むという安堵のような気持ちがあります。多分、このまま一緒にいたら、いつかきっと「好き」になってしまうと、どこかで思ってしまったのだと思います。人並みには恋愛をしてきたつもりでしたが、まだだなのかもしれません。このままこの憧れはどこにも行かずに消えていくのだと思います〉。ウフッ。
虫眼鏡　**なに笑っとんだ！**（笑）。
ゆめまる　〈なかなか誰にも言えないことなので、メッセージを送りました。私の憧れ、さようなら〉。
虫眼鏡　**もうちょっと気持ち込めて読めないの？**　こういうさ、いいメッセージ。
ゆめまる　**あのぉ、ごめん。**これはごめん。
虫眼鏡　**教科書音読する宿題出すよ。**
ゆめまる　はははは。昔ね、ちゃんと読めてたんだけどね、なんかね、噛むようになりました最近。**お酒の影響ですね。**
としみつ　違うだろ。
虫眼鏡　ほんとにしっかりしてよ。気持ち込めて読みなさいよ、こういういいメッセージは。
としみつ　下手な音読みたいのやめなさい、**せっかく照英さんに憧れてんだからさあ。**
虫眼鏡　**照英さんじゃない！**（笑）。**できる営業マン！**
としみつ　え？　違うの？
虫眼鏡　それ、タクシーの中のね、**営業は足が命！**
としみつ　それ、古いです。はぁー！
ゆめまる　ズボン叩くとズボンめくれないから。
としみつ　違うんだぁ。
虫眼鏡　俺の鍛え上げたヒラメ筋を見ろ！じゃないんだって。
ゆめまる　最近ヒラメ筋以外も、大腿四頭筋も出してくるんで。
としみつ　あぁそうね。クイ、クイって動くからね、2回。
虫眼鏡　いやこれ東京タクシー乗る人しかわかりません。このエピソードは。
としみつ　ユーチューブの広告にも

流れてましたよ。
ゆめまる　あぁそうなの。
虫眼鏡　ちょっと、このいいエピソードに触れてくださいよ。どうですかみなさん、この憧れの存在。男女関係ないと思うんですけどこれは。たまたま性別は違ったから恋愛と近しいような憧れみたいな感じになるかと思うんですけど、いますか？そういう方？
ゆめまる　ま、いますよ。その人と一緒にいたいなというか、遊びたいなみたいな感情ですけど、いますね。ほんと数人ですけど。
としみつ　先輩はいなかったなぁ。
虫眼鏡　いなかったというか、今でもさ、ほんとにその人としゃべってるだけでドキドキしちゃうくらいの憧れの存在みたいな人、いますか？
としみつ　まだそういう人に会えない。いるはいるだろうけど。
ゆめまる　会ってないなぁ。
虫眼鏡　そう思うと、そういう人に出会えたことがうらやましくないですか？　だってこの人は多分、このお便りを読む限りでは単純に恋愛目線だけじゃないじゃん。ほんとに先輩としてね、営業の先輩として憧れてるというか学んでることもあっただろうし、そういう憧れの存在に出会えてるのはすごくうらやましい。
としみつ　そうだね、幸せだね。
ゆめまる　でもやっぱ、ちょっと憧れって最近あったのが、親父にちょっと憧れてるなってとこが僕ありまして。これほんとの話ね。
としみつ　おぉ。ほんとね。
ゆめまる　いっつもなんか変なさぁ（笑）、**ちょっと待って！**　なんでそんな笑うの？
としみつ　違う違う。
虫眼鏡　笑ってないって（笑）。
ゆめまる　笑ってたじゃん！
としみつ　**虫さんまじ、やばかったよね今。**
虫眼鏡　**笑ってないって**（笑）
としみつ　お盆終わってるからね。
虫眼鏡　クククク。
ゆめまる　お盆終わってる、お盆……、ちょっと待って、俺ほんとに親父に、憧れてるなってところがありましてね。
としみつ　いや、悪いなぁ。
虫眼鏡　いや、ほんとに思ってるならいいやん。
ゆめまる　**なんで笑うんだよーー！**
としみつ　これほんとに、虫さん。
虫眼鏡　ほんとによくないよ。
ゆめまる　ま、親父のなんだろ、あるんすよ、憧れがね。ちょっと似てきてるところがあって、最近ね。
としみつ　へえ。
ゆめまる　収集癖というかさ、フィギュアとか。そういうとこ似てきて。
虫眼鏡　なに集めてるの？
ゆめまる　えっとね、ブリキのおもちゃめっちゃ集めてる。昔のね。
としみつ　へえ。
虫眼鏡　いいじゃんいいじゃんいいじゃん。
ゆめまる　金魚**ささったり**とかしてて。
虫眼鏡&ゆめまる　へ？
ゆめまる　金魚とか、ブリキのおもちゃとかを、集めたりしててね。
虫眼鏡　そうなんだ。**今でも集めてる？**
ゆめまる　今？　今は別に集めてないなあ。
としみつ　飽きちゃった？
虫眼鏡　もうわりと集め終わったなというか、もう今は今で別の趣味があるとか、そういう感じ？
ゆめまる　**上でね、上で集めてるよ。**
としみつ　上？　2階でってこと、**家の？**
ゆめまる　違う違う違う。もっと上だよ。
虫眼鏡　**二段ベッドの上ってこと？**
ゆめまる　概念。**概念のとこだよ。**
としみつ　概念？
虫眼鏡　概念、どういうこと？
ゆめまる　**天国天国。**だって、墓はいってる。お父さーん、って。何集めてるの？って聞かないと。
としみつ　これは虫さんが悪いよ、いい話だったのに。あぁあぁあぁ。
虫眼鏡　今夜も#東海オンエアラジオで聴いてる人はつぶやいてください東海オンエアラジオ！
としみつ　いやぁ、憧れの話、なんだよ急に。
ゆめまる　東海ラジオをお聴きのあなた、こんばんは！　東海オンエアのゆめまると！
としみつ　こんなつもりじゃなかったよね、きっと。
虫眼鏡　虫眼鏡だ！（笑）。そして今日のゲストは。
としみつ　またまたとしみつですけども、いや、違う違うって。
虫眼鏡　これね、よくないよ今の、ほんとに。
ゆめまる　いやだから、**そういう空気にしたの二人じゃん！**　だって俺が、親父に憧れてんだよねぇって言った瞬間さ、しゃべんなくなって、**マイクから離れて笑ってたじゃん**(笑)。

虫眼鏡&としみつ　はははは。

ゆめまる　おーい！

虫眼鏡　それ日ごろの行いが悪いやん。急に言われてもさ。

としみつ　これ聴いてる人、勘違いしてほしくないんだよね。

ゆめまる　死を笑ってるわけじゃないよ。

虫眼鏡　ほんとにね、ゆめまると僕たちの中では、それはね、終わったことですからね。終わったことというか。

ゆめまる　ま、ネタに……、ネタって言い方おかしいけど。

としみつ　その言い方おかしいよ(笑)。

虫眼鏡　笑ってあげたほうがゆめまるのお父さんも喜んでくれてるだろうということでね、たまに**ゆめまるさんの最終奥義**みたいな感じで出てくる鉄板なんですけど。

としみつ　まさかここに出てくるとは思わなかったからぁ。

ゆめまる　いや(笑)、だから出すなって。

虫眼鏡　ほんとにでもね、あんまりよくないですからね、これはね。

としみつ　あんまりよくないんだよなぁ。

虫眼鏡　ちゃんとしたこういう人間関係ができているからこそやっていいですけどね、はい。というわけで、ゆめまるさんほんとにお父さんに憧れてるということでね、いいお便りだったので、切り替えていきましょう。

ゆめまる　はい。この番組は、愛知県・岡崎市を拠点に活動するユーチューバー、我々東海オンエアが名古屋に……、東京にある東海ラジオからオンエアする番組です！

虫眼鏡　いやいや、それはまたややこしいからね。意味違ってくる。

としみつ　今回はね。

虫眼鏡　ゆめまると、僕虫眼鏡が中心となってお届けする30分番組。はい、ここで、音鳴らしてください。ビューンってなんか音鳴らしてください。

《SE》

虫眼鏡　ここで、「東海オンエアラジオ」からの大事なお知らせです。9月22日、日曜日、あ、これ僕の誕生日の1週間前だなぁ。と、23日に、名古屋のオアシス21　銀河の広場で開催される「開局60周年記念　東海ラジオ大感謝祭2019」で、「東海オンエアラジオ」の公開録音が決まりました！

ゆめまる&としみつ　おぉー！　よおー！　ありがとうございまーす。

虫眼鏡　今のとこ6人全員が参加するつもりです。日にちは、9月22日(日)。え、これ僕の誕生日の1週間前ですね。時間は、9月6日に発表しますが、たぶん夕方くらいなんじゃないかなぁ、ということでね、ま、夕方から夜のシフトを空けておいていただけたらねぇ、いいんじゃないかなと思います。当日は、もちろん自由にご覧いただけますよ。ただですね、**としみつさんの胸毛をもっと近くで見たいという方**のために朗報があります。

としみつ　なんで俺、上裸なんだ？

虫眼鏡　なんと座席指定エリアがありまして、多分これは近くで見れるって意味ですね。座席指定でめっちゃ遠いってことないですよね？

チラ　ないです。

としみつ　徹子の部屋くらい？

ゆめまる　大曽根とかないですよね？

虫眼鏡　わははは。

としみつ　**とーお！　大曽根!?**

ゆめまる　車の音しか聞こえねぇって。

虫眼鏡　はい、というわけで、座席指定エリアは抽選になってしまいます。観覧応募方法や入場など、イベントについては、「東海ラジオ大感謝祭特設サイト」を……(笑)。

としみつ　**くしゃくしゃだよ！**

虫眼鏡　大感謝祭って言ってみて、あ、東海ラジオ大感謝祭って言ってみて、ちょっと。

ゆめまる　東海ラジオ大感謝祭。

としみつ　東海ラジオ大感謝祭。

虫眼鏡　ちょっと言いにくくない？

ゆめまる　わかる、だん、ってなる。

虫眼鏡　なんか、ラジオ、東海ラジオ大感謝祭のつながりがちょっとよくない感じ。

としみつ　東海ラジオ大感謝祭。はいはい。

虫眼鏡　言いにくい。

ゆめまる　一拍おきたい。

虫眼鏡　えー、応募はですね、今日の番組終了後から9月1日(日)23：59までとさせていただきます。抽選で、280名の方に座席指定エリアへご招待させていただきます。

ゆめまる　あ、結構いますね。

虫眼鏡　多くない？
としみつ　多いよね。
虫眼鏡　めちゃくちゃ多いじゃないですか。強気じゃないですか？
チラ　いやいや、前のエリア、前半の席はすべて座席指定。
虫眼鏡　えぇ。
としみつ　結構、ライブハウス、ねぇ。
虫眼鏡　大丈夫、東海オンエアラジオ、280人も聴いてる？　これ。
ゆめまる　さすがに大丈夫だよ。
としみつ　聴いててほしい。
ゆめまる　**聴いててくれよ。**
虫眼鏡　これまたね、無料なのでね。
としみつ　そうだね、無料だから。
ゆめまる　あ、抽選は無料なんですね。
虫眼鏡　もちろん、是非是非遊びにきてくれればと思います。たぶんですけどね、そんな、10分や15分で帰っちゃうってことはね。
ゆめまる　それはないですから。
虫眼鏡　録音なんでね、一応ある程度の尺は我々しゃべらせていただくんでね。結構いいイベントなんですこれ。
ゆめまる　なかなかないですよ。
しばゆー　**しかも6人ですからね。**
虫眼鏡　是非是非遊びにきてください！
ゆめまる　それではここで1曲お届けします、RIP SLYMEで「熱帯夜」。

《曲》

ゆめまる　お届けした曲は、RIP SLYMEで「熱帯夜」でした。
虫眼鏡　これ我々世代の夏曲じゃないですか。
ゆめまる　高校生？　中学生か？
としみつ　まぁ、そんくらいか。
虫眼鏡　ほんとにいい曲だなと思って聴いてたんですけど、曲流れてる間に国会議事堂で大きい声出す話やめてください。
ゆめまる　これラジオで語弊がある。違うね。
としみつ　冗談でも勘違いされちゃう。危ない。
ゆめまる　**危ない危ない危ない。**
虫眼鏡　あのぉ、リスナーさんに送る生写真の、ゆめまるの目に黒い線描いてね、悪い人みたいにするのやめてください。あげるんだから、あれほんとに。
ゆめまる　ははは。ゲラゲラ笑ってたね。
としみつ　久しぶりにやったわ、あんな目線入れるなんて。
虫眼鏡　これほんとにあげるわけでしょ？　ほんとその人はハズレでございます。ハズレなのかわかんないけど？
としみつ　ある意味当たりだよ。
虫眼鏡　さて、東海オンエアが東海ラジオからオンエア！　東海オンエアラジオ、このコーナーやっちゃいます！
ゆめまる　ゆめまるプレゼンツ「来たれ！はがき職人」
としみつ　夏っぽいね、常夏のBGMが。
ゆめまる　えー、このコーナーはですね、webでのコメント募集だけではなく、ハガキでのリクエストを復活させようというコーナーです。ハガキのほうがリスナーの気持ちも伝わりますし、僕の気持ちも入るのでね。えー、ハガキでリクエスト曲を送ってもらい、その曲にまつわる想い出やエピソードを書いてもらう。さて、メッセージのほう紹介いきますよ。**おいー!!　ラジオ中にクソみてえなウクレレを弾くな!**
虫眼鏡　終わった？
としみつ　クソみてえなって言うな！
ゆめまる　それじゃ、メッセージのほう紹介していきます。
虫眼鏡　はい、ゆめまるさん。**このメッセージ3回噛んだら途中で僕替わりますん**で。気を付けてくださいね。
ゆめまる　うわぁ、字ちっちぇえな、俺のほう。えー、岐阜県恵那市、ラジオネーム虫さんに怒られたさんからのメッセージです。〈6月に東海オンエア好きの子の誕生日でした。私も6月誕生日で、その子からプレゼントをもらいました。でも私はいまだにプレゼントを渡せていなく、なかなかプレゼントを決めることができなくて、7月になってしまいました〉。
虫眼鏡　気持ち込めて気持ち。
ゆめまる　〈もう1ヵ月も過ぎてしまったので、何か変わったことをしてプレゼントを渡したいと思っています。そこで東海オンエアラジオさんの力を借りてプレゼントをあげたいと考えました。友達はとしみつが大好きです〉。
としみつ　あ、ありがとうございます。
ゆめまる　〈でも、としみつよりも大大大好きな人がいます〉。

としみつ　え？　そんな人いるんですか？

虫眼鏡　いないでしょ、そんな人。

ゆめまる　〈それは、嵐です〉。

としみつ　**勝てるかぁ！**　そりゃそうだわ。

ゆめまる　〈東海オンエアラジオで嵐の曲を流してあげたいなと思いました。毎週聴いてるラジオで嵐を流してあげると喜ぶと思ったので、この曲をリクエストします。ほんとは私が生写真を欲しくてハガキを書いた(笑)〉。

全員　わははは。

としみつ　もしかしたら、この子に行っちゃうの、さっきの？

虫眼鏡　じゃああげよう、2枚あげよう。1枚あげてね。

ゆめまる　〈もし当たったら友達にあげようと思います〉。

虫眼鏡　目線あるほうどっちにあげるの？　自分なのか、友達にあげるのかね。

ゆめまる　〈こういう形でプレゼントもあげることになったけど、これを聴いて喜んでくれると嬉しいです。東海オンエアのみなさんは、なっ、何か変わった形でプレゼントを〉……。

虫眼鏡　あ、3回目。〈もらったり、渡したりしたことはありますか？　エピソードがあれば教えてほしいです〉。ということなんですけども、みなさんなんか変わったプレゼントとかありますか？

ゆめまる　変わった形かぁ。

虫眼鏡　プレゼントってさ、変わった形っていうとさ、おもろい方面ってことじゃん、つまり。でもさ、プレゼントって物をハイってあげるだけだからさ、笑いとしてはしょぼいじゃないですか。

ゆめまる　そうだね。

虫眼鏡　そう思うと、じゃあもうボケなくていいな、ってならん？　プレゼントって。

ゆめまる　あぁ。普通にちゃんとした物をあげるってことね。

虫眼鏡　ボケとしてはさ、どう頑張ってもしょぼくなっちゃうからさ。

としみつ　普通のほうがうれしいし。

ゆめまる　なんか、ほんとそうだよね。

虫眼鏡　だから、物をあげるっていうテイストじゃないプレゼントとかは、いいかもね。それこそ曲流してあげるとかもそうだし、ご飯を奢ってあげるだってね、それもそれで、誕生日祝いになりますからね。

ゆめまる　でもこの写真プレゼントするっていったら、めちゃくちゃすごいプレゼントじゃない？

虫眼鏡　**だって目隠れてんだもんね**(笑)。

ゆめまる　あははは。どっちあげるんかわからんけどね。

としみつ　目見えてたほうがいいからね、絶対に。

虫眼鏡　というわけで、じゃあ、どうしますゆめまるさん、曲流してあげますか？

ゆめまる　まぁ、しょうがねえなぁ。かわいいから流してやろう。えー、ラジオネーム、虫さんに怒られたさんからのリクエスト曲で、嵐で「Happiness」。

《曲》

ゆめまる　お届けした曲は、嵐で「Happiness」でした。

としみつ　ふざけさせんのやめて。

虫眼鏡&ゆめまる　ははは。

としみつ　嵐の曲だけはふざけちゃいけないの。みんな知ってるから。知らない曲だったらいい、みんな知ってるのこの曲は、歌えるし、大好きなの、俺も好きだし。

虫眼鏡　だからとしみつも歌っちゃったんでしょ？

としみつ　あんなんふざけるしかないやん！

ゆめまる　♪走り出せ〜って。

虫眼鏡　あれ下手ハモリでしょ下手ハモリ。

としみつ　普通にいったほうが恥ずいんだから、やめてあぁいうの。俺も好きなんだから。

虫眼鏡　ハガキでリクエスト曲、そしてその曲にまつわる想い出やエピソードを書いて送ってください。あて先は、〒461-8503　東海ラジオ　東海オンエアラジオ「来たれ！はがき職人」へ送ってください。

ゆめまる　みなさんからのハガキを楽しみにしています。ゆめまるプレゼンツ「来たれ！はがき職人」でした！

《ジングル》

ゆめまる　いやぁ、うまいですね。

虫眼鏡　いいジングルですね。はい、ではふつおたのコーナーやっていきましょう。

ゆめまる　ラジオネーム、あごひげさんからのメッセージです。

としみつ いいねシンプルで。

虫眼鏡 あごひげ生えてんだろうね（笑）。

ゆめまる ははは。〈先日は、キスはなぜ唇なのかについて議論を交わしていただいてありがとうございました。さて、私はまたひとつ疑問が生じました。なぜ性欲というものは隠さなくちゃならないのでしょうか？ 食欲と睡眠欲は大っぴらにしていいものなのに、性欲だけダメというのはおかしくないですか？〉

虫眼鏡 **深っ。**なんでだろう。一石を投じるね。だってさ、眠たぁって言ってもさ、別にいいじゃん。お腹空いたぁ、もいいやん。やりてー！って言ったら、あらまぁ下品って言われちゃう。意味がわかんないね。たしかに。

ゆめまる なんだろうね。

としみつ 性っていうか、エロスっていうか、なんでしょうねえ。

ゆめまる でも海外と日本ちょっと違うよね。

虫眼鏡 エロ？ そうなんだ。さすがゆめまるさん。

ゆめまる だってさ、普通に街中でおっぱい出してる人いるじゃん、海外で。

虫眼鏡 あ、デモ的なやつ？

ゆめまる デモとかショーとか。あと、ヌーディストビーチだっけ？ そういうのあるからさ。ちょっと日本のエロと海外のエロ違うんじゃね？って。

虫眼鏡 でも、海外だったら、やりてーって言っても下品じゃないの？

ゆめまる 下品か？

虫眼鏡 下品なんじゃない？ それはそれで。隠さなきゃいけない。

ゆめまる エッチって、結構親密なものだから、隠れてやるみたいな。見せるもんじゃないだろっていうみんなの意識があって、性欲は隠すべきってなったんじゃない？

虫眼鏡 これやばい、深すぎるわ。考える時間ほしい。

としみつ こういう話は深すぎるなぁ。

虫眼鏡 なんでだろう、たしかに。

ゆめまる たしかに、言われるとね。いいなぁ、これは。**どうだと思う、チラさん。**

チラ **え？** 僕に聞きますか？

ゆめまる 最年長だから。

チラ でも、これまで脈々と受け継がれてきた、隠すべき、というのがいまだに来てるってことじゃないですかね？

虫眼鏡 まかり間違ったら、眠い、もそうなってたかもしれないってことじゃん。眠いとか言ったらお下品だよ、って。女の子の前で眠いって言うなんて、とか。そうなっちゃうかもしんない。

ゆめまる 目をかっ開いて、眠くない眠くない！みたいな感じになっちゃう。

としみつ お腹空いた、とかも言っちゃいけないとか。

虫眼鏡 だってね、そうやって隠してるとはいえどさ、**全員やってんじゃん。**全員エッチしてさ、全員下ネタで笑ってるのにさ、なんで、誰がどの面さげてさ、隠せ！って言ったんだろうね。ほんとにわからない。

ゆめまる なんだろうね、これは、

深いなぁー！

としみつ 解放していいと思うんですけどね。

ゆめまる もうちょっと、性欲について詳しい人からの意見をお待ちしています。

としみつ **性欲に詳しい人？**

虫眼鏡 ふふふふ。みなさんがどう思うかでまたね、お便り送ってください。

ゆめまる えー、ラジオネーム、くししうっうっさんからのメッセージです（笑）。

虫眼鏡 はい。

としみつ 僕ですね。

ゆめまる 〈少し前にゆめまるさんがアフロになりましたね。おめでとうございます。アフロについていくつか疑問に思うことがあるので質問します。まずアフロはこの時期暑くないですか？ それからお風呂に入るとアフロはぺちゃんこになりますよね？ イメージ的には犬のお風呂あがりみたいな感じなのでしょうか？ また、アフロにしてよかったこと、不便だなぁと感じることが

あったら教えてください〉。

虫眼鏡　それはね、僕がお答えします。ゆめまるさん、炎天下でね、外歩いてますと、暑いですよね？　**熱がめちゃくちゃこもってですね、ほんとに、武器みたいになるんですよ。**熱すぎて、だんだん赤くなってきてですね、ゆめまるはそれで人に頭突きとかしてくる。非常に危ないです。

ゆめまる　なんだよそれ（笑）。

虫眼鏡　そしてね、水に濡れたときにね、どうなるかと言いますとね、**水に濡れるとアフロってのは死んでしまうんですよ。**

ゆめまる　死ぬ？

虫眼鏡　乾いてないと生きていけないので、死んでしまって、一回それで死んじゃうんです。で、流れちゃう。

ゆめまる　あ、抜け落ちる？

虫眼鏡　そう、なくなっちゃって、また次の朝には生えてきてる、そういう感じですよね。

ゆめまる　ま、だいたい合ってます。でも一つだけ言うとほんとに、サウナ行ったじゃない。まじで激熱になるの、ここ。頭だけ。で、こっから、熱気が降りてくる感じで、顔もめちゃ熱いし、頭皮っていうかカンカンになって、しかもパーマ液で荒れてるときだったから超痛いしってのがあるんで、あながち間違ってないです、熱くなるの。

虫眼鏡　あはは。

としみつ　スチールウールみたいに真っ赤になっちゃうの？

虫眼鏡　で、ボロボロになっちゃう（笑）。

ゆめまる　**なりません！**

としみつ　ならんのか。

虫眼鏡　東海オンエアサウナ部の話ちょっと面白いけどね。

ゆめまる　サ道部ね。

虫眼鏡　そう。しばゆーが部長なの。

ゆめまる　ははは。

としみつ　あぁ、今やばいもんな、あいつ。

虫眼鏡　しばゆーさんね、めちゃくちゃ真面目なんだよ。

ゆめまる　ほんとにストイックなの。

としみつ　だって一回行ったじゃん、岡崎で。なんか、もう2、3回行かないの？みたいな。行かないよ、って。

虫眼鏡　しばゆー、めちゃくちゃ真面目で、絶対に一番熱いとこ行ってね、まだ出ちゃダメです、12分絶対いくんで、って言って、しっかりいてね、水風呂もぬるいっていうか、17度くらいの水風呂と11度の水風呂があって、11度の水風呂はほんと入ると痛くなるの。冷たすぎて。でもしばゆーは絶対その冷たいほうじゃなきゃダメって、ここに、あと1分って浸かって、5、4、3、2、1、5〜、ってやんのあいつ。**筋トレなの？**っていうくらい（笑）。

としみつ　なんで急にそんなに真面目になっちゃったんだろうね？

虫眼鏡　ね。

ゆめまる　しかも敬語だし、説明してるときは。

としみつ　あぁ、そのときはね。

虫眼鏡　しかも、休んでる時間あるじゃん。そのときにしゃべると怒れる。

ゆめまる　**しゃべっちゃダメです！**

虫眼鏡　**目をつぶってください！って**（笑）。

としみつ　アホだなあいつ。

ゆめまる　真面目だな、みたいな。

虫眼鏡　今度一緒に行こ。

としみつ　行きたい行きたい行きたい。

ゆめまる　おもろいですよ。

虫眼鏡　次のお便りいきますか？

ゆめまる　はい。

虫眼鏡　ごめん、嘘うそ。びちゃびちゃになるの？

ゆめまる　あぁ、濡れると？（笑）。あれだよ、普通に、縮むくらい。特にそんな不便だなと感じることもないし。

虫眼鏡　**じゃあ死んじゃったほうがおもろいね**（笑）。

ゆめまる　死んじゃったほうがおもろいね、助かりました。えー、愛知県岡崎市在住、ラジオネーム、きんぎょちゃんさんからのメッセージです。

虫眼鏡　え？　偶然僕たちと一緒だね。

ゆめまる　〈以前ラジオで、視聴者の方と遭遇したとき、虫さんとてつや君はハグOK、ゆめまる君はハグしたくないとお話されていました。そこで質問なのですが、としみつ君は視聴者さんと遭遇したら、どこまでなら許せますか？　奇跡的に遭遇したときのためにシミュレーションを重ねているので、是非知りたいです〉。

虫眼鏡　ま、たしかにね、せっかく会ったときに声をかけられない人にはなってほしくないのね。

ゆめまる　まぁ確かにそのとおり。

としみつ　うん、別に、声をかけてほしいですよ。だから……。

虫眼鏡 塩梅をみきわめないと。だから、どこまでいいかですよ。例えば、写真はまずOKでしょ?

としみつ あぁ全然もちろんOK、握手もOK。**ハグは刺されるからダメ。**

ゆめまる ははははは。

虫眼鏡 ふふふ。こうやって手を広げた瞬間に隙ができていかれるから? あれは? 友達と電話してください。

としみつ あ、無理。

ゆめまる 俺ちょっとすごい言いたいのがあるんだ。

としみつ ほんと、ごめん、無理、無理。**知らんやつやん!**

虫眼鏡 あはははは。

としみつ なんか友達みたいにさ、なんか、お願いします、ってさ、いや知らんからさ! もしもーし!なんてできんのよ。無理やん、だって、知らんやつだもん。そこで、やれとか言われてもさ、無理だよ。ごめんだけど。

ゆめまる あのぉ、友達が好きなので写真撮っていいですか?って言って来る人いるやん。撮るのはいいよ。**お前も撮れよ!**

虫眼鏡 ははは!

ゆめまる お前なんで撮られえんだよ。話しかけてきて。

虫眼鏡 好きじゃないからやん。

ゆめまる いや、めっちゃムカついてそれに。**俺だけのソロ、コンビニの前で撮んな!**と思いながら、っていう写真。

としみつ めんどくせえな、って思っちゃうときありますよ、そりゃあ。

ゆめまる 人間ですから。

としみつ ハグと、友達と電話してくださいは、意味わからない俺は。ハグは、刺される。刺されるからハグは無理です。

虫眼鏡 刺されるってなに?(笑)。

としみつ 刺されるんだよ。いつか刺されるから誰かが。そっから対応してたら遅いからもう。去年の夏から言ってんだから。**俺、刺されるからハグはしない。**

虫眼鏡 なるほどね(笑)。沢山のメッセージありがとうございました! 今日の放送いかがでしたでしょうか。どうでしたか、としみつさん。

としみつ まぁ、相変わらず楽しくやらせてもらいました。言いたいことも言わせてもらいました、ほんとに。いや、それでこそなんですよ。

ゆめまる ラジオはね。

虫眼鏡 ラジオは東海オンエアのことめっちゃ好きな人しか聴いてないんで、ある程度いい過ぎても多分誤解されないと思うのでね。

としみつ 勘違いしてほしくないのは、ぜひ話しかけてほしい、っていう。基本的には。

ゆめまる そういうのありますね。

虫眼鏡 もう1個勘違いしてほしくないのは、僕たちはゆめまるのお父さんをバカにしてるわけではない。

ゆめまる わははは。

としみつ そこだけは勘違いしてほしくない、まじで。

ゆめまる これはほんと、俺からも言っとくね。これは、ひとつの笑いのコンテンツですから。**コンテンツ?**(笑)。

虫眼鏡&としみつ ははは!

としみつ お前自分で言ったら終わりなんだよ!!

ゆめまる **成仏できてねえな、親父。**

としみつ 俺はコンテンツにする気ないんだよ。

虫眼鏡 さてここでお知らせです。

2019 09/01

気持ちと舌が巻いてるの回

GUEST
しばゆー

虫眼鏡　9月1日、日曜日も、もう夜になってしまいました。みなさん、明日から学校に行かなきゃいけないんじゃないですか？

ゆめまる　**そんなことは！どうでもいいんだよ!!**

虫眼鏡　なんですかゆめまるさん(笑)、今日は元気よく。

ゆめまる　あのなぁ、ラジオ何時から収録だと思ってんだよ!!

虫眼鏡　え？　18時からですけど。

ゆめまる　18時からだろ？　今の時間見ろー!!　わかんないと思うけど、聴いてるやつらは。今、21時前だ!!　**3時間押してるよ!!**

虫眼鏡　そうですけど、何を怒ってんですか、そんな。

ゆめまる　**俺22時から飯だよ!!**

虫眼鏡　**僕なんてな!!　20時から飯だよ!!!**

ゆめまる　虫さんなんてな、タクシー乗ってたときにな、後輩が店着いたらしいわぁ、って乗ってたんだよ!!

虫眼鏡　後輩にだからね、時間、遅らせていいよ、って。飯の時間ズラしていいよ。あっ、もう着いちゃいました、って、8時からずっと待っとるわ!!

しばゆー　ははは。

ゆめまる　コノヤロー。しかもな、今日俺、13時入りって言われてな、前の仕事な、このラジオ収録の前の仕事だ。13時入りって言われてな、他のやつらが来たの14時なんだよ!!!で、なんで遅れたんだ？みたいな話したらな、**いやぁわかんないよ**って他のメンバーは言ってたんだよ。

虫眼鏡　他のメンバーは他のメンバーで、13時40分くらいになったら電話しようって言われたから、ずっと暇してたんだよ。

ゆめまる　**どーゆーことだよ!!**　来いよ!!

しばゆー　すべての歯車がかみ合ってなかった。

虫眼鏡　そうそう。

ゆめまる　来いよ！

虫眼鏡　今夜も#東海オンエアラジオで聴いてる人はつぶやいてください。

ゆめまる　（ヤケクソ気味に）東海オンエアラジオ！　東海ラジオをお聴きのあなた、こんばんは！　東海オンエアのゆめまると！

虫眼鏡　虫眼鏡と。

しばゆー　そして今日のゲストは、しばゆーです。

ゆめまる　この番組は、愛知県・岡崎市を拠点に活動するユーチューバー、我々東海オンエアが東京日比谷にある東海ラジオ東京スタジオからオンエアする番組です！

虫眼鏡　まぁ、今回はね。ゆめまると僕虫眼鏡が中心となってお届けする30分番組なんですけど、ゆめまるは今ご立腹でございます。

ゆめまる　ほんとにご立腹です。俺、あんま怒んないんだよ。怒るの疲れるし。で、遅刻されても怒らない。**今日はうぜぇ。**

しばゆー　超怒ってるねぇ。

ゆめまる　14時になるならさ。14時になっちゃいます、と。まず言わないと。

しばゆー　そっからなんか、カメラ取りいったりとかあってもね。

ゆめまる　別にいいよ、それは。俺が一番ムカつくのは13時に着いて、俺寝てたの。みんな来るまでね。30分くらいかなと思って。いやまだ寝ていいの？と思いながら寝た。そしたら1時間寝てんだよ!!

虫眼鏡　ははは。

ゆめまる　コノヤロー、ふざけやがって。

虫眼鏡　しかもさっきタクシーでもキレてたしね。

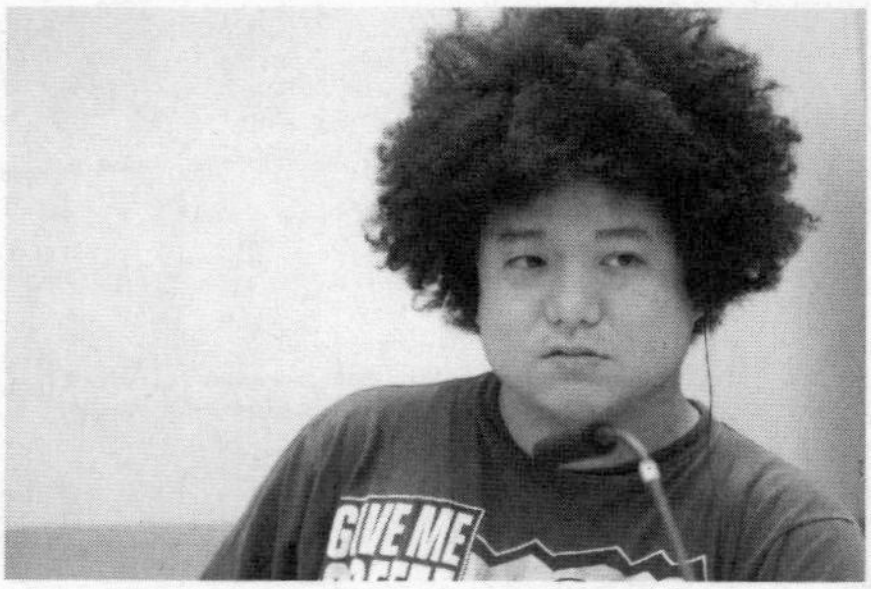

ゆめまる　めっちゃキレた（笑）。**タクシーでキレた!!**　俺のSuicaなんで使えねーんだよ!!

しばゆー　こえー、この人、今日!!

虫眼鏡　タクシー乗るときね、基本僕が払うんですけど、ゆめまるが今日、Suicaでって言ったから、おっ、ゆめまるが払ってくれるんだ、って。

しばゆー　かっこつけたんだね。

虫眼鏡　そうそうそう。いいよいいよ、って。ブー。

ゆめまる　**ああ、だせぇ!!**　すいません、もう一回やってもらっていいですか?　はいわかりました。ブー。だっせー!!　4千円も入ってるのに。

しばゆー　4千円しか入ってねえのか。

虫眼鏡　なんかさ、普通に怒って、なんですかねぇ?って、絶対お前悪いから（笑）。そんでさ、ゆめまる怒りながらタクシー降りて、今日は絶対バディに文句言ってやるって怒ってたらさ、上の人とその上の人がいる、っていうね。

ゆめまる　わははは。

虫眼鏡　タカオカさんとね、スズキさんっていう女性がいるんですけどね。その二人に、今いないから、裏でしかられてんじゃないの?　かめちゃん?

ゆめまる　**こっちこーい!!!**

虫眼鏡&しばゆー　ははは。

ゆめまる　謝罪しろラジオで!!

虫眼鏡　謝罪させんな!（笑）。

ゆめまる　まぁまぁまぁ（笑）、みんな一生懸命動いてて、こうなってしまったわけですよ。

虫眼鏡　まぁ我々は普段、いっつも遅刻してますからね。たまに遅刻したところを怒らなくていいんですよ別に。

ゆめまる　ま、東海ラジオさんにはほんとに申し訳ないなということですけど。

しばゆー　すいませんでした。

虫眼鏡　そうですね、怒っていいのは、東海ラジオさんとタクシーだけなんで。

ゆめまる　ブチギレていいのはね（笑）。

虫眼鏡　さ、早速曲いっちゃいましょう。

ゆめまる　いいですかもう?

虫眼鏡　今日は急いでやらないと、ラジオもね。

ゆめまる　物理的にもう遅刻ですからね。

虫眼鏡　15分くらいでラジオ終わっちゃうから今日。ずっと曲流しとくんで。

ゆめまる　それではここで1曲お届けします、CHAIで「アイム・ミー」。

《曲》

ゆめまる　お届けした曲は、CHAIで「アイム・ミー」でした。

虫眼鏡　おいおい、カメちゃんの笑顔がひきつった笑顔になっちゃったじゃないかよ。

ゆめまる　コノヤロー!!

しばゆー　ははは。油断してない、あ、なんだ?

虫眼鏡　タカオカさんが……（笑）。

しばゆー　こっち見た。

ゆめまる　**手ぇ振ってる!!　こいつ!　どうする?**

しばゆー　反省してねーなー。

ゆめまる　手ぇ振ってんぞあいつ!!!

虫眼鏡　でも今ね、曲流れてる間に計算したけど、いろいろミスで遅れたのは1時間半くらいだろうと。でも僕たち2時間遅れてると。じゃあその30分は誰のせいなんだ?って思ったわけですよ。それね、てつやのせいなんですよね（笑）。

ゆめまる&しばゆー　あはははは。

虫眼鏡　てつやとねぇ、まぁ、てつやとっていうか、撮影なんで別に悪くないんですけど、撮影が押したせいなんですよね。

しばゆー　チーム分けでてつやが長いっていう癖が出ましたね。

虫眼鏡　そうそう（笑）。てつやに料理作らせると1時間半くらい作ってるからね。まぁ、そういう動画もそのうちあがるはずなので、これのことか、と思ってください。さて、東海オンエアが東海ラジオからオンエア!　東海オンエアラジオ、このコーナーやっちゃいます!

ゆめまる　ゆめまるプレゼンツ「来

たれ!はがき職人」

虫眼鏡　普通さ、台本の隣に、今ここで11分くらいたってていいですよ、ってのがあって、なんかさ、一応編集されるわけじゃん、ちょっとはね。それを見越してちょっと長めにしゃべっておくじゃん、俺たちって。

ゆめまる　まぁまぁ、そうしないとね。

虫眼鏡　今日バリバリに巻いてんだよね。

ゆめまる　おいおいおいおい!! **内容薄い方向、一番ダメだぞ!!**

しばゆー　**気持ちと舌が巻いてる**(笑)。

虫眼鏡　えっと、ゆめまるがやりたいというこのコーナーですね。webでのコメント募集だけではなくてですね、ハガキでリクエストを復活させようという古き良きコーナーなんでございます。この東海オンエアラジオで唯一のまともなコーナーでございますよ。まぁ、ハガキのほうがですね、書いてる方の気持ちも伝わるし、面倒くさいじゃないですか。めんどくせーな、でもどうかハガキを読んでもらいたい、よーし頑張って書くぞ、という、そういう気持ちのこもったハガキを拾えるのでね、我々パーソナリティーの気持ちも入って、ここだけは真面目にやれるんじゃないかというものでございますよ。これは簡単に言いますと、ハガキでリクエスト曲を送ってもらって、それについての想い出とかエピソードとかを書いて送っていただくと、普通に我々が真面目にそれを紹介して、リクエストをかけますということで。普段だったらゆめまる君が勝手に好きな曲を流してしまったりするんですけど、ここばかりはあなたの曲をほんとに思いを込めて全国のみなさまにお届けするという、そういうコーナーでございます。さっそくハガキ届いておりますので、その中から今日のお便り紹介していきたいと思います。ラジオネーム、月1でヘルメットさん。〈東海オンエアのみなさんこんにちは〉。

しばゆー　**ねぇ、早口すぎない!?**　さっきからさぁ。

ゆめまる　一回落ち着こう。

虫眼鏡　一回落ち着くわ。はい、一回落ち着きましょう。というわけで、ま、ハガキが来ているわけでございます。

ゆめまる　じゃあ、読みますね。ラジオネーム……。

虫眼鏡　あ、ゆめまるさん。気持ちを込めて読んでくださいね。

ゆめまる　あ、わかりました。

虫眼鏡　で、例のごとく3回噛んだら僕と交代です。

ゆめまる　怒って、噛まないようにしないとな。ラジオネーム、月1でヘルメットさんからです。

しばゆー　少ない。

虫眼鏡　もうちょっとかぶったほうがいいね。

しばゆー　うん。

ゆめまる　いいですか?

虫眼鏡　いいですよ、僕たち裏でしゃべってるんで、しゃべってください(笑)。

ゆめまる　これ、難しいんですよ。しゃべってる間にしゃべるとね、わかんなくなっちゃう。

虫眼鏡　ふふふ。

ゆめまる　どこ読んでるかわかんなくなっちゃう。

しばゆー　おーい、**早くやれや!!**(その後、裏でずっと二人は薄く雑談)

ゆめまる　え?　大丈夫?　あ、今やっとね、オンタイム。よしっ。〈高校2年生女です。いつもメイン、サブ、個人チャンネルともに、動画楽しく拝見しています。突然ですが、私は9月から来年の6月までドイツに行くことになりました。念願の留学です。友達のブンデスリーガが大好きマン、が放った、ドイツにしなよの一言で覚悟を決めた校内応募になんとか受かり、あとは旅立つのみになったのですが、私にはひとつ悩みがあります。それは、私がまだ全然ドイツ語が上手にしゃべれないことです。学校にも毎年、1、2年に4〜5人留学生が来ていますが、日本語がどれだけ使えるかで、頑張って伝えようとしてくれるかで、最初の印象はだいぶ違うなと感じます。とりあえず対策のひとつとして、小2からサッカーをやっているので、スポーツは言語の壁を超えるという話を鵜呑みにして、向こうでもサッカークラブに入るつもりです。本場のサッカーを肌で感じられるのは楽しみですが、やっぱりちょっと不安です。そこでみなさんに質問なのですが、異国の地で現地の方と仲良くなる秘訣などはありますか?〉。

虫眼鏡　別に僕たちそんな海外行ってないけどな(笑)。

しばゆー　もっと海外ユーチューバーに聞いたら?

ゆめまる　〈動画の旅行の様子を見ると、みなさんその国になじむのが早くて、楽しそうだなと思いました。是非、お話をうかがいたいです〉。

しばゆー　読めました。

虫眼鏡　テッテレー。

ゆめまる　こっち聞くとこっちに返したくなっちゃってね、話をね。あのぉ、わかんなくなっちゃうね。だからあんま話してほしくないね。

虫眼鏡　今日はちゃんと噛まずに読めましたね。

ゆめまる　できましたね。

しばゆー　**ばーか！**

ゆめまる　**なんだそれ！**

虫眼鏡　うふふ。でも、ちょっと気になるお便りだったんですけど、この方は高校2年生で女性の方じゃないですか。で、小2からずっとサッカーをやってて、ドイツでサッカークラブ入るって言ってんですよ。

ゆめまる　すごいよ。

虫眼鏡　普通にさ、すごくない？

ゆめまる　うん。本場でやるのはだいぶ日本と話も違うだろうし。

虫眼鏡　ドイツには女性サッカー部ってのがあるのかねぇ？

ゆめまる　さすがにあると思うよ。

虫眼鏡　そういうことか。

しばゆー　なるほどね。

ゆめまる　日本よりもっと盛んだと思うから。で、異国の地で現地の人と仲良くなる秘訣などはありますか？ということですけど。

虫眼鏡　ゆめまるさんなんてスペイン行ってたじゃないですか。スペインに行ってね、仲良くなった人にね、スマホあげたらしいじゃないですか。

ゆめまる　ははは、いやいやいや、

盗られたんです！

虫眼鏡&ゆめまる　はははは。

ゆめまる　めちゃくちゃ盗られました。でもね、やっぱ思ったのは、下ネタやっぱわかりやすくてすぐよ。仲良くなってくれるのはね。

しばゆー　あぁ、たしかに。下ネタ世界共通です。

虫眼鏡　へえ。どういう下ネタ言ったんですか？

ゆめまる　なんか、お酒飲んでて、クラブ行こうぜ、みたいな話になったのね。

虫眼鏡　スペイン語でなんて言うんですか、それって？

ゆめまる　わからない。英語で。アメリカ人だったから。

虫眼鏡　あぁ(笑)。スペインでアメリカ人のやつと仲良くなんなよ！

ゆめまる　ま、隣で飲んでた人と仲良くなってね、クラブ行こう……。

虫眼鏡　クラブ行こうぜって英語でなんて言うんですか？

ゆめまる　Go Club，GO！GO！Club!!

虫眼鏡　ははは。

しばゆー　ばーか。

ゆめまる　ま、そんな感じでね、行ったわけなんですけども、何言ってるか全然わかんなかったから、ずっと「ディック」って僕言ってたんですね。そしたらこいつはヤバイやつだみたいな空気になって、ま、仲良くなるというか。

虫眼鏡　へぇー。

しばゆー　俺も昔シアトルで、ランチマーケットみたいなところでね、アメリカ人の方に囲まれたときにね、うわぁウケとってやろうと、てつやと二人で、**「ヘイ、ディック、マイ・ディック・イズ・キューカンバー！」**って。**俺のおチンチンはキュウリだ！**って。そんなのウケるわけないと思うじゃないですか。**バコーン!!　ドカドカドカーン!!!**(笑)　俺のチンチンはキュウリだで、そんなにウケる？っていう。

ゆめまる　わかりやすい笑いだからね。

虫眼鏡　月1でヘルメットさん女性だから、それ使えないですからね。どうですか、真面目なほうは？

ゆめまる　真面目なほうね！

虫眼鏡　ちなみにこのコーナー、真面目なコーナーなんですよ。知らないかと思いますけど。

しばゆー　まず下ネタは普通に真面目だとして。

ゆめまる　ま、普通に挨拶するとかじゃない？　おいー！って言って。おいー!!

虫眼鏡　めっちゃ小学生みたいな答え返ってきちゃったから、まぁなと思っちゃって。今東京って、異国の地みたいなもんやん。

しばゆー　ちげーだろ、別に！

虫眼鏡　我々からしたら。

ゆめまる　まぁまぁ、都会でね。

虫眼鏡　で、僕は、ホテルの中で腐ってるんですよ。ホテルのベッドで腐ってる。だけど、わりと飲みいったりするやついるじゃないですか？　そのせいで編集やんねえでマジでキレそうなんですけど。夜飲み歩きに行く体力すごいなと思うんですけど、そういうことによって、部屋に閉じこもらないことによって、友達、すごい有名な方と会ってきたよとか写真見せてもらったりするじゃん。そういうのは、あ、うらやましいなと思うんで、ま、なんでしょうね、

日本人でかたまらないとか。

しばゆー　ま、そうね。餓えて話しかけに行ったほうがいいと思うね。空気を読まずに。

虫眼鏡　そうそう。せっかく、9月から6月だから、9か月間みっちりしゃべれば、多分もうね、しっかりドイツ語しゃべれるようになるような気がするんでね。

ゆめまる　日常会話くらいはできるのかな。

しばゆー　ドイツが一番ムズそうだけどなぁ。

虫眼鏡　ね、せっかくの機会なんでね、しっかりしゃべってきてほしいな。あと、サッカーありますからね。普通に、やっぱり一緒にサッカーやってる仲間とは絶対仲良くなると思うんで、その友達からつなげてもらうとかね。

ゆめまる　大事なんじゃないでしょうか。

しばゆー　ビール飲むとかね、ドイツでね。

虫眼鏡　高2だからダメか。ま、いろいろなパスをつなげてください、ってことですわ。

ゆめまる　それでは、月1ヘルメットさんのリクエスト曲いきますね。UNION SQUARE GARDENさんの「徹頭徹尾夜な夜なドライブ」です。

《曲》

ゆめまる　お届けした曲は、UNISON SQUARE GARDENで「徹頭徹尾夜な夜なドライブ」でした。

虫眼鏡　お便りにもですね、〈この曲に出会ったときの、この曲の思い出なんですけど、中1秋の練習試合、更衣室にまさか他にも女子がいると思わず私が熱唱していたところをロッカーを挟んで反対側から聴いていたその子が、それいい曲だね、などと言ってきたのがこの曲です〉と言ってますけど、結構な声量で歌わないと（笑）。

ゆめまる　東の空から夜な夜なドライブ～！

虫眼鏡　ふふふふ。それだとさすがに、なんなんですか?ってなりますもんね。友達欲しかったらこの曲をドイツでも歌ってください。ハガキでリクエスト曲、そしてその曲にまつわる想い出やエピソードを書いて送ってください。あて先は、〒461-8503　東海ラジオ　東海オンエアラジオ「来たれ！はがき職人」まで。

ゆめまる　みなさんからのハガキを楽しみにしています。ゆめまるプレゼンツ「来たれ！はがき職人」でした。

《ジングル》

虫眼鏡　ボケポイントを犠牲にして告知に回したのかと思った、チラさんが。一応、ちゃんと噛んでましたけどね、僕が。

しばゆー　**東海オンエア男根射精**って言ってたもんね。

ゆめまる　はははは。

虫眼鏡　ははは。言ってみて、東海ラジオ大感謝祭って。

しばゆー　東海ラジオ**だん……**、東海ラジオ大感謝祭。うーん、言いづらい、たしかに。だんこんしゃさい、になっちゃう。

ゆめまる　それでは愛知県岡崎市在住のラジオネーム、きんぎょちゃんさんからのメッセージです。〈東海オンエアのサブチャンネル、東海オンエアラジオの様子をちょっとお見せして宣伝しますの動画を見て、あわててメールを送っています。モリゾーのぬいぐるみでオナニーをしていた方のお話で、ぬいぐるみを見つけてほしいとのことでしたが、私の実家にあります〉。

しばゆー　おぉ。

虫眼鏡　見つかった?　岡崎市、しかも?

ゆめまる　うん。〈私が小学生のときに愛・地球博で親に買ってもらい、そのまま中学生、高校生の間ずっとベッドの上にいました。ちなみに私は、モリゾーでオナニーはしませんでした〉。

虫眼鏡　じゃあまだ、処女、童貞だね。モリゾーっておじいちゃんだよね。

ゆめまる　〈サブチャンネルを見て、もう捨てられてるかなと心配しながら、親に連絡したところ〉。

しばゆー　**絶倫おじいちゃん**だから。

虫眼鏡　**あはは!**

ゆめまる　〈大事にとっておいてくれてました〉。

虫眼鏡　じゃあ童貞じゃないね。

ゆめまる　〈思い出を捨てられないタイプの親でよかったです。私が大学生になって家を出てからは、ずっと押し入れの中で眠っていたらしいので、求めている方がいるなら、是非お譲りしたいです〉。

虫眼鏡　え?　いいんですか?

しばゆー　すごい！　まじで？
ゆめまる　〈メールを送った方が言うとおり、子供の座高くらいの大きさのやつです。多分同じものだと思います。いきなりモリゾーを東海ラジオさんに送っていいのかわからないので、ご連絡いただけたら嬉しいです〉。
虫眼鏡　え？　まじか、これ見つかっちゃったか？
ゆめまる　その子、欲しがってたもんね。
虫眼鏡　うーん、どうなんですかね、これ。東海ラジオさんに送っていいんですか、モリゾー？　あ、送っていいって言ってる(笑)。
ゆめまる　**送っていいんだ！**
しばゆー　おもろー。
チラ　私宛てに送ってください。東海オンエアラジオ、**チラさん宛て**で一回送ってください。
ゆめまる　あ、わかりました。
虫眼鏡　東海オンエアラジオのチラさん宛てに送ってください。
しばゆー　飾ろう、正式に。
虫眼鏡　これってあれですよね、求めてる方がいらっしゃるから、その人に届けるんですね。一旦僕たちがね、またサブチャンネルとかで検証するかもしれませんけど。
ゆめまる　いじりますけどね。
虫眼鏡　ま、一旦送ってください。着払いでいいです。
しばゆー　**愛は地球を救ってるなぁ。**
ゆめまる　いやぁ、すごいですね、これ。
虫眼鏡　これ多分喜ぶだろうな、そのお便り送ってくれた人も。ちなみにこのサブチャンネルという言葉に、聞き覚えがない人もいらっしゃるかもしれないじゃないですか。我々ね、東海地方でしかこの番組聴けないんですよ。だから、実は僕たちこんな感じで番組やってるんですよぉっていうので、我々ユーチューバーなのでね、ユーチューブに動画を配信してんですけど、先週ね、前回の放送はね、お便り余っちゃうんで、ちょっと多めにあげといて、あぁ読みたかったけど時間の関係で読めなかったなってお便りが数通あまっちゃうんで、それをね、ちょっとだけ読んで、まぁこんな感じでやってまーすって東海のサブチャンネルで公開したわけなんですよ。まだ見てない方はぜひ見ていただければと。
ゆめまる　そしたらこの話がつながりますからね。
虫眼鏡　そうそうそうそう。そういうこと。それを見ると、今の話がなにかわかります。ただ、あのサブチャン、なんか伸びなかったね。
ゆめまる　あ、そうなんだ？
虫眼鏡　ま、別に、しゃべってるだけだからそうなのかもしれんけどね。もうちょっとみんな、ラジオに興味もってくれたらいいんですけどね。
ゆめまる　面白かったのにねぇ。
虫眼鏡　ね。今日も後でやろうよ。暇でしょ、ゆめまる。
ゆめまる　（小声で）＃＄％＆＋Ｐ
虫眼鏡　ふふふ。次のお便りいきましょう。
ゆめまる　ラジオネーム、アポロさんから。
虫眼鏡　はーい、アポロさん。
ゆめまる　件名が、「同士いた」って書いてありますね。〈モリゾーでオナニーしてた話聞いてびっくりしました。私は60㎝くらいのモンチッチ人形で初オナニーでした〉。
しばゆー　もう、**バカしかおらん!!**
ゆめまる　バカだなー。〈姉の誕プレで、顔と手足先はプラスチック素材で、抱きしめるとちょうど保育園の私のオマタに食い込むようになって、うつぶせになって体重をかけると熱くなって何度も繰り返したのを思い出しました〉。
しばゆー　ははは。
ゆめまる　〈私の場合は、勘でヤバイ行為だと思い親にはこっそり隠していたのですが、夏の日、布団で隠さずしていたら見つかり、速攻でモンチッチを処分されました〉。
虫眼鏡　えー。
ゆめまる　〈以来私はオナニーは、うつぶせも仰向けもどっちもいけます〉。
しばゆー　ははは。腹立つなぁ。
虫眼鏡　ありがとうございました。
ゆめまる　ありがとうございました。
虫眼鏡　**このモンチッチ人形は送らないでくださいね。**
しばゆー　シンバルのやつ？　パチパチ。
虫眼鏡　違う。に、似てるやつだよね。
ゆめまる　そうなの？　**あー!!　これね！**
しばゆー　これね！
ゆめまる　エロで使っちゃダメだよー。
虫眼鏡　毛のわしゃわしゃ具合が匂いを吸収しそうで嫌じゃない？
ゆめまる　すっぱい匂いがする

（笑）。

しばゆー　ははは。**シンバルのやつで、こう、やってるかと思った。**

虫眼鏡　あそこをこうやってもらう？

しばゆー　オマタをこうやってもう。

ゆめまる　クリちゃんこうやって挟んで。

虫眼鏡　ふふふ。

しばゆー　おい、言うな!!

ゆめまる　あーぁ、って言って。

虫眼鏡　**チャンチャンチャンチャン**（笑）。

しばゆー　**あっ、あっ、あっ、あっっって。**

虫眼鏡　沢山のメッセージありがとうございました。今日の放送いかがでしたでしょうか、ゆめまるさん。

ゆめまる　いやぁ、最初に怒ったおかげでね、だいぶ楽しくできました。

虫眼鏡　落ち着きました？　今日ゆめまるね、いつもよりしゃべってましたね。上手だったんじゃないですか、いつもより。

しばゆー　ボルテージ高かったねぇ。

ゆめまる　たぶん、なんかね、テンションがあがってんだよ。興奮状態だったから、バンってきた。

虫眼鏡　これからゆめまるを怒らせてから収録に臨んだほうがいいんじゃないですか、これは？

ゆめまる　いや、俺もう、やめるよ。

しばゆー　じゃあ次の収録30分くらい押そうか？（笑）

ゆめまる　いや、いいよ別に、押すのはいいんだよ。

虫眼鏡　結局ちゃんと、やや長いくらいしゃべっちゃった。

ゆめまる　一番ベスト、35分くらいなんだから。

虫眼鏡　40分以上録ってますからね。何かカットされてますからね。さてここでお知らせです。

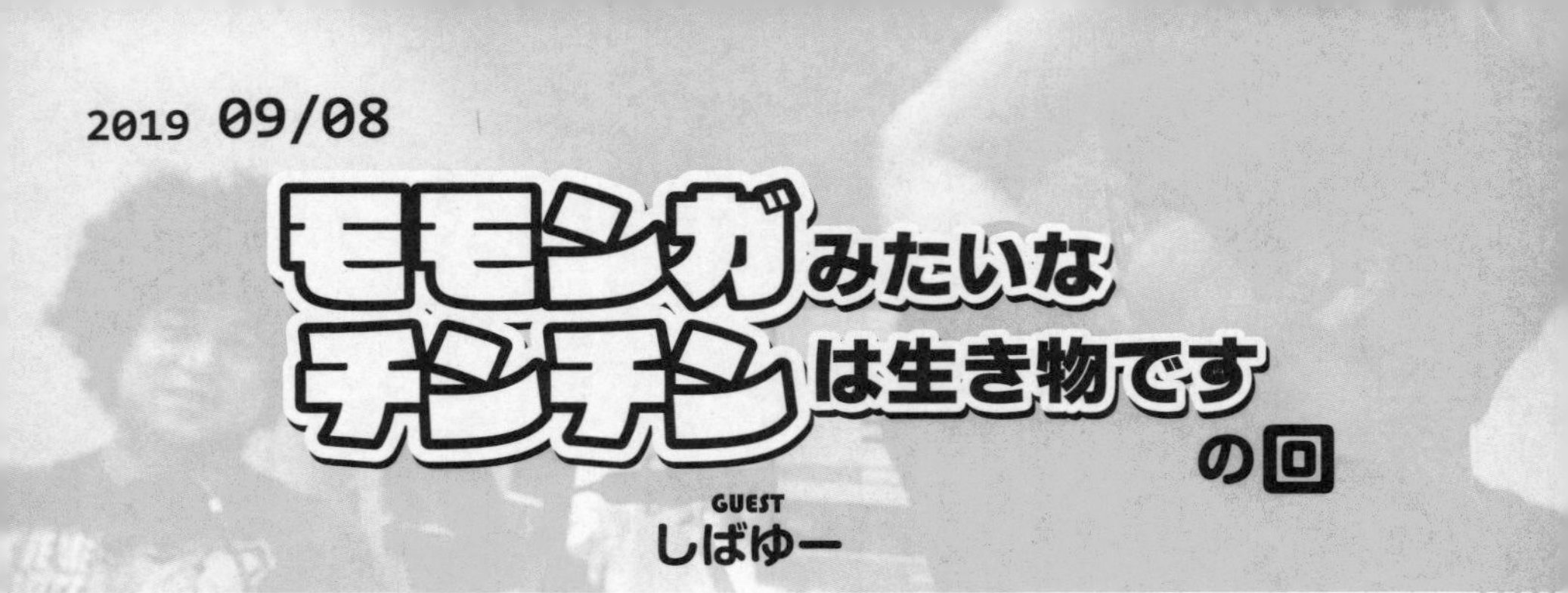

2019 09/08

モモンガみたいなチンチンは生き物ですの回

GUEST
しばゆー

ゆめまる　本日も始まりました東海オンエアラジオ。いやぁ、先週キレてましたけどもね。

虫眼鏡　先週キレてましたけど、あのぉ、先週は、って、まるで1週間あいたかのようにしゃべってますけど、ゆめまるさん的には**2分もあいてないんだからね。**

ゆめまる　そうなんですけどね(笑)。

虫眼鏡　今も怒ってらっしゃるはずではありますけどね。

ゆめまる　じゃあ、メッセージからですね。ラジオネームもえかさんからのメッセージからです。〈今回は少し困っていることがあるので、皆さんに質問させていただきたいと思い、メールを送りました。私の塾の先生が授業をしている間にやたらと、おチンチンのポジションを直すのです！　先生は黒板を向いていますが、斜めからだと見えてしまい、明らかに直しています。授業は生徒が私しかおらず、誰も共感者がいないので困っています。皆さんだったらどうしますか?〉

虫眼鏡　もえかちゃんは何歳なんだろうね?　いくつなんだろう?

しばゆー　いくつかによって変わるよね。

ゆめまる　でも授業いってるってなったら……。

虫眼鏡　まぁ中高生か。

しばゆー　生徒が自分しかいないのか。

ゆめまる　この子、不思議だよね、斜めにいるのに先生一人、1対1ってこと?

しばゆー　斜めから見えるって、**相当な巨漢?**　巨根?

虫眼鏡　巨漢は別に関係ないからね(笑)。でもなんか、何歳かはわからないけど、その、**ちんこピッって触る行為**がポジションを直す行為だよって知ってるってのは、いやお前知っとるやん、って言いたくなるんですよね。

しばゆー　だったらええやん、と思うけどね。

虫眼鏡　そう、直さなきゃいけないんだよね、っていう。

しばゆー　**生きてるんだよね、チンチンって。**

虫眼鏡　そうなんですよ(笑)。

しばゆー　こらこらこら!　みたいな感じだよね、たぶん。

虫眼鏡　そうね(笑)、息子って言いますけど我々ね、自分のおちんちんのことを。**ほんとに息子なんですよ。**

ゆめまる　ほんとに息子なんだよね。

虫眼鏡　元気があるときもあれば、今日はちっちゃくなっちゃってどうしたの?ってときもあるし(笑)。

しばゆー　大丈夫か?

ゆめまる　怒られたか?ってときね。

虫眼鏡　**暴れん坊な日もあってですね、**僕なんて撮影、今、ちょっとしたドラマの撮影みたいなのしてるんですけど、じゃあちょっと俳優部のみなさんお休みください、って休憩してるじゃないですか。なんか僕、**疲れ勃起**するんですね。

ゆめまる　言ってるもんね(笑)。

虫眼鏡　疲れて、なんだか知らんけど勃起してて。別にエロいこと考えてるわけじゃないのに勝手に勃起してて、でもなんか**前のシーンで勃起してなかったのに次のシーンで勃起**してたらおかしいじゃん(笑)。

しばゆー　つながりが(笑)。

ゆめまる　つながりが、ダメなんだよちょっと!って。

虫眼鏡　今つながりが良くなかったですよって指摘してくれるお姉さんもいるんでね。すいません虫眼鏡さん、**さっきチンチン勃ってなかったのですいませんけど勃てないでください。**

しばゆー　勃ててください。ジュッポー。

虫眼鏡　勃てるほうで合わせるの？

しばゆー　ははは。しかも虫さん普通に言うからな。あ、やべ、疲れ勃起した、って全部音声さんに筒抜けなんだって。

虫眼鏡　ピンマイクつけてるからね。ちなみに、**チンポジについてはですね、**僕は、個人チャンネルでラジオやってるんですけど、それでもお便りに来たことがありまして。

ゆめまる　あぁそうなんですか。

虫眼鏡　これは一言あるというか。みなさんチンポジってさ、どこ？

ゆめまる　え？　どこ？

しばゆー　チンポジ？

虫眼鏡　どういうタイプ？

しばゆー　**俺はね、上に向いてるのが気持ちいいね。**

虫眼鏡　だよね！(笑)。**そうそうそう！**

ゆめまる　上なの？

しばゆー　上にあげてるのが気持ちいい。

虫眼鏡　僕も上に、**はっ！**

ゆめまる　なになに？　勃ち？　勃ってるとき？

虫眼鏡　こう。

しばゆー　そう。**だから正面から見たらカブトエビみたいな。**

虫眼鏡　そうそうそう(笑)。そうだよ。え、ゆめまる、どこ向いてんの？

ゆめまる　俺？　え？　勃ってないとき、通常時だよね？

虫眼鏡　当たり前じゃん。パンツはいてるときだって。

ゆめまる　はいてるときでしょ？

虫眼鏡　勃ってるときは上向いていろよ。

ゆめまる　まぁまぁ、上向くけど。え、普通にこうかな？

虫眼鏡　え？　そんな、下？　ボクサーパンツだっけ？

ゆめまる　ボクサーパンツ。

しばゆー　いや、上がね、気持ちいいんだよね。

虫眼鏡　え？　上のほうがさ、この、ぶらっとしてないじゃん。ピタッって体に、一番体から離れる面積が少ないから。

ゆめまる　あぁ。

しばゆー　吸い付いてくれる。

虫眼鏡　ピッって。よくさ、女の子とかでさ、えー、そんなもの付いてて歩くときとか走るとき邪魔じゃないんですか？って言われるけどさ、邪魔じゃないじゃん。邪魔じゃないけど、言われてみれば邪魔かもしれんじゃん。

ゆめまる　いや、感じたことないけど。

しばゆー　言われてみれば、これがなかったらもっと動くのにな、って思うときない？ストレッチとかしてるときに。

ゆめまる　まぁまぁまぁ。

虫眼鏡　こんな邪魔な玉がなければ、もっとこっちに押せるのに。

ゆめまる　グッといけたのにね。

虫眼鏡　っていうことを考えると、やっぱりピタッっていうときが一番いいんじゃないかと思うんですけど。

しばゆー　ジョジョみたいな、**ジョジョみたいになってる**(笑)。

ゆめまる　**二人は、大きいじゃないですか。**

虫眼鏡　おちんぽですか？

ゆめまる　おちんぽ。おちんぽ大きいやないですか。僕ちいちゃいんで。だから**巻貝みたいな**さ、巻貝のあのぉ。

虫眼鏡　巻貝は巻きすぎじゃないですか？(笑)。

しばゆー　巻きすぎでしょ(笑)。

虫眼鏡　それはねじりすぎじゃないですか？

ゆめまる　サザエの肝みたいなぐらいの、こういう感じになっちゃうじゃないですか。大きい人だとこれが、こう挟まっちゃう違和感があるから、こうなるのが気持ちいいんじゃないですか？

虫眼鏡　ええ？

しばゆー　ま、通常時は普通なんだけどな。

ゆめまる　**見なくていいんだよ！**

虫眼鏡　でもパンツをぴちっとはきたいから絶対上だと思ったんですけど、僕のそのぉ、ラジオのコメントで、いや上はあり得ないっすよ虫さん、っていう人がたくさんいて、僕は困っちゃったんですよね。

ゆめまる　上にできるくらいないもん俺。

虫眼鏡　え？　ちっちゃくても関係ないでしょ。

しばゆー　通常時だから関係ないよそれは。まったく。

ゆめまる　いやいや。通常時でもあなたたち、**ボロティーン**じゃないですか。

虫眼鏡　ふふふ。

しばゆー　ボロティーン。

虫眼鏡　**しばゆーはでかい、まじで。**

しばゆー　え？　嘘？

虫眼鏡　今夜も#東海オンエアラジオで聴いてる人はつぶやいてみてください、ということでございます。

東海オンエアラジオ！

ゆめまる　東海ラジオをお聴きのあなた、こんばんは！　東海オンエアのゆめまると！

虫眼鏡　虫眼鏡だ！　そして今日のゲストは。

しばゆー　しばゆーでーす。

虫眼鏡　はい、しばゆーさんはちんちんが大きいんでございますよ。

しばゆー　なにそれ！

ゆめまる　ぷりんぷりんしてますからね。

しばゆー　いっつも出してますからね。

ゆめまる　この番組は、愛知県・岡崎市を拠点に活動するユーチューバー、我々東海オンエアが東京日比谷にある東海ラジオ東京スタジオからオンエアする番組です！

虫眼鏡　虫眼鏡と、僕ゆめまるが……あれ？（笑）、まあいいや、中心となってお届けする30分番組なんですけど、ま、なんかそのね、チンポジをすごい気にしてる男性、さっきのこのお便りに、みなさんならどうしますか？ってあったじゃん。

しばゆー　たしかに答えてなかったね。

虫眼鏡　まるで答えてなくて、しばゆーのチンポがでかいって結論になっちゃったんだけど、どうしますか？って言ってますけど、あの、別に、あなたを見て興奮してちんぽを直してるわけでもないですし。

ゆめまる　イテテテじゃないからね。

しばゆー　同じことをしますね。

虫眼鏡　その人がキモイことをしてるわけでもないので、関係ない。だって、僕たちがちんぽを触るのは、まぁ、はしたないことかもしれませんけど、じゃああなたたちは走ったあとに、ブラジャーを直さないんですか？

ゆめまる　あぁそうだね。こうやったりとかね。

虫眼鏡　そうそうそう。さっきの邪魔じゃないですかって話とつながりますけど、多分それと一緒なんですよね。だからね、別に見ないふりというか、まぁそれは生理現象みたいなもんなのでね。

ゆめまる　ま、仕方ないことですから。

虫眼鏡　できれば見ないようにしてあげてください。そして先生は、もしもこの話を聞いてたらね、**チンポジを直すときはですね、もっと上手にやれ**とは思いますよね。

ゆめまる　トイレに行くとか、してくださいと。

しばゆー　パツパツの、**もっとパツパツのやつはくとか。**

ゆめまる　先生だから、生徒の前で直すのはちょっとね、いけないかなと思いますけどね。

虫眼鏡　ま、だから、先生は生徒が二人いるわけですからね、一人は目の前にいて、息子も暴れん坊だし。

しばゆー　あぁ、息子とね。指導対象ですからね。

ゆめまる　こら！っていいながらね、ぬいちゃうかもしれないからね、自分でね。

しばゆー　は？

虫眼鏡　ははは。というわけでね、くっそ気持ち悪い話をしたあとにですね、ちょっと真面目なお話を。

ゆめまる　大事なお話ですよこれは。みなさん聞いてください！

虫眼鏡　ま、以前にもした話ですけどね、9月22日（日）と23日（月）祝日ですね、名古屋のオアシス21　銀河の広場で開催される「開局60周年記念　東海ラジオ大感謝祭２０１９」で、「東海オンエアラジオ」の初の公開録音を行います。

ゆめまる&しばゆー　おいしょー！

虫眼鏡　公開録音、緊張しませんか？

ゆめまる　どうしようね。噛み噛みだったらどうしましょうか？

虫眼鏡　ゆめまる今日めっちゃ調子いいじゃん、なんか。**今までで一番調子いいよ。**

しばゆー　**押してると調子いいんじゃない？**

ゆめまる　押してる？

しばゆー　時間が押してると。

ゆめまる　時間が押してると（笑）。

虫眼鏡　遅刻してく？

ゆめまる　**遅刻するか。怒っとくかもう。**

しばゆー　それか酒飲んどくか。

ゆめまる　公開収録を違うとこでやって、映像見せよう。

しばゆー　公開収録じゃねーよそれ（笑）。

虫眼鏡　ははは。時間なんですけど、先週ね、フライング発表しましたけど、9月22日（日）の17：30～19：00までです。

ゆめまる　ほぉ、1時間半。

虫眼鏡　ちなみに、でんぱ組.incのお三方は、翌日9月23日の12時からなので。ま、という情報もあります。

ゆめまる　行くんですか？

虫眼鏡　いや、行けねーだろ。さすがに。行くんだったら言わないよ、内緒にする、ほんとに。全然気づいてないふりしてサッて行くけど。

ゆめまる　あれ？　いるじゃん、みたいな。

虫眼鏡　もうあんだけリアクションしたからにはもう行けないし、なんならその次の日は別の仕事があるんで行けないですね。残念。えー、そして我々の、1時間半も何しゃべるんですか、ということになるんですけど、ま、ゲストが来てくれるんじゃないかということでございまして。

ゆめまる　誰でしょうか、誰が来るんでしょうか。

虫眼鏡　まだわかんないですけどね。しかもですね、メンバーは誰が来るんですか?っていう質問もあったんですけど、一応6人でいくつもりです、今のところね。ま、もしも来れない人がいたらごめんとは思いますけど、一応全員で行くつもりですし、これね、無料なんですよね。

ゆめまる　おぉー、なんと入場料なし。

虫眼鏡　はい。で、座席指定エリアっていうね、ちょっといい席、ま、S席みたいなところが280席くらいだったかな? を、先週まで応募してたんですけど、それはもう締め切られちゃったんですよ。

ゆめまる　先週の放送で終わりましたからね。

虫眼鏡　おそらくパンパンになってるはず。で、それ以外にもね、席あるんですよ。

ゆめまる　周りのとことか。

虫眼鏡　そう。外れた人は、もうじゃあ来れないんですか?っていう意味じゃなくて、別に来ていいんですよ。で、何人でも来ていいらしいですよ。**パンパンになっていい**んだって。

しばゆー　まじか。

虫眼鏡　オアシス21がパンパンになっていいって。

ゆめまる　**パンパンにしちゃいましょう、みなさん!!**　パンパンに!

虫眼鏡　こないだの、ふるさと甲子園みたいに怒られませんかね? パンパンにしても。なので、ぜひね、パンパンにしてですね、**わぁ東海オンエアはすごいなってことを見せつけたい**。ということでございます。1時間半東海オンエアがしゃべりっぱなしっていうイベントはね、初めてですからね。

ゆめまる　初めてじゃないかな。1時間はなんか、生放送とかはありましたけど。

虫眼鏡　ま、でも、人に見られてってないじゃない。

ゆめまる　ないねぇ。

しばゆー　たしかにな。

ゆめまる　だから、**1時間見られっぱなしってイベントが、もしかして初めてじゃない?**

ゆめまる　あぁなるほど。

しばゆー　ちょい出しだもんな俺ら。**すぐ逃げちゃうもんね、尻尾巻いて。**

ゆめまる　尻尾巻いてないけどね。

虫眼鏡　ふふふ。そういう意味では、我々にとってもちょっと挑戦っていうか。

ゆめまる　新しいことをやってるって感じ。

虫眼鏡　なんなら、一番今までね、頑張らなきゃいけないイベントかもしれないですよ。

ゆめまる　お客さんもね、ガヤとか飛ばしていいかもしれないですね。コラー!って。

虫眼鏡　ほんとですよ。これはもう頑張りますよ。**ギャラは安いんですけどね**。えーと(笑)、座席指定エリアの当選者は……。

しばゆー　皮肉がすごくない?

虫眼鏡　ふふふ。えーと、座席指定エリアに当たったよって方はですね、当選ハガキを明日発送しますので、3日くらい待っても来なかったら、あぁ私はハズレたんだなと思ってですね、悔しがってください。

ゆめまる　この当選ハガキがないと、座席指定エリアには入れないですね? だから捨てちゃ絶対ダメですからね。

虫眼鏡　というわけで、みなさんに会えるの楽しみにしております。

ゆめまる　はい。待っています。それではここで1曲お届けします、SIRUPで「Do Well」。

《曲》

ゆめまる　お届けした曲は、SIRUPで「Do Well」でした。

虫眼鏡　さて、東海オンエアが東海ラジオからオンエア! 東海オンエアラジオ、このコーナーやっちゃいます!「第3回東海オンエアを音で笑わせろ!」

ゆめまる　**神回! 神回でございますよみなさん!! イエーイ!**

しばゆー　えぇ、これやるの?

虫眼鏡　もう**第1回クソ、第2回クソ**という音がね、たくさん届いておりまして。ま、音で笑わせろとしか言ってませんから、クソな音を送っちゃいけないなんて一言も言ってないんですよ。ま、クソのとき僕たち笑いますから、結果的にコーナーとしては成功してますんで。どういうコーナーかといいますとね、ラジオっていうのはですね、映像があるわけでもないですし、音だけが勝負、音だけで勝負するメディアなんですよ。

しばゆー やるんだぁ。

ゆめまる やるんですよ。

虫眼鏡 その、音だけというのを最大限に生かしてるコーナーでございましてですね、ま、シンプルに言うと、おもろい音を送ってきて僕たちを笑わせてみやがれ、ということでございます。

ゆめまる **音で大喜利みたいなもん**ですよね。

虫眼鏡 そうですね。ま、なんでもいい、替え歌でもいいし、自作の歌でもいいし、鼻歌、会話、寝言などなんでもいいですよ。それを聞いてみんなで笑って幸せハッピーになろう、明日も元気に頑張ろう、というコーナーでございます。なんとですね、3回目でございます。

ゆめまる いやいや、**1年やって3回しかやってねえんだぞ、このコーナー。**

しばゆー やるんだぁ。

虫眼鏡 でもね、それだけ長い期間をかけてためた音なので、これはさぞかしね、極上の音が流れるんではないでしょうかってことで、我々はですね、台本読んで、今日の台本にこれがあった瞬間大喜びでございます。

しばゆー **なんでだよ!**

虫眼鏡 万歳三唱で。

しばゆー **やべぇ、クソだ!! じゃん。**

ゆめまる ははは。いやぁほんとにこれ、やっとできて嬉しいですね。それじゃ、最初のやついってみましょうか。最初は、愛知県のシドさんからのあれですね、えー、なんだ……。

虫眼鏡 音ね。あれ、って言うな!

ゆめまる 音ですね。えー、〈先日友達と音楽スタジオへ行った時に録った渾身のシャウトです。ぜひ聞いてください〉。どうぞ。

《音源》

虫眼鏡 うふふふふ。みじけー。

ゆめまる **バカー!! なんだこれー!! おい!**

全員 はははは!

ゆめまる 終わりました?

虫眼鏡 みじけー。もっと、もっとできたでしょ?

ゆめまる しかも、シャウトって言ってるけど、下手なシャウトだったね。

しばゆー もっと長いもんだからね、シャウトって。

虫眼鏡 今しばゆーがやったほうが上手いんじゃないの? ちょっとしばゆー、マイクから離れてやってみて。シャウトしてみて。

しばゆー **イヤーーーーーーー! ボーーーーーー!**

ゆめまる ボーーーーー!とか、そういうね。

しばゆー これは違うか? シャウトって高いほうか?

ゆめまる いやーーーー!みたいな、なんか、想像してたんですけど。ちょっともう一度聞かせてください、お願いします。

《音源》

虫眼鏡 あぁ。

ゆめまる こうやって聞くと、なんか。

しばゆー **イヤーーーーーー!!**

虫眼鏡 あぁ、でも、かっこいいじゃん結構。

ゆめまる なるほど。

虫眼鏡 悪くないですね。ただ短すぎるっていう(笑)。まだなんか続きあるのかなとか、それでしゃべるのかなと思ったら、イヤーーーー!

ゆめまる イヤーーー!だけで。

しばゆー 歌詞もないしね。

虫眼鏡 これ結果的に、笑ってるんで成功でございますね。

ゆめまる 成功ですね。いい音でしたね。

虫眼鏡 はい、次いきましょうか。

ゆめまる 次は、**アポロさんからの面白い音**ですね。

しばゆー アポロさんじゃんか。

虫眼鏡 ほんとにいつもアポロさんのことを雑に扱ってますけど我々は。こればかりはありがとうございますですよ。

ゆめまる これはね、**名リスナーですよ。**

虫眼鏡 ほんとにいつも送ってくれてるからね。

ゆめまる だって**コーナーすべてに送ってるんだよ。えらいでしょ!** えらい人だよこれ!!

しばゆー すばらしい。

虫眼鏡 しかもほんとに全部ね、クオリティが高いんだよね。

ゆめまる ちゃんとしてんだ。

虫眼鏡 僕たちがそれをよけてるのは、読みすぎだな、ってよけてるだけだから(笑)。

ゆめまる バランスよくね。

虫眼鏡 はい、行きましょう。

ゆめまる 〈唯一できる鳴き真似で

す。仔猫は無理でした。…だいぶ汚れてしまったので〉

虫眼鏡　調子のんな。はい。

ゆめまる　はい、それではどうぞ。

《音源》

全員　あはははは!

ゆめまる　いやぁ、いやぁ、いやぁ。

しばゆー　怖い。

ゆめまる　しんどいぜまったく。

虫眼鏡　ほんとなんとかしよ、この人。

しばゆー　腹立つ。

虫眼鏡　**会いに行きたいこの人に。叱りたいもん。**

しばゆー　**活字でニャーオって言ってたよ。**

虫眼鏡　ふふふふ。もっと寄せなさいよ。

しばゆー　ニャーオ。

ゆめまる　ニャーオっつってね。なんならしばゆーの鳴き声に似てたような気がする。しばゆーがちょっと猫真似してるような声の。

虫眼鏡　しばゆー、どう?　しばゆーの猫できる?　おる?

しばゆー　ニャーオ。

虫眼鏡　なんでそんなガスガスなの(笑)、みんなして声。

ゆめまる　さかってるじゃん、なんか。フーンって猫鳴くよね。

虫眼鏡　おっ。さすがゆめまるさん。

ゆめまる　猫飼ってますんで。

しばゆー　もう一回やって。

ゆめまる　フーン、って。知らない?

しばゆー　単調すぎない?

ゆめまる　喧嘩してるときとか、興奮してるとき、フーーン、キーッって言ってますから。

しばゆー　**ハーーーーン。**

ゆめまる　いやいや(笑)、ざこし。

虫眼鏡　意外とニャーって言わないよね。

ゆめまる　ニャーって言わないね。

しばゆー　いやぁ、汚れてしまってましたね、今の猫は。

虫眼鏡　**アポロさんは多分、チンポのくわえすぎでガサガサになっちゃってます声帯がね、**ビリビリになっちゃってます。

ゆめまる　矯正かけてやろうか。

しばゆー　クラミジアですかね

ゆめまる　それは違うな。えー、次いきましょうか。ラジオネーム、かほしんさんからの面白い音です。〈今回送らせて頂いた音は、もしかしたら理系の虫眼鏡さんは分かってしまうかもしれません。どこかで聞き覚えのある音ではないですか?〉

虫眼鏡　あれじゃない?　キムワイプをさっと取る音とかかな?

ゆめまる　キムワイプとは?　全然わからんわ。それではどうぞ!

《音源》

虫眼鏡　え?

ゆめまる　これわかりました。これは、岡崎市の、担当Tの、着信音です。

虫眼鏡&しばゆー　あはははは!

しばゆー　違う違う、たしかにこんなんだったけど!

ゆめまる　これは、東海オンエアしか知りません。

虫眼鏡　岡崎市役所の方ね。

しばゆー　もっとあの人のやつは、ポコペコポカポカピーみたいなやつだよ。

虫眼鏡　はっはは。普通にも、ただのいい音だったけど、なんだろうね?

しばゆー　オリスパの音。

虫眼鏡　オリスパの音でもあるなぁ。

ゆめまる　理系関係ねえ(笑)。

虫眼鏡　あと、あれね、水槽の中にお魚いれるときに入れるエアーの音にも聴こえたし。なんなら、それでハズレって言われたら腑に落ちないけど。なんかそういうもんですよね。答えはなんでしょうか?　えー、実は、**ドライアイスを水に入れたときの音**なのですが、録音して聞いてみたらトイレによくある乙姫に音がそっくりでびっくりしました。へぇー、ドライアイスを水に入れた音なんだって。

ゆめまる　音出るんだね。

しばゆー　乙姫、ドライアイスだったんだ。

虫眼鏡　ま、というわけで、ドライアイスの音で、ま、普通にいい音でしたね。笑いはしませんでしたけど。

ゆめまる　最後になりますね。ともんかさんからの面白い音です。〈作曲のことをほぼ何も知らない私が作曲した曲です〉。これすごいんじゃない、もしかしたら。

しばゆー　なんと。すごいよ。

ゆめまる　それでは、どうぞ!

《音源》

虫眼鏡　待って待って(笑)。

しばゆー　怖い怖い怖い怖い。

ゆめまる　ひと昔の、面白フラッシュの音だったじゃないですかこれ。

しばゆー　たしかに音質が。

虫眼鏡　よーく聞いてみると、たぶんちゃんと作ってくれてたんだよ。ただね、**録音がクソすぎて。**

しばゆー　音質がマジか？

ゆめまる　ガッサガサ。

虫眼鏡　たぶん、わりとね、メロディとかもかわいかったし、作曲してない、知識ない人感あるメロディでかわいいなと思ったんですけど、とにかく、録音が下手だった。すいません、もう一回流してもらっていいですか。ちゃんと聞こう。

《音源》

虫眼鏡　あぁ。「ゆめまると虫眼鏡だ」って言ってんだもん。だから、ジングルなんだね。

ゆめまる　最初にたぶん言ってた数字みたいなやつはたぶん……。

チラ　1332、ウチの周波数。

しばゆー　**♪貼るカイロ**、とは言ってた。

虫眼鏡　貼るカイロは言ってません（笑）。

しばゆー　絶対言ってた。貼るカイロ。

虫眼鏡　1332貼るカイロは言ってません！

しばゆー　**♪ゆめまるを、立て掛けた。**

ゆめまる&しばゆー　ははは！

虫眼鏡　はい、というわけで。これはね、逆に録音がガサガサだったから面白かったのもありますね。

ゆめまる　これできれいだったら全然笑えないから。

しばゆー　音悪すぎて面白いっていう。

虫眼鏡　でもね、何も知らないのにこのコーナーのために作ってくださってありがとうございます。

ゆめまる　いや、すごいですよ。

虫眼鏡　というわけでね、最後、ゆめまるさんさっきですね、最後はとももんかさんっておっしゃったじゃないですか。

ゆめまる　はいはいはい。

虫眼鏡　あのですね、最後です……。本当に最後です。

ゆめまる　え？　え？　え？

虫眼鏡　長らくね、1年以上、っていうか1年くらいですね、続いてきた東海オンエアラジオですけど、コーナーが、ずーっと同じものがあり続けるわけじゃないんですよ。出会いね、新しいコーナーとの出会いがあれば、別れもあるということでですね。**このコーナー、たくさんの方に愛されてね、第3回というご長寿企画になったわけなんですけど、なんと、今回をもちまして終了でございます。**

ゆめまる　**ああー!!**

しばゆー　**ほれみろ！**

ゆめまる　このコーナーすごいのが、第3回もう少しできますと、プロデューサーさんとかが教えてくれるじゃないですか。そっから3ヶ月経ってんだよ。

虫眼鏡　ふふふ。あと1個がね。

ゆめまる　あと一個が来ねえ！っつってね。

虫眼鏡　とももんかさんがジングル作るのに3ヶ月かかってるからたぶん。

ゆめまる　いやぁ、待ってましたよこのコーナー、ほんと最後になっちゃいましたけどもね。

しばゆー　寂しいなぁ。別にでも寂しい。

虫眼鏡　寂しい。普通になんだろうね、いっぱい届かないからね、選ぶこっちがあんまり選べないっていうのもあってね、なかなか難しいコーナーだったとは思うんですけど、言ってしまえば、これ3回くらいがちょうどよかったかもしれん。

しばゆー　ちょうど楽しめた。

虫眼鏡　そうそうそう。

ゆめまる　4回くらいになってくると、まじで、たぶんもうこっちも飽きてるし、きついになっちゃう。

虫眼鏡　そう、真似になっちゃうからね。他の人の真似になっちゃうし、なんだろうね、クオリティ低い笑いがね、もうできなくなっちゃうからね。これはね、立つ鳥跡を濁さずと言いますんで、これはもう、シャッと終わりましょう。

ゆめまる　成仏です。

虫眼鏡　はい、今までありがとうございました。

ゆめまる　ありがとうございました、このコーナー。

しばゆー　楽しかった。

虫眼鏡　「第3回東海オンエアを音で笑わせろ！」でした。

《ジングル》

虫眼鏡　タカオカさんどうですか？今、としみつがヌード写真出したいって言ってるんですけど。

タカオカ　検討させていただきます。

しばゆー　おっ。

虫眼鏡　ありがとうございます。

ゆめまる　もぉう、**買います。**

メルカリで売ります。

虫眼鏡　うふふ。

しばゆー　転売ヤーだ。

虫眼鏡　僕たちが撮ってもいいしね、写真ね。

ゆめまる　うん、そうだね。

虫眼鏡　ここでいただいたメッセー

ジを紹介していきましょう。ふつおたのコーナー。

しばゆー　**ちょっと待ったー!!**

虫眼鏡　なんですかしばゆーさん！

ゆめまる　なんだよ、もう。

しばゆー　てめーらよぉ、俺が来てない間にふつおたのコーナーなんて普通のことやりやがって、ぬるま湯に浸かってるんじゃねーぞ！　おい!!

虫眼鏡　なんですかしばゆーさん、そんな怒って。

しばゆー　ってことで、今回も、これやっちゃうよ。**クソオタのコーナー!!!**

虫眼鏡　しばゆーが来ると毎回1回はこれになっちゃうんだ。

ゆめまる　定番じゃねえかよ。

しばゆー　僕もそんな切望してるわけじゃないんですよ。でも、渡されるの最初にね。

虫眼鏡　だって今日入ったら、分けてあったもん、ふつおたって書いてあって。

しばゆー　**クソオタ、クソオタ、クソオタ?**ってのもあるね。さぁさぁさぁ、クソオタ読んでいきましょうか。

ゆめまる　お願いします。

しばゆー　ペンネーム、なし。〈東海オンエアのみなさんこんばんは。愛知県に住む大学生です。突然ですが東海オンエアの中で誰のちんちんが一番大きいですか？　iPhoneから送信〉

虫眼鏡　あははは！　誰だろうね、これ。

ゆめまる　誰だろうね。しばゆーじゃないかな。いや、てつやじゃないな、しばゆーだな。

しばゆー　えー、うそ？　そんなに俺でかいのかな？

虫眼鏡　しばゆーはでかいよ。でかいですよね、しばゆー。

タカオカ　いやぁ大きいですよ。

しばゆー　なんでバディが知ってる？

ゆめまる　一回今見せてほしい。

しばゆー　今？　通常時だよ。

虫眼鏡　戦闘態勢のときの大きさは知らんよ、正直。でかいんだよなぁ(笑)。

ゆめまる　でかいじゃん。

しばゆー　戦闘態勢わかんないよね。

ゆめまる　**しばゆー大きいのは、竿じゃないんですよ！　キャンタマなんですよ!!!**

しばゆー　きゃんたま？

ゆめまる　見てください、**このモモンガみたいな!!!　これムササビですよ！　飛べます飛べます!!　包み込めるんです！**

しばゆー　**バサッ、バサッ、バサッ。**

虫眼鏡　うははははは！　なに喜んでんだよ。

しばゆー　もう、何回脱ぐんだ俺は。

ゆめまる　いやぁ、これはいいですよ。**ラジオだからできますからね。**

虫眼鏡　そうだね(笑)、映像じゃできないもんね。

しばゆー　すいませんでした。

虫眼鏡　もうクソオタないんですか？

しばゆー　はいはいはい、次のクソオタいきますよ。

ゆめまる　成仏させてください。

しばゆー　ペンネームなし。ハーイ、If you arecompleting（英語がつづく）briefstopatSHINAGAWA

虫眼鏡&ゆめまる　あははは。

ゆめまる　これないだろ(笑)、品川ないだろ!!!

しばゆー　ないないない。全部英語全部英語、ふざけんな!!

虫眼鏡　うははは。**普通に聞きとろうとしたら、品川ついちゃった**ので。

しばゆー　やべえ、降りなきゃって。

虫眼鏡　次のお便りはなんですか？

しばゆー　日本語で送ってください。えー、でもクソオタ少ないですね、今回ね。

虫眼鏡　優秀ですね。

しばゆー　次、ペンネームなし、iPhoneから送信。

ゆめまる　いや、なつかしい。

虫眼鏡　これが王道ですね。

ゆめまる　鉄板。鉄板クソオタ。

しばゆー　えー、一応もう一個読んでおきますか。ペンネームないかな？

虫眼鏡　まぁないでしょうね。

しばゆー 〈みなさんこんにちは。ビクトリアとハトと申します〉。

虫眼鏡 あぁ、ビクトリアとハトだよ、ペンネーム、ビクトリアとハトだよ（笑）。

しばゆー あった（笑）、俺がクソシバタだった。

虫眼鏡 しかもラジオだからペンネームじゃねえよ。

しばゆー 〈先週のラジオで電話をかけるコーナーで、誰も電話に出ませんでした。その原因として、みんなが、東海ラジオの電話番号になじみがないというのもあると思います。みなさん、いい語呂合わせを考えてください〉。あ、別にいいお便りかもしれないな、これ。この東海オンエアラジオの電話番号の語呂合わせを考えてください。

虫眼鏡 今しばゆーさん、さっと考えちゃってください。052の、951の2525ですね。わりとつけやすそうじゃないですか?

しばゆー ウーン、クククッ。

虫眼鏡 これで気に入ってくれたらね、東海ラジオさんがね、これ以外のところでも使ってくれるかもしれないよ。

ゆめまる あ、同じですか、他のところもすべて?

チラ はい。東海ラジオの代表番号。

ゆめまる なるほど。じゃあ大事だ。

しばゆー はい!

虫眼鏡 おっ、整いましたか? お願いします。

しばゆー **052、951、2525ですね。まっこりくっさいにっこにこ。**

虫眼鏡 ふふふふ。

ゆめまる ははは。まっこりくっさいにっこにこ。

虫眼鏡 くっさいはダメ絶対、3になっちゃうもん。

ゆめまる まっこりくっさいにっこにこまで、お願いします!

チラ ただかけちゃダメですよ!

ゆめまる ははは。ダメだダメだ。

虫眼鏡 ただ、かかってきたら出てください、ということで。

しばゆー これで覚えないでください。以上、クソオタのコーナーでした。

虫眼鏡 はい。沢山のメッセージありがとうございました! 今日の放送いかがでしたでしょうか。しばゆーさん、いどうでしたか?

しばゆー いや**まさかチン棒を出すことになるとはね。**

虫眼鏡 すぐ出したやん!

しばゆー たくさんの方の前でうれしいございました、光悦感に浸ってるわ。

ゆめまる いやすごかったよ、おもろかったわ。

虫眼鏡 ほんとにいいなぁ、**自分の股間に絶対笑わせられるアイテムついてるって、**どんだけ楽しいんだ。

ゆめまる **バヨーン**だったもんなぁ。

しばゆー **エロさが0だもんね、俺のチンチン。0円だもん。**

虫眼鏡 ほんとだよね。このスタジオ、ブースの中はともかくね、普通に女性の方もいらっしゃるじゃないですか。ほんとはたぶんちんこ出しちゃいけないんですけどね。

ゆめまる 出した人いますか?

チラ 鶴瓶さん以来じゃないですか?

ゆめまる おぉー。

しばゆー 鶴瓶さん! うわぁ、やったぁ。

ゆめまる まぁ、過去にあるということでね。

しばゆー うれしいですね。

虫眼鏡 東京のスタジオってことは、でんぱの3人もここで録ってるんですよね?

チラ そうですそうです。

虫眼鏡 このイス捨ててください、ちょっと（笑）。

虫眼鏡 座らせるわけにはいかないですよ。

しばゆー たしかに。

虫眼鏡 へぇ、なるほどね。さて、ここでお知らせです。

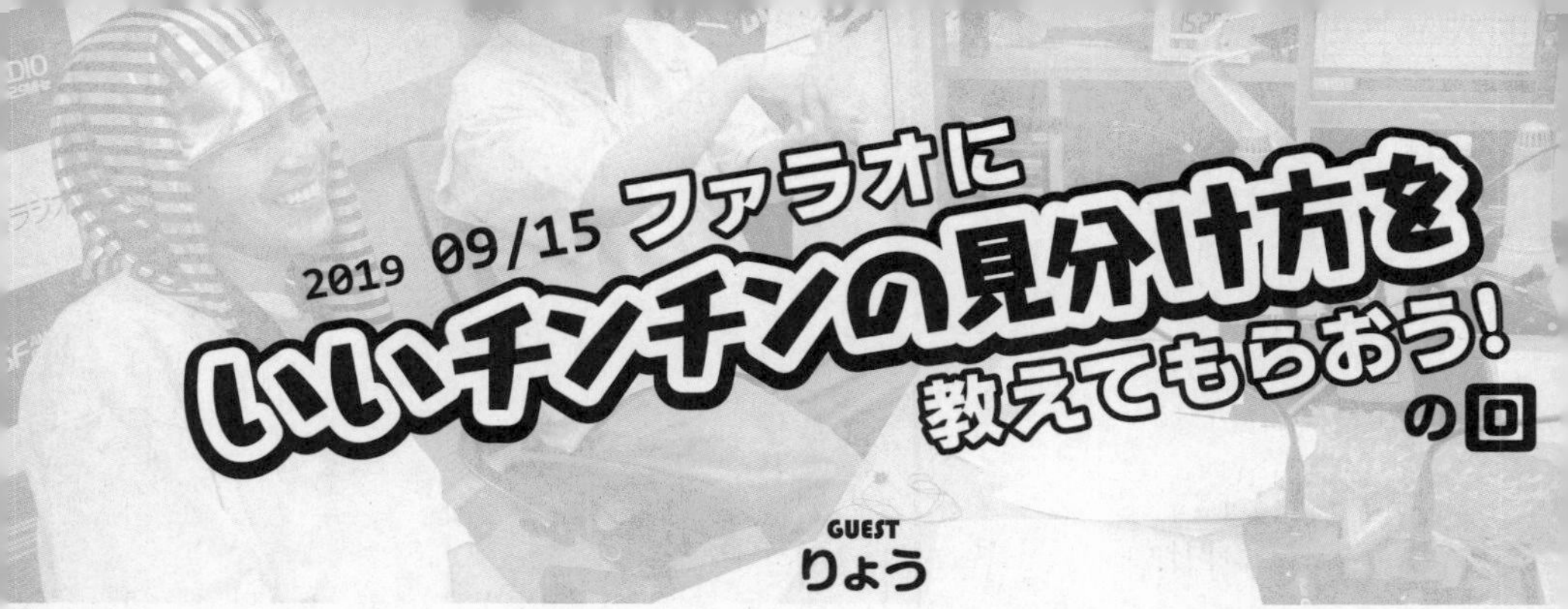

2019 09/15 ファラオにいいチンチンの見分け方を教えてもらおう！の回

GUEST
りょう

ゆめまる　本日も始まりました東海オンエアラジオ。
虫眼鏡　また東京だー。
ゆめまる　東京だー、**つらいよー**。
虫眼鏡　なんか次の収録は東京でやるか名古屋でやるかって絶妙なところで、ちょっとスケジュール的にギリギリ東京になってしまいましたね。
ゆめまる　なってしまいましたね。でももうこれで最後ですから。
虫眼鏡　そう、今日を乗り切れば、**愛しの名古屋に帰れる**。チラさん嬉しいですか？　名古屋に帰って。
チラ　めちゃくちゃうれしいですね。
りょう　なんかツイートしてましたよね、今日。いつもと違う機材だとジングル間に合わねー、みたいな。
チラ　すいませんでした。
虫眼鏡　昨日来たんですか？
チラ　いやいや、移動の最中に作業をいろいろしていて。
ゆめまる　なるほど。
虫眼鏡　そうなんですね。今日はもう終わったら帰るんですか？
チラ　帰ります。
虫眼鏡　いいなぁ。
ゆめまる　いいなぁもう。
チラ　感謝祭の準備を。
虫眼鏡　あぁそうですね、もう来週ですもんね。ゆめまるさんどうですか、東京生活。もう終わりかけ。今週末帰る。
ゆめまる　まぁそうですね。東京に1ヶ月くらいいたわけじゃないですか。僕の中では、東京っていろんな飲み屋があっていろんな人、面白い人がいるんだと思ったんですけど、**意外といない**。
虫眼鏡　ははは。
ゆめまる　普通の人が多い。**そして冷たい**。
虫眼鏡　あぁ。
ゆめまる　ってのは感じましたね。でも飲み屋いっぱいあるんで、困りはしなかったかな。
虫眼鏡　どこ飲みいってんの？
ゆめまる　だいたい行くところは、**高円寺とか下北沢とか**。
虫眼鏡　に、行ってるの？
ゆめまる　行ってますね。
虫眼鏡　あ、そうなんだ。**ゆめまるのスケジュールだけ謎**なんだけど、そんなとこ行ってるんだ。
ゆめまる　そう。すげぇ変なやつばっかでしたよ。**ドレッドの怖いお兄さんが暗いところに座ってたりとか**。結構そういう場所が。
虫眼鏡　さっきと言ってること違いますけど(笑)。
ゆめまる　いや、そこは面白い場所だったんですよ。他は微妙な、まぁ、おしゃれなところが多かったかな。
りょう　メンバー誘うことはないの？
ゆめまる　メンバー誘うことないね。
虫眼鏡　**メンバーってさ、ノリ悪くない？　東海の人たちって**。
ゆめまる　ノリ悪いっていう感じじゃなくて、なんかみんなそれぞれの時間があるじゃん。
虫眼鏡　絶対なんか他のことあるんだよね。
ゆめまる　そう。
りょう　なんだかんだで、俺メンバーの誰かとはいがちだよ。
虫眼鏡　りょうが持ってっちゃうんだよね。メンバーを、カッて。
ゆめまる　ははは。空いてるメンバーを？
虫眼鏡　そうそうそう。
りょう　虫さん嫌がるかなと思って、なんか、虫さんと合いそうな人のときは虫さん誘いたいけど、っていう感じなんだよね。
虫眼鏡　あぁ。りょう君あれだよね、わりと有名な方とかとはね、こっそり飲み行ってたりするもんね。

りょう 有名、ま、いろんな、人は好きだから基本的に、いろんな人と。昨日も、スタジオで撮影してるじゃん今、**スタジオでナンパされた俳優さんと二人で焼肉行ってきた。**

虫眼鏡 あれだよね、撮影所みたいなとこね。

ゆめまる そうだよね。

りょう そうそうそう。

虫眼鏡 すごいね。だって僕、あんまり知らないからさ、テレビ見ないから。

りょう 俺も知らないよ、まったく知らない人だけど、でも**別の世界の人の話って面白い**じゃん。

虫眼鏡 えぇー。

りょう っていうくらいの感覚で、普通に初対面でも顔出せるから。

虫眼鏡 あ、そうなんだ。僕はわりとそういうの恐縮しちゃうわ、全然存じ上げないので。**なにやってんだよ!** ねえ。

ゆめまる たまにあるやん、こういうの。

りょう ははは。

虫眼鏡 でもどうですか、愛知戻りたくないですか?

りょう **戻りたい!** もちろん戻りたい。なんだろ、今は東京にいるから無理して東京の人の生活してめっちゃ夜飲みにいったりしてるけど、**結局岡崎で夜は寝てたい。**

ゆめまる それはわかる(笑)。

りょう それが**俺らのリズムでそうやって生きてきたじゃん。**

虫眼鏡 そうなんだよね。なんか、今**無理してる感すごい**もんな。

ゆめまる 時間の流れ違うしね。

虫眼鏡 そんな酒飲まんじゃん、みんな。なにそんな酒飲んでるふりしてんの?と思って。

りょう ね。無理してんだよな。

虫眼鏡 僕もこないだね、土日だけ2日間休みがあったじゃん。**2日間休みだけど僕帰ったもん、岡崎に。**で、JR岡崎駅降りるやん、めっちゃこう、顔がニッコリしちゃって。めっちゃ機嫌よくなっちゃってさ。

りょう ははは。虫さんの用事、美容院でしょ? 無理すれば別に東京でいいくらいの内容で岡崎帰ってるからね。

虫眼鏡 絶対岡崎に行って、いつもの美容師さんに切ってもらわなきゃ嫌だと思って。そういう理由つけて帰って、すごいニッコリしながら岡崎駅歩いて、岡崎でたとこにファミマあるじゃん。

ゆめまる あるね。

虫眼鏡 ファミマの店員さんに、わりと顔見知りなんだけど、めっちゃそいつとしゃべっちゃったもん。

りょう あははは。ひさしぶり、って?

虫眼鏡 久しぶり、今まじつらいんだよぉ、戻ってきちゃったって(笑)。あとちょっと頑張るわぁ、って話して。ま、あと3日間、あと4日間か。乗り切れば、名古屋に帰りますんで。っていうか、これが流れてるころには僕たちはね、名古屋に戻ってますね。

ゆめまる もう地元に帰ってわいわいしてますよ。

虫眼鏡 めちゃくちゃ気分よくこのラジオ聴いてるはずなんでね、みなさん、今夜も#東海オンエアラジオで聴いてる人はつぶやいてみてください。

ゆめまる 東海オンエアラジオ! 東海ラジオをお聴きのあなた、こんばんは! 東海オンエアのゆめまると!

虫眼鏡 虫眼鏡だ! そして今日のゲストは。

りょう りょうです。

ゆめまる この番組は、愛知県・岡崎市を拠点に活動するユーチューバー、我々東海オンエアが東京日比谷にある東海ラジオ東京スタジオからオンエアする番組です!

虫眼鏡 今日までね。ゆめまると、僕虫眼鏡が中心となってお届けする30分番組でございますが、なんと来週、「開局60周年記念 東海ラジオ大感謝祭２０１９」が行われましてですね、「東海オンエアラジオ」が初の公開録音を行うことになっております。

りょう よいしょー!

ゆめまる すごいですよ。

虫眼鏡 で、なんかちょっと匂わせしてたんですけど、ゲストがついに決まっちゃったわけです。ゆめまるさん、教えちゃってください。

ゆめまる いいですか? ピアニストの、まらしぃさん。

虫眼鏡 まらしぃさん。

ゆめまる と、同じクリエーター、ユーチューブクリエーターでもある、えっちゃん。

虫眼鏡 えっちゃん!

ゆめまる わっきゃいさん。

虫眼鏡 わっきゃいさん!

ゆめまる の3人をね、ゲストでお招きするわけですけど。

虫眼鏡 なんでですか、ゆめまるさん? この3人、我々ね、仲いいか?って言われたら、**正直会ったことないよ。**

ゆめまる　言わんでいい、そこは言わんでいいんだよ。

虫眼鏡　じゃあなんでこの3人をゲストにお招きするんですか？

ゆめまる　それはですね、東海ラジオが、人気動画クリエイターとピアニストが出演するラジオ初の帯番組をやるわけなんですよね。

虫眼鏡　ゆめまるさんちょっと、**台本にあることをね、なるべく会話っぽく見せかけてしゃべってんだから、**台本使わないでくださいよ。

ゆめまる　あのですね、これ、台本バチバチで読んだほうが伝わるかなっていう感じですね。ま、「クリエイターズ」って番組が10月からスタートするわけですよ。

虫眼鏡　そう、新番組がありまして、そこで、まらしぃさん、えっちゃん、わっきゃいさん、そしてね、夕闇に誘いし漆黒の天使達の4組がですね、新番組をスタートするわけでございますよ。で、同じ東海ラジオの先輩として、**お前ら頑張れよ、**という激励の意味を込めて、ま、来ていただくわけなんでございますけども、夕闇は「俺はあんま興味ないわ」って言って来ないそうです。

ゆめまる　違う違う違う（笑）。なんか予定があったみたいです、違うことでね。

虫眼鏡　はい。ま、もちろん我々の番組のゲストって形で来ていただくんですけど、22日(日)5時半、夕方5時半から7時まで、90分たっぷりとお送りします。まぁね、今5時半って言ってさ、普通に考えれば5時半じゃん、夕方のね。でもなんか、今僕たちの生活、5時半ですって言われたら、どっちのですか？って聞いちゃわん？

ゆめまる　どっち？　早い？って。

りょう　ギリあり得るね。

虫眼鏡　そうそう。はい、17時半から19時までなので。これめちゃくちゃ長いでございますよ。

ゆめまる　結構初なんじゃないですか？　いつも10分とかね、そのくらいしか舞台の上に出なかったので。

虫眼鏡　ってか、普通にU-FES.とかでも、こんな90分間出っぱなし、ありえないですし、東海オンエア単独でも、90分、ギリギリかくらいじゃない？

ゆめまる　まぁそうだね。

虫眼鏡　なんで、まじでめちゃくちゃ優良イベント。なのに、お金かかりませんと。

ゆめまる　無料ということですよ。

虫眼鏡　座席指定エリアがありまして、いい席で見られる人の抽選はあったんですけど、それ外れた方でも、別に来ていいんですよ。

ゆめまる　普通に駅ついて、見よって見ればいいってことですね。

虫眼鏡　で、オアシスをね、パンパンにしていいんですか？と。ほんとに、人がいっぱいになって、クレーム来てもいいんですか？って言ったら、OKって言ってたから、まじいいらしいよみんな。

ゆめまる　**パンクさせましょうよもう！**

虫眼鏡　うふふ。

ゆめまる　お願いしますよ！

りょう　パンパンじゃなかったら恥かくからね、俺らが。

虫眼鏡　ほんとだよ、こんだけ言っといてさ、座席指定席しか埋まってないみたいな。

ゆめまる　ちらちらしかいない、みたいなね。

虫眼鏡　ほんとにみんな来ていいよ、って言っときますからね。

ゆめまる　来てください。

虫眼鏡　というわけで、来週みなさまに会えるのを楽しみにしております。

ゆめまる　はい、それではここで1曲お届けします、台風クラブで「台風銀座」。

《曲》

ゆめまる　お届けした曲は、台風クラブで「台風銀座」でした。

虫眼鏡　いや、**台風きたら困りますね、来週。**

ゆめまる　うん。もう中止ですよ。

虫眼鏡　そしたらみなさん、さよならでございますんで。

ゆめまる　ははは。人が集まるもんとかじゃないからね、もう。

虫眼鏡　台風が来ないように、今のうちに台風を紹介したということで。

ゆめまる　**台風〜って言いまくってるから、来ないよ。**

虫眼鏡　さて、東海オンエアが東海ラジオからオンエア！　東海オンエアラジオ、このコーナーやっちゃいます！「あなたのモヤモヤを『正論』で解消しちゃうぞ！」。はい、というわけでね、東海オンエア、4週間、違うか、8週間のうち2週間ですねりょう君がゲストに来てくれてですね、この2週間だけまともにラジオすることができる。

ゆめまる　ははは。ちゃんとしたね、番組になるんですよ、ここだけ。

虫眼鏡　なのでここはですね、ちょっとお悩み相談的な感じのね、コーナーなんですけど、りょう君は完璧な人間なので。

りょう　やめてほしい。

虫眼鏡　下々の人たちの気持ちがわからないんでございますよ。

りょう　ひどいな、見た目が王様なだけで全然下々の生活してるから俺は。

虫眼鏡　りょう君、シャラシャラ気をつけてね、今日はね(笑)。

りょう　今日うるさいけどね、ほら。(シャラシャラ)

虫眼鏡　それ**シャラシャラだめ**(笑)。ま、今日は王様がいらっしゃいますので、王様はみなさんの気持ちをくむとかあんまりできないので、**普通に正論でズバッと、お前クズだぞというふうに言ってくれる**わけですね。

りょう　言ったことないんだよな。

虫眼鏡　**東海オンエアラジオのリスナーさん、80%がクズみたいなやつらなんで**(笑)。意味わからないやつらなんで。

ゆめまる　すごいお便りとかいっぱい来てますからね。

虫眼鏡　はい。というわけで今日もですね、とんでもないメッセージがきておりますので、紹介していきたいと思います。島根県、ラジオネーム、チンこんかさん。

ゆめまる　すごいな。

虫眼鏡　〈今日は、どうしても男性からアドバイスいただきたいことがあってメールしました。それは、**男の人のアレ**の大きさをその人の外見や雰囲気から推測できる方法はないかという事です。あれってなんですかね?〉。

ゆめまる　あれ、ってあれですか?

虫眼鏡　えー、〈恥ずかしながら、私は**よりよい男性器**に出会いたいという一心で男性と関係を持ってしまいます。でも、**おチンチン**は……〉、ちょっと待ってください。この人最初、あれ、あれ、って言って、ボカしたのに、次では男性器って言ってて、もうなんか諦めておチンチンってなってるからね。

ゆめまる&りょう　ははは。

虫眼鏡　つまり、おチンチンのことですね。

ゆめまる　おチンチンの話なんだ。

虫眼鏡　はい。〈でも、おチンチンは、下着を脱がし、さらに勃起させないと、その姿かたちを確認できません。それに、おチンチンを拝見するにはこちら側の体力や気力、時には人間関係にも犠牲を払わなければなりません。女性のおっぱいの大きさは衣服の上からでも大体わかると思うのですが、おチンチンはそういうわけにはいきません。よりよいおチンチンに出会うことは、確率の低いガチャを引くようなものなのです。私の「おチンチンガチャ」の引きが良くなるように、どうかご教授お願いいたします。というお便りでございます〉。

ゆめまる　なるほど。

虫眼鏡　まぁね、ここにいる3人はですね、**いいおチンチンを偶然手に入れてる**ので、そういうのはありませんけども(笑)。

りょう　そういう話じゃないだろう(笑)。

虫眼鏡　ま、とりあえず、チンこんかさんに、どういう、ま、女性側からはね、どういうふうに僕たちのおチンチンを見ているのかってこと、ちょっと気になりますんで、電話してみましょう。もしもし!

―もしもし。

虫眼鏡　**なんだお前は! 最低です!**

―(笑)。

りょう　てめえ。

虫眼鏡　ラジオネーム、チンこんかさんですか?

―はい、チンこんかです。

虫眼鏡　チンこんかさんは日々よりよい男性器に出会う活動を頑張っていらっしゃるそうなんですけど、とりあえず、チンこんかさんにとって、よい男性器の条件ってのを教えていただきたいんですけど。

―あ、5つありまして。

虫眼鏡　5つ?

ゆめまる　結構ありますね。

虫眼鏡　1冊本書けますね。

―まず、チンチンの大きさ、長さですかね。

虫眼鏡　大きさってのは長さのほうですね。細くてもいい、とりあえず細くてもいいと。

―あっ、次に、太さです。

虫眼鏡　あぁ。じゃあ両方いると、結局。ちなみにそれって、大きいほうがいいんですか?

―そうですね、**大きければ大きいほど、癒やされて結構いいな**って思うんで。

虫眼鏡　ちょっと電話切っていいですか?(笑)。すいません、では3個目は?

―3個目は、**勃起維持力**です。

全員　あぁー。

虫眼鏡　なるほどね。これはちょっと僕、自信ないですね。どれくらいやっぱ維持してほしいんですか?

―えー、そうですねぇ。私けっこう、様子を長時間眺めてしまうので、できれば**3分以上はずっと何もしなくても勃っててほしい**(笑)。

虫眼鏡　なにもしなくてもかぁ。
――はい。
ゆめまる　**むずいなぁ。**
虫眼鏡　うわぁ、むずいなぁ、それ。
ゆめまる　そういうのが好きな人だったらね、勃つかもしんないけど。そんなことないからね普段ね。
虫眼鏡　**見てて何がおもろいんですか？　普通にキモくないですか、ちょっと？**
――え？　**かわいくないですか？**
ゆめまる　（笑）なるほどね。
虫眼鏡　それは女性にしかわからないですけど。今何個目でしたっけ？　4つ目か、次。
ゆめまる　4つ目です。
虫眼鏡　4つ目。
――次は、**勃起速度。**
ゆめまる　あー、なるほどなるほど。
りょう　大事なのか？
虫眼鏡　ギアに入れるまでの速度ね。はいはいはい。どれくらいのスピードが欲しいんですか？
――えー、もうなんか、パンツをズラして……。
虫眼鏡　ビイ～ンってなってほしいってこと？
――**ズラしたらすぐ、勃起ビイ～ンってなってほしいですね。**
虫眼鏡　あぁなるほど。
ゆめまる　でもそれはチュウとかしてたら勃つよ。
――あぁ、はい。
虫眼鏡　なるほどね。で、5つ目、最後は？
――**可動域**ですね。
ゆめまる&虫眼鏡　可動域!?
りょう　なにそれ？
虫眼鏡　なんのですか？
――なんか、男の人によってここまでは曲がるけど、こっからは痛いみたいなのがあるんですよ。
虫眼鏡　あ、わかるわかる。
ゆめまる　わかるは。
虫眼鏡　上に乗られてさ、騎乗位の状態でさ、後ろに倒れられるとさ、ちょっと待ってってときあるよね（笑）。
ゆめまる　あるある。**イテテテテテテテ**ってね。
虫眼鏡　ちょっと待って、それ以上は、ってのあるじゃん。
りょう　ははは。
ゆめまる　**チンチンの付け根がバコーンって出てきそうになるんだよね。**めっちゃあれが痛いのはわかるチンチン。
りょう　**しっかり勃起したら可動域は狭まるでしょ？**
ゆめまる　でもいるんでしょ、すべてを合わせた人が。
虫眼鏡　だから、いるんですよね、きっと。というわけで、そういう5つの条件の揃ったね、チンチンを探し求めてるわけですけど、今まで出会ったことはあるんですか？
――はい。1回だけあります。
りょう　どれだけの男性器を見てきて？
――あぁ、**5本6本**くらいですかねぇ？
虫眼鏡　おいちょっと、それ全然調査してないじゃないですかぁ。
ゆめまる　結構確率はいいね、5、6本で。
虫眼鏡　5打数1安打ですね。なるほど。でも、あんまりね、いっぱい調査しろとも言えないですから。
ゆめまる　**200本見て、って言ったらちょっと引いちゃう**しね、こっちも。
りょう　このメッセージからしたら、だいぶ少なく感じるね。
虫眼鏡　うんうん。ちなみに、探してみて、勃たせるじゃないですか。で、違う！となると、どういう気持ちになるんですか？　これじゃない、ってときに。
――すごく残念な気持ちになります。
虫眼鏡　なったけど、やることはやるんですよね？　一応。
――まぁ、そうですね。そこまでやってしまったら、向こうはその気なので。**私は別に、やりたくないんですよ。**
ゆめまる　はぁ？
――見るだけ見れたら、よくて。
虫眼鏡　なるほどね。ほんとに、**観賞用なんですか？**
――はい、そうです。
虫眼鏡　使わなくてもいいと。
ゆめまる　はぁ？　チンリウムやってるね。
虫眼鏡　ははは。
りょう　なんでそんなに男性きが好きなんですか？
虫眼鏡　**ちんこ博物館**があったらすごい行きたいですか？
りょう　そういうことだよね。
――あ、行きたいです。
りょう　ははは。
虫眼鏡　えー、なるほどね。でも、それを、おっぱいみたいに、わぁこいつでかいな、とか、こいつ形きれいだなとか、そういうの見えないからおチンチンは、普段はね。
――そうなんです。
虫眼鏡　殻にこもってますから。そういうのが困るよ、ガチャになっちゃうよ、ってことでね。ま、これは**ファラオに、いいチンポの見分け方を教えていただき**

ましょう。
ゆめまる　ははははは。
りょう　いやいやいや、なんだこれ。ガチャじゃん。
虫眼鏡　ファラオ様、よろしくお願いします。
りょう　噂によると鼻と口の間の長さと比例するって聞いたことない？
ゆめまる　あぁ。
虫眼鏡　そうなの？　鼻と口の間の長さ？
――へぇー。
りょう　鼻の下の長さか。
ゆめまる　昔なんですけど、エロビアの泉って本がありまして、その本に書かれてたことなんですけど、首が細い人かな？　は、チンチンでかい、って。
――えぇー。
ゆめまる　なんかそういうの聞きました。
りょう　そういう逸話はあるとしてさ、実際無理やん。**ガチャやん。**だから、趣味を変えろとしか言いようがない、俺は。
――（笑）。
りょう　絶対趣味変えたほうがいいよ。
虫眼鏡　まぁちょっと、これは、男性からはなんとも言いがたいとこなんですけど、ま、どっちか追い求めてください。せっかくなんでね。
――はい。
虫眼鏡　ほんとに、ちんぽで選ぶのもあなたの人生なんで、いいと思います。ちんこはイマイチなんだよなって人と出会ってその人のこと好きになって、**その人のちんこを叩きあげてね**（笑）。
ゆめまる　おりゃぁー、バキーン、みたいに擦り伸ばしてね。
――（笑）。
虫眼鏡　そう、ある程度はたぶん、成長する伸び代あると思うんでね、ま、もしかしたらそういうのも作戦のひとつかもしれないね。**ちんこおばさんのね、性生活を応援しております、**我々は。
ゆめまる　頑張ってください。
――ありがとうございます。
虫眼鏡　ちなみにゆめまるは、まぁまぁいいちんちんなのでね、おすすめでございます。
ゆめまる　ごめん、俺それは自信ねえ。**めっちゃ粗チンだぁ。**
虫眼鏡　ありがとうございました。バイバーイ。
――ありがとうございました。
りょう　なんだこの番組。
虫眼鏡　あなたのモヤモヤを「正論」で解消しちゃうぞ、でした。ここでいただいたメッセージをご紹介していきましょう。ふつおたのコーナーでございます。
ゆめまる　ラジオネーム、はらぺこさんからのメッセージです。〈24歳で札幌で幼稚園の先生をしております。今回は相談がありメールさせていただきました。私事ですが、遠距離をしている彼氏がいます。遠距離を初めてもう535日になりました。ゴールデンウィークにプロポーズされ、来年入籍します〉。おめでとうございます。
虫眼鏡　おう、おめでとうございます。
ゆめまる　〈幼稚園の先生という職業柄、クラスを持たせていただいているので、途中では辞められず3月までは遠距離をする予定です。なので、入籍もその後かなぁとざっくり決めているのですが、この日、という入籍日が決まりません。付き合った記念日は8月なのですが、来年の8月まで入籍しないのはなんだか長いなぁと思っており、それよりも早く入籍したいです。来年の3月から5月くらいまでで、いい入籍日はありませんか？〉。
虫眼鏡　ははははは。
ゆめまる　大好きな東海オンエアさんに入籍日を決めていただきたいです。というメッセージがね。
虫眼鏡　いいの、決めて？
りょう　**一生の思い出、今俺らに託されてる。**
ゆめまる　自分で決めなさいよって思いながらね。
虫眼鏡　まぁ、でもね（笑）、どれくらい俺たちのこと好きなのかわからないけどね、なんか、本当に好きだったら嬉しいかもしれんからさ。
ゆめまる　あぁ。東海オンエアに決めてもらった！ってね。
虫眼鏡　彼氏さんもね、彼氏さんもすごい好きだったらに限るけど。ほんとに二人とも東海オンエアめっちゃ好きなんですよ、だったら、ゆめまるに決めてもらえるのはすごく嬉しいのかも。
りょう　重大な使命だぞ。真剣に考えろ。
虫眼鏡　普通に、ゆめまるさん、今真剣に3月から5月くらいで、まぁまぁの日を。
ゆめまる　3月から5月なんですよね？
虫眼鏡　うん。
ゆめまる　じゃあ、7月の20日で。
虫眼鏡　7月の20日？　7月のにじゅうにち？
ゆめまる　はい。なんでかっていいますと、**僕のセツコの誕生日です。**

虫眼鏡　ははは。3月から5月くらいって言ってなかった？
ゆめまる　あぁ、3月から5月か！
りょう　付き合った記念日8月だから、そこまで行ったら耐えれるから。
ゆめまる　そっかそっか。ならまぁ、6月23日とかでいいんじゃないですか？
りょう　だから3月から5月って言ってんだろ(笑)
虫眼鏡　全然言わんやんお前。
ゆめまる　まじで全然わからんかったよ、3月から5月って。クソ無視してたわ。
りょう　バカになっちゃったじゃんか(笑)。
ゆめまる　何日がいいんだろうね、わかんないよ。どうやってみんな決めるの？　入籍日とか。
りょう　より思い出に残るようにしたいんだよね。一生に一回だからね。
虫眼鏡　だって結婚記念日って多分その日だよね？　結婚式の日じゃなくて。
ゆめまる　あぁ。
虫眼鏡　結婚記念日を毎年祝わないと怒るじゃないですか、女っていうのは。
ゆめまる　なるほど。
虫眼鏡　だから毎年毎年祝うときに、思い出深い日付がいいじゃないですか。そりゃあ。
りょう　だから結局、これ8月でいいんじゃないか、っていうね。長い目で見たら、半年やそこら待ちゃあね。
ゆめまる　すぐくるからね。
りょう　わかりやすいし。
ゆめまる　あとは11月29日とか。
虫眼鏡　いい肉の日だから？
ゆめまる　いい肉の日だね(笑)、焼き肉屋いっちゃうねぇ、それもう毎回。そういう感じで決めちゃうとか。
虫眼鏡　えー。じゃあ、はらぺこさんは、11月29日でいきましょうか(笑)。
りょう　おぉ。**ガン無視じゃねえか、**結局。
虫眼鏡　めちゃめちゃ巻けるからね(笑)。
ゆめまる　あぁ、そういうことね(笑)。
りょう　大巻きじゃねえかよ。
虫眼鏡　入籍めっちゃ早くして。全然一緒に暮らせないけど。
りょう　再来月だからな、もう。
虫眼鏡　そう。3月から5月だとちょっといい日がないから、11月29日か、もう8月まで待つか、がおすすめですかねぇ。ま、でもね、幼稚園の先生やってたから途中で辞めれずって言ってますけど、僕途中で辞めましたんで(笑)。
ゆめまる&りょう　ははは。
虫眼鏡　もしかしたら気にしなくていいんじゃないか、っていう。
ゆめまる　まぁ、本気だしたらね。
虫眼鏡　はい。まぁ、本気だしたらですけどね。最後のお便りにしますか。
ゆめまる　はい。匿名希望さんからのメッセージですね。名前ないですね。〈私は息子にすすめられて東海オンエアさんのユーチューブを見始めた50歳の鹿児島の主婦です〉。
虫眼鏡　へぇ、ありがとうございます。
ゆめまる　すごいね。〈息子は高校3年生で来年大学受験です。年頃の息子との会話が、見た？動画？と大笑いして面白かったところを話しています。受験勉強で今年の夏はずっと家で頑張った息子の癒やしが東海の動画です。頑張ったご褒美に電話で話せると喜びます、よろしくお願いします。誕生日は9月2日です〉というふうにメッセージいただいておりますけど。いいですね、親が見てるっていう。
りょう　うん。
ゆめまる　なんでこれ俺採用にしたんだろうなぁ。
りょう　いや、めっちゃ嬉しいよね、そういうの。
虫眼鏡　めっちゃ僕たちは幸せだな。そういうのを聞くとすごい幸せだなって気持ちになるんですけど、僕は今**なんでこのお便り読んだんだろう、**って、それなら電話しなきゃいけないじゃん。
ゆめまる　電話しろよってことでしょ？
虫眼鏡　そうそうそう。
ゆめまる　**電話したるか!?**
虫眼鏡　ふふふ。いや、尺、尺。尺考えて。
ゆめまる　もう終わりだよぉ、ってね。
虫眼鏡　一個のやつで2回も電話できないからね。
ゆめまる　俺、これ読んでる最中にさ、あ、電話で話せると喜びます、って書いてあって、電話しねーじゃん、と思って。
虫眼鏡　そうだよ。だってなんだったら、今電話してもいいんですけど、絶対に学校行ってますよこの時間。
ゆめまる　そうだ！(笑)。
虫眼鏡　絶対にでない。収録時間が昼なんでね。
ゆめまる　しかも匿名希望さんだから、あぁ僕のお母さんのことだ、ともならないから。
りょう　たしかに。

虫眼鏡　まじでスルー。**この世に放たれた謎のメッセージになってる。**

ゆめまる　ふわふわしてるね。

りょう　大失敗してるじゃん。今俺らが誕生日おめでとう、って言っても伝わらないんだ。

虫眼鏡　誰にも伝わらない。空中でとまってる。

りょう　お母さん伝いになるんだね、きっと。

ゆめまる　**お母さん！**　このメッセージ覚えあるお母さん、いつかかけるので準備しといてください。

虫眼鏡　お母さんじゃないんだって(笑)。電話番号はね。

ゆめまる　息子か、息子の番号なのか！

虫眼鏡　息子だから。お母さんに電話して、意味ないからね。すごいな今の、**大ミスだよ、大ミス。**

ゆめまる　大ミスしたわ。なんで俺、これ選んじゃったんだろう？　わかんない。俺も読みながら、うわぁ変えてぇ、もう行くしかねえな、って。

りょう　ははは。

ゆめまる　まぁまぁまぁ。

虫眼鏡　もう頼みますゆめまるさん、**何年やってんすか!!!**

ゆめまる　**1年もやってねえよ、まだ！**(笑)。

虫眼鏡　一応もう一個だけ読んでおこう、怖いから。全部カットになるかもしんないから。

ゆめまる　ラジオネーム、はぁちゃんからのメッセージ。〈京都に住む19歳、社会人2年目の女です。突然なのですが、私には高3の弟がいます。ついさっきの話で、私が仕事から帰ってきて、テーブルを見たら、避妊具の袋のゴミが置いてありました〉。

虫眼鏡　避妊具の袋のゴミ、はいはいはい。

ゆめまる　〈あまりにも衝撃的すぎて、失神するかと思いました。まずそのものすら見たことないのに、封が切られているゴミが置いてあって衝撃と、もしかして、弟が使ったんかな？というなんだか複雑な気持ちが入り交じって、帰ってきてから弟の顔面が見れません。どうすればいいでしょうか？　なんか気持ちわりーって思っちゃいます。よかったらアドバイスください。あと欲を言うなら電話で話したいです〉。

虫眼鏡　だから読まなくていいんだって、そういうのわざわざ。なんで読んじゃうの？

ゆめまる　ごめんごめんごめん。読んじゃった、今。**ふら～って読んじゃった。**

りょう　ははは。

虫眼鏡　あなた、**読んでるとき、IQ下がりまくってるよ。**普通に今から話すよ、ってこと考えながら読まなきゃいけないんだからさ。

ゆめまる　ははは。

虫眼鏡　もう、**脳が死んで読んでんじゃん。**じゃあロボットに読ませるよ、もうこれから。

りょう　怒られてるぅ(笑)。

ゆめまる　あのぉ、電話のところは読んだ後に、なんで読んだんだよぉ、ってなったから。

虫眼鏡　もう、これ読んだことによってさっきのお便りも使わないといけなくなったから、編集が面倒くさいじゃん、これ！　最初のほうのちゃんとしたらお便りの部分がカットされちゃうじゃん。

ゆめまる　天丼だよ!!

虫眼鏡　でも、この方は、なんでしょうね。コンドーム自体は見たことないってことなのかな？

ゆめまる　うーん。でも19歳で見ないことあるか？

虫眼鏡　お前、気を付けろ、その発言。いるぞ全然そんな人。

ゆめまる　うそぉ。

虫眼鏡　**いるって！**

りょう　いるいる。

虫眼鏡　ゆめまるさん、あなた、今日どうしたんですかちょっと。

ゆめまる　ちょっと疲れてるかもしれないね。ここ最近で一番。

虫眼鏡　ふふふ。だから、自分の弟がさ、でも、初めて見るものを、しかもう使用済みとなったら、びっくりするし、なんで弟は机の上にゴミだけポンと置いといたんだ、っていう謎はありますよね。

ゆめまる　袋だけ置いたんだね、きっと。

虫眼鏡　ほんとにそうか？　袋？　そんなことある？

ゆめまる　ペリペリってやって、中のやつをちゃんと捨てて。

虫眼鏡　中のやつ捨てちゃうの？

ゆめまる　使い終わったやつですよ。

虫眼鏡　あぁ、使い終わったやつ捨てて。

ゆめまる　袋だけ、ペッって。

虫眼鏡　ありえなくない？　居間でしょ？

ゆめまる　居間なのかな？

りょう　いやぁ、でもありえたって話でしょ、だから、捨てたんじゃないの？

虫眼鏡　ほんとにそれコンドームの袋だって、この人知らないんだよ。

りょう　あぁ、たしかに。でも、ほかに何が類似してる？

虫眼鏡　あの袋でしょ？　たまにさ、**これめっちゃコンドームやん、**ってものないっけ？

りょう　あったっけ？

虫眼鏡　なんかさ、これクソコンドームなんだけど違うわ、っていうのあったんだよね。

りょう　なんだっけそれ？

虫眼鏡　なんだっけ、忘れちゃった（笑）。この袋はコンドームしかないやんっていう袋の中に、コンドームじゃないものが入ってる（笑）ことがあったんだけど、なんだったっけぇ。

りょう　気になる。

ゆめまる　ラムネとか？

虫眼鏡　いや、ラムネはそんな個包装しんやん。なんだったっけ、忘れちゃった。はぁちゃんはね、お姉ちゃんとして、早く経験しろとは言いませんけど、そういうことがあってもおかしくない年齢なんでね、あったかく見守ってあげて、なんだったらね、**どうだったの？**って聞いてあげて、弟からアドバイスもらってください。

ゆめまる　**聞く姉ちゃん嫌だな俺。**

虫眼鏡　ははは。

ゆめまる　めっちゃ嫌だわ。

りょう　電話はしません。

虫眼鏡　はい、沢山のメッセージありがとうございました！　ゆめまるさーん。

ゆめまる　ほんとにポンコツでしたね。

虫眼鏡　ほんとにポンのコツですよ今日（笑）。

ゆめまる　たぶんあれなんですよ。ちょっと昨日飲んじゃいまして、それがちょっと原因してますね。脳がもう動いてないです。めっちゃ眠いです。

虫眼鏡　もう何やってんのほんとに（笑）。

りょう　お仕事なのに。

虫眼鏡　お仕事ですよ普通に。

ゆめまる　ミスっちゃいました。

虫眼鏡　ははは。それではお知らせです。

2019 09/22

壊れかけの虫さんの回

GUEST
りょう

ゆめまる　本日も東海オンエアラジオ始まりました。北名古屋市、ラジオネーム、りこぴんさんからのメッセージです。〈生写真すこぶる欲しいです。私事ではありますが、先月にプロポーズを受けました！　私にはもったいないぐらいの方で、生涯この人と居れると思うと涙が止まりませんでした。後日、友人に報告すると100%、どんなシチュエーションでプロポーズされたの？と、ニヤニヤ顔で聞かれました。そこで皆さんにニヤニヤ顔で質問なのですが、プロポーズするとき、どのような場所で、どのようなセリフで、指輪等々渡したいですか？　ちなみに私の場合は、泣き喚くであろうと考慮した上で二人っきりの時に言ってもらえました(照)〉。というメッセージがきておりますけど。**どうなさったんですか？**

りょう　ははは。なさったって、まだしてねえだろ。

ゆめまる　え？　なさった？　なに？　どうした？　**なになになに？**

りょう　ははは。放送始まってるよ。

ゆめまる　どうしたの？　お二人？　え？

りょう　渡したいですか？でしょ。俺らはまだしてないから。彼女もいないし。

ゆめまる　なるほどな。なんも言えねえじゃねえかよ。

りょう　ははは。

ゆめまる　どうしたんだよ、**虫！　どうしたんだよ！**

虫眼鏡　ふふふ。いやね、先週のゆめまるさんが、ちょっと下手すぎたんで、最初黙ってようと思ってね。1分間くらいね。

ゆめまる　もう1分たってるよ。

虫眼鏡　で、ゆめまるがどうやって回すのかなと思ったら、めっちゃ困ってたからね、ごめん、見てた。

ゆめまる　普通に怖いだろ、いきなり黙り込んだら。

りょう　怖かったね(笑)。

ゆめまる　めっちゃ怖かったもん。放送始まってるよ、と思って。

虫眼鏡　普通にそんなさ、自分だって、なるほどねおめでとうございます、たしかにね、とか、そういうね、膨らませ方あるやん。いろいろ。

ゆめまる　違う違う違う。

虫眼鏡　急にさ、どう、どう、どうしたんですか？って(笑)。

ゆめまる　**なるだろ！**　いきなり黙り込んだらなるだろ。誰だってなるだろ！

虫眼鏡　しかも、変なアンジャッシュみたいなコント起こってたし。どうなさったんですか？ってのは、ゆめまるは、どうしたの？って意味でしょ。

ゆめまる　そうそうそう。

虫眼鏡　りょう君は、なさったって、僕たちまだ結婚してないよ、っていう意味で、なんか食い違い生じててさ。おもしろかったなぁと思って。

ゆめまる　それはアンジャッシュだね(笑)。

りょう　アンジャッシュしたね。

虫眼鏡　すいません、今僕はゆめまると遊んでただけなんですけど。

ゆめまる　めっちゃ怖かったもん。いきなり、**しゃべってた人がいきなりしゃべんなくなると、こんなに怖いんだと思って。**ホラー映画のシーンだったもん。どうしたお前？みたいな。

虫眼鏡　うふふふ。今夜も#東海オンエアラジオで聴いてる人はつぶやいてください。

ゆめまる　東海オンエアラジオ！　東海ラジオをお聴きのあなた、こんばんは！　東海オンエアのゆめまると！

虫眼鏡　虫眼鏡だ！　そして今日のゲストは。

りょう　りょうです。

ゆめまる　この番組は、愛知県・岡崎市を拠点に活動するユーチューバー、我々東海オンエアが東京日比谷にある東海ラジオ東京スタジオからオンエアする番組です！

虫眼鏡　今日が東京ラストですね。はい。ゆめまると、僕虫眼鏡が中心となってお届けする30分番組でございます。

ゆめまる　**……しゃべれ!!**

虫眼鏡&りょう　あはは！

ゆめまる　誰かしゃべれ!!　**チラでもいい。**

虫眼鏡　ゆめまるさんだってメインMCだよ。一応。僕がずっとしゃべってるけど、ゆめまるさんしゃべっていいんだよ。

ゆめまる　ここは虫さんやん、関係的にはいつもの!!

虫眼鏡　だから黙ってゆめまる見てたんですけど、なんか、めちゃくちゃ目ぇ合わせなかったもん(笑)。

りょう　はははは。

ゆめまる　黙るなら俺も黙ってやろうと思って。こうやって。意地はっちゃったから。

りょう　今回いじめられる回だね、

ゆめまる　(笑)。めちゃくちゃやりずれーわ。

虫眼鏡&りょう　はははは！

ゆめまる　すっげーやだ。こういう回一番嫌いだもん。俺楽しくなくなっちゃうから。

虫眼鏡　はい。明日まで、名古屋のオアシス21 銀河の広場で開催されている「開局60周年記念　東海ラジオ大感謝祭２０１９」で、今日ですね、「東海オンエアラジオ」初の公開収録を行ったんですよね。

ゆめまる　はい。

虫眼鏡　すごい楽しかったですよね。

りょう　楽しかった。

ゆめまる　もうなんか、いろんなね、たくさーんの人がきて、オアシス21壊れるんじゃないかと思った。

虫眼鏡　ほんとパンパンで。

りょう　すごかったわ。

虫眼鏡　ゆめまるが、**えいえいオー！って言ったときに、オー！の歓声でオアシスの傘みたいなとこ、ビギッて破れちゃいましたからね。**

ゆめまる　あぁ、あったね。チラさんもね、人にもみくちゃにされて、血流してましたからね。

りょう　あはは。

虫眼鏡　ほんとですよ。**しばゆーが全裸になって走り回って逮捕されちゃいました**からね、ほんとに(笑)。

りょう　それも笑い話だよね。

ゆめまる　東海オンエアどうしようかな？って思うくらいの。

虫眼鏡　最終的にわっきゃいさんとね、えっちゃんが二人で回すみたいな事態になってましたからね。

ゆめまる　わっきゃいさん、途中で帰っちゃったりしてね。

虫眼鏡　そう。もうこんなとこやってられるか！って帰っちゃったしね。

ゆめまる　3分くらいで帰ったかもしれない。

虫眼鏡　いやぁほんとにいろんなことが起こって、すごく楽しかったですよね。たくさんの人に来ていただいて、ほんとにありがとうございました。

ゆめまる　ありがとうございます。

虫眼鏡　まらしぃさんと、えっちゃんさんと、わっきゃいさんとね、お三方に来ていただいて、大盛りあがり大盛りあがりの90分でございましたよ。

ゆめまる　ほんとに楽しかった、あっと言う間でしたわー。

虫眼鏡　ねぇ、ほんとまたやりたいですね。

ゆめまる　はーい、うーん。

虫眼鏡　今日のね、模様はですね、今日の模様って言っちゃった(笑)。そしたらゆめまるめっちゃ機嫌悪い人になっちゃう。

ゆめまる　はははは。ちゃいますよ、ちゃいますよ。

虫眼鏡　まぁまぁ、**みなさん大人なら察してください**。えー、今日の模様は来週29日と再来週10月6日、2回に分けて放送いたします。

ゆめまる　はい。それではここで1曲お届けします、THE BACK HORNで「刃」。

《曲》

ゆめまる　お届けした曲は、THE BACK HORNで「刃」でした。

虫眼鏡&りょう　…。

ゆめまる　出たよ。まただ。**黙ってんじゃねーよ!!**　次のコーナーいっちゃいますんでね、勝手に僕が。はい！　さて、東海オンエアが東海ラジオからオンエア！　東海オンエアラジオ、このコーナーやっちゃいます！　ゆめまるプレゼンツ「来たれ！はがき職人」。ゆめまるがやりたいというこのコーナー。webでのコメント募集だけではなく、ハガキでのリクエストを復活させようというコーナーです。ま、ハガキのほうが気持ちも入りますし、リスナーの気持ちも伝わるってことでね、始め、あの、やり始めた企画なんですけども。

虫眼鏡　同じこと2回言った。

りょう　はははは。

ゆめまる　あのですね、**ラジオで黙るのはダメですよ。**

虫眼鏡　違う違う、いやだって、ラジオって、一人でもやってる人いるじゃないですか。

ゆめまる　あれはね、緻密な台本があるわけですよ。

虫眼鏡　いや、ないよねぇ。

りょう　うん。

虫眼鏡　台本ってなんですか?

ゆめまる　台本?

虫眼鏡　え、**ラジオって台本があるんですか?**

ゆめまる　台本ありますよ!

虫眼鏡&りょう　あははは。

ゆめまる　台本ありますからね、ちゃんと。なんのコーナーやるかってくらいのね、軽く書いてあるやつなんですけどね。

虫眼鏡　まぁまぁ、僕たちの台本、わりとスカスカ。スカスカっていうか、スカスカにしてくれてるんですよね。ほら、笑ってますけど。別にあの、僕たちが自由にしゃべれるように台本作ってくださってるって意味で、この台本クソだぞ、って意味じゃないです。さて、なんでしたっけ?

ゆめまる　まぁハガキのコーナーですよ、いつもの。

虫眼鏡　りょう君がいるのでね、こういう真面目なコーナーを、りょう君いるうちに紹介しておこう、という狙いがあります。

ゆめまる　ま、ハガキでリクエスト曲を送ってもらい、曲にまつわる想い出やエピソードを書いて送ってもらうと。で、その紹介をするということなんですけど。

虫眼鏡　はいはい。ま、僕は今日サボってたんで、このハガキ読みますよ。

ゆめまる　お願いします。

虫眼鏡　では、読ませていただきます。ラジオネーム、金魚ちゃん。〈東海オンエアのみなさん、こんにちは。動画、ラジオ、いつも楽しませていただいております。ゆめまるさんがいつもラジオで流しているコアな曲が、私の元彼が好んで聴いていたジャンルとても似ていて、いつもなんともいえない気持ちになります〉。

ゆめまる　あぁ、そうなんですか。

虫眼鏡　〈18歳、親に買ってもらったマジェスタに乗り、**変な曲**を流しながらよく私を駅に迎えにきてくれました〉。

りょう　変な曲。

ゆめまる　**変なって言っちゃったよね。**

虫眼鏡　〈今思うと、痛いクソガキですが、当時はなんだかカッコよく見えていました。東海オンエアのみなさんは、昔彼女にカッコつけてやってしまった恥ずかしいことはありますか? エピソードがあれば教えてください。リクエスト曲は、元彼が車で熱唱していた曲です〉。というお便りでございますけれども、これはあるんじゃないですか、みなさん。

りょう　待てよー、難しいなぁ。

虫眼鏡　結構東海オンエアの人たちってね、なんていうの、目立ちたがりやというかさ、エンターテイナーではあるじゃないですか。それこそ彼女の前でもね、片鱗は見られるんじゃないかということで。

りょう　それが恥ずかしいかっていうと……。

虫眼鏡　カッコつけちゃうんじゃない?

ゆめまる　でも、今思い返すと、若かったな、みたいなやつはありますね僕。

虫眼鏡　あぁ、なるほどね。

ゆめまる　一時期っていうか今も流行ってると思うんですけど、なんかちょっとワックスジェルで髪の毛ペタってやって、七三みたいなのあるじゃないですか。っていうのを雑誌で見て、こういう髪型が流行ってるみたいな。で、まぁ、僕もやってたわけですよ。今思い返すと、坊主伸びたての状態だったんで、僕がやってたのガチガチの七三分けなんですよ。

虫眼鏡　あはははは。

ゆめまる　ペターみたいな。それで名古屋とか歩いてたのは、なんか今思い返すとめっちゃ恥ずかしいな。で、その写真を見返すと、なんだこいつ(笑)、みたいな。全然おしゃれじゃねえ、みたいな。で、彼女もちょっと引いてたってのがありましたね。

虫眼鏡　なるほどね。僕はですね、これはほんと彼女の前だからカッコつけてたんですけど、今は全然、それは当たり前じゃんって思うのかもしんないですけど、昔ってお金ないじゃないですか。僕一人暮らししてたんですけど、冷蔵庫の中がさ、なにこれ?って、ダサいものが入ってたら嫌じゃないですか。だから僕ね、**ボルビックとか入れてた。**

ゆめまる&りょう ははははは!

虫眼鏡 彼女が来るときだけね。

りょう なにそれー、そういうことかー!

ゆめまる うわぁ、そういうのね、**ありますあります!**

虫眼鏡 そう。だって買うわけないやん大学生が。水に金使うわけないやん。あと他には、**初めてエッチするときとか**、なんか、それこそ、こいつはどんなものなんだって思われるじゃん。だから、めっちゃ、**ファミマに「凄十」って売ってるじゃん千円くらいするやつ。あれ一応飲んでた。**

りょう えぇ!

ゆめまる わはははは! あのちっちゃいやつな、こんくらいのな!

虫眼鏡 そうそうそう。1回目だから、1回目だけはちょっと、**おぉこの人意外と頑張れる人だ**、って思われたいからね。そのあとは、まぁいいんですけど。みんなはね、今これを聴いてる高校生とか大学生はね、どんどんカッコつけてくださいよ。一回カッコつけると次からそれ、普通にスマートにできますから。

りょう そういうことだよ、ほんとに。

ゆめまる カッコつけることはいいことです。

虫眼鏡 そうそう、**一発目はカッコつけないとやってらんないですからね。**

ゆめまる **一番良くないのは、カッコつけで店員さんにキレるとか、そういうのはカッコつけではないんで。**

虫眼鏡 カッコつけをミスらないようにね。

りょう 勘違いはいけない。

虫眼鏡 というわけで、リクエスト曲もなかなかね、なんでしょうか、変な曲と言ったら、この歌ってる方に失礼ですけど、ま、ゆめまるさんがいつも流すような曲でございますよ。

ゆめまる このハガキに、変な、で斜線引いてコアな曲って書いてありますね。

虫眼鏡&りょう (笑)

ゆめまる 次に出てくる場面では、変な曲って言ってるので、諦めてますね。

虫眼鏡 諦めちゃってますね。

ゆめまる えー、岡崎市、ラジオネーム金魚ちゃんからのリクエストで、DJ RYOW feat.TOKONA-Xで「WHO ARE U?」。

《曲》

ゆめまる お届けした曲は、DJ RYOW feat.TOKONA-Xで「WHO ARE U?」でした。

虫眼鏡 ゆめまるさんとか、わりとこういう曲を聴いてるじゃないですか。

ゆめまる はい。

虫眼鏡 女の子乗ったときさ、どうするの? なんか女の子乗ったときって、ちょっとカッコつけちゃわん?

りょう わかる。

虫眼鏡 僕も普段、アニソンとか聴いてるけどさ、女の子乗るときだけ、あぁいかんな、って、**ビッケブランカとかにするもん**(笑)。

りょう あはは、いいねいいね。

虫眼鏡 ちょっとおしゃれなやつにね。

ゆめまる でも僕これ、こういうのばっかってことではないんで。くるりとか、普通のバンドとかも聴くんで、そういうのに変えてますね(笑)。

虫眼鏡 くるりにしてるの?

ゆめまる くるりにした(笑)。

虫眼鏡 くるり! くるり渋いなぁ。りょう君はいいですよ、しゃべらなくて。

りょう なんでなんで? くるり、全然流すよ。

虫眼鏡 りょう君は普通に乗ってればカッコいいから(笑)。えー、ハガキでリクエスト曲、そしてその曲にまつわる想い出やエピソードを書いて送ってください。あて先は、〒461-8503 東海ラジオ 東海オンエアラジオ「来たれ!はがき職人」へ送ってください。

ゆめまる みなさんからのハガキを楽しみにしています。ゆめまるプレゼンツ「来たれ!はがき職人」でした!

《ジングル》

虫眼鏡 というわけで、ふつおたのコーナーいきましょう。

ゆめまる 西尾市在住の、ラジオネームJKメンディさんからの……。

虫眼鏡 ふふふ。JK…、もう! 岡崎市の周り、**こんなやつばっ**

かだ！

りょう　あはは。

ゆめまる　ＪＫメンディさんからのメッセージです。〈突然ですが問題です。デデン！　男の人が女の人になめられると、たってしまうのはなんでしょうか?〉。

虫眼鏡　俺ももうわかっちゃった。

りょう　知ってるやつか。

虫眼鏡　頭柔らかいから僕。

ゆめまる　なるほどね。

りょう　早っ!!

ゆめまる　早いね。

虫眼鏡　腹でしょ?

ゆめまる　正解は、腹です。

虫眼鏡　ふふふ。

りょう　すごい!

ゆめまる　〈なめられたら、腹が立っちゃいますよね。うんうん〉。次のお便りいきましょう。

虫眼鏡&りょう　はははは。

虫眼鏡　僕までこういうの得意だからダメだよ。

ゆめまる　続いてのお便りいきます。ラジオネーム、ななさんからのメッセージです。〈4月に付き合って2年の彼が、仕事の都合で名古屋に引っ越しました。私は岡山に残って看護師を続けていますが、彼との将来を考えて名古屋に引っ越すか、彼が岡山に帰ってくるのを待つべきかすごく悩んでいます。彼は1年同棲して早めに結婚したいと言ってくれています。両親も赤ちゃんを待ち望んでくれています。住んだことのない地域で知り合いも家族もいない中で、彼との生活や仕事をうまく続けるかとっても不安です〉。どうしたらいいですか?　的なやつですね。

虫眼鏡　あぁ。エモいなこれ、切ないなぁ。どうしようもないもんね、会社の異動みたいなのって。おいくつなんだろう?　あ、23歳で、彼氏さんが29歳か。23、絶妙ですねー。

ゆめまる　ねぇ、むずいですよねぇ。

虫眼鏡　この彼女さんも29歳とかだったら、もう来いよ!って言えるんですけど、23、絶妙ですね。でもひとつね、名古屋じゃないけど、愛知に住んでる我々から言わせていただくと、**めっちゃ住みやすいですよ、愛知はほんとに。**

ゆめまる　そうだね。

虫眼鏡　東京に住んで100倍思った。

ゆめまる　岡山から来るって結構覚悟がいることですよねこれは。親にも、行きてえって言う。

虫眼鏡　だって、そしたら結婚だもんね。ほぼ。

ゆめまる　あ、でも彼は、3、4年経ったら岡山に帰ってくるのかな。

虫眼鏡　のかなぁ?って書いてある?

ゆめまる　書いてありますね。恐らく3、4年後に帰ってくる。待つべきか、っていう。

虫眼鏡　いやぁ、23歳からの3、4年をさ、彼氏に会えずにさ、でも、彼氏彼女はいるっていう状態で待つのきついよ絶対。

りょう　でも冷静に、岡山に残る意味なに?

虫眼鏡　いや、仕事があるからじゃない?

りょう　別に名古屋でも看護師できるじゃん。

ゆめまる　いや、友達とか家族がね。

虫眼鏡　**りょうくん!**　男尊女卑って言われるよ、またそれ!

りょう　違う違う違う違う。彼は1年同棲して早めに結婚したいと言ってくれてます、って、喜んでるわけですよ。

虫眼鏡　友達とか遊ぶ相手とかいないから……。

りょう　喜んでるわけですよ。

虫眼鏡　引っ越させちゃうと大変なんだよね。

りょう　どこ行っても楽しめるから意外と。

虫眼鏡　**じゃありょう君は、自分のお嫁さんが東京で働けよって言ったら、東京に行くんか!!**

りょう　いやだから、俺の中での優先順位はそれではないからだけど。

虫眼鏡　その方の優先順位はあるでしょ、岡山に残りたい理由とかあるかもしれんからねぇ。

りょう　そこが結局詳しく聞けないからわからないけど。

虫眼鏡　でもまぁひとつ言えるのは、**名古屋いいとこだからおいでよ、**と。

ゆめまる　みんな優しいし。ウェルカムだよ。

りょう　だって後に岡山に戻れるんでしょ?

虫眼鏡　そうだね。だから、3、4年ね、名古屋に一緒に住めばね。

りょう　そうそうそう。

虫眼鏡　別に名古屋じゃなくてもいいしね。岡崎来てもいいよ。

ゆめまる　看護師さんならね、絶対に職困らないっていうか。

りょう　日本国内、意外とすぐ帰れるし。

ゆめまる　たしかに。

虫眼鏡　まぁなんか、自分で決めることなんでね、よく考えてほしいですけど、名古屋はおすすめです。次いきましょうか。
ゆめまる　ペンネーム、たーこーさんからのメッセージ。
虫眼鏡　ラジオネーム、たーこーさんね。
ゆめまる　はい。〈私は40代のおばちゃんです。いつも通勤中に東海オンエアの動画を見ながら出勤してます〉。
虫眼鏡　えー、ありがとうございます。
ゆめまる　〈りょうさんに質問です〉。
りょう　はい。
ゆめまる　〈会社で働いていたとき、いつも買っていたお決まりの飲み物とかありましたか？　私は毎朝白いパッケージのレッドブルを買ってから会社に向かっています〉。
虫眼鏡　白いパッケージのやつ、なんだ？
りょう　なんだろう？　わかんねえ。
ゆめまる　〈それを買うと、いよいよ仕事！と気合が入るのですが、お決まりの飲み物を買うと気合が入りませんか？　ぜひ教えてください〉。

虫眼鏡　あるんだね、自分の中のスイッチ的なルーティーンみたいなのあるんだ。
りょう　あるよ。
ゆめまる　コンビニでバイトしてたとき、そういう人めっちゃ多かったです。毎朝きて、新聞とコーヒー買ってく人って。常連がいるの。決まってる。
りょう　あるある。俺も会社の近くのファミマで、ホットコーヒーと、パン。
虫眼鏡　へぇ、ルーティーンなの？
りょう　ルーティーンではあるね。朝ごはんはそこで買って、食べながら向かう、みたいな。
虫眼鏡　そうなんだ。
りょう　で、コーヒー飲みながら、職場の人たちと話しながら打ち合わせして、今日はこういう段取りでやりましょうみたいな話をして。みんなコーヒーもっていくんだよね。みんなコーヒー飲みながらみんなで話す。
虫眼鏡　りょう君のコーヒーって缶じゃなくてさ、ピッと押すとビューッと出てくる。
りょう　**絶対にねえ！**　絶対に。
虫眼鏡　りょう君こないだ、なんだっけ、缶コーヒーなんかまずくて

飲めねえ、って(笑)。
りょう　びっくりした！　そう、ほんとにその通り、**正直、缶コーヒーは俺飲めない**。
虫眼鏡　なんで？
りょう　わからない。
ゆめまる　ま、味は薄いけど。
りょう　びっくりしたもん。だから、会社とかで飲むときも、みんなカップに入れて持ってくるけどさ、この話東海オンエアの前でしたら5人に否定されてびっくりしたもん。**そんなことあんの!?**って。
虫眼鏡　だって、缶コーヒー売れてるんだから。現に。
ゆめまる　飲むもん。
虫眼鏡　飲む人いるじゃん。僕はね、そもそもコーヒー飲めないから、わかんないの味の違いとか。むしろ、缶コーヒーのほうが甘くて美味しいじゃんとすら思っちゃう。えー、僕どっちかっていうと、お紅茶派なんだけどさ。
りょう　紅茶も大好き。
虫眼鏡　紅茶のさ、それ、なくね？
りょう　一応あるよ。ローソンかな？　ローソンはあるよ。
虫眼鏡　へぇ。
ゆめまる　ティーパックで出してくれるやつあるのかな。

りょう　そう。
虫眼鏡　アイスない、アイスティー。
りょう　ないなぁ。
ゆめまる　アイスないなぁ。アイスあったらいいなー。
りょう　たしかに、あったらいいなアイスティーあったら。
虫眼鏡　あったら、りょう君言ってることがわかるかもしれん。
りょう　あぁ、たしかにアイスティーほしいわ。
虫眼鏡　というわけで、りょう君はコーヒーファンだったんですねぇ。さ、最後のお便りいきますか。
ゆめまる　ラジオネーム、たむちーさんからのメッセージです。〈今度友人の結婚式があるのですが、友人代表スピーチを依頼されました。普段人前に出て話す経験がない私は、今からすごく緊張し、若干憂鬱な気分になってしまいます。ですが、大切な友人の門出を全力でお祝いしてあげたい気持ちでいっぱいです。そこで質問なのですが、数々の大舞台を経験してるみなさんは、緊張するような場面をどのようにしてこなしていますか？　何か対策、方法などがあれば教えていただきたいです〉。
虫眼鏡　あぁ、これは質問いろんなインタビューで聞かれない？　緊張

しますけどどうしてますか?みたいな。お悩みとかで。なんて答えてます、いつも?

ゆめまる　準備する、みたいなこと言うかな。

虫眼鏡　**めっちゃ普通やん。**

りょう　あははは。

ゆめまる　普通だろ。

ゆめまる　なんだろう、準備しないと絶対緊張しちゃうからさぁ。

虫眼鏡　うーん、でもしても緊張すんだよ。そういう人は。

りょう　そうだね。

虫眼鏡　僕がいつも言ってるのは、緊張するってのはいつもと違う場所だから緊張してるのであって、それっていいことじゃん。珍しいことじゃん、自分にとって。なんか緊張って、よーし今から緊張するぞ、と思って自分じゃ絶対できないことだから、なんかそれは、もしかしたら楽しいことかもしれんけど。

りょう　おぉ、かっこいい。

虫眼鏡　だから、緊張楽しんで、うわぁ今俺めっちゃ緊張してるぅって思いながら生きた方がよくない?

りょう　カッケーこと言ってるわ、こいつ。

虫眼鏡　あははは。りょうさんはなんと言ってんですか?

りょう　え?　なんだろ。

ゆめまる　**聞かれたこと、多分ないわ。**

りょう　だよね!(笑)。

虫眼鏡　ははは。めっちゃ聞かれるやん。

ゆめまる　ないから、ないから、準備するしか言えなかったの。

りょう　それは虫ころラジオですよ。聞かれないけどな。

虫眼鏡　たしかにそう言えば、そうかもしれない。

ゆめまる&りょう　はははは。

りょう　そもそも最近俺らインタビューとか受けてないしね、あんまり。

虫眼鏡　そうだっけ?

りょう　ほんと準備しかないよなぁ。結婚式の、めっちゃ緊張しそうだね。

虫眼鏡　結婚式はするよぉ。

ゆめまる　僕一回、消防士の友達の結婚式のスピーチをしたわけですよ。高校の友人代表として。読んだんですけど、消防士のやつら、来た瞬間ベロベロで、どんちゃん騒ぎなんですよ。遠くのほうから、**おーいゆめまる!!**みたいな。読んでる最中に。なんかもう、すっげえやりづらくて、イライラしてきちゃって、**黙れ!**って。

虫眼鏡&ゆめまる　はははは。

りょう　大丈夫だった?

ゆめまる　大丈夫だった。そういう空気感のあるようなね。イジりイジられがあり。

虫眼鏡　あぁ、なるほどね。

りょう　**誰指名する?　友人代表。**むずいね。

虫眼鏡　たしかに。誰にしよう。

りょう　誰にしようね。俺らどうする?　交代で回す、みんなで?

虫眼鏡　結構だって、東海オンエア差し置いて、指名するわけはないやん、さすがに。**東海オンエアの中の5人から選びたいなと思う**から。

りょう　そうなってくるよね。

虫眼鏡　誰にしよう。

ゆめまる　なんだろ、スピーチは、違う人、最初のあるじゃん、今から始めますよみたいな。

りょう　乾杯の音頭みたいな?

ゆめまる　そう。そういうところを頼むかなぁってのが俺のイメージかな。

虫眼鏡　あぁ、なるほどね。

りょう　友人代表はまた別ってこと?

ゆめまる　ま、別にしたほうがいいんかなぁ、みたいな。

りょう　あり得るっちゃあり得るなぁ。

ゆめまる　**乾杯の音頭をじゃあみんなでやるわ、5人で。**かんぱーい、って。

りょう　ややこし。

虫眼鏡　いやぁ楽しみだな。普通になんか僕、最近、贅沢な悩みかもしれんけどさ、あんま緊張しなくなってこん?　もう、2千人とかあんま緊張しんやん。正直。だからなんかそういうところで緊張したいな、と僕は思う。

ゆめまる　あぁ、初心に戻る的なね。

虫眼鏡　そうそう。さっきも言ったけど、緊張なかなかできないからさぁ、したいなって。

ゆめまる　味わえないからね。どんどん減りますから、そういう場面。

虫眼鏡　ほんとだよ。緊張してるってのは若い証拠ですからね。楽しんでいきましょう。たくさんのメッセージありがとうございました。今日の放送いかがでしたか、ゆめまるさん。

ゆめまる　今日の放送ですか?　**虫さん最初めっちゃ怖かった。**

りょう　あはは。

ゆめまる　**虫さん壊れちゃったかと思っちゃった。**ついに、東京疲れがおきて壊れたか、って、心配しちゃいましたよ。

虫眼鏡　ふふふ。もう今はね、ゆめまるさん体調戻ってきましたか？

ゆめまる　大丈夫です、やっとなんか、気持ち悪くもなくなりました。

りょう　終わりだぞ、もう(笑)。

虫眼鏡　ははは。ここでお知らせです。

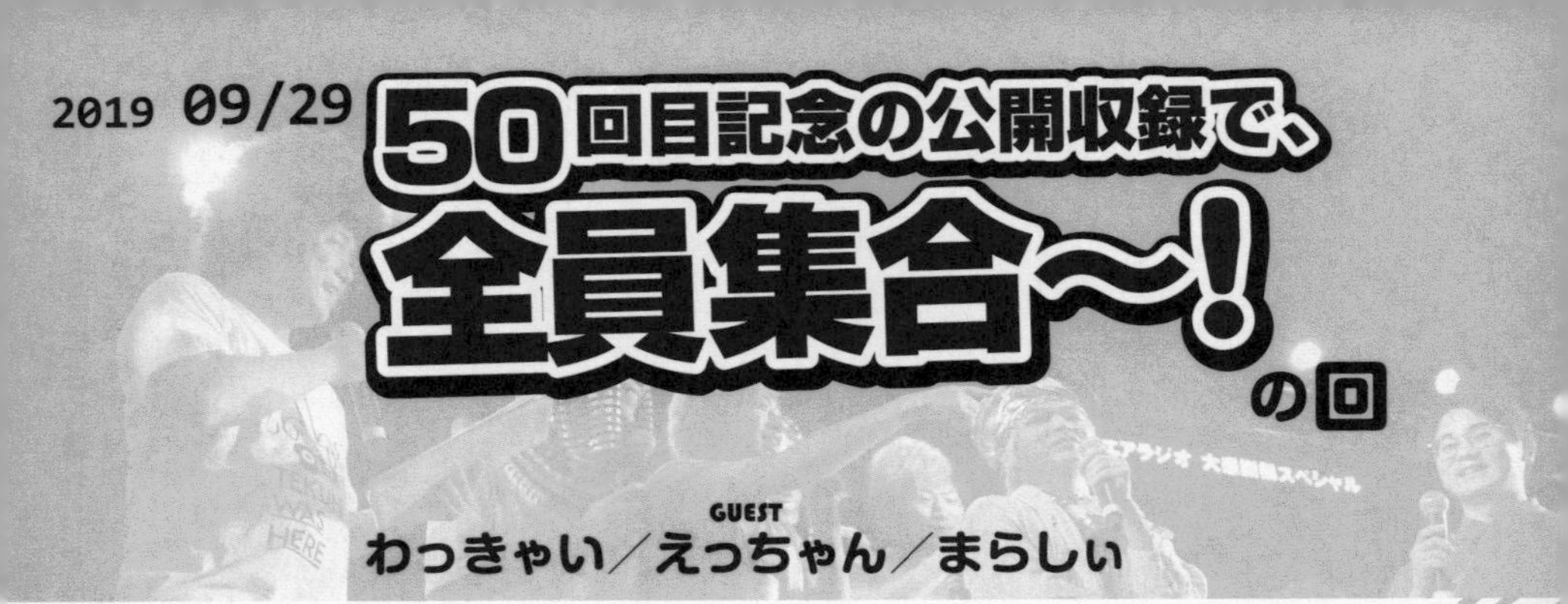

2019 09/29

50回目記念の公開収録で、全員集合〜！の回

GUEST
わっきゃい／えっちゃん／まらしぃ

虫眼鏡　ゆめまるさんなんと、**今日はですね、50回目らしいですよ、記念すべき。**

ゆめまる　そうなんですね！　**50回目が公開収録ということは、特別な放送ですね。**

虫眼鏡　50回やってるから、いい加減レベルアップして、顔出しＯＫで、生放送もＯＫってことでね、ま、今まで頑張ってきたからこそいいんじゃないかってことで、あ、まってください、台本に、４人盛り上がるって書いてあります。４人盛り上がってください。

４人　イェーイ!!

ゆめまる　台本どおりだな、みんな。

としみつ　その振り方やめてよ。

虫眼鏡　なんとね、今回50回目にして初めて、６人全員でね、ラジオするってことで。

ゆめまる　１回スペシャルで４人くらいは集まったんですけど、**６人は初ですね**、ほんとに。

虫眼鏡　６人だとお見合いする事件がね、多発しちゃうんじゃないかってことで今までやってこなかったんですけど。

ゆめまる　ちょっと不安ですけどね、がんばりましょう。

虫眼鏡　今回ゆめまるさんがしっかり回してくれるということで。

ゆめまる　そう言われると、**ミスります。**

虫眼鏡　ふふふ。結構たくさんお客さん聴きにきてくれてるみたいなんで、早速ステージいっちゃいますか！

全員　はい！

虫眼鏡　いくよ。せーの！

虫眼鏡＆ゆめまる　東海オンエアラジオ！

観客　キャーーーーー！

虫眼鏡　多いな、人。

ゆめまる　こんにちは、どーも！

てつや　めっちゃ人おる。すごーい。

虫眼鏡　雨降ってんじゃんだって。

としみつ　雨降ってるね。

てつや　傘さして、ありがとうございます。

しばゆー　ありがとうございます、ほんとに。

ゆめまる　東海ラジオをお聴きのあなた！　そして、会場にいるみなさん！　こんばんは！　東海オンエアのゆめまると！

虫眼鏡　虫眼鏡だ！　そして、今日のゲストのゲストは、

てつや　やぁどうも、東海オンエアのてつやと

しばゆー　しばゆーと

りょう　りょうと

としみつ　としみつだ！

ゆめまる　お願いしまーす。この番組は、愛知県・岡崎市を拠点に活動するユーチューバー、我々、東海オンエアが、今日は特別に!!　愛知県名古屋市にあるオアシス21・ＯＫＢ大垣共立銀行ステージから公・開・録・音でオンエアします！

虫眼鏡　今日は「開局60周年記念東海ラジオ大感謝祭２０１９」ということで、公開録音、僕たちの目の前にですね、こんなにたくさんの人がいるわけなんでございますよ。

ゆめまる　すごいよこれ!!

虫眼鏡　ここの余裕差すごいもん。

てつや　逆に落ち着いてるもん。

ゆめまる　後ろの階段までね。

虫眼鏡　パンパンになってる。**米みたいになってる。**

しばゆー　緊張してきた。

ゆめまる　今？

てつや　米って表現ある？

虫眼鏡　しばゆーさん、こんだけたくさんの人に集まってもらってですね、みなさん緊張してるんでね、**コール＆レスポンスで一発ブチあげちゃってくださいよ。**

しばゆー　あら！

ゆめまる　お願いします！
しばゆー　なるほど。
てつや　どんな顔だよ。
しばゆー　いきますよ！　みなさん盛り上がってるかーい!!　じゃあ、僕が、セイなんとか、って言ったら、なんとかーで返してくださいね。
虫眼鏡　返してくださいね。
しばゆー　ぶちあげてやりますよ。いきますよー。セイ、（セクシーに）はぁー。
観客　はぁ。
しばゆー　セイ！
観客　（ざわざわ）
しばゆー　セイ。あぁ家かえりてぇ。
観客　あぁ家かえりてぇ。
ゆめまる　**お前もう帰れ!!**
虫眼鏡　お前が家帰れ！
としみつ　お前ふざけんなよ！　ほんとに。
ゆめまる　**盛り上げてくれよ！**
てつや　一発目のボケじゃねえだろ。
としみつ　知らない人もいるんだから、なんなんだあいつらは、ってなるだろ。
虫眼鏡　みなさんイベント気分ですけど、普通にラジオの収録なんで、これ全国の電波に流れてますからね。
ゆめまる　やべやべべやべ。
てつや　東海オンエアのイベントじゃないからね。ラジオだからね。
虫眼鏡　今のみんなのレスポンスがちゃんと電波に乗るんだから、声出させないと。
しばゆー　盛り上がらなかったな、意外と。
虫眼鏡　ふふふふ。
ゆめまる　そうなるだろ。
虫眼鏡　というわけでね、我々が1年間ですね、番組始まって、去年のこのイベントでこの番組が始まるよってこと言われたんで。
ゆめまる　そうですね。
虫眼鏡　ちょうど丸1年なんですけど、1年間修業を経て、ついに、お前ら生放送やってもいいよってことになったんで、みなさん、くれぐれも気をつけてください。いつものテンションでやらないように。
てつや　いつものあの放送とてもできないな。
ゆめまる　絶対できないですから。やったら、**公開録音で番組打ち切りです。**気をつけてください。
虫眼鏡　**いつもみんな全裸でやってますもんね。**
ゆめまる　違う違う違う（笑）。
虫眼鏡　というわけでですね、今回は初めて6人で公開録音をやるってことなんですけども、しばらくみなさん何もやることありませんので。
てつや　え？
虫眼鏡　黙ってろ!!
てつや　えーーー。
ゆめまる　待っててください、もう。
てつや　待ってんの？　待ってたよずっと今。
虫眼鏡　6時15分くらいまでみなさんあんまりやることないんで、ガヤとか、スタッフ笑いとかね。アハハハハって。

てつや　ラジオだけで聴いてる人にとっては盛り上がりが大事ですからね。
ゆめまる　そうですよ。
虫眼鏡　**よ！**　とか、**は！**　とか言う人になってくださいね。
全員　はい。
虫眼鏡　というわけで、何をやるかって話なんですけども、東海ラジオ公開録音、このコーナーからいっちゃいます！「新番組『クリエイターズ』を紹介しちゃおう〜!!」。
全員　イエ〜イッ！
てつや　**よっ！　ほっ！**
虫眼鏡　**そいや！**
てつや　**お前はやっちゃダメ**（笑）、あなた回してちゃんと。
虫眼鏡　はい、台本読みますよ。東海ラジオでは10月から、ラジオ史上初の動画クリエイターとピアニストが出演の大型帯番組として、新番組「クリエイターズ」を放送します。放送時間は火曜から金曜の夜8時からの1時間ですってことで、要はユーチューバーがラジオやっちゃうよ、ということでございまして、これは**我々が頑張ったからなんじゃないか**ということでね、評判なわけですよ。
てつや　影響出てるかもしれないで

すね。

虫眼鏡　そうですね。はい。気になるラインナップはこちらです。

ゆめまる　火曜日は、神奈川県厚木発コミック系ラウドバンド兼クリエイターの、**夕闇に誘いし漆黒の天使達**。

虫眼鏡　はい、千葉もいるね、千葉も。

ゆめまる　水曜日は女性マルチのアート系クリエイター、**えっちゃん**。

虫眼鏡　千葉いないね、これは。

ゆめまる　木曜日は才能の無駄遣い系動画クリエイター、**わっきゃいさん**。

しばゆー　わっきゃい！

てつや　わっきゃい！

ゆめまる　金曜日は名古屋市在住。再生回数6億回！　ピアノ1台で多くの人の心を虜にするピアニスト、まらしぃさん。

虫眼鏡　ちなみにね、みなさんラジオ童貞ということでですね、みなさんめっちゃ緊張してるらしいんですよ。

てつや　そうなんですね。

虫眼鏡　なんと今回はですね、慣れるためというか、我々先輩じゃないですか。先輩が見てるところで、お前ら一回やってみろよ、ということで、一回ゲストでお呼びしておりますんで。

としみつ　まじで？　ほんと？　温度感めっちゃムズいんだよね。虫さんが真顔で死んだ目でベラベラベラベラ棘あること言うからさ、俺らツッコめないのよ進行してると。

ゆめまる　はははは。

虫眼鏡　いや今回ですね(笑)、その中から3組のクリエイターに来ていただいて、ま、夕闇は来てないんですよ、夕闇は面倒くせえって言って来なかったんですけど、ま、他3組のクリエイターが……。

てつや　信じるから(笑)。信じちゃう。

虫眼鏡　が、ですね、今から登場して番組のPRをしていただきます。えー、早速ですね、めちゃめちゃ押してるので、1組目のクリエイターに登場してもらいましょう！　せーの！

全員　**わっきゃい!!!**

わっきゃい　お願いしまーす。

ゆめまる　よろしくお願いします。

虫眼鏡　わっきゃいさんの出番の時間2分食っちゃったからね。

ゆめまる　すいません、なんか。

虫眼鏡　じゃあ、まず自己紹介をお願いします。

わっきゃい　はじめまして、わっきゃいと申します。えー、才能の無駄遣い系クリエイターということで、ユーチューブに月に1本くらい動画を投稿してるんですけども、どうでもいい日常のニュースシリーズとか、たまに急上昇のほうあがったりとか。

虫眼鏡　いやぁ、絶対のるじゃないですかあれ。

わっきゃい　はい(笑)。とかやったりとか、テレビとかでは、キャップ投げっていうことをやったりとか。あと、格闘技系の動画投稿してたりとか。

としみつ　すごい。

わっきゃい　ま、いろいろやってるんですけど。

てつや　多才ですね。

虫眼鏡　というわけで、番組ではどんな事やるんですか？

わっきゃい　番組では、僕の世界観というか、普段僕暇つぶしが大好きなんですけど、そういうようなことを紹介したりだとか、ま、番組自体が暇つぶしみたいな感じですね。

虫眼鏡　そうなんですね。コーナーの名前はどんな感じなんですか？

わっきゃい　そのぉ、「**わっきゃいの沼**」って感じで今日はやるんですけど。

東海オンエア　沼。

わっきゃい　普段はどうでもいい日常のニュースシリーズにちなんで、自分の日常を伝えたりですとか、そんな感じです。

虫眼鏡　じゃあわっきゃいさんどうぞ！

わっきゃい　はい、「わっきゃいの沼」ということで、こんな大観衆の前で言うことじゃないんですけど、最近ちょっと僕、いたずらにハマってまして。

てつや　いたずら?

ゆめまる　いたずらね。

わっきゃい　ほんっとにこんな大観衆の前で言うことじゃないんですけど、普段僕アナウンス系の動画あげてるんで、スタッフさんとか友達とかから電話がかかってきたときに、あえて出ないんですよ。で、最後の3秒くらいのときに出て、「こちらは留守番電話サービスです」から始めて、留守番電話サービスのモノマネをして、相手の言うことを待つっていうイタズラをしてまして、8割方の確率でひっかかります。

東海オンエア　へぇ。

てつや　確かに誰の声とかわかんないよね。残っちゃうんだ?

わっきゃい　はい。これの、最後のピーの音がちょっと難しくって。

ゆめまる　機械音ですからね、あれは。

わっきゃい　しゃべる部分は、結構いけるんですよ。「こちらは留守番電話サービスです。おかけになった電話番号は現在電波の届かない場所にあるか電源が切れているためおつなぎできません。ピーという音のあとにメッセージをお願いします」。**ピー。**このピーが難しくて。

ゆめまる　**言えんのかい!**　言えんのかい!

てつや　今、うまぁ!とか、そういうのかと思った。

わっきゃい　だいたいここでバレちゃうんですよね。

ゆめまる　あぁなるほどね。

虫眼鏡　そこまで聴いてる人はね。

てつや　じゃあバレてんじゃねえかよ(笑)。

わっきゃい　だから、その、できればピーのやり方を教えてほしいな、っていう。

てつや　ピーのやり方!

としみつ　やったことないよ。

虫眼鏡　東海オンエアはピーとやっぱりね、つながり深いですからね。

てつや　ピー系じゃないからな。

わっきゃい　そうですね、そんな感じで、普段は一人遊びで楽しんでます。

としみつ　イタズラを?

わっきゃい　はい。

ゆめまる　いやいやいや、楽しみですね、ほんとに。

虫眼鏡　じゃあ「わっきゃいの沼」では、そういうわっきゃいさんがハマってることをですね、どんどん紹介していくって感じですか?

わっきゃい　はい。京都大学って大学に通ってるんですけど。

てつや　**でた!!**

ゆめまる　頭いいよ。

てつや　友達になれないかもしれない。

わっきゃい　いやいやいや(笑)。仲間に入れてください。

としみつ　頭いいやつ嫌い。

わっきゃい　一般的に頭いいみたいなイメージが……。

てつや　そういうイメージありますけど。

としみつ　京大生なんて言ったらもう。

わっきゃい　あるので、これもやっぱり友達だます系にはなっちゃうんですけど、なんか、ありそうな雑学みたいなこと言うと。

としみつ　あー、絶対気づかないよ。

てつや　たしかに。説得力あるわ、京大に言われたら。

わっきゃい　これもまた、8割方くらいの確率で引っかかってもらって。ほんとにくだらなくて自己満足なんですけど、「**ポルトガル語では、肘のことをヒーザって言う**」みたいな。面白くない?みたいなこと言って、嘘なんですけど、引っかかってくれる。

てつや　言われなかったら信じる。

ゆめまる　**肘なのに膝なんだ!**

わっきゃい　ポルトガル語ではヒーザって言うんだよ、みたいな。

としみつ　裏側ちげーなやっぱり!って。

てつや　今偶然聴いてる友達で、嘘でしょ?　あれ嘘だったの?みたいな、いるよね。

わっきゃい　ははは、そういうこともあります。

としみつ　可能性もある。

虫眼鏡　てつやすぐ信じて、自分で言っちゃうもんね。

てつや　自慢しちゃうから。

わっきゃい　やっぱ京大生ってバックグラウンドがあるんで。

ゆめまる　それはだまされちゃうね。

わっきゃい　あと、「**トイレットペーパーには200本に1本くらい当たりがあって、その芯のロールを店に持っていくと、5ロールもらえる**」みたいな。

てつや　嘘だよね?

わっきゃい　嘘です。

ゆめまる　ありそうだもんな。

わっきゃい　ただ、友達にそれを言ったら、それから毎回芯だけ確認する。

としみつ　ほんとに？

虫眼鏡　かわいそう友達。

としみつ　結構わかりやすいタイプの人間。

わっきゃい　わかりやすいタイプ。だからどこまで行けるかなっていうのを……。

てつや　だんだん嘘っぽくしてって。

わっきゃい　だんだん嘘っぽくしてってやるのが、僕の個人的な楽しみ方です。

てつや　一人遊びがうまいなぁ。

虫眼鏡　じゃあここからは、まぁ、という感じでね、わっきゃいさんには、そういう感じのコーナーをやっていただくってことなんですけど、じゃあちょっと真面目に番組PRみたいなのを、大観衆の前でやってみてください。

わっきゃい　はい。「クリエイターズ」という番組が始まりまして、僕は木曜のMC担当となります。ぜひ見て、あっ、聴いてくださいか。聴いてください、お願いします！

東海オンエア　お願いします!!!

虫眼鏡　ありがとうございました－。この時間のゲストは、わっきゃいさんでした!!

東海オンエア　ありがとうございました！！！

虫眼鏡　さぁ、今日はオアシス21・OKB大垣共立銀行ステージから公開録音でお送りしている東海オンエアラジオ！　この時間は10月からの新番組「クリエイターズ」から3組のクリエイターに……なにやってんの？　ねぇ？

ゆめまる　水飲んでる。

虫眼鏡　新番組をPRしてもらっています！

ゆめまる　では、2組目のクリエイターに登場してもらいましょう！　せーの！

全員　**えっちゃーーん!!**

虫眼鏡　今違う歓声があった、違う歓声が。

としみつ　えっちゃん、あそこから来るんじゃない？

ゆめまる　どこどこ？　上から？　ワイヤー？

としみつ　あー、いたいたいた！

えっちゃん　こんにちは、えっちゃんです!!

としみつ　回しすぎ回しすぎ、そんな回ってなかっただろ!!

虫眼鏡　わざわざ名古屋までありがとうございます。

えっちゃん　おじゃまします。

虫眼鏡　東海ラジオで番組やるということで、どんな事やるんですか？

えっちゃん　水曜日に、私担当なんですけど、初のラジオということで、みんなから質問をもらったり、逆に私にいろいろ教えてもらったりとかってやっていきたいなって思ってます。

虫眼鏡　あぁ、**めっちゃ普通ですね。**

えっちゃん　電話企画とかもやりたいなぁ～と思って。

てつや　一緒に成長してくような。

えっちゃん　あははは。一緒にね。

虫眼鏡　でもラジオとかの経験は、初めてですか？

えっちゃん　あのぉ、ボンボンTVの、いっちーのラジオにゲストで1回だけ出た事があるんですけど、もうそれっきりで。

ゆめまる　なるほどね。

虫眼鏡　そうなんですね。結構ね、視聴者さんのお便りとかは結構クセがあったりしますから、そこでいかにいい答えを返せるかっていうのは非常にね、訓練がなせる技だと思いますので。ウチのゆめまるがね、今回、お便り選びましたんで、早速テストみたいな感じで今日は。

えっちゃん　**テスト!?**

虫眼鏡　「教えて！えっちゃん！」のコーナー、やっていただきたいと思いますけど。

えっちゃん　はい。

虫眼鏡　大丈夫ですか？

ゆめまる　大丈夫ですよ。

えっちゃん　もう、ちょっと頑張りますね、ほんとにぶっつけ本番ですけど(笑)。

虫眼鏡　じゃあゆめまるさんお便り読んじゃってください。

ゆめまる　はい。豊川市在住のラジオネーム、ぴよけっとさんからのメッセージです。

虫眼鏡　いやぁ、豊川市かぁ。

えっちゃん　ぴよけっとさん。

ゆめまる　〈今度、自分の家の土地に新しくアパートを建てます〉。

えっちゃん　すごい。すごくない？

ゆめまる　〈それに伴いアパート名を決めなければなりません〉。

てつや　アパート名？

ゆめまる　〈これからそのアパートに住む住人は、その名称が住所になるということで、とっても重要になります〉。

としみつ　めっちゃおもろいやん、これ。めっちゃいいやん。いいなぁ。

ゆめまる　〈何かいいアパート名はありませんか？〉

てつや　だけどガチじゃん。大喜利とかじゃなくてガチな相談だからさ、えっちゃんが言ったらほんとになるかもしんないよね。
えっちゃん　えーー！
ゆめまる　えっちゃんが言う、一発目のやつをアパート名にしますから。
しばゆー　**股ズレ荘**みたいなやつ言っちゃえよ。**メゾン・ド・毒蜥蜴**みたいなやつ。
えっちゃん　ははは。
ゆめまる　あるね。
としみつ　あるよね。
虫眼鏡　住所に書かなきゃいけないんだもんね。
えっちゃん　やばいじゃん(笑)。
ゆめまる　これ大事ですからね。
しばゆー　アパートねぇ。
えっちゃん　ってか、アパート建てるってすごくないですか？
東海オンエア　すごい。
ゆめまる　25歳女性だもん。
えっちゃん　聞いたことないんですけど。
としみつ　そこ気になっちゃうよね。
えっちゃん　25歳女性、おんなじ。えー(悩)。
ゆめまる　すごいね、若いね。
てつや　何モンだ？
えっちゃん　すごすぎる。
ゆめまる　大金持ちかもしんない。
えっちゃん　えー、いいアパート名ありませんか？って聞かれて、ちょっとめっちゃこれ重大だぞ。
としみつ　いやこれね、考えたいなもっとね。
てつや　今ここで言った名前をあとで検索したらさ、1年後とかに出るかもしんないからね。
虫眼鏡　ははは。
しばゆー　そうだね。
てつや　SUMOとかに。住めるかもしんない。

ゆめまる　そうだね。
えっちゃん　重大。そこに住みたい説までありますよね、もうね。
てつや　そうね。えっちゃん引っ越すかもしんない。
えっちゃん　第2の家つくります。
虫眼鏡　これね、収録だったら一生懸命考えて、あっいいの思いつきました！って言ってね、発表しますって言って、編集してもらえばいいんですけどね、今生なんでね、すぐ答えないと。
えっちゃん　本当にぶっつけ本番の質問なんですよこれ!!
てつや　え？　まったく知らなかったの？
ゆめまる　やらせなしですから。
としみつ　グルメアパートとかいいんじゃない？　グルメアパート。
えっちゃん　グルメアパート？
ゆめまる　おい、トリコ、トリコ。
虫眼鏡　**おいおい！　長くなるからやめろ!!**
しばゆー　トリコ出すな、もう。
としみつ　ジャンプショップ見にいったら、トリコグッズなかったの。
虫眼鏡　いつ見に行ったの？(笑)、
としみつ　残念。
てつや　ドッグタグだけだったって話いいわ。
えっちゃん　決まりました。
ゆめまる　お！　きた！
えっちゃん　では、ぴよけっとさんの**新しいアパートの名前は、「東海ファラオ荘」でお願いしまーす。**
としみつ　大丈夫？
ゆめまる　大丈夫ですか？
てつや　えー。
ゆめまる　東海ファラオ荘。
えっちゃん　ねぇ、いいよね？
観客　(拍手)。
えっちゃん　ほら(嬉)。
てつや　ピラミッドかなんかと勘違いされるんじゃねえか。
虫眼鏡　おい、お前ら責任もって住めよちゃんと！　満杯にしてやってくれよ。
ゆめまる　俺らが一番責任もって住まないと。
としみつ　あはははは！
ゆめまる　**そのアパートの敷地内にピラミッド建てましょう。**
全員　ははは。
てつや　門にスフィンクスとか置いてね。
としみつ　グルメピラミッドだ、グルメピラミッド。

えっちゃん　はーぃ、どうですか？　ちゃんと答えられてましたかね、私？

ゆめまる　いい、いい。

てつや　地方的には合ってるしね、東海だしね。

としみつ　ちょうどいいですよ。

えっちゃん　よかったぁ。

としみつ　これでも、決めるのはぴよけっとさんだから。

えっちゃん　そうですね。

としみつ　いいアパート名ありませんか？って聞いてるだけだからね。

てつや　全然違うかもしんないからね。

としみつ　ざけんな、ってなるかもしんないから。

えっちゃん　ざーけんな、って（笑）。

虫眼鏡　というわけで、ま、こんな感じでえっちゃんは、いろんなことを教えてくれるお姉さんとして、パーソナリティーをやってくださるわけですよね。

えっちゃん　はい!!

虫眼鏡　これはですね、あ、やばいやばいやばい、これえっちゃんのセリフだった。みんながメッセージ送ってくれないと、えっちゃんやることなくなっちゃってね、ニートになってしまいますので、ここにいる人でね、えっちゃんのことが嫌いじゃないよって人はですね、ぜひ、お便り送ってあげてください。

えっちゃん　はい。東海ラジオさんのツイッターのほうで募集のアドレスあるので、そちから、みなさんよろしくお願いします！

ゆめまる　お願いしまーす!!!

虫眼鏡　えっちゃんありがとうございましたー！　えっちゃんでした!!

としみつ　ありがとうえっちゃん!!

てつや　またロッキンいこうね！

えっちゃん　あ、行こうね！

虫眼鏡　**そんなぼろぼろロッキンねーわ！**

ゆめまる　プライベートの話すんな！

としみつ　えっちゃん声聴きやすくてすごくいいわ。

てつや　向いてるよね。（何となくのモノマネで）こんにちは、えっちゃんです！って。

虫眼鏡　うふふふふ。

観客　かわいー（笑）。

てつや　え、なに？

ゆめまる　誰？　誰？

てつや　珍しく似てない。

としみつ　珍しく似てない。たいがい似てるんだけどね。

虫眼鏡　さて、オアシス21・OKB大垣共立銀行ステージから公開録音でお送りしている東海オンエアラジオ！

てつや　**おい!!　おい!!!**

としみつ　あの人の進行ヤバイ。

虫眼鏡　この時間は10月からの新番組「クリエイターズ」から3組のクリエイターのPRしてもらっています！　では最後のクリエイターに登場してもらいましょうよ。せーの！

全員　**まらしぃ!!!!**

虫眼鏡　お前らどっかいけ!!　邪魔だから。はい、降りて、降りて。

としみつ　降りちゃうの？　そっかそっかそっか。

ゆめまる　お願いしまーす！

まらしぃ　お願いします。

《ピアノ演奏》

虫眼鏡　まらしぃさん、ありがとうございまーす！

しばゆー　うめぇ。

虫眼鏡　はじめましてですよね。

まらしぃ　はじめましてです。

しばゆー　夜桜。

りょう　すごかったぁ。

ゆめまる　いやぁうっとりしちゃいますねぇ。

虫眼鏡　簡単に聴いてる方に自己紹介のほうをお願いします。

まらしぃ　はい、改めまして、まらしぃと申します。みなさんよろしくお願いします。

虫眼鏡　なんか今までの二人は一応同じ事務所だからさ、グイグイいけたけど、本当にはじめましてだから丁寧になってしまいます。

としみつ　なんかね、ふざけちゃいけないかも。

てつや　ちゃんとすごい人でてるじゃん。

まらしぃ　若干アウェーなんですけど、大丈夫ですか？

虫眼鏡　いやいやいや(笑)。

ゆめまる　ホームだと思ってください。

虫眼鏡　でも僕もまらしぃさんって方、失礼ながらお名前を聞いて、え？ どんな人だっけ？ってユーチューブ見て検索させていただいたんですけど、あぁこの動画の人ね、ってなるくらいピアノの動画界ではね、有名というか。

ゆめまる　有名な方ですね。

まらしぃ　ありがとうございます。

虫眼鏡　**動画の再生回数が6億回以上**ということで。

としみつ　6億!?

てつや　すごいよねぇ。

虫眼鏡　**僕らほどじゃないんですけど。**

てつや　言わんでいいわ！

ゆめまる　**言うな言うな!!**　アウェーにすんな。

まらしぃ　**東海オンエアさんだと2日くらいで6億いっちゃいますもんね。**

虫眼鏡　いや、とんでもないです(笑)、それは言い過ぎですけど、でも、ピアノだけで6億回ってほんとにすごいですよね。

まらしぃ　ありがとうございます。

ゆめまる　そして、まらしぃさんは、4月にオリジナルベスト、2枚組の『marasy collection』をリリースされているということです。

としみつ　あら！

虫眼鏡　ほう！

としみつ　マラコレ。

まらしぃ　マラコレですマラコレ。

としみつ　マラコレ？

てつや　マラコレですね。

ゆめまる　そして、10月からは全国ピアノツアーが始まるみたいで。10月19日(土)には名古屋 日本特殊陶業市民会館ビレッジホールでのライブが決まっているみたいですね。このチケット、なんと、SOLD OUTです！

しばゆー　うわぁ。

虫眼鏡　すごいですね、普通に名古屋でめちゃめちゃちゃんとしたでっかい箱ですからね、素晴らしいでございます。そしてまらしぃさん、なにか他にもお知らせがあるみたいなんですが。

まらしぃ　そうなんです、12月にですね、新しいアルバムが出るんです。ちょっとね、僕、昔、小さいころピアノ習ってまして、**先生と喧嘩してやめちゃったんですよ。**

虫眼鏡　喧嘩してやめちゃったたんだ。

まらしぃ　ちょうど中学校2年生くらいで、こう、思春期のころだったんですけど、そのころに、先生と喧嘩して。昔、クラシックのピアノ習ってたのを、やめちゃったんですけど、今はこうやってね、改めて楽しくピアノ弾けるようになったんで、もう一回クラシック弾いてみようかなってことで、そういうアルバムを出しますんで、よろしくお願いします！

ゆめまる　みなさんチェックしてください!!

虫眼鏡　チェックしてみてください。そして、新番組「クリエイターズ」のほうなんですけど、まらしぃさん金曜を担当ということで、どんなことをされるんでしょうか？

まらしぃ　まぁでも、僕みなさんと違ってそんなにしゃべりが達者じゃないので。

虫眼鏡　いえ、全然全然。

まらしぃ　でも、やっぱピアノを弾く人間なんでね、ピアノを弾きたいなってのもありますし。

ゆめまる　いや、聴きたい絶対。

まらしぃ　あと、ちょっと、みなさんに参加してほしいんですよ。お便りとかね、メッセージとかもらって、それで曲作ったりとか僕やってみたいんですよ。

虫眼鏡　えー、すごい。

ゆめまる　めちゃくちゃいいじゃん、それ。

てつや　キーワードもらったりとか。

虫眼鏡　えー、お便り送ろう。

まらしぃ　なんでね、もしよかったら聴いてくださいね。お願いします！

虫眼鏡　この時間のゲストはまらしぃさんでした！　ありがとうございました！

ゆめまる　ありがとうございました！

虫眼鏡　というわけで、一旦じゃあ、オールキャストですね、全員集まってください。**あつまれー!!**

ゆめまる　でた!

てつや　でた!

虫眼鏡　あれ? 全然集まらない。

ゆめまる　集まれー!

てつや　あちまれが足りてない、あちまれが。

としみつ　あちまれー。あちまれー。

えっちゃん　はーい、ただいまー。

虫眼鏡　えっちゃん! わっきゃいさん! そしてまらしぃさんです! はい、エンディングのお時間です。ステージには今日のゲスト、まらしぃさん、わっきゃいさん、えっちゃんさんに登場いただいております。えっちゃん……順番おかしいな、わっきゃいさん、今日どうでしたか?

わっきゃい　めちゃめちゃ楽しかったです、ほんとに。ありがとうございます。

ゆめまる　ありがとうございました!

としみつ　楽しみに、沼を。

虫眼鏡　えっちゃんはどうでしたか?

えっちゃん　いやほんとにね、みんなとね、こうやって見てもらいながらでもすごい楽しめたです、よかった、ありがとうございます。

虫眼鏡　まらしぃさんどうでしたか?

まらしぃ　地元だったんで、今日こうやってイベントに立ててうれしかったです、ありがとうございます。

ゆめまる　改めてご紹介します。11月1日火曜からスタートする新番組「クリエイターズ」という番組ですけど、ラインナップは、なんですかしばゆーさん?

しばゆー　なんもないよ。

ゆめまる　マイクもってなさい。

しばゆー　噛まないかなぁと思って。

ゆめまる　見られると噛んじゃうんで、見ないでください。そして火曜日が、神奈川県厚木市発、コミック系ラウドバンド兼クリエイターの夕闇に誘いし漆黒の天使達さんがやってくれますね。水曜日は。

えっちゃん　はい、水曜日は、女性マルチ系アートクリエイターのえっちゃんが担当させていただきます。

虫眼鏡　えっちゃん!

ゆめまる　そして木曜日は。

わっきゃい　そして木曜日は、才能の無駄遣い系クリエイター、わっきゃいが担当いたします。

虫眼鏡　わっきゃい!

まらしぃ　金曜日は、**普段家から出ない系ピアノマン**が担当します。よろしくお願いします。

ゆめまる　お願いしまーす!

虫眼鏡　お願いします!

ゆめまる　以上4組が夜8時からの1時間、東海ラジオを盛り上げてくれます。そして10月6日日曜日、12時から、アスナル金山で開催する、「歌謡曲主義『ねね・のりこのアオハルみゅ〜じっく♪』の公開生放送に、夕闇に誘いし漆黒の天使達が参加します。あと、えっちゃんも参加しますね。

えっちゃん　はーい。

ゆめまる　ぜひ遊びにいってください。

虫眼鏡　夕闇がアスナル来るのちょっとおもろくない?

としみつ　ちょっといいねぇ。不思議な感じ。

ゆめまる　大丈夫なのかな。不安だね、ちょっと。

としみつ　アスナルでやりたいな。

虫眼鏡　いやいやいや(笑)。

てつや　高2のとき行ったからな。

としみつ　高2のとき一緒にいったもんね。しょこたんのフリーイベント。

虫眼鏡　はい、ということでオアシス21・OKB大垣共立銀行ステージから公開録音でお送りしてきた東海オンエアラジオなんですけども、エンディングのお時間でございます。今日はですね、お三方の番宣というかね、PRみたいな感じで終わっちゃったのでね、**てつや君が活躍する場所がなかった**んですけど。

てつや　いろいろ答えたんですけどね、さっきのえっちゃんの。

ゆめまる　結構しゃべってましたから。

虫眼鏡　一応これ、みなさん忘れてるかもしれないですけど、公開録音じゃないですか。なので、2本録りなんですよ。

てつや　なるほど。

虫眼鏡　なので、一回みなさんには記憶を忘れていただいて、もう一回改めて登場して、もう1本録りますんで、そのときにはみなさん大活躍していただけると思いますので。そちらも頑張りましょう。

ゆめまる　がんばりましょう。

としみつ　がんばりましょう。

虫眼鏡　ということでね、来週は、**2年目に突入**してるはず。放送時間的にね。
てつや　2週目。
ゆめまる　2年目。
虫眼鏡　だから2年目ということで、ちょっと成長した東海オンエアを見せてあげてください！
てつや　がんばります。
ゆめまる　ということで、東海オンエアラジオ、今日のゲストは。
まらしぃ　まらしぃと。
えっちゃん　えっちゃんと。
わっきゃい　わっきゃいと。
ゆめまる　東海オンエアのゆめまると。
虫眼鏡　虫眼鏡と。
てつや　てつやと。
しばゆー　しばゆーと。
りょう　りょうと。
としみつ　としみつでした！
全員　バイバーイ!!!　ありがとうございました!!

ゆめまる選曲リスト

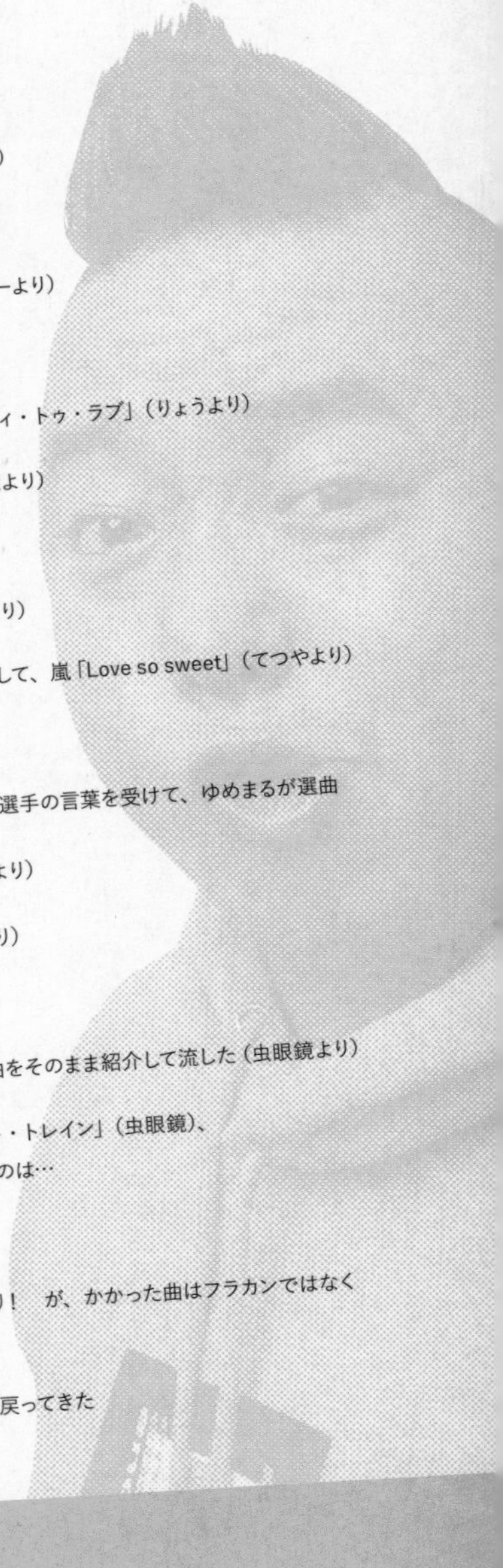

2018/10/4　くるり「琥珀色の街、上海蟹の朝」
美容室で星野源みたいな髪型をオーダーするつもりという話の流れからのゆめまるのチョイス

2018/10/11　かまやつひろし「ゴロワーズを吸ったことがあるかい」
嵐をもっと広めたい！という嵐ファンの切なる願いを込めて嵐「Love so sweet」（てつやより）

2018/10/25　ジャパハリネット「哀愁交差点」
元気が出る曲ということで、一週間くらい前から考えていたサンボマスターの曲（としみつより）

2018/11/08　たま「さよなら人類」
特にリクエストはなし。ただし、選曲に対して「クセが強すぎる」と虫眼鏡＆としみつが指摘

2018/11/15　TM NET WORK「Get Wild」
最近ハマっているという、きゃりーぱみゅぱみゅの「キズナミ」で楽しく収録したい！（しばゆーより）

2018/11/22　猿岩石「白い雲のように」
特にリクエストなしでの選曲。曲の途中でゆめまる＆しばゆーが歌い出す

2018/11/29　RC サクセション「雨あがりの夜空に」
映画『ボヘミアン・ラプソディ』の大ヒットでクイーン愛に火がついて、クイーンの「サムバディ・トゥ・ラブ」（りょうより）

2018/12/6　東郷清丸「ロードムービー」
これまでのゆめまるの選曲の傾向と対策で予測して、the pillows「Funny Bunny」（虫眼鏡より）

2018/12/13　FLYING KIDS「幸せであるように」
大好きでよく聴いているということで、BRADIO「人生は SHOWTIME」（としみつより）

2018/12/20　ソウル・フラワー・ユニオン「風の市」
大学時代に軽音サークルでコピーしたことのある、くるり「ワンダーフォーゲル」（虫眼鏡より）

2018/12/27　BRAHMAN「其限～sorekiri～」
3人でじゃんけんをして勝ったら好きな曲を流せるということで、てつやが勝利！　満を辞して、嵐「Love so sweet」（てつやより）

2019/1/3　さとうもか「Lukewarm」
新年明けてゆめまるは曲振りをクビ！と虫眼鏡に宣言されたのにも関わらず強引に選曲

2019/1/10　エレファントカシマシ「俺たちの明日」
中日ドラゴンズの小笠原慎之介選手をゲストに迎え、普段は洋楽をよく聴くという小笠原選手の言葉を受けて、ゆめまるが選曲

2019/1/17　忘れらんねえよ「Cからはじまる ABC」
カラオケでマキシマム ザ ホルモンをよく歌うということで、「F」をリクエスト（しばゆーより）

2019/1/24　THE BLUE HEARTS「パンク・ロック」
ゆめまるが選曲しそうな曲を予測して、THE BLUE HEARTS「人にやさしく」（虫眼鏡より）

2019/2/7　台風クラブ「ずる休み」
活動休止を発表した嵐に寄せて、「5×10」を絶対かけてほしい！（てつやより）

2019/2/14　BUDDHA BRAND「人間発電所」
ゆめまるがこの曲を流さないと「パンチするよ」と脅かしたため、ゆめまるがかけたい曲をそのまま紹介して流した（虫眼鏡より）

2019/2/21　G-FREAK FACTORY「日はまだ高く」
あいみょん、米津玄師、ONE OK ROCK（としみつ）、ザ 50 回転ズ「涙のスターダスト・トレイン」（虫眼鏡）、
竹原ピストル「よー、そこの若いの」（ゆめまる）と3人で曲を出し合って結局かかったのは…

2019/2/28　OLEDICKFOGGY「パレード」
安定の下ネタトークからガラリと雰囲気を変えて

2019/3/14　ASIAN KUNG-FU GENARATION「ソラニン」
フラワーカンパニーズの「深夜高速」をリクエストし、ナイスなチョイスに大盛り上がり！　が、かかった曲はフラカンではなく
アジカン（虫眼鏡より）

2019/3/28　竹原ピストル「東京一年生」
リクエストは特になし。特記事項として、ゆめまるは、曲振りして曲間におしっこして戻ってきた

2019/4/7　電気グルーヴ「富士山」
放送日時がお引越ししたので初心に戻って誰でも知っている曲でお願いしますとリクエストしたところ、話題性のはき違いを…（虫眼鏡より）

2019/4/14　never young beach「なんかさ」
曲振りをクビになったゆめまるに代わって、てつやが担当。しかし、ゆめまるとてつやの間で事前にグダグダの打ち合わせがなされていたようで結局…

2019/4/21　サニーデイ・サービス「街角のファンク（feat.C.O.S.A.&KID FRESINO）」
ギターで弾いたりもする大好きな曲、スピッツ「スパイダー」（としみつより）

2019/4/28　SASUKE「平成終わるってよ」
平成最後の放送ということですんなりと

2019/5/5　エレファントカシマシ「悲しみの果て」
この放送から語尾を「だってばよ」にする罰ゲームで収録に臨む虫眼鏡。だってばよ、といえば NARUTO、ということでアニメ『NARUTO —ナルト— 疾風伝』のオープニング曲になっていた KANA-BOON「シルエット」（虫眼鏡より）

2019/5/12　TOKONA-X「知らざあ言って聞かせや SHOW」
かわいい曲が好きだから、きゃりーぱみゅぱみゅ「PONPONPON」（しばゆーより）

2019/5/19　でんぱ組.inc「絢爛マイユース」　☆虫眼鏡の選曲
いつもの通り、渋い曲（平沢進「パレード」）を用意していたゆめまる。しかし、番組始まって以来初めて〝好きな曲オンエア返し〟された

2019/5/26　浜田省吾「もうひとつの土曜日」
みんなこの曲聴きたいはず、ということであいみょん「マリーゴールド」（りょうより）

2019/6/9　EVISBEATS「ゆれる」
曲をかけた後にエビスビールからの連想で、そういえば東京にはアサヒビールがあまりないという話になり、アサヒビールしか飲めない罰ゲーム中だった虫眼鏡は困ったというエピソードでトーク

2019/6/23　Oliver Tree「Alien boy」
今回は、アーティスト TOSHIMITSU としてゲスト参戦。当然リリースされたばかりの自分の曲をリクエスト（としみつより）

2019/6/30　折坂悠太「坂道」
新譜の内容を掘り下げてトークしたあとの曲紹介。ここはもちろん TOSHIMITSU の曲、と誰しもが思った。が、しかし…

2019/7/7　ケンチンミン& illmore「この街で生きてる」
illmore さんは東海オンエアフリークだと以前番組のオープニングトークでゆめまるが話していた

2019/7/14　The ピーズ「底なし」
ゆめまるが念願のアフロにしたということで、アフロつながりから、鶴「夜を越えて」をリクエストした虫眼鏡。しかしゆめまるが曲振りしたのは kiki vivi lily で「So much」。しかししかし！オンエアされたのは…

2019/7/21　kiki vivi lily「So much」
今週流そうと思っていた The ピーズが先週流れてしまったので、満を持して

2019/7/28　Re:Japan「bittersweet samba 〜ニッポンの夜明け前〜」
彼女との別れを電撃的に報告。明るい曲を、とのリクエストだったが世相をとらえた選曲に（虫眼鏡より）

2019/8/4　キンモクセイ「二人のアカボシ」
最近すぐにお腹が痛くなるということで、リクエストは「お腹に効きそうな曲を」（虫眼鏡より）。曲オンエアのあとどうしてこの曲に至ったのかの壮大な連想ゲームを虫眼鏡が解き明かす

2019/8/11　ザ・ハイロウズ「いかすぜ OK」
二人だけの放送で、もしやスペシャルゲストが現れるのでは⁉と期待に胸を膨らませて、ザ・クロマニヨンズ「タリホー」（虫眼鏡より）

2019/8/18　くるり「東京」
東京のスタジオからオンエア。東京ということで「東京音頭」と思ったが東海ラジオはドラゴンズのスポンサーなので遠慮して、フジファブリック「東京」（虫眼鏡）

2019/8/25　RIP SLYME「熱帯夜」
夏休み最後の放送ということで、メンバー世代の夏のアンセムを。RIP SLYME は5人組だが、9月の大感謝祭にはじめて6人全員で登場するというわちゃわちゃ感の予告も込めて

2019/9/1　CHAI「アイム・ミー」
事務所スタッフの手違いにより収録開始が大幅に遅れてスタート。めずらしくブチギレたゆめまるは誰のリクエストも受け付けずにオンエアー

2019/9/8　SIRUP「Do Well」
公開収録告知の流れで

2019/9/15　台風クラブ「台風銀座」
リクエストはなかったが、公開放送を翌週に控え、当日に台風が来たら困るので今のうちにという思いを込めて選曲

2019/9/22　THE BACK HORN「刃」
長引く東京滞在にお疲れ気味の虫眼鏡はリクエストもしてくれない。どころか流した曲への反応もない

MEMORIES

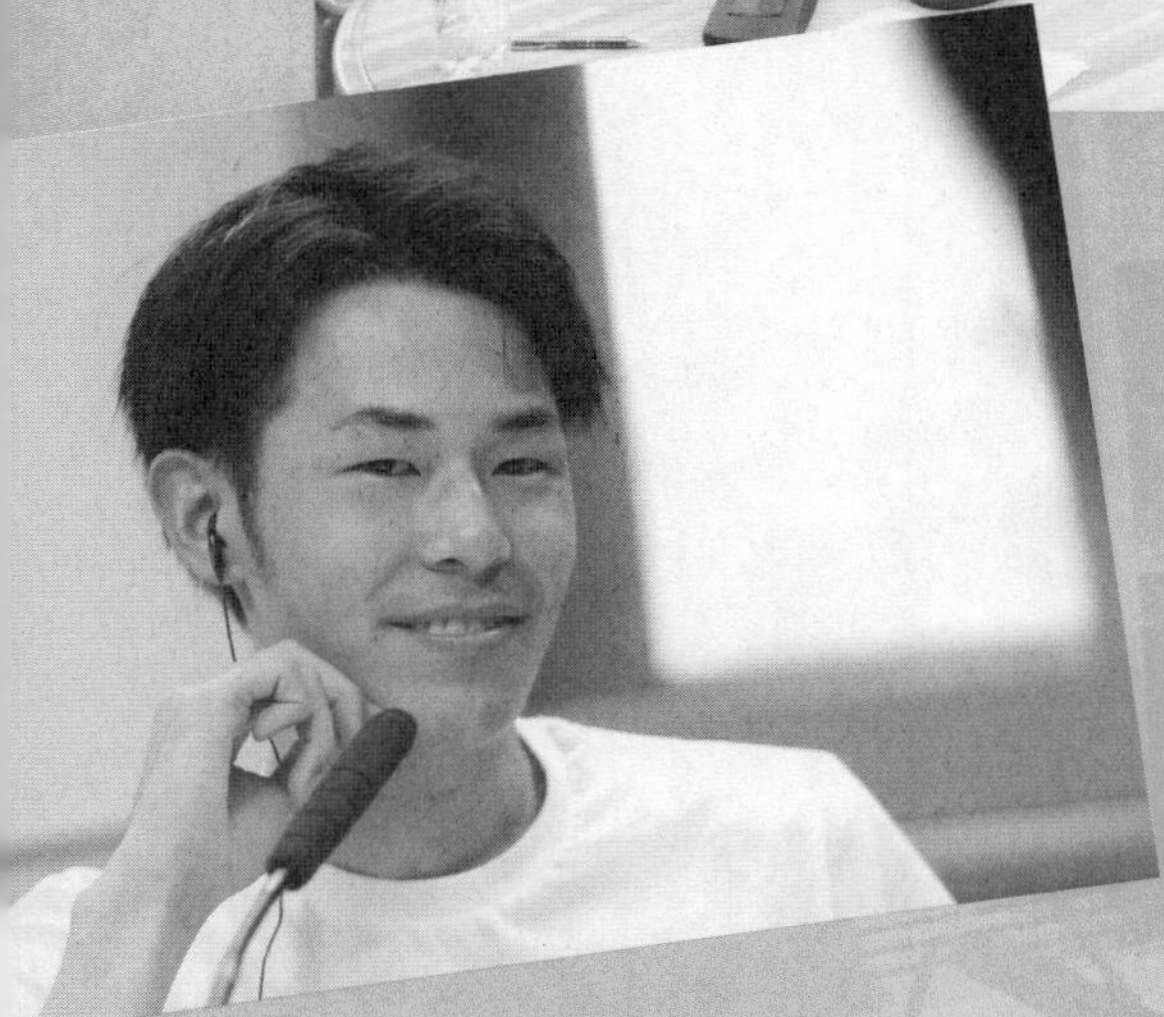

#東海オンエアラジオ

2020年3月1日　第1刷

[著者] 東海オンエア

[デザイン] いすたえこ　伊藤里織
[編集] 谷岡正浩　小野瀬正人　坂口亮太
[写真] 岩澤高雄（カバー、p1〜32、34、36、38、41、388）
高橋宗正（p40、126、142、150、151、198、258、259、361、370）
山本俊純（上記以外の写真）

[番組スタッフ] 岸田実也（プロデューサーK）
山本俊純（チラさん）
局長

[取材協力] UUUM 株式会社

[発行人] 井上肇
[発行所] 株式会社パルコ　エンタテインメント事業部
〒150-0042 東京都渋谷区宇田川町 15-1
TEL 03-3477-5755

[印刷・製本] 図書印刷株式会社

ISBN978-4-86506-327-1 C0095
Printed in Japan

落丁本・乱丁本は購入書店を明記のうえ、小社編集部あてにお送り下さい。

送料小社負担にてお取り替えいたします。

〒150-0045 東京都渋谷区神泉町 8-16 渋谷ファーストプレイス パルコ出版 編集部

#東海オンエアラジオ スペシャルステッカー

東海オンエア

てつや

しばゆー

りょう

としみつ

ゆめまる

虫眼鏡

東海ラジオ
AM1332kHz FM92.9MHz

来たれ！はがき職人

戦犯を査定しちゃおう！

TR
東海オンエアラジオ
東海ラジオ
AM1332kHz FM92.9MHz

クソオタのコーナー